Praxishandbuch Wissenschaftliche Bibliothekar:innen

De Gruyter Praxishandbuch

Praxishandbuch Wissenschaftliche Bibliothekar:innen

Wandel von Handlungsfeldern, Rollen und Perspektiven im Kontext der digitalen Transformation

Herausgegeben von
Wilfried Sühl-Strohmenger und Inka Tappenbeck

DE GRUYTER
SAUR

Die Open-Access-Publikation des Praxishandbuches wurde mit finanzieller Unterstützung der folgenden Hochschulen ermöglicht:

Technische Hochschule Köln

Universitäts- und Landesbibliothek Darmstadt

Technische Universität Braunschweig

Universitätsbibliothek Basel

Bibliothek der Hochschule Bonn-Rhein-Sieg

Universitätsbibliothek Bochum

Bauhaus-Universität Weimar

ISBN 978-3-11-079004-7
e-ISBN (PDF) 978-3-11-079037-5
e-ISBN (EPUB) 978-3-11-079055-9
DOI https://doi.org/10.1515/9783110790375

Library of Congress Control Number: 2023941765

Bibliografische Information der Deutschen Nationalbibliothek
Die Deutsche Nationalbibliothek verzeichnet diese Publikation in der Deutschen Nationalbibliografie; detaillierte bibliografische Daten sind im Internet über http://dnb.dnb.de abrufbar.

Umschlagabbildung: Laurence Dutton / E+ / Getty Images
Satz: bsix information exchange GmbH, Braunschweig
Druck und Bindung: CPI books GmbH, Leck

www.degruyter.com

Inhalt

Teil VII: IT-Dienste in und für Bibliotheken entwickeln und umsetzen

Teil VIII: An Bibliotheken forschen und entwickeln

Teil IX: Vernetzen, Ausbilden, Fortbilden

Vorwort

Eine Standortbestimmung der Praxis wissenschaftlicher Bibliothekar:innen in einer durch die digitale Transformation geprägten Welt zu liefern – das war die Idee und Motivation zu diesem Handbuch. Uns der Chancen aber auch der Risiken bewusst, die mit einem solchen Vorhaben verbunden sind, haben wir es trotzdem gewagt und gemeinsam mit über 40 Autor:innen eine solche Standortbestimmung versucht. Dabei sollte es um zweierlei *nicht* gehen: Zum einen soll mit diesem Buch keine Wiederaufnahme der in den späten 1990er Jahre geführten Berufsbilddebatte angestoßen werden. Diese Debatte war Widerhall und Ausdruck des In-Bewegung-Geratens der von Traditionsbewusstsein tief geprägten Institution der wissenschaftlichen Bibliothek, die sich mit neuen Perspektiven, Konzepten und Methoden wie unter anderem denen des modernen Managements konfrontiert sah. Die digitale Transformation spielte in diesem Diskurs nur eine nachgeordnete Rolle. Blickt man aus der Rückschau auf diese Debatte, so lässt sie sich – auch – als eine Suche nach Orientierung und Selbstvergewisserung der wissenschaftlichen Bibliothekar:innen begreifen, die angesichts des Wandels eine Antwort auf die Frage nach dem „Eigentlichen" ihrer Profession gesucht haben, wobei die maßgeblichen Achsen dieser Selbstvergewisserung durch die Begriffe „Fachwissenschaft" und „Verwaltung" markiert waren.

Zum anderen geht es *nicht* in erster Linie um eine Gesamtschau über die neuen, im Kontext der digitalen Transformation entstanden Dienstleistungen wissenschaftlicher Bibliotheken, um die Service-Portfolios, deren Merkmale und Varianten. Solche Darstellungen des aktuellen Servicespektrums wissenschaftlicher Bibliotheken existieren bereits und sollen hier nicht durch eine weitere, artgleiche Betrachtung ergänzt werden. Gegenüber der diesen Werken zugrundeliegenden Frage nach dem „Was" steht in dem hier vorliegenden Band vielmehr die Frage nach dem „Wie" im Vordergrund: Es geht um das Handeln der wissenschaftlichen Bibliothekar:innen, um ihre Tätigkeitsbereiche und Handlungsfelder, um ihre Rollen und Funktionen sowie um ihre Perspektive und ihre Reflexion mit Bezug auf die eigene professionelle Praxis.

Somit wählten wir den Ansatz, die Standortbestimmung unmittelbar aus der Praxis des höchst facettenreichen Berufshandelns wissenschaftlicher Bibliothekar:innen heraus anzugehen. Dies bot die Chance einer Darstellung aus der Perspektive der handelnden Akteur:innen selbst gegenüber einer von dieser entkoppelten „Draufsicht". Wir baten die Autor:innen daher, ihr professionelles Handeln und dessen Wandel durch die digitale Transformation aus der Perspektive ihres Arbeitskontextes zu beschreiben. Die subjektive Sicht steht in den verschiedenen Beiträgen gemäß der Persönlichkeit der jeweiligen Autor:innen mehr oder weniger im Vordergrund. Dass sie sich einer solchen Herausforderung gestellt haben, verdient Anerkennung und großen Dank, denn wir konnten keineswegs davon ausgehen, dass sich hinreichend viele Kolleg:innen darauf einlassen, nicht nur ihren Tätigkeitsbereich darzustellen, sondern auch auf ihre eigene Rolle darin einzugehen. Wir bedanken uns deshalb nochmals

https://doi.org/10.1515/9783110790375-201

ausdrücklich bei allen Autor:innen für ihre durchweg differenzierten Beiträge zu diesem Praxishandbuch!

Wir hoffen, dass die Lesenden neue Einsichten und Erkenntnisse gewinnen, auch wenn sie dadurch nicht „das“ Berufsverständnis für das 21. Jahrhundert erlangen werden. Vielleicht erkennen sie die enormen Möglichkeiten, die Bandbreite und den Spannungsreichtum, den unser bibliothekarisches Handeln zum Vorteil Lernender, Studierender, Forschender und sonstiger kulturell und wissenschaftlich interessierter Menschen weiterhin bieten kann.

Wir sind uns der Problematik bewusst, die mit einer durchgehend gegenderten Sprache für ein so umfangreiches Sammelwerk verbunden ist – sowohl in stilistischer als auch in umfangsbezogener Hinsicht. Jedoch haben wir es, in Übereinstimmung mit dem Verlag, dennoch gewagt, wollten also Heterogenität bei einer geschlechtersensiblen sprachlichen Gestaltung der Beiträge möglichst vermeiden. Auch darin sind uns die Autor:innen gefolgt, herzlichen Dank dafür!

Danken möchten wir an dieser Stelle auch den Institutionen, die durch ihre Druckkostenzuschüsse die Open-Access-Publikation dieses Bandes ermöglicht haben.

Schließlich danken wir Claudia Heyer (Acquisitions Editor), Dr. Benedikt Krüger (Content Editor – Books), Annika Padoan (Content Editor – Books), Andreas Brandmair (Content Conversion Services) vom Verlag De Gruyter sowie Meiken Endruweit (Copy Editor) herzlich für ihre Ermutigung und ihre stets konstruktive Unterstützung über den gesamten Prozess der Entstehung des Handbuchs hinweg!

Wir wünschen allen Leser:innen eine anregende Lektüre.

Freiburg im Breisgau und Köln, im Frühjahr 2023
Wilfried Sühl-Strohmenger und Inka Tappenbeck

Abkürzungsverzeichnis

APC	Article Processing Charge
API	Application Programming Interface
BIT	Binary Digit
BPC	Book Processing Charge
CC	Creative Commons
DC	Dublin Core
DFG	Deutsche Forschungsgemeinschaft
DH	Digital Humanities
DOAJ	Directory of Open Access Journals
DOI	Digital Object Identifier
DSGVO	Datenschutz-Grundverordnung
EBA	Evidence-based acquisition
EBS	Evidence-based selection
EOSC	European Open Science Cloud
FAIR	Findable, Accessible, Interoperable, Re-usable
FaMI	Fachangestellte für Medien- und Informationsdienste
FID	Fachinformationsdienst [DFG]
FIS	Forschungsinformationssystem
GND	Gemeinsame Normdatei
HRK	Hochschulrektorenkonferenz
HTTP	Hypertext Transfer Protocol
IIIF	International Image Interoperability Framework
JATS	Journal Article Tag Suite
JPEG	Joint Photographic Experts Groups
KOALA	Konsortiale Open-Access-Lösungen Aufbauen
MARC	Machine-Readable Cataloging
MPEG	Moving Picture Experts Group
MODS	Multiplexed Optical Data Storage
NFDI	Nationale Forschungsdateninfrastruktur e. V.
OAIS	Open Archival Information System
OCR	Optical Character Recognition
OGND	Online-GND [BSZ]
OJS	Open Journal Systems
OMP	Open Monograph Press
ORCID	Open Researcher and Contributor ID
PKP	Public Knowledge Project
PNG	Portable Network Graphics
PURL	Persistent Uniform Resource Locator
RDA	Resource Description Access
RVK	Regensburger Verbundklassifikation
SBB PK	Staatsbibliothek zu Berlin – Preußischer Kulturbesitz
SKOS	Simple Knowledge Organization System
TEI	Text Encoding Initiative
TGN	[Getty] Thesaurus of Geographic Names
TIFF	Tagged Image File Format
URI	Uniform Resource Identifier

https://doi.org/10.1515/9783110790375-202

URL	Uniform Resource Locator
URN	Uniform Resource Name
VIAF	Virtual International Authority File
W3C	World Wide Web Consortium

Inka Tappenbeck und Wilfried Sühl-Strohmenger

Zum Wandel von Handlungsfeldern, Rollen und Perspektiven wissenschaftlicher Bibliothekar:innen im Kontext der digitalen Transformation: eine Einführung

Kurzbiografie: Inka Tappenbeck (ORCID: https://orcid.org/0000-0001-9137-2181) ist Professorin an der Technischen Hochschule Köln. Sie hat Soziologie, Philosophie und Publizistik und Kommunikationswissenschaft an der Georg-August-Universität Göttingen studiert und wurde dort 1998 promoviert. Nach dem Referendariat für den höheren Dienst an wissenschaftlichen Bibliotheken war sie von 2000 bis 2004 an der Niedersächsischen Staats- und Universitätsbibliothek Göttingen tätig, zuletzt als Leiterin der Benutzungsabteilung. Seit 2004 lehrt und forscht sie am Institut für Informationswissenschaft der Technischen Hochschule Köln in den Bereichen Informationsressourcen, Informationsdienstleistungen und Vermittlung von Informationskompetenz. Homepage: https://www.th-koeln.de/personen/inka.tappenbeck/; Kontakt: inka.tappenbeck@th-koeln.de

Wilfried Sühl-Strohmenger ist Bibliotheksdirektor a. D.. Er war nach einem Lehramtsstudium an der Albert-Ludwigs-Universität Freiburg im Breisgau (Germanistik, Geschichte, Pädagogik, Politikwissenschaft) und einer Promotion im Jahr 1983 von 1986 bis 2015 an der Universitätsbibliothek Freiburg als Dezernatsleiter und Fachreferent tätig. Seine Arbeitsschwerpunkte liegen in den Themen Lehr-Lernort Bibliothek (Teaching Library), Informationskompetenz, Bibliotheksdidaktik, Schreiben in der Hochschule/Schreibkompetenz. Er unterhält Lehraufträge an verschiedenen Hochschulen und war viele Jahre in der Verbandsarbeit aktiv (VDB). Homepage: www.informationskompetenz.org; Kontakt: willy.suehl-strohmenger@web.de

Die digitale Transformation hat die Funktionsweise wissenschaftlicher Bibliotheken tiefgreifend verändert. Digitale Objekte, Werkzeuge, Infrastrukturen und Prozesse dominieren heute die bibliothekarische Praxis in nahezu allen Arbeitsbereichen. Diese Ubiquität des Digitalen stellt die handelnden Akteur:innen vor neue Herausforderungen, die nicht nur den Umgang mit den neuen Technologien betreffen, sondern die auch eine neue Art des Handelns, Kommunizierens, Kooperierens sowie ein neues professionelles Rollenverständnis und damit einhergehend auch veränderte Haltungen und Einstellungen zu berufsbezogenen Fragen und Problemstellungen betreffen. Die Handlungsfelder und Rollen wissenschaftlicher Bibliothekar:innen entsprechen heute längst nicht mehr dem klassischen Selbstverständnis des „höheren Dienstes“, in dessen Mittelpunkt eine auf den Bestand fokussierte Fachreferatsarbeit stand und des-

https://doi.org/10.1515/9783110790375-001

sen Aufgabengebiete durch eine streng hierarchische Organisationsstruktur der Bibliothek geprägt und begrenzt waren.[1]

Die Digitalisierung hat diese Ordnung in Bewegung gebracht und zahlreiche neue Aufgabenbereiche und damit verbundene Tätigkeitsprofile entstehen lassen – häufig jenseits der und quer zu den bisherigen Grenzen und Schwerpunkten der durch die klassische Fachreferatsarbeit geprägten Handlungsfelder des wissenschaftlichen Dienstes. Heute arbeiten Liaison und Embedded Librarians für und mit Wissenschaftler:innen in Forschung und Lehre zusammen, Data Librarians unterstützen sie im Umgang mit Forschungsdaten, Teaching Librarians entwickeln zunehmend digitale Lernangebote für heterogene Zielgruppen, Digital Humanities Librarians sind Partner:innen in der geisteswissenschaftlichen Forschung und Technical Processing Librarians übernehmen Aufgaben in der Datenprozessierung. Durch die Etablierung und Weiterentwicklung dieser neuen professionellen Rollen und Funktionen gestalten wissenschaftliche Bibliothekar:innen die digitale Transformation aktiv mit und werden zu systemrelevanten Akteur:innen der Wissenschaft im digitalen Zeitalter.

Das vorliegende Handbuch gibt einen Überblick über und einen Einblick in aktuelle Handlungsfelder, Rollen und Perspektiven wissenschaftlicher Bibliothekar:innen. Es versteht sich dabei explizit als Praxishandbuch: Die Autor:innen der zehn nach Handlungsfeldern gegliederten Kapitel sind selbst in den von ihnen dargestellten Tätigkeitsbereichen aktiv und stellen diese aus ihrer professionellen Perspektive dar. Dabei stehen weniger die mit der digitalen Transformation entstandenen neuen Dienstleistungen im Fokus, sondern es geht in erster Linie um die bibliothekarische Praxis selbst: um die Art des Handelns, Kommunizierens und Kooperierens, um die Herausforderungen und um die zu ihrer Bewältigung erforderlichen Kompetenzen.[2] Die

---

1 Auch nationale und internationale Positionspapiere zu den neuen Aufgabengebieten und Tätigkeitsprofilen des wissenschaftlichen Dienstes machen deutlich, dass sich diese offensichtlich nicht mehr mit der klassischen Geschäftsgliederung von Hochschulbibliotheken decken. Vgl. Verein Deutscher Bibliothekarinnen und Bibliothekare e. V. (VDB): Digitale Infrastrukturkompetenzen – dringend gesucht! Dialogpapier des VDB zu den Empfehlungen des RFII zu Berufs- und Ausbildungsperspektiven für den Arbeitsmarkt Wissenschaft. [Veröffentlicht am 28.11.2019]. https://www.vdb-online.org/wordpress/wp-content/uploads/2019/11/VDB_Digitale-Kompetenzen-in-Bibliotheken.pdf (06.03.2022); Vgl. Jaguszewski, Janice M. u. Karen Williams: New roles for new times: Transforming liaison roles in research libraries. Report Prepared for the Association of Research Libraries. Washington 2013. https://hdl.handle.net/11299/169867 (06.03.2022).

2 Nicht fortgesetzt werden soll hier die ältere Berufsbilddiskussion, in der es um Fragen der Selbstvergewisserung des bibliothekarischen Berufsstandes im Spannungsfeld von Bildung, Wissenschaft und Verwaltung und um die Positionsbestimmung des Fachreferats, ferner um die Gruppenzugehörigkeit (Verwaltungsdienst oder Wissenschaftlicher Dienst) des höheren Bibliotheksdienstes innerhalb der Hochschule ging. Vgl. dazu: Siebert, Irmgard u. Thorsten Lemanski (Hrsg.): Bibliothekare zwischen Verwaltung und Wissenschaft. 200 Jahre Berufsbilddebatte. Frankfurt a. M.: Klostermann 2014; Sühl-Strohmenger, Wilfried: Zur Gruppenzugehörigkeit des wissenschaftlichen Bibliotheksdienstes in der Hochschule – die Problematik aus der Sicht des Vereins Deutscher Bibliothekare e. V. (VDB). In: 91. Deutscher Bibliothekartag in Bielefeld 2001. Bibliotheken – Portale zum globalen Wissen. Hrsg. von

durch die digitale Transformation bedingten Veränderungen sind in den verschiedenen Tätigkeitsbereichen dabei sehr unterschiedlich: In einigen Bereichen haben sich bestehende Aufgaben und Prozesse lediglich mehr oder weniger stark erweitert oder modifiziert, in anderen Bereichen wurden Arbeitsschritte automatisiert oder teil-automatisiert, wieder andere Handlungsfelder sind durch die digitale Transformation überhaupt erst entstanden.

Das Praxishandbuch soll damit eine systematische Standortbestimmung des Handelns wissenschaftlicher Bibliothekar:innen in der digitalen Informationswelt bieten. Es richtet sich an die fachliche Community im Ganzen, insbesondere an die Aus-, Fort- und Weiterbildung, und es kann nicht zuletzt eine Orientierung für diejenigen bieten, die sich für dieses dynamische Berufsfeld interessieren.

Zur Einführung möchten die Herausgeber einige Klärungen zu zentralen Begriffen und konzeptionellen Grundlagen des vorliegenden Praxishandbuches vorausschicken. Zunächst zum Begriff der Wissenschaftlichkeit in der gewählten Bezeichnung „wissenschaftliche Bibliothekar:innen“: Adressiert wird hiermit sowohl die für diese Tätigkeit erforderliche wissenschaftliche Qualifikation als auch die Tätigkeit im System der Wissenschaft. Die Tätigkeit wissenschaftlicher Bibliothekar:innen erfordert nicht nur formal, sondern vor allem aus inhaltlichen Gründen eine wissenschaftliche Qualifikation in Form eines Hochschulstudiums, ergänzt durch eine postgraduale bibliotheks- und informationswissenschaftliche Qualifikation in Form eines Referendariats oder Masterstudiengangs, um mit Wissenschaftler:innen an Hochschulen und anderen Forschungseinrichtungen auf Augenhöhe zu interagieren. Gleichzeitig sind wissenschaftliche Bibliothekar:innen selbst Akteur:innen im System der Wissenschaft; sie übernehmen auf Grundlage ihrer eigenen wissenschaftlichen Expertise und Kompetenz auf Lehre und Forschung bezogene Aufgaben in ihren Einrichtungen.[3]

Die Rede von der „digitalen Transformation“ hat mittlerweile inflationäre Ausmaße erreicht, verbunden mit der Gefahr der Unschärfe und Floskelhaftigkeit. Jedoch wird nicht immer die Komplexität und Vielschichtigkeit des digitalen Wandels gesehen, der zudem mit weiterhin wirksamen analogen Prozessen Hand in Hand geht bzw. parallel dazu verläuft. Grundsätzlich bezeichnet der Begriff der digitalen Transformation im hier adressierten Kontext die massiven Veränderungen in den Strukturen und Prozessen des Umgangs mit Informationen durch die Verwendung digitaler Technologien sowie insbesondere die damit verbundenen Auswirkungen auf die Handlungsfelder wissenschaftlicher Bibliothekar:innen. Diese manifestieren sich zum Beispiel in der Automatisierung oder Teil-Automatisierung von Prozessen (Inhaltserschließung, Erwerbung), in der Entstehung bzw. Veränderung von Aufgabenbereichen infolge des Wandels des wissenschaftlichen Publizierens (Bestandsmanagement, Ar-

Margit Rützel-Banz. Frankfurt a. M.: Vittorio Klostermann 2001 (Zeitschrift für Bibliothekswesen und Bibliographie. Sonderheft 81). S. 167–178.

3 Die Darstellung der Veränderung von Aufgaben und Tätigkeitsprofilen des höheren Bibliotheksdienstes an Öffentlichen Bibliotheken, wäre ein lohnender Gegenstand einer weiteren Publikation.

chivierung, Publikationsunterstützung, Open Access, Forschungsdatenmanagement) oder in der digital basierten Kommunikation mit den Zielgruppen in Video-Konferenzen oder Online-Seminaren. Dem Handbuch liegt dabei die These zugrunde, dass diese Anforderungen an die bibliothekarische Praxis im Kontext der digitalen Transformation nur erfolgreich zu bewältigen sind, wenn wissenschaftliche Bibliothekar:innen nicht nur neue Aufgaben und Funktionen wahrnehmen, sondern auch ein neues bibliothekarisches Mindset mit Bezug auf die sich verändernden Funktionen und Rollen entwickeln.

Versteht man unter einer Rolle die „Summe der Erwartungen, die dem Inhaber einer sozialen Position über sein Verhalten entgegengebracht werden“[4], ist die Rhetorik der Stellenanzeigen ein deutlicher Indikator dafür, dass die Rollen wissenschaftlicher Bibliothekar:innen im Wandel begriffen sind: Metadata Architect and Engineer, Forschungsdatenmanager, Referent:in für Data Literacy and Communication, Informationsmanager, Mitarbeiter:in für Community Building, Open-Access-Publikationsmanager:in oder auch Projektmanager sind nur einige der vielen schillernden Begriffe, mit denen die von wissenschaftlichen Bibliothekar:innen heute erwarteten Kompetenzen und korrespondierenden Tätigkeitsbereiche in Stellenanzeigen beschrieben werden.[5] Dies spiegelt die Bandbreite dessen, was in wissenschaftlichen Bibliotheken von zukünftigen Mitarbeiter:innen mit wissenschaftlicher Qualifikation erwartet wird. Ob und wie diese neuen Rollen die klassischen Rollen wissenschaftlicher Bibliothekar:innen ersetzen oder ergänzen, zeigen die Beiträge in diesem Band jeweils mit Bezug auf die einzelnen Aufgabenfelder. Flankiert wird diese Gesamtschau durch die Ergebnisse zweier Studien zum Rollenverständnis von und den Rollenerwartungen an wissenschaftliche Bibliothekar:innen, die in Kapitel zehn dieses Praxishandbuches vorgestellt werden. Diese Studien zeigen, dass wissenschaftliche Bibliothekar:innen sich systematisch mit den an sie gestellten Erwartungen der verschiedenen Stakeholder auseinandersetzen, ihr Handeln vor diesem Hintergrund reflektieren und den Prozess der Veränderung ihrer Rollen in einem zunehmend durch die digitale Transformation geprägten Wissenschaftssystem aktiv mitgestalten. Dies belegen auch zahlreiche englischsprachige Publikationen, die sich mit Aufgaben, Rollen und Kompetenzen wissenschaftlicher Bibliothekar:innen im digitalen Zeitalter befassen.[6]

---

4 Lexikon zur Soziologie. Hrsg. von Werner Fuchs-Heinritz [u. a.]. 4., grundlegend überarb. Aufl. Wiesbaden: VS-Verlag für Sozialwissenschaften 2007.

5 Vgl. OpenBiblioJobs. Stellenangebote von Bibliotheken, Archiven und Informationseinrichtungen. https://jobs.openbiblio.eu/ (17.02.2023).

6 Vgl. u. a.: Hickerson, Thomas, John Brosz u. Leonora Crema: Creating New Roles for Libraries in Academic Research: Research Conducted at the University of Calgary, 2015–2020. In: College & Research Libraries (2022) Vol. 83, No. 1. S. 129–146. https://crl.acrl.org/index.php/crl/article/view/25267/33124 (17.02.2023); Gilman, Todd (Hrsg.): Academic Librarianship today. Lanham, MD: Rowman & Littlefield 2017; Coghill, Jeffrey C. (Hrsg.): Developing librarian competencies for the digital age. Lanham, MD: Rowman & Littlefield 2016; Mackenzie, Alison u. Lindsey Martin (Hrsg.): Developing digital scholarship. Emerging practices in academic libraries. London: Facet Publ. 2016.

In einer Studie zu den Anforderungen an wissenschaftliche Bibliothekar:innen im Kontext des digitalen Wandels, in die rund 4.000 Bibliothekar:innen sowie Nutzer:innen aus dem angloamerikanischen Raum einbezogen waren, heißt es:

> This leads to the third key finding, which is the fundamental and enduring affinity patrons hold for their librarians. This was evidenced in survey responses on librarian appreciation and impact, but clearest still in patron demand and support for their librarians to be embedded in their workflows. Contrary to any notions that patrons "just want to be left alone", 88 % of patrons would install an application for their library that sits within their workflow, deploying relevant services, resources or expertise as and when needed.[7]

Die Kompetenzen wissenschaftlicher Bibliothekar:innen werden durch den digitalen Wandel weder verzichtbar noch werden ihre Aufgabenfelder marginalisiert. Die Beiträge des vorliegenden Praxishandbuchs zeigen, wie sie die digitale Transformation durch die Entwicklung neuer Handlungsfelder, Rollen und Perspektiven mitgestalten und dabei die Wissenschaftler:innen in ihren Arbeitsprozessen in Lehre und Forschung unterstützen. Wissenschaftliche Bibliothekar:innen passen sich nicht nur an den digitalen Wandel an, sie sind Akteur:innen der digitalen Transformation.

---

7 Hayes, M. A., F. A. Henry u. R. Shaw: Librarian Futures. Charting librarian-patron behaviors and relationships in the networked digital age [online]: Lean Library, 2021. DOI: https://doi.org/10.4135/wp.20211103.

Teil I: **Medien und Informationen erwerben, erschließen und vermitteln**

Einführung

Ein nach wie vor zentrales Handlungsfeld wissenschaftlicher Bibliothekar:innen ist das Erwerben, Erschließen und Vermitteln von Medien oder Informationen. Durch die Digitalisierung haben sich die etablierten Aufgaben und Prozesse in diesem Arbeitsbereich jedoch verändert, vor allem durch die zunehmende Dominanz digitaler Medien und Informationsinfrastrukturen, digitaler Kommunikationskanäle und auch durch die Veränderung der Wissenschaftspraxis selbst. Die Autor:innen dieses Kapitels stellen diese Arbeitsbereiche und Veränderungen mit jeweils unterschiedlichen Schwerpunktsetzungen vor.

Viola Voß konzentriert sich in ihrem Beitrag auf die verschiedenen Aktivitäten von Fachreferent:innen bei der Versorgung von Studierenden, Lehrenden und Forschenden mit Fachliteratur und Fachinformationen. Thematisiert wird dabei die Bedeutung der digitalen Transformation, insbesondere mit Blick auf die neue Publikations- und Informationstypen, veränderte Entscheidungskriterien und neue Vermittlungswege für die Kommunikation mit den fachlichen Zielgruppen.

Henriette Rösch beschreibt die einzelnen Handlungen und Prozesse im Rahmen der Bestandsentwicklung unter den Bedingungen der Digitalisierung und dabei insbesondere der Open Access-Transformation. Sie erläutert, wie sich diese Aufgaben dadurch verändern, dass analoge und digitale, dauerhafte und zeitlich begrenzte, erworbene und freie Literatur zusammengeführt, kuratiert und organisiert werden muss. Dabei spielt der Katalog als zentrales Nachweisinstrument für diese heterogenen Bestände nach wie vor eine zentrale Rolle, jedoch erfordert die Katalogentwicklung mit Blick auf unter anderem den Einsatz von Discovery-Systemen oder auch Catalogue Enrichment neue Strategien und Kompetenzen.

Wie Informationsservices passgenau angeboten werden und Kund:innen konkret bei der Arbeit mit Informationen und Daten unterstützt werden können, behandelt Caroline Leiß in ihrem Beitrag. Durch die im Zuge der digitalen Transformation gestiegene Komplexität der Informationslandschaft kommt den wissenschaftlichen Bibliothekar:innen sowohl mit Blick auf Studierende als auch auf Forschende eine zentrale Rolle zu. Die unterstützenden Services beziehen sich unter anderem auf komplexe Informationsrecherchen, auf das Forschungsdatenmanagement, aber auch auf rechtliche und strategische Fragen bei der Veröffentlichung von Forschungsergebnissen.

Matthias Harbeck stellt in seinem Beitrag dar, wie Fachliteratur und Fachinformationen im überregionalen Netzwerk der DFG-Fachinformationsdienste – hier anhand des FID Sozial- und Kulturanthropologie – für die nationale Forschung aufbereitet und bereitstellt werden. Dabei werden die Ähnlichkeiten, Überschneidungen und Unterschiede der Arbeitsfelder und Stellenprofile im FID gegenüber den lokalen Fachreferaten und deren Aufgabenfeldern mit Blick auf forschungsnahe Dienste besonders herausgearbeitet.

https://doi.org/10.1515/9783110790375-002

Viola Voß

Studium, Lehre und Forschung mit Fachliteratur und Fachinformationen versorgen

Abstract: Die „klassische" Fachreferatsarbeit besteht aus der Trias „Fachliteratur erwerben, erschließen und vermitteln". Diese Kombination hat auch heute noch ihre Gültigkeit; sie wurde in den letzten Jahren aber im Zuge der digitalen Transformation um neue Publikations- und Informationstypen, Entscheidungskriterien und Vermittlungswege erweitert. Dieser Beitrag stellt das Arbeitsgebiet und die dafür benötigten Kompetenzen aus der Sicht des Fachreferats in einer großen Universitätsbibliothek dar.

Keywords: Bestandsaufbau, Bestandsmanagement, Fachinformation, Fachliteratur, Fachreferat, Liaison Librarian, Literaturversorgung, wissenschaftliche Literatur

Kurzbiografie: Viola Voß (ORCID: https://orcid.org/0000-0003-3056-407X) ist im Dezernat Wissenschaftliche Bibliotheksdienste der Universitäts- und Landesbibliothek Münster verantwortlich für die Fachreferate der sprach- und literaturwissenschaftlichen Geisteswissenschaften und die Bibliotheken des Fachbereichs Philologie der Universität Münster; zudem gehört sie dem Open-Access-Team der ULB an. Ihre Interessensschwerpunkte sind Bibliotheks- und Bestandsmanagement, fachspezifische Informationskompetenz, Open Access & Open Science, Wissensmanagement und Wissenschaftskommunikation. Sie hat in Münster und Köln Allgemeine Sprachwissenschaft, Romanistik und Germanistik sowie Bibliotheks- und Informationswissenschaft studiert. Kontakt: voss.viola@uni-muenster.de.

Versorgung mit Fachliteratur

Erwerben: Literatur zur Verfügung stellen

Die Publikationstypen, die in Bibliotheken gesammelt werden, erstrecken sich von einzelnen Medien – Bücher und Zeitschriften in gedruckt und elektronisch, audiovisuelle Medien (CDs, DVDs usw.), vereinzelt auch noch Mikromaterialien – über Medien-Pakete (E-Book-/E-Journal-Bundle oder vollständige Verlagsprogramme) bis hin zu Datenbanken, die laufend aktualisiert werden.[1]

1 Vgl. zu diesem Themenbereich z. B. ausführlich: Gantert, Klaus: Bibliothekarisches Grundwissen. 9., vollst. aktual. und erw. Auflage. Berlin: De Gruyter Saur 2016. S. 131–174. https://doi.org/10.1515/9783110321500.

https://doi.org/10.1515/9783110790375-003

Im Folgenden soll es v. a. um neu erworbene bzw. aufgenommene Medien gehen; im Fachreferatskontext kann aber auch Altbestand relevant werden, z. B. im Rahmen von Digitalisierungsprojekten zur Unterstützung der lokalen oder auch überregionalen Forschung.[2] Ein Großteil der Veröffentlichungen erscheint in Verlagen, aber auch „graue" Literatur kann je nach Ausrichtung der Bibliothek eine Rolle spielen, und auch sie erscheint nicht mehr nur auf Papier, sondern zunehmend auch elektronisch.

Erwerbungs-/Finanzierungsarten

Neben dem Kauf gedruckter Medien über Einzelerwerb oder Abonnement hat sich mit der Lizenzierung elektronischer Medien ein Erwerbungsweg etabliert, über den mittlerweile zahlenmäßig der größte Teil der Medien den Weg in Hochschulbibliotheken findet: Die ULB Münster verzeichnete im Jahr 2021 beispielsweise rund 47.000 gedruckte und 373.000 elektronische neue Medien.[3]

Zwischen bezahltem und unbezahltem Zugang liegen Open-Access-Publikationen: Sie sind für Leser:innen und damit auch für Bibliotheken kostenfrei verfügbar, aber Bibliotheken beteiligten sich zunehmend an der Finanzierung dieser Publikationsart.

Für den unbezahlten Zugang muss zwar nicht über die Verausgabung von Mitteln, aber über die Belegung von Regalplatz entschieden werden. Über den Fachreferatsschreibtisch wandern z. B. Medien aus den Bereichen Geschenk (von Nutzer:innen, Urheber:innen, Instituts- oder anderen Bibliotheken und weiteren Einrichtungen), Tausch (z. B. im Bereich der Hochschulschriften) und Pflicht (in Landes- und Nationalbibliotheken). Digitale kostenfreie Medien schließlich belegen nur Festplattenplatz: Hier kommt es z. B. für die (Zweit-)Veröffentlichung auf dem lokalen Dokumentenserver neben formalen Aspekten wie der Zugehörigkeit der Verfasser:innen zur Einrichtung ggf. auf die thematische Relevanz an, wenn das Fachreferat an Entscheidungen dazu beteiligt ist.

Informationsquellen für Erwerbungen/Neuerscheinungen

Es gibt verschiedene Wege, um an Informationen zu Neuerscheinungen zu gelangen, die für die Erwerbung interessant sein könnten.

Die Publikationsmarktbeobachtung basiert v. a. auf Verlagswerbung und Neuerscheinungsmeldungen über National- und Fachbibliographien, wie z. B. dem Neu-

2 Vgl. dazu z. B. den Beitrag von Henriette Rösch in diesem Band oder das Münsteraner Projekt zu mittelniederdeutschen Frühdrucken: https://www.uni-muenster.de/Germanistik/MNFD (14.3.2023).

3 Bezahlter und unbezahlter Zugang zusammengefasst, ohne Berücksichtigung von Pflichtexemplaren. Die elektronischen Medien umfassen auch Titel, die über Jahreslizenzen oder Evidence-Based-Acquisition-Pakete nur temporär zur Verfügung stehen.

erscheinungsdienst der DNB, der British National Bibliography oder thematischen Titellisten von Lieferanten. Während Verlage durchaus noch Papierprospekte versenden, ist der Umlauf gedruckter Listen in den meisten Bibliotheken wohl mittlerweile Geschichte und es wird mit Online-Listen oder speziellen Tools gearbeitet.[4] Die Neuerwerbungslisten von Fachinformationsdiensten (FID) und „Referenzbibliotheken" mit vergleichbarem Erwerbungsprofil können den Überblick gut ergänzen, ebenso wie Meldungen von Bibliotheken über neu lizenzierte elektronische Medien oder Neueintragungen ins Datenbankinformationssystem DBIS.[5]

Im Rahmen der Fachbeobachtung werden die aktuellen Entwicklungen in den betreuten Fächern verfolgt: Welche Themen sind neu, welche scheinen zurzeit nicht mehr so interessant zu sein, welche Aspekte sind „Dauerbrenner"? Nützlich hierzu sind z. B. Buchankündigungen und Rezensionen in Mailinglisten, Blogs oder auf Twitter oder Mastodon Call for Papers und Programme von Fachtagungen oder Neuerscheinungen in einschlägigen Verlagen.

Über die Studierenden und die Fachwissenschaftler:innen der eigenen Einrichtung gibt es dann einen fließenden Übergang zur Nutzer:innenbeoachtung: Woran arbeiten die „eigenen" Wissenschaftler:innen, worüber schreiben Studierende Hausarbeiten, was sind die Schwerpunkte in Lehre und Forschung der Einrichtung? Anschaffungsvorschläge und Fernleihen geben am direktesten Hinweise auf „akuten lokalen Literaturbedarf"[6], Vorlesungsverzeichnisse und Instituts-/Fachbereichswebsites informieren über aktuelle Lehrveranstaltungen und Forschungsinteressen, ebenso wie Blogs und Tweets von Wissenschaftler:innen oder auch direkte Gespräche z. B. im Zuge von Neuberufungen oder Projektstarts.

Entscheidungskriterien

Für die Entscheidung über die Anschaffung neu erschienener Werke oder auch älterer Titel, die zur Schließung von Bestandslücken dienen könnten, gibt es verschiedene Kriterien, die zum Teil für sich stehen, zum Teil aber auch in Beziehung oder sogar Widerspruch miteinander.

Die inhaltliche Passung ist oft der erste Ansatzpunkt: Wird das behandelte Thema vom Erwerbungsprofil der Bibliothek abgedeckt? Diese Profile, die es von „grob formuliert" bis „ausgefeilter Conspectus-Plan" gibt, sollten mit Blick auf die Entwicklung

4 Vgl. z. B. das Tool ELi:SA („Erwerbungsportal für Literatur: Sichtung und Auswahl") des hbz: https://www.hbz-nrw.de/produkte/eli-sa oder die Münsteraner Eigenentwicklung eines Bibliographienservices: https://prezi.com/tlw59gwovr9n/ (7.12.2022).

5 Vgl. dazu z. B. den Aggregator „Bibliothekswelt": https://bibliothekswelt.de (7.12.2022) und die Übersicht über Neueinträge in DBIS: https://dbis.ur.de/dbinfo/dbliste.php?lett=k&nuid=0&days_ahead=30 (7.12.2022).

6 Der „Erwerbungs-Vorschlags-Assistent" (EVA) des hbz ist hierfür ein sehr praktisches Werkzeug: https://www.hbz-nrw.de/produkte/fernleihe/erwerbungsvorschlagsassistent-eva (7.12.2022).

in den Fächern (neue Themen, Schwerpunkte vor Ort), aber auch in der Bibliothek (Budget, Platz) regelmäßig angepasst werden. Bei zweischichtigen Bibliothekssystemen ist ggf. zu entscheiden, ob ein Titel besser in die Zentral- oder die Fachbereichs-/Institutsbibliothek passt.

Außerdem kann der „Herkunftsweg" der Information über das Werk interessant sein: Einen per Anschaffungsvorschlag gemeldeten oder per Fernleihe bestellten Titel erwirbt man vielleicht eher, weil es dafür zumindest von einem Nutzer Bedarf gibt, als ein Werk, das einem in einem Verlagsprospekt begegnet ist, über dessen „Brauchbarkeit" man unentschlossen ist und das man dann eher nicht „auf Verdacht" kauft. Auch Titel „an den Rändern des Erwerbungsprofils" können als Anschaffungsvorschlag eher zum Kauf in Frage kommen als der Eintrag auf einer Neuerscheinungsliste.

In welcher Form ist ein passender Titel verfügbar, und was kostet welche Ausgabe? Immer mehr Bibliotheken verfolgen eine E-first- oder eine E-only-Strategie und kaufen daher gedruckte Medien nur noch in den Fällen, in denen keine elektronische Version lizenzierbar ist. Während E-Books und E-Journals deutlich besser verfügbar sind und Regalstellfläche sparen, können disziplinspezifische Publikations- und Rezeptionsgewohnheiten dafür sprechen, doch (auch) gedruckte Ausgaben zu kaufen, ebenso wie Überlegungen zu ihrer längerfristigen materiellen Verfügbarkeit oder ihrer „Fernleih-Tauglichkeit". Wird ein Titel (auch) in gedruckter Form gekauft, ist zu überlegen, ob ein Exemplar genügt oder – z. B. bei stark nachgefragten Lehrbüchern – Staffelexemplare sinnvoll sind.

Es kann immer noch passieren, dass ein Verlag zwar eine elektronische Ausgabe anbietet, sie von der Bibliothek aber nicht erworben werden kann: weil es keine Campus-Lizenz gibt, ein Titel nur im Rahmen eines großen Pakets erhältlich ist (das nicht komplett lizenziert werden soll) oder nur unter Berücksichtigung einer Mindestbestellmenge (die angesichts des übrigen Verlagsangebotes nicht erreicht werden kann) oder weil das E-Book um ein Mehrfaches teurer ist als das gedruckte Buch. Ist ein Titel elektronisch lizenzierbar, stellen sich weitere Fragen: Gibt es einen unbeschränkten Zugriff, oder können nur 1–n Nutzer oder gar nur ein einzelner gleichzeitig zugreifen? Kann das Werk vollständig heruntergeladen werden oder nur „häppchenweise" oder gar nicht? Steht dafür eine PDF-Datei zur Verfügung oder nur ein anderes Format, aus dem nicht seitengenau zitiert werden kann?

Das Aufkommen von E-Book- und E-Journal-Paketen hat in den letzten Jahren wohl die größten Änderungen für Erwerbungsentscheidungen im Fachreferat mit sich gebracht: Statt über Einzelfälle muss man über die Zusammensetzung solcher Pakete nachdenken und abwägen, ob die gut passenden Titel in einem sinnvollen Verhältnis zum „Beifang" der nicht so interessanten Titel und zum verfügbaren Budget stehen. Schwieriger wird ggf. auch die Kostenteilung solcher Anschaffungen zwischen mehreren Fachreferaten einer Bibliothek oder zwischen der Bibliothek und Instituten oder Fachbereichen, die sich an der Anschaffung beteiligen sollen oder wollen: Große interdisziplinäre Pakete lassen sich nicht mehr so einfach „verrechnen" wie kleinere fachspezifische Sammlungen und verlangen daher nach der gemeinsamen Entwicklung von Finanzierungsmodellen zwischen Bibliothek, Fachreferat und Instituten.

Im Fall von EBA-/EBS-Modellen („Evidence-based acquisition/selection"), in denen eine größere Menge von E-Medien in das Suchinstrument einer Bibliothek eingespielt wird, den Nutzer:innen z. B. für ein Jahr vollständig zur Verfügung steht und am Ende der Vertragslaufzeit eine bestimmte Anzahl von Titeln dauerhaft lizenziert wird, ist zu entscheiden, ob die „Übernahmetitel" rein nach Nutzungszahlen oder (auch) nach inhaltlichen Erwägungen ausgewählt werden. Hier kann sich also die Erwerbungsentscheidung teilweise oder komplett vom Fachreferat zu den Nutzer:innen verlagern – oft ohne, dass die Nutzer:innen von ihrem Beitrag überhaupt wissen.

Einen weiteren Sonderfall elektronischer Medien stellen Open-Access-Titel dar: Sollen sie im lokalen Suchinstrument verzeichnet werden, und soll, wenn verfügbar, ein gedrucktes Exemplar erworben werden? Während für den ersten Aspekt eine breite Abdeckung über automatische Verfahren wünschenswert wäre, ist der zweite eher disziplin- und ortsspezifisch und damit im Einzelfall zu entscheiden. Aber auch eine finanzielle Beteiligung von Bibliotheken an Open-Access-Publikationen ist seit einigen Jahren möglich: Während die Unterstützung von Infrastrukturangeboten wie arXiv.org, DOAJ oder PKP eher aus zentralen Bibliotheksmitteln gezahlt werden, kann die Beteiligungen an Crowdfundings, die oft thematische Medienpakete umfassen, über die Etats von Fachreferaten laufen. Allerdings verlangt diese Form der Erwerbung ein Umdenken, da man ja keinen „direkten Gegenwert" erhält, wenn nicht ein Programm z. B. auch jeweils ein gedrucktes Exemplar der geförderten Titel umfasst. Neben solchen gemeinschaftlichen Finanzierungen über mehrere Einrichtungen wäre im Prinzip auch die Beteiligung eines Fachreferats am Publikationsfonds der eigenen Einrichtung denkbar.[7]

Auch audiovisuelle Medien bewegen sich seit einigen Jahren zwischen analoger und digitaler Welt und werfen damit Fragen zu Kauf, Lizenzierung und Nutzbarkeit auf. Musik- oder VHS-Kassetten sind von CDs und DVDs abgelöst worden, die relativ leicht erworben und zur Nutzung (auch per Fernleihe) bereitgestellt werden können. Allerdings gibt es zum Beispiel auf der Nutzerseite immer weniger Laptops mit CD-/DVD-Laufwerk, und es gibt Werke, die nur noch über Streamingplattformen verfügbar sind. Für diese Plattformen ergeben sich dann ähnliche Probleme der Lizenzierung wie bei E-Books und E-Journals – Gibt es eine Campus-Lizenz? Wie viele Nutzer:innen haben zeitgleich Zugriff? Ist eine Offline-Nutzung möglich? – und auch der Auswahl: Kaum eine Bibliothek kann es sich leisten, alle verfügbaren Plattformen dauerhaft zu

7 So sind z. B. die Beteiligungen der ULB Münster an verschiedenen Finanzierungsrunden aus Fachetats erfolgt: https://www.uni-muenster.de/Publizieren/open-access/aktivitaeten/ › Kooperationen (7.12.2022). Vgl. zum Thema Open Access & Fachreferat z. B. auch: Rösch, Henriette: Analysieren, Prozessieren, Kommunizieren: Neue Qualifikationen und Tätigkeitsprofile für Bibliotheken im Zuge der Open-Access-Transformation. In: b. i. t. online (2022) H. 3. S. 241–246. https://www.b-i-t-online.de/heft/2022-03-fachbeitrag-roesch.pdf (7.12.2022).

lizenzieren.[8] Vergleichbare Fragen stellen sich auch für andere Spezialmedien wie z. B. Notenmaterial.

Nicht-erworbene Medien

Wird ein Medium nicht angeschafft, weil es nicht ins Erwerbungsprofil passt, nicht lizenzierbar, zu teuer oder – auch das kommt heute noch vor – vergriffen und nicht antiquarisch beschaffbar ist, werden die Benutzer:innen in den meisten Fällen davon nicht erfahren, es sei denn, sie wollen genau auf so einen Titel zugreifen. Kann ein:e Fachreferent:in durch die Erläuterung eines spezifischen Bedarfs vielleicht doch noch zur Erwerbung überredet werden, gilt es, im Falle einer Nicht-Anschaffung die/den Benutzer:in dennoch bestmöglich zu versorgen: Ist das gewünschte Werk über Fernleihe verfügbar? Gibt es andere Bibliotheken vor Ort, die für einen Anschaffungsvorschlag dort in Frage kämen, wie z. B. Stadtbüchereien für Belletristik oder Ratgeberliteratur? Der Umstand, dass die meisten Bibliotheken mittlerweile über einen Online-Katalog verfügen, macht auch diesen Aspekt der Nutzerkommunikation einfacher als früher.

Deakquisition/Deakzession

Zum Fachliteratur-Bestandsmanagement gehört neben dem Erwerben auch das Aussondern. Meist getriggert durch Platzmangel oder die Zusammenlegung von Bibliotheken ist zu entscheiden, welche (gedruckte) Literatur als entbehrlich angesehen wird und somit dem Zugriff der Nutzer:innen entzogen werden kann. Ist das im Fall dubletter Bestände innerhalb der Bibliothek bzw. des Bibliothekssystems noch relativ einfach, weil meistens ein Exemplar verbleibt und nur mehrfach vorhandene Exemplare aussortiert werden, ist es bei unikalen Beständen nur schwer möglich, pauschale Kriterien zur Aussonderung festzulegen: Was macht für das jeweilige Fach einen „attraktiven", aktuellen Bestand aus? Wieviel historische Forschung findet vor Ort statt, sprich, wieviel ältere Literatur wird regelmäßig benötigt? Sollten Vorauflagen neu aufgelegter Werke zu Vergleichszwecken aufbewahrt werden oder genügt für Einzelfälle die Versorgung über andere Bibliotheken vor Ort oder per Fernleihe? Sind von grundlegenden Werken die vorhandenen Staffelexemplare noch notwendig? Können Monografien, die auch elektronisch vorhanden sind, aus den Regalen genommen werden, oder ist das Leseverhalten der Hauptnutzer:innengruppe noch sehr „papiergebunden"? Könnten dann zumindest ein paar Zeitschriften-Jahrgänge ausgesondert werden, für die es einen Online-Zugriff gibt?

---

8 Für Herbst 2023 ist im Verlag De Gruyter ein „Praxishandbuch Film in Bibliotheken" angekündigt, das über dieses Problemfeld hoffentlich einen umfassenden Überblick geben wird.

Das Aufkommen von elektronischen Medien und die Entwicklung von Plattformen und Lizenzierungen, die einen dauerhaften Zugriff ermöglichen, hat der Papier-Aussonderung in den letzten Jahren sicherlich in vielen Bibliotheken einen Schub verliehen. Während ein Mangel an Stellfläche in den Bibliotheksregalen als Auslöser in der nächsten Zeit an Bedeutung verlieren könnte, weil weniger gedruckte Medien angeschafft werden, könnte die Strategie, Platz für Nutzer:innenarbeitsplätze zu schaffen, indem Regale abgebaut werden, noch über eine längere Zeit nach Auslagerungs- oder Aussonderungsüberlegungen verlangen.

Dublettenabgleiche sind – die vollständige Katalogisierung aller Medien in einem Bibliothekssystem vorausgesetzt – über entsprechende Listen einfacher möglich als früher, ebenso wie die Prüfung der Verfügbarkeit von Titeln per Fernleihe über Online-Kataloge wie dem Karlsruher Virtueller Katalog (KVK).

Erschließen: Literatur besser auffindbar machen

Um die Auffindbarkeit – und damit auch die Nutzung – der erworbenen Medien sowohl im Katalog und im Discovery-System als auch „im Regal" zu verbessern, werden sie durch Schlagwörter und/oder thematische Klassifikationen erschlossen. Zwar gibt es mittlerweile erste Verfahren maschineller Inhaltserschließung[9], doch sind diese noch nicht in der Lage, die manuelle Erschließung vollständig zu ersetzen – daher wird sie noch einige Jahre Teil des Aufgabenbereichs zumeist des wissenschaftlichen Bibliotheksdienstes bleiben.

Der Schwerpunkt der Erschließung liegt auf Neuzugängen, aber auch Altbestand kann betroffen sein, wenn z. B. im Zuge von Bestandszusammenlegungen auf eine andere Aufstellungssystematik umgestellt wird. Neben Büchern und Zeitschriften werden mittlerweile auch Datenbanken erschlossen, z. B. bei der Eintragung in DBIS.

Verbale Inhaltserschließung

Die Erschließung mit Schlagwörtern erfolgt idealerweise auf Basis von normiertem Vokabular wie der Gemeinsamen Normdatei (GND) oder Fachthesauri. Die Recherche nach passenden Schlagwörtern direkt in diesen Verzeichnissen oder indirekt über die Verschlagwortung des betreffenden Titels oder thematisch ähnlicher Werke durch andere Bibliotheken ist dank entsprechender Online-Recherchemöglichkeiten relativ einfach: Zum Beispiel über die OGND des Bibliotheksservice-Zentrums Baden-Württem-

---

9 Vgl. z. B.: Deutsche Nationalbibliothek: Automatisches Erschliessungssystem: https://www.dnb.de/ki-projekt (7.12.2022) oder: National Library of Finland: annif: https://annif.org (7.12.2022).

berg oder das Fachreferats-Tool der UB Mannheim[10] lassen sich Schlagwörter ermitteln, und mit dem Digitalen Assistenten DA-3 wird ein Tool entwickelt, das Vorschläge für die verbale (und auch die klassifikatorische) Erschließung machen und ihre Integration in den Geschäftsgang der Bibliothek unterstützen kann.[11] Ergänzt werden lokale Verschlagwortungen durch Übernahmen z. B. aus Verbundkatalogen.

Mit Blick auf die Vermittlung z. B. für die Recherche ist zu bedenken, dass in den meisten Fällen nur ein Teil des Bestandes einer Bibliothek mit Schlagwörtern erschlossen ist. Durch eine Suche nach oder eine Treffermengen-Filterung auf Schlagwörter werden daher z. T. große Bestandsbereiche ausgeblendet. Betroffen davon können – bereits seit Jahrzehnten – bestimmte formale Publikationstypen sein, wie z. B. Belletristik, graue Literatur oder Dissertationen; neuer ist die Problematik, dass E-Books in großen Paketen oder über entsprechende Plattformen ins Discovery-System eingespielte Open-Access-Publikationen aufgrund der Menge kaum einzeln erschlossen werden können. Veröffentlichungen auf universitären Repositories, die ja auch oft eingespielt werden, erhalten zwar häufig Schlagwörter, die aber von Autor:innen oder Herausgeber:innen selbst vergeben werden und daher meistens nicht normiert sind. Hier wäre aufgrund der überschaubaren Dokumentzahlen eine Anreicherung mit normierten Schlagwörtern durch die Fachreferate denkbar, um die Auffindbarkeit zu verbessern; für die großen Mengen im Bereich E-Book-Pakete oder Open Access müssen noch andere Methoden gefunden werden – ein potentieller Anwendungsbereich für automatisierte Verfahren.

In zweischichtigen Bibliothekssystemen wird meistens nur in der Zentralbibliothek, nicht aber in den Instituts- oder Fachbereichsbibliotheken erschlossen; die Titel in den dezentralen Bibliotheken erhalten nur Schlagwörter, wenn sie aus Fremddaten, z. B. aus Verbundkatalogen, übernommen werden können. Eine Zusammenarbeit dazu zwischen Fachreferent:innen und Wissenschaftler:innen in den Instituten wäre wünschenswert, scheitert aber oft am Zeitmangel auf beiden Seiten.

Klassifikatorische Inhaltserschließung

In der klassifikatorischen Erschließung kommen lokale Haussystematiken, Haussystematiken mit überregionaler Referenz-Bedeutung, Fachklassifikationen oder Universalklassifikationen wie wie RVK, GHBS oder DDC zum Einsatz.[12]

---

10 Vgl. https://swb.bsz-bw.de/ und https://data.bib.uni-mannheim.de/malibu/isbn/suche.html (14.3.2023).

11 Vgl. dazu z. B. Beckmann, Regine [u. a.]: Der Digitale Assistent DA-3: Eine Plattform für die Inhaltserschließung. In: o-bib (2019) Nr. 3. S. 1–20. DOI: https://doi.org/10.5282/o-bib/2019H3S1-20.

12 Regensburger Verbundklassifikation, Systematik der Gesamthochschulbibliotheken, Dewey Decimal Classification.

Ihre Systemstellen bzw. Notationen werden vor allem für die thematische Aufstellung gedruckter Bestände verwendet, können aber analog zu Schlagwörtern auch zur Recherche genutzt werden; für diese Anwendung kann dann auch mehr als eine Systemstelle angegeben werden, um verschiedene im Werk behandelte Aspekte oder Perspektiven abzubilden.

Abhängig von den jeweiligen Organisationsstrukturen obliegt das sogenannte Signieren, also das Zuweisen einer oder mehrere Systemstellen (und für die Aufstellung damit auch der Signatur) den Fachreferent:innen oder, in dezentralen Bibliotheken, den Bibliothekar:innen vor Ort bzw. den seitens der Institute dafür zuständigen Wissenschaftler:innen. Auch hier ist die Arbeit in den letzten Jahren einfacher geworden, weil Systematiken wenn nicht online, so doch oft zumindest in Dateiform vorliegen und ggf. notwendige Recherchen (In welcher Klasse stehen ähnliche Werke? Welche Art von Werken haben meine Vorgänger:innen oder andere Bibliotheken in dieser Klasse aufgestellt?) leicht online erfolgen und die oben erwähnten Programme wie der DA-3 oder das Mannheimer Tool Hilfestellung leisten können. Für komplexere Systematik-Arbeiten, wie z. B. dem Mapping einer Haussystematik auf die RVK, kann z. B. ColiConc[13] nützlich sein.

Waren Klassifikationen früher vor allem relevant für das thematische Browsen am Regal, können sie heute auch für die Literaturrecherche genutzt werden: Über eine Suche nach Notationen, nach trunkierten Signaturen oder, eleganter, über eine Online-Version der Systematiken, durch die man blättern kann.[14] Und auch die Frage „Was gibt es an neuer Literatur zu einem Thema?“ lässt sich heute nicht mehr nur durch die Beobachtung neu ins Regal gestellter Bände beantworten, sondern z. B. über das Abonnement einer Notations-Suche im Discovery-System – ein neueres Thema für die Vermittlung von Beständen.

Allerdings gilt auch hier, dass E-Books aus der Erschließung meistens herausfallen, weil sie nicht ins Regal gestellt werden. Für Fachreferent:innen ist hier also z. B. zu überlegen, ob zumindest einzeln lizenzierte Titel nicht nur mit Schlagwörtern, sondern auch mit den Notationen z. B. der eigenen Haussystematik oder der RVK erschlossen werden könnten.

Beiden Erschließungswegen ist gemeinsam, dass ihre Qualität und Konsistenz abhängig sind von denjenigen, die die Erschließung durchführen: Der menschliche Faktor sorgt dafür, dass über die Zeit Erschließungsgenerationen oder -sedimentschichten entstehen aufgrund von Unterschieden in Ausbildung, persönlichen Prinzipien, genutzten Werkzeugen, Zeitkontingenten und anderen Rahmenbedingungen.

---

13 Vgl. Verbundzentrale des GBV (VZG): coli-conc. https://coli-conc.gbv.de (7.12.2022).

14 Vgl. z. B. für die UB der Fernuni Hagen: https://www.ub.fernuni-hagen.de/systematik/ (14.3.2023) oder für die ULB Münster: https://www.ulb.uni-muenster.de/systematiken/ (14.3.2023).

Aufgabe im Fachreferat heute ist es also, sich im Rahmen der zur Verfügung stehenden Zeit mit den derzeit verfügbaren Tools so vertraut zu machen, dass die zu bearbeitenden Bestände bestmöglich erschlossen werden können.

Vermitteln: Literatur und Nutzer:innen zusammenbringen

Mit dem Erwerb, der Verzeichnung und der Erschließung sollte es aber noch nicht getan sein: Die Benutzer:innen sollten – möglichst auf verschiedenen Wegen – darüber informiert werden, was es Neues und für sie hoffentlich Interessantes im Bestand der Bibliothek gibt. Die Wege lassen sich unterscheiden in Pull- und Push-Methoden: Die Nutzer:innen müssen sich die Informationen entweder selbst abholen, oder sie werden ihnen „frei Haus" zugeschickt.

Der Klassiker in diesem Bereich ist wohl das Neuerwerbungsregal in einer Bibliothek: bewährt – aber nur für gedruckte Literatur, nur für einen gewissen Zeitraum und nur für Benutzer:innen, die regelmäßig in der Bibliothek am Regal vorbeischauen. Leichter verfügbar sind Neuerwerbungslisten auf der Website einer Bibliothek, die regelmäßig aktualisiert werden und heutzutage idealerweise nach Fachgebieten geordnet und abonnierbar sind. Allerdings sind sie weiten Teilen der Benutzerschaft nach wie vor kaum bekannt und auch hier stellen E-Book-Pakete wieder einen großen Bestandsbereich dar, der darüber kaum erfasst werdn kann: Sie werden meistens nur durch einen summarischen Hinweis à la „alle E-Books des Verlags XY stehen bis Ende kommenden Jahres vollständig zur Verfügung" vermeldet. Eine weitere kommunikative Herausforderung kann durch EBA-E-Book-Pakete entstehen: Wenn am Ende der Laufzeit eines solchen Paketes nur ein kleines Titelkontingent dauerhaft lizenziert wird und die anderen Titel aus dem Katalog verschwinden, kann dies für Nutzer:innen irritierend sein und durchaus für Verärgerung sorgen.

Über E-Mail-Alerts oder RSS-Feeds können Neuerwerbungslisten – ebenso wie Neue-Hefte-Meldungen von Zeitschriften, Neuzugänge-Listen auf Repositories und auch individuelle Suchanfragen im lokalen Discovery-System – von Pull- zu Push-Angeboten werden, wenn die Benutzer:innen sie in einem ersten Pull-Schritt abonnieren. Hier gibt es noch viel Potential für die Vermittlung z. B. durch Fachreferent:innen, um Services dieser Art bekannter zu machen.

Zahlreiche weitere Möglichkeiten, auf neu erworbene oder anderweitig interessante Bestände wie z. B. Digitalisate älterer Werke hinzuweisen, gibt es heutzutage mit den Aktuelles-Nachrichten bzw. dem Blog der Bibliothek oder ihren Social-Media-Kanälen[15] – Möglichkeiten, deren Nutzung wohl durchdacht werden will und Zeit kostet,

15 Zwei Beispiele: die Kategorie „Librarian's Choice" der Bibliothek der Universität für Musik und Darstellende Kunst Wien: https://www.bibliothek.mdw.ac.at/choice/ (7.12.2022), und die Reihe „Aus unseren Neuerwerbungen" im Fach-Blog der ULB Münster: https://www.ulb.uni-muenster.de/fachblog/archiv/category/neuerwerbungen (7.12.2022). Weitere Beispiele finden sich z. B. in: Voß, Viola u. Göran

aber dem Fachreferat eben auch Möglichkeiten zum Kontakt mit seinen Zielgruppen bietet.

Direkte Push-Benachrichtigungsmöglichkeiten sind regelmäßige Rundmails z. B. an Institute oder einzelne E-Mails an Wissenschaftler:innen, deren Lehr-/Forschungsschwerpunkte man kennt und für die man z. B. gerade ein potentiell interessantes Werk bestellt oder verschlagwortet hat. Im Vergleich zu anderen Kanälen nur ein „Tropfen auf den heißen Stein", aber zum Aufbau eines engeren Austausches sehr hilfreich.

Versorgung mit Fachinformationen jenseits von Büchern und Zeitschriften

Die Zurverfügungstellung von Fachliteratur in ihren unterschiedlichen Darreichungsformen macht je nach Fach und lokaler Ausprägung der Fachreferatsarbeit einen Großteil der Arbeit im Fachreferat aus. Es gibt aber auch zahlreiche andere Informationen, die für die Zielgruppen interessant sein können.

„Das Internet – unendliche Weiten ..."

Im Internet gibt es neben Nachrichten, Kochrezepten und Katzenvideos auch eine schier endlose Menge fachlicher Informationsangebote jenseits von zu kaufenden oder zu lizenzierenden Medien, die potentiell für die Nutzer:innen einer wissenschaftlichen Bibliothek interessant sein könnten: Websites, Blogs und Twitter/Mastodon-Accounts von Fachwissenschaftler:innen, Forschungseinrichtungen, Fachgesellschaften oder anderen fachlich relevanten Institutionen wie z. B. den Fachinformationsdiensten an Bibliotheken, Portale zu den verschiedensten Themengebieten, aber auch einzelne Blog-Posts, Podcast-Sendungen oder Dossiers zu spezifischen Aspekten aus Lehre, Studium und Forschung. Zur Illustration lassen sich zum Beispiel ein Interview zum Thema Restitution in der Musik, der Aufbau eines Fachsprachen-Lexikons aus aktuellem Anlass oder die Positionierung der DFG zu Open Science nennen.[16]

Für Studierende, Dozent:innen und Wissenschaftler:innen können solche Meldungen nicht nur zur Rezeption interessant sein, sondern auch als Anregungen für zukünftige eigene Veröffentlichungen jenseits der üblichen Publikationswege dienen.

Hamrin: Look what we've got for you! Promoting library collections. In: o-bib (2022) Nr. 2. S. 1–25. DOI: https://doi.org/10.5282/o-bib/5782.

16 Vgl. ULB Münster: FachBlog. https://www.ulb.uni-muenster.de/fachblog/archiv/6770 (7.12.2022); https://www.ulb.uni-muenster.de/fachblog/archiv/6689 (7.12.2022); DFG public: Tweet. 17.10.2022. https://twitter.com/dfg_public/status/1582004359172304897 (7.12.2022).

Bibliotheken – und in diesem Fall vor allem ihre Fachreferate – können auch in diesem Bereich kuratierend tätig werden und solche Angebote in ihre Sammlungen und Vermittlungsaktivitäten aufnehmen, zum Beispiel über Fachinformationsseiten, Bibliotheks-Blogs oder -Twitter/Mastodon-Accounts. Einige Angebote sind es auch wert, überregional gesammelt zu werden, indem sie z. B. in den Verzeichnissen des thematisch zuständigen FID verzeichnet oder in DBIS eingetragen werden.

Für Schulungen können solche Quellen als Beispiele für die Behandlung der Frage „Wie kann ich mich in meinem Fach auf dem Laufenden halten?" dienen und für die Vorstellung von Tools zu Recherche, Alerting und Monitoring.

Auch für Fachreferent:innen ergeben sich hier zahlreiche Möglichkeiten, mit relativ wenig Aufwand aktuelle Entwicklungen in den Fächern zu verfolgen und über ihre Vermittlung – die sich durchaus auch Richtung Wissenschaftskommunikation entwickeln kann[17] – weiteren Kontakt zur lokalen Zielgruppe herzustellen.

… aber auch: Vor der eigenen Bürotür

Neben der Versorgung der Studierenden und Wissenschaftler:innen der eigenen Hochschule oder Forschungseinrichtung mit Literatur und „Fachinformationen aller Art" sollte man als Fachreferent:in aber eben diese Hochschule oder Einrichtung auch nicht aus den Augen verlieren: Manchmal kann auch das „Kurzschließen" von Angehörigen ein hilfreicher Service der Bibliothek sein. So kann es zum Beispiel im Kleinen sein, dass eine neue Publikation einer Wissenschaftlerin aus Institut A für jemanden im Institut G interessant sein könnte, oder im Größeren arbeiten Wissenschaftler:innen in unterschiedlichen Fachbereichen an ähnlichen Themen oder mit ähnlichen Methoden, ohne voneinander zu wissen – in den Anfangszeiten des Service Center for Digital Humanities (SCDH) der ULB Münster zum Beispiel war das An-einen-Tisch-Bringen von Personen, die an der WWU Münster mit DH-Methoden arbeiten, ein erster wichtiger Schritt zum interdisziplinären Community Building, aus dem u. a. ein gemeinsamer Lehrgang entstand.[18]

Dass man auch die eigene Bibliothek, die angebotenen Services und die dafür zuständigen Kolleg:innen kennen sollte, versteht sich wohl von selbst. Je größer eine Einrichtung, desto arbeitsteiliger: In der Bibliothek der Autorin müssen z. B. nicht alle Fachreferent:innen alle Details zum Forschungsdatenmanagement, zu Digital Huma-

17 Vgl. z. B. Robrecht, Michèle: Positionsbestimmung wissenschaftlicher Bibliotheken in der externen Wissenschaftskommunikation am Beispiel des Fraunhofer-Fachinformationsmanagements. Master-Arbeit. Köln 2022. DOI: https://doi.org/10.24406/publica-303 oder Gebert, Björn: Digitale Wissenschaftskommunikation. In: Digitale Fachdidaktiken in den Kulturwissenschaften. Hrsg. von Gerrit Jasper Schenk. Darmstadt: TUprints 2020. S. 281–302. DOI: https://doi.org/10.25534/tuprints-00017207.

18 Vgl. Universität Münster, Bereich Digital Humanities: Zertifikat Digital Humanities der WWU Münster. https://www.uni-muenster.de/DH/cdh/dh-zertifikat/ (7.12.2022).

nities oder zu Open Access selbst kennen, sondern sie können ggf. an die in diesen Bereichen schwerpunktmäßig tätigen Kolleg:innen weiterverweisen – und sich von ihnen bestimmte Aspekte oder aktuelle Entwicklungen zur eigenen Fortbildung erläutern lassen.

Und während sich Wissenschaftler:innen mit Fachkolleg:innen in aller Welt vernetzen, können Bibliothekar:innen auf ein Netzwerk von Kolleg:innen auch an anderen (nicht nur FID-)Bibliotheken zurückgreifen mit ihren spezifischen Kenntnissen, Beständen und Services als Anregung für die eigene Arbeit, aber auch zur „Amtshilfe“, falls man mal mit einer Fragestellung vor Ort nicht weiterkommt.[19]

Fazit

Das Feld der Literatur- und Informationsversorgung im Fachreferat umfasst also weiterhin einige traditionelle Aufgaben, zu deren Bearbeitung in den letzten Jahren zahlreiche praktische digitale Werkzeuge entwickelt wurden, sowie einige Aufgaben, die neu dazugekommen sind.[20]

Fachreferent:innen sichten Neuerscheinungen in einem größeren Umfang, als Wissenschaftler:innen das tun, sie betreiben versiert Literatur- und Faktenrecherche, sie entdecken aktuelle Internetangebote und bringen sie „an den/die Nutzer:in“, sie haben einen Überblick über Institute, Forschungsprojekte und Kooperationen vor Ort und können bei Bedarf auf kompetente Kolleg:innen in der eigenen und in anderen Bibliotheken zurückgreifen. Damit können sie dem Vernetzungsgedanken folgen, den z. B. Tappenbeck oder Kranich et al. formuliert haben[21] – „Moving from Collecting to Connecting“ –, ohne aber das nach wie vor wichtige Sammeln aufzugeben. Das klassische Fachreferat kann so zum Liaison Librarianship werden, und die Bibliothek entwickelt sich von einem Haus mit vielen Bücherregalen immer mehr zum Information Hub.

Die Medienlandschaft wird sich zukünftig noch weiter Richtung E-Medien verschieben, aber das Ende des gedruckten Buches ist noch nicht absehbar, nicht nur, weil sich Lesegewohnheiten für längere Texte nur langsam ändern, sondern auch, weil es wohl auch in den kommenden Jahren noch Verlage geben wird, die keine E-Books oder keine (bezahlbaren) Campus-Lizenzen anbieten.

---

19 Die Autorin dankt ihren Kollegen Björn Gebert und Peter Schubert für den Austausch zu den in diesem Beitrag vorgestellten Aspekten.

20 Vgl. dazu z. B. auch: Kultur Management Network/Gebert, Björn: Berufsbilder im Kulturbereich: Abteilungsleitung einer wissenschaftlichen Bibliothek. https://www.kulturmanagement.net/Themen/Berufsbilder-im-Kulturbereich-Abteilungsleiter-einer-wissenschaftlichen-Bibliothek,4049 (7.12.2022).

21 Vgl. Tappenbeck, Inka: Fachreferat 2020: from collections to connections. In: Bibliotheksdienst (2014) H. 1. S. 37–48. DOI: https://doi.org/10.1515/bd-2015-0006; Kranich, Nancy [u. a.]: Moving from Collecting to Connecting: Articulating, Assessing, and Communicating the Work of Liaison Librarians. In: Libraries and the Academy (2020) H. 20. S. 285–304. DOI: https://doi.org/10.13532Fpla.2020.0015.

Für Erwerbung und Vermittlung stehen viele Kanäle zur Verfügung. Das bringt mehr Aufwand für Einarbeitung und Nutzung mit sich, aber auch mehr Ertragsmöglichkeiten im Kontakt mit den Zielgruppen. Der Austausch mit den Kolleg:innen anderer Fachreferate in der eigenen wie auch in anderen Bibliotheken und mit den Kolleg:innen der Erwerbungsabteilung sowie der Open-Access-Servicestelle erweitert sich um Aspekte neuer Erwerbungstools und -kriterien sowie Lizenzierungs- und Finanzierungsfragen.

Die dafür benötigten allgemeinen Kompetenzen umfassen eine gute Selbstorganisation und „Kondition", um Daueraufgaben zu erledigen – z. B. das Abarbeiten des steten Stroms von Neuerscheinungen und zu verschlagwortenden Neuerwerbungen, das Sich-auf-dem-Laufenden-Halten zu Entwicklungen in den Fächern, in der eigenen Hochschule usw. – und eine gute Auffassungsgabe für komplexe Sachverhalte, wie z. B. Lizenzbedingungen oder Beteiligungsmöglichkeiten an Open-Access-Crowdfundings. Systemisches Denken hilft dabei, gedruckte Bestände, Online-Angebote, Bibliothek(en) und die unterschiedlichen Zielgruppen zusammenzubringen, Erklär- und Kommunikationskompetenz wird benötigt für die Vermittlung z. B. der (Nicht-)Erwerbungskriterien oder der Problematiken rund um E-Book-Lizenzierungen. Eine gewisse Technik-Affinität kann bei der Einarbeitung in neue digitale Werkzeuge rund um das Fachreferat natürlich nicht schaden: Die Arbeitsschritte, die noch mit Stift und Papier erledigt werden, werden immer weniger – in allen Bereichen der Bibliothek und so auch im Fachreferat.

Kenntnisse der betreuten Fächer helfen bei der Literaturauswahl und -erschließung, für die kompetente Beantwortung von Nutzer:innen-Anfragen oder für die Entwicklung von Angeboten zur Förderung der fachlichen Informationskompetenz: Man kennt die Arbeitsweisen in den jeweiligen Disziplinen, typische Themenstellungen für Prüfungsleistungen und Forschungsfragen oder auch Traditionen im Zitieren und Bibliographieren. Muss man Fächer betreuen, die man nicht selbst studiert hat und die vielleicht auch nicht mit den eigenen Studienfächern verwandt sind, verlangt das natürlich eine gewisse Einarbeitung, die Aufwände mit sich bringt. Doch auch für die eigenen ehemaligen Studienfächer gilt, dass man sich umso mehr auf dem Laufenden halten muss, je länger die eigene Studienzeit zurückliegt. Neben rein fachlichen Aspekten muss man aber auch die sich wandelnden Rahmenbedingungen der Arbeit in der immer digitaler werdenden Wissenschaft im Blick behalten. Von Open Access und Open Science über Fragen des Urheberrechts und des Forschungsdatenmanagements bis hin zu hybrider und rein virtueller Lehre oder den Digital Humanities gibt es zahlreiche Themen, die für Wissenschaftler:innen neben der Rezeption von Literatur relevant sind und für die Bibliotheken ja auch Informationen und Beratung bereitstellen.

Man muss also auch mit Blick auf das eigene Haus „up to date" bleiben und die Strukturen und Zuständigkeiten in der Bibliothek kennen, darf aber auch die Endanwender:innensicht nicht aus den Augen verlieren: In welchen Bibliothek(sbereich)en findet man gedruckte Literatur zu welchen Fächern? An wen im Haus kann man bei Detailfragen zu Forschungsdaten weiterverweisen? Wie funktioniert die Ausleihe mit dem neuen Bibliotheksmanagementsystem und wie die Nutzung von E-Books via VPN?

Hilfreich für die Ausbildung dieser Kompetenzen sind Kommunikationsfreude und Aufgeschlossenheit den unterschiedlichen Zielgruppen gegenüber, Entscheidungsfreudigkeit – man kann nicht über jede Erwerbung oder Verschlagwortung 30 Minuten nachdenken –, Interesse an den vertretenen Fächern und Neugier auf Menschen, Medien und Technologien.

Henriette Rösch

Bestand entwickeln und auffindbar machen

Abstract: Unter den Bedingungen der digitalen Verfasstheit des überwiegenden Teils der wissenschaftlichen Literatur sowie den Implikationen der Open-Access-Transformation verändern sich die Aufgaben im Kontext der Bestandsentwicklung. Indem er analoge und digitale, dauerhafte und zeitlich begrenzte, erworbene und freie Literatur zusammenführt, kuratiert und organisiert, wird der Bibliothekskatalog zum zentralen Instrument und gleichzeitig zum Ausweis einer einrichtungsspezifischen Bestandsentwicklung. Bestandsentwicklung muss daher immer auch als Katalogentwicklung (und umgekehrt) gedacht werden – sowohl hinsichtlich Frage, was der Katalog nachweisen soll als auch wie dieser Nachweis erfolgen soll. Für den wissenschaftlichen Dienst kommen daher im Kontext der Bestandsentwicklung neben der Erwerbung neue Themenfelder hinzu wie die Usability von Katalogfrontends, die Anreicherung von Katalogdaten, die Beschäftigung mit neuen Publikationsformaten und deren Integration oder die Einbindung Digitaler Sammlungen.

Keywords: Metadaten, Bibliothekskatalog, Suchmaschinenindex, Digitale Sammlungen

Kurzbiografie: Henriette Rösch (ORCID: https://orcid.org/0000-0002-7249-4316) ist seit 2017 Leiterin des Bereichs Bestandsentwicklung und Metadaten an der Universitätsbibliothek Leipzig, in der sie auch von 2013 bis 2017 als Open-Access-Referentin tätig war. Henriette Rösch hat an der Universität Leipzig Politikwissenschaften, Journalistik und Religionswissenschaften studiert und in Politischer Theorie promoviert.

Bestandsentwicklung ist Katalogentwicklung

Bestandsentwicklung ist – so die Prämisse des folgenden Beitrags – die praktische Umsetzung der Aufgabe, eine für die Nutzer:innen adäquate Literaturversorgung zu ermöglichen. Bestandsentwicklung ist damit kein Selbstzweck, sondern ordnet sich der Funktion der Bibliothek unter und muss sich veränderten Rahmenbedingungen anpassen.

Was dabei überhaupt unter dem Begriff *Bestand* zu verstehen ist, hat sich in den vergangenen 25 Jahren deutlich verändert. Drei große Entwicklungen lassen sich hierbei beobachten, die den Bestandsbegriff immer weiter weg von der konventionellen Vorstellung des für die Ewigkeit erworbenen Printexemplars führen:

1. Der überwiegende Teil des Bibliotheksbestandes liegt in elektronischer/digitaler Form vor: Das, was in den Regalen der Bibliotheken steht, macht damit nur einen geringen Anteil des Bestandes aus.

https://doi.org/10.1515/9783110790375-004

2. Bestand ist nicht mehr als dauerhafter Besitz zu denken: Unterschiedliche Lizenzierungs- und Vertragsmodelle ermöglichen auch zeitlich begrenzte Formen des Literaturzugangs.
3. Bestand ist nicht mehr unmittelbar an Erwerbung (Kauf, Lizenzierung, Geschenk) gebunden: Open-Access-Publikationen und frei verfügbare Digitalisate historischer Bestände sind integraler Bestandteil der Literaturversorgung.

Bestand heute ist das, was eine Bibliothek an Literatur für ihre Nutzer:innen *auffindbar* und *zugänglich* macht – unabhängig davon, ob sie die Ressourcen in ihren Regalen stehen hat, wer sie ausgewählt hat, für welchen Zeitraum diese zur Verfügung stehen, ob sie selbst digitalisiert wurden oder wer für sie bezahlt hat.

Der Bestand einer Bibliothek bemisst sich damit nicht an der Anzahl von Bänden oder den Umfang von Lizenzen, sondern an seiner Zusammenführung und Vermittlung über den Bibliothekskatalog. *Auswahl* und *Nachweis* von Literatur rücken damit eng zusammen – oder anders formuliert: Bestands*entwicklung* und Bestands*vermittlung* liegen übereinander. Der Katalog, als Such- und Findemaschine relevanter Literatur für die Einrichtung, organisiert und kuratiert die Fülle an Literaturzugängen. Erst der Katalog repräsentiert den Bestand einer Einrichtung.

Bestandsentwicklung ist damit immer auch Katalogentwicklung – sowohl hinsichtlich der Frage, *was* im Katalog recherchierbar ist, als auch, *wie* die Inhalte organisiert und präsentiert werden. Welche Implikationen sich aus diesem Ansatz von Bestandsentwicklung auf das Aufgabenfeld und Rollenverständnis des wissenschaftlichen Dienstes ergeben, soll im Folgenden umrissen werden.

Wie ist der Bestand im Katalog organisiert?

Der Übergang in der Erwerbung von Papier zu elektronischen Zugängen ist längst ein alter Hut[1] und die daraus resultierenden Aufgaben bei der Auswahl und Evaluation von elektronischen Produkten sind fester Bestandteil klassischer Fachreferatsarbeit.[2] Diese erworbenen elektronischen Bestände waren aber noch lange Zeit in der Bestandsvermittlung über den Katalog von den übrigen Beständen separiert und nur über Spezialsysteme oder die Verlagsplattformen selbst recherchierbar. Erst mit der Ablösung der OPAC-Systeme durch Suchmaschinen und Discovery-Systeme[3] wurden diese im Katalog zusammengeführt.

---

1 Vgl. Bonte, Achim: Wirtschaftliche Bestandsentwicklung bei elektronischen Publikationen. Lösungsansätze der Universität Heidelberg. In: Bibliothekdienst (1997) H. 6. S. 1108–1115.

2 Siehe in diesem Band dazu die Beiträge Thomas Nachreiner bzw. von Thomas Nachreiner, Karolin Bubke, Sonja Rosenberger und Jana Mersmann.

3 Vgl. Bertelmann, Roland [u. a.]: Bibliothekssuchmaschine statt Bibliothekskatalog. In: Bibliotheksdienst (2007) H. 12. S. 1302–1306. Siehe auch: Pfeffer, Magnus u. Heidrun Wiesenmüller: Resource Dis-

Die digitale Verfügbarkeit der Literatur birgt aus der Perspektive der Bestandsentwicklung also nicht nur die Herausforderung, nach welchen Kriterien, mit welchen Geschäftsgängen und welchen Verteilungsmodi Lizenzen erworben werden, sondern auch, wie diese elektronischen Bestände eine Einheit mit dem klassischen Printbestand bilden.

Mit Einführung der Suchmaschinentechnologie und der Suchmaschinenindizes gab es eine weitere einschneidende Veränderung: Die Inhalte von (elektronischen) Zeitschriften wurden auch auf Artikelebene erschlossen und indexiert. Damit erhöhte sich das Volumen der Titelnachweise in Bibliothekskatalogen erheblich. Neben die Aufgabe einer Zusammenführung des elektronischen und gedruckten Bestandes tritt damit die Anforderung, die große Anzahl der Nachweise so zu organisieren und zu präsentieren, dass dies für die Nutzer:innen praktikabel bleibt.

Einige Kataloge deutscher Hochschulbibliotheken unterscheiden noch nach den früheren OPAC-Beständen (Printbestand, erworbene E-Books und Zeitschriften auf Titelebene) und den Inhalten, die aus Artikelindizes und andere Quellen kommen. So werden etwa getrennte Sucheinstiege angeboten[4] oder zur Auswahl gestellt, ob man statt über alle Daten nur im OPAC-Bestand suchen will.[5] Andere Bibliothekskataloge aber verzichten auf diese Trennung und bieten stattdessen verschiedene Möglichkeiten des Filterns an, um die große Menge der Suchergebnisse handhabbarer zu machen.

In jedem Fall rückt die Frage der Organisation und Darstellung des Bestandes vor dem Hintergrund der verschiedenen Quellen seiner Metadaten sowie des wachsenden Umfangs der Nachweise ins Blickfeld der Bestandsentwicklung. Für den wissenschaftlichen Dienst bedeutet dies, dass die Katalogentwicklung nicht externen Firmen oder reinen IT-Projektteams überlassen kann, sondern von diesem konzeptionell und fachlich mitgetragen werden muss. Der wissenschaftliche Dienst muss ein genuines Interesse haben, dass der Katalog „Glanzleistung“[6] der Bibliothek bleibt, indem er die für eine Einrichtung relevanten Ressourcen auf eine Weise organisiert und präsentiert, die ihn einladend, intuitiv benutzbar und unverzichtbar machen.

---

covery Systeme. In: Handbuch Informationskompetenz. 2. Aufl. Hrsg. von Wilfried Sühl-Strohmenger. Unter Mitwirkung von Martina Straub. Berlin, Boston: De Gruyter Saur 2016. S. 105–114.

4 Siehe den Katalog der UB Bielefeld, der drei getrennte Sucheinstiege anbietet: Bibliothekskatalog/Artikel & mehr/BASE. https://katalogplus.ub.uni-bielefeld.de (18.10.2022). In dieser Trennung scheint noch eine Hierarchie der Bestände durch, in der der Printbestand den Kern bildet und Open Access (Base) den äußeren Rand.

5 Die SUB Göttingen bietet diese Möglichkeit: Niedersächsische Staats- und Universitätsbibliothek Göttingen: GöDiscovery. https://discovery.sub.uni-goettingen.de (18.10.2022).

6 Knoche, Michael: Die Glanzleistung der Bibliothekare sind doch die Kataloge – Gespräch mit Prof. Dr. Ulrich Johannes Schneider, Direktor der Universitätsbibliothek Leipzig (Teil 2). In: Aus der Forschungsbibliothek Krekelborn. Veröffentlicht: 30. Nov. 2020. Aktualisiert: 13. Dez. 2020. https://biblio.hypotheses.org/2133 (4.10.2022).

Was kommt im Katalog zusammen?

Solange Erwerbung und Bestandsnachweis deckungsgleich waren, stellte sich die Frage, was in den Katalog soll, nicht. Die Inventarisierung entsprach dem Bestandsnachweis und umgekehrt.[7] Mit der Verfügbarkeit einer wachsenden Vielfalt freier Inhalte und dem Einsatz von Suchmaschinenindizes aber tritt die Frage, welche Inhalte, Quellen, Ressourcen im Katalog nachgewiesen werden sollen, ins Zentrum der fachwissenschaftlichen Arbeit des wissenschaftlichen Dienstes. Ebenso wie über Budgets erworbene Literatur nach fachlicher Relevanz und Bedarf ausgewählt wird, muss auch der Markt frei verfügbarer Inhalte (wie Open-Access-Repositorien, -Plattformen, -Zeitschriften und digitale Sammlungen[8] anderer Einrichtungen) gesichtet und hinsichtlich der Relevanz für die Literaturversorgung der Einrichtung bewertet werden. So sollte beispielsweise nicht nur grundsätzlich entschieden werden, *ob* die Inhalte von Preprint-Servern in den Katalog aufgenommen werden, sondern auch, *für welche Fächer* das sinnvoll ist und welche hier die relevantesten Repositorien sind. Die Kenntnis fachspezifischer Publikations- und Rezeptionskulturen ist eine unverzichtbare Voraussetzung für diese Aufgabe. Eine weitere – infrastrukturelle – Voraussetzung dafür ist die einrichtungsspezifische Konfigurierbarkeit und Flexibilität des Suchmaschinenindizes, die eine granulare Auswahl von Quellen und Kollektionen erlauben muss sowie definierte Workflows der Datenprozessierung vorhält.[9]

Was gehört noch in den Katalog?

Rezeptions- und Publikationskulturen verändern sich gegenwärtig rasant, neue Publikationsorte und -formate sind nicht nur Gegenstand der Forschung, sondern auch Orte wissenschaftlichen Publizierens. So werden Bibliotheken zunehmend mit neuen Formaten konfrontiert, mit denen sie lernen müssen umzugehen. Wissenschaftliche Blogbeiträge, Lehrvideos, Videospiele, Podcasts oder auch Forschungssoftware lassen sich noch halbwegs mit herkömmlichen Katalogisierungswerkzeugen erfassen und nachweisen. An Grenzen geraten bibliothekarische Erfassungs- und Identifikatorensysteme bei Veröffentlichungen, die keine Grenzen haben: z. B. Artikel, die online diskutiert und immer wieder verändert werden, Karten mit verlinkten und sich ändernden Inhalten, interaktive Bücher, kollaborative Veröffentlichungen ohne eindeutige

---

7 Vgl. Rösch, Henriette: Open Access als Zumutung für die Erwerbung. Auswirkungen der Open-Access-Transformation auf die Erwerbungs- und Bestandspolitik der Bibliotheken. In: b. i. t. online (2019) H. 3. S. 213–216.

8 Gemeint sind hier gemeinfreie digitalisierte historische Bestände.

9 Vgl. Rösch, Henriette: Der finc-Suchmaschinenindex als strategisches Instrument der Bestandsentwicklung. In: „Bibliotheken verändern“. 7. Bibliothekskongress (zugl. 108. Deutscher Bibliothekartag). 18.–21. März. Leipzig 2019. urn:nbn:de:0290-opus4-163113 (18.10.2022).

Autorenschaft usw. Aufgabe des wissenschaftlichen Dienstes in diesem Zusammenhang ist es – wenn man so will – am Puls der Zeit zu sein, zu beobachten, welche neuen Publikationsorte und -formate entstehen und gemeinsam mit den Metadatenspezialist:innen Konzepte für einen Nachweis zu entwickeln und zu erproben.

Wie können Katalogdaten angereichert und verknüpft werden?

Wenn man Bestandsentwicklung und Bestandsvermittlung über den Katalog zusammendenkt, ist es nicht weit zur Fragestellung, wie der nachgewiesene Bestand kontextualisiert werden kann mit anderen vorhandenen Informationen. Das heißt zum einen, wie (inhaltliche) Beziehungen der Ressourcen untereinander her- und dargestellt werden können und zum anderen, wie sie sinnvoll mit anderen (externen) verfügbaren Daten verknüpft, angereichert und annotiert werden können („enhanced Publications“[10]).

Eine erste Antwort darauf sind Normdaten, eine zweite Linked (Open) Data, eine dritte Technologien zur automatischen Sacherschließung. Alle Konzepte sind nicht mehr ganz jung.[11] Doch einen Bibliothekskatalog, dem es etwa gelingt, Sekundärliteratur und Primärliteratur einer Autorin, dazugehörige Forschungsdaten, Zitationsdaten, Digitalisate historischer Ausgaben, den Wikipedia-Eintrag zur Person und ähnliche Literatur vollständig zu verknüpfen und übersichtlich darzustellen, gibt es so vermutlich noch nicht.

Das Themenfeld ist groß und hinsichtlich der benötigten Kenntnisse voraussetzungsreich. Gleichwohl ist es keinesfalls nur eine Spielwiese für Nerds, sondern ragt in die Bestandsentwicklung mit hinein. Denn je größer die Anzahl der Nachweise und Informationen wird, umso wichtiger ist es, diese nicht nur unverbunden aneinanderzureihen, sondern Kontexte und Beziehungen zu zeigen.

Welche Rolle spielen zeitlich begrenzte Ressourcen?

Ist etwas „von Bestand“, dann ist es dauerhaft und zuverlässig. Diese Konnotation schwingt auch im Konzept der Bestandsentwicklung – stärker noch im Bestandsaufbau – mit, schaut man hier in die etwas ältere Literatur.[12] Ungewollte Verluste und

---

10 Degkwitz, Andreas: Digitale Sammlungen – Vision eines Neubeginns. In: Bibliothek, Forschung und Praxis (2014) H. 3. S. 411–416.

11 Siehe: Danowski, Patrick u. Adrian Pohl (Hrsg.): Open Linked Date in Bibliotheken. Berlin: De Gruyter 2013 (Bibliotheks- und Informationspraxis 50); Keller, Alice: Einstellung zur (automatischen) Sacherschließung in deutsch- und englischsprachigen Ländern. In: Bibliotheksdienst (2015) H. 8. S. 801–813.

12 Vgl. Kommission des Deutschen Bibliotheksinstituts für Erwerbung und Bestandsentwicklung. Expertengruppe Bestandsentwicklung in wissenschaftlichen Bibliotheken: Bestandsaufbau und Erwer-

auch systematische Aussonderungen gab es bereits im Printzeitalter, so dass es auch hier kein Ewigkeitsversprechen gab. Doch inzwischen steht ein nicht unerheblicher Teil des Bestandes nicht dauerhaft zur Verfügung. Anders als bei Verlusten und Aussonderungen ist der temporäre Charakter von einigen Erwerbungsarten durchaus von Vornherein intendiert: EBS-Modelle laufen aus, Datenbanken werden nur für ein Semester lizenziert und Streamingangebote ändern permanent ihr Portfolio.

Gerade in Zeiten begrenzter Erwerbungsetats bedeutet Bestandsentwicklung damit auch zu prüfen, wann ein zeitlich begrenzter Bezug sinnvoll ist. Dabei – und hier kommt wieder der Katalog ins Spiel – besteht die Herausforderung, den temporären Charakter der Inhalte transparent zu machen. Denn ein Teil der Nutzer:innen erwartet durchaus, dass das E-Book, das vor einem Monat zur Verfügung stand, auch morgen noch zugänglich sein wird.

Warum gehören die Digitalen Sammlungen zur Bestandsentwicklung?

In den meisten Einrichtungen sind die Digitalen Sammlungen, also die digitalisierten historischen Bestände der Einrichtung, nicht in der Erwerbungs- bzw. Bestandsentwicklungsabteilung angesiedelt. Die Auswahl der zu digitalisierenden Objekte folgt häufig der Logik von Förderprogrammen oder geschieht anlassbezogen (z. B. Jubiläen, Ausstellungen). Der Nachweis und die Präsentation der Digitalisate erfolgt zu einem großen Teil über materialspezifische Systeme.[13]

Diese Besonderheiten sollten keinesfalls aufgegeben, aber vielleicht ergänzt werden um eine Perspektive der Bestandsentwicklung, respektive Literaturversorgung der Einrichtung. Konkret heißt das: Historische Bestände kontextualisieren aktuelle Literatur und umgekehrt. Digitalisate historischer Bestände (der eigenen und anderer Einrichtungen) gehören in den Katalog.[14] Wer zu Max Weber forscht, kann so neben dessen Veröffentlichungen und Sekundärliteratur auch digitalisierte Dokumente aus seinem Nachlass finden und muss dafür nicht zwingend Spezialsysteme konsultieren.

Es heißt auch, dass das klassische Fachreferat mit den für sein Fach vorhandenen historischen Beständen an der Einrichtung vertraut sein sollte, wissen sollte, wo es Anschlussmöglichkeiten an die Forschung und Lehre der Einrichtung gibt, um im Sinne der Literaturversorgung Digitalisierungsprojekte anzuregen und zu begleiten.

---

bungspolitik in universitären Bibliothekssystemen. Versuch einer Standortbestimmung. Berlin 1994; oder Spary, Christiane: Bestandsaufbau und Erwerbungspolitik in universitären Bibliothekssystemen der neuen Bundesländer. Halle (Saale) 1998 (Schriften zum Bibliotheks- und Büchereiwesen Sachsen-Anhalt 71).

13 Knoche, Die Glanzleistung der Bibliothekare (wie Anm. 6).

14 Natürlich können die Digitalisate der eigenen historischen Bestände zusätzlich auch als eigenständige Digitale Sammlung präsentiert und organisiert werden. Zum Thema Digitalisierung siehe auch die Beiträge von Thomas Stäcker und Ute Olliges-Wieczorek in diesem Band.

Bestandsentwicklung bleibt Bestandsentwicklung

Löst man das Konzept der Bestandsentwicklung so weit von einer Bedeutung des vorsorgenden, dauerhaften und systematischen Aufbaus von physischen Ressourcen wie hier skizziert, liegt es nahe, für diese Aufgabe einen neuen Begriff einzuführen, um sich von den überkommenen Konnotationen des alten abzugrenzen.

Dass hier aber der Weg gewählt wurde, den Begriff aufzubohren beziehungsweise auszuweiten, ist darin begründet, dass im Konzept der Bestandsentwicklung eine Kernaufgabe und ein Alleinstellungsmerkmal der Bibliothek kondensiert sichtbar wird. In Abgrenzung zum Betrieb (kommerzieller) Suchmaschinen und Plattformen für Ressourcen, ist bibliothekarische Bestandsentwicklung die planvolle, bedarfs- und nutzerorientierte, fachlich kuratierte und in der Datenqualität optimierte Zusammenführung von für die einrichtungsspezifische Literaturversorgung benötigten Ressourcen. In dieser Kernaufgabe einer durch die Bibliothek kuratierten Literaturversorgung besteht die Kontinuität des Konzepts Bestandsentwicklung, auch wenn die Umsetzung heute unter anderen Voraussetzungen, innerhalb anderer Rahmenbedingungen und mit anderen Instrumenten als vor fünfzig Jahren erfolgt.

Caroline Leiß

Informationsservices passgenau anbieten

Abstract: Passgenau ist ein Informationsservice, wenn er Kund:innen zielgruppenspezifisch und konkret bei der Arbeit mit Informationen und Daten unterstützt. Mitarbeiter:innen in Bibliotheken, die in Informationsservices tätig sind, stehen im engen Kontakt zu Studierenden und Forschenden. Sie informieren und beraten zu Services der eigenen Einrichtung sowie zu Lern- und Forschungsinfrastrukturen innerhalb und außerhalb der Bibliothek. Sie sind Lots:innen inmitten einer zunehmend komplexen und unübersichtlichen Informations- und Datenlandschaft. Sie begleiten Studierende dabei, Literatur für Studium und Abschlussarbeiten zu recherchieren, strukturiert zu verwalten und korrekt zu zitieren. Forschende begleiten sie während des gesamten Forschungszyklus und unterstützen sie bei komplexen Informationsrecherchen, beim Forschungsdatenmanagement sowie rechtlichen und strategischen Fragen bei der Veröffentlichung von Forschungsergebnissen. Der Beitrag stellt dar, wie die Konzeption und Einführung von passgenauen Informationsservices gelingen kann.

Keywords: Informationskompetenz, Schulungsprogramm, Informationsservices, Digitale Transformation, Service-Entwicklung

Kurzbiografie: Caroline Leiß studierte Germanistik und Slavistik und promovierte in slavistischer Literaturwissenschaft. Sie absolvierte ihr Bibliotheksreferendariat in Konstanz und München und arbeitet seit 2003 an der Universitätsbibliothek der Technischen Universität München in verschiedenen Aufgabenbereichen, darunter ab 2011 als Leitung der Abteilung "Informationsdienste" und Koordination des Teams Bibliometrie. Im Juni 2023 übernahm sie die Leitung der Universitätsbibliothek.

Einführung

Die digitale Transformation hat zu umfassenden Änderungen im Bereich der Informationsservices geführt. Informationen, Suchinstrumente, Lern- und Forschungsumgebungen sowie Kommunikationskanäle haben sich im Zuge des digitalen Wandels grundlegend verändert. Das Handlungsspektrum von Bibliotheksmitarbeiter:innen, die für Informationsservices zuständig sind[1], ist vielfältiger geworden und verbindet traditionelle analoge Tätigkeiten mit neuen digitalen Services.[2]

---

1 Unter Informationsservices wird im Folgenden das Schulungs- und Beratungsangebot einer Bibliothek verstanden. Vgl. dazu auch die Beiträge von Oliver Schoenbeck, von Susanne Kundmüller-Bianchini u. Eva Besgen bzw. von Ute Engelkenmeier in diesem Band.

2 Ein wesentlicher Bereich im Aufgabenspektrum der Informationsservices wird auch mit dem Begriff „Teaching Library“ bezeichnet. Einen Überblick über Aufgabenspektrum und Organisation, wie

https://doi.org/10.1515/9783110790375-005

Wie kann die Entwicklung eines passgenauen Angebots von Informationsservices gelingen? Orientierung können die folgenden Leitfragen geben:

1. Welches Ziel haben die geplanten Services?
2. Welche Zielgruppen sollen erreicht werden?
3. Wie sehen die Anforderungen der einzelnen Zielgruppen aus?
4. Welche konkreten Dienstleistungen sollen angeboten werden?
5. Mit welchen Einrichtungen sind Kooperationen möglich?
6. Ressourcen: Welche Ausgangssituation ist vorhanden? Was wird benötigt?
7. Wie könnte ein passgenaues Angebot von Informationsservices aussehen?
8. Wie lassen sich Rollenverständnis und Kompetenzen der Person beschreiben, die für die Entwicklung passgenauer Informationsservices verantwortlich ist?

Die nachfolgenden Überlegungen gehen exemplarisch von der Situation an einer mittleren bis großen Universitätsbibliothek aus, können aber auch auf andere Bibliothekstypen übertragen werden.

Welches Ziel haben die geplanten Services?

Eine mit allen Beteiligten abgestimmte Zielformulierung ist eine wesentliche Voraussetzung für die erfolgreiche Entwicklung eines neuen Services. Das Ziel sollte konkret, messbar, realistisch und terminiert sein. Vorgesetzte (Bibliotheksleitung, Hochschulleitung) müssen informiert sein und das Ziel unterstützen. Auch Personen, die bei der Erreichung des Ziels mitwirken, sollten die Zielsetzung kennen und mittragen.

Ein ehrgeiziges Ziel für die Entwicklung passgenauer Informationsservices könnte zum Beispiel lauten: „In zwei Jahren ist ein Schulungsangebot vorhanden, das alle Wissenschaftler:innen der Einrichtung während des gesamten Forschungszyklus unterstützt.“ Ein überschaubareres Ziel könnte lauten: „In drei Monaten wird der deutschsprachige Citavi-Kurs auch auf Englisch angeboten.“ Oder: „Zum Beginn des Wintersemesters werden alle Schulungsveranstaltungen für Promovierende auf den Seiten des Graduiertenzentrums verlinkt.“

Je nach Umfang und Komplexität des geplanten Angebots an Informationsservices kann es sinnvoll sein, ein umfassendes Projektmanagement zu etablieren und Meilensteine zu definieren. Bei weniger komplexen Zielen kann es ausreichend sein, niederschwellig Absprachen zu treffen und Aufgaben zu verteilen. In jedem Fall ist es erforderlich zu klären, was in welchem Zeitrahmen und in welcher Reihenfolge realisiert werden soll.

---

sie sich 2015 dargestellt haben, gibt: Franke, Fabian: Aufgaben und Organisation der Teaching Library. In: Praxishandbuch Bibliotheksmanagement. Hrsg. von Rolf Griebel, Hildegard Schäffler u. Konstanze Söllner. Berlin, Boston: De Gruyter Saur 2014. S. 495–512.

Welche Zielgruppen sollen erreicht werden?

Damit ein Service passgenau wird, muss festgelegt werden, welche Zielgruppen es an einer Hochschule gibt und welche erreicht werden soll. In einem zweiten Schritt sollten relevante Merkmale der Zielgruppe erfasst werden. Drittens sollte geklärt werden, über welche Einrichtungen der Hochschule, über welche Kontaktpersonen und Kommunikationskanäle die Zielgruppe erreicht werden kann.

Eine Liste von Zielgruppen an einer Hochschule könnte so aussehen:

Studierende (Bachelor und Master)

Bachelorstudierende eher deutschsprachig; Masterstudiengänge überwiegend englischsprachig, hoher Anteil internationaler Studierender; erreichbar über Studierenden-Service-Center und Fachschaften

Promovierende

Überwiegend englischsprachig, häufig nicht vor Ort; organisiert in Graduate Schools (dort auch Angebot an überfachlichen und fachlichen Fortbildungen); erreichbar über Graduate Schools

Postdocs

Hoher Publikations- und Leistungsdruck, starke Fluktuation, häufig nicht vor Ort, überwiegend englischsprachig, in der Regel in der Lehre aktiv (Multiplikator:innen); erreichbar über Referat für Forschungsförderung.

Nach diesem Schema können alle Zielgruppen beschrieben werden – etwa Professor:innen, weitere interne Kund:innengruppen wie zum Beispiel Verwaltungsbeschäftigte[3] oder externe Nutzer:innen.

Wie sehen die Anforderungen der einzelnen Zielgruppen aus?

Ausgangspunkt von Zielformulierungen können Vorgaben oder Aufträge übergeordneter Stellen oder explizit formulierte Bedarfe sein. Beispielsweise könnte eine Biblio-

3 Leiß, Caroline: Ungewöhnliche Kundengruppe? Informationskompetenz-Veranstaltungen für die Universitätsverwaltung. In: o-bib. Das offene Bibliotheksjournal (2014) Nr. 1. DOI: https://doi.org/10.5282/o-bib/2014H1S110-116.

thek den Auftrag der Hochschulleitung erhalten, einen Kurs zur Vermittlung bibliometrischer Grundlagen für Doktorand:innen und wissenschaftliche Mitarbeiter:innen zu entwickeln. Ein Beispiel für einen explizit formulierten Bedarf wäre eine Studierendenbefragung, in der ein großer Anteil der Befragten einen Schulungskurs für ein von der Hochschule lizenziertes Literaturverwaltungsprogramm wünscht. In beiden Fällen ergibt sich das Ziel aus expliziten Anforderungen und kann davon ausgehend konkretisiert und operationalisiert werden. Oft ist der Ausgangspunkt für eine Serviceentwicklung jedoch ein vermuteter Bedarf. Zum Beispiel könnte eine für die Serviceentwicklung zuständige Bibliothekarin mutmaßen, dass Studierende ein Kurs- und Beratungsangebot zum richtigen Zitieren nutzen würden. Einen solchen neuen Service würde man probeweise anbieten und die Nachfrage evaluieren müssen. Je besser der Bedarf bekannt ist, desto passgenauer kann das Serviceangebot entwickelt werden. Im besten Falle können die späteren Kund:innen bereits in den Entwicklungsprozess integriert und ihre Erwartungen unmittelbar in das Servicedesign einbezogen werden.

Jeder Entscheidung für einen Service muss die Auseinandersetzung mit der Frage vorausgehen, wie das neue Angebot im Gesamt-Portfolio verortet ist. In aller Regel ist es nicht zielführend, ohne diese Abwägung auf singuläre Anforderungen zu reagieren oder die Verstetigung von Services zuzusagen. Beispielsweise könnte eine Bibliothek mit dem Wunsch umliegender Schulen konfrontiert sein, Workshops zur fachlichen Literaturrecherche für Oberstufenschüler:innen anzubieten. Der Bedarf ist aller Voraussicht nach immens – Schulen wollen und schätzen diesen Service! Andere Bedarfe, die weniger explizit an die Bibliothek herangetragen werden, jedoch genauso wichtig oder sogar noch wichtiger sind, können dabei zu kurz kommen.

Welche konkreten Dienstleistungen sollen angeboten werden?

Informationsservices können verschiedene Dienstleistungen umfassen. Welche Services zur Erreichung des Ziels beitragen, hängt von Zielgruppe, Thema, Ressourcen und Infrastruktur ab.[4]

Das Spektrum von Informationsservices könnte die folgenden Komponenten umfassen:

- Führungen sind ein wichtiger Bestandteil im Serviceportfolio. Ob Präsenz oder online („Foto-Führungen"), sie bieten grundlegende Informationen für alle Biblio-

4 Neuere theoretische Auseinandersetzungen mit Informationsservices wie etwa das Framework for Information Literacy bieten Anregungen für die eigene Programmentwicklung: vgl. Schoenbeck, Oliver [u. a.]: Themenschwerpunkt „Framework for Information Literacy for Higher Education". In: o-bib. Das offene Bibliotheksjournal (2021) Nr. 2. DOI: https://doi.org/10.5282/o-bib/5704. Und: Franke, Fabian [u. a.]: Themenschwerpunkt „Information Literacy Threshold Concepts". In: o-bib, Das offene Bibliotheksjournal (2017) Nr. 1. DOI: https://doi.org/10.5282/o-bib/2017H1.

theksbenutzer:innen. Neben allgemeinen Führungen sind zielgruppenspezifische Führungen möglich – entweder für spezielle Kundengruppen (z. B. Mitarbeiter:innen in der Universitätsverwaltung) oder mit fachlicher Ausrichtung (z. B. Erstsemesterführungen für Architekturstudierende).

- Schulungen (Kurse, Workshops) können als kurze Informationsveranstaltungen oder halb- bzw. ganztägige Workshops konzipiert werden, als eigenständige Bibliotheksveranstaltungen oder integriert in Curricula. Online-Veranstaltungen ermöglichen ortsunabhängige Teilnahme und erlauben große Teilnahmezahlen.[5]
- Selbstlernmaterialien bieten Mehrwert durch die Flexibilität ihrer Nutzung. Digitale Selbstlernkurs in Lern-Management-Systemen wie Moodle erweitern das Kursangebot und können durch Selbsttests ergänzt werden. Spielerische Elemente oder Verfahren des Peer Learning lassen sich integrieren. Gerade wenn große Zielgruppen erreicht werden sollen, müssen Selbstlernmodule in Betracht gezogen werden. Mehrere hundert Studierende einer großen Fakultät können nicht mit Präsenzkursen versorgt werden. Ein digitaler Selbstlernkurs mit Erklärvideos, Übungsaufgaben, Peer-Review-Anteilen, Multiple-Choice-Tests und einem Begleitangebot an individueller Beratung erfordert Aufwand bei der Erstellung, ist im laufenden Betrieb aber mit weniger Ressourceneinsatz verbunden.
- Individuelle Beratungen (Sprechstunden) zu den im Schulungsprogramm vermittelten Themen ermöglichen intensive Kundenbetreuung und können das Schulungsangebot ergänzen. Sie binden jedoch sehr viel Zeit und sollten für vertiefende Beratungen reserviert sein. Um Anfragen entsprechend zu filtern, empfiehlt es sich, die Vereinbarung einer Sprechstunde an bestimmte Voraussetzungen zu knüpfen und eine Anmeldung vorzuschalten, in der die anfragende Person ihr Thema sowie bereits geleistete Vorarbeiten benennt.
- Unterstützung bei Systematic Reviews: Nochmals deutlich personalintensiver sind komplexe Beratungsprozesse etwa bei Systematic Reviews. Hier werden über einen längeren Zeitraum und in enger Zusammenarbeit mit Wissenschaftler:innen geeignete Datenbanken identifiziert, fachliche Recherchen konzipiert und in mehreren Durchgängen optimiert. Es handelt sich um eine sehr zeitintensive gemeinsame Entwicklung von standardisierten, regelgeleiteten Rechercheverfahren inklusive der Protokollierung von Suchschritten und Teilergebnissen.

Zur Konzeption eines konkreten Informationsservices gehört weit mehr, als ein Angebot inhaltlich zu erarbeiten. Auch die organisatorischen Rahmenbedingungen müssen geschaffen werden. Je vielfältiger das Schulungsprogramm, je größer die Zahl der Kur-

5 Zu digitalen Lehrangeboten siehe: AG Informationskompetenz im Bibliotheksverbund Bayern: Förderung von Informationskompetenz in der digitalen Lehre: Herausforderungen und Empfehlungen. Dezember 2020. In: Bibliotheksforum Bayern (2021) H. 3. S. 56–61. https://www.bibliotheksforum-bayern.de/fileadmin/archiv/2021-3/BFB-3-21_015_Franke_et_al._Foerderung_von_Informationskompetenzt_in_der_digitalen_Lehre_BVB_01.pdf (30.8.2023).

se und Teilnehmenden, desto wichtiger sind klar strukturierte, standardisierte und automatisierte Abläufe rund um den eigentlichen Kurs.
Dazu können die folgenden Komponenten beitragen:

- Präsenz auf Webseite, Werbung: Der Kurs muss bekannt gegeben werden. Auf der Webseite der Einrichtung sollte ein eigener Bereich für Informationsservices geschaffen werden, der alle Informationen über Kurse, Führungen und Beratungen bündelt. Alle Angebote sollten hier mit Inhaltsbeschreibung, Zielgruppen, Zugangsvoraussetzungen und Link zur Anmeldung aufgeführt sein. Kurstermine können über den Social-Media-Auftritt der Bibliothek zusätzlich beworben werden, hilfreich sind Kommunikationskanäle zu Fachschaften oder anderen Multiplikator:innen.
- Einbindung in Curricula: Neben den proaktiv von der Bibliothek angebotenen Veranstaltungen kann es Anfragen von Lehrstühlen oder Studiengängen nach individuell maßgeschneiderten Kursen für bestimmte Zielgruppen geben. Hier sollte eine entsprechende Routine eingeführt werden: An wen wenden sich Anfragen? Wer bearbeitet diese? Wer kümmert sich um die Kommunikation zwischen Anfragenden und Kursdozent:innen? Je besser die Abläufe vorbesprochen sind, desto leichter können auch gehäufte Anfragen bearbeitet und bedient werden.
- Anmeldeverfahren und Teilnahmeverwaltung: Automatisierung ist alles! Je weniger Schritte händisch erfolgen, desto besser. Idealerweise wird eine Software für die Teilnahmeverwaltung verwendet, in der sich Interessierte über ein Formular anmelden und eine automatisch generierte Antwort erhalten, die ihnen einen Platz im Kurs oder auf der Warteliste bestätigt. Wenn Teilnehmende sich selbstständig abmelden können und eine automatisierte Nachrückfunktion in der Warteliste installiert ist, müssen Kursorganisator:innen sich nicht um Fluktuation in der Anmeldeliste kümmern. Alle Teilnehmenden sollten über das Anmeldetool mit einer Sammelmail erreichbar sein, damit Kursdozent:innen nötige Informationen verteilen können.
- Teilnahmebestätigungen: Teilnahmebestätigungen können sich zu einer enormen Arbeitslast auswachsen, wenn es um Hunderte von Personen geht. Auch hier gibt es automatisierte Verfahren, etwa durch den Einsatz von Serienbriefen oder entsprechenden Modulen in Lern-Management-Systemen, in denen Teilnahmebestätigungen erstellt und heruntergeladen werden können. Geklärt werden muss, wer überhaupt eine Teilnahmebestätigung erhält: Reicht beispielsweise bei Webinaren die bloße Teilnahme aus? Oder muss zusätzlich ein Test absolviert werden?
- Kursverantwortliche/Dozierende: Wer eine konkrete Schulung hält, sollte vor der Veranstaltung möglichst weitgehend von organisatorischen Tätigkeiten entlastet werden. Hier bietet sich eine Aufgabenteilung an. Für jeden Kurstyp übernimmt eine Person als „Kursverantwortliche" die Gesamtorganisation. Sie ist dafür zuständig, den Kurs zu konzipieren, Lehr- und Lernmaterialien zu erstellen, ggf. ins Englische zu übersetzen und zu aktualisieren, den Kurs auf der Webseite einzutragen, ihn zu bewerben, den Anmeldestand im Blick zu haben, mit den Teilneh-

menden zu kommunizieren sowie Teilnahmelisten und Teilnahmebestätigungen zu erstellen. Für die Durchführung der Kurse wird – sofern die personellen Ressourcen es ermöglichen – im Idealfall ein Dozententeam mit mehreren Personen gebildet. Die Kursdozent:innen können sich auf die Durchführung des Kurses konzentrieren. Wenn mehrere Personen denselben Kurs halten, können sie sich über Lehrerfahrungen und Weiterentwicklung des Kurses austauschen. Bei Präsenzterminen mit vielen Teilnehmenden oder bei Webinaren können sich zwei Dozierende die Kursleitung teilen.

– Qualitätssicherung und Evaluierung: Rund um das Schulungsangebot sollten Routinen der Qualitätssicherung und Evaluierung eingeführt werden. Zur Evaluierung der Kurse werden im besten Falle standardisierte und automatisiert auswertbare Online-Bewertungsformulare eingesetzt, mit denen die Teilnehmenden Feedback geben können. Lehrende sollten die Möglichkeit haben, Fortbildungen zu didaktischen Methoden, Moderation oder Präsentationstechniken zu besuchen, durch kollegiale Unterrichtsbesuche voneinander zu lernen[6] oder ihr inhaltliches Wissen zu vertiefen.
– Geschäftsgänge oder Prozessbeschreibungen: Um die Komplexität eines großen Schulungsprogramms mit vielen involvierten Personen und Vorgängen möglichst effektiv zu organisieren, sollten Geschäftsgänge oder Prozessbeschreibungen erarbeitet werden, die alle Abläufe strukturiert darstellen und den Beteiligten als Leitfaden dienen.

Mit welchen Einrichtungen sind Kooperationen möglich?

Für die Entwicklung von Informationsservices sollte eruiert werden, welche anderen Einrichtungen im eigenen Haus Unterstützung für Studierende und andere Zielgruppen anbieten. Das eigene Programm kann nur nachhaltig sein, wenn es gut in die bestehende Infrastruktur eingebettet ist und sich alle Angebote einer Hochschule ergänzen. Unklare Zuständigkeiten ebenso wie gedoppelte Services führen bei den angesprochenen Zielgruppen zu Verwirrung und verringern für alle anbietenden Seiten die angestrebte Sichtbarkeit und Profilschärfe. Vielleicht gibt es ein Didaktik-Zentrum mit Kursangebot, fakultätsinterne Kurse zum wissenschaftlichen Arbeiten, ein Schreib-, Sprachen- oder Rechenzentrum mit Kurs- oder Beratungsangebot. Wenn ein Bereich bereits prominent durch einen anderen Anbieter besetzt ist, sollte man mit allen Beteiligten vorsondieren, ob die Schaffung eines eigenen Angebots von den Ent-

6 Vgl. Lemke, Dorothea u. Caroline Leiß: Qualitätssicherung für die Lehre: Ein Supervisionsprojekt von Universitätsbibliothek und hochschuldidaktischem Zentrum der TUM. In: o-bib. Das offene Bibliotheksjournal (2022) Nr. 9. S. 1–13. DOI: https://doi.org/10.5282/o-bib/5858.

scheidungsträger:innen unterstützt wird und die Investition von Ressourcen zielführend ist.

Auch externe Angebote können eingebunden werden. Eventuell gibt es geeignete Open Educational Resources, oder andere Bibliotheken haben Kursmaterialien entwickelt, die nachgenutzt werden können.

Je konkreter es darum geht, eigene Services zu entwickeln und zu etablieren, desto wichtiger werden die Entscheidungsnetzwerke um diese Services herum. Wer verfügt über Ressourcen, Geld, Infrastruktur? Wer muss für die eigenen Pläne gewonnen werden, muss diese unterstützen und langfristig auch gegen konkurrierende Interessen verteidigen? Andere Stellen in der Hochschule können maßgeblich zur Akzeptanz und Nutzung der Angebote beitragen – etwa, wenn fachliche Graduiertenzentren Schulungen der Bibliothek in ihre Programme aufnehmen, wenn die Ombudsstelle für gute wissenschaftliche Praxis die Kurse der Bibliothek zum Zitieren und zur Plagiatsvermeidung kennt und bewirbt oder wenn alle Anbieter von Kursen rund um studentisches Lernen und Arbeiten ihre Angebote gegenseitig verlinken.

Ressourcen: Welche Ausgangssituation ist vorhanden? Was wird benötigt?

Um zu konkretisieren, welche Ressourcen gebraucht werden, muss bekannt sein, worauf die Bibliothek zum gegebenen Zeitpunkt zurückgreifen kann. Welches Wissen ist bereits vorhanden? Welche technische Infrastruktur gibt es schon? Sind Schulungsräume, Schulungs-PCs oder -Notebooks vorhanden? Haben Schulungsteilnehmer:innen Zugang zum Internet? Gibt es eine Webinar-Software, hausinterne Unterstützung im Bereich Didaktik, ein Lern-Management-System mit entsprechendem Support? Wie viele Bibliotheksmitarbeiter:innen sind bisher im Arbeitsbereich Informationsservices beschäftigt?

Wie viele Personen erforderlich sind, um eine bestimmte Zahl von Kursen zu halten oder eine bestimmte Menge an Teilnehmenden zu versorgen, lässt sich nicht pauschal sagen. Manche Kurse werden mehr oder weniger unverändert wiederholt, andere erfordern jedes Mal erneut umfangreiche Vorbereitungen. Bei Webinaren mit vielen Teilnehmenden bewährt es sich, wenn zwei Personen sich die Aufgaben teilen, um parallel zum Unterrichtsgeschehen kontinuierlich den Chat zu betreuen.

In jedem Fall ist es sinnvoll, ein Team von Personen zu haben, die den Schulungsbereich als ihre Kernaufgabe oder wesentlichen Teil ihrer Tätigkeit ansehen und sich kontinuierlich und mit entsprechendem Zeitbudget in diesem Bereich einbringen. Alle, die im Schulungsbereich mitwirken, müssen neben inhaltlicher Expertise in den jeweiligen Kursthemen Freude am Unterrichten haben, und sie benötigen ausreichend Zeit, um sich selbst fortzubilden, Kurse vorzubereiten und zu halten.

Wie könnte ein passgenaues Angebot von Informationsservices aussehen?

Kehren wir zurück zum beispielhaft formulierten Ziel: „In zwei Jahren ist ein Schulungsangebot vorhanden, das alle Wissenschaftler:innen der Einrichtung während des gesamten Forschungszyklus unterstützt."
Dieses Angebot könnte beispielsweise so aussehen:

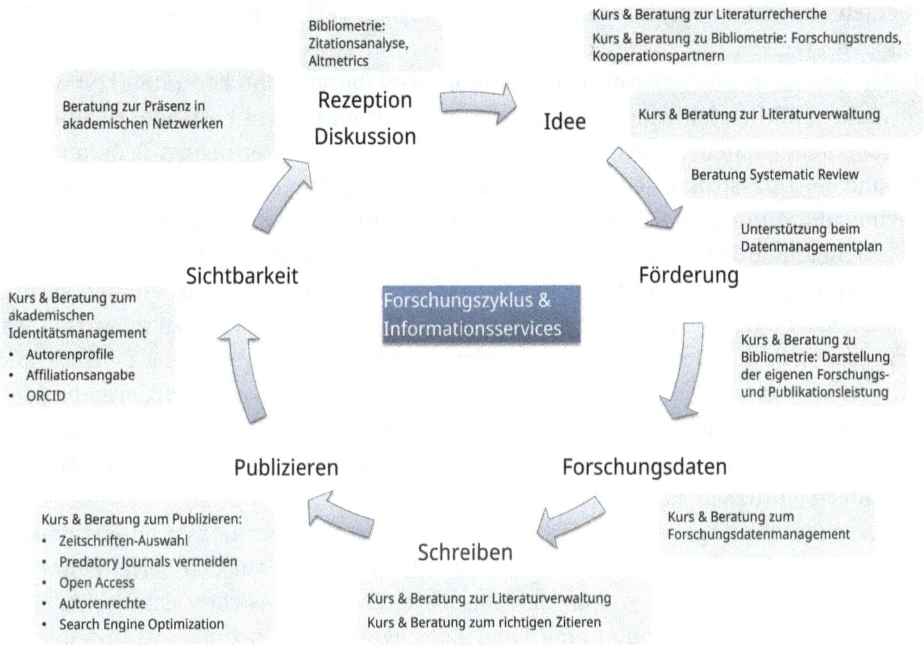

Abb. 1: Informationsservices entlang des Forschungszyklus

Je nach Zielgruppen und Rahmenbedingungen vor Ort sind weitere Services vorstellbar, etwa Beratung zu Patenten und Erfindungen oder andere forschungsnahe Dienste wie Unterstützung beim Text- und Data-Mining. Alle Angebote sollten idealerweise vor Ort und virtuell (Webinare, Online-Sprechstunden) nutzbar sein und mit Selbstlernmaterialien wie E-Tutorials oder Skripten ergänzt werden.

Wie lassen sich Rollenverständnis und Kompetenzen der Person beschreiben, die für die Entwicklung passgenauer Informationsservices verantwortlich ist?

In größeren wissenschaftlichen Bibliotheken wird in der Regel eine wissenschaftliche Bibliothekarin oder ein wissenschaftlicher Bibliothekar den Bereich der Informationsservices leiten. Ihre oder seine Aufgabe wird es sein, ein integriertes, nachhaltiges und skalierbares Schulungs- und Beratungsangebote zu schaffen, das alle relevanten Themen abdeckt, in verschiedenen Angebotsformen verfügbar ist und sämtliche Zielgruppen erreicht. Die zuständige Person muss mit einem klaren Führungsanspruch diesen zentralen Servicebereich gestalten und kollaborativ und kontinuierlich weiterentwickeln. Ein wesentlicher Aspekt ihrer Tätigkeit wird darin bestehen, sich bei den entsprechenden Stellen für mehr Personal sowie eine Erweiterung der Schulungsräume und der Infrastruktur einzusetzen und gleichzeitig durch fortwährende Standardisierung und Automatisierung Ressourcen für andere, neue Aufgaben freizusetzen.

Die leitende Person muss in der Lage sein, unterschiedliche Interessen wahrzunehmen, zu gewichten und einzuordnen, um auf der Basis von explizitem und vermutetem Bedarf ein in sich stimmiges Angebot an Informationsservices zu schaffen. Idealerweise ist sie in allen relevanten Bereichen der eigenen Einrichtung bekannt und gut vernetzt, kann die Interessen der Bibliothek nach außen kommunizieren und mit Vertreter:innen anderer Einrichtungen kooperieren. Auch überregionale, nationale oder internationale Vernetzung ist hilfreich, um externe Erfahrungen in die eigenen Planungen einfließen zu lassen.

Wer diesen Aufgabenbereich übernimmt, muss dienstleistungsorientiert denken und gern mit Menschen zu tun haben. Da es sich um einen auf den Lern-, Lehr- und Forschungsalltag bezogenen Dienstleistungsbereich handelt, wirken sich Veränderungen im Wissenschaftsbetrieb unmittelbar auf das Angebotsportfolio aus und müssen schnell berücksichtigt werden.

Das Aufgabenspektrum fordert einen Allrounder, der die Entwicklungen im Wissenschaftsbetrieb aufmerksam verfolgt und gemeinsam mit einem Team in Dienstleistungen umsetzt. Für wissenschaftliche Bibliothekar:innen, die sich in diesem Handbuch Anregungen erhoffen, ergibt sich somit ein klar umrissenes Rollenverständnis: Das Ziel passgenauer Informationsservices nicht aus den Augen zu verlieren und mit Mut, Zuversicht und einem ausgeprägten Sinn für das Mögliche Schritt für Schritt darauf hinzuarbeiten.

Matthias Harbeck

Fachliteratur und -informationen für die nationale Forschung aufbereiten und bereitstellen, überregionale Dienstleistungen für die Fächer entwickeln

Abstract: Der Beitrag arbeitet Ähnlichkeiten, Überschneidungen und Unterschiede der Arbeitsfelder und Stellenprofile in den Fachinformationsdiensten gegenüber den lokalen Fachreferaten und Tätigkeiten in forschungsnahen Diensten heraus. Dabei werden Prozesse und Strukturen des DFG-geförderten Netzwerks der Fachinformationsdienste (FID) vorgestellt, vor allem basierend auf Erfahrungen im Fachinformationsdienst Sozial- und Kulturanthropologie. Es wird gezeigt, dass kommunikative Fähigkeiten und Netzwerkbildung neben fachlicher Expertise und Bewusstsein für technologische Trends in der wissenschaftlichen Infrastrukturlandschaft grundlegend für die Arbeit bei derartigen überregional agierenden Forschungsserviceeinrichtungen sind.

Keywords: Fachinformationsdienst, Fachreferat, forschungsnahe Dienstleistung, Drittmittel, Projektmanagement, Kommunikation, Deutsche Forschungsgemeinschaft

Kurzbiografie: Matthias Harbeck hat Geschichte, Politik und Ethnologie sowie Bibliothekswissenschaft studiert. Er ist seit 2009 Fachreferent für Ethnologie an der Universitätsbibliothek der Humboldt-Universität zu Berlin und leitet dort seit 2016 den Fachinformationsdienst Sozial- und Kulturanthropologie (www.evifa.de). Von 2020 bis 2023 war er Sprecher der Arbeitsgemeinschaft der Fachinformationsdienste und Mitglied im Lenkungsgremium der Fachinformationsdienste. Außerdem unterrichtet er im postgradualen Masterstudiengang Bibliotheks- und Informationswissenschaft an der HU das Lehrgebiet „Fachinformationsdienste". Kontakt: matthias.harbeck@ub.hu-berlin.de

Drittmittelprojekte als überregionale Tätigkeitsfelder wissenschaftlicher Bibliothekar:innen

Dieser Beitrag soll ergänzend zu den Darstellungen zu Fachreferatsarbeit und forschungsnahen Services an lokalen Bibliotheken auf überregionale, fachspezifische Services fokussieren, die von wissenschaftlichen Bibliothekar:innen und/oder wissenschaftlichen Mitarbeiter:innen aufgebaut, organisiert und im Austausch mit der nationalen Forschung stetig fortentwickelt werden. Sie sind aus der Sicht eines DFG-geför-

https://doi.org/10.1515/9783110790375-006

derten Fachinformationsdienstes (FID) verfasst,[1] treffen aber in Teilen auch auf die Arbeit in den Zentralen Fachbibliotheken (Technische Informationsbibliothek Hannover, wegen alphabetischer Reihenfolge ZB MED vor ZBW zu, die ebenfalls Teil des FID-Netzwerks sind.[2]

Die Überlegungen zu überregionalen fachspezifischen Services sind auch nicht beschränkt auf Tätigkeiten, die im Rahmen des Förderprogramms „Fachinformationsdienste für die Wissenschaft" gefördert werden, sondern umfassen auch die Bereiche, die mit so genannten Satellitenprojekten bearbeitet werden. Das sind Projekte, die in anderen DFG-Förderlinien im Bereich Literatur- und Informationssysteme (LIS) beantragt wurden (oder auch in Programmen von anderen Förderern z. B. dem Bundesministerium für Bildung und Forschung – BMBF), aber von FID-Einrichtungen getragen und in die Vermittlungsarbeit der FID integriert werden.

Die Arbeit wissenschaftlicher Bibliothekar:innen und Mitarbeiter:innen in Fachinformationsdiensten ist äußerst heterogen, da einerseits die Situation je nach betreutem Fach bzw. betreuter Region (es gibt in dem FID-Netzwerk auch einzelnen Regionen oder Sprachkreisen zugeordnete Fachinformationsdienste) verschieden sein kann, und andererseits viele FID modular strukturiert, d. h. in verschiedene Arbeitsbereiche mit spezifischen Anforderungsprofilen aufgegliedert sind, sodass sich nicht so einfach ein Tätigkeitsprofil für alle FID-Beschäftigten aufstellen lässt.

Auch wenn sich dadurch Unterschiede zu den Anforderungsprofilen, wie sie Leiß, Nachreiner und Voß in ihren Beiträgen dieses Handbuchs formulieren, ergeben, lassen sich doch Überschneidungen ausmachen: Die von Nachreiner herausgearbeitete Schnittstellen- oder Scharnierfunktion zwischen Bibliothek und Wissenschaft spielt auch in den Fachinformationsdiensten eine große Rolle, wenngleich sie unterschiedlich ausgeprägt ist und mittlerweile mehr als nur zwei Bereiche verbinden soll. Und auch in den Fachinformationsdiensten werden Informationsservices – in diesem Fall eben für ein spezifisches Fach, eine definierte Region – möglichst passgenau für die Zielgruppe entwickelt und der von Leiß aufgeführte Fragenkatalog findet in Teilen auch hier Anwendung. Zwar ist die Zielgruppe durch die Geldgeberin zumindest theoretisch weitestgehend vorgegeben: „Die Förderung der Fachinformationsdienste erfolgt mit dem Anspruch, sich an einem von der Wissenschaft formulierten Bedarf zu orientieren. Der Fokus liegt demnach auf der Versorgung mit forschungsrelevanten Fachinformationen und Dienstleistungsangeboten entlang der fachlichen Bedarfe der

---

1 Zum DFG-Förderprogramm der Fachinformationsdienste siehe: Deutsche Forschungsgemeinschaft: Merkblatt und ergänzender Leitfaden. Fachinformationsdienste für die Wissenschaft. DFG-Vordruck 12.10–11/20. Bonn: DFG 2020. http://www.dfg.de/formulare/12_10/12_10_de.pdf (7.1.2021).

2 Vgl. die Übersicht der FID-Einrichtungen unter https://wikis.sub.uni-hamburg.de/webis/index.php/FID-Einrichtungen (14.3.2023); Staats- und Universitätsbibliothek Hamburg Carl von Ossietzky (Hrsg.): Webis – Sammelschwerpunkte an deutschen Bibliotheken. Hamburg 2022. https://wikis.sub.uni-hamburg.de/webis/index.php/Webis_-_Sammelschwerpunkte_an_deutschen_Bibliotheken, zuletzt aktualisiert am 16.11.2022 (5.12.2022).

jeweiligen wissenschaftlichen Communities."[3] Die DFG fördert eben die Forschung und nicht die Lehre – aber viele der Services an den FID werden so konzipiert, dass sie möglichst breiten Nutzen finden und selbst die DFG bevorzugt inzwischen im Bereich der überregionalen Lizenzen Abschlüsse von Nationallizenzen und ein stärkeres Engagement für Open Access, damit ein breiterer (insbesondere auch interdisziplinärer) Zugang zu den finanzierten Ressourcen ermöglicht wird.[4]

Aufgabenbereiche und benötigte Kompetenzen für wissenschaftliche Bibliothekar:innen an Fachinformationsdiensten

Auf den ersten Blick unterscheiden sich die Aufgabenfelder der Fachinformationsdienste nicht sehr von den bei Caroline Leiß oder Viola Voß in diesem Band skizzierten Tätigkeitsfeldern von Fachreferent:innen oder in den so genannten forschungsnahen Dienstleistungen: Die bisherigen Auswertungen der DFG zeigen, dass sowohl „klassische" Fachreferatsaufgaben wie Erwerbung von Printliteratur bzw. Lizenzierung von E-Ressourcen inkl. Fragen der Bereitstellung und Lieferung, inhaltliche Erschließung und Vermittlungsaufgaben, als auch neuere Themen wie Forschungsdatenmanagement, Digitalisierung, Publikationsunterstützung mittels eigener Open Access-Repositorien, die Erstellung von bibliographischen Hilfsmitteln oder die Mitwirkung an Forschungsumgebungen vielfach eine Rolle spielen.[5]

Es gibt aber dennoch essentielle Unterschiede: Während lokale Fachreferent:innen idealerweise zwar ohne Weiteres den Kontakt zu ihren Wissenschaftler:innen vor Ort herstellen können und müssen, sind die Wissenschaftler:innen andernorts für sie allenfalls durch ihren Output, der evtl. in das lokale fachliche Informationsangebot zu integrieren ist, relevant und können ansonsten vernachlässigt werden. Hingegen ist es für Fachreferent:innen darüber hinaus eminent wichtig und eine ihrer vordringlichsten Aufgaben, mit ihren Informationsdienstleistungen auch die Studierenden zu erreichen und ihnen mit Schulungsangeboten lokale und überregionale, fachliche und übergreifende Rechercheinstrumente zu vermitteln. Zu den lokalen forschungsnahen

3 DFG, Merkblatt und ergänzender Leitfaden (wie Anm. 1), S. 1.

4 Vgl. Deutsche Forschungsgemeinschaft): Weiterentwicklung des Förderprogramms „Fachinformationsdienste für die Wissenschaft". Stellungnahme der Kommission zur Evaluierung des Förderprogramms „Fachinformationsdienste für die Wissenschaft". Bonn: DFG 2019. S. 4. https://www.dfg.de/download/pdf/dfg_im_profil/zahlen_fakten/programm_evaluation/studie_fid_stellungnahme.pdf (7.8.2019).

5 Siehe u. a. Kapitel 6 in: Heinzelmann, Susanne, Jan Biela, Michelle Andersson, Cordula Klaus u. Patrick Frankenbach: Evaluierung des Förderprogramms Evaluierung des Förderprogramms „Fachinformationsdienste für die Wissenschaft". Studie von prognos im Auftrag der Deutschen Forschungsgemeinschaft (DFG). Deutsche Forschungsgemeinschaft. Bonn: DFG 2019. https://www.dfg.de/download/pdf/dfg_im_profil/zahlen_fakten/programm_evaluation/studie_fid.pdf (5.12.2022).

Dienstleistungen ist festzustellen, dass diese oftmals generischer Natur sein müssen, da eine Einrichtung im Regelfall nicht die Kapazitäten hat, auf die jeweiligen spezifischen fachlichen Bedarfe bei der Erstellung von Repositorien – sei es für Literatur, Medien oder Forschungsdaten – einzugehen. Meist sind die Angebote daher unspezifisch entworfen oder auf die Fächergruppe zugeschnitten, die sie vor Ort am meisten nutzt. Umgekehrt müssen Mitarbeitende an Fachinformationsdiensten immer das ganze Fach in den Blick nehmen und nicht nur die Vertreter:innen am Standort der jeweiligen Einrichtung. Oftmals werden in den FID fachspezifische Angebote (Rechercheportale, Repositorien, Forschungsumgebungen) erarbeitet, welche die lokalen generischen Angebote ergänzen sollen.

Kommunikation und Vernetzung

Dieser Perspektivwechsel bringt auch eine Erweiterung der Kommunikationsaufgaben mit sich: Müssen Fachreferent:innen „lediglich" ihre Institute vor Ort kennenlernen, ihre Bedarfe eruieren und (nach Möglichkeit) erfüllen und ihnen die lokalen Angebote vermitteln, müssen die Beschäftigten eines FID alle Standorte ihres Faches in Deutschland (und idealerweise auch darüber hinaus) im Blick haben, zumindest die deutschen Wissenschaftler:innen regelmäßig mit Formaten zu den Services des FID ansprechen und Bedarfe gemeinsam mit den lokalen Kolleg:innen eruieren, die vor Ort nicht erfüllt werden können, die für die Forschung aber relevant sind. Auf fast allen inhaltlich arbeitenden Ebenen eines FID ist daher eine hohe Kommunikationsbereitschaft und -fähigkeit notwendig, sonst kann der FID eines seiner zentralen Ziele, wie es in der Stellungnahme zur 2017/2018 erfolgten Evaluation festgehalten wurde, nicht erreichen: „Entsprechend bildet die Kommunikation mit den nutzenden Wissenschaftlerinnen und Wissenschaftlern einen Schwerpunkt der FID-Tätigkeiten und dieser Aufgabe sollte fortgesetzt große Aufmerksamkeit gewidmet werden."[6]

Dies schließt aber auch die Einbindung der Kolleg:innen an den so genannten „Mandantenbibliotheken", also Bibliotheken ohne FID oder zumindest ohne FID-Beteiligung für das jeweilige Fach ein. Darüber hinaus muss die Vernetzung mit anderen Fachinformationsdiensten zum gemeinsamen Vorgehen oder zu Nachnutzungszwecken und auch der Kontakt zu ausländischen Kolleg:innen und Forschenden angestrebt werden. Das wissenschaftliche Personal des FID muss noch stärker am Puls seines Faches sein, als lokale Fachreferent:innen es oftmals überhaupt sein können. Während die Fachreferent:innen an Mandantenbibliotheken häufig mehrere Fachreferate gleichzeitig betreuen und zudem anteilig in andere Aufgaben (forschungsnahe Dienste, Querschnittsaufgaben, Abteilungsleitungen etc.)[7] eingebunden sind und damit nur begrenzt an Fachtagungen und in Fachdiskussionen teilnehmen können, ist es ge-

6 DFG, Stellungnahme (wie Anm. 4), S. 16.

7 Vgl. Nachreiner und Nachreiner [u. a.]. in diesem Band.

nuine Aufgabe von wissenschaftlichen Bibliothekar:innen in Fachinformationsdiensten sich an derartigen Diskussionen zu beteiligen, sie passiv und/oder aktiv zu begleiten und ggf. Dienstleistungen darauf (z. T. im Verbund mit Forschenden) aufzubauen.

Hierbei kann die Vernetzung am lokalen Institut helfen, wird aber niemals ausreichen. Regelmäßiger Kontakt mit Fachverbänden, die Einrichtung eines wissenschaftlichen Beirates und mehr oder weniger regelmäßige Umfragen sind an mehreren FID erprobte und bewährte Mittel, um die Rückkoppelung mit der Fachcommunity zu verstetigen. Eigene Workshops, Publikationen, Vorträge, Social-Media-Kanäle, Informationsmaterialien (Flyer, Poster, Blogs, Newsletter, Screencasts etc.) sind weitere Wege, um in Kontakt zu bleiben und Informationen über den FID im Fach zu etablieren und gleichzeitig Feedback einzuholen. Welche Wege und Instrumente sich für das jeweilige Fach eignen, kann dabei sehr unterschiedlich sein. Das Wissen um die Kommunikationskanäle im Fach ist daher unerlässlich. Das bedeutet aber auch, dass es für die wissenschaftlichen Bibliothekar:innen an Fachinformationsdiensten nicht ausreicht „kommunikativ" zu sein, also offen auf Fremde zugehen zu können, zuzuhören und auch informationsinfrastrukturelle Sachverhalte verständlich ins Fach kommunizieren zu können. Es muss zumindest bei Teilen des FID-Personals eine Bereitschaft zur Einarbeitung in Methoden und Tools der Öffentlichkeitsarbeit vorhanden sein (wenn die Expertise nicht schon von vornherein besteht – was von Vorteil wäre). Im Grunde sind es Teile der bei Leiß formulierten Dienstleistungen (Schulungen, Selbstlern-Materialien und individuelle Beratung), die von Zielgruppe, Aufwand und Reichweite her auf eine andere – überregionale/nationale – Ebene gehoben werden.

IT-Kompetenzen

Auch IT-Kompetenzen stellen eine Herausforderung für die FID-Mitarbeitenden dar, die sich so in Teilen im normalen Fachreferat spiegeln: Durch die wachsende Bedeutung digitaler Instrumente und Methoden wird sowohl von Fachreferent:innen als auch von Fachinformationsdiensten erwartet, Wissenschaftler:innen hierin unterstützen zu können. Während sich das im Fachreferat oftmals auf Beratungsleistungen beschränken wird, sind FID geradezu aufgefordert, nachhaltige technologische Lösungen (mit) zu erarbeiten, die von ihnen betreute Fächer im Forschungsprozess unterstützen. Das können z. B. fachspezifische Repositorien sein oder – in den Geistes-, Kultur- und Sozialwissenschaften – Digital-Humanities-Tools. Im Fachinformationsdienst Sozial- und Kulturanthropologie (SKA) wird bspw. seit 2019 durch die Beteiligung des Forschungsdatenzentrums Qualiservice der Universität Bremen direkt an der Speicherung verschiedenartiger Datenformate unter Berücksichtigung fachlicher Anonymisierungsanforderungen und ethisch-rechtlicher Fragestellungen gearbeitet. Zudem wird im Rahmen seiner Beteiligung am Netzwerk Koloniale Kontexte[8] sowohl an technischen Mappings von Fachthesauri und der Gemeinsamen Normdatei (GND) mittels des Tools Xtree als auch an der Weiterentwicklung des digitalen Archivführers Deutsche Kolonialgeschichte[9] mitgewirkt.

Auch baut der FID SKA kontinuierlich sein Portal EVIFA[10] mit neuen Features und per Datenharvesting aus. Obwohl die DFG hierfür sogar zum Teil Personalmittel für IT-Entwicklungen bereitgestellt hat, konnten diese bislang nur anteilig genutzt werden und die Hauptlast der IT-Entwicklung geschieht durch Stammpersonal sowie durch Nachnutzung externer Technik. Die Schwierigkeiten, IT-Personal für die Mitarbeit in Fachinformationsdiensten zu gewinnen, liegen zum einen an der Befristung der Projekte (was je nach Standort auch die Problematik von Kettenverträgen mit sich bringt) und zum anderen an der Einstufung von IT-Kräften im Tarifsystem des Öffentlichen Dienstes. Trotz der Übernahme vieler IT-Aufgaben in den FID durch Stammpersonal der IT-Abteilungen der Einrichtungen oder auch durch externe Dienstleister – und in Ausnahmefällen sogar durch IT-Projektkräfte – ist bei der Konzeption von digitalen Services durch die wissenschaftlichen Bibliothekar:innen im jeweiligen FID ein grundsätzliches Verständnis für die IT-Anforderungen und -Prozesse vonnöten, um eruieren zu können, mit welchen Partnern bzw. aufbauend auf welchen vorhandenen Lösungen die Projektziele erreicht werden können. In Teilen ist auch ein individuelles Einarbeiten in einzelne Tools oder in rudimentäres Coding nötig, um im Projektverlauf voranzukommen. Eine IT-Affinität ist dementsprechend für viele Bereiche der FID-Arbeit von Vorteil – und sei es nur, um mit IT-Abteilungen und Dienstleistern über die Aufgaben kommunizieren zu können.

Einwerben von Drittmitteln

Die Finanzierung von Fachinformationsdiensten ist zumeist projektgebunden und weist auf einen weiteren Bereich hin, für den im FID Kompetenzen vorhanden sein müssen und der zumeist nicht Gegenstand lokaler Fachreferatsarbeit ist: Drittmittelanträge sind in den Fachinformationsdiensten schon jetzt die Regel und werden zukünftig eine noch stärkere Rolle spielen. Selbst bei einer Verstetigung der FID-Förde-

---

8 Zum Netzwerk Koloniale Kontexte siehe Harbeck, Matthias: Koloniale Kontexte. Neue Aufgaben für den Fachinformationsdienst Sozial- und Kulturanthropologie in Bibliotheken und digitalen Sammlungen. In: Jahresbericht 2021 der Universitätsbibliothek der Humboldt-Universität zu Berlin. Berlin: UB der Humboldt-Univ. zu Berlin 2022. S. 12–27. DOI: https://doi.org/10.18452/24851. Vgl. auch die Informationen unter: Fachinformationsdienst Sozial- und Kulturanthropologie (Hrsg.): Netzwerk Koloniale Kontexte – Deutsch. Berlin: UB der Humboldt-Univ. zu Berlin 2022. https://www.evifa.de/de/netzwerk-koloniale-kontexte (5.12.2022).

9 Fachhochschule Potsdam/Fachbereich Informationswissenschaften Hrsg.: Archivführer Deutsche Kolonialgeschichte. Potsdam: FH Potsdam 2017. https://archivfuehrer-kolonialzeit.de/ (5.12.2022).

10 EVIFA – Die Virtuelle Fachbibliothek der ethnologischen Fächer. www.evifa.de (15.3.2023).

rung, wie sie die DFG plant,[11] sollen nach jetzigem Stand innovative Neuerungen der Fachinformationsdienste verstärkt über andere LIS-Förderprogramme, also eigene Anträge und Projekte (die aber dennoch im Kontext der FID-Arbeit stehen und daher zumindest unter Mitwirkung von FID-Personal erstellt werden müssen), entwickelt werden. Das bedeutet, dass auch zukünftig viel Zeit in Antragstellungen, Berichtwesen und Projektplanung, -management und -controlling investiert werden muss.

Fachwissenschaftliche Expertise

Die fachliche Expertise in einen technisch-infrastrukturellen Kontext einordnen zu können und umgekehrt, sind das A und O in einem Fachinformationsdienst: FID-Produkte wie die bibliographische Datenbank IxTheo (der Index Theologicus), die am FID Theologie an der UB Tübingen erstellt wird,[12] das Linked-Data-Werkzeug Mobility-Compass vom FID move,[13] aber auch die vom FID SKA geführten inhaltlichen Debatten um ethnologische Sachbegriffe in der Gemeinsamen Normdatei (GND) oder die Auseinandersetzung mit den CARE-Prinzipien beim Forschungsdatenmanagement in der ethnographischen Forschungspraxis erfordern einen Überblick über und Verständnis für das Fach sowie eine kontinuierliche Beschäftigung mit den fortschreitenden Anforderungen an und Diskussionen zu diesen Themen. Notwendig ist darüber hinaus eine intensive Auseinandersetzung mit den technisch-infrastrukturellen Rahmenbedingungen und – nicht zuletzt – ausreichend Zeit für all das.

Schnittstellenarbeit

Die Tätigkeiten in Fachinformationsdiensten sind analog zu Thomas Nachreiner[14] zu einem Großteil als Schnittstellenarbeit zu verstehen. An der Schnittstelle zur Wissenschaft, aber auch zu anderen Bibliotheken, anderen Einrichtungen, zur Nationalen Forschungsdateninfrastruktur (NFDI), zur DFG, zu verschiedenen thematischen Com-

---

11 Siehe Winkler, Kathrin u. Michael Kassube: Bericht aus der DFG. Sitzung der AG FID, 12.05.2022. Fol. 8–13. https://wikis.sub.uni-hamburg.de/webis/images/2/23/Bericht_aus_der_DFG_2022_1.pdf (4.12.2022); Hintze, Ulrike: Aus der Deutschen Forschungsgemeinschaft. In: o-bib. Das offene Bibliotheksjournal (2022) Nr. 3. S. 1. DOI: https://doi.org/10.5282/O-BIB/5882.

12 Zum Hintergrund des Index Theologicus siehe Faßnacht, Martin: Historical and Media-Theoretical Implications of a Modern International Bibliography: Origin, Development and Future of the Index Theologicus in the Context of Other Specialised Bibliographies. In: Theological Libraries and Library Associations in Europe. Hrsg. von Leo Kenis, Penelope R. Hall und Marek Rostkowski. Leiden: Brill 2022. S. 382–428.

13 Siehe Wolff, Stefan, Maria Rutschke u. Matthias Fuchs: Mobility Compass. In: o-bib. Das offene Bibliotheksjournal (2021) Nr. 1. DOI: https://doi.org/10.5282/O-BIB/5642.

14 Vgl. dazu den Beitrag von Thomas Nachreiner in diesem Band.

munitys. Eine Graphik aus dem Fachinformationsdienst Sozial- und Kulturanthropologie veranschaulicht, wie verschiedene Arbeitsfelder eines Fachinformationsdienstes zu Berührungen mit verschiedenen Sphären führen (s. Abb. 1). Dabei ist zu beachten, dass dies niemals in Konkurrenz zu anderen Bibliotheken geschehen soll, sondern immer in Ergänzung (und in Absprache), um nach Möglichkeit Mehrwerte über die lokalen Services hinaus zu generieren.

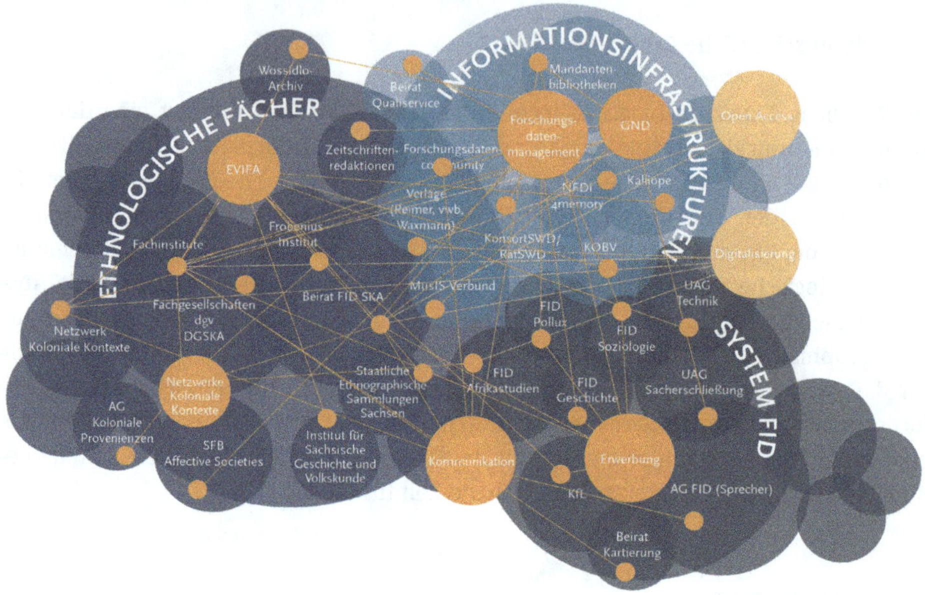

Abb. 1: Arbeitsbereiche des FID SKA und ihre Einbindung in ein Netzwerk mit Institutionen, Fachcommunitys, Organisationen (Grafik kreiert von Anna Lukasek)

Fazit

An einem Fachinformationsdienst müssen wissenschaftliche Bibliothekar:innen sechs Bereiche mit ihren Kompetenzen abdecken:

- Projektkonzeption, -planung und -management (inkl. Antragstellungen in diversen Förderlinien),
- Kommunikation und Vernetzung (inkl. Repräsentations- und Präsentationsaufgaben, Publikationswesen, Reisetätigkeit – auch auf internationaler Ebene),
- Fachliche Expertise (inkl. evtl. benötigter Sprachkenntnisse),
- Verständnis technologischer Möglichkeiten/Innovationsbereitschaft,
- Verständnis bibliothekarischer Abläufe und Trends,

– Flexibilität der Arbeitsfelder durch die projektförmige, modulare Struktur und die stetige Ausrichtung an den Bedarfen der Wissenschaft und
– für das Leitungspersonal kommt noch Personalführung hinzu.

Diese Kompetenzen müssen (und können) nicht bei allen Mitarbeitenden des FID gebündelt vorliegen, Arbeitsteilung ist notwendig, sodass sich ein einheitliches Anforderungsprofil nicht so ohne Weiteres aus den hier skizzierten Bedarfen ableiten lässt. Die Erfahrungen im Fachinformationsdienst Sozial- und Kulturanthropologie zeigen, dass eine Mischung aus mitgebrachten Expertisen und kontinuierlichem Learning on the job erfolgsversprechend ist. Es ist schwierig Expert:innen aus den Fächern zu gewinnen, die gleichzeitig eine bibliothekarische Ausbildung oder zumindest Arbeitserfahrungen aus infrastrukturellen Bereichen von Gedächtniseinrichtungen mitbringen. Sie sollten möglichst promoviert sein, um die Herausforderungen des Forschungszyklus besser zu verstehen und mit den Wissenschaftler:innen auf Augenhöhe zu kommunizieren.

Für Einzelbereiche ist es sinnvoll, versierte und/oder gut vernetzte Fachwissenschaftler:innen zu gewinnen, im FID SKA hat sich dies z. B. für die Koordinierung des Netzwerks „Koloniale Kontexte“ und auch für die fachliche Diskussion zum Forschungsdatenmanagement als großer Vorteil herausgestellt. Bibliothekarische Kenntnisse wurden dabei von wissenschaftlichen Mitarbeiter:innen on the job angeeignet. Wichtiger war und ist für die dort geführten Diskussionen die Fähigkeit, sich in die Abläufe der ethnologischen Fächer im Forschungsprozess hineinzudenken bzw. eine gute Kenntnis von zentralen Akteur:innen im Fach.

Im Leitungsteam eines Fachinformationsdienstes machen sich sowohl bibliothekarische als auch fachliche Kenntnisse bezahlt, da man sowohl die fachlichen Anforderungen und Bedarfe verstehen als auch die bibliothekarischen Möglichkeiten und Gegebenheiten einschätzen können muss. Kommunikation ist in all diesen Tätigkeitsfeldern gefordert, es muss kontinuierlich in die Wissenschaft, die eigene Einrichtung hinein, zu den Multiplikator:innen an anderen Einrichtungen (z. B. Mandantenbibliotheken, aber je nach Fach kann das auch Museen und Archive, oder auch ganz andere Bereiche wie z. B. Verkehrsbehörden oder Gesundheitsämter betreffen), mit anderen FID und verstärkt auch mit der wachsenden Governance-Struktur des FID-Netzwerks[15] kooperiert und kommuniziert werden. Vorträge, Moderationen, öffentliche Diskussionen, Arbeitsgruppensitzungen, Webinare, virtuelle Konferenzen, Telefonate, Mails und Besprechungen bestimmen den Arbeitsalltag.

Mehr noch als im klassischen Fachreferat sind die FID-Mitarbeitenden aufgefordert zum Aushängeschild des FID zu werden, da die Fachinformationsdienste von

15 Vgl. Hintze, Aus der Deutschen Forschungsgemeinschaft (wie Anm. 11), S. 1. Zu den nächsten Schritten siehe FID-Lenkungsgremium (2022): Aktionsplan 2022–2024 des FID-Lenkungsgremiums für das FID-Netzwerk. https://wikis.sub.uni-hamburg.de/webis/images/8/8a/Aktionsplan-FID-Netzwerk_2022-2024.pdf (4.12.2022).

ihrem Bekanntheitsgrad leben und sich dieser nicht durch eine Institutionenzugehörigkeit automatisch einstellt. Drittmittelanträge, Personalführung und Projektmanagement sind derzeit nur in wenigen Fächern Teil der Ausbildung. In den bibliothekarischen Studiengängen nehmen diese Schwerpunkte zu,[16] das meiste Lernen passiert aber auch hier on the job. Zumindest im Bereich von Antragstellungen könnte ein transparenterer Umgang mit erfolgreichen Drittmittelanträgen zur Orientierung für Good und Best Practices dienen. Im Bereich der Fachinformationsdienste wird dies bereits diskutiert, aber bisher nur sehr eingeschränkt umgesetzt.

Es ist dabei zu beachten, dass ein nicht unwesentlicher Teil der Stellen in den FID Projektstellen sind. Sie eignen sich je nach Aufgabe auch für Quereinsteiger:innen, sind aber – nach derzeitigem Stand – in der Regel befristet. Bewerber:innen sollten sich darüber im Klaren sein, dass die Förderung enden kann, einigen Fachinformationsdiensten wurde die Förderung bereits nicht bewilligt.[17] Ob die DFG-Bemühungen um eine Verstetigung zu einer verlässlicheren Perspektive sowohl für die Projektkräfte als auch für die Fächer führt, bleibt abzuwarten.

---

16 Vgl. beispielsweise die Lehrgebiete im postgradualen MA-Studiengang am Institut für Bibliotheks- und Informationswissenschaft, Institut für Bibliotheks- und Informationswissenschaft: Lehrgebiete 28. Matrikel. https://www.ibi.hu-berlin.de/de/studium/studiengaenge/fernstudium/m28/lm28 (6.12.2022).

17 Vgl. die Übersicht der geförderten Fachinformationsdienste der DFG, die auch nicht mehr geförderte FID listet und die Förderzeiträume angibt, Deutsche Forschungsgemeinschaft: Übersicht über geförderte Fachinformationsdienste. Bonn: DFG 2022. https://www.dfg.de/download/pdf/foerderung/programme/lis/uebersicht_laufende_fid_projekte.pdf (6.12.2022).

Teil II: **Lehren und Lernen in der Bibliothek**

Einführung

Die seit den 1990er Jahren in wissenschaftlichen Bibliotheken zunehmend als zentraler Aufgabenbereich etablierte Förderung von Informations- und Medienkompetenz, später auch von weiteren für Studium und Forschung relevanten Kompetenzfeldern, hat sich unter den Bedingungen der digitalen Transformation radikal gewandelt. Sie hat sowohl die Lehrinhalte verändert bzw. neue Lehrinhalte auf den Plan gerufen als auch die Entwicklung neuer, digital unterstützter Vermittlungsformate und Lernszenarien möglich gemacht. Die Autor:innen der folgenden Beiträge nähern sich diesem Thema aus unterschiedlichen Perspektiven und zeigen dabei auf, welche neuen Kompetenzanforderungen diese veränderten Formen und Inhalte des Lernens und Lehrens in Bibliotheken mit sich bringen.

Der Förderung von Informations- und Medienkompetenz widmet sich der Beitrag von Oliver Schoenbeck mit dem Ziel, die wissenschaftlichen Zielgruppen bei der selbstbestimmten Teilhabe am wissenschaftlichen Diskurs unter den Bedingungen des digitalen Wandels zu unterstützen. Er plädiert für ganzheitliche Ansätze, die die individuelle Kompetenzentwicklung besser unterstützen als isolierte Maßnahmen. Dabei geht er auf die bibliothekspädagogischen Kompetenzen ein, die von den wissenschaftlichen Bibliothekar:innen gefordert sind und stellt dar, wie sie im Verbund mit bibliothekarischen Kernkompetenzen und akademisch-methodischen Kompetenzen zur Entwicklung effektiver Lernszenarien beitragen können.

Neben der Informationskompetenz sind neue Kompetenzbereiche im Studium und in der Forschung entstanden, die ebenfalls von Hochschulbibliotheken gefördert werden sollten, wie Christina Kläre verdeutlicht. Vor allem gehe es um den Aufbau und die Entwicklung basaler, überfachlicher Datenkompetenz als Brücke zwischen Bibliotheksservices auf dem Gebiet des Forschungsdatenmanagements und der Informations- und Medienkompetenz. Die Autorin stellt dar, wie wissenschaftliche Bibliothekar:innen als Liaison Librarians zur Vernetzung mit den Zielgruppen an der Hochschule wesentlich beitragen können und benennt die hierfür geforderten Kenntnisse und Fähigkeiten.

Peter Schubert beschreibt praxisnah und differenziert, wie aus der Sicht eines Bibliotheksbaubeauftragten Lernräume entwickelt und verwirklicht werden, und zwar bezogen auf die Gestaltung von Neubauten, sodann auf das Bauen im Bestand. Der dritte Bereich, die Instandhaltung, sieht Schubert vor allem als tägliche Herausforderung. Sein Beitrag konzentriert sich auf die Aktivitäten im Zusammenhang mit der Lernraumentwicklung innerhalb eines bestehenden Gebäudes – zentrale Aufgabe bauender Bibliothekar:innen.

Sodann befassen sich Susanne Kundmüller-Bianchini und Eva Besgen mit der Entwicklung einer Bibliothek von einer klassischen Teaching Library hin zu einem E-Learning-Zentrum. Als Herausforderungen sehen sie die Entwicklung und Betreuung zentraler Service-Strukturen für das digitale Lehren und Lernen, die Chancen einer

https://doi.org/10.1515/9783110790375-007

strategischen Neuausrichtung für Bibliotheken eröffnen könnten, wie anhand eines praktischen Lehrbeispiels zur Vermittlung wissenschaftlicher Schreibkompetenz aufgezeigt wird.

Abschließend befasst sich Ute Engelkenmeier in ihrem Beitrag damit, wie hybride Lernwelten konzipiert und umgesetzt werden können. Sie beschreibt am Beispiel des Hybrid Learning Centers an der Universitätsbibliothek der Technischen Universität Dortmund das erweiterte Rollenverständnis des lehrenden bzw. lernbegleitenden Bibliothekspersonals, der Learning Support Librarians, in Richtung auf die Unterstützung einer partizipativen Lernkultur.

Oliver Schoenbeck

Informations- und Medienkompetenz fördern

Abstract: Kompetenzförderung durch wissenschaftliche Bibliotheken sollte zum Ziel haben, die wissenschaftlichen Zielgruppen bei der selbstbestimmten Teilhabe am wissenschaftlichen Diskurs zu unterstützen. Diese Aufgabe wird angesichts der digitalen Transformation stetig umfangreicher und komplexer. Bibliothekarische Dienstleistungen sollten daher ganzheitlich entwickelt werden mit dem Ziel, individuelle Kompetenzentwicklung zu ermöglichen. Bibliothekar:innen müssen pädagogische Kompetenzen konsequent in Abhängigkeit von bibliothekarischen Kernkompetenzen und akademisch-methodischen Kompetenzen entwickeln.

Keywords: Informationskompetenz, Medienkompetenz, Kompetenzentwicklung, Bibliothekspädagogik, Dienstleistungsorientierung, Organisationsentwicklung

Kurzbiografie: Dr. Oliver Schoenbeck ist unter anderem Fachreferent für Pädagogik, Psychologie, Philosophie und Buch- und Bibliothekswesen und Ausbildungsleiter am BIS – Bibliotheks- und Informationssystem der Carl von Ossietzky Universität Oldenburg. Er arbeitet seit vielen Jahren regional und überregional in Arbeitsgemeinschaften zum Thema Informationskompetenz mit, u. a. in der DINI, im GBV und aktuell als Sprecher der gemeinsamen Kommission Informationskompetenz von VDB und dbv. Kontakt: oliver.schoenbeck@uol.de

Einleitung

Die Förderung von Medien- und Informationskompetenz ist heute eine unbestrittene Aufgabe von wissenschaftlichen Bibliotheken. Sie schlägt sich als Thema im bibliothekspraktischen Diskurs vor allem in der Auseinandersetzung mit Konzeption und Umsetzung von „Nutzerschulungen" und ähnlichen lehrenden Vermittlungsangeboten nieder. Doch die „digitale Transformation" verlangt immer mehr Akteur:innen in der Wissenschaft immer mehr und komplexere Kompetenzen ab. Bibliothekar:innen müssen Kompetenzförderung daher als ganzheitliche Herausforderung und Aufgabe von Bibliotheken verstehen, um größere Zielgruppen mit mehr Inhalten zu erreichen.

Der Umfang, in dem die Digitalisierung heute Verbreitungswege, Formate und Verwendung wissenschaftlicher Inhalte betrifft, hat bisweilen direkte Auswirkungen auf den wissenschaftlichen Erkenntnisgewinn. Daher bedarf es eines differenzierten Blicks auf „Kompetenzen" in der Wissenschaft. Es liegt nahe, zu unterscheiden zwischen

– Kompetenzen, die für die empirische und hermeneutische Erkenntnisfindung mit den Methoden und Techniken einzelner akademischer Fächer nötig sind und

https://doi.org/10.1515/9783110790375-008

- Schlüsselkompetenzen, die es braucht, um diese Methoden und Techniken im digitalen Raum umzusetzen.

Es gehört zum Paradoxon der Digitalisierung, dass sie sich einerseits häufig in Technologien und Systemen manifestiert, die den Umgang mit Informationen vereinfachen sollen; dass andererseits aber die *Kontrolle* über die Verbreitung von Informationen häufig nicht mehr in den Händen der primär Handelnden liegt, sondern bei jenen, die die komplexen technischen Systeme entwickeln und administrieren. Der Anspruch an *kompetentes* Handeln, selbstverantwortlich mit Informationen umzugehen, ist zunehmend schwieriger umzusetzen.

Dies zeigt sich auch in der Ausdifferenzierung, mit der heute an Bibliotheken über akademische Schlüsselkompetenzen gesprochen wird: Informationskompetenz, Medienkompetenz, Data Literacy, Copyright Literacy usw. Dass es sich dabei um ein dringliches Thema handelt, äußert sich auf hochschulpolitischer Ebene in Positionspapieren und Empfehlungen von HRK, Wissenschaftsrat und anderen Institutionen.[1] Schlüsselkompetenzen sind oft kein Teil der traditionellen Curricula; wenngleich an Universitäten und Hochschulen Themen wie „Wissenschaftliches Arbeiten", „Methodik" etc. als Dachbegriffe für eine Reihe von handlungsorientierten Kompetenzen tendenziell stärker präsent sind als in der Schulbildung. Doch in dem Maße, wie die Digitalisierung gerade in diesen Bereichen neue Themen schafft und alte verändert,[2] müssen Bibliothekar:innen etablierte Praktiken permanent hinterfragen. Dies gilt auch für die Trennlinie zwischen Schlüsselkompetenzen und akademisch-fachlichen Kompetenzen, die traditionell auch eine Trennlinie zwischen Einrichtungen ist – Bibliotheken und Zentrale Einrichtungen auf der einen Seite; Fakultäten und Institute auf der anderen.

Kompetenzförderung als Aufgabenfeld

Bibliotheken als Einrichtungen der wissenschaftlichen Informationsversorgung stellen ihren Nutzer:innen Informationen bereit. Die effiziente, zielgerichtete und selbstbe-

1 Vgl. u. a.: Euler, Ellen: Hochschulbibliothek der digitalen Zukunft. Berlin: Hochschulforum Digitalisierung 2015 (Arbeitspapier Nr. 4). https://hochschulforumdigitalisierung.de/sites/default/files/dateien/HFD%20AP%20Nr%204_Hochschulbibliothek%20der%20digitalen%20Zukunft.pdf (31.10.2022); Hochschulrektorenkonferenz: Hochschule im digitalen Zeitalter: Informationskompetenz neu begreifen – Prozesse anders steuern. Entschließung der 13. Mitgliederversammlung der HRK am 20. November 2012 in Göttingen. Bonn 2012. https://www.hrk.de/fileadmin/_migrated/content_uploads/Entschliessung_Informationskompetenz_20112012_01.pdf (31.10.2022); Wissenschaftsrat (Hrsg.) Wissenschaft im Spannungsfeld von Disziplinarität und Interdisziplinarität. Positionspapier. Köln, 2020. https://www.wissenschaftsrat.de/download/2020/8694-20.html (31.10.2022).

2 Hier können beispielhaft Digital Humanities, Forschungsdatenmanagement, Open Access, Open Educational Resources genannt werden.

stimmte Nutzung dieser Infrastruktur wird in Deutschland seit mehr als zwanzig Jahren mit dem Begriff der *Informationskompetenz* beschrieben.[3] Will man Handlungsperspektiven für die bibliothekarische Arbeit entwerfen, hilft es, auch einen theoretischen Blick auf den Kompetenzbegriff zu werfen: „Mit dem psychologischen Begriff der Kompetenz wird ein Merkmal von Personen bezeichnet, das aus einer Vielzahl von Lernerfahrungen resultiert und [...] erhebliche zeitliche Stabilität aufweist."[4] Man kann aus dieser Definition ableiten, dass die Entwicklung von Kompetenz erst eine indirekte Folge des Lernens ist; sie „resultiert" aus Lernerfahrungen und wird zum „Merkmal" einer Person in der Anwendung. Insoweit soll Kompetenzentwicklung im Folgenden eher als eine individuelle Entwicklungsaufgabe verstanden werden, denn als Ziel und Inhalt von Vermittlungsangeboten.

Informations- und Medienkompetenz sind als „angewandte" Kompetenzen nicht Teil der bildungskritischen Debatte zum Kompetenzbegriff.[5] Vielmehr bietet sich eine Herleitung wie bei Hugger an, der *Medienkompetenz* auf die Ursprünge der deutschsprachigen Kompetenzdebatte zurückführt, in der Kompetenz als handelnde Kommunikationskompetenz begriffen wird.[6] Für Medien- und Informationskompetenz gilt hier, dass sie für ihre Geltungsbereiche selbstbestimmte Teilhabe an verschiedensten Diskursen erst ermöglichen. Auch das aktuelle „Framework Informationskompetenz" lässt sich so als eine Beschreibung mündiger Teilhabe am Wissenschaftsdiskurs lesen.[7] Dies hat Konsequenzen für das bibliothekarische Handeln: Wenn Kompetenz erst in einem Zusammenspiel von Wissen und Fertigkeiten entwickelt wird, dann folgt für Bibliotheken als zentrale Einrichtungen der Informationsversorgung daraus, dass sie

3 Etabliert wurde der Begriff unter anderem mit der Übertragung der amerikanischen Standards für Informationskompetenz durch Benno Homann, der „Informationskompetenz" als Übersetzung des Begriffs der *information literacy* nutzte. Vgl. Homann, Benno: Standards der Informationskompetenz. Eine Übersetzung der amerikanischen Standards der ACRL als argumentative Hilfe zur Realisierung der „Teaching Library". Bibliotheksdienst (2002) H. 5. S. 625–638.

4 Arnold, Karl-Heinz u. Carola Lindner-Müller: Kompetenz. In: Klinkhardt-Lexikon Erziehungswissenschaft (KLE). Hrsg. von Klaus-Peter Horn [u. a.]. Bad Heilbrunn: Klinkhardt 2012. S. 129.

5 Einen guten Einstieg in die Debatte bietet: Krautz, Jochen: Kompetenzen machen unmündig. In: Forum Wissenschaft (2018) H. 4. https://www.bdwi.de/forum/archiv/uebersicht/10702472.html (31.10.2022).

6 Er bezieht sich dort auf Chomsky und Habermas: Hugger, Kai-Uwe: Medienkompetenz. In: Handbuch Medienpädagogik. Hrsg. von Uwe Sander, Friederike Gross u. Kai-Uwe Hugger. 2. Aufl. Wiesbaden: Springer VS 2022. S. 67–80. Damit ist hier eine große Nähe zum Begriff der *literacy* gegeben, wie sie in den Setzungen *information literacy, media literacy* etc. steckt. Vgl. Schoenbeck, Oliver: „Information Literacy" im Framework. Ein universelles Verständnis von Informationskompetenz? In: o-bib (2021) Nr. 2. DOI: https://doi.org/10.5282/o-bib/5670.

7 Sie wird dort definiert als „[...] ein Satz von Fähigkeiten, der die reflektierte Erkundung von Informationen, das Verständnis davon, wie Informationen entstehen und bewertet werden sowie die Verwendung von Informationen zur Schaffung neuen Wissens und der ethisch korrekten Mitwirkung in Gemeinschaften des Lernens umfasst". Gemeinsame Kommission Informationskompetenz von dbv und VDB (Hrsg.): Framework Informationskompetenz in der Hochschulbildung. In: o-bib (2021) Nr. 2. S. 4. DOI: https://doi.org/10.5282/o-bib/5674.

für ihre verschiedenen Zielgruppen diese Entwicklung unterstützen müssen in dem Geflecht von medialen und institutionellen Abhängigkeiten, in denen sich Wissenschaft abspielt und manifestiert.

Kompetenz ist Grundlage selbstbestimmten Handelns

Kompetenz als die selbstbestimmte, mündige Anwendung von Wissen und Fertigkeiten kann in diesem Sinne Zielmarke für, aber nicht Inhalt von Vermittlungsangeboten sein.[8] Dies sollte Konsequenzen für das Rollenverständnis von Bibliothekar:innen haben. Einerseits benötigen sie für die Gestaltung von Vermittlungsangeboten pädagogische Expertise, die hilft, Lehr-/Lernszenarien möglichst professionell umzusetzen, nämlich Kenntnis von

- Zielgruppen
- einschließlich eines grundlegenden Verständnisses von lernpsychologischen Theorien und
- didaktischen Grundlagen, um zielgruppengerecht handeln zu können.

Andererseits darf die Auseinandersetzung mit der Förderung von Informations- und Medienkompetenz nicht bei der Gestaltung von Vermittlungsangeboten aufhören.

Pädagogisches Handeln professionalisieren

Mindestens in den vergangenen 20 Jahren hat sich ein sehr produktiver Diskurs im Bibliothekswesen rund um den Begriff „Informationskompetenz" entwickelt.[9] Es zeigt sich in Publikationen von Schultkas *Bibliothekspädagogik* (2018) bis zu Sühl-Strohmengers *Handbuch Informationskompetenz* (2016) und Hankes und Sühl-Strohmengers *Bibliotheksdidaktik* (2016) die überfällige Kanonisierung des Themas als Kernaufgabe von Bibliotheken. In der Folge stehen Bibliothekar:innen heute zahlreiche Veröffentlichungen mit Anleitungen und Handreichungen zum pädagogischen Handeln bereit.

Kritisch zu sehen ist hier die meist recht isolierte Diskussion von Informationskompetenz aus einer institutionalisierten Perspektive mit Bibliothekar:innen als Handelnden im Zentrum. Informationskompetenz als „Gegenstand"[10] des „Lernens und Lehrens an Bibliotheken" ergibt Sinn eben aus Sicht der Einrichtungen: So wird die

---

8 Vgl. Schoenbeck, Oliver: Informationskompetenz als Gestaltungsaufgabe. In: Zeitschrift für Bibliothekswesen und Bibliographie: ZfBB (2015) H. 2. S. 85–93.

9 Als ein Meilenstein kann die Übersetzung der Standards durch Benno Homann gelten, s. Homann, Standards der Informationskompetenz (wie Anm. 3).

10 Vgl. Hanke, Ulrike u. Wilfried Sühl-Strohmenger: Bibliotheksdidaktik. Grundlagen zur Förderung von Informationskompetenz. Berlin, Boston: de Gruyter Saur 2016 (Bibliotheks- und Informationspraxis 58). S. 8.

Frage beantwortet, wie diese Organisationen in ihren etablierten Strukturen pädagogisch tätig werden können.[11] Aus Sicht der bibliothekarischen Zielgruppen aber stehen Ziele im Vordergrund, die der Bibliothek und ihren Aufgaben nicht direkt zu eigen sind: die Lösung wissenschaftlicher Fragestellungen. Sei es, um Qualifikationsarbeiten zu verfassen; sei es als Beitrag zum wissenschaftlichen Diskurs und Erkenntnisgewinn mit der Veröffentlichung der eigenen Forschungsergebnisse. Es zeigt sich ein Spektrum von Aufgaben, die Bibliotheksnutzer:innen erfüllen müssen *mithilfe* von Informations- und Medienkompetenz als Schlüsselkompetenzen zur Erschließung und Verarbeitung spezifischer fachlich-akademischer Inhalte.

Es greift daher zu kurz, Modelle klassischer Unterrichtsgestaltung direkt auf bibliothekarische Angebote zu übertragen. Die Frage ist vielmehr: Welche spezifischen didaktischen Anforderungen stellt die Förderung von eben *Schlüssel*kompetenzen? Für Bibliotheken gilt, dass die von ihnen zu fördernden Kompetenzen als Schlüsselkompetenzen neben den fachlichen akademischen Fertigkeiten stehen und auch in Konkurrenz zu diesen treten; angesichts voller Curricula und Lehrpläne müssen sie sich häufig erst legitimieren. Die unterschiedliche Ausprägung bibliothekarischer Vermittlungsangebote in einem Spektrum von

- optionalen Schulungsveranstaltungen über
- „eingebettete" Inhalte in der Lehre der Fächer bis hin zu
- curricular verankerten eigenständigen Veranstaltungen

zeigt, dass die „Kompetenzentwicklung" als Zielvorgabe nicht einem allgemeinen (Selbst-)Verständnis bestimmter Fachdisziplinen entspringt, sondern vielmehr vielschichtigen Standortfaktoren geschuldet ist.

Rahmenbedingungen für die Kompetenzentwicklung schaffen

Bibliothekar:innen sollten also nicht nur mit einem engen Verständnis pädagogischen Handelns auf die Herausforderung, Kompetenzentwicklung zu fördern, reagieren. Nutzer:innen entwickeln Informations- und Medienkompetenz im Umgang mit Veröffentlichungen, Medien, Katalogen, Datenbanken, Repositorien u. v. m. Die Art und Weise, wie diese Ressourcen durch Bibliotheken und Zentrale Einrichtungen angeboten werden, ist damit entscheidend für den Aufbau des nötigen Anwendungswissens. Das Schaffen idealer Rahmenbedingungen für Nutzer:innen ist daher eine unerlässliche Säule für die Kompetenzentwicklung und muss Hand in Hand gehen mit aktiver Vermittlungsarbeit.

11 Vgl. Schultka, Holger: Bibliothekspädagogik. Lehren und Lernen in wissenschaftlichen Bibliotheken. München: kopaed 2018.

Konkret heißt das, dass Szenarien und Zugriffswege für die Nutzung von Informationen und Medien so gestaltet werden, dass sie so zwangsläufig wie möglich sachgerecht und effizient genutzt werden. Gestaltungsfelder sind hier z. B.:
- User Interfaces für Kataloge, Datenbanken, Repositorien u. ä.
- Metadaten
- Websites
- (universitäre) Policies für den Umgang mit Daten und Publikationen

Diese dürfen eben nicht nur überkommene technische, organisationale und regulatorische Gegebenheiten abbilden; konsequente Nutzer:innenorientierung bildet sich hier vielmehr unter der Perspektive der Kompetenzförderung ab. Der pädagogische Blick auf Zielgruppen (Schüler:innen, Studierende, Lehrende, Forschende u. v. m.) sollte als Wissen über die eigenen „Kund:innen" auch ein Innovationstreiber strategischer Organisationsentwicklung sein.

Handlungsfelder für wissenschaftliche Bibliothekar:innen

Unter der Prämisse, dass Kompetenz eine Entwicklungsaufgabe für jede:n einzelne:n Nutzer:in sei, zeigt sich somit, dass sich auch das Rollenverständnis der Bibliothekar: innen entwickeln muss. Handlungsfelder zur direkten und indirekten Förderung der Kompetenzentwicklung sind:
- Vermitteln und Lehren,
- Beraten und Begleiten und
- Gestalten.

Damit ist Kompetenzförderung keine isolierte Funktion innerhalb von Bibliotheken, sondern erstreckt sich über verschiedene Aufgabenbereiche und Abteilungen – vom klassischen wissenschaftlichen Dienst in den Fachreferaten, über die Nutzungsabteilungen bis hin zu Feldern wie Publikationsunterstützung, digitaler Bibliothek und forschungsnahen Diensten. Es gilt, für Nutzer:innen und aus Nutzer:innensicht ein Umfeld zu schaffen, das die Teilhabe am wissenschaftlichen Diskurs unterstützt.

Vermitteln

Die vermittelnde Tätigkeit mit pädagogischer Zielsetzung bleibt dabei eine bedeutende Säule. Pädagogische Zielsetzung bedeutet hier, dass Bibliothekar:in und Nutzer:in sich in einer klaren Rollenverteilung der Wissensweitergabe begegnen. Der inhaltliche Anspruch an diese Wissensweitergabe wächst mit dem Fortschreiten der Digitalisierung. Oft scheinen Bibliotheken hier in der Pflicht, weil es an Universitäten und im Bildungssystem allgemein zu wenige kanonisierte Angebote gibt, die mit den Veränderungen des digitalen Zeitalters Schritt halten können – sie sind dann Akteure im Bildungssystem, weil sie Bedarfe erkennen, die andernorts nicht beantwortet werden.

Die Digitalisierung ermöglicht gleichzeitig eine immer weitere Ausdifferenzierung der Formate von Führungen, Schulungen, Tutorials und anderen Formen der Vermittlung. Hier ist die besondere Stellung von Informations- und Medienkompetenz als Schlüsselkompetenzen zu berücksichtigen. Durch die Abgrenzung von den kanonisierten Lehr- und Lerninhalten müssen immer wieder neue Formen und Wege gefunden werden, einerseits Lernende zu motivieren und andererseits die bibliotheksspezifischen Inhalte und Anforderungen neben und manchmal auch in den etablierten Strukturen der Curricula zu platzieren. Eine zukünftige Perspektive könnte hier – wie gesehen – ein bewussterer Austausch mit den Didaktiken und Praktiken einzelner Fächer sein, um dem Anspruch echter Schlüsselkompetenzentwicklung gerechter zu werden.

Beraten und Begleiten

Während „Vermitteln" bedeutet, dass Nutzer:innen solche Angebote mit lernender Absicht annehmen, gehen sie bewusst in Beratungssituationen, um bei der Bewältigung fachlicher Aufgaben unterstützt zu werden. Hanke und Sühl-Strohmenger benennen die „Einzelberatung" zwar als Teil der „Bildungsangebote" von Bibliotheken, gehen aber nicht auf die didaktischen Chancen ein, die sich dabei bieten.[12] Diese liegen vor allem in der Handlungsorientierung solcher Beratungssituationen; denn Motivation muss hier nicht mit didaktischen Methoden herbeigeführt werden, sie ist schon gegeben. Im Zusammenspiel von Vermitteln und Beraten, das bibliothekarische Einrichtungen durch die Gestaltung ihrer Dienstleistungsangebote bewusst instrumentalisieren können, offenbart sich eine wichtige Perspektive für eine spezifische Bibliothekspädagogik.[13]

Deswegen sollte die bewusste Gestaltung von Beratungsangeboten eine weitere Säule der Förderung von Informations- und Medienkompetenz sein. Lohmeier, Mittelbach und Stöhr beschreiben exemplarisch diesen Anspruch unter dem Titel „Informationsservices auf Augenhöhe – So können Bibliotheken den Forschungsprozess proaktiv unterstützen".[14] „Augenhöhe" benennt dabei den besonderen Anspruch an die Begegnung von Bibliothekar:innen und Nutzer:innen in der Beratung. Informations-

12 Vgl. Hanke u. Sühl-Strohmenger, Bibliotheksdidaktik (wie Anm. 10), S. 369.

13 Gerade Bibliotheken sollten sich „Beraten" als wichtige pädagogische Praxis aneignen. Vgl. Bräu, Karin: Beraten. In: Studienbuch pädagogische Praktiken. Hrsg. von Jürgen Budde u. Torsten Eckermann. Bad Heilbrunn: Klinkhardt 2021. S. 145–169.

14 Lohmeier, Felix, Jens Mittelbach u. Matti Stöhr: Informationsservices auf Augenhöhe – So können Bibliotheken den Forschungsprozess proaktiv unterstützen. In: Handbuch Informationskompetenz. Hrsg. von Wilfried Sühl-Strohmenger. Unter Mitwirkung von Martina Straub. 2. Aufl. Berlin, Boston: de Gruyter Saur 2016 (Reference). S. 289–306.

und Medienkompetenz sollten weniger als Lerndefizite verschiedener Zielgruppen gesehen werden, denn als Serviceanspruch ihrer Kund:innen. Mit diesem Fokus sollte die Begleitung wissenschaftlicher Tätigkeit zu einem Entwicklungsziel für bibliothekarische Einrichtungen werden. Die Qualität des wissenschaftlichen Outputs sollte der Gradmesser für den Erfolg der Förderung von Informations- und Medienkompetenz sein; nicht der „Lernerfolg" der Nutzer:innen.

Damit ist die aktive *Begleitung* von Forschungsvorhaben eine Erweiterung der Beratung. Ein Beispiel kann der aktuelle Trend zu Systematic Reviews sein, die heute als wissenschaftliche Methode ein etablierter Weg zum evidenzbasierten Erkenntnisgewinn sind. Sie haben sich nach ihren Ursprüngen in der Medizin mittlerweile auch in den Sozialwissenschaften etabliert.[15] Recherche wird bei ihnen zu einem verbindlichen methodischen Anteil mit direktem Einfluss auf die Qualität der Forschungsergebnisse. Die Auswahl spezifischer Datenbanken und die Umsetzung der Recherche über dokumentierte Suchstrings eröffnen erst den jeweiligen Erkenntnisraum, der sich in einer verbindlich recherchierten Menge von Veröffentlichungen offenbart.

Gestalten

Räume, Schnittstellen, Services so zu gestalten, dass Nutzer:innen ein kompetenter Umgang mit Informationen ermöglicht wird, ist eine zwangsläufige Konsequenz aus den vorangegangen Handlungsfeldern. Inhalt von Vermittlungs- und Beratungsangeboten ist häufig die effiziente und strategische Anwendung von Suchmasken und Interfaces verschiedenster Anbieter von Informationsdienstleistungen – seien es Bibliotheken selbst mit ihren OPACs oder Discovery-Systemen, seien es Datenbankanbieter wie OVID, EBSCO, Proquest oder Portale wie SpringerLink und andere Plattformen für E-Books und E-Journals. Kompetenzentwicklung zu fördern, heißt hier auch, die Kenntnis über Nutzergruppen, die Bibliotheken über Jahrzehnte erworben haben, einzusetzen, um Antworten auf Gestaltungsfragen von Schnittstellen zu finden. Dieses kann konkret auf einzelne Anwendungen bezogen werden, wie die DIN-Norm zur Usability es mit dem Kriterium der „Lernbefähigung" tut.[16] Es kann aber auch den systemischen Blick bedeuten auf die ganze wissenschaftliche Bibliothek als z. B. Teil eines

15 Vgl. z. B. Gough, David, Sandy Oliver u. James Thomas (Hrsg.): An introduction to systematic reviews. 1. Aufl. London: Sage Publ. 2017; Zawacki-Richter, Olaf [u. a.] (Hrsg.): Systematic reviews in educational research: methodology, perspectives and application. Wiesbaden: Springer VS 2020.

16 Vgl. Schweibenz, Werner: Grundlagen des Usability-Engineerings – Aspekte der Evaluation von Benutzerfreundlichkeit von Bibliothekswebsites. In: Benutzerorientierte Bibliotheken im Web. Usability-Methoden, Umsetzung und Trends. Hrsg. von Bernard Bekavac, René Schneider u. Werner Schweibenz. Berlin, Boston: De Gruyter Saur 2011 (Bibliotheks- und Informationspraxis 45). S. 9–30, hier S. 14.

Campus – in der Folge wird Kompetenzorientierung zu einem strategischen Ziel der Organisationsentwicklung.[17]

Hier können Bibliothekar:innen eine Rolle als Produktmanager:innen[18] einnehmen. Webseiten, User Interfaces, Policies, aber auch die Qualität von Metadaten[19] müssen dahingehend hinterfragt werden, ob sie Nutzer:innen überhaupt noch einen kritischen und mündigen Umgang mit Erkenntnis und Wissen in digitalen und analogen Informationsformaten ermöglichen. Das spezifische Wissen über die betreffenden Produkte einerseits und die Zielgruppen als kompetente Kund:innen andererseits ist hierbei elementar.

Kompetenzförderung als ganzheitlicher Anspruch

Dieser Dreischritt von Vermitteln, Begleiten und Gestalten kann als ganzheitlicher Anspruch an die Förderung von Informations- und Medienkompetenz verstanden werden, der als Antwort auf die digitale Transformation auf vielen Ebenen bibliothekarischen Handelns realisiert werden muss. Nur so kann der Komplexität der Ansprüche an die Informationsversorgung im digitalen Raum ebenso wie der Heterogenität der verschiedenen Nutzer:innengruppen Genüge getan werden. Denn für alle Bibliothekstypen gilt dabei auch, dass es nicht nur „klassische" Lernende wie Studierende und Schüler:innen gibt, die je nach Herkunft und Curriculumsfächern unterschiedliche Voraussetzungen für das Lernen mitbringen. Heterogenität entsteht auch in Hinsicht auf lebenslanges Lernen. Durch das rasante Fortschreiten der digitalen Transformation und die stetig wachsende Menge an verfügbarer Information verlieren gewissermaßen immer wieder neue Nutzer:innengruppen Teile ihrer bereits entwickelten Schlüsselkompetenzen, weil sie von der Entwicklung neuer Technologien überholt werden – Lernen wird zu einer Regel- und Lebensaufgabe.

Ganz im Sinne des Anspruchs an den Erkenntnisgewinn nicht nur in den Sozial- und Geisteswissenschaften sollten bibliothekarische Dienstleistungen ganzheitlich so organisiert sein, dass Erkenntnisgewinn als Resultat der wissenschaftlichen Arbeit mit und an wissenschaftlicher Information keinem Bias unterliegt, der auch in der Verfügbarkeit, Präsentation und in der Gestaltung von Dienstleistungen durch Bibliotheken begründet sein kann – nicht nur Nutzer:innen sondern auch Systeme sollten in diesem Sinne kompetent gemacht werden. Für die Kompetenzen der Bibliothekar:innen wiederum bedeutet dies, das pädagogische Wissen um Beraten und Vermitteln nicht

---

17 Die Gestaltung von „Lernorten", an denen Studierende effizient und konzentriert, allein oder in Gruppen, vor Ort, virtuell oder hybrid lernen können, verfolgt dabei eigentlich andere Ziele und ist nicht zwangsläufig ein Angebot für die Schlüsselkompetenzentwicklung.

18 Vgl. Winkelmann, Peter: Marketing und Vertrieb. Fundamente für die marktorientierte Unternehmensführung. 5. Aufl. München, Wien: Oldenbourg 2006. S. 106.

19 Vgl. Pfeffer u. Wiesenmüller, Resource Discovery Systeme (wie Anm. 14), S. 105–114.

als isoliertes Alleinstellungsmerkmal von Teaching Librarians in den Einrichtungen zu entwickeln, sondern möglichst breit zu verankern. Die Kompetenzen, die in klassischen Funktionen wie Medienbearbeitung, Fachreferaten, digitaler Bibliothek, Nutzungsabteilungen usw. etabliert sind, brauchen dieses vernetzte Denken, um angesichts der Digitalisierung bibliothekarische Dienstleistungen in konsequenter Nutzer:innenorientierung weiterentwickeln zu können. Kompetenzförderung kann letztlich nur dann nachhaltig gelingen, wenn Bibliothekar:innen selbst ihre bibliothekarischen, fachlich-methodischen und pädagogischen Kompetenzen konsequent aufeinander beziehen.

Christina Kläre

Datenkompetenzen aufbauen und entwickeln

Abstract: Die Förderung von insbesondere basalen und disziplinübergreifenden Datenkompetenzen durch Bibliotheken stellt eine natürliche Brücke zwischen den Dienstleistungen zum Forschungsdatenmanagement und zur Förderung von Informations- und Medienkompetenz dar. Im Aufsatz werden die Rolle des wissenschaftlichen Bibliothekdienstes sowie dessen Aufgaben bei der (Weiter-)Entwicklung und Etablierung von Angeboten, die den Aufbau und die Entwicklung von Datenkompetenzen ermöglichen, vorgestellt.

Keywords: Datenkompetenzen, wissenschaftlicher Bibliotheksdienst, Netzwerke, Kooperation, Liaison Librarian

Kurzbiografie: Christina Kläre ist seit 2016 an der Universitätsbibliothek Duisburg-Essen als Fachreferentin für die Fächer Rechts- und Wirtschaftswissenschaften tätig. Auf Grundlage ihres empirisch geprägten Ökonomiestudiums hat sie seit ihrem Masterstudium „Bibliotheks- und Informationswissenschaft/MALIS" kontinuierlich den Bereich der Datenkompetenzförderung aufgebaut: Es begann mit einem Online-Kurs zur Bewertung von Alltagsdaten, auf den Formate zur Unterstützung bei der Datenrecherche insbesondere für Studierende der Sozialwissenschaften folgten; derzeit koordiniert sie mit einem Kollegen das Hochschulprojekt DataCampus UDE, das durch das Ministerium für Kultur und Wissenschaft NRW, den Stifterverband für die Deutsche Wissenschaft und die Digitale Hochschule NRW gefördert wird. Kontakt: christina.klaere@uni-due.de

Einleitung

Ein Großteil des Bestands wissenschaftlicher Bibliotheken liegt mittlerweile digital und insbesondere maschinenlesbar vor. Dies erleichtert es, Texte nicht länger nur als Informationen, sondern heruntergebrochen auf ihre Basis – als Daten – in die wissenschaftliche Arbeit einfließen zu lassen. Gleichzeitig haben technologische Innovationen dazu geführt, dass große Datenmengen entstehen, gespeichert und mithilfe von künstlicher Intelligenz analysiert werden können. Die primären Zielgruppen wissenschaftlicher Bibliotheken – Forschende, Lehrende und Studierende – nutzen deshalb vermehrt Daten im Prozess des wissenschaftlichen Arbeitens, die durch Bibliotheken lizenziert und verzeichnet werden. Analog zur Förderung von Informationskompetenz (IK) ergibt sich ein Dienstleistungssegment für Bibliotheken, das insbesondere im Rahmen seiner Einführungsphase durch wissenschaftliche Bibliothekar:innen betreut

https://doi.org/10.1515/9783110790375-009

werden sollte. Dies hat Einfluss auf die Rollen und Aufgaben des wissenschaftlichen Bibliotheksdienstes, die folgend hergeleitet werden.

Relevanz von Datenkompetenzen

Bereits 1982 identifizierte Gagnon Herausforderungen der empirischen Wirtschaftsforschung in der Betriebswirtschaftslehre – Zeitaufwand, Zugang zu Daten(-quellen), Kosten, Kompetenzen[1] –, die sich auch auf weitere Disziplinen übertragen lassen. Diese Herausforderungen sind im 21. Jahrhundert zwar deutlich einfacher zu bewältigen, sie sind jedoch weiterhin von Relevanz.

- Zeitaufwand und Zugang: Daten können durch Online-Recherchetools leichter aufgefunden werden und sind i. d. R. mit wenigen Klicks abrufbar; das physische Aufsuchen von Datenanbietern ist nur noch in seltenen Fällen nötig, z. B. in solchen, in denen es sich um äußerst sensible Daten handelt. Zusätzlich liegen Daten oft in für die Analyse geeigneten Formaten vor oder können in wenigen Schritten entsprechend aufbereitet werden. Trotzdem hängt die Auffindbarkeit weiterhin stark von der Qualität der für die Suche relevanten Metadaten ab.
- Kosten: Open-Data-Initiativen führen mittlerweile vermehrt zu einem kostenfreien Zugriff auf Daten, z. B. in Form von demografischen Statistiken. Dennoch hat sich durch die gestiegene Datenmenge und das damit verbundene Bedürfnis, diese Daten u. a. in Wissenschaft und Wirtschaft zu nutzen, eine ganze Branche entwickelt, die Daten sammelt, aufbereitet und den Zugriff kostenpflichtig ermöglicht. Bibliotheken agieren hierbei als Mittlerinnen zwischen Anbietenden und Nutzenden analog zur Lizenzierung von Literaturdatenbanken – sofern es das Budget zulässt, denn gemäß der Aussage „Daten sind das neue Öl"[2] fallen i. d. R. hohe Lizenzkosten an.
- Kompetenzen: Selbst wenn Daten (vermeintlich) leicht aufzufinden wie auch nachzunutzen sind und u. a. dadurch vermehrt in den Medien wie Zeitungen, Fernsehen und Internet genutzt werden, heißt dies nicht, dass die Fähigkeiten, Daten zu sammeln, zu managen, zu evaluieren, anzuwenden und das Vorgehen sowie die Ergebnisse kritisch zu reflektieren,[3] mittlerweile leicht(er) auf- und auszubauen sind. Es werden informatorische, informationswissenschaftliche und statistisch-methodische Kompetenzen sowie Fachkompetenz benötigt, um letztendlich effizient und effektiv mit digitalen Daten umzugehen.

---

1 Gagnon, Roger J.: Empirical research. The burdens and the benefits. In: Interfaces (1982) H. 4. S. 98–102 (an dieser Stelle reduziert auf die disziplinübergreifenden Herausforderungen).

2 Vgl. The world's most valuable resource. In: The Economist (6.5.2017). S. 7.

3 Definition gemäß Ridsdale, Chantel u. James Rothwell [u. a.]: Strategies and best practices for data literacy education. Knowledge synthesis report 2015. S. 11.

Bibliotheken können zur Bewältigung dieser Herausforderungen beitragen, indem sie sich u. a. in der Weiterentwicklung von Metadatenstandards engagieren, an Preisverhandlungen beteiligen und analog zur Förderung von IK als Partnerin in der Förderung von Datenkompetenzen positionieren und etablieren. Vor allem im Rahmen der Kompetenzförderung ist der Zielgruppenbedarf von besonderer Bedeutung.

Zielgruppenbedarf

Wissenschaftliche Bibliotheken bedienen primär Studierende, wissenschaftliche Mitarbeiter:innen und Professor:innen. Diese Zielgruppen sind im Handlungsfeld Datenkompetenzen nach Karrierelevel und fachlichem Hintergrund zu differenzieren, um zielgruppengerechte Dienstleistungen zu entwickeln und anzubieten.

Karriere- und Kompetenzlevel

Entsprechend der verschiedenen Karrierestufen unterscheiden sich die für das wissenschaftliche Arbeiten mit Daten benötigten Kompetenzlevel in (1) konzeptionelle Kompetenzen, (2) grundlegende Kompetenzen und (3) fortgeschrittene Kompetenzen der Zielgruppen von wissenschaftlichen Bibliotheken.[4] Während für Bachelorstudierende primär konzeptionelle Kompetenzen, z. B. Wissen über verschiedene Datentypen und -formate, sowie grundlegende Kompetenzen, wie die Fähigkeit der kritischen Einschätzung der Vertrauenswürdigkeit von Datenquellen, von Bedeutung sind, müssen Forschende wie Professor:innen, wissenschaftliche Mitarbeiter:innen, Promotions- und zum Teil bereits Masterstudierende zusätzlich über fortgeschrittene Datenkompetenzen, z. B. hinsichtlich der Langzeitarchivierung von Daten(-sätzen), verfügen.

Kompetenzspektrum und fachlicher Hintergrund

Ridsdale et al. (2015) kategorisieren Datenkompetenzen gemäß der Schritte des wissenschaftlichen Arbeitens mit Daten unter: (1) Sammeln von Daten, (2) Managen von Daten, (3) Evaluieren von Daten und (4) Anwenden von Daten.[5] Auf Grundlage einer Forschungsfrage werden Daten durch Erhebung und/oder Recherche gesammelt bzw. zusammengetragen, bewertet und u. a. durch Bereinigung für die Weiterverarbeitung vorbereitet. Die eigentliche Datenanalyse folgt erst im Anschluss und greift auf eine

4 Level gemäß Ridsdale u. Rothwell, Strategies and best practices (wie Anm. 3).

5 Ridsdale u. Rothwell, Strategies and best practices (wie Anm. 3). An dieser Stelle soll aufgrund des Schwerpunkts des Aufsatzes auf eine ausführliche Darstellung des Kompetenzrahmens verzichtet werden.

Vielzahl an Methoden zurück, die wiederum von der Datenmenge und den Datentypen sowie der Forschungsfrage abhängig sind. Gemäß den Prinzipien der guten wissenschaftlichen Praxis ist das Vorgehen zu dokumentieren und Fremdmaterial entsprechend zu kennzeichnen sowie dessen Quelle anzugeben. Aus der Analyse wird mit Bezug zur Forschungsfrage ein Erkenntnisgewinn generiert und verbalisiert, sodass im letzten Schritt die Publikation und damit das Teilen dieser Erkenntnisse erfolgt.

Mit der Absicht, den Bedarf der Zielgruppe bestmöglich zu decken, lässt sich mithilfe des o. g. Prozesses eine Differenzierung anhand des fachlichen oder mindestens disziplinären Hintergrunds durchführen. Die Förderung von Datenkompetenzen impliziert deshalb die Adressierung disziplinspezifischer, disziplinübergreifender und interdisziplinärer Aspekte: Abhängig von der Disziplin und der konkreten Forschungsfrage handelt es sich um Text-, Bild- oder numerische Daten sowie Daten in Form von Audio- oder Videoaufnahmen. Außerdem muss z. B. zur Bewertung der Datenqualität stets inhaltliches Verständnis über den Kontext der Daten und ihre Entstehung vorliegen, das auf dem im Studium aufgebauten Fachwissen basiert; bei Kapitalmarktdaten müssen beispielsweise Kenntnisse zu der Methodik der Generierung der verschiedenen Kennzahlen, wie Aktienindizes, vorliegen und in Verbindung mit den Metadaten zur Bewertung der Daten(-quelle) herangezogen werden. Dieses Fachwissen wird ebenso in Verbindung mit Statistikkompetenz bei der Bewertung, Aufbereitung und Analyse benötigt, indem z. B. geeignete ökonometrische Modelle ausgewählt und angewandt werden.

Wissenschaftliche Bibliothekar:innen bringen bereits den benötigten Fokus auf die Unterstützung von Studium, Lehre und Forschung mit engem Bezug zur jeweiligen Zielgruppe unter Berücksichtigung der Disziplin mit, um entsprechende neue Rollen und Aufgaben in diesem Handlungsfeld zu übernehmen. Über die Unterstützung hinaus begleiten sie Transformationsprozesse u. a. im Hinblick auf die Digitalisierung von Forschung und Lehre; dies spiegelt sich in Dienstleistungen für die professionell strukturierte Arbeit mit Daten wider (z. B. zum Forschungsdatenmanagement), was wiederum die notwendige Veränderung der jeweiligen Bibliothek vorantreibt.

Dennoch sind Bibliotheken noch nicht flächendeckend als Partnerinnen in der Förderung von Datenkompetenzen anerkannt. Der wissenschaftliche Dienst kann mithilfe der folgend beschriebenen Rollen und Aufgaben dazu beitragen, Bibliotheken als ebendiese Partnerinnen sichtbar zu machen und zu etablieren.

Rollen und Aufgaben des wissenschaftlichen Dienstes im Feld der Datenkompetenzen

Der wissenschaftliche Bibliotheksdienst ist unter Berücksichtigung der Strategie der Trägereinrichtung immer auch in die strategische Ausrichtung der Bibliothek involviert. Dieser strategischen Funktion obliegt es, die (Weiter-)Entwicklung von Dienstleistungen auf Grundlage der Bedarfe von Nutzenden anzustoßen. Analog zum Entwicklungsprozess für Dienstleistungen gilt es, die Schritte der (1) Ideenfindung, -bewertung und Anforderungsanalyse, (2) Dienstleistungskonzeption sowie (3) Dienstleistungsimplementierung und -einführung zu managen.[6] Diese werden folgend für das Handlungsfeld Datenkompetenzen beschrieben.

Ideenfindung und -bewertung sowie Anforderungsanalyse – der/die Innovator:in

Jeder (Weiter-)Entwicklung einer Dienstleistung liegt eine Idee zur Deckung des Bedarfs einer spezifischen Zielgruppe zugrunde. Der enge Bezug des wissenschaftlichen Bibliotheksdienstes zu einzelnen Fächern oder Zielgruppen – entweder durch eine Tätigkeit im Fachreferat oder durch ähnliche Liaison-Rollen – ist der Schlüssel, um entsprechend bedarfsorientierte Dienstleistungsinnovationen voranzutreiben: Er hat durch die eigene praktische Erfahrung Einblicke in die relevanten Datentypen und -analysemethoden und verfügt dementsprechend bereits über Datenkompetenzen. Durch den Kontakt mit einzelnen Nutzendengruppen, z. B. zu benötigten Datenbank- oder Toollizenzen, liegt außerdem bereits Kontakt zur Zielgruppe vor. Dies erleichtert die Bewertung einer Idee hinsichtlich der Anforderungen der Bibliotheksnutzenden sowie der Bibliothek selbst. Die Forschung kann diese Eindrücke objektivieren und so auch um Empfehlungen von Lehrenden und Studierenden im allgemeinen oder spezifischer Fächer ergänzen; hierdurch kann vermieden werden, ein Nischenprodukt zu entwickeln, das nicht auf andere Zielgruppen oder gar Bibliotheken übertragbar und damit langfristig unwirtschaftlich ist.

Dienstleistungsinnovationen implizieren immer ein finanzielles Risiko, da die eingebundenen Beschäftigten im Rahmen der Entwicklung Arbeitszeit und damit vor allem Personalmittel investieren, die für die Erbringung von etablierten Dienstleistungen fehlen oder durch Neueinstellungen kompensiert werden müssen. Analog zum Projektmanagement ist der Personal-(entwicklungs-) ebenso wie der Finanzbedarf zu kalkulieren. Drittmittel können zur Anschubfinanzierung genutzt werden und hierdurch z. B. die Finanzierung bis zur Testphase sicherstellen. Ein Förder- und Fort- bzw. Weiterbildungsscreening und die Fähigkeit, gut strukturierte und überzeugende Projektanträge zu verfassen, sind dabei unerlässlich.

Zum Auf- und Ausbau sowie zur Anwendung von Datenkompetenzen bedarf es nicht nur Infrastruktur, wie Repositorien, die im Rahmen des (Forschungs-)Datenmanagements und der Recherche bzw. Nachnutzung von Relevanz sind, oder lizenzierter Faktendatenbanken, sondern auch Tools und Speicherkapazität, um allein und kooperativ Daten aufzubereiten, zu analysieren und Datenkompetenzen niedrigschwellig zu

---

6 In Anlehnung an: Meiren, Thomas u. Tilmann Barth: Service Engineering in Unternehmen umsetzen. Leitfaden für die Entwicklung von Dienstleistungen. Stuttgart: Fraunhofer-IRB-Verlag 2002 (Service Engineering). S. 19–41.

fördern. Hierzu sind in enger Zusammenarbeit mit Rechenzentren technische Bedarfe der Zielgruppen zu ermitteln, Wirtschaftlichkeitsanalysen zu erstellen und letztendlich Entscheidungen zur Einführung, Lizenzierung sowie (Weiter-)Entwicklung von Software, zum Aufbau und zur Betreuung von Servern sowie insgesamt zum Outsourcing von Leistungen zu treffen. Der wissenschaftliche Bibliotheksdienst sollte sich auch hier aktiv in die Prozesse einbringen, um einerseits die Vernetzung zwischen und mit den Zielgruppen voranzutreiben und um andererseits hinsichtlich der Auswirkungen auf Forschungsprozesse informiert zu sein.

Dienstleistungskonzeption – der/die Vernetzer:in

Das Handlungsfeld der Förderung von Datenkompetenzen kann aufgrund der fachlichen sowie der informatorischen und statistisch-methodischen Komponenten weder allein durch Fachlehrende noch allein durch Bibliotheken bespielt werden. Die Vernetzung von Akteur:innen innerhalb der Bibliothek, der Trägereinrichtung und darüber hinaus ist deshalb von großer Bedeutung.

In den Fächern gibt es Expert:innen für die Förderung disziplinspezifischer Datenkompetenz. Weitere Betriebseinheiten der Hochschule wie z. B. Rechenzentren können neben Kompetenzen auch Infrastrukturunterstützung beitragen. Bibliotheksintern gibt es im wissenschaftlichen Dienst immer auch Kolleg:innen, die ihren eigenen fachlichen Background und ihre Verbindungen in die Fächer einbringen können. Darüber hinaus sind Stakeholder aus Gesellschaft, Wirtschaft und Wissenschaft zu berücksichtigen, die wichtige Impulse und/oder Dienstleistungen beitragen. Innerhalb von Kommunal-, Landes- oder Bundesstrukturen und über die Grenzen hinweg existieren zudem bereits Netzwerke, wie das durch den Stifterverband für die Deutsche Wissenschaft koordinierte Data-Literacy-Education-Netzwerk,[7] in dem sich der wissenschaftliche Dienst engagieren und Ideen und Dienstleistungen in die Heimbibliothek überführen kann.

Durch diese Vernetzung wird ein Bereichsdenken vermieden und Synergieeffekte können bestmöglich genutzt werden, indem z. B. Konzepte anderer Einrichtungen verwendet werden. Zudem ist es durch die Vernetzung in Expert:innennetzwerken leichter, auf dem aktuellen Stand hinsichtlich der Entwicklungen im Handlungsfeld zu bleiben: Beispielsweise engagiert sich der Stifterverband für die Deutsche Wissenschaft auf Grundlage des Netzwerks in der Entwicklung des IEEE-Standards zu „Data and AI Literacy, Skills, and Readiness",[8] berücksichtigt hierbei die Expertise der Netzwerkmit-

---

7 Details zum Netzwerk siehe Stifterverband für die Deutsche Wissenschaft: Data Literacy Education. https://stifterverband.org/data-literacy-education (3.7.2022).

8 Institute of Electrical and Electronics Engineers Standards Association: IEEE P7015 – Data and AI Literacy, Skills, and Readiness Working Group. https://sagroups.ieee.org/7015/ (3.7.2022).

glieder und fördert insgesamt den Austausch über und die Zusammenarbeit z. B. für neue oder geplante Publikationen.

Unter Einbezug all dieser Partner:innen und ihrer Kompetenzen kann der wissenschaftliche Dienst an einem Gesamtkonzept zur Förderung von Datenkompetenzen für die Trägereinrichtung mitwirken und die entsprechenden (potenziellen) Angebote und Kompetenzen der Bibliothek vertreten und verankern. Hierzu ist der enge Kontakt zwischen Bibliothek und Prorektorat bzw. der Vizepräsidentin/des Vizepräsidenten für Studium und Lehre von besonderer Bedeutung, der entweder durch den wissenschaftlichen Bibliotheksdienst für speziell dieses Handlungsfeld oder die Direktion insgesamt gepflegt werden kann.

Dienstleistungsimplementierung und -einführung – der/die Data Literacy Liaison

Dadurch, dass der wissenschaftliche Bibliotheksdienst im Rahmen dieses Modells bereits in die vorherigen Schritte des Prozesses leitend involviert ist, ist er für die Übernahme der Rolle des/der Data Literacy Liaison prädestiniert, denn dieser (i) verfügt bereits über die relevanten Kontakte in die Hochschule hinein sowie darüber hinaus, sodass die Weiterentwicklung des Handlungsfelds kontinuierlich erfolgen kann, (ii) verantwortet die kooperativ konzipierten und durch die Bibliothek angebotenen Dienstleistungen im Rahmen eines Gesamtkonzepts, und (iii) agiert als Themenreferent:in fachübergreifend – jedoch in engem Austausch mit den Fachreferent:innen.

Das konkrete Dienstleistungsangebot rund um die Förderung von Datenkompetenzen betrifft die Konzeption/inhaltliche Überarbeitung, die Mitwirkung bei der curricularen Verankerung und modulare Verknüpfung von konkreten Angeboten für Studium, Lehre und Forschung. Spätestens in diesem Punkt werden weitere Beschäftigtengruppen der Bibliothek für die Durchführung von Formaten etwa der Beratung und Schulung hinzugezogen.

Folgen für das Anforderungsprofil

Das für Bibliotheken verhältnismäßig neue und z. T. als fremd empfundene Handlungsfeld der Datenkompetenzen impliziert die o. g. Rollen und Aufgaben des wissenschaftlichen Dienstes. Daraus lässt sich ein aktualisiertes Anforderungsprofil ableiten, das, mit Ausnahme der fachlichen Kompetenzen, auch für andere Handlungsfelder Bedeutung hat:

- Fachkompetenzen: Fachstudium für Anknüpfungspunkte an die Zielgruppen und disziplinspezifische Datenkompetenzen
- Datenkompetenzen: Erfahrung im Umgang mit digitalen Daten und datenbezogenen Forschungsprozessen sowie zugehörigen Werkzeugen

- Didaktische Kompetenzen: zur Konzeption und Beratung hinsichtlich der Entwicklung von Formaten und Materialien zur Förderung von Datenkompetenzen sowie zur Durchführung/Verantwortung entsprechender Veranstaltungen
- Aufbau sehr guter Kenntnisse der Strukturen innerhalb der Trägereinrichtung und ihrer Partnerschaften
- Erfahrung in der Einwerbung von Drittmitteln und im Projektmanagement
- Innovationsfreude, ein hohes Maß an Veränderungs- und Lernbereitschaft sowie Überzeugungskraft, um Ideen zu entwickeln und umzusetzen
- Kommunikationsstärke in Verbindung mit Erfahrung in der Beratung und in der Durchführung von Interviews bzw. in der qualitativen Bedarfsermittlung für bedarfsgerechte Angebote
- Erfahrungen mit Netzwerk-, Gremienarbeit und Veranstaltungsorganisation sowie Freude an der team-, organisations- und institutionsübergreifenden Zusammenarbeit

Fazit

Wissenschaftsunterstützung impliziert Support im Kompetenzaufbau für wissenschaftliche Prozesse. Datenkompetenzen gewinnen in wissenschaftlichen Prozessen an Bedeutung, sodass Bibliotheken ihre Funktion als fächerübergreifende Dienstleistungseinrichtung der Hochschule nicht allein hinsichtlich des Forschungsdatenmanagements, sondern auch hinsichtlich basaler und disziplinübergreifender Datenkompetenzen wahrnehmen sollten. Der wissenschaftliche Bibliotheksdienst bringt einerseits durch sein Fachstudium andererseits durch die aktive Nähe zum Fach, z. B. als Fachreferent:in, wichtige Voraussetzungen mit, um Dienstleistungen rund um die Förderung von Datenkompetenzen zu entwickeln. Hierbei sind zunächst vor allem die Rollen als Innovator:in und Vernetzer:in wahrzunehmen; nachdem das Handlungsfeld bibliotheksintern aufgebaut und hochschulintern etabliert ist, kommt die Rolle als Data Literacy Liaison, d. h. unter Fortführung der Aufgaben als Innovator:in und Vernetzer:in auch die Verantwortung von Angeboten, hinzu. Überfachliche Kompetenzen wie Kommunikationsstärke gewinnen hierdurch an Bedeutung.

Ein:e Data Literacy Liaison kann und wird nicht als „Einzelkämpfer:in“ funktionieren: Die hergeleiteten Rollen und Aufgaben weisen Schnittmengen zu weiteren Aufgabenbereichen des wissenschaftlichen Bibliotheksdienstes und weiterer Bibliotheksbereiche auf: zum Fachreferat hinsichtlich der Zielgruppennähe; zum Forschungsdatenmanagement hinsichtlich spezifischer und fortgeschrittener (Forschungs-)Datenkompetenzen für Forschende; hinsichtlich der Informations-, IK- oder Schulungsabteilung bzgl. Schulungs- und Beratungsformaten sowie analoger und digitaler Lernraumgestaltung; hinsichtlich der Medienabteilung bzgl. der für die Kompetenzförderung benötigten Lehr-Lern-Materialien und Faktendatenbanken usw. Deshalb sollte die institutionsspezifische Rollen- und Aufgabendefinition bzw. -entwicklung stets im Gesamtkonzept der weiteren hier im Sammelwerk genannten Rollen und Aufgaben stattfinden.

Susanne Kundmüller-Bianchini und Eva Besgen

Digitale Lernangebote schaffen – von der Teaching Library zum E-Learning-Zentrum

Abstract: Das Potenzial digitaler Informations- und Schulungsangebote, deren Ausgestaltung zum klassischen Aufgabenportfolio der Teaching Library gehört, hat sich im Zuge der Digitalisierung sowohl technisch als auch didaktisch stark ausdifferenziert. Darüber hinaus übernehmen Bibliotheken die Entwicklung und Betreuung zentraler Service-Strukturen für das digitale Lehren und Lernen an Hochschulen und entwickeln sich so zu E-Learning-Zentren weiter. Welche Chancen diese strategische Neuausrichtung für die Positionierung von Bibliotheken als Ganzes hat, wie sich dies auf die Gestaltung bereits bestehender Schulungsangebote auswirken kann und welcher sich wandelnde Kompetenzbedarf daraus hervorgeht, wird im Folgenden anhand eines praktischen Lehrbeispiels zur Vermittlung wissenschaftlicher Schreibkompetenz aufgezeigt.

Keywords: E-Learning, E-Learning-Zentrum, E-Learning-Strategie, E-Learning-Beratung, Mediendidaktik, digitale Lehre, Digitalisierung, Digitalisierungsprojekte, Digitalisierung Vernetzung, Informationskompetenz, Wissenschaftliches Arbeiten

Kurzbiografien: Susanne Kundmüller-Bianchini hat nach einem Studium der Anglistik, Politikwissenschaft und Slavistik an der Universität zu Köln lange Jahre als Übersetzerin englischsprachiger Literatur gearbeitet. Später studierte sie Bibliotheks- und Informationswissenschaft (MALIS) an der damaligen Fachhochschule Köln sowie Educational Media an der Universität Duisburg-Essen. Seit 2003 ist sie stellvertretende Leiterin der Hochschul- und Kreisbibliothek Bonn-Rhein-Sieg, wo sie 2010 in das Projekt „eLearning“ einstieg und die zentrale E-Learning-Abteilung mit aufbaute, deren Leiterin sie heute ist. Kontakt: Susanne.Kundmueller@h-brs.de

Eva Besgen kam 2009 als Schulungsbibliothekarin an die Hochschul- und Kreisbibliothek Bonn-Rhein-Sieg und baute später die zentrale E-Learning-Abteilung mit auf. Dazu absolvierte sie 2012 den Masterstudiengang Educational Media an der Universität Duisburg-Essen und arbeitet heute als Beraterin für E-Learning und Mediendidaktik. Im Sommer 2022 absolvierte sie den berufsbegleitenden Masterstudiengang MALIS an der TH Köln. Kontakt: Eva.Besgen@h-brs.de

Digitalisierung – ein Dauerthema

Die Digitalisierung ist aus der Hochschulwelt nicht mehr wegzudenken. Längst beschränkt sich ihr Einsatz nicht mehr nur auf technisch-administrative Aspekte, sondern sie ist mitten im Lehren und Lernen angekommen. Wissensmedien, Informati-

https://doi.org/10.1515/9783110790375-010

onsressourcen, aber auch grundlegende Werkzeuge des wissenschaftlichen Arbeitens werden selbstverständlich digital genutzt, internetbasierte Kommunikation und Kollaboration haben die Art des Lehrens und Lernens gerade während der Covid-19-Pandemie zusätzlich verändert.

Wissenschaftliche Bibliotheken, die an der Schnittstelle von Studium, Lehre und Forschung auf vielfältige Weise dazu beitragen können, dass die Digitalisierung im Hochschulbereich ihr Potential entfaltet, begleiten den Wandel, indem sie Zugänge zu technischen und medialen Innovationen schaffen, gleichzeitig aber viel auch in Schulung und Beratung investieren. Die Entwicklung der Teaching Library mit ihren inhaltlichen Angeboten zum Erwerb von Informationskompetenz ist dabei schon länger Gegenstand der bibliothekarischen Diskussion.[1] Die Möglichkeiten, die sich mit der Technologie auch in didaktischer Hinsicht ergeben, um neue, innovative Wege der Wissensvermittlung zu beschreiten, haben sich in der Schulungspraxis der Bibliotheken dagegen weniger widergespiegelt. Die Verankerung von Fächern wie Informationsdidaktik oder digitale Mediengestaltung in die bibliothekarische Aus- und Weiterbildung wird hier vermutlich etwas in Bewegung bringen.[2]

Einige Bibliotheken haben das Thema E-Learning aber noch aus einer anderen Perspektive für sich entdeckt. Immer häufiger ist es anzutreffen, dass sie die Entwicklung und Betreuung zentraler Service-Strukturen für das digitale Lehren und Lernen an einer Hochschule übernehmen und zum E-Learning-Zentrum werden. Welches Potenzial diese Neuausrichtung für die Positionierung der Bibliothek als Ganzes hat und wie sich dies auch auf die Gestaltung bereits bestehender Angebote zur Vermittlung von Informationskompetenz auswirken kann, soll im nachfolgenden anhand eines Beispiels aus der Praxis aufgezeigt werden.

Bibliothek und E-Learning – eine Frage der Strategie

Der Einsatz von E-Learning im universitären Bereich wird schon seit Ende der 1990er Jahre massiv durch bildungspolitische Institutionen empfohlen und unterstützt. Diverse Förderprogramme sollten nicht nur zu einer medialen Umstrukturierung, sondern, damit verbunden, auch zu Qualitäts- und Effizienzsteigerungen in Lehre und Studium beitragen.[3] Durch die vielleicht zu einseitige Fokussierung auf die Produktion neuer Bildungsmedien bei gleichzeitiger Vernachlässigung notwendiger Anpassungen von

1 Ein Rahmenmodell zur Teaching Library ist z. B. zu finden in Sühl-Strohmenger, Wilfried: Teaching Library. Förderung von Informationskompetenz in Hochschulbibliotheken. Berlin, Boston: Walter de Gruyter 2012 (Bibliothek: Monographien zu Forschung und Praxis, BMFP, 1). S. 171–204.

2 Vgl. Tappenbeck, Inka [u. a.]: Framework Informationskompetenz. Ein gemeinsamer Standard für die Qualifikation in den bibliotheks- und informationswissenschaftlichen Studiengängen in Deutschland. In: o-bib. Das offene Bibliotheksjournal (2022) H 1. S 1–18.

3 Vgl. Arnold, Patricia [u. a.]: Handbuch E-Learning. Lehren und Lernen mit digitalen Medien. Bielefeld: W. Bertelsmann 2011. S. 15.

Rahmenbedingungen, zum Beispiel hinsichtlich Didaktik oder einer Neuausrichtung der Curricula, blieb die Wirkung von E-Learning allerdings deutlich hinter den Erwartungen zurück. Fehlende mediendidaktische und -technische Kompetenzen von Lehrenden sowie unzureichende Support-Strukturen an den Hochschulen wurden als weitere Ursachen für die geringe Akzeptanz ausgemacht.[4]

Auch an der Hochschule Bonn-Rhein-Sieg gab es vor 2010 keine zentrale Infrastruktur für das digitale Lehren und Lernen. Ein an E-Learning interessierter Vizepräsident für Studium und Lehre brachte das Thema jedoch in den in diesem Jahr erstmalig erschienenen Hochschulentwicklungsplan der H-BRS ein und schrieb ein „Pilotprojekt eLearning" fest, das bei der Bibliothek angesiedelt wurde.[5] Im Rahmen dieses Projekts sollte sich die Bibliothek mit einem Team aus anfangs zweieinhalb Stellen um die Einführung und Etablierung einer einheitlichen, gemeinsam genutzten Lernplattform sowie die Zusammenführung der bisherigen Einzelaktivtäten an der Hochschule kümmern. Was zunächst nach der Organisation eines weiteren technischen Services aussah, entwickelte sich schnell in eine sehr viel umfassendere Richtung. Dies hing auch mit dem Willen der Bibliothek zusammen, sich konsequent auf die Anforderungen einer technisch-didaktischen Beratungsstelle[6] für die Lehre einzulassen. Dazu gehörte, eigene Ressourcen einzusetzen, bereits vorhandene Kompetenzen des Personals auszubauen und nicht zuletzt die Lehrenden der Hochschule in neuer Weise als Zielgruppe zu gewinnen.

Didaktik im Fokus

Damit digitale Lehrformate ihr Potential entfalten können, müssen sie mit sinnvollen didaktischen Konzepten unterlegt sein. An diesen mangelt es, trotz der pandemiebedingten Online-Semester, bis heute.[7] Aus gutem Grund sah die Strategie der Bibliothek deshalb von Anfang an vor, die neue Abteilung für E-Learning didaktisch auszurichten und das bibliothekarische Personal entsprechend zu qualifizieren. Auch eine Teilnahme an weiterbildenden, mediendidaktischen Masterprogrammen wurde durch die Bibliotheksleitung unterstützt und gefördert, wodurch aktuelle Erkenntnisse aus Wissenschaft und Forschung in den Aufbau der Abteilung einfließen konnten. Gleichzeitig wurde die Bedeutung des Didaktik-Themas nochmals unterstrichen. Die Kombination aus Projektarbeit und Qualifizierung erwies sich zudem als motivierender Faktor und

4 Vgl. Kerres, Michael [u. a.]: Digitale Lernwelten in der Hochschule. In: Hugger, Kai-Uwe u. Markus Walber (Hrsg.): Digitale Lernwelten. Wiesbaden: VS-Verlag 2009. S. 1.

5 Vgl. Hochschulentwicklungsplan 2010–2015. S. 17 f. https://www.h-brs.de/sites/default/files/fhbrs/hep_9779.pdf (27.10.2022).

6 Webseite der E-Learning-Abteilung: https://www.h-brs.de/de/bib/e-learning (27.10.2022).

7 Vgl. Wissenschaftsrat: Empfehlungen für eine zukunftsfähige Ausgestaltung von Studium und Lehre. Köln 2022. S. 17. DOI: https://doi.org/10.57674/q1f4-g978.

macht die Tätigkeit in der Bibliothek bis heute attraktiv. Für das inzwischen sechzehnköpfige E-Learning-Team konnten, trotz Fachkräftemangel, Personen aus so unterschiedlichen akademischen Disziplinen wie der Physik, dem Ingenieurwesen oder der Psychologie gewonnen werden, was das in der Bibliothek vertretene Fächerprofil erheblich erweitert. Nicht wenige der Personen nutzen das nach wie vor bestehende Angebot, sich im Umfeld von Medien und Bibliothek weiter zu qualifizieren oder sich auf bestimmte Aspekte des E-Learning zu spezialisieren.

In seinen aktuellen Empfehlungen zur Digitalisierung in Lehre und Studium rät der Wissenschaftsrat Lehrenden ganz ausdrücklich, eng mit Spezialistinnen und Spezialisten für Mediendidaktik und Bildungstechnologien zusammenzuarbeiten, wenn sie sich in der digitalen Lehre engagieren wollen.[8] Die Bibliothek ihrerseits hatte sich insbesondere für ihre Einführungsstrategie vorgenommen, sich auf die Zielgruppe der Lehrenden als den „Motoren“ für E-Learning in der Hochschule zu fokussieren. Ihnen sollte nicht einfach nur ein technisches System bereitgestellt werden, sondern es wurde als wichtig erachtet, sie sehr individuell beim Umgang mit der Plattform zu begleiten und sie für das System zu gewinnen. Bis heute geht das Team aktiv auf die Professor:innen und wissenschaftlichen Mitarbeiter:innen der Hochschule zu, um mit ihnen Nutzungsmöglichkeiten und Einsatzszenarien zu besprechen und sie bei der Umsetzung auch niedrigschwelliger Einstiege zu unterstützen. Jedem Fachbereich steht dabei eine persönliche Ansprechperson im E-Learning-Team zur Verfügung. Dies erleichtert zum einen die Kontaktaufnahme, zum anderen kann sich das Team nachhaltiger mit den Fachbereichen vernetzen und fachbereichsspezifisches Know-how aufbauen. Für die Bibliothek einer Hochschule für angewandte Wissenschaften ergibt sich so auch die Chance, eine Struktur aufzubauen, die der des Fachreferats an Universitäten ähnelt, mit all den damit verbundenen Möglichkeiten für Zusammenarbeit und Wissensaustausch.

Die Lernplattform LEA – Tor zur digitalen Welt

Der Kooperationsgedanke spielte auch bei der Auswahl des technischen Systems eine Rolle. Die Wahl fiel unter anderem auf ILIAS, an der Hochschule LEA[9] genannt, weil das Open-Source-System an vielen benachbarten Hochschulen und Universitäten in NRW eingesetzt wird und sich so Möglichkeiten ergeben, übergreifend zusammenzuarbeiten. Im Vordergrund der Einführung stand nicht, mit einer besonders ausgefeilten, hochmodernen technischen Lösung zu starten, sondern es ging vielmehr darum, einen geschützten, gut betreuten digitalen Raum zu schaffen, in dem die unzähligen Möglichkeiten der digitalen Welt erprobt und grundlegende Fertigkeiten im Umgang mit der Technologie ausgebildet werden können.

8 Vgl. Wissenschaftsrat, Empfehlungen (wie Anm. 7), S. 8.

9 Webseite LEA: https://www.h-brs.de/de/bib/lernplattform-lea (27.10.2022).

LEA ist längst nicht mehr die eine E-Learning-Anwendung der Hochschule, aber vielleicht nach wie vor ihr Herz, was sich auch an einer Lehrveranstaltungsdurchdringung von über 90 % schon in Vor-Corona-Zeiten zeigt.[10] Während der Pandemie stieg die Bedeutung der Plattform für den Lehrbetrieb noch einmal an. Die E-Learning-Abteilung konzipierte einen Demokurs, der Lehrende dabei unterstützen sollte, ihr Lehrangebot auf ein komplettes Online-Szenario umzustellen. In die Pflege der Plattform und den dazugehörigen Support fließen dabei bis heute viele Ressourcen. Alle Kurse werden von Hand angelegt und gemeinsam mit den Lehrenden eingerichtet, ein aufwendiges Verfahren, das aber bereits im Support-Bereich Möglichkeiten schafft, auf die Gestaltung der Kurse einzuwirken und sie zu mehr zu machen als zu reinen Dokumentablagen.

Die Bemühungen, ein System wie ILIAS auch den Studierenden als eine Umgebung für Interaktion und Kollaboration näherzubringen, sind dabei ausbaufähig. Nach wie vor fühlt sich nur etwa die Hälfte der Studierenden in der Lage, kompetent mit einer Lernplattform umzugehen, wie eine aktuelle Erhebung der TH Köln zeigt.[11] Die Gründe hierfür liegen zum Teil in den technischen Lösungen selbst, die sich in mancher Hinsicht eher als Lehr- denn als Lernmanagementsysteme erweisen. Um den Nachteilen einer im Normalfall sehr hierarchisch eingestellten Rechteorganisation entgegenzuwirken, gibt es auf LEA spezielle Lerngruppenbereiche, in denen sich Studierende selbständig organisieren und vollumfänglich mit allen LEA-Werkzeugen arbeiten können.

Vernetzung – ein Schlüssel zum Erfolg

Mit der Etablierung von LEA entwickelte sich die E-Learning-Abteilung schnell weiter. Die Bereitschaft, nicht nur hochschulintern, sondern übergreifend zusammenzuarbeiten und sich in Drittmittel-Projekte einzubringen, spielte hierbei eine große Rolle. Auch der Stifterverband hat in seiner „Charta für digitale Bildungsinnovationen" auf die Bedeutung von Vernetzung und Partnerschaft bei der Bewältigung zunehmend komplexerer Anforderungen in der Digitalisierung von Lehre und Studium verwiesen.[12]

Die Bibliothek, die schon immer sehr vernetzt gearbeitet hat, konnte ihre Kontakte durch das Engagement für eine zukunftsgewandte Infrastruktur noch einmal intensivieren. Über die Mitarbeit in Gremien und Arbeitsgemeinschaften zur Digitalisierungsstrategie der Hochschule ergaben sich Möglichkeiten, den Ausbau der E-

10 Vgl. die LEA-Statistik aus dem Sommersemester 2019.

11 Vgl. Friede, Lisa-Marie [u. a.]: Alle sind gezwungen, sich anzupassen. In: DUZ Wirtschaft & Management (2020) H 8. S. 66–71.

12 Vgl. Stifterverband: Charta für Bildungsinnovationen. Version 1.1. 13.Oktober 2022. https://www.stifterverband.org/edtech-charta (27.10.2022).

Learning-Abteilung durch interne und externe Fördermöglichkeiten voranzutreiben. Themen wie „Video in der Lehre“ oder „E-Prüfungen“ rückten in den Vordergrund und ließen neue Stellen entstehen.

So konnte die Bibliothek 2018 ein im Rahmen des BMBF-Projekts „Work & Study“ eingerichtetes Filmstudio der Hochschule übernehmen und baut seitdem, mit Förderung zweier Vizepräsidenten, einen zentralen Service rund um die professionelle Audio- und Videoproduktion für die Lehre auf.[13] Neben der Begleitung von Multimedia-Projekten und dem Verleih von Equipment unterstützt das inzwischen auf drei Personen angewachsene Video-Team auch hybride Lehrveranstaltungen oder die Live-Übertragung von Konferenzen. Aktuell steht die Eröffnung zweier One-Button-Recording-Studios bevor, mit denen Lehrende und Studierende deutlich vereinfachte Möglichkeiten zur Medienproduktion und -distribution erhalten.[14]

Als Teil des durch die Stiftung Innovation in der Hochschullehre geförderten Projekts SKILLS lotet die E-Learning-Abteilung außerdem das Potential digitaler Prüfungen aus.[15] Diese sollen künftig verstärkt für ein effektives Feedback zum Lernstand genutzt und im Sinne des Constructive Alignment so umgestaltet werden, dass sie auf kompetenzorientierte Lehrkonzepte abgestimmt sind.[16] Das neu gebildete Team E-Assessment führt dazu die an der RWTH Aachen entwickelte Prüfungssoftware Dynexite an der Hochschule ein und begleitet Lehrende aktiv bei der Gestaltung neuer Prüfungsansätze.[17]

Im Rahmen der Projekte „ORCA.nrw“[18] und „Hochschuldidaktik im digitalen Zeitalter,“[19] die bei der Digitalen Hochschule NRW angesiedelt sind, arbeitet die E-Learning-Abteilung ferner mit an der Förderung und der Erstellung freier digitaler Lernmaterialien,[20] die unter anderem für die interne Weiterbildung von Lehrenden der Hochschule eingesetzt werden sollen.

---

13 Auch wenn Laien heute leichter in die Medienproduktion einsteigen können, ist gerade im Lehrkontext eine Unterstützung durch professionelles Personal unbedingt empfehlenswert. Vgl. Schlingensiepen, Jörn u. Franz-Xaver Boos: Ist die Digitalisierung abgeschlossen? In: Die Neue Hochschule (2022) H 3. S. 18.

14 Webseite videoLAB: https://www.h-brs.de/de/bib/videolab (27.10.2022).

15 Projektseite SKILLS: https://www.h-brs.de/de/SKILLS (27.10.2022).

16 Eine Definition des Constructive Alignment findet sich auf e-teaching.org: https://www.e-teaching.org/didaktik/konzeption/constructive-alignment (27.10.2022).

17 Webseite E-Assessment: https://www.h-brs.de/de/bib/e-assessment (27.10.2022).

18 Projektseite ORCA.nrw: https://www.orca.nrw/ (27.10.2022).

19 Projektseite HD@DH.nrw: https://hd.dh.nrw/ (27.10.2022).

20 Verbreiteter ist die englische Bezeichnung *Open Educational Resources* (OER).

Digital lernen – aber nicht allein

Digitale Medien können das selbstgesteuerte Lernen fördern, Kommunikation und Kollaboration unterstützen und zu einer Flexibilisierung der Lernorganisation beitragen. Über den Lernerfolg entscheidet aber weniger die technische Form, als vielmehr die didaktische Konzeption. Interaktion, Austausch und persönliche Betreuung sind nach wie vor die wesentlichen Elemente eines hochwertigen Lernangebots.[21] Dies deckt sich auch mit Erfahrungen, die in der Aufbauphase des E-Learning-Projekts gemacht wurden. Der Versuch, auf LEA freie Trainingsangebote sowohl für die Lehre (eTeaching) als auch für den Studieneinstieg (eCollege) zu etablieren, war von wenig Erfolg gekrönt.[22] Die überwiegend extern eingekauften Selbstlernprogramme und -materialien wurden schlecht genutzt, veralteten schnell und mussten relativ bald wieder aus dem Programm genommen werden.

Mit zwei eigenen Projekten wagt die E-Learning-Abteilung derzeit einen neuen Anlauf. Im „Kompass Digitale Lehre", einem 2019 gemeinsam mit dem hochschuldidaktischen Zentrum ZIEL gestarteten Produkt, berichten Lehrende in kurzen Videos von ihren Erfahrungen mit dem Medieneinsatz und zeigen auf, wie sie ihre Ideen umsetzen. Als digitales Best-Practice-Format soll der Kompass Orientierung geben, Ansprechpartner:innen vermitteln und zu persönlichem Austausch anregen.[23]

Im Podcast „Bildungsfenster", einem weiteren freien Weiterbildungsangebot mit Unterhaltungswert, kommen seit zwei Jahren Lehrende, Studierende, aber auch Kunst- und Literaturschaffende zu Wort und sprechen mit den Moderatorinnen des E-Learning-Teams über aktuelle Themen der Digitalisierung. Hier können auch verschiedene Erfahrungen und Erlebnisse mit den pandemiebedingten Online-Semestern nachgehört werden.[24]

In der Regel sind die digitalen Lernangebote der E-Learning-Abteilung aber eingebettet in einen didaktischen Rahmen und ein umfängliches Betreuungskonzept. Die Hauptzielgruppe sind dabei die Lehrenden, denen, ergänzend zu der individuellen Beratung, am Bedarf orientierte „Just-in-time"-Schulungen in Blended-Learning- oder Online-Formaten angeboten werden. In normalen Zeiten finden diese Schulungen schwerpunktmäßig zum Semesterstart statt, während der Corona-Semester hingegen gab es durchgehend Angebote mit teilweise mehr als 100 Lehrenden pro Veranstaltung. Das große Interesse an Unterstützung und Austausch war zum einen sicher aus der Not geboren, zum anderen bot Corona aber auch die relativ einmalige Chance, neue Werkzeuge und Szenarien einfach einmal ausprobieren zu können.

---

21 Vgl. Kerres, Michael: Mediendidaktik. Konzeption und Entwicklung digitaler Lernangebote. 5. Aufl. Berlin, Boston: Walter de Gruyter 2018. S. 117 f.

22 Vgl. Hochschulentwicklungsplan 2010–2015 (wie Anm. 5), S. 18.

23 Webseite Kompass Digitale Lehre: https://www.h-brs.de/de/kompass (27.10.2022).

24 Webseite Podcast Bildungsfenster: https://www.h-brs.de/de/bib/podcast-bildungsfenster (27.10.2022).

Motiviert durch diese Resonanz bietet die E-Learning-Abteilung Interessierten, die es besonders ernst meinen mit der digitalen Lehre, seit dem Sommersemester 2022 ein Zertifikatsprogramm E-Teacher an, in dem Lehrende über mehrere Module hinweg an einem eigenen digitalen Lehrprojekt arbeiten und dabei nicht nur durch das Team, sondern vor allem durch den kollegialen Austausch mit den Programmteilnehmenden begleitet werden.[25] Ein inhaltlich ähnlich gestaltetes, gut nachgefragtes Angebot gibt es bereits seit 2018 auch für Studierende, das eingerichtet wurde, um sie fit zu machen für den digitalen Arbeitsmarkt und sie als E-Tutor:innen zu befähigen, Lehrende in der Digitalisierung der Lehre praktisch zu unterstützen.[26]

Vermittlung von Informationskompetenz – bibliothekarische Lehre in neuem Gewand

Durch die Bearbeitung des E-Learning-Themas haben sich die Möglichkeiten der Bibliothek, an den Digitalisierungsprozessen in der Hochschule teilzuhaben und sie mitzugestalten, vergrößert. Die Prozesse wirken dabei auch in die Bibliothek selbst hinein und bieten neue Chancen zu abteilungsübergreifender Zusammenarbeit und zur Weiterentwicklung von Services, so beispielsweise bei der Umgestaltung des Lernorts oder dem Aufbau neuer Unterstützungsstrukturen für die Forschung. Sehr verändert haben sich aber auch die bibliothekarischen Schulungsangebote. Sie sind zum einen thematisch weiter gefasst und zielen neben dem Erwerb von Informationskompetenz auf Medien-, Schreib- und insbesondere auch auf Daten- und Forschungskompetenz. Außerdem wurden sie um digitale Module angereichert[27] und zu einem großen Teil auf Flipped-Classroom-Modelle umgestellt, bei denen nicht mehr die Wissensvermittlung, sondern das Anwenden und Üben im Vordergrund stehen.[28] Eingebettet sind sie ferner in ein vielfältiges, flexibel nutzbares Beratungsangebot der bibliothekarischen Fachinformation, das zum Teil ebenfalls online verfügbar ist.[29]

Ein schönes Beispiel für den Kompetenzzuwachs der Bibliothek einerseits und das Ringen um didaktische Professionalität andererseits ist das Projekt „Back to the books". Bei diesem ist eine betriebswirtschaftliche Grundlagenvorlesung des ersten Semesters „verheiratet" mit einer semesterbegleitenden Einführung in das wissen-

---

25 Webseite Zertifikatsprogramm E-Teacher: https://www.h-brs.de/de/bib/e-teacher (27.10.2022).

26 Hochschule bonn-Rhein-Sieg: E-Learning an der H-BRS: Zertifikatsprogramm E-Tutor*in. https://www.h-brs.de/de/bib/e-tutoren-zertifikatsprogramm (27.10.2022).

27 Eine aktuelle Übersicht der eingesetzten Lernmodule wird über die Website der Bibliothek präsentiert: https://www.h-brs.de/de/bib/schulungen-und-tutorials (27.10.2022).

28 Vgl. Zickwolf, Katharina u. Simone Kauffeld: Inverted Classroom. In: Handbuch Innovative Lehre. Hrsg. von Simone Kauffeld, u. Julius Othmer. Wiesbaden: Springer 2019. S. 45–51.

29 Die „BibLounge" beispielsweise ist ein informelles Format, das als Videochat angeboten wird: https://www.h-brs.de/de/bib/biblounge-informationen-fragen-im-offenen-videochat (27.10.2022).

schaftliche Arbeiten, welche nach und nach in die Hände der Bibliothek gelegt wurde.[30]

Das Projekt „Back to the Books"

Ausgangspunkt für die Verbindung der beiden Veranstaltungen und Basis des innovativen Projekts, das im Fachbereich Wirtschaftswissenschaften entwickelt wurde, war die Idee, dass sich Studierende des ersten Semesters grundlegende BWL-Kenntnisse durch das Verfassen eines wissenschaftlichen Textes aneignen und so nicht nur methodische Kompetenzen des wissenschaftlichen Arbeitens erwerben, sondern sich gleichzeitig auch auf die Abschlussklausur der zugehörigen Grundlagenvorlesung vorbereiten.

Die Vermittlung der theoretischen Kenntnisse zum wissenschaftlichen Arbeiten fand in Blockveranstaltungen mit Vorlesungscharakter statt. Die Ausarbeitung der vorgegebenen Themen erfolgte in Kleingruppen von drei bis fünf Studierenden. Dozierende im Fachbereich korrigierten, lektorierten und bewerteten die Ergebnisse und gaben die besten Texte anschließend in einem Buch heraus, das per „Print-on-demand" tatsächlich gedruckt wurde. Der Wettbewerb unter den Kleingruppen und die zentrale Idee der ersten eigenen Veröffentlichung waren wesentliche Motivationsfaktoren des Projekts. Auch der Zeitpunkt stellte sich als günstig dar: Die Erstsemester starten mit Schwung und Elan in ihr Studium und stellen ihr mitgebrachtes Vorwissen unter Beweis.

Das Schulungsteam der Bibliothek war von Beginn an in das Projekt eingebunden. In Form einer 90-minütigen Präsentation wurden wirtschaftswissenschaftliche Rechercheinstrumente und nützliche Softwareangebote der Bibliothek vorgestellt. Diese Form der Integration bibliothekarischer Expertise in Lehrangebote zum wissenschaftlichen Arbeiten war zu dem Zeitpunkt noch sehr verbreitet. Methodisch nahm das Schulungsteam aber bereits Abstand von reinen Frontalvorträgen und entwickelte Übungsaufgaben und Skripte, die als veranstaltungsbegleitende Materialien über die Lernplattform LEA bereitgestellt wurden.

Da die Herausgabe eines studentischen Buches aufwendig ist, ließ sich der Fachbereich im Sommer 2018 von der E-Learning-Abteilung der Bibliothek zu digitalen Gestaltungsmöglichkeiten der Veranstaltung beraten. Die Idee, das Konzept auf ein reines Selbstlernformat in Form von Lehrvideos umzustellen, wurde aus didaktischen Gründen recht schnell verworfen. Für die Bibliothek war dies die Chance, sich sehr viel umfassender in die Veranstaltung einzubringen.

Mit einem gemischten Team aus E-Learning-Beraterinnen und Schulungsbibliothekarinnen übernimmt sie seit dem Wintersemester 2018/2019 die Betreuung der Studierenden, während diese an dem Buch schreiben. Unter fachlicher Begleitung durch

30 Informationen zu dem Projekt im Videoformat: https://youtu.be/U_3urov__MQ (27.10.2022).

den Fachbereich gestaltet das Team die Vorlesungen, organisiert die Gruppenarbeit und berät – in Kooperation mit dem Sprachenzentrum – intensiv zu den verschiedenen Phasen des Schreibprozesses. Den Dozierenden im Fachbereich bleibt so mehr Zeit, sich auf die fertigen Texte zu konzentrieren.

Weiterentwicklung: „Science-Wiki" und „Best-of-Wiki"

Im ersten Corona-Semester 2020 musste das Buchprojekt dann sehr abrupt auf ein Online-Format umgestellt werden, es blieb wenig Zeit für didaktische Raffinesse, worunter auch das Betreuungskonzept litt. Die Vorlesungen sowie dazugehörige Recherche- und Schreibübungen konnten zwar über Videokonferenzen und unter Einsatz der Lernplattform realisiert werden, die Bildung der Kleingruppen und das gemeinsame Schreiben der Buchtexte aber mussten ersetzt werden durch eine Lernerfolgskontrolle in Form von Online-Tests.

Doch schon im Wintersemester 2020/2021 wurde der ursprüngliche Gedanke des Projekts wieder aufgenommen. Die Studierenden sollten auf der Lernplattform an einem „Science-Wiki" für die BWL mit „fundierten Grundlagentexten von Erstis für Erstis" arbeiten. Das Schreiben fand nun zwar nicht mehr in Gruppen-, sondern in Einzelarbeit statt, an dem Prinzip des wissenschaftlichen Dialogs, eigene Erkenntnisse zu gewinnen, sie mit der Fachwelt zu teilen und zur Diskussion zu stellen, wurde aber festgehalten. In diesem Semester reduzierte das Schulungsteam auch den bisherigen Anteil von Präsentationen in den Vorlesungen und setzte mehr auf Interaktion und Austausch während der gemeinsam verbrachten Zeit im digitalen Raum.[31] Mit der Umstellung auf die digitale Textproduktion ist das Team inzwischen an der Bewertung der Texte sowie der Zusammenstellung besonders gelungener Arbeiten in einem „Best-of-Wiki" beteiligt, so dass sie nun stärker Anteil auch an den konkreten Lernergebnissen der Veranstaltung hat.

Im Wintersemester 2021/2022 ist die Präsenzlehre an den Campus zurückgekehrt. Seitdem gilt es, das Beste aus zwei Welten zusammenzubringen. Das Buchprojekt entwickelt sich stetig weiter und setzt sich heute aus einem Mix von Präsenzveranstaltungen und Online-Übungen zusammen (Abbildung 1). Überlegungen für die Zukunft gibt es bereits – ein Coaching soll die Studierenden beim kooperativen Lernen unterstützen. Vielleicht kehrt dann auch die Gruppenarbeit in das Buchprojekt zurück.

---

31 Videokonferenzsysteme bieten hierfür eine ganze Reihe von Funktionen, wie etwa die Abstimmung, Whiteboards, Gruppensitzungen.

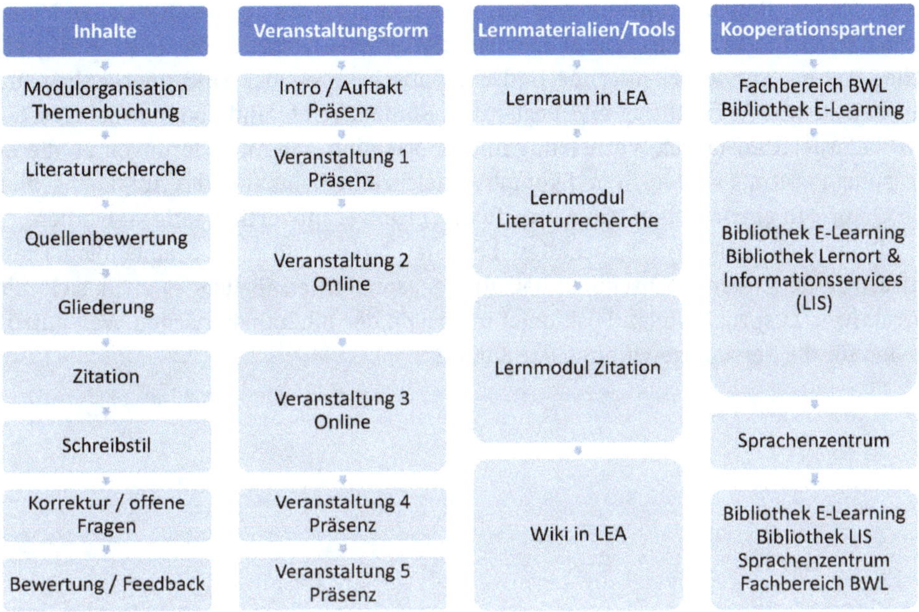

Abb. 1: Das Buchprojekt im Wintersemester 2022/2023

Werte bewahren, Perspektiven schaffen – ein Ausblick

Was heißt es nun für eine Bibliothek, hier die der Hochschule Bonn-Rhein-Sieg, die stellvertretend als Beispiel herangezogen wurde, digitale Lernangebote zu schaffen? Es heißt vor allem, nicht nur Produkte, sondern vielmehr eine umfassende Servicestruktur für die digital geprägte Lehr- und Lernwelt zu gestalten, ähnlich wie dies bereits seit vielen Jahren für die analoge Welt geschieht. Neues mit Bewährtem zu verbinden, ist dabei die Leitlinie, von der sich die Bibliothek in ihrem Großprojekt E-Learning tragen lässt. Digitale Lernangebote zu schaffen, bedeutet auch, offen zu sein für Kompetenzförderung, für Entwicklung und für eine „produktive Fehlerkultur“, in der Irr- und Umwege möglich sind.[32] Nicht zuletzt heißt es, vernetzt zu sein und kooperative Strukturen zu entwickeln, denn nur gemeinsam kann der Komplexität künftiger Aufgaben begegnet werden.

Welche Anforderungen ergeben sich hieraus für Bibliothekar:innen, die in diesem dynamischen Umfeld arbeiten? Die E-Learning-Beratung lebt zum einen von klassisch-bibliothekarischen Kompetenzen, wie etwa der Sorgfalt und Genauigkeit bei der Daten- und Kurspflege oder der Fähigkeit, Lernarchitekturen zu erschließen und zu

32 Vgl. Wissenschaftsrat, Empfehlungen (wie Anm. 7), S. 1.

strukturieren. Daneben spielen neue fachliche Kompetenzen aus den Bereichen Medientechnik, Mediengestaltung und Mediendidaktik eine wesentliche Rolle. Pädagogisches Wissen, Serviceorientierung und emphatisches Geschick sind unerlässlich für alle Aspekte der Vermittlung und Begleitung. Kontaktfreude und kommunikatives Talent befördern Austausch, Vernetzung und Information. Die Anforderungen an die E-Learning-Beratung sind hoch und komplex, gleichzeitig beinhaltet das Aufgabengebiet die Chance, in einem hohen Maße kreativ und eigenverantwortlich tätig zu werden.

Digitale Lernangebote zu schaffen, bedeutet damit nicht nur, zu einer modernen Infrastruktur an den Hochschulen beizutragen, sondern ermöglicht es auch, sich mit attraktiven, anspruchsvollen Positionen innerhalb der bibliothekarischen Welt aufzustellen für die Personalgewinnung der Zukunft.

Peter Schubert

Lernräume entwickeln und verwirklichen

Abstract: Das Bauen in Bibliotheken untergliedert sich grob in drei Bereiche, die sich grundsätzlich voneinander unterscheiden. Da ist zum einen die Mitwirkung an der Gestaltung von Neubauten zu nennen und zum anderen das Bauen im Bestand. Als dritter Bereich ist die Instandhaltung zu nennen. Während das Bauen im Bestand sowie die Gestaltung von Neubauten einen Projektcharakter haben, so gilt die Instandhaltung als die tagtägliche Herausforderung. Dieser Beitrag fokussiert sich auf die Lernraumentwicklung innerhalb eines bestehenden Gebäudes. Dies ist eine zentrale Aufgabe der bauenden Bibliothekar:innen. Im Folgenden soll deshalb nur die Rolle der Bibliothekarinnen und Bibliothekare beim Bauen im Bestand genauer beleuchtet werden.

Keywords: Bibliotheksbau, Lernraumentwicklung, Lernraumgestaltung

Kurzbiografie: Peter Schubert M. A., M. A. (LIS), Sachgebietsleiter „Bibliothekslogistik“ und Abteilungsleiter „Dokumentlieferdienste“ an der ULB Münster. Arbeitsschwerpunkte sind Bauaufgaben, insbesondere im Kontext der Lernraumgestaltung und der Weiterentwicklung von studentischen Lern- und Arbeitsräumen sowie der Neuordnung von Buchaufstellflächen. Kontakt: peter.schubert@uni-muenster.de

Einleitung

Beim Bauen in Bibliotheken, da geht es in letzter Instanz um Bohrhämmer, welche sich durch altes Gemäuer arbeiten und dabei Unruhe in den ansonsten stillen Lesesaal bringen, verbunden mit fragenden bis vorwurfsvollen E-Mails, welche aufgrund der ungewöhnlichen Geräuschkulisse in den Postfächern der Benutzungsabteilung eingehen. Oder um Maler:innen, die neu gezogene Wände verputzen, schleifen und streichen und dabei ordentlich Staub aufwirbeln, welcher den studentischen Hilfskräften in den nächsten Tagen die ungeliebte Zusatzaufgabe der Magazinpflege auf die Dienstpläne ruft. Oder um geschlossene WC-Anlagen aufgrund hier nicht näher thematisierter Umstände, welche die oftmals sowieso schon angespannte Toiletten-Situation weiter eskalieren lässt und keineswegs zu einer entspannten Situation auf den verbleibenden stillen Örtchen führen – abermals verbunden mit einem erhöhten E-Mailverkehr zwischen Nutzer:innen, Hausmeister:innen und der Benutzungsabteilung.

Wer schon einmal im Bestand seiner eigenen vier Wände umstrukturiert hat, sei es etwa bei einer neuen Küche oder im Zuge der Neugestaltung des eigenen Wohnzimmers, weiß, dass zwischen der zu Beginn herrschenden, vielleicht nicht perfekten,

https://doi.org/10.1515/9783110790375-011

aber doch liebgewonnenen oder zumindest gewohnten Ordnung und der vollendeten Neugestaltung eine lange Planungsphase liegt. So ist es auch in Bibliotheken.

Die Aufgabe der bauenden Bibliothekar:innen ist es, den aktuellen Zustand des Gebäudes und seiner Räumlichkeiten zu erfassen, potentielle Modernisierungsflächen zu finden und für diese Flächen ein Nutzungskonzept zu entwickeln und in die Umsetzung zu bringen.[1]

Verortung der Position im beruflichen Umfeld

Es ist gar nicht so einfach, Bibliothekar:innen, die im Bereich des Bibliotheksbaus tätig sind, einer bestimmten Abteilung innerhalb der Bibliothek zuzuordnen. Eine trennscharfe, auf eine Person zugeschnittene Position ist eher selten. Vielfach ist der oder die Baubeauftragte, sofern es überhaupt eine feste Benennung gibt, auch mit anderen Tätigkeiten beschäftigt. Das Thema Bau ist oftmals lediglich ein Aufgaben-Appendix. Dies ist besonders dann der Fall, wenn die Bibliothek eher klein und Bautätigkeiten entsprechend selten sind. Dort, wo Neubauten keine Rolle spielen und Umgestaltungen im bestehenden Gebäude[2] nur einen sporadischen Projektcharakter haben, ist eine dauerhaft hervorgehobene Position nicht zwingend notwendig. Gleichwohl ist es auch hier wichtig, dass es einen oder mehrere Wissensträger:innen gibt, welche im Falle einer räumlichen Umstrukturierung mit Rat und Tat zur Seite stehen.

Demgegenüber stehen die Standorte, die über eine ganze Bibliothekslandschaft verfügen. Diese Bibliothekslandschaften im urbanen Gefüge[3] unterscheiden sich von Stadt zu Stadt und machen die einzelnen baulichen Bibliothekssysteme somit für jeden Standort einzigartig. Demzufolge unterliegen auch die Bedingungen, unter welchen Bautätigkeiten durchgeführt werden können, stets lokalen Besonderheiten.

Innerhalb dieser größeren und komplexeren Bibliothekssysteme ist die Aufgabe einer/eines Baubeauftragten innerhalb des Bibliothekspersonals erforderlich. Bibliothekar:innen, die für das Thema Bau zuständig sind, nehmen hier oftmals eine Zwischenposition innerhalb der ansonsten so wohlgeordneten Organisationsstruktur ein. Innerhalb des Organigramms finden sich Baubeauftragte am ehesten an einer Schnittstellenposition zwischen der Bibliothekslogistik sowie der Benutzungsabteilung wie-

1 Dieser Beitrag versteht sich als Praxisbericht und verzichtet daher weitgehend auf Literaturverweise innerhalb des Fließtexts. Generell hinzuweisen ist auf den praxisorientierten Band: Hauke, Petra u. Klaus-Ulrich Werner (Hrsg.): Praxishandbuch Bibliotheksbau. Planung – Gestaltung – Betrieb. Berlin, Boston: De Gruyter Saur 2016 (De Gruyter Reference).

2 Vgl. dazu u. a.: Eigenbrodt, Olaf: Grundsanierung in einem Zug oder flexibel fortschreitende Veränderung? Räumliche Weiterentwicklung von Bibliotheken in der Praxis. In: BuB. Forum Bibliothek und Information (2014) H. 4. S. 270–274.

3 In diesem Zusammenhang wäre auf die Bedeutung von Bibliothek als dritten Orten hinzuweisen: Oldenburg, Ray: The Great Good Place. Cafés, Coffee Shops, Bookstores, Bars, Hair Salons and Other Hangouts at the Heart of a Community. 3. ed. Boston: Da Capo Press 1999.

der.[4] Es macht insbesondere mit Blick auf das Bauen im Bestand absolut Sinn dieses Aufgabenfeld mit jeweils einem Bein in diesen beiden Abteilungen zu verorten. Denn für bauende Bibliothekar:innen sind insbesondere die Kenntnis über die Nutzungsbedarfe und die Nutzungsangebote innerhalb der Räume sowie die bauliche Beschaffenheit ebendieser Räume wichtig.

Den Überblick behalten und Passgeber sein

Bauende Bibliothekar:innen nehmen während eines Bauvorhabens eine zentrale Mittlerposition ein. Ihre Aufgabe ist es, stets ansprechbar zu sein und gleichzeitig das Geschehen und die Entwicklung im Blick zu behalten, um dann situationsbedingt die entsprechenden Stakeholder passgenau anzuspielen, um das Projekt bestmöglich zu steuern und voranzubringen. Wichtig für bauende Bibliothekar:innen ist es, im Bauprozess den Überblick zu behalten und den, je nach Planungsstand und Bauphase teilweise wechselnden Stakeholdern, die Bälle zuzuspielen.

Bezüglich der Stakeholder gilt anzumerken, dass Bibliotheksgebäude, so wie auch die meisten anderen Universitätsgebäude, selten im Besitz der Universitäten sind. Meist besteht ein Mietverhältnis zu einem landeseigenen Immobiliendienstleister, welcher die Gebäude in öffentlicher Hand bewirtschaftet, plant und verwaltet. Und wie in einer Mietswohnung so gilt auch hier, dass zwar Wände gestrichen werden dürfen, ohne den Vermieter zu fragen, aber das Herausbrechen von Wänden sollte ohne die Erlaubnis des Vermieters nicht veranlasst werden. So stellt sich für bauende Bibliothekar:innen die Zusammenstellung der Stakeholder je nach Aufwand der Baumaßnahme grundlegend anders dar.

Die digitale Transformation als Impulsgeber für räumliche Veränderungen

Lernraumentwicklung[5] innerhalb eines Bestandgebäudes erfolgt gegenwärtig zumeist durch die Umnutzung von Buchaufstellflächen in Nutzendenarbeitsflächen. Hier spielt

4 Gut erkennbar wird dies exemplarisch an den Kurzbiographien der Beitragenden zu: Holländer, Stephan [u. a.] (Hrsg.): Hochschulbibliotheken auf dem Weg zu Lernzentren. Beispiele aus Deutschland, Österreich und der Schweiz. Wiesbaden: b.i.t.verlag 2021 (b.i.t. online – Innovativ 80). Eine klar definierte und auf Bautätigkeiten ausgelegte Position findet sich selten. In den meisten Fällen wird eine führende Position innerhalb der Benutzungsabteilung ausgeführt.

5 Vgl. dazu grundlegend: Stang, Richard u. Alexandra Becker (Hrsg.): Zukunft Lernwelt Hochschule. Perspektiven und Optionen für eine Neuausrichtung. Berlin, Boston: De Gruyter Saur 2020 (Lernwelten); Stang, Richard: Lernwelten im Wandel: Entwicklungen und Anforderungen bei der Gestaltung zukünftiger Lernumgebungen. Berlin, Boston: De Gruyter Saur 2016 (Lernwelten); Strahl, Alexandra: Flexible und vielfältige Ausstattung – ein Schlüssel zur erfolgreichen Lernumgebung. In: o-bib (2016)

die digitale Transformation die entscheidende Rolle. Denn das gedruckte Buch benötigt Platz, während das digitale Medium, vom einzelnen Digitalisat bis hin zum umfangreichsten E-Book-Paket, stets einen Flächenbedarf von Null aufweist. Buchbestände müssen also vielfach nicht mehr in Stellmetern, Grundmetern oder Regalmetern bemessen werden, sondern vielmehr in Mega-, Giga- und Terabyte. Diese digitalen Größen finden sich im Raum nicht wieder.

Es wird so deutlich, dass durch die grundlegende digitale Transformation auch ein Potential für die Entwicklung von Lernräumen innerhalb von Bibliotheken entsteht. Durch die Magazinierung von Altbeständen sowie geringere Zuwachsflächen, aber auch durch umfangreiche Aussonderungen kann Buchaufstellfläche in Nutzendenarbeitsfläche transformiert werden. Hier kommen nun bauende Bibliothekar:innen ins Spiel und glücklicherweise sind sie bereits „kampferprobt".

Denn so sehr die digitale Transformation auch ein gegenwärtiger Impulsgeber für räumliche Veränderungen ist, so ist sie doch nicht der erste Antrieb für bauliche Bestrebungen. Vor gar nicht allzu langer Zeit nahmen Computer-Pools einen signifikanten Platzbedarf innerhalb der Nutzendenarbeitsbereiche ein. Mittlerweile genügen eine Steckdose und gutes WLAN aus, um die Nutzendenbedarfe zu erfüllen, da diese mit ihren eigenen Endgeräten in die Bibliothek kommen. Hier werden also bereits eine frühe Form des digitalen Wandels sowie die daraus resultierenden Veränderungen in den Räumlichkeiten der Bibliothek erkennbar. Und blickt man noch etwas weiter zurück, dann erinnern sich die älteren Kolleginnen und Kollegen nur allzu gut an die Zettelkataloge, welche raumfüllenden Flächenbedarf benötigten und seit den 1990er Jahren von den ersten OPACs abgelöst wurden, die auf flimmernden Röhrenmonitoren eine Suche im Bibliotheksbestand ermöglichten. Ob der Wegfall der Zettelkataloge die Geburtsstunde der digitalen Transformation insgesamt darstellt, sei dahingestellt, für die Raumentwicklung ist hier jedoch eine Weichenstellung erkennbar. Es wird also deutlich, dass die digitale Transformation als einer der zentralen Motoren der Raumentwicklung bereits seit über 30 Jahren eine entscheidende Rolle einnimmt.

Vorausschauend schritthalten

Eines wird nach der oben geschilderten Betrachtung sehr deutlich: Die Raumplanung ist immer im Kontext der äußeren Einflüsse zu betrachten. Entwickelt sich also der Bucherwerb immer stärker in Richtung digitaler Formate, so ergeben sich Potentiale in der Fläche, die nun anderweitig genutzt werden können. Und da die Nutzer:innen seit geraumer Zeit mit ihren eigenen Laptops in die Bibliothek kommen, bedarf es keiner großen PC-Pools mehr. Dieses einst so wichtige Angebot hat mehr und mehr seine

---

Nr. 4. S. 225–242; Kirschbaum, Marc u. Richard Stang (Hrsg.): Architektur und Lernwelten. Perspektiven für die Gestaltung. Berlin, Boston: De Gruyter Saur 2022 (Lernwelten). DOI: https://doi.org/10.1515/9783110732795.

Daseinsberechtigung verloren. Hierbei ist wichtig zu bemerken, dass der Impuls dieses Bedürfniswandels nicht durch eine aktive Steuerung seitens der Bibliothek erfolgt, sondern dass äußere Einflüsse die Notwendigkeit einer Veränderung des Dienstleistungsangebots erforderlich machen. PC-Pools werden nicht auf Wunsch der Bibliotheken abgeschafft oder massiv verkleinert, sondern sie werden reduziert, da der Bedarf seitens der Nutzer:innen nicht mehr in der vormals notwendigen Dimension und Ausprägung erforderlich ist. Die Raumplanung reagiert also vielmehr auf äußere Einflüsse, als dass sie proaktiv Fakten schafft.

Dies soll keineswegs bedeuten, dass eine vorausschauende und zukunftsorientierte Raumplanung nicht oder nur schwer möglich ist. Es zeigt aber deutlich, dass Umnutzungsprojekte von externen Entwicklungen abhängig sind. Die Bibliotheksräume sind ein Spiegel der vorhandenen Dienstleistungen sowie der Bedarfe der Nutzer:innen. Die Raumplanung muss in diesem Kontext stets mithalten, damit die aktuellen bibliothekarischen Angebote und Nutzendenbedarfe im Raum verortet werden können. Bauen erfolgt also nie aus einem Selbstzweck heraus, sondern ist vielmehr die notwendige Tätigkeit zur Generierung neuer und Kalibrierung bestehender Strukturen.[6] Die digitale Transformation ist dabei nur ein zu beachtender Faktor, wenn auch gegenwärtig ein zentraler. Aber auch und insbesondere die Bologna-Reform und die sich dadurch veränderten curricularen Lernleistungen der Studierenden haben in den vergangenen Jahren wichtige Veränderungen im Raum erforderlich gemacht.[7]

In diesem Kontext zeigen sich nun wichtige Eigenschaften, welche bauende Bibliothekar:innen verinnerlichen sollten. Insbesondere vorausschauendes Planen ist sehr wichtig, denn selbst vermeintlich kleine Baumaßnahmen können mitunter sehr lange dauern. So entwickelte sich etwa der Bedarf nach Gruppenarbeitsflächen nicht über Nacht, sondern ist vielmehr ein Resultat, welches aus dem Bologna-Prozess erwuchs. Auch hier zeigt sich, dass Raumplanung eher reagiert. Gruppenarbeitsräume wurden schließlich nicht entwickelt, damit es zu einer Veränderung in der Ausgestaltung studentischer Lernleistungen kommt, sondern es kam zu curricularen Veränderungen, die Gruppenarbeitsbereiche in Bibliotheken notwendig machte. Am Anfang steht also ein Ereignis, hier exemplarisch die Bologna-Reform und ihre Auswirkungen auf das Curriculum, das seine Schatten vorauswirft und welches eine Neustrukturierung von Teilen der Bibliothek erforderlich macht. Um den Bedarf schnellstmöglich zu befriedigen, sind nun zwei weitere wichtige Eigenschaften bauender Bibliothekar:innen notwendig: Flexibilität und Pragmatismus.

---

6 Hingewiesen sei in diesem Zusammenhang auf den Klassiker von McDonald, Andrew: The ten commandments revisited. The qualities of good library space. In: Liber Quarterly (2006) No. 2. DOI: https://doi.org/10.18352/lq.7840; ferner: Naumann, Ulrich: Grundsätze des Bibliotheksbaus. Von den „Zehn Geboten" von Harry Faulkner-Brown zu den „Top Ten Qualities" von Andrew McDonald. In: Bibliotheken bauen und ausstatten. Hrsg. von Petra Hauke u. Klaus-Ulrich Werner. Bad Honnef: Bock + Herchen 2009. S. 14–37.

7 Vgl. dazu u. a.: Eigenbrodt, Olaf: Lernwelt Wissenschaftliche Bibliothek. Pädagogische und raumtheoretische Facetten. Berlin, Boston: De Gruyter Saur 2021 (Lernwelten).

Flexibles und pragmatisches Handeln für den schnellen Erfolg

Wer einen Bedarf früh erkennt, hat mehr Zeit, um zu reagieren. Gleichzeitig muss eine Umsetzung stets im zeitlichen Einklang mit dem Bedarf stehen. Dies kann im Baubereich zu Problemen führen, denn bauliche Veränderungen dauern oftmals recht lang. So kann es passieren, dass die Bedarfe die bauliche Umsetzung überholen. Warum dies geschehen kann und welche Faktoren Flexibilität und Pragmatismus an dieser Stelle spielen, soll im Folgenden exemplarisch an der Entwicklung von Gruppenarbeitsflächen im Nutzendenarbeitsbereich erfolgen.

Wie oben beschrieben, sorgte die Bologna-Reform für den Startschuss. Recht früh war absehbar, dass kollaborative Arbeitsformen nun eine erhöhte Gewichtung erhalten. In einem ersten Schritt geht es jetzt beim Bauen im Bestand darum, ob und, wenn ja, wie man die Bedarfe befriedigen kann, ohne zu bauen. Mit Blick auf die Gebäudestruktur müssen potentielle Flächen ermittelt werden, die durch eine reine Umnutzung bedarfsgerecht gestaltet werden können. Dabei darf nicht außer Acht gelassen werden, dass bereits bestehende Bedarfe vorhanden sind und die Umstrukturierung auf diese Auswirkungen hat. So würde eine Auflösung einzelner Sitzreihen im Lesesaal zwar grundsätzlich Fläche generieren, allerdings würden die beiden Funktionsbereiche, Einzel- und Gruppenarbeit, aufgrund ihrer völlig unterschiedlichen Nutzung gravierend kollidieren. Es müssen also Räumlichkeiten gefunden werden, die möglichst wenig störend auf die umliegenden Bereiche wirken.

Vom Interim zur Dauerlösung

Am Anfang steht so die Suche nach einer möglichst wenig störenden und am ehesten passenden Lösung, um möglichst schnell auf den Bedarf reagieren zu können. Das klingt nach Interim und genau das ist es auch. Bauende Bibliothekar:innen müssen pragmatisch akzeptable Zwischenlösungen generieren können und gleichzeitig an einer Langfristlösung arbeiten. Eine solche Zwischenlösung muss selbstverständlich abgestimmt werden, insbesondere mit der Benutzungsabteilung. Sie lässt sich aber zumeist leicht umsetzen und bedarf lediglich der Einbindung weniger Entscheidungsträger innerhalb der Bibliothek. Auch die Kosten halten sich hier zumeist im Rahmen, da im Idealfall das vorhandene Mobiliar nur anders eingebracht werden muss.

Über die Interimslösung hinaus besteht die Aufgabe darin, eine zufriedenstellende Dauerlösung zu generieren. Hier spielt die digitale Transformation eine wichtige Rolle, denn die potentielle Verringerung von Regalfläche ermöglicht die Erschließung als Arbeitsbereich für Nutzer:innen. Hierbei handelt es sich zudem meist um Räume, die zuvor wenige Nutzerarbeitsplätze, so etwa Anleseplätze, aufweisen. Es gibt also keine bestehende Nutzung, mit welcher der neue Bedarf kollidieren kann. Dies ist Fluch und Segen zugleich, denn die Regale abbauen und Arbeitsplätze einfügen, so einfach ist es dann leider doch nicht.

Minenfelder und Fallstricke erkennen

Es gibt Themenfelder, mit denen jede Baumaßnahme zum Erliegen kommen kann und die entsprechend besonderer Aufmerksamkeit im Planungsprozess bedürfen. Die Rede ist hierbei vom Brandschutz sowie dem Arbeitsschutz und der Versammlungsstättenverordnung. Diese Themen können und sollen an dieser Stelle nicht im Detail ausgeführt werden, es soll aber angemerkt sein, dass dieser Bereich voller Hürden und Fallstricke ist. Es sind baurechtliche Aufgabengebiete, in denen sich Kostentreiber und Zeitfresser tummeln. Dabei sind bauende Bibliothekar:innen nicht die primären Wissensträger:innen, denn ihnen liegt zumeist lediglich das Brandschutzkonzept vor und ihnen sind nur die Parameter des Raumes in seinem festgelegten Ist-Zustand bekannt. So wird im Brandschutzkonzept etwa deutlich, dass ein bestimmter Bereich, den man gerne in seiner Funktion verändern würde, beispielsweise als Magazinfläche deklariert und mit einer maximalen Personenzahl versehen ist. Gerade bei Buchaufstellflächen ist diese Personenzahl oftmals recht niedrig angesetzt. Vor dem Hintergrund der Nutzung als Buchaufstellfläche ist dies auch völlig korrekt und angemessen.

Entfernt man nun aber die Regale, so entsteht in der Regel so viel Platz, dass signifikant mehr Personen bei der Nutzung als Arbeitsbereich, etwa als Gruppenarbeitszone, in den Raum passen. Wenn aber das Brandschutzkonzept nur eine Entfluchtung für etwa 15 Personen ausweist, im Raum aber ca. 80 Nutzendenarbeitsplätze sinnvoll geschaffen werden können (und diese Differenz ist durchaus realistisch), so stehen nun Aufgaben ins Haus, welche die baubeauftragten Bibliothekar:innen nicht in Eigenregie lösen können. Hier ist es vielmehr die Aufgabe den Ball an die Sachverständigen zu spielen. Dies können sowohl universitätsinterne Personen sein, gegebenenfalls müssen aber auch externe Ingenieurbüros angeworben werden, die sich mit der Frage befassen, wie eine Entfluchtung für die neu anzusetzende Personenzahl möglich ist. Die Lösungen hierfür sind selten trivial und benötigen schon in ihrer Planung viel Zeit. Die möglicherweise kostenintensive Umsetzung, etwa wenn ein neuer Flucht- und Rettungsweg baulich generiert werden muss, schließt sich daran an. Auch das Einpflegen in das neu überarbeitete Brandschutzkonzept kostet Zeit und Geld. Es vergehen mitunter Jahre, bis die Grundvoraussetzung für eine Umnutzung überhaupt geschaffen ist. Als Bibliothekar:in kann man in einem solchen Prozess lediglich moderieren, nicht aber entscheiden.

In diesem Wissen sollten die potentiellen Räume bestmöglich analysiert und auf ihre realistische Eignung überprüft werden. Mögliche Zeit- und Kostenfresser sollten frühzeitig erkannt und im Idealfall durch ein geeignetes Konzept umschifft werden. Eine gänzlich valide Überprüfung ist jedoch nicht möglich, denn man ist weiterhin Bibliothekar:in und arbeitet nicht bei der Feuerwehr, als Baustatiker:in oder Lüftungstechniker:in. Umso wichtiger ist es, eine detaillierte Handreichung für die prüfenden Gewerke aus dem Blickwinkel des bibliotheksfachlichen Bedarfs zu kreieren und dabei die Spezifika eines Raumes möglichst genau zu analysieren. Die Anfertigung einer geeigneten Konzeptskizze ist dabei das Herzstück dessen, was dann an die entsprechenden Wissens- und Entscheidungsträger:innen zur weiteren Planung übergeben wird. Hierin liegt eine Hauptaufgabe der bauenden Bibliothekar:innen und auch hier spielt die digitale Transformation eine Rolle, wenn auch eine völlig anders geartete als zuvor beschrieben.

3D-Visualisierung von Räumen

Die Visualisierung des Raumes mithilfe von 3D-Programmen ist eine gute Möglichkeit, die bibliotheksfachlichen Vorstellungen zur Umnutzung eines Raumes zu verdeutlichen. Die Niederschrift eines detaillierten Raumprogramms lässt bei aller Sorgfalt stets viel Interpretationsspielraum zu. Die zusätzliche Visualisierung kann Unklarheiten und Interpretationen auf ein Minimum verringern. Nutzbar für eine solche Visualisierung sind CAD-Programme, die auch von Architekt:innen genutzt werden. Die Lizenzen hierfür sind meist sehr teuer und die Nutzung der Programme kann sehr komplex sein, sind sie doch für Architekt:innen und nicht für Bibliothekar:innen gemacht worden. Daneben gibt es aber auch eine Vielzahl an Visualisierungsprogrammen, die relativ intuitiv nutzbar sind und eher dem Laiengebrauch dienen.

Bewährt hat sich (und dies ist eine rein persönliche Schlussfolgerung) das Programm Floorplanner.[8] Dies ist in seiner Handhabung recht simpel und verfügt neben der Möglichkeit, den Raum zu visualisieren, auch über ein breites Portfolio an 3D-Modellen, die über ein einfaches Drag-and-Drop-System in den Grundriss eingebracht werden können. Neben sehr spezifischem Mobiliar einzelner Anbieter verfügt das Programm auch über ein breites Portfolio verschiedenster Mockups, welche sich in ihrer Größe verändern lassen, so dass bereits ins Auge gefasstes oder bestehendes Mobiliar, wenn auch nicht optisch passend so doch maßstabsgetreu, in den digitalen Raum eingefügt werden kann. So kann der Raum digital möbliert werden und im gleichen Zuge wird ermittelt, wie viele Arbeitsplätze für Nutzer:innen generiert werden können. Verschiedene Möblierungspläne können so durch einfaches Hin- und Herschieben des Mobiliars am Bildschirm auf ihre Validität überprüft werden. Im Anschluss an die Erstellung des digitalen Raumes können einzelne Bilder exportiert werden, auf Wunsch gar fotorealistisch gerendert. Es ist sogar möglich 3D-Touren zu rendern, die mithilfe einer VR-Brille den Raum begehbar machen.

Die 3D-Visualisierung ist hierbei nicht nur im Bereich der Nutzendenarbeitsplätze sinnvoll einsetzbar. Müssen etwa Buchbestände verschoben werden, so lassen sich über das Programm auch Regalierungspläne entwickeln, welche das Platzpotential einzelner Flächen exakt erkennbar machen.

Dieses digitale Tool kann den Planungsprozess massiv vereinfachen und führt zu einem besseren Verständnis des Vorhabens bei den Stakeholdern. Eine fotorealistisch

8 Floorplanner. https://floorplanner.com/ (14.3.2023).

gerenderte Visualisierung des Raumes ersetzt zwar nicht den Fließtext, unterstützt diesen aber deutlich. Als bauende:r Bibliothekar:in zeigt man an dieser Stelle seine raumplanerischen Fähigkeiten und fungiert als bibliotheksfachliche:r Innenarchitekt: in. Im selben Zuge zeigt er:sie die möglichen Potentiale des Raumes sowie denkbare Varianten der Möblierung.[9]

Bauen und Geld

Ein weiterer Aufgabenbereich bauender Bibliothekar:innen findet sich in der Frage nach der Finanzierung des Vorhabens. Denn auch wenn der Raum nicht baulich ertüchtigt werden muss, so kann der Kauf neuen Mobiliars sowie der notwendigen technischen Ausstattung durchaus sehr teuer sein. Hier arbeiten bauende Bibliothekar:innen nun mit der Beschaffungsstelle und der Finanzbuchhaltung zusammen, denn eine notwendige Finanzierung über das eigentliche Budget hinaus ist sehr wahrscheinlich und muss entsprechend erst bewilligt werden. Es ergibt daher Sinn, schon während der Erstellung der Konzeptskizze eine erste Kostenkalkulation anzufertigen, diese bereits bei Einreichung der Skizze mit der Direktion abzustimmen und zur Bewilligung der notwendigen finanziellen Mittel zu nutzen.

Im Prozess der Beschaffung findet sich zudem ein Arbeitsschritt, in dem bauende Bibliothekar:innen einen besonders wichtigen Beitrag leisten können. So muss einer Ausschreibung, etwa für Mobiliar, stets ein Kriterienkatalog zugrunde liegen. Hier spielt die Mitarbeit der baubeauftragten Bibliothekar:innen eine wichtige Rolle, indem sie die erforderlichen Spezifika mitgestalten. Besteht kein Kriterienkatalog, so fällt die Auswahl der eingeholten Angebote ausschließlich über den Preis. Die Kriterien sowie deren Gewichtung können allerdings weitaus vielschichtiger getroffen werden. So können Haltbarkeit, Wartung, Reinigungsaufwand, Flexibilität und beliebig viele weitere Kriterien zur Geltung gebracht werden. Der Ausschreibungstext ist demnach ein wichtiges Werkzeug, um am Ende das Mobiliar kaufen zu können, das den erforderlichen Ansprüchen am besten entspricht. Insbesondere die Möglichkeit zur Reinigung, etwa durch wechselbare Polsterbezüge, sollte in einem Ausschreibungstext nicht fehlen. Neues Mobiliar sieht meist schön aus, doch wenn nach einem Jahr intensiver Nutzung die Flecken auf dem aufwendig gepolsterten Lounge-Mobiliar unübersehbar werden, dann wird die fehlende Alltagstauglichkeit offensichtlich. Hier können bauende Bibliothekar:innen durch eine vorausschauende Möbelbeschaffung frühzeitig die Weichen stellen und so unschöne Überraschungen und Kostentreiber vermeiden.

9 Für eine valide bibliotheksfachliche Raumplanung ist die Beachtung der DIN 66770 „Bau von Bibliotheken und Archiven" grundlegend. Bauende Bibliothekar:innen sollten diese DIN-Norm stets zur Hand haben. Vgl. DIN Deutsches Institut für Normung e. V. (Hrsg.): DIN 66770. Bau von Bibliotheken und Archiven – Anforderungen und Empfehlungen für die Planung. Berlin 2017.

Ähnliches gilt auch für die technische Ausstattung der Räume. Die Frage nach der Beschaffenheit der digitalen Hardware-Ausstattung muss hier gemeinsam mit den IT-Services der jeweiligen Einrichtung abgestimmt werden. In diesem Kontext ist es nicht nur wichtig zu beachten, welche Hardware angeschafft wird, sondern auch, welche Services den Nutzer:innen über die Hardware geboten werden. Hier werden die Bälle zwischen den IT-Services und der Benutzungsabteilung hin und her gespielt und die Entscheidungen in das Raumkonzept sowie in den entsprechenden Kriterienkatalog für die Ausschreibung eingefügt.

Schlussbemerkung

Die vorangegangenen Ausführungen machen erkennbar, dass Bibliothekarinnen und Bibliothekare, die sich mit der Lernraumplanung und dem Bibliotheksbau befassen, ein äußerst vielschichtiges Aufgabenportfolio eröffnet. Die Anzahl der Stakeholder kann dabei sehr umfangreich ausfallen und entsprechend ist eine geordnete, vorausschauende Planung sowie eine sehr gute Kommunikationsfähigkeit immens wichtig. Im Bereich des Bibliotheksbaus arbeitet man nie allein. Hier belegen bauende Bibliothekar:innen vielmehr eine Schnittstellentätigkeit, die stets in Kommunikation mit den gegenwärtig relevanten Personen an der Erarbeitung und anschließenden Realisierung eines durchführbaren Gesamtkonzepts mitwirken. Dabei sind bauende Bibliothekar:innen nicht immer Entscheidungsträger. Umso wichtiger sind sie als zentrale Wissensträger:innen innerhalb der Bibliothek.

Der Planungsprozess einer räumlichen Umstrukturierung kann sehr lange dauern, und es ist eher die Regel als die Ausnahme, dass während des Prozesses signifikante Änderungen zur ursprünglichen Grundidee in das Konzept eingebracht werden müssen. Ein pragmatisches, zielgerichtetes und flexibles Vorgehen ist dabei sehr wichtig. Und ja, auch Frustrationstoleranz gehört dazu. Denn nicht jedes Projekt, das sich auf dem Papier gut liest, lässt sich in der Praxis auch realisieren.

So ist es für die Nutzerinnen und Nutzer vielleicht ein störendes Geräusch, wenn der Bohrhammer die Wand aufreißt. Für bauende Bibliothekar:innen ist es wie Musik in den Ohren. Denn es bedeutet, dass ein Projekt, das in seiner Entwicklung mit viel Arbeit verbunden war, nun in die finale Umsetzung geht. Das Hauptziel ist dabei stets dasselbe: Den Nutzerinnen und Nutzern auch zukünftig die Lernräume, die sie benötigen, in der Bibliothek anbieten zu können. Die Digitalisierung und deren Auswirkungen auf den Buchbestand aber auch auf das Lernverhalten und die Bedürfnisse der Nutzerinnen und Nutzer ist dabei gegenwärtig von zentraler Bedeutung. Die digitale Transformation ist aber nicht der erste und auch sicher nicht der letzte Impulsgeber für Bautätigkeiten. Gebaut wird immer und entsprechend werden bauende Bibliothekar:innen auch immer benötigt.

Ute Engelkenmeier

Hybride Lernwelten konzipieren und umsetzen

Abstract: Der Aufsatz betrachtet das Aufgabenfeld von Bibliothekar:innen im Kontext von hybriden Lernsettings und beschreibt am Beispiel des Hybrid Learning Centers an der TU Dortmund spezifische Aufgabenschwerpunkte in der Förderung digitaler Schlüsselqualifikationen. Mit einer Rollenverschiebung vom Aufgabenfeld der „Informationskompetenzvermittlung" hin zur Unterstützung einer partizipativen Lernkultur, erweitert sich das Rollenverständnis von lehrenden Bibliothekar:innen hin zu Lernbegleiter:innen. Der Text schließt mit der Betrachtung der erforderlichen und künftig notwendigen fachlichen wie nicht-fachlichen Kompetenzen und skizziert in erster Näherung ein Basis-Kompetenzset für Learning Support Librarians und gibt Impulse für die bibliotheksspezifische Ausbildung (wissenschaftlicher) Bibliothekar:innen.

Keywords: Lernen, Hybride Lernräume, Pädagogik, digitale Schlüsselqualifikationen, Learning Support

Kurzbiografie: Dr. Ute Engelkenmeier, Universitätsbibliothek Dortmund Geschäftsbereichsleitung Information und Lernort (Benutzung), Dipl.-Bibliothekarin (FH), musikbibl. Zusatzstudium, M. A. (LIS), und Promotion Bibliotheks- und Informationswissenschaft, Humboldt-Universität zu Berlin. Arbeitsschwerpunkte in den Themen Lernort, Nutzungsdienste, Automatisierung, fluide Bestandskonzepte; 2020 Beginn interdisziplinäres Projekt „Hybrid Learning Center" an der TU Dortmund; Mitglied DINI AG Lernräume, dbv AG Bibliothekspädagogik, dbv-vdb-BIB Kommission Personalgewinnung, Bundesvorsitzende des qualifikations- und spartenübergreifenden Personalverbands Berufsverband Information Bibliothek e. V. (BIB). Kontakt: ute.engelkenmeier@tu-dortmund.de, Projektseite: https://hylec.tu-dortmund.de/

Einführung

Arbeiten, Forschen und Lernen findet im 21. Jahrhundert an verschiedenen Orten, im Büro, im Homeoffice, in analogen, virtuellen oder hybriden Settings, mit unterschiedlichen Medien und in unterschiedlichen Formaten statt. Aktuell wird durch den Begriff der Hybridität im Kontext von Lehr-/Lernsituationen häufig die Bedeutung der Mischformen von Präsenz- und Distanzlernen verdeutlicht. Hybride Lernsettings werden im Rahmen von Blended-Learning-Konzepten als Weiterführung bestehender Konzepte gedacht und die Begriffe hybrid und blended häufig synonym verwendet, als Kombination verschiedener Medien und didaktischer Methoden sowie als Kombi-

https://doi.org/10.1515/9783110790375-012

nationen von formalen Lernphasen und medial begleitenden Lernformen verstanden.[1] Daneben gibt es Ansätze, in denen das Verständnis von Hybridität im Lern-/Lehrkontext deutlich über Blended Learning hinausgeht und in seinen Facetten synchrone wie asynchrone Interaktionsformen, Lernen mit oder ohne Technologie, formelles wie informelles Lernen, strukturiertes und unstrukturiertes Lernen in unterschiedlichen Räumen umfasst.[2]

Zahlreiche didaktisch fundierte Konzepte entstehen aktuell für hybride Lehr-/Lernsettings an Schulen und Hochschulen, die das gemeinsame Lernen ermöglichen und fördern sollen. Valide Ergebnisse zu diesen aktuell angewendeten hybriden Lehr-/Lernsettings sind allerdings dünn gesät.[3]

In diesem Beitrag werden hybride Lernsetting als überwiegend synchrone Lehr-/Lernumgebungen verstanden, in denen parallel zu Präsenzveranstaltungen an unterschiedlichen Orten Distanzlernen stattfinden kann. Diese Lernsettings haben damit einen didaktischen, räumlichen und zeitlichen Aspekt. Idealerweise können sich Lernende je nach Bedarf und persönlicher Lern- oder auch Lebenssituation entscheiden, welches Angebot passend ist. Hybride Lernwelten befassen sich folglich mit der Frage, wie man Arbeits- und Lernumgebungen so gestalten kann, dass Lernende von jedem Ort aus erfolgreich lernen und zusammen arbeiten können.

Ziele und Aufgaben in hybriden Lernräumen – zwischen physischen Räumen und der Förderung digitaler Schlüsselqualifikationen

Um den gesellschaftlichen Wandel, die Transformation durch Digitalisierung zu ermöglichen, sind fachliche wie nicht-fachliche Kompetenzen erforderlich. *21st Century Skills* beschreiben erforderliche Schlüsselkompetenzen bis zu Transformationskompetenzen.[4] Der Stifterverband skizziert in seinem Future-Skills-Framework erforderliche branchenübergreifende Fähigkeiten, um anstehende Veränderungen in der Arbeits-

---

1 Vgl. Stade, Philip u. Philippe Wampfler: Präsenz- und Fernunterricht kombinieren. In: Hybrides Lernen. Zur Theorie und Praxis von Präsenz- und Distanzlernen. Hrsg. von Wanda Klee [u. a.]. Weinheim, Basel: Beltz 2021 (Pädagogik). S. 82

2 Vgl. Gil, Einat, Yishay Mor [u. a.] (Hrsg.): Hybrid Learning Spaces. Cham: Springer 2022. S. 3. DOI: https://doi.org/10.1007/978-3-030-88520-5.

3 Grabensteiner, Caroline, Erich Schönbächler [u. a.]: Partizipative Raumgestaltung mit digitalen Medien. In: Medienimpulse (2021) H. 4. DOI: https://doi.org/10.21243/mi-04-21-07. Aktuell befasst sich das Themenspecial „Hybride Lernräume“ des Leibniz-Instituts für Wissensmedien auf dem Portal e-teaching.org mit Begriffen und Konzepten. https://www.e-teaching.org/praxis/themenspecials/hybride-lernraeume (20.10.2022).

4 Wie z. B. im OECD Learning Compass 2030 beschrieben, vgl. OECD (Hrsg.): OECD Lernkompass 2030: OECD-Projekt Future of Education and Skills 2030 – Rahmenkonzept des Lernens. Paris, 2019. https://www.bertelsmann-stiftung.de/de/publikationen/publikation/did/oecd-lernkompass-2030-all (30.12.2022).

welt gestalten zu können.[5] Die Future Skills sind in vier wesentliche Bereiche gegliedert: Klassische Kompetenzen, digitale Schlüsselqualifikationen, technologische Kompetenzen und transformative Kompetenzen. Neben den klassischen Kompetenzen – wie u. a. Lösungsfähigkeit, interkultureller Kommunikation, Resilienz und Kreativität – und den transformativen Kompetenzen – wie u. a. Innovationskompetenz, Veränderungskompetenz und Dialog- und Konfliktfähigkeit – werden Kompetenzen im Umgang mit transformativen Technologien gebraucht, für die insbesondere ein hoher Bedarf an Spezialist:innen gesehen wird. Bei allen Mitarbeitenden durchgängig erforderlich ist ein Ausbau digitaler Schlüsselqualifikationen. Hierzu zählt der Stifterverband „Kompetenzen, durch die Menschen in der Lage sind, sich in einer digitalisierten Umwelt zurechtzufinden und aktiv an ihr teilzunehmen", und führt als konkrete Bereiche Digital Literacy, Digital Ethics, Digitale Kollaboration, Digital Learning und agiles Arbeiten auf.[6]

Aktuelle Projekte hybrider Lernwelten, beispielhaft sei hier das „Hybrid Learning Center (HyLeC)"[7] an der TU Dortmund genannt, zielen neben der Erprobung hybrider Lernsettings bewusst auf die Förderung digitaler Schlüsselqualifikationen ihrer Hochschulangehörigen. Das von der Stiftung „Innovation Hochschullehre" geförderte Projekt HyLeC bietet Studierenden Ressourcen und Beratungsangebote in möglichst barrierefrei gestalteten physischen, digitalen und hybriden Lernumgebungen an. Das Projekt ist interdisziplinär angelegt und umfasst neben der Projektleitung in der Ingenieurdidaktik drei weitere Projektpartner mit dem Lehrstuhl für Computergrafik, der Fakultät Rehabilitationswissenschaft (Fachgebiet Körperliche und Motorische Entwicklung) und der Universitätsbibliothek. Als physischer Ort und sogenanntes Hauptquartier des Projekts wurde die Zentralbibliothek als Zentrum, das Studierenden aller Fakultäten im Rahmen ihrer Lernaktivitäten nutzen, bewusst gewählt. Die Lernangebote umfassen folgende Bereiche:

- Digital Media: Eigenständig und professionell barrierefreie Medien erstellen
- Digital Collaboration: Gemeinsam Arbeiten und Ergebnisse wie auch Lerninhalte produzieren und teilen
- New Scientists: Ethische Grundlagen kennen, wissenschaftliches Arbeiten und Präsentieren mit geeigneter Software
- Makerspace: Kreative Werkstatt- und Laborumgebung nutzen, die, wie alle Lernangebote, auch in die Lehre eingebunden ist
- Virtual Reality: Kennenlernen virtueller Welten und eigene VR-Welten erstellen

---

5 Süßenbach, Felix, Matthias Winde [u. a.]: Future Skills 2021: 21 Kompetenzen für eine Welt im Wandel. Hrsg. vom Stifterverband in Kooperation mit Mc Kinsey & Company. Essen: Stifterverband für die Deutsche Wissenschaft e. V. 2021 (Diskussionspapier 3). https://www.stifterverband.org/medien/future-skills-2021 (19.10.2022).

6 Süßenbach [u. a.], Future Skills 2021 (wie Anm. 5).

7 Technische Universität Dortmund: Hybrid Learning Center (HyLeC). https://hylec.tu-dortmund.de/ (22.10.2022).

- Digital Campus: Erprobung eigener virtueller Welten, eigener Avatare auf dem digitalen Campus, Testen informeller Settings für digitale Treffen

Dabei werden im Projekt die Perspektiven Didaktik, Barrierefreiheit und Technik verbunden und konsequent ein studierendenzentrierter und partizipativer Ansatz verfolgt. Die Angebote werden besonders niederschwellig gestaltet und sollen motivieren, sich mit digitaler Technik und Tools zu befassen, die Nutzung und die Entwicklung von eigenen digitalen Inhalten fördern und im Sinne des Community-Gedankens auf ein gegenseitiges Unterstützen setzen. Studierende wie auch Lehrende sollen neue technische Methoden und Medien erlernen, reflektieren und damit ihren Lernprozess gestalten. Bei der Ausgestaltung der Lernangebote dient das Constructive Alignement[8] als grundlegendes didaktisches Konzept, in welchem Lernziele, Lehr- und Lernaktivitäten wie auch eine anschließende Lernkontrolle aufeinander abgestimmt werden. Eine Anbindung an die Forschung geschieht durch die Erprobung konkreter Techniken, wie z. B. den Einsatz eines Personenscanners und die Weiterentwicklung eines Open-Source-Präsentationsprogramms. In einem iterativen Prozess werden die Angebote unter Einbeziehung der Nutzenden in einem gesonderten Beirat aus Hochschullehrenden und Studierenden weiterentwickelt. Evaluations- und Weiterentwicklungsschleifen (Pre-Test, Optimierung, Regelbetrieb) sollen gewährleisten, dass die Universität in und mit ihrer Bibliothek die ausgereiften Lernwelten nach Projektende weiterbetreiben kann.

Hybride Lern-/Lehrsettings in Hochschulen können zu einer Verschmelzung rein formaler Bildungskontexte und non-formaler bis informeller Lernsettings führen. „Die Gestaltung von Lernwelten an Hochschulen stellt eine multidimensionale Herausforderung dar."[9] Von Petschenka et al. wird skizziert, dass möglichst eine ganzheitliche Lernstrategie und ein internes Kooperationsmodell bis hin zur Abstimmung von Digitalisierungsprozessen etabliert sein sollte, grundlegende Konzepte für gute Lehre und Lernen in einem hochschulweitern Prozess zu entwickeln seien und dass dies Kooperationen über viele hochschulorganisatorische Grenzen hinweg erfordere.

Für Bibliotheken als Lernort bieten hybride Lernsettings eine Chance, wie auch eine Herausforderung. Stehen Bibliotheken bisher für Hochschulangehörige und andere Nutzende überwiegend als informelle Lernorte bereit, geschieht nun auch die Ausweitung auf andere Lehr-/Lernsetting in der Bibliothek. Im Aufgabenbereich von Bibliotheken als zentrale Dienstleistungseinrichtung liegt dabei, die Angebote an Lernräumen und begleitenden Services für neue Anwendungsszenarien weiterzuentwickeln, auszustatten, mit anderen Angeboten und Beratungsservices zu verzahnen so-

---

8 Entwickelt von John Burville Biggs: s. Biggs, John u. Catherine Tang: Teaching for Quality Learning at University: what the Student doeS. 4. ed. Maidenhead [u. a.]: Open Univ. Press 2011.

9 Petschenka, Anke, Richard Stang [u. a.]: Die Zukunft der Lernwelt Hochschule gestalten: Ein Baukasten für Veränderungsprozesse. In: Zukunft Lernwelt Hochschule. Hrsg. von Richard Stang u. Alexandra Becker. Berlin, Boston: De Gruyter Saur 2020 (Lernwelten). S. 213–256.

wie durch Kooperation mit anderen Hochschuleinheiten stetig zu verbessern. Dabei gehören zum Lernraum Bibliothek Angebote, die konzentriertes Selbststudium wie auch kollaboratives Arbeiten und Interaktionen im digitalen und hybriden Raum unterstützen. Die Bibliothek bringt dabei ihre Expertise als Informationsdienstleister mit ein und integriert ihre Informationsdienste und ihre Angebote zur Förderung von Informationskompetenz in das Lernraum-Portfolio. Neue Konzepte und Methoden des hybriden, forschenden wie projektbasierten Lernens werden ebenso angewendet und ermöglichen neue Wege neben den klassischen frontalen Schulungsformaten.

Bibliotheken stellen in Kooperation mit anderen Infrastruktureinrichtungen entsprechende Hard- und Software auf Grundlage der Bedarfe der Lernenden bereit. Dabei gilt es, die technischen Anforderungen für hybride Lernsettings umzusetzen, die die Partizipation der Lernenden je nach Lernsituation ermöglichen muss, als dislozierte Lernende wie auch als lokal präsent Lernende. Dabei kann in der Bibliothek Technik bereitgestellt werden, die von allen Hochschulangehörigen erprobt werden kann. Die Bibliothek als Teil des Lernraums Hochschule kann nicht nur Lehrende und Lernende in hybriden Räumen unterstützen, sondern auch als Experimentierraum für Forschende dienen. Begleitende Informations- und Beratungsleistungen können ebenso in Kooperation mit anderen Hochschulakteur:innen angeboten werden, insbesondere für die von der Hochschule eingesetzten Systeme, wie z. B. Lernmanagementsysteme, Tools wie auch Schnittstellen zu bibliotheksspezifischen Angeboten. Im Bereich der physischen, virtuellen, hybriden Lehr-Lernräume gilt es, eine adäquate Ausstattung anzubieten, die unterschiedliche Lerntypen und Lernszenarien berücksichtigt. In physischen Lernräumen kommt es dabei darauf an, insbesondere auf Aufenthaltsqualität und Atmosphäre zu achten und im Kontext eines Lernkonzepts mit den virtuellen Räumen zu verbinden.

Bereits vor einer Planung neuer (hybrider) Lernräume werden idealerweise didaktische Anforderungen aus Sicht der Lehrenden und Lernenden berücksichtigt und verschiedene Lehr-/Lernszenarien in den Blick genommen. Aufgaben wie Flächenplanung, Umbaumaßnahmen, Auswahl geeigneten Mobiliars, begleitender Technik, barrierefreie Gestaltung bis hin zu Beratungsangeboten sind für alle Lernbereiche wahrzunehmen. Im Bereich der Barrierefreiheit gilt es, sowohl die physischen Räume wie digitalen Angebote barrierefrei zu gestalten, um nicht nur Teilhabe zu ermöglichen, sondern allen Lernenden in verschiedenen Situationen die passenden Angebote machen zu können. Hier bietet sich als Konzept das Universal Design for Learning an, um Lern-Umgebungen für eine heterogene Gruppe von Lernenden zu gestalten.

Bei der Planung verschiedener Angebote werden unterschiedliche Bedarfe und Anforderungen mitgedacht und entsprechend umgesetzt. Handlungsfelder liegen in der Auswahl der geeigneten Lernausstattung, konsequenter Beschriftung von Geräten und Materialien, der barrierefreien Gestaltung von Lernmaterialien bis hin zum Einsatz assistiver Technologien. „Bei der Betrachtung von Organisation und Betrieb einer Lernwelt wie der Wissenschaftlichen Bibliothek sollte […] ein ganzheitlicher Ansatz gewählt werden, der insbesondere die Frage nach der Verantwortung für Räume und

Systeme beantwortet sowie den prozessualen Charakter der Lernwelten im Blick hat."[10]

Der Aufgabenbereich der Konzeption und Umsetzung hybride Lernwelten steht nicht als Solitär im Produktportfolio der Bibliothek, sondern sämtliche bibliotheksspezifischen Lern- und Support-Angebote sind im Rahmen des Servicekonzepts der Bibliothek integriert. Das Lern(raum)-Management der Bibliothek ist Teil der Bibliotheksstrategie und verfolgt im Rahmen dessen konkrete Projektziele und Maßnahmen, die regelmäßig evaluiert werden. Durch innovative Produktentwicklung wird konsequent das Ziel verfolgt, Lernende zu begleiten, zu fördern und sämtliche Zugänge und Prozesse dabei so niedrigschwellig wie möglich zu gestalten. Ebenso gilt es für die Aufgabe des hybriden Lernorts, ein Personalentwicklungskonzept zu verfolgen, das die vorhandenen Kompetenzen nutzt und weiterentwickelt sowie noch nicht vorhandene Kompetenzen fördert oder durch Personalgewinnungsmaßnahmen ergänzt. All diese Aufgaben sind zudem Teil einer hochschulweiten Kooperation, in der Zielabstimmung, Planung von Maßnahmen und koordinierte Umsetzung geschehen muss. Die Aufgabe, hybride Lernwelten in und mit Bibliotheken zu konzipieren, kann nur gelingen, wenn Bibliothekar:innen innerhalb interdisziplinärer und organisationsübergreifender Teams arbeiten können. Was als Projektarbeit beginnt, kann in nachhaltige Strukturen überführt werden, begleitet von einem partizipativen Ansatz und der Beteiligung Studierendender an den Konzepten und Angeboten.

Rollenverständnis im Rahmen des Aufgabenspektrums hybride Lernwelten – zwischen Teaching Librarian und Learning Support Librarian

Hochschulleitungen und -lehrende gehen die Herausforderungen der digitalen Transformation aktiv an: „[Sie] wissen um die Bedeutung des transformativen Potenzials der Digitalisierung in Richtung des mit dem Bologna-Prozess angestoßenen Shift from Teaching to Learning. Die Digitalisierung ermöglicht hierbei, Lehren und Lernen neu zu gestalten."[11] Nicht nur durch die Transformation findet Lernen immer weniger im Rahmen der (traditionellen) Buchkultur statt. Gemeinsam gestaltetes Lernen rückt in den Vordergrund vor autoritärer Wissensvermittlung. Lernende und ihre individuel-

---

10 Eigenbrodt, Olaf: Lernwelt Wissenschaftliche Bibliothek. Pädagogische und raumtheoretische Facetten. Berlin, Boston: De Gruyter Saur 2021 (Lernwelten). S. 195

11 Budde, Jannica: Der digitale Wandel als Motor der Hochschulentwicklung. Strategiemuster für die Digitalisierung der Hochschullehre. In: Digitalisierung in Studium und Lehre gemeinsam gestalten. Hrsg. von Hochschulforum Digitalisierung. Wiesbaden: Springer 2021. S. 165–180, hier S. 177. DOI: https://doi.org/10.1007/978-3-658-32849-8.

len Lernprozesse stehen mehr im Blick. Verschiedene Modelle und Formen der Kollaboration werden zunehmend in hybriden Lernräumen erfahrbar.[12]

Wie oben am Beispiel des Dortmunder HyleC-Projekts skizziert, können Bibliotheksbeschäftigte Teil interdisziplinärer Teams sein, die mit Mitarbeitenden aus unterschiedlichen zentralen Einrichtungen wie auch aus Lehrenden, Fachdidaktiker:innen und Forschenden besetzt sind. Dies erfordert eine enge Bindung innerhalb der jeweiligen Hochschulcommunity. Das Modell eines Embedded Librarian geht in diese Richtung und zum Teil darüber hinaus, versteht man diese Einbettung als Teil einer hochschulweiten Lernkultur und nicht nur im Rahmen einzelner Projekte oder Fakultäten.

Sichtbar wird in diesem Kontext eine Rollenverschiebung von der Aufgabe der „Informationskompetenzvermittlung" zu einer umfassenden Förderung und Unterstützung einer partizipativen Lernkultur. Durch den Blick auf sämtliche Lernprozesse, die durch unterschiedliche Angebote unterstützt werden können, geht der Ansatz der bibliotheksspezifischen Förderung von Informationskompetenz in einem Gesamtkonzept mit einer umfassenderen Grundhaltung auf.[13]

Kompetenzen können nur selbst aufgebaut werden, sie können nicht gelehrt werden. Insofern sind Bibliothekar:innen in diesem Rollenverständnis Ermöglichende und Begleitende, die ihren Teil dazu beitragen, dass Bedingungen geschaffen werden, in denen Lernen stattfinden kann. Die Rolle der „lehrenden Bibliothekar:in" erweitert sich in diesem Sinne zu Lernbegleitenden.

Neben der Rolle des Teaching Librarian mit dem Ziel, insbesondere Informationskompetenz mit unterschiedlichen Methoden zu fördern und ebenso digitale Lernangebote für heterogene Zielgruppen zu entwickeln, erweitert das Handlungsfeld hybride Lernwelten und Lernkultur die Rolle von Bibliothekar:innen zu Learning Support Librarians.[14] Diese verstehen bei einem zugrundeliegenden konstruktivistischen Ansatz Lernen nicht als Reflex auf Lehren.[15] Im Sinne eines partizipativen, kooperativen Lernumfelds werden Angebote zu sämtlichen Kompetenzfeldern in einem integrierten Konzept bereitgestellt und weiterentwickelt im Rahmen der spezifischen Hochschul-Lern-Strategie. Fachliche Wissensinhalte, Informationskompetenz, Medienkompetenz,

---

12 Grabensteiner [u. a.], Partizipative Raumgestaltung (wie Anm. 3).

13 Wie es Schoenbeck bereits 2015 beschrieben hat: Schoenbeck, Oliver: Informationskompetenz als Gestaltungsaufgabe. In: Zeitschrift für Bibliothekswesen und Bibliographie (2015) H. 2. S. 85–93. DOI: http://dx.doi.org/10.3196/186429501562241.

14 Sühl-Strohmenger weist auf eine schwierige Abgrenzung zwischen Begriffen und Konzepten wie Learning Library und Teaching Library hin, Übergänge zwischen den Sichtweisen sind fließend. Vgl. Sühl-Strohmenger, Wilfried: Teaching Library. Förderung von Informationskompetenz durch Hochschulbibliotheken. Berlin, Boston: De Gruyter Saur 2012 (Monographien zu Bibliothek, Forschung und Praxis 1). S. 102.

15 Vgl. Arnold, Rolf: Ermöglichungsdidaktik: Kriterien einer intransitiven Kompetenzförderung. In: Handbuch Kompetenzentwicklung im Netz. Bausteine einer neuen Lernwelt. Hrsg. von John Erpenbeck u. Werner Sauter. Stuttgart: Schäffer-Poeschel 2017. S. 93–114, hier S. 94.

Förderung von Schlüsselqualifikationen bis hin zu Transformationskompetenz sind Teil der hochschulweiten Lernstrategie.

Als Informationsexpert:innen und Dienstleistungsexpert:innen entwickeln und unterstützen Bibliothekar:innen als Learning Support Librarians den Wissenschaftsbetrieb zusammen mit anderen Hochschulakteur:innen in einem ständigen Prozess. Dies bringt zudem ein geändertes Selbstverständnis mit sich, geht es doch neben der Aufgabe, Bestandsangebote über Kataloge und Datenbanken bereitzustellen und zu vermitteln, auch darum angepasst an die Strategie und Bedarfe der jeweiligen Hochschule ein Lernermöglichen zu unterstützen. Dies erfordert eine konsequente Orientierung an der jeweiligen Hochschulstrategie und Lehr-Lernkonzepten. Die Bibliothek ist in ihrem Selbstverständnis und neben ihrer Expertise in ihrer Bibliotheksfachlichkeit keine autonome Einrichtung, sondern im Idealverständnis Teil einer komplexer werdenden Serviceinfrastruktur der Hochschule,[16] in der Bibliotheksbeschäftigte ihre Aufgaben und Rollen als hochschulübergreifenden Dienst an der Wissenschaft sehen und bereit sind, als Teil des Hochschulsystems funktionierende Schnittstellen zu fördern und in interdisziplinären und organisationsübergreifenden Teams zu arbeiten.

Lernunterstützung als Dienstleistung – Kompetenzen (wissenschaftlicher) Bibliothekar:innen

Die Kenntnis der Lern-, Lehr- und Forschungsprozesse ist für lernunterstützende Bibliothekar:innen wichtig, um entsprechende Services und Beratungen anbieten zu können. Kompetenzen von Learning Support Librarians umfassen zudem Grundlagenkenntnisse von Lernprozessen, didaktische Grundlagen und Basiskenntnisse der Wissens- und Lernpsychologie.[17]

Zusammen in einem organisationsübergreifenden Team können einzelne Fachdidaktiken Berücksichtigung finden. Für eine gesamtheitliche Lernangebotsstruktur gilt es, hier in einem ständigen Austausch zu sein, wie auch grundlegende fachdidaktische Methoden zu kennen.

Da digitale Transformation komplex und vielschichtig bleibt, ist das lebenslange Lernen auch als lernunterstützende Bibliothekar:in selbstverständlich. Stets gilt es,

---

16 Engelkenmeier, Ute u. Elisabeth Sträter: Bibliothek und Berufsfeld: Rollen, Funktionen und Anforderungen. Impulse aus Trägersicht: Bericht eines Stakeholder-Interviews mit Roland Kischkel und Frank Mentrup. In: BuB (2022) H. 5. S. 230–234. https://b-u-b.de/fileadmin/archiv/imports/pdf_files/2022/bub_2022_05_0230_0234.pdf (22.10.2022).

17 Diese Kenntnisse werden ebenso mehrheitlich als relevant für Teaching Librarians betrachtet, vgl. Tappenbeck, Inka u. Fabian Franke: Qualifikationsprofil „Teaching Librarian“: Anforderungen und Schwerpunkte einer praxisbezogenen Qualifikation für die Vermittlung von Informationskompetenz. In: o-bib (2017) H. 4. DOI: https://doi.org/10.5282/o-bib/2017H4S52-62.

neue Methoden zu erproben, bisherige Modelle zu reflektieren, andere Modelle und Ansätze zu verstehen und ggf. zu antizipieren.

Der Bereich der IT-Infrastrukturen, Technik und Tools wird sich weiter rasant entwickeln. Hier gilt es, selbst (digitale) Schlüsselqualifikationen auszubauen und vor allem in eine Kooperation mit IT- und Technik-Expert:innen zu gehen, nicht nur, um die Angebote gemeinsam zu verbessern, sondern auch um die persönlichen Kompetenzen auszubauen.

Ein besonders wichtiger Faktor bei dieser Aufgabe ist die Kooperation an der Hochschule, eine Förderung und flexible Gestaltung notwendiger Strukturen und kreative Bündelung von Kompetenzen in der Hochschule für die gemeinsame Aufgabe der Gestaltung des „Lernraums Hochschule". Dafür erforderlich sind Kompetenzen der Bibliotheksbeschäftigten in Kommunikation, Teamfähigkeit, Netzwerken, Projektorganisation und vor allem ein Lernen aus Erfahrungen. Für das Berufsfeld (wissenschaftliche) Bibliothekar:in sind transformative Kompetenzen wichtig, flexibel zu bleiben, ein offenes Mindset zu haben und Lernen allumfassend zu verstehen. Innovationfreude, Improvisationstalent, kontinuierliche Lernbereitschaft und Mut zu Veränderungen wie auch Konfliktfähigkeit sind Kompetenzfelder, die Bibliotheksbeschäftigte auf dem eigenen lebenslangen Lernweg begleiten.[18]

Fazit

Zusammenfassend kann als Basis-Kompetenzset für Learning Support Librarians in erster Näherung gelten:

- Kenntnisse in didaktischen Grundlagen und Lerntheorien
- Kompetenz zur didaktischen Reduktion
- Beratungskompetenz in Lernprozessen
- Informationskompetenz
- Supportkompetenz beim Einsatz von Tools und Medien
- Performative Kompetenz in sozialen Interaktionen
- Kommunikative Kompetenz und Konfliktfähigkeit
- Fähigkeit zur Selbstreflektion
- Innovationskompetenz
- Teamfähigkeit und Selbstverständnis als Teil der hochschulweiten Community
- Offenes Mindset mit einem Grundverständnis von Lernen als individuellen Prozess

18 Tappenbeck und Franke schildern, dass geforderte personale Kompetenzen und Persönlichkeitsmerkmale in der Umfrage zu Kompetenzprofilen hoch bewertet werden, diese jedoch nicht Gegenstand der beruflichen Qualifikation oder des Hochschulstudiums seien und dies Anlass für eine Überprüfung von Curricula sei, um eine Kompetenzentwicklung zu unterstützen: vgl. Tappenbeck u. Franke, Qualifikationsprofil (wie Anm. 17). Siehe dazu auch die Beiträge von Konstanze Söllner und von Thomas Nachreiner/Karolin Bubke/Sonja Rosenberger und Jana Mersmann in diesem Band.

Impulse für die bibliotheksspezifische Ausbildung (wissenschaftlicher) Bibliothekar:innen liegen zum einen in der Grundlagenvermittlung Pädagogik, Didaktik und grundlegender Lerntheorien. Darauf aufbauend können im Sinne des lebenslangen Lernens im Rahmen von Fort- und Weiterbildungsangeboten unterschiedliche Ansätze, neue Modelle, neue Techniken erprobt und antizipiert werden. Vieles ist dabei nicht aus Büchern oder Vorlesungen zu lernen, gerade „Lehren und Lernen" muss praxisorientiert und projektorientiert gelernt werden, auch um lebenslang eine Kompetenzfestigung und einen Kompetenzausbau zu gewährleisten. Das Angebot an Fort- und Weiterbildungen ist daher beispielsweise auch in Kooperationen von ausbildenden Hochschulen und Hochschulbibliotheken, die Best-Practice-Anwendungen bieten oder entsprechende forschend-experimentelle Lehr-Lernräume haben, sinnvoll. Lernen im Rahmen kollaborativer Projekte bietet damit einen erweiterten Ansatz in der Ausbildung selbst. Dies erfordert eine flexible Aus- und Weiterbildungskultur, um Lernen gemeinsam zu gestalten.

Die Bedeutung der Förderung von (digitalen) Schlüsselqualifikationen zeigt sich aktuell auch in der Gründung neuer Master-Studiengänge – wie z. B. der Studiengang „Future Skills and Innovation" an der Technischen Hochschule Mittelhessen[19] – oder in neuen Berufsbezeichnungen – wie Digital Learning Expert. Hybride Lernsettings und die aktuellen Projekte an Hochschulen bieten zahlreiche Chancen und Potenziale, den hybriden Lernraum Hochschule als eine Gemeinschaftsaufgabe zu betrachten und interdisziplinär und kooperativ die Förderung benötigter Schlüsselqualifikationen fachübergreifend umzusetzen. Hochschulen gehen sehr unterschiedliche Wege und sind mit vielen Herausforderungen konfrontiert.[20] Die Rolle und Aufgaben von Bibliothekar:innen können im Rahmen von hochschulweiten Lernwelten als fachübergreifende Lernorganisierende wie auch Lernbegleitende einzigartig und daher wertvoll für den Erfolg neuer Lehr-Lernkonzepte sein.

19 Technische Hochschule Mittelhessen: Future Skills und Innovation (dual). https://www.thm.de/site/studium/unsere-studienangebote/future-skills-und-innovation-master-dual.html (22.10.2022).

20 Becker, Alexandra u. Richard Stang: Kulturwandel und Innovation. Lernwelt Hochschule 2030 aus Perspektive des Projektes. In: Lernwelt Hochschule 2030. Hrsg. von Richard Stang u. Alexandra Becker. Berlin, Boston: De Gruyter Saur 2022 (Lernwelten). S. 249–256, hier S. 255. DOI: https://doi.org/10.1515/9783110729221.

Teil III: Wissenschaftler:innen beraten und unterstützen

Einführung

Das Fachreferat als Schnittstelle zwischen Bibliothek und Fachwissenschaft behält seine Bedeutung, wie Thomas Nachreiner in seinem Beitrag herausarbeitet. Er sieht die Tätigkeit der Fachreferent:innen als eine Art von Mischarbeitsplatz, der von den jeweiligen lokalen institutionellen Gegebenheiten geprägt ist. Am Beispiel der Universitätsbibliothek Passau und der vom Verfasser betreuten Fachreferate Informatik und Mathematik, die in besonderer Weise von der digitalen Transformation betroffen sind, beschreibt er die strukturellen Auswirkungen des Medienwandels für die Bibliothek und das Publikationswesen. Das Fachreferat bildet angesichts der komplexen Anforderungen eine wichtige Schnittstelle zwischen Fakultät und Bibliothek und ist ein wichtiger Faktor in der organisatorischen Transformation von Prozessen innerhalb der Universitätsbibliothek.

Das Managen von Forschungsdaten ist Thema des Beitrags von Susanne Blumesberger. Sie stellt dar, welche Aufgaben sich hinter dem Forschungsdatenmanagement verbergen und erläutert, warum hierfür neben einer bibliotheks- und informationswissenschaftlichen Qualifikation vertiefte technische und juristische Expertise, aber auch ethisches Verständnis und Soft Skills wie etwa Kommunikationskompetenz erforderlich sind. Thematisiert werden ebenso die in diesem Zusammenhang neu entstehenden Handlungsfelder für Datenmanager:innen, Datastewards, Data Champions oder Data Librarians.

Auch Ladina Tschander befasst sich mit dem sich verändernden Tätigkeitsprofil von Fachreferent:innen. Anhand des Bibliothekssystems der Universität Zürich veranschaulicht sie, wie bibliothekarische Services erfolgreich in die Forschung eingebettet werden können. Als Voraussetzung benennt sie eine enge Interaktion zwischen wissenschaftlichen Bibliothekar:innen und Forschenden, wie sie Embedded bzw. Liaison Librarians realisieren können. Der Beitrag analysiert diese beiden Konzepte, stellt sodann die Aufgabenbereiche der Liaison Librarians an der Universitätsbibliothek Zürich dar und nennt die nötigen Kompetenzen der wissenschaftlichen Bibliothekar:innen, um als Spezialist:innen erfolgreich in Forschung und Lehre eingebettete Services zu vermitteln.

Neue Aufgaben für wissenschaftliche Bibliothekar:innen in der Beratung und Unterstützung der Forschung haben sich im Zuge der digitalen Transformation auch durch die Entstehung von Konzepten wie Open Science ergeben. Anja Oberländer und Matthias Landwehr befassen sich mit den von dieser Entwicklung betroffenen wissenschaftlichen Infrastruktureinrichtungen und deren Veränderungen sowie mit den Konsequenzen für das bibliothekarische Handeln und die Kompetenzen von wissenschaftlichen Bibliothekar:innen.

Mit den Digital Humanities (DH) hat sich an den Hochschulen im Zuge des digitalen Wandels in den Geisteswissenschaften eine neue akademische Disziplin etabliert. Dabei spielt die Kooperation zwischen dem Fach und den wissenschaftlichen Biblio-

https://doi.org/10.1515/9783110790375-013

theken eine bedeutende Rolle. Welche Rollenprofile für den erfolgreichen Digital-Humanities-Support seitens der Bibliothek gefordert sind, behandeln Sonja Rosenberger und Diego Siqueira. Anhand von Profilen zu fünf ausgewählten Rollen – Koordinator:in für DH-Initiativen, DH-Berater:in, DH-Research-Software-Engineer, DH-Trainer:in, Fachreferent:in – beschreiben sie die damit verknüpften Aufgaben, Verantwortlichkeiten und Kompetenzen, sowohl im Hinblick auf die Software-Entwicklung und die Koordination als auch auf Beratungs- und Trainingstätigkeiten im Rahmen des Fachreferats.

Thomas Nachreiner

Als Fachreferent:in an der Schnittstelle zwischen Bibliothek und Fachwissenschaft arbeiten

Abstract: Das Fachreferat gilt traditionell als Mischarbeitsplatz, der im Kontext der jeweiligen lokalen, institutionellen Gegebenheiten unterschiedliche Ausprägungen erfahren kann. Der vorliegende Beitrag skizziert die gegenwärtige Situation an der Universitätsbibliothek Passau für die vom Autor betreuten Fachreferate Informatik/Mathematik, die in doppelter Weise von der digitalen Transformation betroffen sind: Einerseits durch die strukturellen Auswirkungen des Medienwandels für die Bibliothek und das Publikationswesen, andererseits durch den massiven Ausbau der Fakultät für Informatik und Mathematik im Zuge der „High Tech Agenda Bayern". Das Fachreferat ist in dieser Herausforderungslage eine wichtige Schnittstelle zwischen Fakultät und Bibliothek, darüber hinaus aber auch ein gewichtiger Faktor in der organisatorischen Transformation von Arbeitsprozessen innerhalb der Universitätsbibliothek.

Keywords: Organisationsentwicklung, Kompetenzaufbau, Prozessmanagement, Bestandsmanagement, forschungsnahe Dienstleistungen

Kurzbiografie: Dr. Thomas Nachreiner (ORCID: https://orcid.org/0000-0002-0137-6283), Universitätsbibliothek Passau, ist promovierter Medienwissenschaftler und hat die Leitung des Referats Medienbearbeitung an der Universitätsbibliothek Passau inne, wo er auch Fachreferent für Mathematik/Informatik ist und den zugehörigen Lesesaal betreut. Er ist Mitglied der VDB-Kommission für Fachreferatsarbeit und publiziert v. a. zum Medienwandel in Bibliotheken sowie zu akademischen Informations- und Wissenskulturen. Kontakt: thomas.nachreiner@uni-passau.de

Schnittstelle >||< Fachreferat

Der Begriff der Schnittstelle (i. a. R. engl. *interface*) ist in der IT stets dort anzutreffen, wo eine Verbindung zwischen verschiedenen Systemen, Komponenten oder Ebenen stattfindet. Ursprünglich aus den Naturwissenschaften stammend, bezeichnet Schnittstelle eine Oberfläche, die eine gemeinsame Grenze zwischen den jeweiligen Entitäten darstellt und die Kommunikation zwischen deren unterschiedlichen Strukturen er-

https://doi.org/10.1515/9783110790375-014

möglicht.[1] In Anbetracht der allgemeinen Popularität von informationstechnischen Metaphern überrascht es nicht, dass im Zeitalter der Netzwerkgesellschaft gerade auch die informationstechnischen Berufsfelder mit ihnen bedacht werden. Namentlich die Rollenbeschreibung von Fachreferent:in bzw. Fachreferat erfährt regelmäßig eine Rahmung als Schnittstelle zwischen verschiedenen Elementen: Beispielsweise allgemein als „kommunikative Schnittstelle zwischen Nutzer und Bibliothek“[2] oder konkreter als „Schnittstelle [der Bibliothek] zu Studierenden, Lehrenden und Forschenden“.[3] Mit Blick auf die organisatorische Ebene ist weiterhin die Rede von der „Schnittstelle Bibliothek – Wissenschaft“[4] oder der „Schnittstelle zwischen Bibliothek und Fachbereich“[5] bzw. der „Schnittstelle zwischen Bibliothek und der jeweiligen Disziplin“.[6] Der wesentliche Vermittlungsauftrag liegt demnach auch in der „[z]entrale[n] Aufgabe […], die fachspezifischen Bedürfnisse an die Bibliothek zu kommunizieren und im Gegenzug die Services der Bibliothek an die betreute Fachgemeinschaft zu vermitteln.“[7]

Fachspezifische Kompetenz >||< Schnittstellenkompetenz

Das Idealszenario dieser Verknüpfung ist die fachspezifische Vorbildung der Fachreferent:innen,[8] die aber vielerorts nicht systematisch eingelöst werden kann.[9] So auch beim Autor, dessen akademische Ausbildung nicht in den beiden Disziplinen Informatik und Mathematik wurzelt, die er bibliothekarisch betreut. Als promovierter Medienwissenschaftler und Historiker mit Forschungsschwerpunkt in der informationstech-

---

1 Vgl. Cramer, Florian u. Matthew Fuller: Interface. In: Software studies. A lexicon. Hrsg. von Matthew Fuller. Cambridge, MA: MIT Press 2008 (Leonardo books). S. 149–153, hier S. 149–150.

2 Schröter, Marcus: Fachreferat 2011 – Innenansichten eines komplexen Arbeitsfeldes. In: Bibliothek Forschung und Praxis (2012) H. 1. S. 32–50, hier S. 50.

3 Kläre, Christina [u. a.]: Fachreferat plus X: Transformation des wissenschaftlichen Dienstes an der Universitätsbibliothek Duisburg-Essen. In: o-bib. Das offene Bibliotheksjournal (2022) Nr. 2. S. 15.

4 Schröter, Fachreferat 2011 (wie Anm. 2), S. 39 u. S. 46.

5 Schröter, Fachreferat 2011 (wie Anm. 2), S. 34; siehe dazu auch umfassend: Söllner, Konstanze u. Wilfried Sühl-Strohmenger (Hrsg.): Handbuch Hochschulbibliothekssysteme: Leistungsfähige Informationsinfrastrukturen für Wissenschaft und Studium. Unter Mitarb. von Martina Straub. Berlin, Boston: De Gruyter Saur 2014 (De Gruyter Reference).

6 Auberer, Benjamin [u. a.]: Potentiale nutzen und Verbindungen herstellen. In: o-bib. Das offene Bibliotheksjournal (2022) Nr. 2. S. 4.

7 Auberer [u. a.], Potentiale nutzen (wie Anm. 6), S. 4.

8 Auberer [u. a.], Potentiale nutzen (wie Anm. 6), S. 4.

9 Vgl. hierzu die grundlegende empirische Untersuchung von Schröter, Marcus: Der wissenschaftliche Bibliothekar – eine aussterbende Spezies? Umfrage der VDB-Kommission für Fachreferatsarbeit zum Thema „Fachreferat: gestern – heute – morgen“. In: 100. Deutscher Bibliothekartag in Berlin 2011. Bibliotheken für die Zukunft – Zukunft für die Bibliotheken. Hrsg. von Daniela Lülfing. Hildesheim: Olms 2012 (Deutscher Bibliothekartag). S. 188–208, hier S. 195–196.

nischen Medien- und Wissenschaftsgeschichte sowie Berufserfahrungen im IT-Projektmanagement ist er zwar mit den berufspraktischen Konventionen und mittlerweile auch den theoretischen Kategorien der Fächer vertraut, verfügt aber freilich nicht über die wissenschaftlichen Fachkompetenzen, um in der informatischen oder gar der mathematischen Forschungsarbeit inhaltlich mitzuwirken. Im konkreten Fall kann das Selbstverständnis das Fachreferenten also nicht in einer häufig beschworenen fachlichen Augenhöhe des Fachreferenten mit der Fachcommunity bestehen,[10] sondern orientiert sich vorrangig an einem übergreifenden Wissenschaftsverständnis und dem Anspruch, die administrativen Gestaltungsmöglichkeiten mit den Anforderungen der akademischen Praxis zu synchronisieren.

Folgerichtig ist die „Schnittstellenkompetenz“[11] nicht nur in der fachlichen Qualifikation zu verorten, sondern auch im *interfacing* mit anderen Einheiten des intra- und interinstitutionellen Handlungsraumes der wissenschaftlichen Infrastruktur. Darunter fällt z. B. die Verbindung lokaler Bedarfe und Erfahrungen mit landesweiten Dienstleistern wie den Fachinformationsdiensten (FID) oder neuerdings den Konsortien der Nationalen Forschungsdateninfrastruktur (NFDI).[12] Es meint aber ebenso die Kopplung an die Strukturen der eigenen Trägereinrichtung, um die Bibliothek als Teil der Universitätsverwaltung zukunftsfähig zu positionieren, wenn sich im Zuge von Hochschulreformen[13] die Frage stellt, wo die Bibliothek zwischen Wissenschaft, Verwaltung und sog. *Third Space* der Wissenschaftssteuerung verortet sein soll.[14]

Dergestalt wäre das Fachreferat im Lichte seiner Versatilität zu definieren, wie es z. B. in der Konzeption „Fachreferat plus X“ der UB Duisburg-Essen geschieht: Mit mechanistischer Metaphorik ist hier die Rede von einer „Scharnierfunktion der Fachreferent:innen zwischen Universität und Bibliothek, zwischen Fachbezogenheit und informationswissenschaftlicher Expertise sowie zwischen Dienstleistungsbedarf und Dienstleistungserstellung“.[15] Diese Rollenrahmung unterstreicht auch, dass es sich bei der Fülle an möglichen Verknüpfungen in den wenigsten Fällen um eine einzige

10 Wie sie beispielsweise in den qualitativen Wortmeldungen zur Effektivität der „Schnittstelle Bibliothek – Fachwissenschaft“ in der Umfrage von Schröter, Fachreferat 2011 (wie Anm. 2), S. 46, reklamiert wird.

11 Auberer [u. a.], Potentiale nutzen (wie Anm. 6), S. 10.

12 Vgl. hierzu den Beitrag in diesem Band von Jana Mersmann [u. a.].

13 Am 21.7.2022 wurde das Bayerische Hochschulinnovationsgesetz (BayHIG) verabschiedet. Wie sich die darin enthaltenen Bekenntnisse zu Exzellenz und Innovation auf die Strukturen an den bayerischen Universitäten und auf die Rolle ihrer einzelnen Organisationseinheiten auswirken werden, bleibt fallbezogen abzuwarten.

14 Zur grundlegenden Erläuterung (und Kritik) des akademischen ‚Third Space‘ siehe Loprieno, Antonio: Die entzauberte Universität. Europäische Hochschulen zwischen lokaler Trägerschaft und globaler Wissenschaft. Wien: Passagen Verlag 2020. S. 42–43; für eine historisch fundierte Verortung der wissenschaftlichen Bibliothek im ‚Third Space‘ siehe Tréfás, David u. Andreas Ledl: Third Space in der Wissensgesellschaft – Eine rollentheoretische Analyse des wissenschaftlichen Bibliothekars. In: Zeitschrift für Hochschulentwicklung (2010) H. 4. S. 166–177.

15 Kläre [u. a.], Fachreferat plus X (wie Anm. 3). S. 1.

Schnittstelle handelt, an der das Fachreferat arbeiten kann, sondern man von einer Vielzahl an potentiellen Verknüpfungen ausgehen muss.

Lokale Spezifik >||< Globale Transformation

Um über die Gestaltungsmöglichkeiten der Schnittstelle(n) – sozusagen das Interfacedesign – zu befinden, ist stets ein Blick auf die lokalen Gegebenheiten notwendig. Die Universitätsbibliothek Passau ist eine einschichtige wissenschaftliche Bibliothek mit einem vergleichsweise geringen Personalstamm in der vierten Qualifikationsebene. Traditionell kümmern sich fünf – perspektivisch sechs – Fachreferent:innen um die Belange von bislang vier – perspektivisch fünf – Fakultäten,[16] wobei alle Stellen konstitutiv als „Mischarbeitsplatz"[17] mit Leitungsfunktionen in verschiedenen Abteilungen, Stabstellen und Teamkonstellationen konzipiert sind. Die Fachreferent:innen an der Universitätsbibliothek Passau verstehen sich daher – nolens volens – als Führungspersonen mit Koordinierungsfunktion und insofern auch als Schnittstellen verschiedener interner Dienste und Prozesse. So war z. B. der Verfasser in den letzten vier Jahren neben dem Fachreferat und der korrespondierenden Leitung des Lesesaals Informatik/Mathematik federführend im Team Literaturverwaltung des Bereichs Informationskompetenz tätig, hat seit 2020 den Bereich IT-Projekte innerhalb der UB-IT-Services betreut[18] und an der Konzeption von Reporting-Workflows in der Abteilung Medienbearbeitung mitgewirkt, deren Leitung er nun seit März 2023 innehat. Es liegt auf der Hand, dass bei diesem Aufgabenspektrum die Fachreferatsarbeit begrenzt sein muss und gleichermaßen effizient wie pragmatisch erfolgen sollte.

Dies gilt umso mehr vor dem Hintergrund der im Oktober 2019 – also just vor Pandemiebeginn – proklamierten „High Tech Agenda Bayern",[19] die für alle bayerischen Universitäten einen signifikanten Ausbau des Fachbereichs Informatik und seiner interdisziplinären Kopplungen nach sich zieht. Für die Fakultät für Informatik/Mathe-

---

16 Im Oktober 2022 wurde die Philosophische Fakultät reformiert und dabei in eine Sozial- und Bildungswissenschaftliche Fakultät und eine Geistes- und Kulturwissenschaftliche Fakultät aufgeteilt. Es bestehen weiterhin fachlich homogene Fakultäten für die Wirtschaftswissenschaften, die Rechtswissenschaften sowie – in dualer Ausrichtung – die Fakultät für Informatik/Mathematik. Außer der Informatik und der Mathematik gibt es an der Universität Passau keine technischen oder naturwissenschaftlichen Fachbereiche.

17 Schröter, Der wissenschaftliche Bibliothekar (wie Anm. 9), S. 207.

18 Als Projekt zu verstehen war beispielsweise die Implementierung und Administration eines Buchungstools für Lernarbeitsplätze während der COVID-Pandemie oder auch die Pilotierung eines Ticketsystems für verschiedene UB-Services. Der künftige Schwerpunkt der IT-Projekttätigkeit wird voraussichtlich in der Einführung eines Next Generation Library Systems an der Universität Passau liegen.

19 Für einen Einblick in Ausrichtung und Rahmenbedingungen siehe die Regierungserklärung des Bayerischen Ministerpräsidenten vom 10.10.2019 unter https://www.bayern.de/hightech-agenda-bayern/ (20.2.2023).

matik in Passau bedeutet dies seit 2020 einen Aufwuchs um 11 Lehrstühle und/oder (Junior-)Professuren (von 23 auf 34, d. h. +47,83 %), die v. a. in den Bereichen Künstliche Intelligenz und Data Science situiert sind, inklusive deren jeweiligen wissenschaftlichen und nicht-wissenschaftlichen Mitarbeiter:innen. Neben dem erheblichen Zuwachs an in Forschung und Lehre tätigen Personen ist außerdem ein internationalisierungsinduzierter Anstieg der Studierendenzahlen von 465 auf 1159 Personen (+149,25 %) binnen der letzten zehn Jahre zu verzeichnen, was sich laut der Zielsetzungen im aktuellen Fakultätsentwicklungsplan noch weiter fortsetzen soll. Mithin hat sich die Zahl an potentiellen Nutzer:innen von Bibliotheksdienstleistungen, die durch das Fachreferat Informatik/Mathematik in Forschung, Lehre und Studium betreut werden, signifikant erhöht.

Gleichzeitig gibt es bibliotheksseitig keine korrespondierende Entwicklung der Personalkapazitäten. Zwar wurde das Lesesaalteam personell ausfallsicherer aufgestellt, um v. a. die QE3-Kapazitäten im Fachteam zu entlassen, die verfügbaren Kräfte für Bestandsmanagement und -vermittlung, Erwerbung und Erschließung blieben aber im Wesentlichen unverändert. Und für neue Dienstleistungen, z. B. im Bereich der Publikationsdienste oder des Forschungsdatenmanagements, ist dabei ohnehin kein strategischer Personalausbau vorgesehen. Ähnlich statisch gestaltet sich die Lage bei den finanziellen Mitteln: Zwar fließen ggf. die für die Literaturversorgung eingeworbenen Berufungsmittel einzelner Hochschullehrer:innen in den einschichtig strukturierten Literaturetat der UB, aber dies stellt bestenfalls eine marginale und v. a. bloß vorübergehende Aufstockung dar, während der reguläre Fachetat unverändert bleibt.[20]

Mithin steht das Fachreferat vor einer mehrschichtigen Herausforderung: Bestehende Dienstleistungen müssen bei gleichbleibenden Ressourcen für eine weit höhere Zahl an Nutzer:innen skaliert werden, während für eine Ausweitung von Produkten und Services keine spezifischen Team-Ressourcen vorgesehen sind. Als strategische Optionen ergibt sich deshalb v. a. eine Effizienzsteigerung durch die Rationalisierung bestehender Prozesse, die Verbesserung des Bedarfs-Monitoring für eine optimierte Mittelverwendung und die bibliotheksinterne Kooperation zur Etablierung von neuen Prozessen und Dienstleistungen.

Medienakquise: Analog >| |< Digital

Was zunächst sehr abstrakt und konzeptionsintensiv klingt, hat sich mit dem Einsetzen der Covid-19-Pandemie als pragmatische Notwendigkeit und Weg der geringsten Widerstände erwiesen. Wie vom Verfasser andernorts schon ausgeführt, entstand zu Beginn des ersten sog. Corona-Semesters im April 2020 ein extrem erhöhter und unge-

20 Für die anderen Service-Felder ist die Finanzierungsfrage aus Fachreferatssicht vorerst irrelevant, da an der UB Passau hierfür bislang noch keine fachspezifische Mittel-Allokation stattfindet.

kannt dringender E-Medien-Bedarf, dem mit schnellen und – im Nachhinein doch überraschend – nachhaltigen Maßnahmen begegnet werden konnte.[21]

Den Grundstein bildete zunächst eine umfassende Inventur aller Studien- und Lehrbedarfe, die von der Fakultät vorrangig über die Kursverwaltung auf der virtuellen Lernplattform (STUD.IP) gemeldet werden. Wurden für gewöhnlich nur ausdrückliche E-Medien-Bedarfe für den zusätzlichen Erwerb berücksichtigt, so wurde nunmehr in Antizipation des *distance learning* der gesamte Literaturbedarf einer E-Medien-Prüfung unterzogen, wofür auch die team- und abteilungsübergreifende Koordination und Standardisierung von Selektion, Vorakzession und Bestellung erforderlich war. Die Fachreferent:innen nahmen hierbei die Rolle von Krisenmanager:innen, die ad hoc robustere Prozesse entwerfen und implementieren mussten, um die dezentrale Erwerbungsvorbereitung in ihren Teams mit der für E-Books unerlässlichen zentralen Erwerbungsausführung der Abteilung Medienbearbeitung zu verzahnen.

Insbesondere im Fachreferat Mathematik/Informatik wurde dem Verfahren ein weiterreichendes Potential beigemessen, was zur Verstetigung und Optimierung der Vorgehensweise führte: Seit dem Wintersemester 2020/2021 wird die umfassende Syllabusanalyse regelmäßig zu Semesterbeginn durchgeführt, mittels einer Literaturdatenbank (Citavi) als semesterübergreifender Abgleich systematisiert und nach verschiedenen Prüfkriterien tabellarisch ausgewertet.[22] Dergestalt wurden nun pro Semester durchschnittlich 450 Titel erfasst und auf verfügbare Versionen bzw. Neuauflagen abgeglichen, wobei der Arbeitsaufwand nach den initialen Semestern sukzessive weniger geworden ist angesichts sich wiederholender Lehrveranstaltungen. Resultat ist das fortlaufende virtuelle Abbild einer hybriden Lehrmediensammlung, die nicht nur zur präzisen und schnellen Erfassung der je aktuellen Bedarfe beiträgt, sondern auch die Veränderungen im Kursportfolio der Fakultät mit ihren Konsequenzen für die Medienversorgung sichtbar macht.

Während die effizientere und nachhaltige Strukturierung einer bestehenden Dienstleistung (= die semesterweise E-Medien-Versorgung) eindeutig im Vordergrund steht, zeigen sich im Hintergrund noch weitere Produktiveffekte: Die Prozessimplementierung hat vom Fachteam die Aneignung neuer Software-Kompetenzen erfordert, die nunmehr auch in anderen Fällen angewendet werden können. So ist es mittlerweile Standard, dass auch andere unstrukturierte Bedarfslisten (z. B. für den Aufbau neuer Handapparate) mittels teilautomatisierter Importverfahren in die Literaturverwaltung überführt werden und damit auch wieder nahtlos für eine tabellarische Prüfung

---

21 Siehe Nachreiner, Thomas: Lesarten der Lehrbuchsammlung zwischen physischem und virtuellem Bestand. In: Akademisches Lesen. Medien, Praktiken, Bibliotheken. Hrsg. von Stefan Alker-Windbichler, Axel Kuhn Benedikt Lodes u. Günther Stocker. Göttingen: V&R unipress 2022 (Bibliothek im Kontext 5). S. 289–307, hier v. a. S. 303 f.

22 Durch die Übernahme der wesentlichen Veranstaltungsdaten (Dozent:in, Thema, Kurstyp, Teilnehmendenzahlen) lassen sich so auch Titel systematisch priorisieren in punkto Lehrrelevanz, Zielgruppe, Sprache und Verfügbarkeit in spezifischen Erwerbungsmodellen.

der Lizenzsituation zur Verfügung stehen. Mithin konnten die Rücklaufzeiten – trotz erhöhter Stückzahlen – für Nutzer:innen drastisch reduziert werden und lässt sich auch die Koordination der institutionell angestrebten *e-first*-Policy integriert umsetzen. Neben der strategischen Prozessinnovation kümmerte sich der Fachreferent v. a. um den Kompetenztransfer ins Team, was ihm nicht zuletzt aufgrund seiner Tätigkeit in den Bereichen Literaturverwaltung und Reporting möglich war.

Kontaktpunkte: Spezialisierung >| |< Synergie >| |< Innovation

Die skizzierte Vorgehensweise bei der Prozesstransformation auf dem Feld der Erwerbung lässt sich nicht nahtlos auf andere Bereiche übertragen. Denn obschon das Fachreferat bzw. das Fachteam von der Fakultät im Sinne einer primären Bibliotheks-Liaison als *first point of contact* für alle Bibliotheksbelange erachtet werden kann, ist die Kopplung des Fachreferats an neue Services wie Publikationsunterstützung, Bibliometrie und Forschungsdatenmanagement bis dato noch unterstrukturiert.

Dies liegt nicht allein am konkreten Tätigkeitsprofil des Fachreferenten, sondern in erster Linie an der kurzen Historie eines solchen Dienstleistungsportfolios an der Universitätsbibliothek Passau, die noch keine zehn Jahre zurückreicht. Ursächlich ist die auf lange Zeit äußerst geringe Nachfrage nach Open-Access-Publikationsdienstleistungen, die v. a. im nur eingeschränkten Bedarf seitens der rechts- und geisteswissenschaftlichen Fächer wurzelt. Zudem haben die in Passau vertretenen technisch-formalwissenschaftlichen Fächer Informatik und Mathematik zwar ausgeprägte Publikationsbedarfe jenseits der klassischen kommerziellen Verlagsstrukturen, jedoch werden diese schon in hohem Maße durch bereits im Fach etablierte Infrastrukturen, wie z. B. den Dokumentenserver *arXiv*, gedeckt. Folgerichtig war eine dahingehende Portfolio-Entwicklung zunächst eher ein theoretisches und kein praktisches Problem sein.

Als sich der Publikationsbedarf Mitte der 2010er Jahre konkretisierte und seitens der Universitätsleitung auch sukzessive die Themen Hochschulbibliografie, Bibliometrie und Forschungsdatenmanagement forciert wurden, entschied sich die Universitätsbibliothek für die Etablierung zentraler Services. Dies ist insofern plausibel, da der zentrale Fokus den allgemeinen Kompetenzaufbau vereinfacht,[23] v. a. wenn es nur punktuelle – oder in manchen Fächern evtl. gar keine – Bedarfe für spezifische Dienstleistungen gibt. Kurzum: Bis dato waren das Fallaufkommen und auch die Bera-

23 Open Access und Forschungsdatenmanagement sind komplexe Themen, v. a. wenn präzise und verbindliche Aussagen zu rechtlichen oder technischen Zusammenhängen benötigt werden. Folgerichtig ist dann die Tendenz, Servicestellen zu schaffen, in denen verschiedene universitäre Einrichtungen wie Bibliothek, Forschungsförderung, Rechenzentrum und Rechtsabteilung ihre Services fallbezogen koordinieren. Zur Notwendigkeit sich vom „Generalistentum des Einzelnen" zu verabschieden siehe Tréfás, David: Das Fachreferat: vom Universalgelehrten zur Schwarmintelligenz. In: Bibliotheksdienst (2018) H. 12. S. 864–874, hier S. 871.

tungsnachfrage schlicht zu gering, um die dezentrale Struktur der Fachreferate mit ihren Fachteams hierfür in ähnlicher Weise produktiv zu integrieren, wie es bei der Literaturversorgung absolut notwendig ist.

Der Service-Qualität ist es zunächst natürlich nicht abträglich, wenn Standardanfragen fachunspezifisch organisiert sind und sich neue Schnittstellen zwischen Bibliothek und Wissenschaft herausbilden. Auch im Sinne einer Spezialisierungs- bzw. Zeitersparnis dürfte es für viele Fachreferent:innen dankbar bis überlebensnotwendig sein, spezialisierte Servicefälle bestenfalls weiterleiten, aber nicht mehr betreuen zu müssen. Der Nachteil einer solchen Entwicklung ist indes, dass die Themen- und Prozessexpertise nicht mehr strukturell im Fachreferat etabliert wird. Entsprechend kann eine dahingehende „Schnittstellenkompetenz"[24] nur schwerlich kultiviert werden und daraus resultierende Synergieeffekte oder Innovationspotentiale werden a priori unterbunden.

Beispielsweise stellt sich bei der Evaluation von Open-Access-Transformationsangeboten stets die Frage, wie das Publikationsaufkommen der Universitätsangehörigen beim jeweiligen Anbieter ausgefallen ist bzw. perspektivisch ausfallen wird. V. a. bei Angeboten mit klarem fachlichen Zuschnitt – z. B. ein PAR-Agreement für Zeitschriften in der Datenbank *IEEE explore* im Hinblick auf die Passauer Informatik – drängt sich die Involvierung des Fachreferats als Schnittstelle von Medienerwerbung, Bibliometrie und Publikationsdiensten auf, um eine integrierte Aufbereitung der relevanten Daten vorzunehmen und v. a. eine strategische Bewertung vorzunehmen. Der Hintergrund ist so einfach wie schlagend: Nur im Fachreferat Informatik besteht ein konsistenter und belastbarer Überblick, welche Personen (künftig) in der Zielgruppe für das Angebot sind und nach wem man die oft heterogenen Einträge in Hochschulbibliografie und bibliografischen Datenbanken durchsuchen muss.[25]

Abgesehen von operativen Synergieeffekten ist auch nach dem Innovationspotential zu fragen, das sich aus einer fachreferatsgetriebenen Bibliometrie ziehen lässt: Ein produktiver Nebeneffekt der Pandemie war, dass mit der Einschränkung des Benutzungsbetriebs und der zeitweiligen Reduzierung der printorientierten Arbeitsprozesse auch Personalressourcen für das Fachteam brachlagen. Im Fachreferat Informatik/Mathematik wurden diese unter Anleitung des Verfassers u. a. darauf verwendet, das Publikationsverhalten der betreuten Wissenschaftler:innen im Sinne einer Zielgruppenanalyse zu dokumentieren bzw. Vorschläge zu entwickeln, wie dies mit Blick auf den Ausbau der Fakultät gestaltet werden könnte. Konkret erfasst und verglichen wurde dabei der publizistische Output durch den Blickwinkel so verschiedener Ressourcen wie der hauseigenen Hochschulbibliografie, *Scopus*, *Web of Science*, *Google*

---

24 Auberer [u. a.], Potentiale nutzen (wie Anm. 6), S. 10.

25 Wenngleich viel Energie in die Vermessung institutioneller Affiliationen durch verbindliche Identifikatoren fließt, dürfte jede präzise Bestandsaufnahme bis auf weiteres ein Forschungsprojekt im eigenen Recht bleiben.

Scholar und *ResearchGate*.[26] Aus einem solchen Überblick ergeben sich zwar keine unmittelbaren Ableitungen für die wissenschaftliche Bedarfslage oder die bibliothekarische Serviceentwicklung, er kann aber als Grundlagenarbeit erachtet werden, um die Bibliothek und ggf. auch die Fachwissenschaft auf die Anforderungen einer sich verändernden Wissenschaftskommunikation vorzubereiten.[27] Prinzipiell könnte auch diese Grundlagenarbeit andernorts geleistet werden, konkret war aber nur in der Organisationsstruktur des Fachreferats die Kombination aus notwendiger informationswissenschaftlicher Expertise und erforderlichen Personalkapazitäten für eine dergestalt delegierte Durchführung der Dokumentation gegeben.

Fazit: Fachreferat >| |< Schnittstellengestaltung

Nachdem das Bild der Schnittstelle hinreichend strapaziert wurde, lässt sich klarstellen: Die *eine* Schnittstelle zwischen Bibliothek und Wissenschaft kann es ob der zahlreichen Facetten des Handlungsspektrums nicht geben. Und vermutlich würde es auch jedes Fachreferat überlasten, an allen Schnittstellen gleichzeitig tätig zu sein, zumal im Zeichen der digitalen Transformation mit ihrer Dialektik von Prozessrationalisierung und spezialisiertem Betreuungsbedarf. Das sollte jedoch nicht dazu führen, das Fachreferat auf das Motiv der Fachspezifik und den Modus der klassischen Printerwerbung zu reduzieren. Denn das weiterführende Potential der Rolle Fachreferent:in liegt m. E. darin, dass sich in ihr eine relativ hohe hierarchische Position an der akademischen Einrichtung, mithin die fast unweigerliche Übernahme zumindest lateraler Führungsaufgaben im Verwaltungsapparat, sowie eine vergleichsweise große Freiheit in der eigenen Arbeitsgestaltung produktiv miteinander verbinden lassen.[28] Idealerweise befähigt das Fachreferat zur Bedarfserhebung bei den akademischen Zielgruppen und erlaubt gleichzeitig ein exploratives Handeln, das sich jenseits der vordefinierten Strukturen bewegen und innovativ sein kann.[29] Kombiniert mit den jeweiligen Einflussmöglichkeiten in der lateralen und hierarchischen Führung ergibt sich dabei die Chance, dass Beobachtung und Exploration nicht rein akademisch bleiben, sondern auch in externen Dienstleistungen oder internen Prozessen ihren Niederschlag finden und so in der Organisation effektiv werden können. Daher sind Fachreferent:

---

26 Hierbei handelt es sich exklusiv um Analysen für den organisationsinternen Gebrauch.

27 Für eine Auseinandersetzung mit der Vermessung der Wissenschaftskommunikation im Zeichen der Plattformökonomie siehe auch den einschlägigen Beitrag des Autors: Nachreiner, Thomas: Akademische Soziale Netzwerke und ihre Auswirkungen auf wissenschaftliche Bibliotheken. In: Perspektive Bibliothek (2019) H. 1. S. 2–37, hier S. 20–24.

28 Für eine Perspektive des Personalmanagements, die die Freiheit der Arbeitsgestaltung von Fachreferent:innen als kollektiven Ansatz zur Lösung komplexer Herausforderungen beschreibt siehe: Tréfás, Das Fachreferat (wie Anm. 23), S. 865–866.

29 Zu Bedarfserhebung und Serviceentwicklung im Fachreferat als Säule einer Consulting Library siehe auch: Kläre [u. a.], Fachreferat plus X (wie Anm. 3), S. 12.

innen prädestiniert für die Arbeit *an* den Schnittstellen – und zwar nicht nur in ausführender Form, sondern zuvorderst in gestaltender Funktion; und auch keineswegs nur für die Kontaktpunkte in die Wissenschaft, sondern ebenso sehr für die interne Übersetzung von externen Anforderungen in konkrete Maßnahmen der (Um-)Gestaltung.

Susanne Blumesberger

Forschungsdaten managen

Abstract: Der Umgang mit Forschungsdaten ist eine relativ neue Herausforderung für Bibliotheken. Der Beitrag soll kurz skizzieren, wie der Begriff überhaupt verstanden werden kann und welches Aufgabenspektrum sich hinter Forschungsdatenmanagement verbirgt. Die Anforderungen, wertvolle Daten möglichst langfristig zu sichern und verfügbar zu halten, sind komplex, eine ausschließliche bibliothekarische Ausbildung fasst dabei zu kurz. Zusätzlich sind technische und juristische Expertisen notwendig, aber auch ethisches Verständnis und Soft Skills wie etwa Kommunikationskompetenz. Außerdem müssen sich Forschungsdatenmanager:innen laufend weiterbilden, denn sowohl die Technik als auch die Forschungsmethoden ändern sich sehr rasch. Einen starken Wandel, bzw. einen Mangel an Trennschärfe gibt es auch bei Begriffen wie Datenmanager:innen, Datastewards, Data Champions oder Data Librarians. Für Forschende sind allerdings weniger die Begriffe wichtig, sondern vor allem die Sicherheit, dass sie möglichst rasch eine umfassende Unterstützung beim Umgang mit ihren Daten erhalten.

Keywords: Forschungsdaten, Forschungsdatenmanagement, Datenlebenszyklus, Repositorien, Langzeitarchivierung, Forschungsdatenpolicy, European Open Science Cloud (EOSC)

Kurzbiografie: Susanne Blumesberger (ORCID: https://orcid.org/0000-0001-9018-623X), Studium der Publizistik- und Kommunikationswissenschaft/Germanistik an der Universität Wien. 2002–2014 Koordination mehrerer Forschungsprojekte, Seit 2007 an der UB und als Lehrbeauftragte für Kinder- und Jugendliteratur an der Universität Wien, ab Juli 2016 Leitung der Abteilung „Repositorienmanagement PHAIDRA-Services", beratend, vortragend und unterrichtend im Bereich Forschungsdatenmanagement tätig. 2016 Gründung des Netzwerkes für Repositorienmanager:innen. Seit 2013 Vorsitzende der Österreichischen Gesellschaft für Kinder- und Jugendliteraturforschung (ÖG-KJLF); Mitherausgeberin von *libri liberorum. Zeitschrift der österreichischen Gesellschaft für Kinder- und Jugendliteraturforschung*. Weitere Informationen: www.blumesberger.at. Kontakt: susanne.blumesberger@univie.ac.at

Was sind Forschungsdaten?

Wie Forschungsdaten definiert werden, variiert je nach Perspektive, zum Beispiel aus der Sicht der Bibliothekar:innen, der Fördergeber:innen und der Institutionen. Forschende wiederum haben je nach Disziplin ebenfalls unterschiedliche Sichtweisen was sie als ihre Forschungsdaten bezeichnen: „Der Begriff Forschungsdaten wird

https://doi.org/10.1515/9783110790375-015

meist ganz selbstverständlich verwendet. Doch bisher fehlt eine einheitliche Definition. Das verwundert nicht, denn von Fach zu Fach und oft sogar Forschungsprojekt zu Forschungsprojekt ist das Verständnis, was Forschungsdaten sind, stark divers."[1]

Aufschlussreich war auch eine 2015 durchgeführte Umfrage des wissenschaftlichen und künstlerisch-wissenschaftlichen Personals aller 21 öffentlich-rechtlichen Universitäten und von drei außeruniversitären Forschungseinrichtungen in Österreich, um den praktischen Umgang mit Forschungsdaten zu erheben und demzufolge das Serviceangebot in diesem Bereich auf die vorhandenen Bedürfnisse abstimmen zu können.[2] Folgende Erkenntnisse ergaben sich aus dieser Untersuchung:

Nahezu alle der befragten Forschenden erzeugen unstrukturierte Textdokumente (97 %) und Grafiken (81 %). Während etwa zwei Drittel auch Tabellendokumente (67 %) als Format ihrer Forschungsdaten wählen, sind alle anderen Optionen sehr viel seltener anzutreffen. Abgesehen von den kaum genannten Konfigurationsdateien wird strukturierter Text von jeder dritten befragten Person verwendet, Videos, Datenbanken und Quellcode etwa von jeder vierten sowie Audio und Software von jeder fünften. Die Verteilung der Daten bezüglich der Disziplinen entspricht zwar den allgemeinen Erwartungen – so haben beispielsweise technische Disziplinen einen höheren Anteil an Quellcode- und Konfigurationsdaten –, in den Geisteswissenschaften fällt allerdings die vergleichsweise häufige Erzeugung von Datenbanken auf.[3]

Die DFG definiert den Begriff in den „Leitlinien zum Umgang mit Forschungsdaten" folgendermaßen:

> Zu Forschungsdaten zählen u. a. Messdaten, Laborwerte, audiovisuelle Informationen, Texte, Surveydaten, Objekte aus Sammlungen oder Proben, die in der wissenschaftlichen Arbeit entstehen, entwickelt oder ausgewertet werden. Methodische Testverfahren, wie Fragebögen, Software und Simulationen können ebenfalls zentrale Ergebnisse wissenschaftlicher Forschung darstellen und sollten daher ebenfalls unter den Begriff Forschungsdaten gefasst werden.[4]

Der österreichische Wissenschaftsfonds (FWF) bietet keine eigene Definition von Forschungsdaten an, sondern beruft sich auf das „Concordat on Open Research Data":

> Research data are the evidence that underpins the answer to the research question, and can be used to validate findings regardless of its form (e. g. print, digital, or physical). These might be quantitative information or qualitative statements collected by researchers in the course of their work by experimentation, observation, modelling, interview or other methods, or information derived from existing evidence. Data may be raw or primary (e. g. direct from measurement or

1 forschungsdaten.info: Forschungsdaten und Forschungsdatenmanagement. https://forschungsdaten.info/themen/informieren-und-planen/was-sind-forschungsdaten/ (30.10.2022).

2 Bauer, Bruno [u. a.]: Forschende und ihre Daten. Ergebnisse einer österreichweiten Befragung – Report 2015. Version 1.2. DOI: https://doi.org/10.5281/zenodo.32043.

3 Bauer [u. a.], Forschende und ihre Daten (wie Anm. 2), S. 65.

4 Deutsche Forschungsgemeinschaft: Leitlinien zum Umgang mit Forschungsdaten. Verabschiedet durch den Senat der DFG am 30. September 2015. https://www.dfg.de/download/pdf/foerderung/grundlagen_dfg_foerderung/forschungsdaten/leitlinien_forschungsdaten.pdf (14.3.2023)

> collection) or derived from primary data for subsequent analysis or interpretation (e. g. cleaned up or as an extract from a larger data set), or derived from existing sources where the rights may be held by others.[5]

In der Praxis ist es für die Forschenden jedoch nicht immer eindeutig, was mit Forschungsdaten gemeint ist, vor allem, wenn aus Sicht der Wissenschaftler:innen keine Daten produziert, sondern beispielsweise nur Scans aus Archiven genutzt werden. Diese werden eher als „Forschungsmaterialien" bezeichnet.

Den Forschungsdaten, aus welcher Disziplin auch immer, wird derzeit ein sehr hoher Wert beigemessen. So heißt es in der Einleitung zum *Praxishandbuch Forschungsdatenmanagement*:

> Mit qualitativ hochwertig dokumentierten sowie z. B. visuell aufbereiteten Daten können Ergebnisse sowie Fehlinterpretationen in der Wissenschaft sowie in der Wirtschaft, Politik etc. transparent und nachvollziehbar kommuniziert werden. Mit Hilfe großer Datenmengen ist es zudem möglich, intellektuell und vor allem auch maschinell (Stichwort Künstliche Intelligenz) komplett neue Wissenszusammenhänge herzustellen und zu erforschen. Arbeitsabläufe beispielsweise in der Forschung, aber auch in Unternehmen können deutlich beschleunigt werden und in bessere, (teil-)automatisierte Lösungen überführt werden. Diese Translation und Anschlussfähigkeit von Daten spielen auch bei (inter-)nationalen und (inter-)disziplinären Kooperationen eine immer größere Rolle.[6]

Daten sollen laut Fördergeber und Forschungsinstitutionen so offen wie möglich zur Verfügung gestellt werden, um von möglichst vielen Personen nachgenutzt werden zu können. Damit Daten weiterverwendet werden können, müssen sie bereits am Beginn der Forschung entsprechend vorbereitet werden, aus technischer Sicht, aber auch beispielsweise hinsichtlich einer mehrsprachigen Beschreibung und einer entsprechenden Lizenz. Um dies steuern zu können, wurden so genannte Datenmanagementpläne entworfen.

Datenmanagementpläne

Daten wurden sehr lange ohne Einbeziehung der Bibliotheken bzw. forschungsunterstützende Stellen von den Forschenden gemanagt. Erst der Wunsch bzw. zum Teil auch die Verpflichtungen, Daten wie Publikationen möglichst offen zur Verfügung zu stellen, verursachte nach und nach den Bedarf an geeigneten Archivierungsmöglichkeiten und Unterstützungen. Die Einführung der Datenmanagementpläne durch eini-

---

5 UKRI/UK Research and Innovation: Concordat on Open Research Data. Published 28th July 2016. https://www.ukri.org/wp-content/uploads/2020/10/UKRI-020920-ConcordatonOpenResearchData.pdf (14.3.2023).

6 Putnings, Markus [u. a.]: Praxishandbuch Forschungsdatenmanagement. Berlin, Boston: De Gruyter Saur 2021 (De Gruyter Praxishandbuch). S. 6. DOI: https://doi.org/10.1515/9783110657807.

ge Fördergeber, die zu einem nachhaltigen Umgang mit Daten anleiten sollen, hat auch Auswirkungen auf Bibliotheken und IT-Bereiche, die Beratungen und Tools für das Datenmanagement zur Verfügung stellen.

Datenmanagementpläne (DMP), die es als Textdateien oder bereits online gibt, stellen gewissermaßen einen Fragenkatalog dar. Ziel ist es, am Ende genau sagen zu können, welche Daten während der Projektlaufzeit und danach gespeichert bzw. langfristig archiviert werden und wie sie anderen Wissenschaftler:innen zur Verfügung gestellt werden können. Einerseits ist es eine gewisse Herausforderung Forschende aus unterschiedlichen Fachrichtungen beim Ausfüllen der Datenmanagementpläne zu beraten, andererseits ermöglicht der detaillierte Einblick in Forschungsprojekte die eigenen Beratungsdienste, aber auch die bestehenden technischen Möglichkeiten immer wieder zu erweitern und zu adaptieren. Außerdem wird schon zu Beginn des Projekts deutlich, welche Art von Daten, welche Mengen wann gespeichert werden müssen. Die Forschenden selbst müssen sich bereits vor dem Projektstart über eventuelle juristische oder auch ethische Fragen Gedanken machen, sich mit Projektpartner:innen abstimmen und haben somit die Gelegenheit das Projekt insgesamt gut und vorausblickend planen zu können. Die Vorgaben, ob und wann ein Datenmanagementplan vorliegen muss, variieren. Bei der DFG gibt es keine Verpflichtung, aber eine Empfehlung, beim Schweizerischen Nationalfonds zur Förderung der wissenschaftlichen Forschung (SNF) wird bei den meisten Förderinstrumenten ein DMP verlangt. Der FWF fordert seit dem 1.1.2019 einen DMP bereits vor Projektstart, bei EU-Projekten muss innerhalb der ersten sechs Monate eines Projekts ein solcher vorliegen. DMP sollen, wenn sich inhaltliche oder auch administrative Änderungen ergeben, immer wieder adaptiert und dem Fördergeber übermittelt werden. In Österreich achtet der FWF relativ streng auf einen ausführlichen DMP in einer strukturierten Form, er bietet dafür aber auch einen unterstützenden Leitfaden und eine Evaluationsmatrix[7] an und ist außerdem in laufendem Kontakt mit Personen aus dem Forschungsdatenmanagement aus unterschiedlichen Universitäten. Der FWF schreibt in seiner Open-Access-Policy:

> Für Forschungsdaten, die den wissenschaftlichen Publikationen des Projekts zugrunde liegen, ist der offene Zugang verpflichtend. Das sind alle Daten, die zur Reproduktion und Überprüfbarkeit der Ergebnisse der Publikationen erforderlich sind, einschließlich der zugehörigen Metadaten. Diese Daten sollen schnellstmöglich veröffentlicht werden, jedoch spätestens zusammen mit der entsprechenden wissenschaftlichen Publikation. Sollte aus rechtlichen, ethischen oder anderen Gründen ein offener Zugang zu diesen Daten nicht oder nur teilweise möglich sein, ist das im Datenmanagementplan (DMP) zu begründen.[8]

Die Forderungen im DMP haben Auswirkungen auf forschungsunterstützende Services in den jeweiligen Einrichtungen, denn die Forschenden erwarten Hilfe beim

7 FWF. Der Wissenschaftsfonds. Bereich Forschungsförderung: Forschungsdatenmanagement. https://www.fwf.ac.at/de/forschungsfoerderung/open-access-policy/forschungsdatenmanagement (14.3.2023).
8 FWF, Der Wissenschaftsfonds (wie Anm. 7).

Ausfüllen der vorgeschriebenen DMP. Um dabei umfassend helfen zu können, ist es wichtig, Forschungsdatenmanagement sehr breit zu denken.

Forschungsdaten managen

Welche Aspekte zu einem umfassenden Forschungsdatenmanagement gehören, lassen sich gut anhand eines DMP ablesen, denn sämtliche dort gestellte Fragen sollten idealerweise in Beratungsgesprächen beantwortet werden können.

FAIR-Prinzipien

Wenn beispielsweise nach den zeitlichen und finanziellen Ressourcen gefragt wird, um die FAIR-Prinzipien[9] einhalten zu können, ist es wichtig, dass die Forschenden wissen, was mit dem Akronym FAIR (F*indable*, A*ccessible*, I*nteroperable*, R*e-usable*) gemeint ist und dass es nicht automatisch mit „offen" gleichgesetzt werden darf, was in der Praxis oft passiert und verständlicherweise zu Verunsicherung führt. Anhand dieser FAIR-Prinzipien lassen sich gleich weitere wichtige Punkte klären, darunter die Wichtigkeit der Metadaten, die Schnittstellen und Formate.

Metadaten

Während der Begriff Metadaten für Bibliothekar:innen gebräuchlich ist, ist er Forschenden oft fremd und muss erklärt werden. Bibliografische Metadaten (Titel, Autor: innen, Beschreibungen, Keywords) sind für die Auffindbarkeit der Daten unerlässlich und ermöglichen die Zitation von Daten. Administrative Metadaten zu Dateitypen, Zugriffsrechten und Lizenzen helfen bei der Verwaltung und der langfristigen Verfügbarkeit der Daten. Prozessmetadaten beschreiben die verwendeten Methoden, die bei der Entstehung und Verarbeitung der Daten angewendet wurden. Deskriptive Metadaten beschreiben die Daten und können je nach Disziplin sehr unterschiedlich sein. In der Praxis führen fehlende Metadaten oft zu Problemen bei der langfristigen Sicherung der Daten, vor allem, wenn es sich um ältere Forschungsmaterialien handelt, die nicht oder unzureichend mit weiteren Informationen versehen wurden und bei denen eine Anreicherung durch Metadaten im Nachhinein schwierig ist. Deshalb ist es günstig, wenn Forschende und forschungsunterstützende Stellen schon recht früh im Projektverlauf Kontakt zueinander haben, denn dann kann auf die Notwendigkeit ausreichender Metadaten explizit hingewiesen werden. Vielen Forschenden ist außerdem

9 GO FAIR. International Support and Coordination Office: Fair Principles. https://www.go-fair.org/fair-principles/ (30.10.2022).

unklar, was sich hinter dem Begriff Metadatenschema, das in DMP ebenfalls genannt wird, verbirgt. Mit der Klärung welches Repositorium verwendet werden soll, löst sich diese Frage recht rasch.

Schnittstellen

Die Forderung, dass Daten wiederverwendbar sein sollen, inkludiert, dass sie in einem System abrufbar sind bzw. von einem in ein anderes System übertragbar sein müssen. Dies wiederum setzt voraus, dass die Daten an einem Ort gespeichert werden, der langfristig zugänglich ist. Daraus folgt, dass Forschende Systeme nutzen, die diese Qualität besitzen. Repositorienmanager:innen müssen dafür sorgen, dass diese Schnittstellen funktionieren und dies auch allen Beratenden so vermitteln, dass diese die Information an die Wissenschaftler:innen weitergeben können.

Formate

Im DMP wird oft verlangt, das Datenformat genauer zu beschreiben und die Verwendung bestimmter Formate zu begründen. Gleichzeitig werden die Forschenden aufgefordert, offene und standardisierte Formate zu wählen, da diese die gemeinsame Nutzung und langfristige Nachnutzung von Daten erleichtern.[10]

Software

Zum Teil ist in DMP auch anzugeben, welche Software verwendet wird, wenn neue Daten erhoben werden. Diese Frage ist für viele Forschende einfach zu beantworten, sollte aber auch den Forschungsdatenmanager:innen bekannt sein, um bestmöglich unterstützen zu können.

Organisation der Daten während des Projekts

Der FWF verlangt beispielsweise Angaben zu Ordnerstrukturen oder zu Links zu einer Datenbank, einer „Readme“-Textdatei oder zu Laborbüchern. Großer Wert wird auch auf die Sicherung der Daten während des Forschungsprozesses gelegt, wobei zusätzlich anzugeben ist, wie und wie oft das Backup durchgeführt wird. Dabei soll laut

10 Ein Beispiel für eine Übersicht über unterschiedliche Formate an der Universität Wien: Repositorienmanagement PHAIDRA-Services. https://datamanagement.univie.ac.at/ueber-phaidra-services/formate/ (30.10.2022).

FWF bevorzugt ein robuster, verwalteter Datenspeicher mit automatischen Backups, der vom jeweiligen IT-Support der Forschungsstätte bereitgestellt wird, verwendet werden. Nicht empfohlen ist die Speicherung von Daten auf Laptops, externen Festplatten oder externen Speichergeräten wie USB-Sticks. Zum Teil wird auch die Beschreibung eines Notfallszenarios gefordert, es soll beschrieben werden, wie die Daten nach einem technischen Zwischenfall wiederhergestellt werden können. Ein weiterer wichtiger Punkt ist die Zugangskontrolle zu den Daten, es muss gewährleistet werden, dass sämtliche Personen, die am Projekt beteiligt sind, vor allem auch bei Kooperationsprojekten Zugriff auf die Daten haben, Personen, die jedoch (noch) keinen Zugriff haben sollen, nicht auf die Daten zugreifen können. Dabei sind selbstverständlich Datenschutzrichtlinien zu beachten. Bei sensiblen Daten ist genau zu beschreiben, wie damit umgegangen wird und welche Vorkehrungen getroffen werden. Für Personen, die Forschende unterstützen, bedeutet dies, unterschiedliche Tools zur Verfügung zu stellen, Zugang zu gewährleisten und dies auch zu bewerben.

Kontrolle der Datenqualität

Dazu zählen je nach Disziplin Verfahren wie Kalibrierung, wiederholte Proben oder Messungen, standardisierte Datenerfassung, Validierung der Dateneingabe, Peer-Review der Daten oder die Darstellung mit kontrolliertem Vokabular. Hier bedarf es meist keiner Unterstützung, allerdings kann es sein, dass in dieser Phase ein höherer Bedarf an Speicherplatz besteht, der rasch zur Verfügung gestellt werden sollte.

Langzeitarchivierung der Daten

Fördergeber legen meist besonderen Wert darauf, dass so viele Daten wie möglich langfristig verfügbar gemacht werden. Wenn keine rechtlichen, ethischen oder andere Gründe dagegen sprechen, müssen bei einigen Geldgebern alle Daten, die einer Publikation unterliegen, sofort frei verfügbar sein. Wenn Gründe dagegen sprechen, müssen diese dann detailliert erläutert werden. Genau beschrieben werden muss auch, wie die Daten auffindbar gemacht werden, welches Repositorium benutzt wird, welche Persistenten Identifier und welche Nutzungslizenzen gewählt werden. Falls der Zugang zu den Daten eingeschränkt werden muss, sind die Gründe dafür detailliert zu nennen. Falls bestimmte Werkzeuge oder Software für die Nutzung der Daten notwendig sind, sind auch diese genau zu beschreiben. Sollten Daten aus vertraglichen, rechtlichen oder regulatorischen Gründen vernichtet werden müssen, ist auch dies ausführlich darzustellen. Bei Daten, die langfristig archiviert werden sollen, ist anzugeben, wo und wie lange diese archiviert werden müssen. All diese Anforderungen sollten aus technischer und auch aus nichttechnischer Perspektive betrachtet und besprochen werden.

Rechtliche und ethische Aspekte

Dabei kann es sich um einen sehr komplexen Bereich handeln, der viel Zeit und auch Kosten in Anspruch nehmen kann. Bereits die Frage, wer denn eigentlich Eigentümer:in der Daten ist, die für ein Forschungsprojekt verwendet werden sollen, kann eine erste Hürde darstellen. Bei mehreren Projektpartner:innen müssen die rechtlichen Fragen sowie der Zugang zu den Daten und die Nachnutzung Dritter gemeinsam geregelt werden. Ebenso müssen ethische Fragen in den Projekten diskutiert und gegebenenfalls einer ethischen Überprüfung unterzogen werden.

Forschungsdatenmanagement (FDM) entlang des Datenlebenszyklus

Betrachtet man den Lebenszyklus von Daten,[11] lässt sich daran erkennen, welche Dienste von Forschungsdatenmanager:innen angeboten werden können. Bereits bei der Planung des Forschungsprojekts kann Unterstützung beim Auffinden für die Nachnutzung geeigneter Daten, beim Ausfüllen eines DMP bzw. bei der Wahl der geeigneten Formate, bei der Erstellung bzw. Nachnutzung der Metadaten angeboten werden. Bei der Erhebung der Daten wird oft nach technischer Hilfe gefragt, sowohl nach Tools, aber auch nach einem geeigneten Speicherort, wo die Daten bereits gemeinsam bearbeitet werden können. Auch in der Phase der Datenanalyse stellt sich oft die Frage nach geeigneten Werkzeugen und Systemen, in denen Daten strukturiert abgelegt werden können, wie etwa GitLab. Beim Teilen und Publizieren der Daten geht es wiederum vor allem um nichttechnische Fragen, die unter anderem auch von Personen aus der Publikationsberatung beantwortet werden können. In einem weiteren Schritt müssen die Daten eventuell langfristig gespeichert, mit passenden Lizenzen versehen und der Zugang zu den Daten geregelt werden, um sie in einem letzten Schritt gut nachnutzbar machen zu können.

Forschungsdatenmanager:in – ein neues Berufsbild?

All diese unterschiedlichen Anforderungen zeigen, wie vielfältig das Aufgabenspektrum von Forschungsdatenmanager:innen sein kann. Viele sind in ihre Rolle hineingewachsen bzw. haben diese Aufgabe zu anderen Agenden dazu erhalten. Die oben in aller Kürze skizzierten Handlungsfelder umfassen auch Bereiche, die die Kompetenz

---

11 Siehe etwa: forschungsdaten.info. Bereich Forschungsdaten und Forschungsdatenmanagement: Datenlebenszyklus. https://forschungsdaten.info/themen/informieren-und-planen/datenlebenszyklus/ (30.10.2022).

vieler übersteigen. Dazu zählen beispielsweise ethische und rechtliche Fragen,[12] ferner:

> FDM erfordert eine Vielzahl von Kompetenzen, die sich an der Grenze zwischen fachspezifischer Forschungsleistung und eher fachübergreifende bzw. auf Infrastrukturen ausgerichtete Tätigkeiten verorten lassen. Es gibt eine Reihe von vielversprechenden Ansätzen zu Aus- und Weiterbildung, allerdings lässt eine konsequent durchgeplante Qualifizierungsstrategie [...] noch auf sich warten.[13]

Trotz des derzeitigen Aufbaus des neuen Konzepts von Datastewards und entsprechenden Zertifikatskursen[14] gibt es noch einiges zu tun, beispielsweise: Aufbau von Wissen über Daten und Datenmanagement bereits während des Studiums, Diskussionen über ethische Aspekte in der Forschung, neue Ausbildungsmöglichkeiten, die regelmäßig evaluiert und möglichst flexibel genutzt werden können. Die Weitergabe von technischem Basiswissen und nicht zuletzt eine besser ausgebaute personelle und technische Infrastruktur, um für den Zuwachs an Anfragen im Bereich Datenmanagement und Datenmanagementplanberatung gut vorbereitet zu sein[15], wären ebenfalls hervorzuheben.

Um den Anforderungen im Bereich Forschungsdatenmanagement gerecht zu werden, könnten folgende Strategien helfen:
1. Nationale und internationale Netzwerkbildungen,
2. Teilnahme an internationalen und nationalen Projekten,
3. Kontinuierlicher Austausch mit Fördergebern,
4. Pflege der Verbindungen mit Forschenden,
5. Enge Kooperation mit der IT,
6. Verankerung der Services in der eigenen Institution.[16]

Viel Hoffnung liegt auf der Entwicklung der European Open Science Cloud, denn dadurch sollen Workflows vereinheitlicht, Standards entwickelt und zum Beispiel einzelne Repositorien miteinander vernetzt werden. 2016 wurde die EOSC von der Europäischen Kommission als Teil der Europäischen Cloud-Initiative zum Aufbau einer

---

12 Siehe dazu: Lauber-Rönsberg, Anne: Rechtliche Aspekte des Forschungsdatenmanagements. In: Putnings, Praxishandbuch Forschungsdatenmanagement (wie Anm. 6), S. 89–114, sowie Rösch, Hermann: Forschungsethik und Forschungsdaten. In: Putnings, Praxishandbuch Forschungsdatenmanagement (wie Anm. 6), S. 11–140.

13 Rothfritz, Laura [u. a.]: Aus- und Weiterbildung für das Forschungsdatenmanagement in Deutschland. In: Putnings, Praxishandbuch Forschungsdatenmanagement (wie Anm. 6), S. 255–276, hier S. 273.

14 Siehe zum Beispiel: https://www.postgraduatecenter.at/en/programs/communication-media/datasteward/ (14.3.2023).

15 Blumesberger, Susanne: Forschungsdaten in den Geisteswissenschaften: Bereits selbstverständlich oder doch noch etwas exotisch? In: o-bib (2021) Nr. 4. S. 7. DOI: https://doi.org/10.5282/o-bib/5739.

16 Blumesberger, Susanne: Forschungsdatenmanagement gestern, heute und morgen zwischen FAIR, CARE und EOSC. Ein Praxisbericht der Universität Wien. In: b. i. t. online (2020) Nr. 5. S. 500–508, hier S. 506.

kompetitiven Daten- und Wissensökonomie in Europa vorgeschlagen, 2017 in Brüssel die „EOSC Declaration“ verabschiedet und von mehr als 70 Institutionen in ganz Europa befürwortet. Am 23. November 2018 fand in Wien im Rahmen des österreichischen Vorsitzes im Rat der Europäischen Union die offizielle Auftaktveranstaltung zum Start der EOSC statt. Seitdem gibt es zahlreiche Initiativen, die sich rasch weiterentwickeln. Die EOSC wird auch in DMP genannt, wobei die Vorteile den Forschenden oft noch nicht bewusst sind: Zentrales Ziel der EOSC ist nicht weniger als eine globale Führungsrolle der Europäischen Gemeinschaft im Forschungsdatenmanagement sowie dafür zu sorgen, dass europäischen Forscher:innen alle Vorteile datengetriebener Forschung offenstehen.

Anja Oberländer und Matthias Landwehr

Open Science fördern

Abstract: Open Science verändert die wissenschaftliche Praxis und Kommunikation grundlegend. Damit wandeln sich zugleich die auch Rahmenbedingungen, Bedürfnisse und Anforderungen der Wissenschaftler:innen. Der folgenden Beitrag zeigt auf, welche Auswirkungen die veränderten Aufgaben im Bereich Open Science auf die Tätigkeitsprofile wissenschaftlicher Bibliothekar:innen haben und wie wir diesen begegnen können.

Keywords: Open Science, Open Access (OA), Forschungsdatenmanagement, Open Educational Resources (OER), Personalentwicklung, Personalkompetenzen

Kurzbiografien: Dr. Anja Oberländer ist stellvertretende Direktorin des Kommunikations-, Informations- und Medienzentrum (KIM) der Universität Konstanz und leitete zuvor das dortige Open-Science-Team. Die promovierte Wirtschaftswissenschaftlerin arbeitet seit 2006 im Kontext von Open Access Kontakt: anja.oberlaender@uni-konstanz.de

Matthias Landwehr leitet seit 2022 das Team Open Science am KIM der Universität Konstanz. Er verfügt über eine M. Sc. In Information Engineering und engagiert sich schwerpunktmäßig im Forschungsdatenmanagement. Kontakt: matthias.landwehr@uni-konstanz.de

Einleitung

Open Science verändert wissenschaftliche Arbeitsweisen und Kommunikation grundlegend. Die Rahmenbedingungen und damit auch die Bedürfnisse und Anforderungen der Wissenschaftler:innen wandeln sich. Wissenschaftliche Infrastruktureinrichtungen sind hier in einer Doppelrolle – zum einen gestalten sie diesen Wandel hin zu mehr Offenheit in der Wissenschaft maßgeblich mit, zum anderen sind sie massiv gefordert, auf damit verbundene Veränderungen zu reagieren und ihre Service-Portfolios anzupassen und zu erweitern. Bereits Ende des letzten Jahrtausends sah die „Arbeitsgruppe gemeinsames Berufsbild" im Rat für Sozial- und WirtschaftsDaten (RatSWD) durch moderne Kommunikationstechnologien und den damit verbundenen gesellschaftlichen Wandel tiefgreifende Veränderungen auf das Bibliothekswesen zukommen.[1] Über die Jahre haben sich diese Veränderungen als alles andere als trivial

1 Krauß-Leichert, Ute: Berufsbild 2000: Bibliotheken und Bibliothekare im Wandel. Erarbeitet von der Arbeitsgruppe Gemeinsames Berufsbild der BDB e. V. unter Leitung von Ute Krauß-Leichert. Berlin: Bundesvereinigung Deutscher Bibliotheksverbände e. V. 1998.

https://doi.org/10.1515/9783110790375-016

erwiesen. Es entstehen einerseits ganz neue Aufgabenbereiche, während andere, wie z. B. die bibliothekarische Erwerbung, mit einem sehr grundlegenden Wandel konfrontiert sind. Infrastruktureinrichtungen sind hier auf vielen Ebenen gefragt: Neue Aufgabenfelder und Berufsbilder entstehen,[2] Prozesse und Services müssen aufgebaut bzw. angepasst werden, Aus- und Weiterbildung sowie Personalauswahl müssen modifiziert werden und vor allem auch die vorhandenen Mitarbeiter:innen bei diesen Veränderungen mitgenommen werden.[3] Im folgenden Beitrag wollen wir näher beleuchten, welche Auswirkungen die neuen und veränderten Aufgaben im Bereich Open Science auf die Tätigkeitsprofile in wissenschaftlichen Infrastruktureinrichtungen haben und wie wir diesen begegnen können.

Der Begriff Open Science

Zur grundlegenden Einordnung schauen wir zunächst, was unter Open Science definitorisch verstanden wird.

> Open Science (Offene Wissenschaft) ist ein Sammelbegriff für die Adaption digitaler Technologien im Wissenschaftssystem sowie damit einhergehende (intendierte) Veränderungen von Forschungskulturen und -prozessen. Zu den Grundannahmen von Open Science gehört, dass die Digitalisierung den Zugang zu wissenschaftlichen Methoden, Daten und Publikationen erleichtert und den Austausch innerhalb des Wissenschaftssystems sowie mit anderen Teilsystemen (Wirtschaft und Gesellschaft) fördert.[4]

Auch wenn sich Definitionen von Open Science in Nuancen unterscheiden, so fokussieren die meisten auf vier Grundprinzipien, erweitert um verschiedene Elemente, die unter dem Begriff zusammengefasst werden.

Die vier Grundprinzipien von Open Science sind Transparenz, Reproduzierbarkeit, Wiederverwendbarkeit und Offene Kommunikation. Reproduzierbarkeit und Wiederverwendbarkeit beziehen sich dabei vor allem auf Forschungsdaten und -ergebnisse. Reproduzierbar bedeutet, dass man mit den verfügbaren Daten Studienergebnisse nachvollziehen und nachrechnen kann. Wiederverwendbarkeit bezieht sich auf die Verwendung von bestehenden Daten in einem anderen Kontext. Transparenz und eine offene Kommunikation – gerade auch von Misserfolgen – sollten sich durch den gesamten Forschungszyklus ziehen. Alle vier Prinzipien sind auf eine wie

---

2 Hapke, Henrike: Data Librarian: Das moderne Berufsbild. In: b. i. t. online (2016) H. 2. S. 159–164.

3 Blümel, Ina, Bastian Drees, Christian Hauschke, Lambert Heller u. Marco Tullney: Open Science und die Bibliothek – Aktionsfelder und Berufsbild. In: Mitteilungen der Vereinigung Österreichischer Bibliothekarinnen und Bibliothekare (2019) H. 2. S. 243–262. DOI: https://doi.org/10.31263/voebm.v72i2.2808.

4 kowi/Kooperationstelle EU der Wissenschaftsorganisation: Open Science. https://www.kowi.de/kowi/horizon-europe/horizon-europe2/weitere-aspekte/open-science.aspx (29.12.2022).

auch immer geartete Nachnutzung von wissenschaftlichen Ergebnissen und Daten ausgerichtet.

Bei den Elementen, die zu Open Science gezählt werden, ist die Varianz in den Definitionen größer. Übereinstimmend zählt zu Open Science:
- Open Access (OA)
- Forschungsdatenmanagement (FDM) bzw. Open Data
- Open Educational Resources (OER)
- Open Peer Review
- Alternative Metriken und Anreize zur Messung wissenschaftlicher Reputation
- Citizen Science

Die Handlungsfelder Open Access und Forschungsdatenmanagement sind für Bibliotheken und Infrastruktureinrichtungen unter den Aspekten von Open Science momentan sicherlich diejenigen mit der höchsten praktischen Relevanz und Umsetzung. Aber auch bei Bereichen wie OER ist der Bedeutungszuwachs deutlich zu spüren, und es ist zu erwarten, dass dies weiterhin zunehmen wird.

Verortung von Open Science in der Einrichtung

Eine sehr grundlegende Frage, die sich viele Hochschulen und Universitäten stellen, ist die nach der institutionellen Verankerung des Themenfelds. Während OA in der Regel in Bibliotheken angesiedelt ist,[5] haben sich im Bereich des Forschungsdatenmanagements heterogenere Ansätze herausgebildet, oft auch in Zusammenarbeit zwischen Bibliotheken und Rechenzentren. Bei den anderen Aspekten wie OER und Citizen Science ist die Verortung oft noch diverser. So kann die Zuständigkeit in der Forschungs- oder einer forschungsunterstützende Abteilung, auf Stabsstellenebene direkt bei der Hochschulleitung, in akademischen Abteilungen oder in der Presse- und Öffentlichkeitsarbeit liegen. Grundsätzlich ist es sinnvoll, Open-Science-Aktivitäten zu bündeln, was für Institutionen durchaus eine Herausforderung darstellen kann, vor allem wenn sich bereits an verschiedenen Stellen Services aus diesem Bereich etabliert haben. Einen großen Vorteil haben dabei Einrichtungen, die über integrierte Informationszentren verfügen, wie z. B. das Kommunikations-, Informations-, Medienzentrum an der Universität Konstanz, an dem die Verfasser:innen des Beitrags beschäftigt sind. Durch die Zusammenlegung von Bibliotheken und Rechenzentren

5 Vgl. Kötter (geb. Bernard), Miriam S.: Verankerung von Open Access Diensten in den Organisationsstrukturen von wissenschaftlichen Bibliotheken in Deutschland. Berlin: Humboldt Univ. zu Berlin, Institut für Bibliotheks- und Informationswissenschaft 2021 (Berliner Handreichungen zur Bibliotheks- und Informationswissenschaft 478). DOI: http://dx.doi.org/10.18452/23395; sowie Oberländer, Anja: Institutionelle Organisation von Open-Access-Aktivitäten. Master-Thesis. Humboldt Univ. zu Berlin, Institut für Bibliotheks- und Informationswissenschaft 2019. http://nbn-resolving.de/urn:nbn:de:bsz:352-2-z492xxred2953 (29.12.2022).

können technische und bibliothekarische Kompetenz gebündelt unter einem Dach zur Umsetzung von Open Science genutzt werden, ohne Zuständigkeitsdiskussionen führen zu müssen.

Es gibt eine Reihe von Gründen, Open Science in Informationszentren und wissenschaftlichen Bibliotheken anzusiedeln. Sie sind in der Regel gut innerhalb der Einrichtung und auch in ihren Communities vernetzt, was ein unschätzbarer Vorteil ist, wenn man die Herausforderungen und Veränderungen betrachtet, die auf sie zukommen. Sie sind zudem serviceorientiert und den Umgang mit fachlicher Heterogenität gewohnt. Auch im Bereich alternative Metriken sind Bibliotheken durch Kompetenzen in Bibliometrie kompetente Ansprechpartner. Wissenschaftliche Bibliotheken wirken in aller Regel auch über die Hochschule hinaus in die Gesellschaft, indem sie interessierten Bürger:innen den Zugang zu ihrem Bestand und ihren Diensten ermöglichen und Transferangebote veranstalten und begleiten. Damit können sie ein geeigneter Partner für Citizen-Science-Aktivitäten und Fragen der Wissenschaftskommunikation sein. Auch transparente Entscheidungsprozesse und Peer-Review-Verfahren können Bibliotheken mit unterstützen und voranbringen. Die Erstellung und Bereitstellung von offenen Bildungsmaterialien hat ebenfalls enge Überschneidungen mit bibliothekarischen Kernaufgaben. Problematisch dabei ist allerdings, dass viele forschende Bibliotheken nicht unbedingt als Einrichtung wahrnehmen, die forschungsunterstützend tätig sind.[6]

Diese zusätzliche Rolle gilt es zu vermitteln, denn in der Summe eignen sich Bibliotheken damit hervorragend als Begleiter und Treiber für strategische Entscheidungsprozesse und die praktische Umsetzung von Open-Science-Aktivitäten an Hochschulen. Gleichzeitig hilft Open Science auch Bibliotheken, den digitalen Wandel in der eigenen Institution voranzutreiben.[7] Voraussetzung für die erfolgreiche Einbindung von wissenschaftlichen Bibliotheken ist eine Offenheit auf Leitungsebene für das Thema Open Science, die Bereitschaft, den digitalen Wandel nicht nur zu akzeptieren, sondern gestalten zu wollen, ein definiertes und gelebtes Rollenverständnis und eine entsprechende Auswahl und Weiterbildung von Menschen, die in wissenschaftlichen Bibliotheken arbeiten.

---

6 Vgl. Maschmann, Ira Theresa u. Philipp Zumstein: Open Science Services an Hochschulen und Forschungsinstitutionen verankern. Präsentation. 110. Dt. Bibliothekartag, zugleich 8. Bibliothekskongress. Leipzig 2022. http://nbn-resolving.de/urn:nbn:de:0290-opus4-180165 (29.12.2022).

7 Degkwitz, Andreas: „Open Science" – Treiber des digitalen Wandels in Bibliotheken. In: Die Hochschule: Journal für Wissenschaft und Bildung (2017) 2. S. 32–41. URN: urn:nbn:de:0111-pedocs-166471. DOI: https://doi.org/10.25656/01:16647.

Herausforderungen, Aufgaben und Kompetenzen

Im Folgenden wollen wir diese Herausforderungen sowie die damit verbundenen Aufgaben und dafür erforderlichen Kompetenzen auf drei Ebenen – der beratenden, ausführenden und strategischen beleuchten.

Beratende Ebene

Die beratende Ebene ist momentan im Bereich Open Science diejenige, die am meisten benötigt wird und gefordert ist und daher hier auch die intensivste Betrachtung erfahren soll. Viele Anforderungen und Prozesse rund um die Thematik sind noch relativ neu bzw. einem ständigen Wandel unterworfen, so dass ein großer Bedarf an Beratung bei den Wissenschaftler:innen besteht. Aber auch auf der konzeptionellen Ebene entstehen viele Aufgaben, z. B. in der praktischen Gestaltung von Services und Prozessen innerhalb der Einrichtung, dem Schreiben von Drittmittelanträgen oder der Beratung der eigenen Leitung in Fragestellungen von Open Science.

Mitarbeiter:innen, die auf beratender Ebene und im direkten Kontakt zu Wissenschaftler:innen tätig sind, benötigen eine umfassende Kenntnis des wissenschaftlichen Forschungs- und Publikationszyklus. Hierfür ist es sehr hilfreich, Mitarbeiter:innen im Team zu haben, die selbst Forschungs- und Publikationserfahrung mitbringen.[8] Viele Fragestellungen erfordern zudem sehr spezifische Fachkenntnisse. Darüber hinaus wird im Bereich Forschungsdaten ein gutes technisches Verständnis für die Speicherung von Daten und den Umgang mit großen Datenmengen entlang des sogenannten Forschungsdatenlebenszyklus unter Berücksichtigung der FAIR-Prinzipien benötigt.[9] Verschiedene Speichertechnologien und -Formate, Datentransfertools und Restriktionen von Netzwerken müssen berücksichtigt werden, um den optimalen Dienst empfehlen zu können. Hier ist eine enge Abstimmung mit der IT notwendig, gemeinsam sollten Softwaretools zum Datenmanagement evaluiert, implementiert und zur Verfügung gestellt sowie Nutzende zum Einsatz dieser Tools beraten werden.

Weitere Aufgaben in der Beratung entstehen bei der Gestaltung von Datenmanagementplänen und der gemeinsamen Festlegung, welche Daten erfasst werden sollen, sowie bei der Auswahl von Repositorien. Häufig ist hierfür auch die Zusammenarbeit mit dem Rechenzentrum und dem Justiziariat notwendig.

Neben der technischen Ebene umfasst die Beratung in Datenfragen auch die gesamte Dimension der Beschreibung und Verwaltung der Daten. Hierzu bedarf es Kompetenzen in der Annotation von Daten mit Metadaten. Bei Metadaten gehört dazu die

8 Letsch, Matthias: Aus- und Fortbildungsmöglichkeiten für das Forschungsdatenmanagement in Bibliotheken im deutschsprachigen Raum. Master-Thesis im Studiengang Informationswissenschaft. Hochschule Darmstadt 2017. DOI: https://doi.org/10.6094/UNIFR/12867.

9 FAIR-Prinzipien. https://www.nature.com/articles/sdata201618 (14.11.2022).

Kenntnis von XML-basierten Metadaten-Schemata, geläufigen Standards und Formaten sowie deren Anwendung und Überprüfung. Bei der Verarbeitung von Daten braucht es auch Kenntnisse zur Anonymisierung – in technischer und rechtlicher Hinsicht von Daten und ggf. zur Auswertung dieser Daten mit Hochleistungsrechenclustern.

Ein wiederkehrendes Element in der Beratung sind juristische Fragestellungen. Bibliothekar:innen können und dürfen keine verbindlichen juristischen Aussagen im Namen von Einrichtungen und Institutionen treffen. Aber sie können eine Rolle in der Vorfilterung von Anfragen und als Schnittstelle zu Justiziariaten und Rechtsabteilungen übernehmen. Dazu bedarf es grundlegender Kenntnisse in Urheberrecht, Lizenzrecht zu Datenschutz, Datenschutz-Grundverordnung (DSGVO) und Datenethik.[10] So lassen sich Anfragen zu rechtlichen Themen bei der Publikation oder z. B. beim Text- und Datamining weitestgehend beantworten und bearbeiten. Auch das Urheberrecht spielt bei Daten eine wichtige Rolle. Zusätzlich besteht durch das automatisierte Zusammenführen von Daten aus verschiedenen Quellen die Gefahr, dass Personen- oder Bewegungsprofile erstellt werden können. Hier müssen rechtliche und vertragliche Regelungen gefunden, ausgehandelt und implementiert werden, die einen verlässlichen Zugriff auf die Daten im Einklang mit den Lizenzen der Verlage und Repositorien ermöglichen. Bei der Bearbeitung der Daten muss dabei trotzdem die Datenintegrität der Ursprungsdaten stets gewährleistet und die Rechte von betroffenen Personen (z. B. bei sensiblen Daten) geschützt sein.

Die genannten Punkte kulminieren dann im sogenannten Datenmanagementplan (DMP). Diese lebenden Dokumente werden von immer mehr Fördermittelgebern vorausgesetzt und beinhalten die Beschreibung der erhobenen Daten, den Umgang und die Verarbeitung sowie die Gewährleistung der Integrität bis hin zur Publikation und Archivierung.[11] Um bei der Erstellung solcher DMPs fundiert und ganzheitlich beraten zu können, bedarf es einer Kenntnis der Förderlandschaft und der Anforderungen von unterschiedlichen Drittmittelgebern und dann eine Kenntnis und Zusammenführung der in diesem Kapitel genannten Kompetenzen.

Im Bereich OA erfolgt neben der grundsätzlichen Bekanntmachung der Thematik in der Einrichtung Beratung in der Regel rund um Finanzierungsmöglichkeiten, die Auswahl von Publikationsorten und Lizenzen und die Anforderungen von Forschungsförderern. Dies setzt neben juristischen Kenntnissen Wissen über die Förderlandschaft und einer sehr guten Kenntnis der OA-Thematik vor allem auch umfangrei-

---

10 Wünsche, Stephan, Volker Soßna, Vanessa Kreitlow u. Pia Voigt: Urheberrechte an Forschungsdaten – Typische Unsicherheiten und wie man sie vermindern könnte: Ein Diskussionsimpuls. In: Bausteine Forschungsdatenmanagement (2022) Nr. 1 (März). S. 16–42. DOI: https://doi.org/10.17192/bfdm.2022.1.8369.

11 Leendertse, Jan, Susanne Mocken u. Dirk von Suchodoletz: Datenmanagementpläne zur Strukturierung von Forschungsvorhaben. In: Bausteine Forschungsdatenmanagement (2019) Nr. 2 (Mai). S. 4–9. DOI: https://doi.org/10.17192/bfdm.2019.2.8003.

che Kompetenzen über fachspezifische Publikationskulturen voraus. Wirkliche Überzeugungsarbeit leisten oder einer kritischen Diskussion mit etablierten Wissenschaftler:innen standhalten kann nur, wer sich wirklich auskennt. Daher bietet es sich auch für viele Einrichtungen an, diese Aufgaben im Fachreferat anzusiedeln. Hier ist das fachspezifische Verständnis vorhanden, sehr gute OA-Kenntnisse noch nicht immer. In der Einrichtung der Autor:innen hat sich hier ein Beratungstandem aus OA- und Fachreferent:in, z. B. für einen gemeinsamen Besuch im Professorium, als sehr zielführend erwiesen.

Viele Kompetenzen wie etwa bei rechtlichen Fragestellungen ähneln sich aber und können auf andere Bereiche übertragen werden. So sind z. B. auch bei Open Educational Resources (OER) allgemeine urheberrechtliche Fragen sehr ähnlich, wie die Zulässigkeit der Verwendung von Abbildungen. Auch hier gilt es, für die Publikation und Auffindbarkeit der Materialien geeignete Repositorien zu finden und dabei zu unterstützen, die Inhalte mit Metadaten adäquat zu beschreiben. Hinzu kommen didaktische Fragestellungen bei der Gestaltung der Materialien und insbesondere multimediale Anforderungen, wenn Bildungsmaterialien verschiedene Medienformen kombinieren sollen. Hier benötigt es Kenntnis der existierenden Tool-Landschaft. Auch im Bereich Citizen Science treten rechtliche und ethische Fragen auf, ebenfalls sind alle anderen Fragen rund um Forschungsdaten relevant. Darüber hinaus müssen auch hier die Förderinstrumente bekannt sein, außerdem die Möglichkeiten der Integration der Bürger:innen in wissenschaftliche Prozesse oder auch sehr allgemein die Frage, wie man Bürger:innen sinnvoll für die Teilnahme an der Forschung gewinnen kann.

Neben der Beratung in konkreten Fällen umfasst die beratende Ebene auch eine proaktive Tätigkeit. Das Thema Open Science und die an der Einrichtung vorhandenen Angebote und Dienste sollen proaktiv in die Fachbereiche und zu den Zielgruppen getragen werden. Hierzu müssen Marketingmaßnahmen geplant und umgesetzt werden, es bedarf der Erstellung von anschaulichen und attraktiven Informationsmaterialien und schließlich der Vermittlung der Inhalte in Form von Schulungen, Kursen, Webinaren oder Coffee Lectures. Bibliothekar:innen können hier eine wichtige Schnittstellenposition zwischen Bibliothek und wissenschaftlicher Zielgruppe einnehmen und koordinieren dabei auch weitere Aktivitäten innerhalb der Universität oder Einrichtung. In der Schnittstelle zur ausführenden Ebene wiederum sollten Mitarbeiter:innen der beratenden Ebene in der Lage sein, eine Übersetzungsleistung vorzunehmen, um wissenschaftliche Anforderungen in operative Prozesse zu übertragen.

Ausführende Ebene

Auf der operativen Ebene sind vor allem Aufgaben im Bereich OA aus keiner Bibliothek mehr wegzudenken. Ob das Publizieren im Universitätsverlag, das Einstellen von Zweitveröffentlichungen im Repositorium oder die Abrechnung von Publikationsgebühren über den Publikationsfonds oder in den Dashboards der Verlage – die Aufgaben haben in den letzten Jahren enorm zugenommen und sind von regelmäßiger Weiterentwicklung und Veränderung geprägt. Henriette Rösch beschreibt in ihrem Beitrag von 2022 sehr gut die verschiedenen Aufgabenprofile, die sich daraus in Erwerbungs- oder Medienbearbeitungsabteilungen von Bibliotheken ergeben, wie Publikationsdatenmanager:in, Publikationsfondsmanager:in oder Manager:in für Transformationsverträge.[12] Allerdings konstatiert Rösch auch, dass die notwendigen Kompetenzen für diese Aufgaben kaum auf den klassischen bibliothekarischen Kompetenzen aufsetzen. Viele klassische Kenntnisse (wie RDA-Kenntnisse) und auch die traditionellen Werkzeuge (wie Verbund, Bibliotheksmanagementsystem) werden für die neuen Aufgaben nicht mehr benötigt. Auch viele der Aufgaben, die im Bereich der Universitätsverlage entstanden sind, sind keine klassischen bibliothekarischen Tätigkeiten, sondern liegen bspw. Im Bereich Layout und Grafikdesign.

Die Veränderung und Weiterentwicklung in diesem seit Jahren dynamischen Umfeld können auch zu einer hohen Verunsicherung bei den Mitarbeiter:innen führen und überfordert manche durchaus. Neben dem Erlernen neuer Prozesse und Tools ist es daher essenziell, vor allem Schlüsselqualifikationen, wie Veränderungsbereitschaft, Ungewissheitstoleranz und eine Offenheit für Neues bzw. den Umgang damit, gezielt in der Aus- und vor allem auch im Rahmen der Weiterbildung zu trainieren. Die Mitarbeiter:innen müssen in die Lage versetzt werden, sich nicht nur auf neue Entwicklungen einstellen zu können, sondern diese auch aktiv mitzugestalten. Die Autor:innen haben an der eigenen Einrichtung sehr gute Erfahrung damit gemacht, Prozesse gemeinsam kollaborativ mit den Mitarbeiter:innen weiterzuentwickeln. Dies umfasst nicht nur die bibliothekarischen Mitarbeiter:innen, sondern z. B. auch Kolleg:innen aus der Haushaltsabteilung, wenn es um die Erarbeitung neuer Workflows im Zusammenhang mit dem Informationsbudget geht.

In den meisten Infrastruktureinrichtungen haben die weiteren Aspekte von Open Science noch nicht zu einem mengenmäßig großen Arbeitsaufkommen auf der sachbearbeitenden Ebene geführt. Es ist aber zu erwarten, dass in den Bereichen OER und FDM die Menge an Datensätzen und Bildungsmaterialien, die z. B. in Repositorien einzupflegen und zu verwalten sind, sukzessive ansteigen wird. Die damit verbundenen operativen Tätigkeiten unterscheiden sich in den Grundlagen nicht vom Umgang mit Publikationsrepositorien. Auch wenn bspw. Die Heterogenität von Daten und Dateiformaten deutlich höher ist und datenspezifisch zusätzliche Anforderungen entstehen, bleiben viele Prozesse vergleichbar. Die Inhalte sind auf Vollständigkeit, die beschreibenden Metadaten auf Korrektheit und gegen ein Schema zu prüfen, die Aufgabe der Kuration von Daten erfordert Sorgfalt und Kommunikation mit Datengeber:innen.

---

12 Vgl. Rösch, Henriette: Analysieren, Prozessieren, Kommunizieren. Neue Qualifikationen und Tätigkeitsprofile für Bibliotheken im Zuge der Open-Access-Transformation In. b. i. t. online (2022) Nr. 3. S. 241–246. https://www.b-i-t-online.de/heft/2022-03-fachbeitrag-roesch.pdf (14.3.2023).

Auf der operativen Ebene nicht zu unterschätzen sind Aufgaben im Bereich der Digitalisierung und offenen Verfügbarmachung von Altbeständen z. B. für Forschung im Bereich der Geistes- und Kulturwissenschaften.[13] Weitere Aufgaben sind z. B. die Bereitstellung von Daten und Datensätzen, die von Einrichtungen erworben wurden. Hier kann in vielen Fällen ähnlich wie mit der Bereitstellung von elektronischen Medien umgegangen werden, die Besonderheit von Datensätzen (Umfang, Zugriffseinschränkungen) sind dabei zu berücksichtigen.

Strategische Ebene

Auf der strategischen respektive der Leitungsebene sind aus Sicht der Autor:innen unbedingt vertiefte Kenntnisse im Bereich Open Science notwendig. Noch hilfreicher ist, von Open Science überzeugt zu sein. Ein zentraler Punkt ist dabei das Erkennen und Einschätzen von Chancen und neuen Aufgaben, die sich für die eigene Einrichtung bieten können, sowie auch der Herausforderungen und Weiterentwicklungsbedarfe, die sich daraus ergeben.

Auch wenn strategische Entscheidungen (wie z. B. die Etablierung einer Open-Science-Policy) oder zusätzliche Finanzbedarfe (z. B. für Speicherkapazitäten für Forschungsdaten) kompetent mit der Universitätsleitung diskutiert werden müssen, müssen fundierte Kenntnisse vorliegen. Die Universität Erlangen-Nürnberg[14] und die Universität Konstanz,[15] die gegen Ende 2021 mit ihren integrierten und umfassenden Open-Science-Policies eine Vorreiterrolle in der deutschen Hochschullandschaft übernommen haben, unterstreichen die Chancen für wissenschaftliche Bibliotheken.

Um als Einrichtung erfolgreich Open Science umzusetzen, ist es nicht nur notwendig, dass sich Mitarbeiter:innen in neue fachliche Fragen einarbeiten, sondern auch eine Mentalität der Offenheit verinnerlichen und bereit sind, diese zu vertreten und zu verbreiten. Dies trifft allerdings in den Einrichtungen nicht nur auf Begeisterung, sondern auch auf einige Widerstände. Ein Umdenken passiert nicht von heute auf morgen. Je überzeugter die Leitungsebene für das Thema Open Science eintritt, desto eher verfängt das Thema auch beim Personal. In vielen Einrichtungen tragen die Mitarbeiter:innen aus dem Open-Science-Bereich dazu bei, dass diese grundsätzliche Offenheit, die offene Bereitstellung von Daten und Medien und auch offenere und kollaborativere Formen der Zusammenarbeit, in einer Einrichtung mehr und mehr angenommen werden.

---

13 Vgl. Degkwitz, Open Science (wie Anm. 7).

14 Friedrich-Alexander-Universität, Universitätsbibliothek: Open Science Policy für die FAU. https://ub.fau.de/2021/11/02/open-science-policy-fuer-die-fau/ (29.12.2022).

15 Universität Konstanz, KIM: Open Science Policy. https://www.kim.uni-konstanz.de/openscience/open-science-policy/ (29.12.2022).

Dies sind große Herausforderungen für die Personalgewinnung und -entwicklung. Das Konzept des Data Librarian kann zwar als etabliert bezeichnet werden, „jedoch ist der Bedarf an Data Librarians deutlich höher als der verfügbare Personenpool“.[16] Trotz verschiedener Wege zum Data Librarian und vielfältiger Empfehlungen – u. a. vom Rat für Informationsinfrastrukturen (RfII)[17] – die Ausbildung zu fördern, macht der Fachkräftemangel die Besetzung von Stellen schwierig und Menschen mit den zuvor genannten Kompetenzen haben häufig eine breite Auswahl an attraktiven Angeboten.

Fazit

Während wir bei der Arbeit in Bibliotheken und vor allem auch in Zusammenarbeit mit anderen Bibliotheken und Verbünden bei der Katalogisierung, Erwerbung, Fernleihe etc. eher auf Kooperation als auf Kollaboration[18] setzen, bringen Open-Science-Ansätze hier viele kollaborative Formen der Zusammenarbeit mit. Diese bieten sich vor allem in Bereichen an, in denen für die Lösung von Aufgaben erst noch eine passende Strategie oder ein neuer Prozess kreiert werden muss, weil ein kollaborativer Prozess stark auf das Generieren neuer Erkenntnisse setzt.[19] Was für das offene wissenschaftliche Arbeiten gilt, funktioniert auch für Aufgaben und Herausforderungen, mit denen wir uns in Infrastruktureinrichtungen beschäftigen. In der Open-Access-Community sind diese neuen Formen schon sehr gut angekommen, nicht zuletzt forciert durch das BMBF-geförderte Vernetzungsprojekt open-access.network und seine Vorgänger sowie eine sehr aktive Community.[20]

---

16 Förstner, Konrad U., Ursula Georgy u. Ragna Seidler-de Alwis: Aktuelle Wege zum Data Librarian. In: b. i. t. online (2022) H. 04. S. 339–345. https://www.b-i-t-online.de/heft/2022-04-fachbeitrag-foerstner.pdf (29.12.2022).

17 Rat für Informationsinfrastrukturen: Leistung aus Vielfalt. Empfehlungen zu Strukturen, Prozessen und Finanzierung des Forschungsdatenmanagements in Deutschland. Göttingen 2016.

18 Beide Begriffe – Kooperation und Kollaboration – werden im allgemeinen Sprachgebrauch oft synonym verwendet, unterscheiden sich aber durchaus voreinander. Kooperative Arbeit wird durch die Arbeitsteilung zwischen den Teammitgliedern erreicht, als eine Aktivität, bei der jede Person für einen Teil des Gesamtergebnisses verantwortlich ist. Die Bearbeitung erfolgt parallel. Die Teilergebnisse werden später zum Gesamtergebnis zusammengefügt. Kollaboration ist der Prozess des gemeinsamen Schaffens, wobei die Teammitglieder interagieren, um ein gemeinsames Gesamtergebnis zu erreichen. Die Bearbeitung erfolgt sequentiell. Ein einzelnes Teammitglied ist im Gegensatz zur Kooperation in die Produktion aller Ergebnisse eines Projektes involviert. Vgl. Baumgartner, Clemens: coaching.you. Bereich Teamentwicklung: Teamarbeit– Kooperation und Kollaboration. https://baumgartner-coaching.de/teamentwicklung/teamarbeit-%20kooperation-kollaboration/ (07.07.2023).

19 Zur Vertiefung vgl. Terkessidis, Mark: Kollaboration. Berlin [u. a.]: Suhrkamp 2015 (Edition Suhrkamp 2686). S. 14.

20 Open-access.network. https://open-access.network/ueber-uns/oa-network (29.12.2022).

Wir alle stehen zusammen vor ähnlichen Herausforderungen, für die wir gemeinsam in einem Aushandlungsprozess auf vielen verschiedenen Ebenen Lösungen erarbeiten müssen. Dies betrifft die Open-Access-Transformation und damit verbunden auch die Etablierung von Informationsbudgets[21] in unseren Einrichtungen, die Etablierung und organisatorische Verankerung von Open Science in den bestehenden Strukturen und nicht zuletzt, sondern höchst relevant Fragen der Aus- und Weiterbildung unserer Mitarbeiter:innen.

21 Vgl. hierzu: Pampel, Heinz: Auf dem Weg zum Informationsbudget: zur Notwendigkeit von Monitoringverfahren für wissenschaftliche Publikationen und deren Kosten; Arbeitspapier. Potsdam: Helmholtz Open Science Koordinationsbüro 2019. DOI: https://doi.org/10.2312/os.helmholtz.006.

Ladina Tschander

Bibliothekarische Services in die Forschung einbetten

Abstract: Der Beitrag richtet den Blick auf die Interaktion zwischen dem bibliothekarischen Personal und den Wissenschaftler:innen im Allgemeinen sowie speziell an der Universität Zürich. Die Kollaboration gründet v. a. auf den Konzepten Embedded bzw. Liaison Librarian, die dasjenige Personal umfassen, das einen engen Kontakt zu den Forschenden pflegt. Als erstes werden Unterschiede bzw. Gemeinsamkeiten dieser Konzepte besprochen. Anschließend folgt das Aufgabenfeld der Liaison Librarians der Universitätsbibliothek Zürich. Es wird erörtert, welche Kompetenzen das Personal mitbringen muss, um überzeugende Dienstleistungen anbieten zu können. Zudem muss überlegt werden, womit ein Besuch von wissenschaftlichen Bibliotheken für die Nutzenden lohnenswert wird. Die Erläuterungen zeigen, dass für überzeugende Services in der digitalisierten Bibliothekswelt Spezialist:innen notwendig sind. Zuletzt werden die Wege der Universitätsbibliothek Zürich beschrieben, die sie beschreitet, um ihre Services in Wissenschaft und Lehre der Universität Zürich einzubetten.

Keywords: Liaison Librarians, Kompetenzen, bibliothekarische Services, funktionale Spezialist:innen

Kurzbiografie: Ladina Tschander ist Leiterin der Abteilung „Innovation und Kommunikation“ (Universitätsbibliothek Zürich), Studium an der Universität Zürich (Germanistik, Biologie, Psychologie), von 1997 bis 2004 wissenschaftliche Mitarbeiterin am Informatikum der Universität Hamburg, seit 2007 als wissenschaftliche Bibliothekarin an der Universität Zürich in leitender Position tätig. Arbeitsschwerpunkte: Innovation, Bibliotheks- und Informationswissenschaft, Lehr-Lernort Bibliothek, Organisationsentwicklung. Homepage: https://www.ub.uzh.ch/de/ueber-die-ub/ub_organisation/ub_-mitarbeitende.html, Kontakt: ladina.tschander@ub.uzh.ch.

Zur Einführung

Der Fokus der bibliothekarischen Arbeit hat sich verlagert: Die Nutzenden und deren Bedürfnisse treten in den Vordergrund, während die Informationssammlung an Gewicht verliert. Das Nahebringen der Möglichkeiten, wie Information genutzt und wie diese Nutzung in die Arbeitsprozesse von Forschenden und Studierenden verankert werden kann, ist heutzutage zentral für Hochschulbibliotheken.[1] In deren Kursen wer-

1 Vgl. Renn, Oliver: Die ideale Bibliothek. In: Bibliotheken: Wegweiser in die Zukunft: Projekte und Beispiele. Hrsg. von Erda Lapp [u. a.]. Berlin: Simon-Verlag für Bibliothekswissen 2021. S. 89–121.

https://doi.org/10.1515/9783110790375-017

den die hierzu benötigten Kompetenzen vermittelt. Mit dem Know-how über Metadaten, Repositorien, Infrastrukturpflege oder Archivierung können Hochschulbibliothekar:innen Forschende bei der Erstellung, Weitergabe und Wiederverwendung von neuem Wissen in offenen Formaten unterstützen. So hat sich auch das Selbstverständnis in Hochschulbibliotheken verändert. Sie sehen sich als Kompetenzzentren, als Zentren, die Dienstleistungen zur Unterstützung von Forschung, Lehre und Studium anbieten.

Doch sind Bibliotheken in der neuen Rolle akzeptiert? Nehmen Forschende und Studierende die neuen Angebote an? Oder schimmert nicht immer wieder der barocke Bibliothekssaal durch den Begriff Bibliothek hindurch? Wollen wissenschaftliche Bibliotheken weiterhin eine tragende Rolle in Hochschulen innehaben, müssen sie sich aktiv um ein anderes Image kümmern. Kompetente Beratung in informationswissenschaftlichen Gebieten kann überzeugen. Professionelle Services im Bereich Open Science unterstützen den Wandel der wissenschaftlichen Bibliotheken zu Informationszentren. Hierfür wird ein gut ausgebildetes Personal benötigt. Eine Verzahnung des bibliothekarischen Services mit Forschung und Lehre ist vorteilhaft und ein regelmäßiger Austausch ist vonnöten.

Embedded oder Liaison Librarians?

Mit dem Wegfall der Notwendigkeit, für die Informationssuche in die Bibliothek gehen zu müssen, verloren die Bibliothekar:innen den automatisch sich ergebenden Kontakt im Gebäude ihrer Arbeitsstätte. Die wissenschaftlichen Bibliothekar:innen suchten andere Wege, um auf die Forschenden zu zugehen. Entweder agierten sie aus der Bibliothek heraus, schrieben die Forschenden an und belieferten sie mit zugeschnittenen Informationen. Oder sie arbeiteten direkt mit den Forschenden zusammen bzw. waren in deren Team integriert.[2] In den Nullerjahren wurden hierfür zwei Begriffe geprägt: Embedded bzw. Liaison Librarian.[3]

Beiden Konzepten liegt dieselbe Idee zugrunde. Durch die enge Zusammenarbeit von Bibliothekar:innen und ihren Nutzenden können Bibliotheken auf die Bedürfnisse der Nutzenden eingehen und eine maßgeschneiderte Informationsversorgung sicherstellen.[4] Gemäß Blaser unterscheiden sich *embedded* und *liaison* im Wirkungsort (siehe Abbildung 1). Embedded Librarians sind Teil der akademischen Organisation und

---

2 Vgl. Shumaker, David: The Embedded Librarian: Innovative Strategies for Taking Knowledge where it's needed. Medford, N. J.: Information Today 2012.

3 Vgl. Canuel, Robin u. Chad Crichton (Hrsg.): Approaches to Liaison Librarianship: Innovations in Organization and Engagement. Chicago, Ill: Association of College and Research Libraries 2021.

4 Vgl. Blaser-Meier, Susanna: Embedded Librarianship und Forschungsdatenmanagement in den Geisteswissenschaften: Fallstudien aus der Kunstgeschichte. Berlin: Institut für Bibliotheks- und Informationswissenschaft 2019 (Berliner Handreichungen zur Bibliothekswissenschaft 434). S. 18.

gestalten hier bestenfalls aktiv mit. Liaison Librarians arbeiten aus der Bibliothek heraus. Sie bauen ein Netzwerk auf, um auf ihre Nutzenden ausgerichtete Services anbieten zu können.

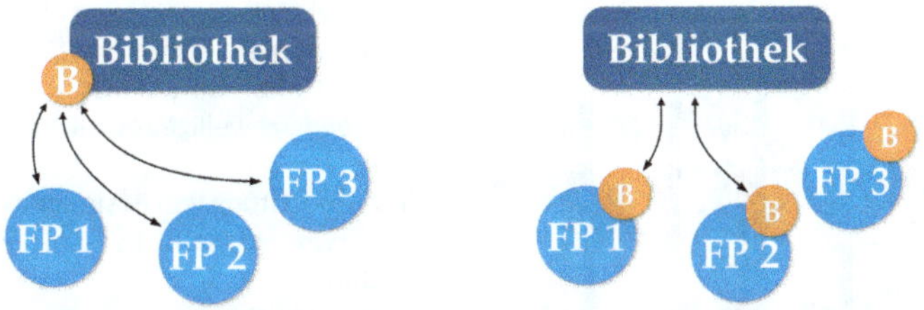

Abb. 1: Aus der Bibliothek heraus arbeiten die Liaison Librarians mit Forschungsprojekten zusammen. Im Gegensatz dazu sind Embedded Librarians in die Forschungsprojekte integriert, ohne in der Bibliothek verankert zu sein[5]

Wenn Standorte von Hochschulbibliotheken in der Nähe der Institute sind, ist dies hilfreich, um bibliothekarische Services in Forschung und Lehre einzubetten. Dies allein reicht aber nicht aus. Das Personal muss Begegnungen mit den Wissenschaftler:innen evozieren. Um die Informationsversorgung nutzerorientiert gewährleisten zu können, müssen Bibliotheken jeweils in Erfahrung bringen, welche Informationsbedürfnisse die Forschenden haben.

An der Universität Zürich wurden 2020 im Rahmen des Projektes „Aufbau Universitätsbibliothek" Personen aus der Professorenschaft, aus dem Mittelbau und der Studierendenschaft zu ihrer Einschätzung über die Bedürfnisse der verschiedenen Zielgruppen befragt. Sie waren – wie in Abbildung 2 dargestellt – weitgehend einig darin, dass neben einer optimalen Informationsversorgung Studierende Kurse zum wissenschaftlichen Arbeiten benötigen (Recherche, Wissensdokumentation, Verfahren zur Wissensevaluation, Schreiben von Zusammenfassungen, etc.). Fortgeschrittene Wissenschaftler:innen benötigen weniger Recherche-Beratung als eher niederschwellige Beratung in Urheberrechtsfragen und Unterstützung bei Datenmanagementplänen. Zudem soll die Bibliothek Repositorien pflegen und den Forschenden finanzielle Unterstützung für Open Access Publikationen bieten.[6]

5 Blaser-Meier, Embedded Librarianship (wie Anm. 4), S. 32.

6 Vgl. Allemann, Simon [u. a.]: Medien- und Bedarfskonzept. Universität Zürich 2021. https://www.projekte.uzh.ch/dam/jcr:67de8380-1359-4956-959b-8d1a89ac4bd1/20200901_Bedarfs-%20und%20Medienkonzept_verabschiedet.pdf (05.11.2022).

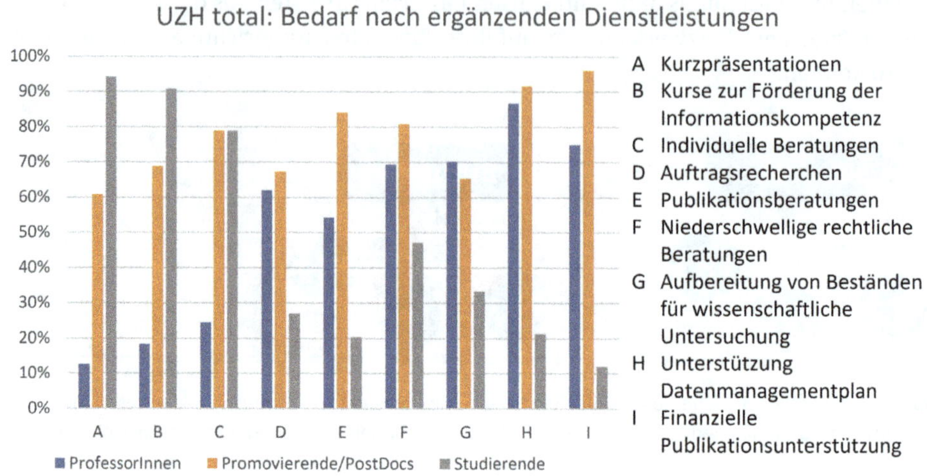

Abb. 2: Online-Befragung: Bedarf an ergänzenden Dienstleistungen nach Nutzergruppen (n=61)[7]

Um die benannten Bedürfnisse adäquat unterstützten zu können, werden mehrere Kompetenzen benötigt. An der Universität Maryland wurde in einer Task Force eruiert, welche Aufgabenbereiche Liaison Librarians zu bearbeiten haben.[8] White und Luckert nennen fünf Kernbereiche. Die im Projekt „Aufbau Universitätsbibliothek" angestellten Überlegungen zum Aufgabengebiet der Liaison Librarians lassen sich in diese fünf Kernbereiche einfügen. Dies zeigt aber deutlich, dass das Gebiet enorm groß ist.

1. Collections content and access:
   - Erwerbungsprofil, Medienauswahl und Bestandspflege für die von ihnen betreuten Fächer
   - Medienstandortkonzept für die von ihnen betreuten Fächer (inkl. konkrete Standortentscheide)
   - Sacherschließung und ggf. Vergabe der Systematikstelle der erworbenen Bestände und Normdatenpflege (Erfassung und Redaktion)
   - Weiterentwicklung des Discovery
2. Outreach and engagement:
   - Kontakt zu Forschung und Lehre (inkl. Umfragen, Bedarfserhebung etc.)
   - Gremien- und Vernetzungsarbeit
   - Bewerbung der fachlichen Angebote

7 Allemann [u. a.], Medien- und Bedarfskonzept (wie Anm. 6), S. 75.

8 White, Gary W. u. Yelena Luckert: Creating and Managing a New Liaison Organizational Model: Strategies for Success. In: Approaches to Liaison Librarianship: Innovations in Organization and Engagement. Hrsg. von Robin Canuel u. Chad Critchton. Chicago, Ill: Association of College and Research Libraries 2021. S. 13–34.

- Kommunikation und Bewerbung von Angeboten (Schnittstelle zu Kommunikation)

3. Reference and research consulting:
   - Individuelle Rechercheberatung (inkl. Auftragsrecherche)
4. Scholarly communications and research data services:
   - Forschungsdatenmanagement-Beratung (Schnittstelle zu Open Science)
   - Open Access- und Publikationsberatung (Schnittstelle zu Open Science)
   - Beratung in Rechtsfragen (Urheberrechts- und Datenschutzfragen) und ethischen Aspekte
5. Teaching, learning, and literacies:
   - Kurse und Beratung im Bereich Daten- und Informationskompetenz

Um eine gut kuratierte Sammlung pflegen zu können, wird Fachwissen benötigt. Um die bibliothekarischen Services bekannt zu machen, müssen Instrumente der Öffentlichkeitsarbeit beherrscht werden. Fundierte Rechercheberatungen bedingen, dass zum einen die Handwerkzeuge der Disziplin bekannt sind und zum andern eine solide informationswissenschaftliche Ausbildung vorhanden ist. Wissen um standardisierte Datenformate, um die rechtliche Lage und um das wissenschaftliche Publikationswesen sind unabdingbar für die bibliothekarische Forschungsunterstützung. Zudem sind hier persönliche Erfahrungen in der Forschung von Vorteil. Ideal wäre, wenn sich dabei die bibliothekarische und wissenschaftliche Kompetenz in einer Person vereinen könnte. Für die Lehre und Vermittlung sind dann die didaktischen Fähigkeiten zentraler.

Die Diversität an Anforderungen[9] lässt vermuten, dass es nicht möglich ist, alle Kompetenzen in einer Person zu vereinen. Um die erwarteten exzellenten Services anbieten zu können, benötigt es eine vertiefte Spezialisierung des Personals. Somit gibt es *den/die* Liaison Librarian nicht. Es gibt mehr Liaison Services, die durch spezialisierte Liaison Librarians ausgeführt werden. Insofern stellen Teaching Librarians oder Data Librarians eine Subgruppe der Liaison Librarians dar.

Einbetten von Bibliotheksservices an der Universität Zürich

An der Universitätsbibliothek Zürich gibt es in den verschiedenen Abteilungen Liaison Librarians unterschiedlichen Typs. Im Team der Liaison Librarians sind es v. a. Teaching Librarians. Einige Liaison Librarians gehören den Mediendiensten an. Die Data Librarians konzentrieren sich in der Abteilung „Open Science Services".

---

9 Die Aufsätze in diesem Band zeigen das breite Spektrum nutzerorientierten Dienstleistungen auf, die alle unter Liaison Services subsumiert werden können. Siehe dazu z. B. den Beitrag von Christina Kläre.

Die Universitätsbibliothek Zürich nutzt verschiedene Wege, um ihre Services in Forschung und Lehre einbetten zu können. Neben den Liaison Librarians und den Data Librarians existiert seit jüngerem eine Community, in welcher Forschung zu bibliothekswissenschaftlichen Fragestellungen betrieben wird. Hiermit kann die Universitätsbibliothek in enger Zusammenarbeit mit Forschenden Entwicklungen vorantreiben und an ihrem Image arbeiten.

Abteilung „Open Science Services"

Die wichtigste Abteilung ist „Open Science Services", die den UZH-Forschenden bei der Umsetzung der wachsenden Anforderungen für Open Science eine hilfreiche Orientierung und passgenaue Services bieten will. Die Mitarbeitenden dieser Abteilung entwickeln und pflegen Infrastrukturen, beraten Forschende beim Verfassen von Datenmanagementplänen oder fördern bei Studierenden und Doktorierenden die Datenkompetenz. Sie unterhalten einen Publikationsfonds, um Open-Access-Publikationen unterstützen zu können. Seit der Gründung 2018 ist die Abteilung erfolgreich dabei, ein Netzwerk mit Forschenden aufzubauen, die ihre Fürsprecher sind. Durch die Mund-zu-Mund-Propaganda hat die Abteilung einen Bekanntheitsgrad an der Universität erreicht und deren Services werden in Anspruch genommen. Hilfreich für die Akzeptanz der Dienstleistungen ist der direkte Draht zu Mitgliedern der Universitätsleitung, die die Abteilung „Open Science Services" mit Projekten beauftragt. Durch die Themen Datenmanagement und Open Access ist die Abteilung per definitionem nah an der Forschung.

Liaison Librarians der Universitätsbibliothek

Die Liaison Librarians der Universitätsbibliothek sind zuständig für die Bestandspflege, für die Förderung der Informationskompetenz der Studierenden und Doktorierenden als auch für die Beratungen zu informationswissenschaftlichen Themen. Sie arbeiten vor Ort in Bibliotheksstandorten, die in den Gebäuden der Institute sind. Das wichtigste Arbeitsfeld ist die Förderung der Informationskompetenz. Sie wenden viel Zeit in persönliche Kontakte auf, um Kooperationen mit Dozierenden bewirken zu können. Sind diese nach den Kursen von den Angeboten überzeugt, wirken sie oft als Multiplikatoren.[10] An dieser Stelle möchte ich nicht auf die IK-Kurse näher eingehen,

10 Vgl. Tschander, Ladina: Fit für die Bachelorarbeit – wie Institutsbibliotheken Blended Learning einsetzen können. In: Sühl-Strohmenger, Wilfried (Hrsg.): Handbuch Informationskompetenz. 2. Aufl. Berlin, Boston: De Gruyter Saur 2016. S. 257–268; oder Seitz, Gary u. Barbara Grossmann: Einfluss von Informationskompetenz-Veranstaltungen auf die Qualität von Masterarbeiten. In: Informationspraxis (2016) Nr. 1. DOI: https://doi.org/10.11588/ip.2016.1.23295.

sondern die Bestandsarbeit der Liaison Librarians beleuchten, da auch dieser klassische Service in Forschung und Lehre eingebettet ist.

Ausgangspunkt ist die Frage, welchen Mehrwert ein Besuch einer Bibliothek vor Ort generiert. Das Präsentieren von langen Regalschluchten mit allen auf dem Markt erhältlichen Büchern zu einem Thema verfehlt das Ziel. Die Nutzenden sähen sich nicht nur virtuell, sondern auch in der Bibliothek gegenüber einer nicht bewältigbaren Informationsflut. Jedoch würde sich ein Gang in die Bibliothek für Studierende lohnen, wenn dort eine exzellent kuratierte, überschaubare Sammlung vor Ort zu finden ist, in welcher lediglich die relevanten Titel stehen, die einen vertiefteren Einstieg in die wissenschaftlichen Disziplinen erlauben. Hierfür benötigen Liaison Librarians gute Kenntnis sowohl der Disziplinen als auch des Buchmarktes. Um den Bestand auf die hiesige Lehre anpassen zu können, ist ein intensiverer Austausch mit den Lehrenden notwendig. Die thematischen Felder müssen abgesteckt werden. Die gelehrten Methoden müssen bekannt sein, um die adäquate Literatur anzuschaffen bzw. vor Ort zu haben.

Gemäß der Umfrage, durchgeführt an der Universität Zürich, ist den Forschenden der schnelle Zugriff auf Literatur wichtig. Bislang wurde dieses Bedürfnis in Zürich so gelöst, dass sämtliche Medien im Freihand der Bibliotheksstandorte für die Forschenden zugänglich waren. Die Digitalisierung und die damit einhergehende veränderte Nutzung von Bibliotheken, der akute Platzmangel sowie der dringliche Ruf nach mehr Arbeitsplätzen für Studierende führen dazu, dass die Medienaufstellung vor Ort überdacht werden sollte. Da das Bedürfnis, schnell auf Medien zugreifen zu können, mittels alternativer Services befriedigt werden kann – sei es durch eine Erhöhung des E-Book-Angebots, durch das Investieren in Digitalisate eigener Bestände, durch einen effizienten Kurierdienst oder das Einrichten von eigens für Forschungsprojekte zusammengestellte Sammlungen – kann der Bestand vor Ort reduziert werden.

Der Gedanke „Weniger ist mehr" setzt im Prinzip an dem altbekannten Konzept „Lesesaal" an, wobei das Angebot auf die Kundengruppen, die die Bibliotheksräume nutzten, ausgerichtet wird. Traditionellerweise stehen dort die wichtigsten Nachschlagewerke, Wörterbücher und Zeitschriften. Die Zeitschriften-Auslage wird sich im Zuge von Open Access gänzlich in den virtuellen Raum verlagern. Es ist anzunehmen, dass dieselbe Tendenz bei den Nachschlagewerken und Wörterbüchern eintritt. Aber bibliothekarische Räume ohne physische Medien scheinen nicht dem studentischen Bedürfnis an Lernräume zu entsprechen. Gerade ein gutes, überschaubares Medienangebot, das an die Lehre und Forschung angepasst ist, lässt den Bibliotheksbesuch für Studierende attraktiv werden.

DSI Community Libraries

Die Universitätsbibliothek schlägt einen dritten Weg ein, um mit Forschenden zusammenarbeiten zu können. Die Digital Society Initiative (DSI) – das Kompetenzzentrum der Universität Zürich zur Mitgestaltung der digitalen Transformation von Gesellschaft und Wissenschaft[11] – bietet die Möglichkeit, wissenschaftliche Communities zu gründen. Darin arbeiten Forschende verschiedener Disziplinen gemeinsam an einem spezifischen Thema. Die Universitätsbibliothek hat 2022 eine DSI Community Libraries gegründet, in der das Thema „Digitale Bibliothek“ ist und hier v. a. die Querschnittsthemen „Data Science“ und „Digital Literacy“ untersucht werden. In der Community treffen Forschende auf an der Forschung interessierte bzw. forschende Bibliothekar:innen. Im Rahmen der Community sind aktuell zwei Projektanträge entstanden. Das eine Projekt konzentriert sich auf Forschungsdaten-Repositorien und digitale Editionen. Ein langfristiges Ziel ist die Standardisierung und Vereinheitlichung von Bibliotheksdiensten für digitale Editionen. Die Dienste sollen den Zugriff auf und Bearbeitung von Forschungsdaten aus verschiedenen Quellen und Editionen ermöglichen. In einem ersten Schritt sollen Gemeinsamkeiten zwischen den Editionen identifiziert werden, um gemeinsame digitale Bibliotheksdienste zwischen den Editionen zu diskutieren, zu gestalten und zu entwickeln. Im anderen Projekt soll eine disziplinenspezifische Plattform für juristische Daten entwickelt werden. Diese soll die Suche nach offenen Forschungsdaten, die in unterschiedlichen Formaten vorliegen, über verschiedene Datenbanken hinweg ermöglichen. In beiden Projekten sind die Forschenden am bibliothekarischen Know-how bezüglich Metadaten und Suchoberflächen-Design interessiert.

Durch die Gründung der DSI Community Libraries steht der Universitätsbibliothek die Tür offen, bei der Umsetzung des Minors Digital Skills[12] mitzuwirken. Neben drei Modulen steuert die Universitätsbibliothek zwei Challenges (projektbasiertes Lernen) bei. Hier bietet sich eine sehr gute Möglichkeit, mit Dozierenden eng zusammenzuarbeiten.

Erkenntnis

Die Dienstleistungen der Bibliothek müssen sowohl die Bedürfnisse abdecken als auch professionell sein. Gut ausgebildetes Personal ist Voraussetzung für gute Angebote. Hochschulbibliotheken tun gut daran, die Spezialisierung ihrer Mitarbeitenden zu fördern. Nur fundierte und exzellente Services kann die Forschenden überzeugen, die bibliothekarischen Services anzunehmen. Nötig sind Überzeugungskraft, gutes fachliches Wissen und Durchhaltewille, um bibliothekarische Services in die Forschung und Lehre einbetten zu können.

Wie dargelegt, ist eine Spezialisierung des Personals unabdingbar. Es sind gute Didaktiker, IT-affine Bibliothekar:innen, Expert:innen für Repositories, strukturierte Da-

11 Universität Zürich: Digital Society Initiative (DSI). https://www.dsi.uzh.ch/de.html (4.11.2022).

12 Digital Society Initiative: DSI Minor Digital Skills. https://www.dsi.uzh.ch/de/education/digital-skills.html (4.11.2022).

ten, für Lizenzierungen und vieles mehr nötig. Diese Spezialist:innen bilden ein Netzwerk, das den Hochschulangehörigen zur Verfügung steht.

In Hochschulbibliotheken arbeiten in verschiedenen Abteilungen Mitarbeitende, die Liaison Services anbieten. Damit kommt den Forschenden jedoch die eine Ansprechperson abhanden, die sie in allen bibliothekarischen Belangen berät. Es benötigt vermittelnde Stellen in den Bibliotheken. Das Kundenservice-Team muss sehr gut über die Kompetenzen der Kolleg:innen unterrichtet sein, damit sie bei Anfragen schnell vermitteln und Forschende zu den zuständigen Expert:innen lotsen zu können.

Wichtig ist, dass das gesamte Service-Angebot bei den Forschenden und Lehrenden präsent gehalten wird. Hier ist eine stete Kommunikation über verschiedene Kanäle wie Newsletter, Social Media, Blog o. ä. gefragt. Diese sollte gut orchestriert sein und aus einer Hand kommen.

Daraus resultiert, dass Bibliothekar:innen (künftig) mehrheitlich funktionale Spezialist:innen sind. Die einen bieten ihre Services teils in enger Zusammenarbeit mit Partner:innen in der Hochschule an, um Forschung und Lehre stärken zu können. Die anderen sind für die professionelle Kommunikation der bibliothekarischen Services zuständig. Alle tragen dazu bei, dass die Hochschulbibliothek ein neues Image erhalten.

Sonja Rosenberger und Diego Siqueira

Rollenprofile für den Digital-Humanities-Support an wissenschaftlichen Bibliotheken entwickeln

Abstract: Wissenschaftliche Bibliotheken können zu wichtigen Partnerinnen für ihre lokale Digital-Humanities-Community werden. Was gilt es dabei zu beachten und welchen Personals bedarf es, um eine Digital Humanities-Initiative an der eigenen Bibliothek zu etablieren? Diesen Fragen gehen die Autor:innen nach, indem sie Profile zu fünf ausgewählten Rollen erstellen (Koordinator:in für DH-Initiativen, DH-Berater:in, DH-Research Software Engineer, DH-Trainer:in, Fachreferent:in), anhand derer sie die damit verknüpften Aufgaben, Verantwortlichkeiten und Kompetenzen skizzieren.

Keywords: Digital Humanities, Digital Humanities Librarians, forschungsnahe Dienste, Rollenprofile, Rollenheterogenität, Software-Entwicklung, Koordination, Beratung, Training, Fachreferat

Kurzbiografien: Sonja Rosenberger (M. A., M. A. LIS) (ORCID: https://orcid.org/0000-0002-7519-1476) ist an der Universitätsbibliothek Bochum tätig und koordiniert das dort angesiedelte Digital Humanities Center (DHC) der Ruhr-Universität Bochum. In dieser Funktion hilft sie bei der Ermittlung der Bedarfe und Anforderungen für die Digital Humanities auf dem Campus, organisiert Veranstaltungen und fördert die Vernetzung der lokalen DH-Community. Zugleich ist Sonja Rosenberger Fachreferentin für Anglistik/Amerikanistik, Klassische Philologie und Jura und unterstützt die VDB-Kommission für Fachreferatsarbeit als Mitglied. Kontakt: sonja.rosenberger@rub.de

Diego Siqueira (M.Sc. Ing.-Inf.) (ORCID: https://orcid.org/0000-0001-5435-9551) ist als DH-Berater für das Digital Humanities Center (DHC) der Ruhr-Universität Bochum (RUB) tätig. Er verfügt über langjährige Erfahrung als Research Software Engineer und ist aktives Mitglied von DH-Arbeitsgruppen wie den Digital Humanities Software Engineers (DHTech) und der DHd AG OCR. An der Schnittstelle zur Softwareentwicklung berät er zu DH-Methoden und -Tools, koordiniert und begleitet DH-Projekte und unterstützt den Aufbau der DH-Community an der RUB. Neben seiner Tätigkeit als DH-Berater arbeitet er zugleich als Fachreferent für Mathematik an der Universitätsbibliothek Bochum. Kontakt: diego.siqueira@rub.de

Digital Humanities: Begriffsdefinition

In den letzten Jahrzehnten haben die Digital Humanities (DH) immer mehr an Bedeutung gewonnen. Sie umfassend zu definieren ist dabei nahezu unmöglich, zumal es, so

https://doi.org/10.1515/9783110790375-018

Rapp, „zum Selbstverständnis dieser zumeist als ‚junge Disziplin' charakterisierten DH [gehört], zu beschreiben, was ihre Mitglieder darunter verstehen."[1] Grundsätzlich handelt es sich bei den Digital Humanities jedoch um den „Versuch, geisteswissenschaftliche Fragestellungen unter Zuhilfenahme digitaler Methoden zu beantworten".[2]

Unabhängig von ihrer inhaltlichen Ausrichtung und disziplinären Verortung ist der Einfluss der Digital Humanities auf die Gestaltung geisteswissenschaftlicher Forschungsprojekte unbestritten. Durch sie ergeben sich neue Möglichkeiten, das Verständnis der menschlichen Kultur in einer digitalen Welt zu reflektieren und zu erweitern.

Zum Umgang mit den Digital Humanities an wissenschaftlichen Bibliotheken

Vertreter:innen der DH-Fachcommunity äußern den klaren Wunsch, die Digital Humanities und wissenschaftlichen Bibliotheken eng miteinander zu verknüpfen. Laut Andrea Rapp müsse der „Arbeits- und Wissensverbund" zwischen Forschung und Bibliotheken, die sie als „Labore" und „Echokammern" der Geisteswissenschaften bezeichnet, „seine Fortsetzung auch bei digital(isiert)en Beständen und digitalen Forschungsansätzen finden",[3] und auch Gerhard Lauer beabsichtigt, „über Digital Humanities die Bibliothek viel dichter mit den Fächern [zu] verzahnen".[4]

Doch weshalb eignen sich gerade Bibliotheken dazu, die Digital Humanities zu unterstützen? Begründet liegt dies vor allem in den folgenden beiden Aspekten. Erstens bieten Bibliotheken Stabilität und sind damit „prädestinierte Ansprechpartnerinnen, wenn es um die Etablierung einer dauerhaften Infrastruktur geht".[5] Zweitens haben sie in den letzten Jahren verschiedene Angebote im Bereich forschungsnaher Dienstleistungen etabliert, die die Arbeit vieler Digital Humanists berühren. Eine Auflistung entsprechender Services findet sich bei Schröter:

---

1 Rapp, Andrea: Digital Humanities und Bibliotheken: Traditionen und Transformationen. In: 027.7 Zeitschrift für Bibliothekskultur/Journal for Library Culture (2021) Nr. 1. S. 4. DOI: https://doi.org/10.21428/1bfadeb6.486c17e5.

2 Schüpbach, Johanna [u. a.]: Aspekte der Digital Humanities in Bibliotheken. In: Bibliotheksdienst (2022) H. 3–4. S. 212–226, hier S. 213. DOI: https://doi.org/10.1515/bd-2022-0034.

3 Rapp, Digital Humanities und Bibliotheken (wie Anm. 1), S. 1.

4 Brandtner, Andreas [u. a.]: Die Bibliotheken haben ihre Zukunft vor sich, aber es sind Bibliotheken des 21. Jahrhunderts: Bibliotheken als Infrastrukturen der Geisteswissenschaften und als Orte der Selbstkultivierung. Ein Gespräch mit Gerhard Lauer von Andreas Brandtner und Peter Reuter. In: ABI Technik (2019) Nr. 2. S. 171–178, hier S. 175. DOI: https://doi.org/10.1515/abitech-2019-2011.

5 Glaser, Timo: Digital Humanities aus dem Fachreferat heraus. 027.7 Zeitschrift für Bibliothekskultur/Journal for Library Culture (2021) Bd. 8, Nr. 1. S. 3. DOI: https://doi.org/10.21428/1bfadeb6.3daa6c49; vgl. auch Carius, Hendrikje: Interviewt durch Fabian Cremer [u. a.]. Unfrequently Asked Questions: Interviewreihe zu Projektmanagement in den Digital Humanities. In: Perspektive Bibliothek (2021). S. 8. DOI: https://doi.org/10.17613/etzb-2r21.

> Erstellung von Digitalisaten, Erschließung digitaler wissenschaftlicher Informationen, Entwicklung neuer Publikationskulturen, Stärkung der Akzeptanz digitaler Publikationsformen, Aufbau von Forschungsinformationsinfrastrukturen, Entwicklung fachspezifischer IT-Werkzeuge, Erstellung Digitaler Editionen, Realisierung von Datenbankprojekten, Forschungsdatenmanagement, Langzeitarchivierung von Forschungsdaten, technische Beratung und Unterstützung von Forschungsvorhaben insbesondere in Fächern, die traditionell weniger quantitative Arbeitsmethoden nutzen, Schulungen, Workshops, Entwicklung von Lehrkonzepten.[6]

Der Grad der Institutionalisierung und inhaltlichen Ausgestaltung von DH-Initiativen scheint sich dabei von Bibliothek zu Bibliothek zu unterscheiden:[7] DH-Initiativen können Arbeitsgruppen oder dezidierte Zentren bzw. Labs sein, sie können angesiedelt sein in (Forschungs-)Abteilungen oder einen Teil eines größeren Library Labs[8] bilden. Dabei richten einige Bibliotheken ihre Angebote auf die Forschungsunterstützung aus, während sich andere in der Lehre positionieren (Stichwort: Data Literacy). In Abhängigkeit von lokalen Gegebenheiten nehmen wissenschaftliche Bibliotheken damit verschiedene Rollen im Bereich der Digital Humanities ein, die von der infrastrukturellen Dienstleisterin bis hin zur Partnerin in Forschung und Lehre reichen können.

Rollenprofile für den DH-Support an wissenschaftlichen Bibliotheken

Bibliotheken scheinen, wenn auch erst allmählich,[9] die Digital Humanities als Betätigungsfeld wahrzunehmen, was sich auch in aktuellen Stellenausschreibungen widerspiegelt.[10] Damit stellt sich nun die Frage, welches Personal für eine DH-Unterstützung

---

6 Schröter, Marcus: Teaching Libraries zwischen Vermittlung fachwissenschaftlicher Informationskompetenz und der Unterstützung einer Propädeutik für die Digital Humanities. In: o-bib. Das offene Bibliotheksjournal (2017) Nr. 1. S. 76–94, hier S. 88. DOI: https://doi.org/10.5282/o-bib/2017H1S76-94; vgl. auch Glaser, Digital Humanities (wie Anm. 5), S. 3.

7 Zu einem ähnlichen Bild, was die Heterogenität der Institutionalisierung der DH an Bibliotheken betrifft, kommen zwei 2011 und 2017 von der Association of Research Libraries (USA, Kanada) bzw. von den Research Libraries UK durchgeführte Studien: vgl. Bryson, Tim [u. a.]: Digital Humanities: SPEC Kit 326. Association of Research Libraries (ALA), Washington, DC: 2011. DOI: https://doi.org/10.29242/spec.326; vgl. Kamposiori, Christina: The role of Research Libraries in the creation, archiving, curation, and preservation of tools for the Digital Humanities: RLUK Report. Research Libraries UK (2017). http://www.rluk.ac.uk/wp-content/uploads/2017/07/Digital-Humanities-report-Jul-17.pdf (23.10.2022).

8 Zu Library Labs vgl. Schüpbach [u. a.], Aspekte der Digital Humanities (wie Anm. 2), S. 222–225.

9 Auch Langenegger [u. a.] beschreiben den Umgang mit DH an Bibliotheken als zögerlich und weisen auf fehlende Best-Practice-Modelle hin: vgl. Langenegger, Catrina [u. a.]: Editorial: Digital Humanities und wissenschaftliche Bibliotheken. In: 027.7 Zeitschrift für Bibliothekskultur/Journal for Library Culture (2021) Nr. 1. S. 1. DOI: https://doi.org/10.21428/1bfadeb6.f71569dd.

10 Vgl. Schröter, Teaching Libraries (wie Anm. 6), S. 78; vgl. Rapp, Digital Humanities und Bibliotheken (wie Anm. 1), S. 8 und FN 21.

an wissenschaftlichen Bibliotheken benötigt wird, beziehungsweise welche Rollen diese Personen jeweils einnehmen könnten.

Aus einem Bericht der Research Libraries UK von 2017 geht hervor, dass es einen Mehrbedarf an wohldefinierten bibliothekarischen Rollen gibt, wenn es um die Unterstützung von digitalen beziehungsweise DH-Forschungsvorhaben geht.[11] Je nach lokalem DH-Bedarf fallen Rollenerwartungen an wissenschaftliche Bibliothekar:innen im DH-Support jedoch unterschiedlich aus. So gehen Anfragen von Studierenden *und* Forschenden, von DH-Newcomer:innen *und* -Expert:innen ein – Anfragen, die inhaltlich breit gefächert sind und sich von Archivierungs- und juristischen Fragen, insbesondere zum Urheber- und Datenschutzrecht, bis hin zu fachspezifisch-methodischen Fragestellungen erstrecken können.[12]

Wissenschaftliche Bibliothekar:innen im DH-Support beraten, koordinieren Bedarfe und Projekte, entwickeln und stellen Software bereit, analysieren Daten und managen sie oder teilen ihr Wissen in Schulungen, die sie als DH-Trainer:innen konzipieren. Dies zeigt, dass sich die Heterogenität der Digital Humanities in der Heterogenität der Rollen widerspiegelt, die wissenschaftliche Bibliothekar:innen einnehmen können. Welche Rollen konkret besetzt werden müssen, ist dabei stets abhängig von den lokalen Gegebenheiten und Bedarfen der jeweiligen DH-Community.

Die Autor:innen haben fünf exemplarische Rollen identifiziert (Koordinator:in für DH-Initiativen, DH-Berater:in, DH-Research Software Engineer, DH-Trainer:in, Fachreferent:in),[13] die als grundlegend für den Aufbau von DH-Initiativen an wissenschaftlichen Bibliotheken gelten können und deren zentrale Aufgaben, Verantwortlichkeiten

---

11 Vgl. Kamposiori, The role of Research Libraries (wie Anm. 7), S. 15.

12 Zum Umgang mit heterogenen Anforderungen in der DH-Forschungscommunity vgl. Glaser, Digital Humanities (wie Anm. 5), S. 3 und 10.

13 Immer wieder werden Fachreferent:innen als Ansprechpersonen für Digital Humanities an Bibliotheken herangezogen, etwa weil sie bereits über einen DH-Hintergrund verfügen (vgl. Dogunke, Swantje [u. a.]: Keine falsche Scheu: Wie geisteswissenschaftliche Fachreferate von den Digital Humanities profitieren können. In: o-bib. Das offene Bibliotheksjournal [2022] Nr. 2. DOI: https://doi.org/10.5282/o-bib/5778), erfahren sind in der Informationskompetenzvermittlung (vgl. Glaser, Digital Humanities [wie Anm. 5]) oder Management- und Stabsstellenfunktionen besetzen, die auch für den DH-Support relevant sein können. Allerdings gehen die damit verbundenen Tätigkeiten oft über das eigentliche Fachreferat hinaus und beschreiben eigentlich Aufgaben des höheren Dienstes oder wissenschaftlicher Bibliothekar:innen. Dieser begrifflichen Unschärfe, bereits 2014 beobachtet von Bonte (vgl. Bonte, Achim: Der wissenschaftliche Dienst in der Digitalen Bibliothek: Was kommt nach dem Fachreferentensystem? Veranstaltung „Berufsbild Wissenschaftliche(r) Bibliothekar(in) heute“. 30.09.2014. Frankfurt a. M. https://de.slideshare.net/Achim_Bonte/der-wissenschaftliche-dienst-in-der-digitalen-bibliothek-was-kommt-nach-dem-fachreferentensystem-39650127 [23.10.2022]) und kürzlich wieder aufgenommen von Auberer [u. a.] (vgl. Auberer, Benjamin [u. a.]: Potentiale nutzen und Verbindungen herstellen: Neue fachliche Aufgabenbereiche für Bibliotheken am Beispiel Forschungsdatenmanagement. In: o-bib. Das offene Bibliotheksjournal [2022] Nr. 2. S. 3 f. DOI: https://doi.org/10.5282/O-BIB/5783), begegnen die Autor:innen, indem sie den Fokus auf die Kernkompetenzen von Fachreferent:innen legen und insbesondere ihre Rolle als Vermittler:innen hervorheben. Zu Kernaufgaben von Fachreferent:innen im Sinne einer Konsensdiskussion vgl. Auberer [u. a.], Potentiale nutzen, S. 3–5.

und Kompetenzen in kurzen Rollenprofilen dargestellt werden.[14] Einen Anspruch auf Vollständigkeit erhebt der Artikel dabei nicht. Vielmehr handelt es sich um einen Erfahrungsbericht aus der Praxis eines sich im Aufbau und kontinuierlich im Wandel befindenden Tätigkeitsfeldes an wissenschaftlichen Bibliotheken.

Rollenprofil 1: Koordinator:in für DH-Initiativen

Um eine DH-Initiative an einer wissenschaftlichen Bibliothek zu etablieren, bedarf es einer koordinierenden Rolle, die die DH-Aktivitäten bündelt und die verschiedenen beteiligten Akteur:innen miteinander vernetzt. Die strategische Weiterentwicklung und Organisation der DH-Initiative können damit als Hauptaufgaben der Koordinator:innen bezeichnet werden. Inwieweit Koordinator:innen eher administrative Rollen einnehmen oder sich (anteilig) gar aktiv an DH-Forschungsvorhaben beteiligen, hängt dabei stets von den jeweiligen lokalen Gegebenheiten ab.[15]

Einen wesentlichen Anteil der Arbeit von Koordinator:innen macht die Vernetzungstätigkeit aus, die sich einerseits auf den Kontaktaufbau zu etwaigen externen Kooperationspartner:innen bezieht, andererseits aber vor allem auf den Einbezug verschiedener Stakeholder an der Heimateinrichtung. Dazu gehören unter anderem Kolleg:innen aus verschiedenen Abteilungen der eigenen Bibliothek, z. B. aus dem Bereich der forschungsnahen Dienste, Ansprechpartner:innen aus weiteren Infrastruktur- und Serviceeinrichtungen, wie beispielsweise Rechenzentren und Justitiariate, sowie die enge Zusammenarbeit mit Studierenden und Forschenden, etwa in Beratungssituationen zu DH-Tools, -Methoden und -Projekten.

Zur Unterstützung eines Communitybuilding vor Ort kann es auch Aufgabe von Koordinator:innen sein, Veranstaltungen wie Workshops und Konferenzen zu organisieren und sich aktiv an der Wissenschaftskommunikation zu beteiligen, beispielsweise durch Informationsveranstaltungen wie Coffee Lectures oder durch Social-Media-Aktivitäten.

Um diesen Aufgaben gerecht zu werden, bedarf es einer hohen Kommunikationskompetenz, vorzugsweise gepaart mit diplomatischem Geschick. So nehmen Koordinator:innen eine Mittler:innenrolle in einem kollaborativen Arbeitsfeld ein, in dem es um „das Übersetzen der Bedarfe in die Sprache der jeweils anderen Welt"[16] geht. Dabei zeigen sich oft nicht nur in der Zusammenarbeit mit dem eigenen Team heterogene und interdisziplinäre Strukturen, sondern auch in der Kooperation mit Forschen-

14 Für weitere Ideen zu DH-Rollenprofilen vgl. auch: Wilson, Emma Annette: Digital Humanities for Librarians. Lanham, MD: Rowman & Littlefield 2020. S. 163–169.

15 Vgl. auch Szöllösi-Brenig, Vera: Interviewt durch Fabian Cremer [u. a.]: Unfrequently Asked Questions: Interviewreihe zu Projektmanagement in den Digital Humanities. In: Perspektive Forschungsförderung (2021). S. 6. DOI: https://doi.org/10.17613/01nb-x140.

16 Dogunke [u. a.], Keine falsche Scheu (wie Anm. 13), S. 3.

den, deren Arbeitsprozesse sich oft von den eigenen unterscheiden. Allein „[a]ufgrund der unterschiedlichen Fachkulturen und -sprachen, hat man hier eine Übersetzungsfunktion“ und benötigt „die Bereitschaft, sich auf die unterschiedlichen institutionellen Logiken der Partner einzulassen“[17], so Carius. Als hilfreich, um diese kommunikative Herausforderung zu bewältigen, erweisen sich dabei klar abgesteckte Zuständigkeiten und Aufgaben, sowie schnittstellenbezogene und transparente Kommunikationskanäle zwischen allen Beteiligten.

Rollenprofil 2: DH-Berater:in

Neben der koordinierenden wird auch eine beratende Rolle (DH-Berater:in) benötigt, um funktionale Teams innerhalb von DH-Initiativen zu bilden. Diese DH-Berater:innen können unter anderem auch als Entwicklungskoordinator:innen, technische Projektkoordinator:innen, IT-Berater:innen für Digital Humanities oder Digital Humanities Expert:innen bezeichnet werden. Ebenso gibt es Mischformen, wie z. B. die DH-Research-Designer:innen, die an der Schnittstelle zwischen Beratung und Koordination arbeiten.[18]

Berater:innen sind Personen, die sich spezialisiertes Wissen angeeignet haben und dieses als Dienstleister:innen an ihre Kund:innen weitergeben. Dabei lässt sich Beratung, so Sickendiek, Engel und Nestmann, im Allgemeinen definieren als „eine Interaktion zwischen zumindest zwei Beteiligten, bei der die beratende(n) Person(en) die Ratsuchende(n) mit Einsatz von kommunikativen Mitteln, Orientierung oder Lösungskompetenz zu gewinnen versuchen“[19].

An der Schnittstelle zwischen Geisteswissenschaften und Informatik ist es die Kernaufgabe von DH-Berater:innen, Forschende in der Auswahl und Anwendung digitaler Tools und Methoden zu unterstützen und zu begleiten. Darüber hinaus wird die Expertise von DH-Berater:innen häufig auch von Bachelor- und Master-Studierenden angefragt, die für ihre Abschlussarbeiten Ratschläge zu spezifischen Aspekten der Digital Humanities benötigen.

Das grundsätzliche Ziel der DH-Beratung liegt darin, Wissenschaftler:innen dabei zu helfen, eine geeignete Lösung für ihr Forschungsvorhaben zu finden. Nach einer sorgfältigen Evaluation des Forschungsumfelds, der Methoden, Tools, relevanten Da-

---

17 Carius, Interviewt durch Fabian Cremer [u. a.] (wie Anm. 5), S. 5.

18 So definiert Childress DH Research Designer als Personen „who will guide researchers through digital projects and help develop services and infrastructure in support of DH“. Childress, Dawn: The Local Digital Humanities Landscape: Understanding and Building Community, Capacity, and Infrastructure. In: 102. Deutscher Bibliothekartag in Leipzig 2013 = 5. Kongress Bibliothek & Information Deutschland. 14.08.2013. S. 5. https://opus4.kobv.de/opus4-bib-info/files/1408/Childress_The_Local_Digital_Humanities_Landscape_2013.pdf (23.10.2022).

19 Sickendiek, Ursel [u. a.]: Beratung: Eine Einführung in sozialpädagogische und psychosoziale Beratungsansätze. 3. Aufl. Weinheim: Juventa 2008. S. 13.

ten und erwarteten Forschungsergebnisse sowie einem ausführlichen Informationsaustausch mit den beteiligten Personen, werden von den DH-Berater:innen verschiedene Lösungskonzepte vorgeschlagen. Diese werden mit den Forschenden ergebnisoffen diskutiert.

Zur Ausübung dieser Tätigkeit sind verschiedene Kenntnisse und Fähigkeiten notwendig. Für die Vermittlung *zwischen beiden Welten* benötigen DH-Berater:innen ein hohes Verständnis der Methoden und Denkprozesse sowohl der jeweiligen geisteswissenschaftlichen Disziplin als auch der Informatik. Für die Entwicklung, Anpassung und Implementierung bedarfsorientierter Software-Tools in enger Zusammenarbeit mit Softwareentwickler:innen werden beispielsweise Kenntnisse im Bereich der IT (einschließlich Programmierung und moderner Webtechnologien) sowie im Bereich des maschinellen Lernens und der KI benötigt. Zur Durchführung von Beratungen und Schulungen zu DH-Methoden bzw. -Softwaretools bedarf es sehr guter Kenntnisse im Bereich geisteswissenschaftlicher Forschungsinfrastrukturen sowie eines souveränen Umgangs mit digitalen Technologien und Konzepten im Umfeld der Digital Humanities (u. a. Digitale Edition, 3D-Modellierung, Netzwerkanalysen).

Zusätzlich besteht die Aufgabe der Berater:innen darin, verschiedene Projekte technisch-methodisch zu koordinieren. Dafür sind Erfahrungen sowohl im (agilen) Projektmanagement (u. a. Scrum, Kanban) als auch im Bereich von interdisziplinären Forschungsprojekten notwendig.

Rollenprofil 3: DH-Research Software Engineer

Research Software Engineers[20] (RSEs) sind Personen, die Programmiererfahrung mit einem tiefgreifenden Verständnis von Forschung kombinieren können. Im Kontext der digitalen Geisteswissenschaften spielen DH-RSEs eine wichtige Rolle. Zu ihren Hauptaufgaben gehören die Konzeption, Entwicklung und Pflege von Algorithmen, die Entwicklung von Tools und Websites, die Modellierung von Daten sowie die Implementierung und Wartung von Forschungssoftware, anhand derer geisteswissenschaftliche Forschungsfragen beantwortet werden sollen.[21]

Als essentieller Teil von DH-Initiativen verdeutlichen die DH-RSEs die Heterogenität im Feld des DH-Supports an wissenschaftlichen Bibliotheken, denn sie sind keine

---

20 Derzeit existieren verschiedene Gruppierungen, die Personen aus der Entwicklung von Forschungssoftware zusammenzubringen versuchen. Einige dieser Gruppierungen sind auf nationaler Ebene organisiert, andere haben einen internationalen Schwerpunkt, wie die Research Software Engineers (RSE 2022). Vor allem die Mitglieder der Arbeitsgruppen „Research Software Engineering in the Digital Humanities" (DHd AG DH-RSE) und DHTech möchten die Position von Softwareentwickler:innen in den Geistes- und Kulturwissenschaften stärken und ihre Forschungsbeiträge sichtbarer machen, indem sie auf ihre Bedeutung für die Forschung aufmerksam machen.

21 Vgl. auch Casties, Robert [u. a.]: The DH RSE Workshop White Paper by DHTech. 03.08. 2019. https://dh-tech.github.io/dhrse-whitepaper#/ (23.10.2022).

Bibliothekar:innen, aber für die Deckung technischer Bedarfe von großer Bedeutung.[22] Die DH-RSEs können unter anderem auch als Softwareentwickler:innen, Forschungssoftwareentwickler:innen, IT-Spezialist:innen oder Softwarearchitekt:innen bezeichnet werden.

Ihre Kompetenzen umfassen praktische Erfahrungen hinsichtlich aktueller Entwicklungsstandards, Best Practices im Bereich der Software-Entwicklung sowie Kodierungsrichtlinien und Dokumentationsmethoden. Häufig sind sie für die Entwicklung neuer Methoden, wie z. B. computergestützte statistische Analysen und Datenvisualisierungen, verantwortlich und bringen das nötige Expert:innenwissen für die Umsetzung und Bewertung technischer Implementierungen mit.[23]

Die DH-RSEs befassen sich unter anderem damit, wie sich qualitativ hochwertige Software entwickeln und ihre Nachhaltigkeit verbessern lässt. Für die Ausführung ihrer Tätigkeiten benötigen die DH-RSEs dabei verschiedene Kenntnisse und Fähigkeiten. Um beispielsweise die Erstellung von Digitalen Editionen zu unterstützen, die zu den häufigsten Projektvorhaben im Bereich der Digital Humanities gehören, sind häufig Kenntnisse der Textauszeichnung nach Text Encoding Initiative (TEI)[24] sowie Wissen Wissen zu den [...] X-Technologien (XML, XPath, XSLT) gefragt. Zur Mitarbeit an der Konzeption und Entwicklung von digitalen Diensten und Softwarekomponenten werden in der Regel praktische Erfahrungen in der Entwicklung von Softwarelösungen, Kenntnisse in mindestens einer modernen Programmiersprache (z. B. Python, Java, JavaScript) sowie im Umgang mit modernen Frameworks (z. B. Flask, React) vorausgesetzt. Kenntnisse zu Serversystemen, Datenbanken, nationalen und internationalen Forschungsinfrastrukturen wie CLARIN und DARIAH sind besonders wichtig, da sie oft auch für die Einrichtung der IT-Infrastruktur eines bestimmten DH-Projekts herangezogen werden.

Rollenprofil 4: DH-Trainer:in

Wenn die Digital Humanities im Sinne der Informationskompetenz verstanden werden, sind DH-Trainer:innen dafür zuständig, Schulungsangebote für die lokale DH-Community zu konzipieren und zu implementieren. Dabei gilt es zunächst, Schulungsbedarfe an der eigenen Einrichtung zu sammeln und sich mit weiteren Einrichtungen und Gruppierungen abzustimmen, die möglicherweise bereits entsprechende Kompe-

---

22 Allerdings weist Kamposiori darauf hin, dass Mitarbeiter:innen mit ausgeprägter Programmiererfahrung nur selten Teil von Bibliotheksteams sind, vgl. Kamposiori, The role of Research Libraries (wie Anm. 7), S. 16.

23 Vgl. auch Tröger, Beate u. Britta Meersmann: Das Center for Digital Humanities an der Universität Münster. In: Bibliotheksentwicklung im Netzwerk von Menschen, Informationstechnologie und Nachhaltigkeit: Festschrift für Achim Oßwald. Hrsg. von Simone Fühles-Ubach u. Ursula Georgy. Bad Honnef: Bock + Herchen 2019. S. 211–219, hier S. 217.

24 Text Encoding Initiative (TEI). https://tei-c.org/ (23.10.2022).

tenzen aufgebaut haben. Dazu gehören unter anderem verwandte Abteilungen und Arbeitsbereiche an der eigenen Bibliothek (forschungsnahe Dienste, IT-Abteilungen), zentrale Rechen-, Daten- und Medienzentren, Fakultäten und zentrale wissenschaftliche Einrichtungen sowie externe Infrastrukturen wie CLARIAH-DE oder die NFDI. Zur Vernetzung bedarf es dabei hoher kommunikativer und organisatorischer Kompetenzen.

Bei ihrer Konzeption ist zu beachten, dass sich DH-Schulungsangebote stark voneinander unterscheiden können. So schwanken sie nicht nur in Abhängigkeit der lokalen institutionellen Verankerung,[25] sondern auch aufgrund der mitunter heterogenen Wissensstände der jeweiligen Statusgruppe (Studierende, Forschende).[26] Auch die Kursformate können unterschiedlich ausfallen: Von Einführungskursen als Angebot einer „strukturierten Grundorientierung über DH-Werkzeuge und -Methoden"[27] über Intensiv-Einzelberatungen bis hin zu ein- oder mehrtägigen Tool-Workshops, Seminaren und Konferenzen sind verschiedene Szenarien denkbar. Damit zeigt sich auch hier die Heterogenität der Digital Humanities, für die sich eine „One fits all"-Lösung als nicht zielführend erweist.

Ausgehend von lokalen Gegebenheiten und DH-Schwerpunktsetzungen kann auch der inhaltliche Fokus der Schulungsangebote variieren und sowohl informationswissenschaftlich-bibliothekarische Themen umfassen als auch anwendungsbezogene Einführungen in bestimmte DH-Tools beinhalten.[28] Diesen Anforderungen werden interdisziplinäre Teams gerecht: DH-Trainer:innen sind DH-Expert:innen, die Basiswissen vermitteln und idealerweise auch thematisch-methodische Spezialfragen beantworten können (z. B. in den Bereichen Digitale Edition, Netzwerkanalyse, 3D-Modellierung). DH-Trainer:innen können aber auch Fachreferent:innen sein, wenn sie beispielsweise ihre Expertise im Bereich Metadatenmanagement einbringen. Im besten Fall verfügen sie über Erfahrung im Umgang mit generischen DH-Tools, die sie in Projekten selbst aktiv eingesetzt haben.[29] Zudem sollten DH-Trainer:innen über didak-

---

25 So vermutet Schröter insbesondere für Universitäten ohne institutionalisierte Strukturen der Digital Humanities eine Unsicherheit, was die Inhalte, Methoden und Instrumente der DH betrifft (Schröter, Teaching Libraries [wie Anm. 6], S. 78 f.).

26 Die Problematik heterogener Wissensstände bringt Schröter auf den Punkt, wenn er fragt: „Welche Möglichkeiten haben Universitätsbibliotheken [...], um einerseits Studierenden der Geisteswissenschaften von heute eine erste Orientierung in der Welt der Digital Humanists von morgen zu erleichtern, anderseits Graduierte und Forschende zu aktuellen Themen aus dem Arbeitsbereich Digital Humanities angemessen zu beraten?" Schröter, Teaching Libraries (wie Anm. 6), S. 84.

27 Schröter, Teaching Libraries (wie Anm. 6), S. 88.

28 Erste konkretere Vorschläge für die Ausgestaltung von Schulungsinhalten, gestaffelt nach Statusgruppen und jeweiligem Fokus, finden sich bei Schröter, Teaching Libraries (wie Anm. 6), S. 90; vgl. auch Schüpbach [u. a.], Aspekte der Digital Humanities (wie Anm. 2), S. 115; Brandtner [u. a.], Die Bibliotheken haben ihre Zukunft vor sich (wie Anm. 4), S. 176.

29 Zum praxisorientierten Wissensaufbau durch Projekterfahrungen vgl. Carius, Interviewt durch Fabian Cremer [u. a.] (wie Anm. 5), S. 10; Frank, Markus: Interviewt durch Fabian Cremer [u. a.] (wie Anm. 5), S. 10.

tische Grundlagenkompetenzen verfügen, die sie im Idealfall durch praktische Erfahrungen im Zuge eigener Lehrtätigkeiten erworben haben.

Rollenprofil 5: Fachreferent:in

Bereits 2011 zeigt eine Umfrage der Association of Research Libraries (ARL), dass Fachreferent:innen an kanadischen und US-amerikanischen wissenschaftlichen Bibliotheken nur selten dediziert an DH-Projekten beteiligt sind, auf Zuruf aber oft als passende Ansprechpersonen identifiziert werden.[30] Auch Glaser sieht Fachreferatsarbeit aufgrund ihrer „fachliche(n) Supportstruktur" als den idealen Anknüpfungspunkt für bibliothekarische Unterstützung im Bereich der heterogenen und sich kontinuierlich entwickelnden Digital Humanities.[31]

Nichtsdestotrotz gibt es aber Grenzen im fachreferatsbezogenen DH-Support an wissenschaftlichen Bibliotheken: Einerseits, weil das Fachreferat eben nicht per se mit dem höheren Dienst gleichzusetzen ist (s. Fußnote 13), und andererseits, weil Fachreferent:innen nicht automatisch deshalb zu Expert:innen für Digital Humanities werden, weil sie über informationswissenschaftliche Expertise verfügen.[32]

Doch welche Rolle(n) können Fachreferent:innen einnehmen, wenn sie DH-Initiativen an ihrer Bibliothek unterstützen möchten? Mit der Frage, welche Potentiale und Aufgaben sich für Fachreferent:innen aus den Digital Humanities heraus ergeben können, hat sich die bibliothekarische Fachcommunity in letzter Zeit verstärkt auseinandergesetzt.[33] Dabei zeigen alle Besprechungen die Vielfalt des potentiellen Aufgabenspektrums von Fachreferent:innen im DH-Support: Neben der Betreuung eines genuinen DH-Fachreferats[34] könnten Fachreferent:innen ihre (Sach-)Erschließungskompetenz gewinnbringend in DH-Projekte einbringen oder gar eigene kleine Forschungsprojekte durchführen, sollten ihre DH-Kenntnisse entsprechend hoch sein. Denkbar ist auch eine aktive Beteiligung an Informationskompetenzveranstaltungen (vgl. auch Rollenprofil „DH-Trainer:in").

Die vielleicht wichtigste Funktion, die von Fachreferent:innen im DH-Support ausgefüllt werden kann, ist vermutlich jedoch die der Beratungsschnittstelle: Sind sie gut vernetzt mit ihrer jeweiligen Fach- und vertraut mit der lokalen DH-Community und informiert über interne und externe Serviceangebote, so können Fachreferent:innen zu Vermittler:innen werden, die Studierende und Forschende auf entsprechende Bera-

---

30 Vgl. Bryson [u. a.], Digital Humanities (wie Anm. 7), S. 12.

31 Glaser, Digital Humanities (wie Anm. 5), S. 5.

32 Vgl. Dogunke [u. a.], Keine falsche Scheu (wie Anm. 13), S. 8.

33 Ausführliche Betrachtungen finden sich beispielsweise bei Dogunke [u. a.], Keine falsche Scheu (wie Anm. 13); Schüpbach [u. a.], Aspekte der Digital Humanities (wie Anm. 2); Glaser, Digital Humanities (wie Anm. 5).

34 Vermutlich sind DH-Fachreferate aktuell an nur wenigen Bibliotheken besetzt, vgl. auch Dogunke [u. a.], Keine falsche Scheu (wie Anm. 13), S. 1.

tungs- und Informationsangebote hinweisen und an passende Ansprechpersonen weitervermitteln.[35]

Wenn sich Fachreferent:innen in DH-Initiativen an ihrer Bibliothek engagieren, beispielweise durch den Umgang mit neuen Tools und Methoden, profitieren dabei nicht nur die Mitglieder der lokalen DH-Community, sondern auch die Fachreferent: innen selbst, indem sie gewonnenes Know-how gewinnbringend für die eigene Fachreferatsarbeit einsetzen.[36]

Kompetenzaufbau im DH-Support an wissenschaftlichen Bibliotheken

Die vorangegangenen Abschnitte haben gezeigt, anhand welcher Rollen sich Basisstrukturen im DH-Support an wissenschaftlichen Bibliotheken schaffen lassen. Doch unter welchen Bedingungen können diese Rollen besetzt werden?

Grundvoraussetzung dafür ist zunächst eine Bestandsaufnahme vor Ort: Wie stark sind die Digital Humanities am jeweiligen Forschungsstandort verankert? Welches sind lokale Lehr- und Forschungsschwerpunkte und wie kann die wissenschaftliche Bibliothek das eigene Serviceportfolio daran ausrichten? Gibt es weitere Initiativen, mit denen eine Abstimmung sinnvoll und notwendig erscheint (Rechen- und Datenzentren, Forschungs- und Entwicklungsabteilungen)? Dies sind nur einige Beispiele für einen Fragenkatalog, anhand dessen sich inhaltliche und infrastrukturelle Rahmenbedingungen abstecken lassen.

Zudem, und nicht zuletzt vor dem Hintergrund der kontinuierlich voranschreitenden Entwicklung der Digital Humanities, bedürfen wissenschaftliche Bibliothekar:innen entsprechender Kompetenzen, um im DH-Support tätig zu sein. Neben einem formalisierten Wissensaufbau, beispielsweise durch das Erlangen eines DH-Zertifikats oder den Abschluss eines einschlägigen DH-Studienganges[37] sind derzeit wohl das Er-

35 Zu Fachreferent:innen als beratende Dienstleister:innen vgl. auch Dogunke [u. a.], Keine falsche Scheu (wie Anm. 13), S. 8.

36 Konkrete Anwendungsbeispiele finden sich u. a. bei Dogunke [u. a.], Keine falsche Scheu (wie Anm. 13), S. 4; Glaser, Digital Humanities (wie Anm. 5), S. 7; Calvo Tello nach: Rosenberger, Sonja u. Jana Madlen Schütte: Wissenschaftliche Bibliotheken und Digital Humanities: Potentiale für die Fachreferatsarbeit. In: o-bib. Das offene Bibliotheksjournal (2021) Nr. 4. S. 1. DOI: https://doi.org/10.5282/o-bib/5761.

37 Während sich DH-Studiengänge 2017 noch im Entstehungsprozess befanden (vgl. Schröter, Teaching Libraries [wie Anm. 6], S. 88) zeichnet sich 2021 bereits ein Wachstum im Bereich von DH-Professuren und -Studiengängen ab (vgl. Rapp, Digital Humanities und Bibliotheken [wie Anm. 1], S. 8). Einen Überblick über DH-Studienstandorte weltweit bietet das Digital Humanities Course Registry. https://dhcr.clarin-dariah.eu/ (23.10.2022).

fahrungswissen, etwa durch aktive Beteiligung an DH-Projekten[38] sowie das „Learning by doing" die gängigsten Formate, um eigene Kompetenzen auf- und auszubauen.

Die Fort- und Weiterbildungsangebote sind dabei so vielfältig, dass an dieser Stelle nur eine Auswahl präsentiert werden kann. Selbstlernangebote finden sich beispielsweise bei DARIAH teach[39] und Programming Historian,[40] das auch für Anfänger:innen Tutorials im Bereich digitaler Tools und Techniken bereithält. Vernetzungsmöglichkeiten bieten sowohl die großen DH-Konferenzen nationaler und internationaler DH-Verbände[41] als auch kleinere themen- und zielgruppenorientierte Veranstaltungen, die in einschlägigen Mailinglisten oder Blogbeiträgen[42] angekündigt werden. Auch innerhalb der bibliothekarischen Fachcommunity werden vermehrt Fortbildungen mit Fokus auf die Digital Humanities durchgeführt.[43] Nicht zuletzt bieten lokale und institutionsübergreifende Arbeitsgruppen und Angebote, die sich sowohl Themen und Verfahren der Digital Humanities widmen können als auch infrastrukturellen Fragestellungen,[44] gute Anknüpfungspunkte für die Etablierung einer eigenen Wissensbasis und die Schaffung eines persönlichen Netzwerks.

38 Zur Wichtigkeit eigener Projekterfahrungen im DH-Bereich vgl. auch Frank, Markus: Interviewt durch Fabian Cremer (wie Anm. 5), S. 10; Carius, Interviewt durch Fabian Kremer [u. a.] (wie Anm. 5), S. 10; Dogunke [u. a.], Keine falsche Scheu (wie Anm. 13), S. 3–5.

39 #dariahTeach. https://teach.dariah.eu/ (23.10.2022).

40 Programming Historian. https://programminghistorian.org/ (23.10.2022).

41 Beispielsweise die Jahrestagung des Verbands Digital Humanities im deutschsprachigen Raum (DHd). https://dig-hum.de/ (23.10.2022), sowie der „Day of DH" der Alliance of Digital Humanities Organizations (ADHO). https://adho.org/ (23.10.2022).

42 Zu nennen sind hier beispielsweise die DHd-Mailingliste. https://dig-hum.de/dhd-mailingliste (23.10.2022); sowie der DHdBlog. https://dhd-blog.org/ (23.10.2022).

43 Explizit für Bibliothekar:innen hat sich das Format Library Carpentry. https://librarycarpentry.org/ (23.10.2022), etabliert, das Grundlagenkenntnisse in der Programmierung und im Umgang mit Daten vermittelt. Andere Beispiele aus der bibliothekarischen Fachcommunity sind Sessions auf bibliotheks- und informationswissenschaftlichen Kongressen, etwa die von der VDB-Kommission für Fachreferatsarbeit durchgeführte Podiumsdiskussion Spotlight Digital Humanities – von 0 auf 100!? auf dem 8. Bibliothekskongress Leipzig 2022 (https://bid2022.abstractserver.com/program/#/details/sessions/90 [23.10.2022]) oder weitere Veranstaltungsformate der Berufsverbände, wie beispielsweise die Onlinefortbildung Wissenschaftliche Bibliotheken und Digital Humanities: Potentiale für die Fachreferatsarbeit (https://eveeno.com/169355945 [23.10.2022]) der VDB-Kommission für Fachreferatsarbeit.

44 Dazu gehören u. a. die Arbeitsgruppen des DHd-Verbandes (https://dig-hum.de/dhd-ags [23.10.2022]), aber auch Initiativen für Koordinationsfragen wie #DHfromScratch, vgl. Roeder, Torsten [u. a.]: Digital Humanities, from Scratch. In: DHdBlog (03.07.2019). https://dhd-blog.org/?p=11804 (23.10.2022); vgl. Dogunke [u. a.], Keine falsche Scheu (wie Anm. 13), S. 4.

Heterogene Anforderungen, vielfältige Teams: Potentiale erkennen!

Sicherlich gibt es viele Gemeinsamkeiten, die die skizzierten Rollenprofile untereinander einen. Dazu gehören die Offenheit und Motivation zu forschungsnahem Arbeiten, die Bereitschaft, sich mit geisteswissenschaftlichen Fragestellungen auseinanderzusetzen, sowie das Interesse an der Arbeit in interdisziplinären Teams.

Zugleich zeichnen sich die Rollenprofile aber auch durch ihre Vielfältigkeit aus: *Den* oder *die* DH-Bibliothekar:in bzw. DH-Librarian scheint es nicht zu geben, zumal es neben wissenschaftlichen Bibliothekar:innen weiterer Personen bedarf, um tragfähige Services an der eigenen Einrichtung zu etablieren. Zu nennen sind hier beispielsweise Software-Entwickler:innen, die die erforderliche DH-Infrastruktur bereitstellen, und DH-Spezialist:innen, die als DH-Trainer:innen bedarfsorientierte Schulungen anbieten. Sind diese Rollenprofile Teil des Berufsbilds „wissenschaftliche:r Bibliothekar:in"? Vermutlich eher nicht. Um sich also zukunftsfähig im Bereich DH zu positionieren, ist es Aufgabe der Bibliothekscommunity, althergebrachte Personalstrukturen aufzubrechen, bisherige Personalstrukturen neu zu denken und Potentiale für heterogene und interdisziplinäre Teams zu erkennen.

Teil IV: **Publizieren fördern und unterstützen**

Einführung

Bibliothekarische Services zur Unterstützung und Förderung des wissenschaftlichen Publizierens der Wissenschaftler:innen an den Hochschulen sind in Deutschland – im Unterschied zum anglo-amerikanischen Raum – zumindest in der Breite ein relativ neues Phänomen. Seit nunmehr über 20 Jahren hat diese Entwicklung durch die Open-Access-Bewegung im Zuge der digitalen Transformation eine neue Dynamik bekommen. Die mit den bibliothekarischen Publikationsservices verbundenen Aufgaben werden häufig von wissenschaftlichen Bibliothekar:innen erbracht und sie erfordern Kompetenzen, die lange nicht Teil ihrer Qualifikation waren. Welche Kompetenzen genau in diesem neuen Handlungsfeld benötigt werden, machen die beiden Beiträge dieses Kapitels deutlich.

Eröffnet wird die Thematik in dem Beitrag von Markus Putnings, der sich eingehend mit der Förderung von Open Access befasst. Notwendig ist hier ein positives bibliothekarisches Einwirken auf die Publikationskompetenz der Forscher:innen und auf das Entfaltungspotenzial dieser Publikationskompetenz. Ermöglicht wird dies durch den Aufbau von publikationsunterstützenden Strategien, von geeigneten Informationsinfrastrukturen und durch Schulungs- bzw. Beratungsangebote. Der Publikationsprozess im Rahmen von Open Access vollzieht sich laut Putnings auf den Ebenen der Strategie, der Technik und der Beratung und zieht entsprechende bibliothekarische Maßnahmen nach sich, bedarf vor allem aber der dafür nötigen fachlichen sowie überfachlichen Kompetenzen, einhergehend mit einem neuen Rollenverständnis wissenschaftlicher Bibliothekar:innen.

Alice Keller zeigt in ihrem Beitrag auf, welche verschiedenen Kompetenzen und Voraussetzungen für erfolgversprechende bibliothekarische Publikationsservices gegeben sein müssten. Digitale Publikationsservices erfordern demnach wegen ihrer ausgeprägten Komplexität eine starke Vernetzung der Bibliothekar:innen mit externen Partner:innen. Sie benötigen dafür zusätzliche Spezialkenntnisse, müssen fachübergreifend arbeiten und damit deutlich über das bisherige Selbstverständnis von Fachreferent:innen an Hochschulbibliotheken hinaus wirksam werden.

https://doi.org/10.1515/9783110790375-019

Markus Putnings

Publizieren und Open Access fördern

Abstract: Um das Publizieren und Open Access zu fördern, benötigt es das positive bibliothekarische Einwirken auf die Publikationskompetenz der Forscher:innen und auf das Entfaltungspotenzial dieser Publikationskompetenz, etwa durch den Aufbau von publikationsunterstützenden Strategien, Informationsinfrastrukturen und Schulungs- bzw. Beratungsangeboten. Hierzu sind verschiedene personelle Kompetenzen und (Aufgaben-)Erfahrungen hilfreich. Dieser Beitrag betrachtet entlang des Publikationsprozesses auf den drei Ebenen Strategie, IT/Technik und Beratung verschiedene förderliche bibliothekarische Maßnahmen und die nötigen fachlichen sowie überfachlichen Kompetenzen. Zudem erfolgt ein kurzer Blick auf die Veränderungen der Rollenzuweisungen im Bereich Open-Access-Publizieren.

Keywords: Beratungssystem, Berufsrolle, Elektronisches Publizieren, Open Access, Open Access Librarian, Publikationsförderung, Publikationskompetenz

Kurzbiografie: Markus Putnings (ORCID: https://orcid.org/0000-0002-6014-9048), Wirtschaftsinformatikstudium an der Universität Regensburg, ist seit 2012 an der Universitätsbibliothek Erlangen-Nürnberg beschäftigt. Er hat Leitungsaufgaben in führender bzw. stellvertretender Funktion für die Abteilung I: „Medienbearbeitung, Open Access, Fachinformationsdienst", das Referat Open Access, das Referat Forschungsdatenmanagement sowie für die Technisch-naturwissenschaftliche Zweigbibliothek (TNZB) inne und betreut die Fachreferate Informatik sowie Mathematik. Er verlegt wissenschaftliche Fachliteratur als Leiter des bibliothekseigenen Open-Access-Universitätsverlags FAU University Press und betreut publikationsbezogene Projekte wie OS-APS (https://os-aps.de/) und DeepGreen (https://info.oa-deepgreen.de/). Kontakt: Friedrich-Alexander-Universität Erlangen-Nürnberg (FAU), Universitätsbibliothek Erlangen-Nürnberg, Universitätsstr. 4, 91054 Erlangen; markus.putnings@fau.de.

Einleitung: Open Access Publizieren

Dieser Beitrag ist gleichermaßen Anschluss an den vorangegangenen Buchteil „Wissenschaftler:innen beraten und unterstützen", Einleitung und Überblick zum hier beginnenden Buchabschnitt „Publizieren fördern und unterstützen" als auch für sich allein sprechend.

„Publizieren" wird hier ganzheitlich und praxisnah gesehen. Ganzheitlich meint, dass alle Phasen, auch die Publikationsvorbereitung und das publikationsbezogene Nacharbeiten, im Fokus der Betrachtungen stehen.

https://doi.org/10.1515/9783110790375-020

Die Vorbereitung einer Publikation

Die Vorbereitung umfasst z. B. Schritte der Literaturrecherche, -sichtung, und -sammlung, etwa in Literaturverwaltungsprogrammen wie Citavi,[1] Endnote[2] oder Zotero,[3] und die Prüfung geeigneter Publikationsorte mittels fachlichen („Scope") und qualitativen Gesichtspunkten (z. B. Renommee in der jeweiligen Disziplin). Neben solchen inhaltlichen und wertigen Gesichtspunkten können weitere in die Entscheidung für oder gegen einen Publikationsort einfließen, konkret z. B. Seitenumfangs- bzw. Zeichenbeschränkungen, Formatvorgaben und zu nutzende Formatvorlagen, Zitierstil, Anforderungen an Ethik, Datenmanagement und Transparenz (z. B. Darlegung möglicher Interessenkonflikte), nötige Rechteübertragungen, zur Auswahl stehende (z. B. Creative Commons – CC) Lizenzen sowie erwartbare Kosten.

Die Realisierung einer Publikation

Etliche dieser Punkte fließen dann in die praktische Realisierung der Publikation mitsamt Zitaten, Quellen und veranschaulichenden Bildern, Diagrammen, Tabellen und/oder sonstigen Materialien im Format gemäß spezifischer Formatvorgaben des Publikationsortes ein. Zusätzlich können unter Eigenentscheidung oder nach Prüfung und Vorgabe des Publikationsortes (z. B. Sprachkorrektorat bei Nicht-Muttersprachler:innen) Optimierungsschritte, z. B. Hinzuziehen eines Lektorats, einer Plagiatsprüfung oder eines Übersetzungsdienstleisters nötig sein. Die Einreichung beim ausgewählten Publikationsort erfordert die Erstellung aller nötigen Metadaten und Begleitmaterialien, wie z. B. Cover Letter oder Autor:innenvita. Danach folgt die Durchführung des Peer-Review-Prozesses, sei es klassisch, sei es mittels Open-Peer-Review und bei Akzeptanz das Schließen des Veröffentlichungsvertrags sowie der sonstigen rechtsnahen Festlegungen (z. B. Auswahl der CC-Lizenz, Angabe notwendiger Förderinformationen oder Genehmigungen von Ethikkommissionen).

Die Nacharbeiten einer Publikation

Nach der Veröffentlichung gibt es üblicherweise diverse Nacharbeiten etwa im Kontext der Wissenschaftskommunikation, z. B.:
- Melden in Hochschulbibliografien oder Forschungsinformationssystemen (FIS);
- Eintragen in persönliche Profile und Literaturverzeichnisse, z. B. bei ORCID[4];

1 Vgl. Citavi: Literaturverwaltung und Wissensorganisation. https://www.citavi.com/de (10.10.2022).
2 Vgl. Clarivate: EndNote 20. https://endnote.com/product-details (10.10.2022).
3 Vgl. Zotero: Your personal research assistant. https://www.zotero.org/ (10.10.2022)
4 Vgl. ORCID: ORCID for Researchers. https://info.orcid.org/researchers/ (10.10.2022).

- Zweitveröffentlichen und Langzeitarchivieren in institutionellen oder fachlichen Repositorien;
- Bewerben über private oder institutionelle Social-Media-Kanäle und Nachrichtenkanäle der Wissenschaft, z. B. über Pressemitteilungen und idw[5] oder über Konferenzen, Interviews und Vorträge;
- Aufbauen auf die Arbeit im Zuge weiterer Forschungen;
- Nutzen der Arbeit(en) zur wissenschaftlichen Reputations- und Karrierebildung, z. B. bei Berufungsverhandlungen.

Wie die beiden letzten Punkte zeigen und auch Schmitz feststellt, kann

> [d]as Thema „Publizieren im Open Access" [...] nicht losgelöst vom Forschungskreislauf gesehen werden, denn es hat direkte Bezugspunkte beispielsweise zum wissenschaftlichen Schreiben und zur Reputationsbildung. Mit dem Abfassen eines Artikels und der anschließenden (Open-Access-) Veröffentlichung werden bestimmte Ziele verfolgt, die über die reine Kommunikation der wissenschaftlichen Ergebnisse hinausgehen. So sind Publikationen unter anderem auch notwendiges Mittel, um im Wissenschaftssystem Fuß zu fassen und darin aufzusteigen.[6]

In der Folge sind entsprechende bibliothekarische Förder- und Dienstleistungen im gesamten Forschungskreislauf einbettbar, auch bereits bei der Planung und Finanzierungsbeantragung von Forschungsprojekten, damit später Mittel zur Open-Access-Publikation vorhanden sind.

Veränderungen der Rollenzuweisung

Etwa bis zu den Jahren 2016, 2017 wurde die bibliothekarische Rolle, das Publizieren und Open Access zu fördern, primär bei den Fachreferent:innen gesehen. So beobachtet Keller „[i]m anglo-amerikanischen Sprachraum [...], dass die Vermittlung von Publikationskompetenz zu einer zunehmend wichtigen Aufgabe und Beratungsdienstleitung von Fachreferenten wird",[7] und Söllner, „dass Fachaufgaben im wissenschaftlichen Bibliotheksdienst zunehmend stärker funktional als disziplinär ausgerichtet sind",[8] mit Forschungsdienstleistungen/Wissenschaftsmanagement sowie Open Ac-

5 Vgl. Informationsdienst Wissenschaft: Publizieren. https://idw-online.de/de/piooffers (10.10.2022)

6 Schmitz, Jasmin: Open-Access-Beratung in der Bibliothek: Wie berate ich meine Zielgruppe? Fortbildungsworkshop auf der Jahrestagung der Arbeitsgemeinschaft für Medizinisches Bibliothekswesen (AGMB) in Basel (07.–09.09.2015). In: GMS Medizin – Bibliothek – Information (2015) H. 3. S. 1.

7 Keller, Alice: Publikationskompetenz als neues Tätigkeitsfeld von Bibliotheken. In: Bibliotheksdienst (2016) H. 7. S. 669.

8 Söllner, Konstanze: Management-Abschluss oder Fachlaufbahn – Wohin entwickeln sich Anforderungsprofile und Karrierewege im wissenschaftlichen Bibliothekswesen? In: o-bib. Das offene Bibliotheksjournal (2016) H. 4. S. 267.

cess/wissenschaftliches Publizieren als Top 1 und 2 der neuen Aufgaben.[9] „Das ‚reine' Fachreferat befindet sich […] auf dem Rückzug. Aufgaben im Bereich Open Access/ Wissenschaftliches Publizieren […] nehmen hingegen deutlich zu"[10], schreibt Söllner im Jahr 2017.

In den Folgejahren ab 2017 ist zu beobachten, dass sich die vielfältigen Aktivitäten rund um Open Science auf weitere Qualifikationsebenen ausweiten. Bilo erwähnt nach einer Analyse von Stellenausschreibungen, dass sich auch bei der EG 9 „Aufgaben auf das Publikationsmanagement inklusive Open Access und Urheberrecht, Durchführung von Workshops zum wissenschaftlichen Publikationsverhalten, Qualitätssicherung, Datenredaktion in der Hochschulbibliographie, Literaturverwaltungssysteme und die Mitarbeit bei der Entwicklung eines Kommunikationskonzeptes"[11] beziehen.

Inzwischen dürften Open-Access-Dienstleistungen sowohl eingruppierungstechnisch als auch organisatorisch auf beinahe allen Ebenen vertreten sein, wie z. B. Kötter aufzeigt:

> Als besonders wichtiger [Ansprechpartner neben dedizierten Open Access Referaten bzw. Verantwortlichen sei] die Medien- bzw. Erwerbungsabteilung […] genannt […] und Bereiche, die sich mit der Vergabe von Metadaten […] beschäftigten, sowie das Team E-Medien […]. Ebenso sind Kolleg*innen aus dem Bereich der Formalerschließung/Katalogisierung häufig an den Open-Access-Services beteiligt […]. Für den Betrieb der institutseigenen Repositorien wird häufig mit Kolleg*innen aus der IT-Abteilung zusammengearbeitet […]. Darüber hinaus sind den meisten Bibliotheken auch Fachreferent*innen an den Open-Access-Dienstleistungen beteiligt […].[12]

Zusätzlich erwähnt Kötter Universitätsverlage und Fachinformationsdienste als Open-Access-Plattformen, die Bibliotheksverwaltungen bei der Buchung von Open-Access-Rechnungen, die Benutzungs- und Informationsdienste mit Beratungen und Schulungen zu Open Access, die Öffentlichkeitsarbeit mit ihren Werbeaktivitäten zu Open Access und die Bibliotheksleitungen für strategische Überlegungen.[13]

Entsprechend gibt es je nach Größe, Organisation und Personalkapazitäten der Einrichtung nicht mehr die klar definierte Rolle „einer" Open-Access-Bibliothekarin oder „eines" Open-Access-Bibliothekars, sondern eine Vielzahl von unter- oder seitenverzweigten Aufgabenzuweisungen im Kontext Publizieren und OA – auch für Stellen,

---

9 Vgl. Söllner, Management-Abschluss (wie Anm. 8), S. 268.

10 Söllner, Konstanze: Bibliotheken ohne Bibliothekar/innen? Qualifikationen für die wissenschaftliche Bibliothek. In: Bibliotheksdienst (2017) H. 10–11. S. 857.

11 Bilo, Albert: Personalentwicklung und Forschungsdatenmanagement: Ein Blick auf die Anforderungsprofile in aktuellen Stellenausschreibungen. In: Bibliotheksentwicklung im Netzwerk von Menschen, Informationstechnologie und Nachhaltigkeit. Hrsg. von Simone Fühles-Ubach [u. a.]. Bad Honnef: Bock + Herchen 2019. S. 15–26.

12 Kötter, Miriam S.: Verankerung von Open Access Diensten in den Organisationsstrukturen von wissenschaftlichen Bibliotheken in Deutschland. Masterarbeit. Berlin 2021. S. 37–38.

13 Vgl. Kötter, Verankerung von Open Access Diensten (wie Anm. 12), S. 38.

die ursprünglich möglicherweise ein klassischeres Bibliotheksrollenverständnis hatten, wie etwa Katalogisierer:innen.

Zielsetzungen und Aufgabenstellungen

Um als Ziel das Publizieren und OA zu fördern, benötigt es gemäß Keller zwei Wirkstätten:

1. das positive bibliothekarische Einwirken auf die Publikationskompetenz der Forscher:innen und auf das Entfaltungspotenzial dieser Publikationskompetenz, etwa durch Beratung, Schulung und das Anbieten von niederschwelligen Publikationsinfrastrukturen und -unterstützungsangeboten;
2. die spezifischen Kompetenzen und (Aufgaben-)Erfahrungen, die wissenschaftliche Bibliothekar:innen benötigen, um 1. Realisieren bzw. positiv beeinflussen und ausgestalten zu können.[14]

Die folgenden Übersichten gliedern diese beiden Aspekte zunächst aufgabentechnisch innerhalb den drei Ebenen Strategie, IT/Technik, Beratung entlang den im ersten Kapitel genannten Schritten.[15]

Literaturrecherche, -sichtung, -sammlung
Strategie: z. B. Bibliothekshomepage zu Literaturverwaltungsprogrammen (etwa Vergleich verschiedener Software, Vor-/Nachteile) und verfügbaren Programmlizenzen konzipieren, Schulungsmaterialien und -teams planen und aufbauen; IT/Technik: z. B. in Kooperation mit dem Rechenzentrum Lizenzen, Handbücher und/oder Support anbieten; Beratung: Schulungen zu den Literaturverwaltungsprogrammen durchführen, z. B. zum Exzerpieren und Klassifizieren mittels Kategorien, Gruppen und Schlagwörtern.

14 Vgl. Keller, Alice: Publikationskompetenz. In: Handbuch Informationskompetenz. Hrsg. von Wilfried Sühl-Strohmenger. Berlin: De Gruyter 2016. S. 308–309; Keller, Publikationskompetenz als neues Tätigkeitsfeld (wie Anm. 7), S. 666.

15 Jedoch ohne Anspruch auf Vollständigkeit, so sind speziellere Aufgaben rund um Dissertationsveröffentlichungen, wie etwa promotionsadministrative Druckfreigaben, Sperrvermerke, Prüfung von Fakultätstitelblättern etc. hier nicht mit erwähnt. Relativ erschöpfende Listungen von Open-Access-Aufgaben und -Servicedefinitionen bieten Horstmann, Wolfram: 1h. From collecting to connecting – the role of libraries in Open Access. In: Praxishandbuch Open Access. Hrsg. von Konstanze Söllner u. Bernhard Mittermaier. Berlin, Boston: De Gruyter 2017. S. 62–74; Oberländer, Anja: Institutionelle Organisation von Open-Access-Aktivitäten. Masterarbeit. Berlin 2019. S. 17–37; Stille, Wolfgang, Stefan Farrenkopf [u. a.]: Forschungsunterstützung an Bibliotheken. In: o-bib. Das offene Bibliotheksjournal (2021) H. 2. S. 4–8; Schmitz, Open-Access-Beratung (wie Anm. 6), S. 2–4.

Best Practice Beispiele (Auswahl):
Staats- und Universitätsbibliothek Bremen: Literaturverwaltung. https://www.suub.uni-bremen.de/service-beratung/literaturverwaltung/ (10.10.2022)
Universitätsbibliothek der Universität Bielefeld: Literaturverwaltung. https://www.uni-bielefeld.de/ub/learn/refman/ (10.10.2022).

Auswahl geeigneter Publikationsorte

Strategie: z. B. Bibliothekshomepage zu Förderkriterien, Qualitätskriterien und Raubverlegern gestalten, das Directory of Open Access Journals (DOAJ) direkt[16] oder indirekt über Global Sustainability Coalition for Open Science Services (SCOSS)[17] unterstützen, Überlegungen hinsichtlich Zeitschriftenauswahl- und -einreichungssysteme anstellen (z. B. ChronosHub Journal Guide[18]);
IT/Technik: z. B. eigene Publikationsinfrastrukturen mittels Open Journal Systems (OJS)[19] oder Open Monograph Press (OMP)[20] an der Einrichtung als lokale Alternative aufbauen, Plattformen „branden", d. h. ans Corporate Design der Einrichtung anpassen (auch z. B. bei ChronosHub Journal Finder möglich);
Beratung: Schulungen durchführen, z. B. zu bibliometrischen Kennzahlen wie dem Journal Impact Factor,[21] Open-Access-„Wegen" (Grün, Gold, Diamant), Raubverlegern und die Nutzung von Journal Finder Plattformen wie DOAJ,[22] Oa.finder,[23] B!SON,[24] Jane[25] oder verlagsspezifischen wie z. B. Springer Journal Suggester.[26]

Best Practice Beispiele (Auswahl):
Universitätsbibliothek Bern: Open Access. OA-Zeitschriften finden. https://www.ub.unibe.ch/service/open_science/open_access/index_ger.html#pane584501 (10.10.2022)
Universitätsbibliothek der Technischen Universität Kaiserslautern: Tipps für Autor:innen. https://www.ub.uni-kl.de/schreiben-publizieren/tipps-fuer-autorinnen (10.10.2022).
Für mehr Kompetenzkontakte siehe auch:
open-access.network: Fokusgruppe „scholar-led.network". https://open-access.network/vernetzen/digitale-fokusgruppen/fokusgruppe-scholar-led (10.10.2022)
OJS-de.net: Netzwerk. https://ojs-de.net/netzwerk (10.10.2022).

16 Vgl. DOAJ: Support DOAJ. https://doaj.org/support/ (10.10.2022).
17 Vgl. SCOSS: Help sustain open infrastructure. https://scoss.org/help-sustain-open-infra/ (10.10.2022).
18 Vgl. ChronosHub: Journal Guide.. https://chronoshub.io/services/journal-guide/ (21.06.2023).
19 Vgl. Public Knowledge Project: Open Journal Systems. https://pkp.sfu.ca/ojs/ (10.10.2022).
20 Vgl. Public Knowledge Project: Open Monograph Press. https://pkp.sfu.ca/omp/ (10.10.2022).
21 Vgl. Clarivate: Journal Citation Reports. https://jcr.clarivate.com/jcr/home (10.10.2022).
22 Vgl. DOAJ: Directory of Open Access Journals. https://doaj.org/ (10.10.2022).
23 Vgl. Universitätsbibliothek Bielefeld: oa.finder. https://finder.open-access.network/ (10.10.2022).
24 Vgl. Technische Informationsbibliothek: B!SON – Empfehlungsdienst für Open-Access Zeitschriften. https://service.tib.eu/bison/ (10.10.2022).
25 Vgl. The Biosemantics Group: Jane Journal/Author Name Estimator. https://jane.biosemantics.org/ (10.10.2022).
26 Vgl. SpringerNature: Springer Journal Suggester. https://journalsuggester.springer.com/ (10.10.2022).

Schreiben und Optimierung der Publikation
Strategie: z. B. mit universitätsinternen Angeboten, wie Sprachendienst, Schreibzentrum, Plagiats-Portal vernetzen, im Bedarfsfall externe Dienstleister prüfen sowie beauftragen, bspw. Enago[27] oder AJE[28] für Englischlektorat und das Korrekturlesen von Manuskripten; IT/Technik: ggfs. in Kooperation mit dem Rechenzentrum Plagiatssoftware, wie z. B. von Turnitin[29] lizenzieren und anbinden, Lizenzen zur professionellen Erstellung von Publikationen (z. B. Microsoft Office, LaTeX, Adobe Pro und InDesign) mitsamt Diagrammen, Grafiken und Bildern (z. B. GIMP, Adobe Photoshop) anbieten und/oder Support; Beratung: Schulungen durchführen, z. B. zur Nutzung der Plagiatssoftware[30] oder zu den Möglichkeiten und Kriterien zur finanziellen Unterstützung eines Lektorats englischsprachiger Zeitschriftenartikel und Konferenzbeiträge.
Best Practice Beispiele (Auswahl): Universitätsbibliothek der Universität Heidelberg: Plagiaterkennung. https://www.ub.uni-heidelberg.de/service/plagiat.html (10.10.2022) TU Wien Bibliothek: Manuskript und Proofreading. https://www.tuwien.at/bibliothek/forschen-und-publizieren/manuskript-und-proofreading (10.10.2022).
Einreichung, Review, Annahme und Bezahlung der Publikation
Strategie: z. B. Publikationsfonds zur Publikationskostenunterstützung aufbauen, entsprechende Drittmittelprojekte bei der DFG[31] planen und durchführen, lokale Mittel einwerben, für die Einrichtung sinnvolle institutionelle Mitgliedschaften und Publish & Read-Vereinbarungen ermitteln, deren Finanzierbarkeit eruieren und entsprechend abschließen, Meldemöglichkeiten für schlechte Peer Review-Verfahren bzw. Qualitätserlebnisse etablieren;[32] IT/Technik: z. B. Rechnungseinreichungs- und -dokumentationssysteme im Kontext von Publikationsfonds und Kostenunterstützung realisieren und an Haushalts-, Forschungsinformations-, Bibliotheks- und Repositoriensysteme anbinden; Beratung: Schulungen durchführen, z. B. zu Förderangeboten, -höhen und -kriterien, CC-Lizenzauswahl, Rechteübertragungen, Verlagsverträgen, Open-Access-Policies bzw. -Optionen der Verlage und Forschungsförderer.

27 Vgl. 2022 Crimson Interactive: Englisch Lektorat | Wissenschaftliches Lektorat | Enago. https://www.enago.de (10.10.2022).

28 Vgl. Research Square Company: AJE: English Editing & Author Services for Research Publication. https://www.aje.com/ (10.10.2022).

29 Vgl. Turnitin: Damit Studierende ihre beste Arbeit leisten. https://www.turnitin.com/de (10.10.2022).

30 Vgl. z. B. Malo, Markus: Die Bibliothek als Partner – Plagiatsprävention an der Universität Stuttgart. In: Praxishandbuch Schreiben in der Hochschulbibliothek. Hrsg. von Wilfried Sühl-Strohmenger [u. a.]. Berlin: De Gruyter 2019. S. 312–313.

31 Vgl. Deutsche Forschungsgemeinschaft: Förderprogramm: „Open-Access-Publikationskosten". https://www.dfg.de/foerderung/programme/infrastruktur/lis/lis_foerderangebote/open_access_publikationskosten/ (10.10.2022).

32 Vgl. Universitätsbibliothek der Technischen Universität München: Open-Access-Zeitschriften bewerten. https://www.ub.tum.de/aktuelles/open-access-zeitschriften-bewerten (10.10.2022).

Best Practice Beispiele (Auswahl):
Sächsische Landesbibliothek – Staats- und Universitätsbibliothek Dresden: Open Access finanzieren. https://www.slub-dresden.de/veroeffentlichen/open-access-finanzieren (10.10.2022)
Universitätsbibliothek der Technischen Universität Berlin: Rechtliche Fragen. https://www.tu.berlin/ub/forschen-publizieren/wissenswertes-fuer-autorinnen/rechtliche-fragen (10.10.2022).
Für mehr Kompetenzkontakte siehe auch:
open-access.network: Fokusgruppe „Kostenkontrolle". https://open-access.network/vernetzen/digitale-fokusgruppen/fokusgruppe-kostenkontrolle (10.10.2022)
open-access.network: Fokusgruppe „Open-Access-Monografienfonds". https://open-access.network/vernetzen/digitale-fokusgruppen/open-access-monografienfonds (10.10.2022).

Melden der bibliografischen Daten

Strategie: z. B. mögliches Zusammenspiel der bibliografischen Daten zwischen Publikationsfonds – Bibliothekssystem bzw. Katalog – Repositorium – Hochschulbibliografie/FIS – externen Plattformen (z. B. ORCID,[33] Web of Science Researcher Profile[34]) planen, mit weiteren zuständigen Stellen vernetzen (z. B. Stabstelle zu Daten und Führungsinformationen), Teilnahme am ORCID Deutschland Konsortium[35] prüfen;
IT/Technik: Schnittstellen zwischen den o. g. Systemen prüfen und realisieren; ORCID-Integration[36] in lokale Plattformen wie z. B. Repositorien oder OJS;
Beratung: Schulungen durchführen, z. B. zu Meldemöglichkeiten und -verpflichtungen (z. B. in die Hochschulbibliografie) sowie zu ORCID.

Best Practice Beispiele (Auswahl):
Universitätsbibliothek Bamberg: Forschungsinformationssystem (FIS). https://www.uni-bamberg.de/ub/forschen-und-publizieren/fis/ (10.10.2022) und Universitätsbibliothek Bamberg: ORCID. https://www.uni-bamberg.de/ub/forschen-und-publizieren/orcid/ (10.10.2022)
TUHH Open Research (TORE) als kombiniertes Repositorium und FIS.[37]
Für mehr Kompetenzkontakte siehe auch:
Deutsche Initiative für Netzwerkinformation e. V. (DINI): Forschungsinformationssysteme (FIS). https://dini.de/ag/fis/ (10.10.2022)
Deutsche Initiative für Netzwerkinformation e. V. (DINI): Kompetenzzentrum Interoperable Metadaten (KIM). https://dini.de/ag/kim/ (10.10.2022)
ORCID DE: ORCID Deutschland Konsortium. https://www.orcid-de.org/konsortium/#Mitglieder (10.10.2022).

---

33 Vgl. ORCID: Public API. https://info.orcid.org/documentation/features/public-api/ (10.10.2022).
34 Vgl. Clarivate: Web of Science Researcher Profiles. https://clarivate.com/products/scientific-and-academic-research/research-discovery-and-workflow-solutions/researcher-profiles/ (10.10.2022).
35 Vgl. Helmholtz-Zentrum Potsdam Deutsches GeoForschungsZentrum: ORCID DE. https://www.orcid-de.org/konsortium/ (10.10.2022).
36 Vgl. Helmholtz-Zentrum Potsdam Deutsches GeoForschungsZentrum: Best Practice. https://www.orcid-de.org/best-practice/ (10.10.2022).
37 Vgl. Universitätsbibliothek der Technischen Universität Hamburg: Willkommen auf TUHH Open Research (TORE). https://tore.tuhh.de/ (10.10.2022).

Zweitveröffentlichen und Langzeitarchivieren
Strategie: z. B. Spannweite der Zweitveröffentlichungsservices[38] und -infrastrukturen festlegen (nur passives Angebot eines Repositoriums bis hin zu einem Rundumservice inklusive Erstellung von „Postprints" gemäß Verlagsvorgaben und Upload im Auftrag der Autor:innen), Langzeitarchivierungsdienste wie Portico[39] oder CLOCKSS[40] prüfen und beauftragen; IT/Technik: z. B. Repositorien aufsetzen, Schnittstellen zu Harvestern wie der DNB[41], zu Langzeitarchivierungsdiensten, Hochschulbibliografie- bzw. FIS-Systemen einrichten; Beratung: Schulungen durchführen, z. B. zu rechtlichen und praktischen Fragen der Zweitveröffentlichung, Klärung von Rechten mit Verlagen oder zu den spezifischen Zweitveröffentlichungsvorgaben der Forschungsförderer.
Best Practice Beispiele (Auswahl): Universitäts- und Landesbibliothek Darmstadt: Zweitveröffentlichung. https://www.ulb.tu-darmstadt.de/forschen_publizieren/publizieren/oa_ulb_tud/zweitveroeffentlichung/index.de.jsp (10.10.2022) Wissenschaftszentrum Berlin für Sozialforschung: Open-Access-Zweitveröffentlichung von Zeitschriftenbeiträgen. https://www.wzb.eu/de/literatur-daten/bereiche/open-access/zweitveroeffentlichung (10.10.2022). *Für mehr Kompetenzkontakte siehe auch:* open-access.network: Fokusgruppe „Zweitveröffentlichung". https://open-access.network/vernetzen/digitale-fokusgruppen/fokusgruppe-zweitveroeffentlichen (10.10.2022) Deutsche Initiative für Netzwerkinformation e. V. (DINI): Elektronisches Publizieren. https://dini.de/e-pub (21.06.2023).
Bewerben über Social-Media-Kanäle
Strategie: z. B. Einsatzmöglichkeiten von Altmetrics konzipieren, den Aufbau von Informationen und/oder Services zur Wissenschaftskommunikationen planen, hierfür Social-Media-Strategien bzw. -Kampagnen je nach Kanal erarbeiten lassen; IT/Technik: z. B. Altmetrics in Repositorien und Homepage-Meldungen einbauen, Schnittstellen zur automatischen Bespielung der Social-Media-Kanäle einrichten (z. B. Neuerscheinungen des lokalen Universitätsverlags); Beratung: Schulungen durchführen, z. B. zu Bibliometrie, Altmetrics bzw. generell zu Sichtbarkeit und Impact von Forschung.
Best Practice Beispiele (Auswahl): Zentralbibliothek des Forschungszentrums Jülich: Altmetrics. https://www.fz-juelich.de/de/zb/leistungen/bibliometrie/altmetrics (10.10.2022) Helsinki University Library: Research impact, reporting and publication metrics. https://www.helsinki.fi/en/helsinki-university-library/library-researchers/research-impact-reporting-and-publication-metrics (10.10.2022) und Helsinki University Library: Research Visibility & Altmetrics: Welcome. https://libraryguides.helsinki.fi/researchvisibility (10.10.2022).[42]

38 Vgl. z. B. Blasetti, Alessandro, Sandra Golda [u. a.]: Smash the Paywalls: Workflows und Werkzeuge für den grünen Weg des Open Access. In: Informationspraxis (2019) H. 1. S. 25–26.

39 Vgl. ITHAKA: Portico. https://www.portico.org/ (10.10.2022).

40 Vgl. CLOCKSS: A Global Leader in Digital Preservation Services. https://clockss.org/ (10.10.2022).

41 Vgl. Deutsche Nationalbibliothek: Sammlung unkörperlicher Medienwerke. https://www.dnb.de/DE/Professionell/Sammeln/Unkoerperliche_Medienwerke/unkoerperliche_medienwerke_node.html (10.10.2022).

42 Ausnahmsweise wurde hier ein ausländisches Beispiel herangezogen, da die Dienstleistung, wissenschaftliche Ergebnisse bibliotheksseitig in populäre und wissenschaftliche Social-Media-Kanäle, wie

Aufbauen auf bzw. Nachnutzung vorhandener Forschung
Strategie: z. B. neben Open Access auch übergeordnet Open Science inklusive (u. a.) Open Data und Open Methodology an der Einrichtung vorantreiben, um Methodendokumentationen und auch Daten zugänglich und nachnutzbar zu machen, hierzu bibliotheksseitig Informationsangebote und Personal-/Beratungskapazitäten auf- und ausbauen sowie an der universitätsseitigen Ausgestaltung von Anerkennungs- und Belohnungsmechanismen mitwirken; IT/Technik: z. B. notwendige weitere Repositorien, Plattformen und Tools (bspw. Forschungsdatenrepositorien, Open Science Framework,[43] elektronische Laborbücher, GitLab[44] bzw. GitHub[45]) bereitstellen; Beratung: Schulungen durchführen, z. B. zu rechtlichen Fragen der Nachnutzung von Forschung, Methoden und Daten, zu Metasuchmaschinen und Repositorien bzw. weiteren Quellen für Forschungsergebnisse und -dokumentationen, um auf diese aufzubauen.
Best Practice Beispiele (Auswahl): Sächsische Landesbibliothek – Staats- und Universitätsbibliothek Dresden (SLUB): SLUB Open Science Lab. https://www.slub-dresden.de/mitmachen/slub-open-science-lab (10.10.2022) Kommunikations-, Informations-, Medienzentrum (KIM) der Universität Konstanz: Open Science. https://www.kim.uni-konstanz.de/openscience/ (10.10.2022). *Für mehr Kompetenzkontakte siehe auch:* AG Open Science: Über uns – Die deutschsprachige Open Science AG der OKF. https://ag-openscience.de/ueber-uns-die-deutschprachige-open-science-ag-der-okf/ (10.10.2022).

Je nach Größe, Personalressourcen/-kompetenzen und Leitungsentscheidungen der jeweiligen Bibliothek sowie den Anforderungen der Trägereinrichtung (z. B. Open-Access- bzw. Open-Science-Policy) und unterstützenden Akteuren (z. B. Rechenzentrum, CIO, hochschulpolitische Open-Access-Beauftragte) können diese Aufgaben oder ein kleineres Subset davon auf mehr oder weniger Schultern verteilt sein. Auch der Beitragsautor selbst hatte zunächst viele Aufgaben in „Personalunion" auf Strategie- und Beratungsebene, zum Teil auch IT/Technik-Ebene, bis sich das Team verbreiterte.

Idealerweise planen die Bibliotheksleitungen proaktiv, welches Portfolio sie anbieten können und möchten, anstatt allein auf externe Einflüsse wie z. B. neue DFG-Förderrichtlinien oder auf Forderungen der Universitätsleitungen zu reagieren. Hierzu ist eine personalkompetenz- bzw. stellenplanausbaubezogene SWOT- und/oder Stakeholderanalyse empfehlenswert.

Erforderliche Kompetenzen

Dieses Kapitel beschäftigt sich mit den notwendigen Kompetenzen im Bereich Publizieren und Open Access. Diese lassen sich bezogen auf die detaillierten aufgabenbezo-

z. B. CiteULike, Mendeley und Twitter, einzuspeisen, hierzulande gemäß Wissensstand des Beitragsautors noch nicht existiert.

43 Vgl. Center for Open Science: OSF. https://osf.io/ (10.10.2022).

44 Vgl. GitLab: The One DevOps Platform. https://about.gitlab.com/ (10.10.2022).

45 Vgl. GitHub: Let's build from here. https://github.com/ (10.10.2022).

genen Fachkompetenzen ebenfalls auf die drei Ebenen Strategie, IT/Technik und Beratung verallgemeinern:

Strategieebene

Idealerweise vorhandene bzw. zu erwerbende Kompetenzen: Library Change Management und Leadership Kompetenzen,[46] extensive Überblickskenntnisse zu Open Access/Open Science und Wissenschaftskommunikation,[47] Kompetenzen zum Erwerbungs- und Budgetierungsmanagement (z. B. Monitoring, Steuerung, Lizenzen und Verträge)[48], Wissen um relevante Regelungsbereiche wie z. B. Urheberrecht, Universitätssatzungen und -richtlinien (etwa Rahmenpromotionsordnung, Publikationsethik und gute wissenschaftliche Praxis)[49], generelle Forschungs- und Netzwerkkompetenzen.[50]

---

46 Vgl. z. B. Fühles-Ubach, Simone, Ursula Georgy u. Miriam Albers: Digital. Persönlich. Weiter – Veränderungen in der bibliothekarischen Weiterbildung seit 2016. In: Bibliothek Forschung und Praxis (2022) H. 1. S. 180; Gantert, Klaus, Günther Neher u. Frauke Schade: Die digitale Transformation meistern. In: Bibliothek Forschung und Praxis (2018) H. 3. S. 448; Stille, Forschungsunterstützung (wie Anm. 15), S. 11.

47 Vgl. z. B. Bilo, Personalentwicklung (wie Anm. 11), S. 15–26; Bonn, Maria, Will Cross u. Josh Bolick: Finding Our Way: A Snapshot of Scholarly Communication Practitioners' Duties and Training. In: Journal of Librarianship and Scholarly Communication (2020) H. 1. S. 5–6; Oberländer, Institutionelle Organisation (wie Anm. 15), S. 18; Tappenbeck, Inka: Fachreferat 2020: from collections to connections. In: Bibliotheksdienst (2015) H. 1. S. 46.

48 Oberländer, Institutionelle Organisation (wie Anm. 15), S. 62–63; Rösch, Henriette: Open Access als Zumutung für die Erwerbung? Auswirkungen der Open-Access-Transformation auf die Erwerbungs- und Bestandspolitik der Bibliotheken. In: BIT online (2019) H. 3. S. 216.

49 Vgl. z. B. Bilo, Personalentwicklung (wie Anm. 11), S. 15–26; Garcia-Febo, Loida, Anne Hustad [u. a.]: IFLA Code of Ethics for Librarians and Other Information Workers. repository.ifla.org 2012. S. 4; Keller, Publikationskompetenz als neues Tätigkeitsfeld (wie Anm. 7), S. 667; Rodriguez, Allyson: Collaboration in scholarly communication: Opportunities to normalize open access. In: College & Research Libraries News (2017) H. 5. S. 171; Steinhauer, Eric W.: Die IFLA-Stellungnahme zur Copyright-Literacy. In: Bibliotheksdienst (2019) H. 2. S. 71–72; Tappenbeck, Fachreferat (wie Anm. 47), S. 46; Walger, Nadine u. Nicole Walger: 20 Jahre Regeln zur Sicherung der guten wissenschaftlichen Praxis: Die Rolle von Hochschulbibliotheken beim Streben nach Wahrheit und Objektivität. In: Bibliotheksentwicklung im Netzwerk von Menschen, Informationstechnologie und Nachhaltigkeit. Hrsg. von Simone Fühles-Ubach [u. a.]. Bad Honnef: Bock + Herchen 2019. S. 98.

50 Vgl. z. B. Jantz, Ronald C.: A Vision for the Future: New Roles for Academic Librarians. In: Academic librarianship today. Hrsg. von Todd Gilman. Lanham [u. a.]: Rowman & Littlefield 2017. S. 4; Tappenbeck, Fachreferat (wie Anm. 47), S. 44–45.

IT/Technikebene

Idealerweise vorhandene bzw. zu erwerbende Kompetenzen: allgemein Digital Literacy,[51] Auf- und Ausbau von Fachkompetenzen hinsichtlich Publikationsplattformen (z. B. OJS), Digitalisierungssystemen,[52] Repositorien/Langzeitarchivierungssystemen, Datenbanken und Metadatenformaten[53] inklusive Indexing- und Katalogisierungsmechanismen.[54]

Beratungsebene

Idealerweise vorhandene bzw. zu erwerbende Kompetenzen: allgemein Informations- und Recherchekompetenzen,[55] Aneignung spezifischer Detailkenntnisse zu OA/Open Science und Wissenschaftskommunikation je nach Ausprägung der Beratungs- und Schulungsaufgaben[56], gleichermaßen Wissen um Grundzüge relevanter Regelungsbereiche, wie z. B. Urheberrecht, Publikationsethik und gute wissenschaftliche Praxis inklusive Qualitätskriterien von Open Access versus Predatory Publisher.[57]

Übergreifende Kompetenzen

Neben den fachlichen Kompetenzen sind – insbesondere für Führungskräfte in den verschiedenen Aufgaben (z. B. Abteilungs-, Referats- und Teamleiter) – folgende überfachliche Schlüsselqualifikationen wichtig:

---

51 Vgl. z. B. Gantert, Die digitale Transformation (wie Anm. 46), S. 448.

52 Digitalisierungssysteme sind etwa zur Retrodigitalisierung nötig, wenn eine Reihe auf Open Access umgestellt wird und ältere, rein in Print erschienene Bände nachgezogen werden.

53 Vgl. z. B. Bilo, Personalentwicklung (wie Anm. 14), S. 15–26; Keller, Publikationskompetenz (wie Anm. 11), S. 308–309; Keller, Publikationskompetenz als neues Tätigkeitsfeld (wie Anm. 7), S. 666.

54 Vgl. z. B. Rösch, Open Access als Zumutung (wie Anm. 48), S. 116; Rodriguez, Collaboration (wie Anm. 49), S. 171.

55 Vgl. z. B. Bilo, Personalentwicklung (wie Anm. 11), S. 15–26; Gantert, Die digitale Transformation meistern (wie Anm. 46), S. 448.

56 Vgl. z. B. Bilo, Personalentwicklung (wie Anm. 11), S. 15–26; Bonn, Finding Our Way (wie Anm. 47), S. 1; Oberländer, Institutionelle Organisation (wie Anm. 15), S. 18; Tappenbeck, Fachreferat (wie Anm. 47), S. 46.

57 Vgl. z. B. Bilo, Personalentwicklung (wie Anm. 11), 25–26; Garcia-Febo, IFLA Code (wie Anm. 49), S. 4; Ginther, Clara u. Karin Lackner: Predatory Publishing – Herausforderung für Wissenschaftler/innen und Bibliotheken. In: o-bib. Das offene Bibliotheksjournal (2019) H. 2. S. 18–29; Keller, Publikationskompetenz als neues Tätigkeitsfeld (wie Anm. 7), S. 667; Rodriguez, Collaboration (wie Anm. 49), S. 171; Steinhauer, IFLA-Stellungnahme (wie Anm. 49), S. 71–72; Tappenbeck, Fachreferat (wie Anm. 47), S. 46; Walger, 20 Jahre Regeln (wie Anm. 49), S. 98.

> Relevante Schlüsselqualifikationen (nicht nur) für das Bibliothekswesen sind nach [einer] durchgeführten Evaluierung Problemlösungskompetenzen, psychologische Kenntnisse, Kommunikation- und Präsentationstechniken, Networking-Techniken, Informationskompetenz, Lern- und Merkfähigkeiten, Flexibilität, Stressmanagement und Motivationstechniken [...].[58]

Stille betont ebenfalls die allgemeine Notwendigkeit der Selbstlernfähigkeit und Kommunikationskompetenz und zudem die Bedeutung der IT-Kompetenzen auch abseits der IT/Technik-Ebene:

> Viele Kenntnisse können – sofern entsprechende Grundkenntnisse vorhanden sind – „on the job" erworben werden. Es gilt, gemischte Teams aufzubauen und forschungsnahe Dienste [...] bewusst nicht in den IT-Abteilungen anzusiedeln, sondern eine IT-Abteilung als Unterstützer bzw. Katalysator zu sehen. [...] Bei der Besetzung von Leitungspositionen ist auf digitale Kompetenzen dringend zu achten.[59]

Ähnliches trifft aus Sicht des Beitragsautors auf rechtliche Kompetenzen zu. Auch hier gilt es, nicht mehr allein auf die Justiziar:innen innerhalb der Bibliothek zu setzen, sondern auf allen Ebenen die im Publikationsbereich nötigen Rechtskompetenzen aufzubauen. Erst dadurch kann das Personal die Vorteile von Open Access komplett durchdringen (z. B. Wahrung der ausschließlichen Nutzungsrechte, Steuerung der Nachnutzung über CC-Lizenzen) und authentisch weitervermitteln. Solide Rechtskompetenzen stärken zudem das Bild der Bibliothek als vertrauenswürdiger, wissenschaftsethischer Berater der Wissenschaft und entlasten die juristischen Kolleg:innen von ständigen Konsultationen.

Möglichkeiten des Kompetenzerwerbs

Sofern ein Kompetenzerwerb nicht bereits teilweise in der Ausbildung inkludiert war, gibt es die Möglichkeiten

– von (Online-)Modulen bspw. der Hochschule der Medien[60], vom Kommunikations-, Informations-, Medienzentrum (KIM) der Universität Konstanz[61], von FOSTER[62] oder von open-access.network[63];

58 Putnings, Markus: Förderung von Schlüsselqualifikationen von Führungskräften: Überblick und Bewertung der Aus- und Fortbildung im Bibliothekswesen. OPUS FAU 2011.

59 Stille, Forschungsunterstützung (wie Anm. 15), S. 14.

60 Vgl. HdM Weiterbildungszentrum: Kontaktstudium Open Access und Open Science. https://www.hdm-weiterbildung.de/open-access-and-open-science (10.10.2022).

61 Vgl. Universität Konstanz: Open Access. https://www.kim.uni-konstanz.de/openscience/onlinekurs-open-science-von-daten-zu-publikationen/open-access-es-ist-nicht-alles-gold-was-glaenzt/ (10.10.2022).

62 Vgl. FOSTER consortium: Courses. https://www.fosteropenscience.eu/courses (10.10.2022).

63 Vgl. Schulz, Katharina: Open Access für Einsteiger*innen. https://blogs.tib.eu/wp/open-access-lernen/2022/03/21/open-access-einstieg/ (10.10.2022).

- von Fortbildungen, siehe hierzu die gängigen Bibliotheks- und Fortbildungsportale[64];
- von Tagungen und Veranstaltungen, z. B. im Rahmen der Berlin Open Access Conference[65], OASPA Conference[66], Open-Access-Tage[67], International Open Access Week[68] oder Open-Science-Festival[69];
- von Mailinglisten[70];
- vom Lesen von Fachzeitschriften[71] und -büchern[72];
- vom Lesen von Fachportalen, wie z. B. iRights.info[73];
- von informellen oder auch formellen (z. B. Open Access Staff Weeks[74]) Austausch- und Vernetzungstreffen mit anderen Open-Access-Bibliothekar:innen;
- von der Mitarbeit in Arbeits- und Fokusgruppen[75].

Für die letzteren beiden Möglichkeiten wurden im dritten Kapitel auch diverse Häuser mit Best Practices zur Ansprache bzw. weitere Kompetenzkontakte wie eben entsprechende Gruppen genannt. Zudem können natürlich eventuell bereits vorhandene Expert:innen In-House-Schulungen halten, entweder punktuell-bedarfsbezogen oder systematisch und multiplikatorbezogen in einem ganzheitlichen „Open Pedagogy"-Ansatz.[76]

---

64 Vgl. z. B. Deutscher Bibliotheksverband: Fort- und Weiterbildung. https://bibliotheksportal.de/informationen/beruf/fortbildung/ (10.10.2022) oder spezifisch für Open Access Universität Konstanz: Fortbilden. https://open-access.network/fortbilden (10.10.2022).

65 Vgl. Max Planck Digital Library: Events. https://oa2020.org/events/ (10.10.2022).

66 Vgl. OASPA: Conference. https://oaspa.org/conference/ (10.10.2022).

67 Vgl. Niedersächsische Staats- und Universitätsbibliothek Göttingen: Open-Access-Tage. https://open-access-tage.de/open-access-tage (10.10.2022).

68 Vgl. SPARC: International Open Access Week. https://www.openaccessweek.org (10.10.2022).

69 Vgl. Leibniz Universität Hannover: Open Science Festival. https://www.uni-hannover.de/de/universitaet/profil/ziele-strategien/open-science/festival/ (10.10.2022).

70 Vgl. z. B. Freie Universität Berlin: ipoa-forum Infoseite. https://lists.fu-berlin.de/listinfo/ipoa-forum (10.10.2022) oder Helmholtz Open Science: Newsletter. https://os.helmholtz.de/aktuelles/newsletter/ (10.10.2022).

71 Vgl. z. B. ZBW Leibniz-Informationszentrum Wirtschaft: Willkommen beim Open-Science-Magazin! https://open-science-future.zbw.eu (10.10.2022); oder De Gruyter: Open Information Science. https://www.degruyter.com/journal/key/opis/html (10.10.2022).

72 Vgl. z. B. De Gruyter: Praxishandbuch Open Access, DOI: https://doi.org/10.1515/9783110494068; oder Taylor & Francis Group: Open Access in Theory and Practice: The Theory-Practice Relationship and Openness. DOI: https://doi.org/10.4324/9780429276842.

73 Vgl. iRights: Wissen + Open Access. https://irights.info/kategorie/themen/wissen-open-access (10.10.2022).

74 Vgl. Universität Konstanz: Staff Week. https://open-access.network/vernetzen/staff-week (10.10.2022).

75 Vgl. Universität Konstanz: Digitale Fokusgruppen. https://open-access.network/vernetzen/digitale-fokusgruppen (10.10.2022).

76 Vgl. Baran, Evrim, Dana Al Zoubi u. Boris Jovanović: Implementing Open Pedagogy in Higher Education: Examples and Recommendations. In: Handbook for Online Learning Contexts: Digital, Mobile

Rück- und Ausblick

Die Einladung der Herausgeber:innen zum Schreiben dieses Beitrags enthielt das plakative Wort „Open Access Librarian". Angesichts der beschriebenen Bandbreite der Aufgaben ist es fraglich, ob es *den* bzw. *die* Open Access Librarian jemals gab. Vermutlich fielen in dieses Rollenverständnis vor allem zunächst diejenigen Fachreferent:innen, die vor gut 10 Jahren initiativ angefangen haben, OA-Publikationsfonds und begleitende Beratungsdienstleistungen, Services und Infrastrukturen auf- und auszubauen, meist zunächst allein oder mit einem kleinem Team. Kötter beschreibt jedoch die Gefahren hierbei eindrücklich: „[...] in diesem Fall besteht die Gefahr, dass Einzelpersonen die Bibliothek verlassen und damit die Expertise zu einem gesamten Thema verloren geht."[77]

Inzwischen ist das Thema Publizieren und OA üblicherweise auf deutlich mehr Schultern und Qualifikationsebenen verteilt und wächst dynamisch weiter, konkret in Richtung Open Science. So ist es aus Sicht des Beitragsautors nur noch eine Frage der Zeit, bis sich Stellenausschreibungen/-anforderungen und Positionsbeschreibungen hin zu Open Science Librarians verändern oder entsprechend neben OA z. B. auch FDM und Open Data mitdenken.[78]

---

and Open. Hrsg. von Ann Marcus-Quinn u. Tríona Hourigan. Cham: Springer International Publishing 2021. S. 113.

77 Kötter, Verankerung von Open Access Diensten (wie Anm. 12), S. 47.

78 In diesem Kontext sei auf das Kapitel „Open Science fördern" dieses Praxishandbuches verwiesen.

Alice Keller

Publikationsservices entwickeln

Abstract: Der Aufsatz bietet einen Überblick über die verschiedenen Kompetenzen und Voraussetzungen, die vorliegen müssen, damit Bibliotheken erfolgreich Publikationsservices anbieten können. Im Vordergrund stehen neue, digitale Publikationsservices, die zwar auf den Traditionen klassischer Medien aufbauen, aber darüber hinaus auch neue Bedürfnisse erfüllen müssen. Publikationsservices zeichnen sich durch eine sehr hohe Komplexität aus und bedingen eine starke Vernetzung mit externen Stellen. Während viele Fähigkeiten zur Umsetzung solcher Services bereits in der Bibliothek vorhanden sind, sind auch zusätzliche Spezialkenntnisse erforderlich. Dadurch entsteht ein neues Berufsbild, das erfahrungsgemäß von wissenschaftlichen Bibliothekar:innen geleistet wird, die hierfür spezifisch ausgebildet werden und – im Gegensatz zu den Fachreferent:innen – fachübergreifend arbeiten.

Keywords: Publikationsservices, Berufsbild, wissenschaftliche:r Bibliothekar:in, Wissenschaftskommunikation

Kurzbiografie: Alice Keller ist seit 2019 Direktorin der Universitätsbibliothek Basel und hatte zuvor Leitungsaufgaben an der Zentralbibliothek Zürich, an der Bodleian Library Oxford und der ETH Bibliothek Zürich. Zudem war sie während vier Jahren Cheflektorin für Informations- und Bibliothekswissenschaft beim Verlag De Gruyter München/Berlin. Ihre Erstausbildung war als Naturwissenschaftlerin ETH, und sie hat an der Humboldt-Universität Berlin zur zukünftigen Entwicklung von E-Journals promoviert. Kontakt: alice.keller@unibas.ch

Einführung

Publikationsservices in wissenschaftlichen Bibliotheken mögen als neue Serviceangebote gepriesen werden, aber sie schließen in mancherlei Hinsicht an lange Traditionen an. So haben Bibliotheken selber schon immer Publikationen herausgegeben; rückblickend waren das oft Kataloge, Bibliographien und Schriftenreihen. Einige der umfassendsten Publikationsprojekte weltweit entstanden in oder wurden von Bibliotheken herausgegeben. Historisch betrachtet verfügen Bibliothekare also über solide Kenntnisse und Fähigkeiten im Bereich des Publikationswesens.[1]

1 Vgl. Bargheer, Margo: Historische Umbrüche im wissenschaftlichen Publikationswesen und ihr Widerhall in heutigen Techniken. In: Publikationsberatung an Universitäten. Ein Praxisleitfaden zum Aufbau publikationsunterstützender Services. Hrsg. von Karin Lackner, Lisa Schilhan u. Christian Kaier. Bielefeld: transcript Verlag 2020. S. 11–51. DOI: https://doi.org/10.1515/9783839450727-003.

https://doi.org/10.1515/9783110790375-021

Im Vordergrund dieses Kapitels stehen allerdings nicht die klassischen Veröffentlichungsformen, sondern ein sehr breites Spektrum an Services, die Bibliotheken heute unter dem Label Publikationsdienste anbieten – von Recherche- und Schreibkursen über Beratung zu Bibliometrie bis hin zu Angeboten eines Hochschulverlags. Immer wichtiger wird auch die Plagiatsprävention, die gut ins Serviceportfolio einer Bibliothek passt. Diese Services sprengen zunehmend auch die Vorstellung eines klassischen Wissenschaftsverlages und bieten Neuland für alle Player im Bereich der Wissenschaftskommunikation.

Dieses Kapitel geht nicht auf die Beschreibung einzelner Publikationsservices ein, sondern versucht vielmehr, das Aufkommen neuer Berufsbilder an wissenschaftlichen Bibliotheken zu erklären, die weder im Fachreferat noch in den IT-Diensten zu verorten sind. Publikationsservices sind vielmehr als Schnittstellenfunktion zwischen Forschung und Bibliothek zu verstehen. Sie bauen aber, wie im folgenden Kapitel gezeigt wird, nahezu idealiter auf den Kompetenzen, Erfahrungen und Netzwerken von Bibliotheken auf und erschließen neue, spannende Tätigkeitsfelder und Beziehungsebenen.

Grundlagen für Publikationsservices in Bibliotheken

Blickt man zurück, so erkennt man auf vielen Ebenen eine große Nähe zwischen Bibliotheken und Verlagen. Die Autorin hat mehrere Jahre in einem Wissenschaftsverlag gearbeitet und beobachten können, dass Mitarbeiter:innen in Verlagen und Bibliotheken sehr ähnlich „ticken". Auf beiden Seiten finden sich sehr ähnliche Kompetenzen und persönliche Qualitäten: Genauigkeit und Aufmerksamkeit für Details, Kenntnisse relevanter Standards, strukturiertes Denken und Vorgehen, gute Arbeitsorganisation, Pflege eines fachlichen Netzwerkes, gute Kommunikationskompetenzen und spezifische IT-Systemkenntnisse. Auf beiden Seiten arbeiten Personen, die der Wissenschaft nahestehen, aber in der Regel selbst nicht (mehr) aktiv in Wissenschaft tätig sind.

Diese Nähe, nämlich die Tatsache, dass viele Bibliothekar:innen auch gute Verleger:innen wären (und umgekehrt), reicht aber noch nicht für die Entwicklung neuer, digitaler Publikationsservices in Bibliotheken. Es braucht nebst den traditionellen Kompetenzen zur Veröffentlichung von Büchern oder Zeitschriften auch neue Systeme, Prozesse, Normen und Fähigkeiten zur Befriedigung der heutigen Bedürfnisse aus Wissenschaft und Forschung. Nur so kann die Bibliothek im hart umkämpften digitalen Publikationsmarkt wettbewerbsfähig sein.

Abbildung 1 gibt eine umfassende Darstellung der Voraussetzungen und Kompetenzen, die zum erfolgreichen Aufbau von Publikationsservices an Bibliotheken beitragen. Es wird unterschieden zwischen (1) überlieferten Normen des wissenschaftlichen Publizierens, auf denen Bibliotheken aufbauen können; (2) bestehenden Skills in Bibliotheken, die ein solides Rüstzeug für die Arbeit stellen; und (3) neuen Anforderungen an wissenschaftliche Publikationsservices, die sich stets weiterentwickeln und vermutlich die größte Herausforderung darstellen.

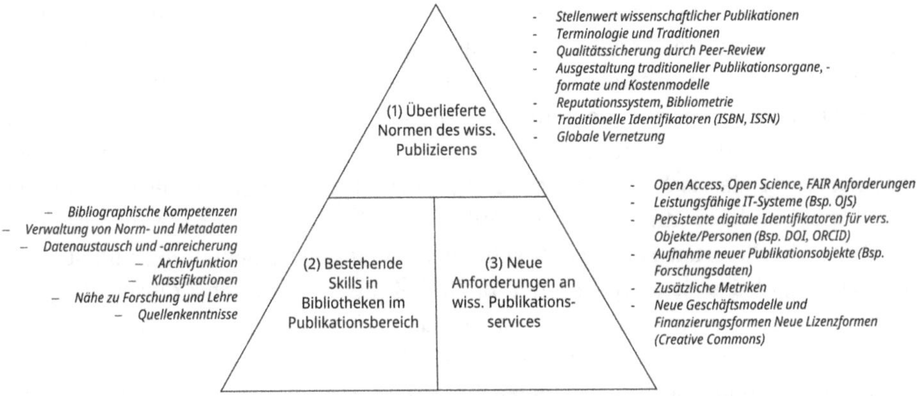

Abb. 1: Drei Felder zu Voraussetzungen und Kompetenzen, die zum erfolgreichen Aufbau von Publikationsservices an Bibliotheken beitragen, angereichert mit Stichworten.

Nachfolgend eine kurze Beschreibung der Inhalte der drei Felder. Die für dieses Kapitel wichtigsten Anforderungen sind in Feld (3) zusammengefasst. Auf Grund ihrer hohen Bedeutung werden diese Aspekte in der zweiten Hälfte des Kapitels weiter ausgeführt und einer grundsätzlichen Untersuchung in Bezug auf ihren Einfluss auf das Berufsbild des wissenschaftlichen Bibliothekars oder der wissenschaftlichen Bibliothekarin unterzogen.

Überlieferte Normen des wissenschaftlichen Publizierens

Wissenschaftliche Publikationen folgen strengen Vorgaben zur Sicherung der wissenschaftlichen Qualität und zur Förderung eines internationalen Austauschs. Diese basieren auf jahrhundertealten Traditionen. Auf diesen Standards und Erfahrungen können Bibliotheken aufbauen, wenn sie Publikationsservices aufbauen. Diese Aspekte sind Bibliothekar:innen bestens bekannt aus ihren Sammel-, Erschließungs- und Vermittlungstätigkeiten. So verstehen wissenschaftliche Bibliothekar:innen den Sinn und Zweck, die Vor- und Nachteile verschiedener Peer-Review- oder Reputationssysteme und können diese Überlegungen gezielt auf eigene Services übertragen.

Traditionen und Standards schaffen eine gemeinsame Sprache und begriffliche Klarheit, sie fördern gegenseitiges Vertrauen, vereinfachen die Zusammenarbeit und bieten die Basis für den Dialog und die technische Interoperabilität. Gerade im Kontakt mit Forschenden ist dieses gemeinsame Verständnis (z. B. Peer-Review, Reputation) wichtig und schafft erste, tragfähige Anhaltspunkte.

Bestehende (spezifische) Skills in Bibliotheken im Publikationsbereich

Hier geht es um bestehende Kernkompetenzen, die in Bibliotheken auf vielen Ebenen und in vielen Abteilungen vorhanden sind. Diese Skills dienen nicht nur zum Aufbau von Publikationsservices, sondern sie kommen auch in vielen anderen Bibliotheksaufgaben zum Tragen. Aus Bibliothekssicht handelt es sich hier um erwünschte Synergiegewinne: es können bestehende Kompetenzen und Stellenprofile auch für andere Aufgaben eingesetzt werden. Kenntnisse zu Metadaten oder Klassifikationen können nicht nur beim klassischen Bestandsaufbau eingesetzt werden, sondern sie können auch flexibel und gewinnbringend im Aufbau von Publikationsservices genutzt werden. Diese überlieferten Fähigkeiten gewinnen so eine neue Bedeutung und steigern ihren Wert und das Renommee einer Bibliothek als Informationsdrehscheibe (zum Beispiel Nutzung von Normdaten als Linked Data).

Auch die Nähe zur Forschung, die persönlichen Beziehungen zwischen wissenschaftlichen Bibliothekar:innen oder Fachreferent:innen und Fakultätsmitgliedern – idealerweise eine Begegnung auf Augenhöhe – hilft beim Aufbau und der Vermittlung von Publikationsservices. Viele dieser Kompetenzen können als Publikationskompetenz umschrieben werden.[2]

Eigene Erfahrungen zeigen auch, dass das Vertrauen der Öffentlichkeit in Bibliotheken als VERTRAUENSWÜRDIGE Archive für die Vermittlung von Publikationsservices nützlich ist. Auch wenn viele Angehörige von Universitäten skeptisch sind, was die Sicherheit der Langzeiterhaltung von digitalen Medien betrifft, so ist ihr Vertrauen diesbezüglich gegenüber Bibliotheken oft grösser als gegenüber kommerziellen Anbietern.

Neue Anforderungen an wissenschaftliche Publikationsservices

Digitale Publikationsservices bieten aber mehr als nur ein Replikat des gedruckten Mediums am Bildschirm: Sie stellen Bibliothekar:innen und andere Stakeholder vor sehr großen Herausforderungen. Zum Glück muss hier das Rad nicht von jeder Einrichtung neu erfunden werden, sondern man kann sich zunehmend auf Erfahrungen anderer Spezialist:innen und publizierten Normen abstützen. Auch an Fachtagungen nehmen diese Themen einen wichtigen Stellenwert ein.[3] Die im deutschen Sprachraum umfassendste Zusammenstellung von Begriffen, Kriterien und Richtlinien, gegliedert nach Mindestanforderungen und Empfehlungen, liefert das DINI-Zertifikat

2 Vgl. Keller, Alice: Publikationskompetenz als neues Tätigkeitsfeld von Bibliotheken. In: Bibliotheksdienst (2016) H. 7. S. 661–671. DOI: https://doi.org/10.1515/bd-2016-0080.

3 Beispielsweise die Open-Access-Tage als zentrale jährliche Konferenz zum Thema Open Access und Open Science im deutschsprachigen Raum.

für Open-Access-Publikationsdienste.[4] Andere Prinzipien sind breiter ausgestaltet bzw. weniger spezifisch und beziehen sich auch auf andere Publikationsformate oder -objekte.[5] Auch die FAIR Prinzipien bieten einen guten Rahmen.[6] Allen Richtlinien und Aktivitäten gemeinsam ist der Gedanke von Open Access bzw. Open Science.[7]

Die neuen Anforderungen betreffen aber nicht nur technische Systeme, Prozesse und Normen, sondern sie erfordern auch neue Arbeitsbeziehungen, institutionelle Netzwerke und Berufsbilder. Aufgrund der hohen Bedeutung dieser Aspekte und ihrer Relevanz für diesen Beitrag, werden sie im folgenden Text weiter untersucht.

Neue Netzwerke

Wie oben erwähnt, stellt das dritte Feld in Abbildung 1 neue Anforderungen dar, die sich während den letzten, vielleicht zwanzig Jahren sukzessive als neue Voraussetzungen für digitale Publikationsformen herausgebildet und etabliert haben. Es sind neue Normen und Qualitätsanforderungen, die so nicht in der Printumgebung existieren oder existierten. Neue Publikationsformen müssen neuen Anforderungen genügen, was Vernetzung, Funktionalitäten, Präsentation, Sichtbarkeit, Zugang, „Openness", Nachhaltigkeit und rechtliche Anforderungen betrifft. Darüber hinaus sind neue Publikationsobjekte dazugekommen, z. B. Forschungsdaten, die früher keine systematische Verbreitung fanden. Dieses Feld ist weiterhin sehr dynamisch und Veränderungen, z. B. was die Open-Access-Vorgaben oder Finanzierungsmodelle betrifft, führen immer wieder zu neuen Situationen und Herausforderungen.

Um in der neuen digitalen Publikationslandschaft erfolgreich und wettbewerbsfähig sein und bleiben zu können, stellen genau diese Elemente wichtige Erfolgsfaktoren dar. Und die Bibliotheken sind auch nicht die einzigen Player in diesem Feld, sondern es tauchen weltweit fast täglich neue Anbieter und Produkte auf, die genau auf diese Services oder Nische zielen.[8]

---

4 Vgl. Becker, Pascal [u. a.]: DINI-Zertifikat für Open-Access-Publikationsdienste 2022 – Request for Comments. In: Zenodo (2022) March. DOI: https://doi.org/10.5281/zenodo.6389914.

5 Siehe dazu: Dürkop, Axel: Modernes Publizieren. Digitale Werkzeuge für offene Veröffentlichungsprozesse. ein Projekt im Programm Hamburg Open Science (HOS). https://oa-pub.hos.tuhh.de/de/ (30.05.2022).

6 Wilkinson, Mark D. [u. a.]: The FAIR Guiding Principles for Scientific Data Management and Stewardship. In: Scientific Data 3 (2016) Article number: 160018. DOI: https://doi.org/10.1038/sdata.2016.18.

7 Vgl. Müller, Uwe: 1g. Standards und Best Practices im Kontext von Open Access. In: Praxishandbuch Open Access. Hrsg. von Konstanze Söllner u. Bernhard Mittermaier. Berlin, Boston: De Gruyter Saur 2017 (De Gruyter Praxishandbuch). S. 53–61. DOI: https://doi.org/10.1515/9783110494068-007.

8 So gibt es eine Vielzahl neuer Open-Access-Verlage (für Zeitschriften oder Monografien) oder Anbieter von unterstützenden Services (z. B. Open-Access-Management-Systemen, Metriken). Hierbei handelt es sich einerseits um kommerzielle Anbieter und andererseits um öffentlich finanzierte Initiativen. Viele Angebote sind qualitativ sehr gut, andere aber nicht (Beispiel Predatory Publisher).

Die Frage stellt sich nun, wie gut Bibliotheken hier „punkten“? Wie gut sind sie in der Lage, diese Services abzudecken? Bei näherem Hinschauen fallen die Komplexität und die gegenseitige Abhängigkeiten zwischen diesen Services oder Aufgaben auf. Bei keinem Service handelt es sich um einen Stand-alone-Dienst, der losgelöst von den anderen Elementen oder Einflussgrößen aufgebaut und angeboten werden kann. Diese Komplexität oder Vernetzung betrifft verschiedene Ebenen, sowohl technische als auch wissenschaftspolitische Vorgaben und Akteure. Hier einige Beispiele: Eine Veränderung an einer Norm hat Einfluss auf andere Systeme. Die Verabschiedung eines neuen Mandats einer übergeordneten Forschungsförderstelle hat Einfluss auf die vor- und nachgelagerten Prozesse in der Bibliothek. Eine Veränderung der rechtlichen Grundlagen (Urheberrecht oder Datenschutz) hat Einfluss auf die Handhabung und Nachnutzbarkeit der Daten.

Die größte Herausforderung für wissenschaftliche Bibliothekar:innen dürfte hier sein, sich in diesem Dschungel orientieren und positionieren zu können, stets auf dem neuesten Stand zu sein, dieses Wissen laufend erweitern, vermitteln und anpassen zu können. Veränderungen oder Entwicklungen am Gesamtsystem sind nicht nur technisch bedingt, sondern auch sehr stark wissenschaftspolitisch oder finanziell motiviert, was nicht immer auf Verständnis stößt. Wissenschaftliche Bibliothekar:innen übernehmen hier eine wichtige Vermittlungsfunktion zwischen Forschenden (Autor: innen), Universitäten, Forschungsdekanaten, Forschungsfördern und IT-Systementwickler:innen.

Diese Komplexität und Vernetzung bedeutet für Bibliotheken, dass Publikationsservices breit abgestützt sein müssen. Verschiedene Stakeholder müssen sehr eng zusammenarbeiten, gegenseitig Bedürfnisse abholen und Möglichkeiten prüfen. Und genau hier haben Bibliotheken – im Vergleich zu anderen Anbietern oder Verlagen – den Vorteil, dass sie in unmittelbarer Nähe zur Wissenschaft und Forschung stehen und so von einem signifikanten „Heim“-Vorteil und Vertrauensvorsprung profitieren. Im besten Fall können sich Bibliotheken direkt und nahtlos in den Forschungskreislauf der eigenen Institution integrieren und sich bereits früh in den Publikationsprozess einbringen und Forschende beraten. Während die („Heim“-)Vorteile einer Beteiligung der Bibliotheken klar auf der Hand liegen, sind die wenigsten Bibliotheken in der Lage, genügend Ressourcen hierfür zur Verfügung zu stellen, um dieses Feld ausreichend abzudecken.

Neue Berufsbilder und neue Arbeitsbeziehungen zwischen Bibliothek und Universität

Diese Vorstellung, dass sich Bibliotheken aufgrund ihrer Nähe zur Forschung im wissenschaftlichen Wertschöpfungsprozess, also im Research Lifecycle, direkt einbringen können, bietet spannende Perspektiven – auch aus aus Managementsicht. Es entstehen neue Berührungspunkte an der Universität zwischen Bibliothek und Forschung, und die Bibliothek kann sich im Bereich der Forschungsunterstützung nicht nur nützlich, sondern sogar unentbehrlich machen. An der Universität Basel hat die Universitätsbibliothek hierdurch einen neuen, engen und sehr fruchtbaren Austausch zum Vizerektorat Forschung und der Science-IT aufbauen können. Diese Beziehung ist natürlich nicht nur einfach, sondern es fließen auch immer neue Wünsche oder Forderungen in die Bibliothek zurück, die nur teilweise mit neuen Ressourcen ausgestattet werden. Die Universitätsleitung anerkennt zwar die koordinativen Möglichkeiten, das Netzwerk und die soliden Kompetenzen der Bibliothek im Bereich der Publikationsförderung, zögert aber sehr stark, den Stellenplan entsprechend anzupassen und zu dotieren.

Diese Art der inneruniversitären Zusammenarbeit im Bereich der Publikationsservices dürfte dem Modell der radikalen Kollaboration („radical collaboration") entsprechen. Nancy McGovern hat diesen Begriff verwendet, um eine neue Form einer vertrauensbasierten Arbeitsbeziehung zwischen ungleichartigen, aber involvierten Partnern zur Steigerung von Effizienz, Produktivität, Innovation und Agilität zu beschreiben.[9] Diese Art der Kollaboration wird von den Teilnehmenden oft als ungewohnt oder sogar unbequem empfunden, führt aber zu guten Resultaten bei der Bearbeitung von komplexen Fragestellungen. Diese Art der Grenzen überschreitenden Zusammenarbeit stellt neue Anforderungen an die Kompetenzen von Führungskräften und Mitarbeitenden. Es braucht erweiterte und andersartige Fähigkeiten für die gute Zusammenarbeit mit Partner:innen, die einen andern Bezugsrahmen, Prioritäten und Vorstellungen von Erfolg haben. Gleichzeitig wird auch die Nachhaltigkeit der Services gefördert und die Wirkung oder Weitreiche der Arbeit erhöht.[10]

So entstehen neue Formen der inneruniversitären Zusammenarbeit, die auch über die bestehende Netzwerke klassischer Fachreferate hinausgehen. Währendem sich ein Fachreferent auf Augenhöhe mit einer Wissenschaftlerin seines Faches austauscht und so oft langjährige Beziehungen aufbaut und pflegt, sind wissenschaftliche Bibliothekar:innen im Bereich der Publikationsservices in der Regel nicht auf ein einzelnes Fachgebiet fixiert. Es ist gerade *nicht* ihre Aufgabe, fachspezifische Publikationslösungen zu finden, sondern fachübergreifend zu denken. Sie sollen generische und anschlussfähige Systeme und Prozesse aufbauen und Wissenschaftler:innen aller Disziplinen gleichermaßen beraten und betreuen. Das ist anspruchsvoll und verlangt hohe Kommunikationsfähigkeiten und Einfühlvermögen.

Der ursprüngliche Gedanke vieler Leitungspersonen in Bibliotheken, dass Fachreferent:innen nebst ihren regulären Aufgaben auch noch Publikationsservices in ihrem Fachgebiet aufbauen und anbieten könnten, hat sich in der Praxis leider nicht als möglich erwiesen oder bewährt. Dies entspricht zumindest den Erfahrungen der Au-

9 Vgl. McGovern, Nancy Y.: Radical Collaboration and Research Data Management: An Introduction. In: Research Library Issues (2016) No. 296. S. 6–22. https://publications.arl.org/14uvcr7/ (16.1.2023).

10 Vgl. Keller, Alice: Nachhaltigkeit 3.0 in Bibliotheken: eine Herausforderung für das Management. In: Bibliothek Forschung und Praxis (2021) H. 3. S. 412–420. DOI: https://doi.org/10.1515/bfp-2021-0065.

torin. Natürlich gibt es einzelne Fachreferent:innen, denen dies gelungen ist und die ihr Aufgabenfeld entsprechend erweitern konnten. Aber in der Regel sprengen die Komplexität und der Umfang dieser neuen Aufgaben die Möglichkeiten oder die Ressourcen eines Fachreferats. Hinderlich wirkt sich auch aus, dass Fachreferate oft stark zerstückelt und zunehmend in (zum Teil kleinen) Teilzeitpensen wahrgenommen werden. Viele Fachreferent:innen würden sich sehr gerne in diese Themen vertiefen, aber ihnen fehlt schlicht und einfach die Zeit, sich in neue Aufgabenfelder einzuarbeiten. Es hat sich als effizienter erwiesen, wenn ein Team spezifisch ausgebildeter wissenschaftlicher Bibliothekar:innen Publikationsservices für alle Fachgebiete anbieten, als wenn jede:r Fachreferent:in für ein Fachgebiet das ganze Wissen abdecken und stets *up to date* halten muss. Entsprechend sind in den letzten zehn Jahren Open-Access- und Open-Science-Teams an Bibliotheken entstanden. Zuerst als Stabsabteilungen und seit einiger Zeit als eigenständige Abteilungen.

Die Rekrutierung neuer wissenschaftlicher Mitarbeitender im Bereich Publikationsservices ist erfahrungsgemäß nicht einfach. Kandidat:innen müssen sehr gute IT-Kenntnisse und ausgezeichnete kommunikative Fähigkeiten mitbringen. Es zeigt sich aber auch, dass viele wissenschaftliche Berufseinsteiger:innen in Bibliotheken eine Nähe zum eigenen Fachgebiet suchen (wie beispielsweise im Fachreferat) und eine fachliche Generalisierung auf Ebene der Publikationsservices als Verlust empfinden. Hinzu kommt, dass Stellen im Bereich der Publikationsservices nicht auf langen Traditionen aufbauen können, so dass die Stellenbeschreibungen sehr flexibel gehalten werden müssen und einem steten Wandel ausgesetzt sind. Ein:e Berufseinsteiger:in kann das absolut spannend oder aber als verunsichernd empfinden. Des Weiteren werden diese Stellen, trotz hoher Anforderungen, an vielen Universitäten nicht auf gleich hoher Gehaltsebene angesetzt wie klassische Fachreferate. Dazu kommt auch, dass es sich bei Stellen im Bereich der Publikationsservices oft um befristete Projektstellen handelt. Alle diese Umstände tragen dazu bei, dass es schwierig ist, gute Kandidat:innen zu finden, die Publikationsservices nachhaltig entwickeln können. Und gleichzeitig ist der Wissensverlust bei Abgang solcher Personen auf befristeten Stellen besonders schmerzlich. Der Aufbau von Publikationsservices ist somit nicht nur eine Herausforderung für die Fachexpert:innen, sondern genauso für die Bibliotheksleitung, die diese strategisch positionieren und immer wieder für deren Stellendotierung argumentieren muss. Aber trotz allem macht diese Art der Argumentation aus Leitungssicht Freude: denn die Publikationsservices öffnen neue Netzwerkmöglichkeiten und stärken das Renommee der Einrichtung.

Teil V: **Digitalisieren, Kuratieren, Langzeitarchivieren**

Einführung

Das Bewahren, Erschließen und Managen von historischen Beständen und Spezialsammlungen gehört seit jeher zu den Aufgaben wissenschaftlicher Bibliotheken, insbesondere der Landes- und Staatsbibliotheken sowie einiger Spezialbibliotheken. Im Zuge der digitalen Transformation haben sich in diesem Kontext neue Aufgabengebiete und Funktionen etabliert, die das klassische Spektrum ergänzen und erweitern: das Digitalisieren, das Kuratieren und das Langzeitarchivieren digitaler bzw. digitalisierter Materialien. Die Autor:innen des folgenden Kapitels geben einen breiten und zugleich detaillierten Ein- und Überblick in dieses vielschichtige und zugleich dynamische Arbeitsfeld.

Das Kapitel beginnt mit dem Beitrag von Armin Schlechter, der erläutert, welche Aufgaben mit der Erschließung, der Ergänzung und dem Nachweis historischer Bestände in Katalogen und Portalen verbunden sind. Dabei wird auch die Bestandserhaltung durch Restaurierung auf der einen und Massenverfahren auf der anderen Seite thematisiert. Ebenso legt Schlechter dar, wie diese besonderen Bestände durch Öffentlichkeitsarbeit, Ausstellungen und Publikationen einem breiten Publikum zugänglich gemacht werden.

Daran anschließend stellt Ute Olliges-Wieczorek dar, welche neuen Aufgaben und Rollen insbesondere durch die Digitalisierung großer gemeinfreier Bestände und deren Präsentation in digitalen Sammlungen auf die Bibliothekar:innen zukommen: Dies betrifft die Produktion, die Aufbereitung und die Vernetzung aber auch die Vermittlung und Einbindung dieser digitalisierten Bestände in Forschung, Lehre und Gesellschaft. Zahlreiche Beispiele veranschaulichen die Bandbreite der damit verbundenen neuen Rollen und Handlungsfelder.

Siegfried Schmidt legt in seinem Beitrag den Fokus auf Arbeit mit Spezialsammlungen, also solchen Beständen, die nicht in explizitem Bezug zu den Aufgaben und Zielsetzungen der jeweiligen Einrichtung stehen. Er macht dabei deutlich, welche Aufgaben mit der Kuratierung dieser besonderen Bestände verbunden sind und wie sich dieses Aufgabenfeld im Zuge der digitalen Transformation verändert, was dies für die gesellschaftliche Wahrnehmung der Bibliotheken auf der einen und die Anforderungen an die Kompetenzen der in diesem Bereich tätigen Bibliothekar:innen auf der anderen Seite bedeutet.

Welche Anforderungen die digitale Transformation an die Langzeitarchivierung des schriftkulturellen Erbes stellt und welche neuen konzeptionellen und technischen Herausforderungen damit verbunden sind, macht Thomas Stäcker in seinem Beitrag umfassend deutlich. Ausgehend von einer grundsätzlichen Klärung dessen, was Digitalisierung mit Bezug auf das kulturelle Erbe bedeutet, stellt er dar, wie dieses Erbe durch die Digitalisierung langfristig erhalten und zugänglich gemacht werden kann. Dabei wird deutlich, dass in diesem Tätigkeitsfeld nicht nur spezifische technische, sondern ebenso ethische, strategische und kooperative Kompetenzen gefordert sind.

https://doi.org/10.1515/9783110790375-022

Armin Schlechter

Historische Bücher und andere Sonderbestände kuratieren und managen

Abstract: Historische Bestände werden überwiegend in früh gegründeten Bibliotheken aufbewahrt. Ihr Kuratieren und Managen setzt eine Bestandskenntnis voraus, die die Geschichte des Hauses und die Tektonik des Bestandes in den Blick nimmt. Die verschiedenen Altbestandsegmente eines Hauses sind auf unterschiedliche Weise zu erschließen, sowohl im eigenen Katalog als auch in den entsprechenden nationalen Portalen. Historische Sammlungen werden auf der Basis von Erwerbungsprofilen durch antiquarische Anschaffungen weiter ergänzt. Eine Daueraufgabe ist die Bestandserhaltung, die sich von der Restaurierung bis zu Massenverfahren erstreckt. Verbandsarbeit vor Ort, auf Landes- und Bundesebene sowie verschiedene Formen der Öffentlichkeitsarbeit wie Ausstellungen oder Publikationen zu den Beständen runden das Arbeitsgebiet ab.

Keywords: Handschriften, Alte Drucke, Bestandserhaltung, Gremienarbeit, Erschließung, Restaurierung, Nachlässe, Provenienz, Öffentlichkeitsarbeit

Kurzbiografie: Armin Schlechter ist Leiter der Abteilung „Sammlungen“ im Landesbibliothekszentrum Rheinland-Pfalz; zahlreiche Publikationen zur südwestdeutschen Buch- und Bibliotheksgeschichte, zur Landesgeschichte von Baden-Württemberg und Rheinland-Pfalz sowie zur Heidelberger Romantik. Kontakt: schlechter@lbz-rlp.de

Handschriften, Alte Drucke und andere Sonderbestände

Historische Buchbestände und andere Sonderbestände finden sich in zumeist früh gegründeten Bibliotheken verschiedenen Zuschnitts. Zu nennen sind neben Staats- und Landesbibliotheken Universitätsbibliotheken, wissenschaftliche Stadt- und Schulbibliotheken, kirchliche Bibliotheken, unter ihnen Klosterbibliotheken, und andere mehr. Dagegen spielen Bestände solcher Art in den universitären Neugründungen der zweiten Hälfte des 20. Jahrhunderts eine in der Regel geringe Rolle. Jede Altbestandssammlung hat in Abhängigkeit von historischen Entwicklungen, aber auch von Verlusten zu unterschiedlichen Zeiten einen anderen inhaltlichen, in der Regel regionalen oder schwerpunktmäßig landeshistorischen Quellenwert. Die Summe aller Altbestandsbibliotheken bildet im Sinne von Segmenten und Mosaiksteinen unterschiedli-

https://doi.org/10.1515/9783110790375-023

cher Ausrichtung zusammen mit Archiven und Museen die wichtigste, kulturelles Erbe überliefernde Gedächtnisinstitution in Deutschland.[1]

Zu den historischen Medien gehören in Bibliotheken mittelalterliche und neuzeitliche Handschriften, Inkunabeln und Drucke späterer Zeit bis 1850. Auch moderne Bücher fallen als besonders wertvolle Objekte in die Obhut der ganz unterschiedlich benannten Altbestandsabteilungen, beispielweise buchkünstlerische Medien oder – zu teure – Faksimiles. Hinzu kommen viele weitere Bestandsgruppen. Zu nennen sind, ohne Anspruch auf Vollständigkeit, Nachlässe und Einzelautographen, historische Karten und Plakate, weitere Einblattdrucke verschiedener Art, Einband- oder Exlibris-Sammlungen. Während in großen Staatsbibliotheken verschiedene Personen für einzelne Altbestandssegmente zuständig sind, ist in den meisten Häusern der Regelfall die Verwaltung durch eine einzelne Person, oft nicht einmal in Vollzeit.

Die gesetzliche Grundlage, die die einzelne Bibliothek fundiert, gibt Hinweise auf ihre Pflichten, wenn auch meist nicht in allzu spezifischer Form. So schreibt der Errichtungserlass des Landesbibliothekszentrums Rheinland-Pfalz mit Wirkung vom 1. September 2004 vor, dass diese Institution zuständig sei für „Sammlung, Erschließung, Bewahrung und Vermittlung der Rheinland-Pfalz-Literatur". Hinzu kommen die „Bewahrung historischer Medienbestände in Rheinland-Pfalz" sowie die Mitwirkung in Fachgremien.[2] Wie Vorgaben dieser Art tatsächlich umgesetzt werden, hängt in erster Linie von den Schwerpunkten ab, die die Stelleninhaberin oder der Stelleninhaber setzen. Sie bauen bei ihrer Arbeit auf teils lange zurückliegende Entscheidungen ihrer Vorgänger:innen auf und sollten die teils auch schon vor langer Zeit definierten Sammelschwerpunkte des Hauses kontinuierlich weiterverfolgen und gegebenenfalls erweitern.

Grundlagen für eine qualifizierte Arbeit mit den Beständen, aber auch für den Bereich der Bestandserhaltung, ist eine gründliche Bestandskenntnis, die die Tektonik, Ensembles, Sammlungen sowie die Exemplarebene und ihre historischen Bedingungen in den Blick nimmt,[3] was aber nur bis zu einer gewissen Bestandsgröße realistisch

---

1 Mittler, Elmar: Die Bibliothek als Gedächtnisinstitution. In: Handbuch Bibliothek. Geschichte, Aufgaben, Perspektiven. Hrsg. von Konrad Umlauf u. Stefan Gradmann. Stuttgart, Weimar: J. B. Metzler 2012. S. 33; Seefeldt, Jürgen u. Ludger Syré: Portale zu Vergangenheit und Zukunft. Bibliotheken in Deutschland. 5. Aufl. Hildesheim [u. a.]: Georg Olms 2017. S. 149.

2 Errichtung des Landesbibliothekszentrums Rheinland-Pfalz. Rundschreiben des Ministeriums für Wissenschaft, Weiterbildung, Forschung und Kultur vom 19. Juli 2004 (15525–53250/50). https://lbz.rlp.de/fileadmin/lbz/Ueber_uns/Errichtungserlass.pdf (20.3.2023); vgl. auch das Landesbibliotheksgesetz aus dem Jahr 2014: https://lbz.rlp.de/fileadmin/lbz/Unsere_Angebote/Ausleihen_und_Nutzen/Bibliotheksgesetz-20141212.pdf (20.3.2023).

3 Schlechter, Armin: Exemplar und Ensemble. Anmerkungen zum kulturellen Wert des Alten Buches, in: Buch und Bibliothek (2003). H. 3. S. 186–191; Schlechter, Armin: Textträger, archäologisches Objekt und historischer Mosaikstein. Was bleibt vom Alten Buch? In: Das Ende der Bibliothek? Vom Wert des Analogen. Hrsg. von Uwe Jochum u. Armin Schlechter. Frankfurt a. M.: Vittorio Klostermann 2011 (ZfBB Sonderband 105). S. 101–114; Umlauf, Konrad: Medien in Bibliotheken. In: Handbuch Bibliothek. Geschichte, Aufgaben, Perspektiven. Hrsg. von Konrad Umlauf u. Stefan Gradmann. Stuttgart, Weimar:

ist. Bestandskenntnis ist auch die Voraussetzung für die qualifizierte Beantwortung von Anfragen aus der Wissenschaft, der Öffentlichkeit und von potentiellen Leihnehmern musealer Ausrichtung. Letztlich ist ohne eine längerfristige Perspektive keine echte, den Beständen zugutekommende Altbestandsarbeit zu leisten, wenn man sich nicht auf eine eher verwaltende Tätigkeit beschränken will. Auch eine gewisse praktische Begabung ist von Nutzen, gerade im Bereich der Bestandserhaltung, wo die qualifizierte Kommunikation mit Restauratorinnen und Restauratoren unabdingbar ist.

Erschließen

Die vollständige Erschließung der historischen Bestände einer Altbestandsbibliothek auf der Höhe der Zeit ist aus Ressourcenknappheit und aufgrund der Vielgestaltigkeit der Bestände in der Regel ein unerreichbares Ideal, das trotzdem mit langfristiger Ausrichtung zu verfolgen ist. In jedem Fall sind auch hier die Einhaltung von Standards und die Mitarbeit an bundesweiten Projekten unabdingbar. Dazu gehören die Katalogisierung der mittelalterlichen Handschriften nach den Richtlinien und in der Regel mit Förderung der Deutschen Forschungsgemeinschaft sowie das Einbringen der Daten in das Handschriftenportal (früher Manuscripta Mediaevalia).[4] Neuzeitliche Handschriften, Autographen und Nachlässe sind im Portal ‚Kalliope' nachzuweisen. Gerade bei Nachlässen ist eine Erschließung sehr zeitintensiv; hier gibt es nicht selten erhebliche und kaum mehr aufholbare Rückstände. Nicht viel weniger aufwendig als im Falle von Handschriften ist die Erschließung der Inkunabeln, bei denen die Exemplarbeschreibung mehr und mehr in den Vordergrund tritt; als Vorbilder können hier etliche moderne Inkunabelkataloge dienen. Eine Zusammenarbeit mit dem Gesamtkatalog der Wiegendrucke (GW) und dem Incunabula Short Title Catalogue (ISTC) ist selbstverständlich. Darüber hinaus ist ein Einspielen der Daten in den Inkunabelkatalog INKA wünschenswert, auch wenn sein Fortbestehen unsicher bleibt. Drucke des 16. und 17. Jahrhunderts werden auf der Grundlage der entsprechenden Regelwerke erschlossen, und darauf aufbauend ist eine Zuarbeit zum Verzeichnis der im deutschen Sprachbereich erschienenen Drucke des 16. Jahrhunderts (VD 16) sowie zum Verzeichnis der im deutschen Sprachraum erschienenen Drucke des 17. Jahrhunderts (VD 17) selbstverständlich. Auch eine Mitwirkung beim Verzeichnis Deutscher Drucke des 18. Jahrhunderts (VD 18) sollte perspektivisch nicht aus den Augen verloren werden.

Moderner Standard der Erschließung alter Drucke ist inzwischen auch die Erfassung der Personen- und Institutionen-Provenienzen, wie dies vorbildhaft in der Uni-

---

J. B. Metzler 2012. S. 114f; Kuttner, Sven: „Die verspätete Bibliothek". Zehn Beiträge zur Geschichte der Universitätsbibliothek der Ludwig-Maximilians-Universität München im 20. Jahrhundert. Wiesbaden: Harrassowitz 2021 (Beiträge zum Buch- und Bibliothekswesen 67). S. VIII.

4 Handschriftenportal. https://handschriftenportal.de/ (14.3.2023).

versitäts- und Stadtbibliothek Köln geschieht.[5] Diese Provenienzen sind abhängig von der Bestandstektonik des einzelnen Hauses und bieten über der inhaltlichen Ebene des einzelnen Exemplars wichtige buchhistorische Metainformationen. Ein Einbringen der Durchreibungen historischer Einbände in die Einbanddatenbank ist dagegen bisher leider nicht möglich; die Einbände können aber mit den Normnummern der Werkstätten in der Einbanddatenbank oder in Form verbaler Beschreibungen im Zuge der Katalogisierung verzeichnet werden.

Die Erschließung anderer Altbestandsgruppen bereitet unterschiedliche Probleme. Während Karten in der Altkartendatenbank IKAR nachweisbar sind, fehlt beispielsweise für Plakate ein entsprechendes Modul. Zum Erschließungsstandard sollte auch die Untersuchung der Bestände auf NS-Raubgut, auf Bodenreformbestände und auf Raubgut aus kolonialen Kontexten gehören, hieran schließen sich gegebenenfalls Restitutionen an.[6] Damit werden zugleich Segmente der meist wechselvollen Geschichte des eigenen Hauses aufgearbeitet. Ansprechpartner sind hier das Deutsche Zentrum Kulturgutverluste in Magdeburg und die Kommission Provenienzforschung und Provenienzerschließung des Deutschen Bibliotheksverbandes.

Bestand pflegen

Jede Altbestandsbibliothek zeigt einen spezifischen inhaltlichen Zuschnitt. Bei Landesbibliotheken beispielsweise ist einerseits die regionale Zuständigkeit vorgegeben, was darüber hinaus andererseits durch Bestände ganz anderen Zuschnitts ergänzt wird, die als Folge historischer Entwicklungen ins Haus gekommen sind. Hinzu treten die auch retrospektive Pflege bestimmter inhaltlicher Schwerpunkte und die Dokumentation bestimmter regional wichtiger Personen. So sammeln beispielsweise die Badische Landesbibliothek in Karlsruhe und die beiden rheinland-pfälzischen Landesbibliothekszentrums-Bibliotheken in Koblenz und Speyer aufgrund ihrer Lage Literatur zum Rhein in allen seinen Facetten, wenn auch in leicht unterschiedlicher regionaler Ausrichtung.

Ein herausragendes Sammelgebiet der Pfälzischen Landesbibliothek in Speyer sind beispielsweise Dokumente des impressionistischen Malers Max Slevogt. Seit der Gründung des Hauses 1921 werden Autographen sowie die verschiedenen Ausgaben seines buchgraphischen Werks erworben. Hier ist der Markt kontinuierlich zu beobachten, da immer wieder bis dahin unbekannte Materialien angeboten werden. Im Jahr 2011 wurde dann der schriftliche Nachlass von Max Slevogt von den Erben erworben. Die Verhandlungen hatten sich seit Jahrzehnten mit immer wieder großen Unterbrechungen hingezogen, was zeigt, welch langer Atem über Generationen nötig sein

5 Vgl. Universitäts- und Stadtbibliothek Köln: Provenienzen erforschen, verzeichnen und konstituieren. https://www.ub.uni-koeln.de/ueber_uns/profil/prov/index_ger.html (24.11.2022).
6 Seefeldt u. Syré, Portale (wie Anm. 1), S. 153.

kann, um die bestehenden Sammelschwerpunkte abzurunden. In anderen Fällen kann es wichtig sein, aktiv mit den Erben Lösungen zu suchen, die eine Nachlass-Übernahme ermöglichen.

Antiquarische Anschaffungen setzen die Existenz eines Etats voraus und greifen auf die Angebote von Auktionshäusern und von Festpreisantiquaren zurück. Hinzu kommen gezielte Angebote von Privatpersonen. So konnten für Speyer vor einigen Jahren Briefe des 1829 hier geborenen Malers Anselm Feuerbach erworben werden, deren Existenz bis dahin völlig unbekannt war. Größere Anschaffungen, beispielsweise von Handschriften, lassen sich nur mit Förderung durch die Kulturstiftung der Länder, durch die Stiftung Rheinland-Pfalz für Kultur, die auch in anderen Bundesländern Pendants hat, oder durch die Ernst von Siemens Kunststiftung realisieren.

Ein weiterer wichtiger Faktor, mit dem sich vor allem Landes- und Staatsbibliotheken auseinanderzusetzen haben, ist die Übernahme von geschlossenen Büchersammlungen mit Landesbezug oder zumindest von Anteilen. In Deutschland wurden in den letzten Jahrzehnten beispielsweise immer wieder Klöster aufgelöst. Oft gingen der eigentlichen Schließung Verkäufe an den antiquarischen Markt oder Makulierungen voraus. In den meisten Fällen geschah die Verwertung ohne Absprache oder auch nur Information der für diese Region zuständigen wissenschaftlichen Bibliothek, so dass am Ende nur noch Anteile die aufgelöste Bibliothek repräsentieren können. Das Landesbibliothekszentrum Rheinland-Pfalz konnte beispielsweise in den letzten Jahren in diesem Zusammenhang Segmente der Bestände aus der Bibliothek des Zisterzienserklosters Himmerod in der Eifel und der Büchersammlung der Bibliothek der Weißen Väter in Trier ankaufen. Letztere wurde noch im *Handbuch der Historischen Buchbestände* beschrieben und gehört zu den inzwischen nicht wenigen dort verzeichneten Bibliotheken, die nun nicht mehr existent sind.[7]

Besser sind die Rahmenbedingungen bei zwei historischen Gymnasialbibliotheken, der Bibliothek der Stiftung Staatliches Görres-Gymnasium in Koblenz, deren Bestände bis zum 1580/1582 in dieser Stadt gegründeten Jesuitenkolleg zurückreichen, und der Bibliothek des Gymnasiums am Kaiserdom in Speyer, in der die in dieser Stadt nach den Verwüstungen des Pfälzischen Erbfolgekriegs ab Anfang des 18. Jahrhunderts wieder zusammengetragenen Buchbestände aufbewahrt werden. Nachdem eine Funktionsverschiebung weg vom gehüteten Kleinod und hin zum Ballast für den modernen Schulbetrieb stattgefunden hat, werden die Bestände geschlossen abgegeben. Die konservatorische Sicherung, aber auch die Erschließung stellen aufgrund der Größe der Sammlungen von je etwa 1.000 laufenden Metern enorme Herausforderungen dar. Während alle Bestände bis zum Erscheinungsjahr 1850 bewahrt werden, müssen für den Umgang mit den Drucken späterer Zeit, deren komplette Erhaltung illusorisch ist, eigene Kriterien entwickelt werden. Es ist damit zu rechnen, dass

7 Vgl. Hamm, Wolfgang-M.: Trier 10. Seminarbibliothek der Weißen Väter. In: Handbuch der Historischen Buchbestände in Deutschland. Bd. 6. Hrsg. von Berndt Dugall. Hildesheim [u. a.]: Olms-Weidmann 1993. S. 267 f.

Konzentrationsprozesse dieser Art in den kommenden Jahrzehnten zunehmen werden. Hier ist ein aktives Agieren der Bibliothek vonnöten, um Kulturgutverluste zu vermeiden oder zumindest zu minimieren.

Bestand erhalten

Die Bestandserhaltung der verschiedenen historischen Bestandsgruppen ist eine Kern- und eine Daueraufgabe, wobei jede Mediengruppe andere Anforderungen mit sich bringt. Die Bandbreite reicht von der Restaurierung eines besonders kostbaren Einzelstücks bis hin zu Massenverfahren wie der Trockenreinigung oder der Massenentsäuerung. Immer wichtiger werdende Elemente sind Prävention und Prophylaxe sowie das Bestandserhaltungsmanagement.[8] Voraussetzung ist die Aufbewahrung der historischen Bestände in klimatisierten und gesicherten Magazinen; hier sind technische Kenntnisse und das Wissen um die entsprechenden Normen notwendig. Erste Schritte der Bestandserhaltung wären die Reinigung der Bestände, die Magazinhygiene sowie ein laufendes Integrated Pest Management (IPM), das Insektenbefall prüft und gegebenenfalls dagegen vorgeht. Der nächste Schritt ist die Nutzung verschiedener Formen von Umschlägen und Schutzverpackungen auf Maß aus modernen, alterungsbeständigen Materialien wie Archivkarton, die entweder in der – hoffentlich vorhandenen – eigenen Restaurierungswerkstatt und der Buchbinderei hergestellt oder von Dienstleistern geliefert werden können. Sämtliche antiquarischen Neuerwerbungen – retrospektiv ist diese Maßnahme kaum umfassend zu leisten – sollten schutzverpackt werden, was ein das Leder schwer schädigendes Bekleben des Einbandes überflüssig macht und die jeweiligen Bände auch bei der Benutzung schützt. Bei Handschriften und alten Drucken steht keineswegs immer eine Höhenkamm-Restaurierung im Vordergrund, sondern das systematische konservatorische Arbeiten. Dazu gehören beispielsweise oft scheinbar banale Dinge wie das Einkleben loser Blätter oder das Schließen von Rissen, was aber weitere Schäden und Verluste verhindert. Autographen und Nachlässe sollten in Autographenmappen und diese wiederum in Stülpdeckelboxen gelagert werden, Karten und Plakate sowie andere Einblattdrucke einzeln in entsprechenden Mappen. Hier kann einerseits auf ein großes Angebot von Dienstleistern zurückgegriffen werden, andererseits lassen sich auch im Haus aus Bogenware viele Arten von Verpackungen herstellen. Weiter ist auf Einheitlichkeit, systematisches Vorgehen und langfristig angelegtes Handeln unter Einbeziehung der mo-

---

8 Vgl. Feldmann, Reinhard: Historische Bestände und ihre Erhaltung. In: Handbuch Bibliothek. Geschichte, Aufgaben, Perspektiven. Hrsg. von Konrad Umlauf u. Stefan Gradmann. Stuttgart, Weimar: J.B. Metzler 2012. S. 162–172; Kobold, Maria u. Jana Moczarski: Bestandserhaltung. Ein Ratgeber für Verwaltungen, Archive und Bibliotheken. 3. Aufl. Hrsg. von der Universitäts- und Landesbibliothek Darmstadt u. dem Hessischen Landesarchiv. Leipzig: ZFB – Zentrum für Bucherhaltung 2021.

dernen Entwicklungen und der aktuellen Diskussionen in den Gremien zu achten, die sich mit Bestandserhaltung beschäftigen.

In der Regel verfügen die einzelnen Einrichtungen über einen Bestandserhaltungsetat. Die vorhandenen Mittel sollten auch für Pilotprojekte oder Massenverfahren eingesetzt werden, für die jährlich Zuschüsse bei der Koordinierung für die Erhaltung des schriftlichen Kulturguts (KEK) beantragt werden können. Im Bereich der Restaurierung hat es sich bewährt, jährlich Partien zusammenzustellen und bei verschiedenen Restauratorinnen und Restauratoren sowie Dienstleistern als Grundlage der Vergabe Kostenvoranschläge einzuholen. Auch die Beantragung konkreter Projekte bei verschiedenen lokalen Stiftungen oder Buchpatenschaften ist empfehlenswert; Maßnahmen dieser Art vernetzen die historischen Bestände in besonderer Weise vor Ort und sollten von Aktivitäten im Bereich der Öffentlichkeitsarbeit begleitet werden. Angesichts des großen Handlungsbedarfs bei der Bestandserhaltung wird nur eine langfristig angelegte Strategie, die auf alle verfügbaren Mittel zurückgreift, zu befriedigenden Resultaten führen. Aspekte der Bestandserhaltung spielen weiter eine große Rolle bei der Nutzung vor Ort, bei Leihverträgen, bei Reproduktionsaufträgen und bei der Digitalisierung.

Verbandsarbeit, Öffentlichkeitsarbeit und Vertreten der Bestände

Die Arbeit in Fachgremien spielt für Altbestandsbibliothekare und -bibliothekarinnen aufgrund ihrer teils im Vergleich mit den anderen Tätigkeitsfeldern ihrer Bibliothek sehr spezialisierten Aufgaben eine große Rolle. Zum Bereich der Bestandserhaltung gehört die Mitarbeit im Notfallverbund, in dem die kulturtragenden Organisationen vor Ort spartenübergreifend vertreten sind, und gegebenenfalls auf der Landesebene sowie die Teilnahme an den jährlichen bundesweiten Treffen der Notfallverbünde.[9] Dem fachlichen Austausch dienen regionale Zusammenschlüsse wie beispielsweise der Arbeitskreis historische Bestände in Nordrhein-Westfalen und Rheinland-Pfalz.[10] Auf nationaler Ebene empfiehlt sich ein Engagement in den einschlägigen Kommissionen des Deutschen Bibliotheksverbandes, insbesondere in den Kommissionen Altbestände, Bestandserhaltung sowie Provenienzforschung und Provenienzerschließung. Neben dem fachlichen Austausch stehen hier die Netzwerkbildung und die Unterstützung kleinerer Bibliotheken im Vordergrund.

Eines der wichtigsten Mittel der Öffentlichkeitsarbeit für historische Bestände sind sicherlich Ausstellungen.[11] Hier sollten wechselnde Segmente des eigenen Bestandes, so beispielsweise Einbände, Inkunabeln, aber auch fachliche Sammlungen wie

9 Vgl. Feldmann, Bestände (wie Anm. 8), S. 169 f.
10 Hochschulbibliothekszentrum des Landes Nordrhein-Westfalen (hbz): Arbeitskreis Historische Bestände. https://www.hbz-nrw.de/ueber-uns/gremien/arbeitskreis-historische-bestaende (28.11.2022).
11 Vgl. Seefeldt u. Syré, Portale (wie Anm. 1), S. 149; Feldmann, Bestände (wie Anm. 8), S. 168 f.

Pflanzenbücher, in den Vordergrund gestellt werden, auf die die wissenschaftliche und nichtwissenschaftliche Öffentlichkeit aufmerksam gemacht werden soll. Anlässe können historische Jubiläen oder auch Neuerwerbungen sein; herausragende Stücke dieser Art sollten im Rahmen einer Pressekonferenz vorgestellt werden. Bewährt hat sich das Konzept von Jahresausstellungen, die in einem Katalog dokumentiert werden und die für ausgewählte Stücke eine nachnutzbare Tiefenerschließung ermöglichen. Größere Projekte können durch Zusammenarbeit mit den kulturtragenden Institutionen vor Ort anderer Sparten realisiert werden, was ebenfalls die Vernetzung erheblich stärkt. Auch kleinere Aktionen wie die Vorstellung beispielsweise eines „Buchs des Monats" in verschiedenen Medien lenken die Aufmerksamkeit auf historische Bestände.

Zum Handlungsspielraum, den Altbestandsbibliothekare und -bibliothekarinnen haben sollten, gehört auch die Mitwirkung in fachwissenschaftlichen Gremien und durch Publikationen, die die Bestände bekannt machen und für sie werben. Eine große Rolle spielen hierbei oft von Altbestandsbibliotheken wie der Herzog August Bibliothek in Wolfenbüttel oder beispielsweise vom Arbeitskreis für die Erfassung, Erschließung und Erhaltung historischer Bucheinbände (AEB) ausgerichtete Tagungen und die Mitwirkung an einschlägigen Zeitschriften. Weiter wäre das allgemein geschichtliche Segment zu nennen, wie es sich lokal oder auf Landesebene in Kommissionen oder Historischen Vereinen und mit entsprechenden Periodika organisiert hat. In diesem Zusammenhang spielt weniger die Berufsbilddiskussion um den Begriff des/der „wissenschaftlichen" Bibliothekars oder Bibliothekarin eine Rolle als die Frage, wie die spezifischen Bestände des eigenen Hauses adäquat vertreten und in den wissenschaftlichen Diskurs eingebracht werden können.[12] Einzelpublikationen stellen in diesem Zusammenhang herausragende Stücke und Neuerwerbungen vor und liefern damit historische Mosaiksteine.

Historische Bücher und andere Sonderbestände kuratieren und managen

Das Kuratieren historischer Medien ist eine Spezialaufgabe, für die eher ein Fachstudium und die Berufspraxis als die bibliothekarische Ausbildung die Grundlage schaffen. Nützlich ist vorab zweifellos die Mitwirkung an Erschließungsprojekten, beispielsweise an der Handschriftenkatalogisierung, die zu einer intensiven Auseinandersetzung mit den Objekten und ihrer Archäologie zwingt. Zu verweisen ist aber

12 Vgl. Laube, Reinhard u. Georg Ruppelt: Die Tradition der buch- und kulturwissenschaftlichen Forschung. In: Handbuch Bibliothek. Geschichte, Aufgaben, Perspektiven. Hrsg. von Konrad Umlauf u. Stefan Gradmann. Stuttgart, Weimar: J. B. Metzler 2012. S. 214–218; Siebert, Irmgard u. Thorsten Lemanski (Hrsg.): Bibliothekare zwischen Verwaltung und Wissenschaft. 200 Jahre Berufsbilddebatte. Frankfurt a. M.: Vittorio Klostermann 2014 (ZfBB Sonderband 111).

auch auf die vielen Möglichkeiten der Weiterbildung in diesem Bereich, beispielsweise auf die Blaubeurener Symposien „Handschriften und Alte Drucke“ oder die vielfältigen Angebote im Bereich der Notfallvorsorge und der Notfallplanung. Viele Fragen lassen sich auf der Grundlage der Netzwerke klären, anderes wird sich nur durch Learning by Doing entwickeln und umsetzen lassen; Voraussetzung dafür ist es, seine Bestände und seine Magazine zu kennen. Ohne langfristig zu realisierende Konzepte sind in diesem Arbeitssegment keine befriedigenden Ergebnisse zu erwarten. Die spezialisierte, facettenreiche Arbeit im Bereich historischer Medien führt aber nicht in einen Elfenbeinturm, sondern wird durch eine aktive Mitgestaltung bei der Entwicklung der jeweiligen Bibliothek komplettiert.

Ute Olliges-Wieczorek

Digitale Sammlungen in die Forschung und in gesellschaftlich-kulturelle Kontexte einbinden

Abstract: Durch die Digitalisierung großer gemeinfreier Bestände und deren Präsentation in Digitalen Sammlungen werden Bibliotheken zu Datenproduzenten bzw. -gebern für Forschung, Lehre und Gesellschaft. Im Kontext dieses Transformationsprozesses kommen auf wissenschaftliche Bibliothekare zahlreiche neue Aufgaben zu. Dazu gehören u. a. die Aufbereitung, Vernetzung und Vermittlung dieser offenen Daten, die Einbindung der Daten in Projekte der Forschung im Bereich der Digital Humanities, die Vermittlung von Digitalkompetenzen im Bereich der Lehre, die Durchführung oder Beteiligung an Kulturhackthons, an Citizen-Science- und Crowdsourcing-Projekten. Neue Herausforderungen ergeben sich auch durch Angebote für Beratungs- oder Unterstützungsleistungen im Rahmen der Kulturgutdigitalisierung für kleinere Kultureinrichtungen. Zahlreiche Praxisbeispiele verdeutlichen diese neuen Arbeitsfelder der wissenschaftlichen Bibliothekar:innen.

Keywords: Digitalisierung, wissenschaftliche:r Bibliothekar:in, Digitale Sammlungen, Forschung, Lehre, Gesellschaft, offene Kulturdaten, Digital Humanities, Digitalkompetenz, Kulturhackathon, Projektarbeit, Citizen Science, Crowdsourcing, Kulturgutdigitalisierung, Zeitungsdigitalisierung

Kurzbiografie: Ute Olliges-Wieczorek ist Dezernentin für die Landesbibliothek und Sonderbestände der ULB Düsseldorf; Academic and Research Support, Fachreferate Germanistik, Medien- und Kulturwissenschaft; Lehrbeauftragte an der TH Köln. Zuvor: Studium der Geschichte, Germanistik und Erziehungswissenschaften, Promotion 1993 an der WWU Münster. Referendariat für den Höheren Bibliotheksdienst an der ULB Münster; Leitung der Bibliothek und der Pressestelle der Hochschule für Musik und Theater Rostock. Kontakt: Ute.Olliges-Wieczorek@ulb.hhu.de

Einführung

Seit mehr als 25 Jahren sind insbesondere die großen Staats-, Landes- und Universitätsbibliotheken in der Digitalisierung des schriftlichen Kulturgutes aktiv.[1] Zahlreiche physische Sammlungen sind inzwischen digitalisiert: Mittelalterliche Handschriften, Inkunabeln, spezielle Sammlungen und Nachlässe finden sich in den Digitalen Samm-

1 Zur Geschichte der Digitalisierung in Deutschland vgl. Klaproth, Frank: Digitalisierung und Digitale Bibliotheken – 25 Jahre Digitalisierung im Kontext der Deutschen Universitätsbibliotheken. In: Bibliothek. Forschung und Praxis (BFB) (2022) H. 2. S. 289–293.

https://doi.org/10.1515/9783110790375-024

lungen deutscher Bibliotheken. Mehr als 7 Millionen Images von Büchern, Zeitschriften, Zeitungen, Karten und Fotos, die gemäß Urheberrechtsgesetz als gemeinfrei gelten, stellt beispielsweise die Universitäts- und Landesbibliothek Düsseldorf in ihren Digitalen Sammlungen zur Verfügung. In der Deutschen Digitalen Bibliothek (DDB) sind mehr als 43.000.000 Objekte aus Kultur und Wissenschaft zu finden.[2] Auch fach- und materialspezifische Portale bieten Digitalisate von physischen Werken an.[3] Bibliotheken werden durch die Digitalisierung ihrer Bestände zu Datenproduzenten, zu Datenaufbereitern bzw. zu Datengebern für Wissenschaft und Gesellschaft.

Durch die Digitalisierung werden die Bestände der Bibliotheken einer größeren Öffentlichkeit zugänglich, stehen für die lokale, regionale und internationale Forschung zur Verfügung. Dadurch können sie in neue inhaltliche, mediale, ästhetische und funktionale Kontexte eingebunden werden.[4] Bibliotheken werden zum digitalen kulturellen Gedächtnis einer Region, eines Landes. Das Digitalisat wird „Medium zum Aufbau und Fortbestehen des kulturellen Gedächtnisses" einer Gesellschaft und zur Basis für Forschungsprojekte. Dabei geht es auch um „Teilhabe an digitalen Informationen und Medien, [um] Vermittlung von Digital- und Medienkompetenz, [um] Zugang zum kulturellen Erbe und gemeinschaftlichen Zusammenhalt im Rahmen von Bildung, Kultur und Wissenschaft", wie Andreas Degkwitz betont.[5]

Im Kontext dieses Transformationsprozesses kommen auf wissenschaftliche Bibliothekar:innen zahlreiche neue Aufgaben zu, die nur im Team mit Mitarbeitenden der Bibliothek bewältigt werden können. Aus der Rolle als Ansprechpartner/in für Forschung und Lehre bzw. als Liaison Librarian, als Projektmanager:in oder -mitarbeiter:in im Bereich der Digital Humanities oder als Data Librarian ergeben sich neue Aufgaben, die über die klassische Fachreferententätigkeit hinausgehen. Die Digitalen Sammlungen der Bibliotheken werden zunehmend in Projekte aus dem gesellschaftlich-kulturellen Kontext eingebunden. Offene Kulturdaten sind eine Fundgrube für Citizen-Science- und Crowdsourcing-Projekte, aber auch für die kreative Auseinandersetzung in Kulturhackathons. Auch als Schnittstelle zur Gesellschaft sind wissenschaftliche Bibliothekar:innen gefordert.

2 Deutsche Digitale Bibliothek: https://www.deutsche-digitale-bibliothek.de/ (14.03.2023).

3 Zu nennen sind hier beispielsweise das Handschriftenportal, Manuscripta Mediaevalia, Incunabula Short Title Catalogue (ISTC), der Gesamtkatalog der Wiegendrucke (GW), das Verzeichnis Deutscher Drucke des 16. (VD 16), des 17. (VD 17) bzw. des 18. Jahrhunderts (VD 18).

4 Rapp, Andrea: Digitalisierung – Chancen für Überlieferung und geistes- und kulturwissenschaftliche Forschung. In: Bibliothek. Forschung und Praxis (BFB) (2021) H. 2. S. 255–261. Hier: S. 259.

5 Degkwitz, Andreas: Fordern und Fördern – Verbände als Akteure der digitalen Transformation. In: Bibliothek. Forschung und Praxis (BFB) (2021) H. 2. S. 269–272, hier: S. 271.

Offene Kulturdaten kuratieren, präsentieren, sichtbar machen und vernetzen

Wie aber müssen diese Daten beschaffen sein, um offen für jedermann zur Nachnutzung zur Verfügung zu stehen? Die Open Knowledge Foundation definiert „Offenheit" durch folgende Kriterien: „Digitale Daten und Inhalte sind dann offen, wenn sie von allen gleichermaßen frei genutzt, kombiniert und weiterverbreitet werden können – maximal eingeschränkt durch die Pflicht der Namensnennung und/oder der Weitergabe unter gleichen Bedingungen"[6]. Das bedeutet:

- Es gibt keine Einschränkung der Nutzung. Die Daten können auch für kommerzielle Zwecke verwendet werden.
- Die Daten sind frei verfügbar und zugänglich, d. h. die Daten sind kostenfrei, es sind kein Login und keine Begründung für die Nutzung erforderlich.
- Die Wiederverwertung und Nachnutzung auch in Verbindung mit anderen Datensätzen ist möglich. Die Voraussetzung dafür sind die Maschinenlesbarkeit sowie die Verwendung von Datenmodellen und -standards sowie offenen Schnittstellen.
- Die Digitalisate sind mit bibliographischen, strukturellen und administrativen Metadaten, z. B. Lizenzen und Normdaten (GND) verknüpft.
- Die Daten sind persistent, eindeutig und dauerhaft referenzierbar durch die Vergabe von Uniform Resource Names (URN).
- Die Digitalisierung erfolgt nach den Praxisregeln der Deutschen Forschungsgemeinschaft (DFG).[7] Dies ist besonders wichtig, da beispielsweise in Digital-Humanities-Projekten maschinelle Auswertungen der Daten möglich sein müssen und daher höhere Qualitätskriterien für die Digitalisate gelten als für einen ausschließlich lesenden Zugang erforderlich wären.[8]

Die Sichtbarkeit der Daten wird deutlich erhöht, wenn die nach bibliothekarischen Standards (RDA) erstellten Metadaten für die Digitalisate in Bibliotheks-, Verbundkatalogen und im Karlsruher Virtuellen Katalog (KVK) nachgewiesen werden. Ggf. enthalten die Metadaten Verweise auf materialspezifische und fachspezifische Portale bzw. sind mit diesen verlinkt. Durch die Ablieferung der Daten an die Deutsche Digitale Bibliothek (DDB) sowie an die Europeana, ggf. auch durch Verlinkungen auf Wikipedia bzw. Wiki-Data wird die Sichtbarkeit der Daten weiter gesteigert. Die Daten werden

---

6 Hahn, Helene: Kooperativ in die digitale Zeit – wie öffentliche Kulturinstitutionen Cultural Commons fördern. Eine Einführung in offene Kulturdaten. Hrsg. von digiS – Servicestelle Digitalisierung Berlin 2016, S. 14. http://nbn-resolving.de/urn:nbn:de:0297-zib-59131 (URN) (30.10.2022).

7 Deutsche Forschungsgemeinschaft (DFG): DFG-Praxisregeln „Digitalisierung". https://www.dfg.de/formulare/12_151/ (30.10.2022).

8 Schüpbach, Johanna [u. a.]: Aspekte der Digital Humanities in Bibliotheken. In: Bibliotheksdienst (2022) H. 3–4. S. 212–226, hier: S. 217.

dadurch mit denen aus anderen Bibliotheken, Archiven und Museen in neue Kontexte zusammengeführt.

Die Qualität der Daten wird durch Anreicherungen gesteigert: Dazu gehören eine automatisierte Texterkennung für Druckschriften (OCR, Tesseract, Abbyy) bzw. Transkribus für Handschriften sowie die Zuweisung raumbezogener Informationen durch Georeferenzierung. Die digitale Langzeitarchivierung dieser Daten wird durch die Ablieferung, z. B. an das Digitale Archiv NRW gewährleistet.

Gemeinsame Standards, übergreifende Zugangsplattformen und die Anreicherung der Digitalisiate machen diese zur Basis für Digital-Humanities-Projekte in der Wissenschaft, für Citizen-Science-Projekte bzw. für Kulturhackathons. Durch neue Möglichkeiten der Vernetzung und Einbindung in andere Kontexte werden die Bestände „lebendig".

Wissenschaftliche Bibliothekar:innen prüfen in diesem Kontext, ob die Kulturdaten offen zur Verfügung gestellt werden können oder ob urheberrechtliche Schranken, Persönlichkeits- oder Bildrechte eine offene Bereitstellung nicht erlauben.

Als Leitungen von Digitalisierungszentren kommt den wissenschaftlichen Bibliothekar:innen auch eine besondere Rolle bei der Vermittlung dieser Daten in Forschung, Lehre und Gesellschaft zu. Als Liaison Librarians[9] kennen sie oder ihre Kolleg:innen im Fachreferat bzw. Academic and Research Support die Forschungsgebiete an ihrer Hochschule und können auf physische und digitale Sammlungen der Bibliothek hinweisen bzw. Bedarfe der Forschung abfragen. Als Expert:innen für Digitalisierungsfragen bzw. Daten werden sie in Forschungsprojekte idealerweise direkt eingebunden.

Eine bedeutsame Rolle kommt den wissenschaftlichen Bibliothekar:innen auch bei der Auswahl und inhaltlichen Erschließung der Bestände, die digitalisiert werden sollen, zu. Die Erstellung von Korpora, die Bereitstellung spezifischer Datensets und ggf. deren Einbindung in virtuelle Umgebungen für spezifische Forschungs- bzw. Citizen-Science-Projekte kann dabei anlassbezogen just in time, aber auch proaktiv geschehen. Wissenschaftliche Bibliothekar:innen werden dadurch zu Kurator:innen virtueller Sammlungen bzw. Korpora.

Digitale Sammlungen können ein genaues Abbild einer physischen Sammlung oder auch virtuell aus verschiedenen Digitalisaten bzw. Daten zusammengestellt sein. Durch die Zugehörigkeit zu einer konkreten Sammlung erhält das Digitalisat eine bestimmte Bedeutung, es steht in einem konkreten Sammlungskontext, die der Intention des Sammlers folgt.[10] Entscheidend ist dieses Kriterium z. B. bei der Digitalisierung von Autorenbibliotheken, denn hier steht die Frage im Vordergrund, welche Quellen, Werke eine literarische Autorin oder ein literarischer Autor für ihr sein Werk benutzt

9 König, Erwin: Zur Arbeit von Liaison Librarians. In: Library Essentials. Fakten und Berichte für Informationsspezialisten. 12.2.2016. https://www.libess.de/zur-arbeit-liaison-librarians/ (30.10.2022).

10 Vgl. Rapp, Digitalisierung (wie Anm. 4), S. 259.

hat bzw. welche handschriftlichen Annotationen er/sie in ihrer seiner Bibliothek hinterlassen hat.

Virtuelle Sammlungen sind dagegen sehr flexibel und dynamisch. Sie können aus unterschiedlichen Objekten zu einem Thema zusammengestellt sein. So werden beispielsweise aus den verschiedensten Bestandsgruppen der Universitäts- und Landesbibliothek Düsseldorf die Bestände zum Rheinischen Karneval in einer Virtuellen Sammlung zusammengeführt.[11] Virtuelle Sammlungen bestehen aus Zusammenführungen verschiedener Sammlungen oder Objekte aus unterschiedlichen Bibliotheken, Museen und Archiven. Ein Beispiel dafür ist die Virtuelle Sammlung der Beiträge des Schriftstellers Max Hermann-Neiße (1886–1941) in der Universitäts- und Landesbibliothek Düsseldorf. Seine Essays und Kritiken für verschiedene Zeitungen und Zeitschriften wurden aus den Beständen der ULB Düsseldorf und aus anderen Bibliotheken in einer virtuellen Sammlung zusammengeführt.[12] Dafür mussten anderen Bibliotheken und Archiven Reproduktionsaufträge erteilt werden oder Digitalisate aus anderen Bibliotheken beschafft werden, die Präsentation in den Digitalen Sammlungen der ULB Düsseldorf vertraglich ggf. abgeklärt werden, da die Tageszeitungen und Zeitschriften, in denen die Beiträges Max Herrmann-Neißes enthalten waren, nicht immer open access zur Verfügung standen.

Stäcker betont diese neue Rolle der Bibliotheken. Er sieht die Sammlungen in engem „Zusammenhang mit dem Begriff der Forschungsdaten“[13]. Sammeln diene nicht mehr „vorrangig dem Behalten und Bewahren, sondern vor allem dem erschließenden Aufbereiten, Ordnen und Teilen“, die „Kunst des Sammelns“ sieht Stäcker vor allem in der Daten- und Dokumentaufbereitung, im Prozess der Datafication[14]. Die Qualität einer Sammlung liege nicht mehr im Content, sondern in der Fähigkeit, den Content zu prozessieren, d. h. zu ergänzen, aufzubereiten und sinnvoll zu selektieren bzw. zu ordnen[15]. Voraussetzung dafür sei die Sammlung bzw. die Aufbereitung und Ergänzung der digitalen Dokumente mit einem maschinenlesbaren, strukturierten deskriptiven Markup. Erst dann könnten die Daten mit den digitalen Methoden, wie automatisierter Bilderkennung, Text- und Data-Mining, Visualisierung, multimodales Edieren, semantische Verknüpfungen von Entitäten und Netzwerkanalysen, Topic Modelling erforscht werden.[16]

In Forschungskontexten sind wissenschaftliche Bibliothekar:innen also proaktive Vermittler:innen der physischen und digitalen Sammlungen einer Bibliothek bzw. sie kennen die Prozesse, um Daten aus anderen Bibliotheken oder GLAM-Einrichtungen

11 Universitäts- und Landesbibliothek Düsseldorf (ULB): Rheinischer Karneval. http://digital.ub.uni-duesseldorf.de/11102939 (30.10.2022).

12 ULB Düsseldorf: Max Hermann-Neiße. http://digital.ub.uni-duesseldorf.de/11193464 (30.10.2022).

13 Stäcker, Thomas: Die Sammlung ist tot, es lebe die Sammlung! In: Bibliothek. Forschung und Praxis (BFB) (2019) H. 2. S. 204–310, hier: S. 305. Siehe auch den Beitrag von Thomas Stäcker in diesem Band.

14 Stäcker, Die Sammlung ist tot (wie Anm. 13), S. 309.

15 Stäcker, Die Sammlung ist tot (wie Anm. 13), S. 308.

16 Stäcker, Die Sammlung ist tot (wie Anm. 13), S. 309.

zu einem Thema / Korpus zusammenzuführen. Gemeinsam mit der Forschung werden möglicherweise Drittmittel für Projekte eingeworben. Die Klärung von Urheberrechtsfragen, die Planung und Durchführung von Projekten, die Koordination, die Entwicklung der Workflows zusammen mit den Mitarbeitenden gehören zu den Aufgaben der wissenschaftlichen Bibliothekare, um offene Kulturdaten bzw. Forschungsdaten aufzubereiten. Wissenschaftliche Ausbildung, ein grundlegendes Verständnis für Daten und vor allem Kommunikationsfähigkeiten sind für diese Aufgaben von großer Bedeutung. Wichtig für die Geisteswissenschaftler*innen in Bibliotheken ist dabei der Aufbau von Kompetenzen im Bereich der Digital Humanities, z. B. XML-TEI-Codierung, Textmining oder Analysen mit der Software R.[17] Die zentrale Aufgabe der wissenschaftlichen Bibliothekare liegt also darin, mit einem Team aus Bibliothekaren, Data Librarians und Öffentlichkeitsarbeitern diesen Prozess aktiv zu gestalten und damit Forschung und Gesellschaft zu unterstützen.

Die Bibliothek als Datenproduzentin und -geberin für Forschung, Lehre und Gesellschaft

Durch ihre Digitalen Sammlungen werden Bibliotheken zu Datenproduzenten, -aufbereitern bzw. Datengebern. Im Folgenden sollen einige Projekte vorgestellt werden, die Bibliotheken, insbesondere die ULB Düsseldorf, in den letzten Jahren mit der Forschung, Lehre und mit Bürger:innen in Digital-Humanities- und sog. Citizen-Science-Projekten durchgeführt haben. Auch die Rolle der ULB Düsseldorf als Datengeberin für regionale und überregionale Projekte, die sie in ihrer Funktion als Landesbibliothek mit Bibliotheken und Archiven durchführt, sollen kurz vorgestellt werden. In allen hier aufgeführten Beispielen arbeiten wissenschaftliche Bibliothekar:innen an der Schnittstelle zur Forschung bzw. zur Gesellschaft und koordinieren bzw. managen die einzelnen Projekte in einem Team aus Bibliothekar:innen, Data Librarians und Öffentlichkeitsarbeiter:innen. Bibliothekar:innen arbeiten in diesen Projekten an der Schnittstelle von Bibliothek, Forschung und Gesellschaft.

Digitale Sammlungen in Forschung und Lehre einbinden

Forschung in Digital-Humanities-Projekten unterstützen

Rekonstruktionen von historischen Bibliotheken in virtueller Form bieten vielfältige Möglichkeiten die Wissensräume einer historischen Epoche zu rekonstruieren. Besonders die mittelalterlichen Klosterbibliotheken, deren Bestände durch Reformation und Säkularisation in zahlreichen verschiedenen Institutionen verstreut überliefert sind

17 Schüpbach, Aspekte (wie Anm. 8), S. 221.

bzw. durch Verkauf in Privatbesitz überführt wurden, sind Gegenstand der historischen Forschung.[18]

In Zusammenarbeit mit dem Institut für mittelalterliche Geschichte der Heinrich-Heine-Universität führte die ULB Düsseldorf ein vom 1.1.2019 bis zum 30.4.2022 von der DFG gefördertes Projekt zur Rekonstruktion der Bibliothek des ehemaligen Düsseldorfer Kreuzherrenklosters durch. Die Antragstellung erfolgte gemeinsam mit der Forschung; die Projektkoordination und -organisation war Aufgabe der wissenschaftlichen Bibliothekarin. Ziel des Projekts war es, die mittelalterliche Kreuzherrenbibliothek aus den Beständen der ULB zu rekonstruieren und damit die Wissenschaft in der Erforschung vormoderner Wissenskulturen zu unterstützen.

Gemeinsam mit den Wissenschaftlerinnen wurden aus den Beständen der ULB die Werke, die zum Bestand der ehem. Kreuzherrenbibliothek gehörten, ermittelt, da Provenienzen bis dato nicht durch Metadaten erfasst wurden. Stempel, Einbandspezifika, Dedikationen, Kolophone und weitere Exemplarspezifika wurden dafür für jedes Werk erfasst. Insgesamt konnten aus dem Bestand der Universitäts- und Landesbibliothek 98 Handschriften, 185 Inkunabeln und 117 Drucke des 16. Jahrhunderts der Kreuzherrenbibliothek Düsseldorf zugeordnet werden.[19]

Die ULB übernahm in diesem Projekt die Standardisierung bzw. Normierung der bisher nur unzureichend katalogisierten Daten. Sämtliche Werke wurden nach den Regeln der RDA Ressource Description Access (RDA) neu katalogisiert. Autorennamen und Schreibernamen wurden mit der Gemeinsamen Normdatei (GND) verknüpft. Die Digitalisierung erfolgte nach den DFG-Praxisregeln im hauseigenen Digitalisierungszentum auf Spezialscannern. Die ULB übernahm ferner die Strukturierung der Daten und die Präsentation in den Digitalen Sammlungen. Die Vergabe von persistenten Identifiern (URN) und die Bereitstellung von offenen Schnittstellen für Downloadmöglichkeiten sowie die Vergabe der CC-Lizenzen gehörten ebenso zu den Aufgaben der Bibliothek wie die Vernetzung der Daten in größere, übergreifende Suchräume. Durch die Aufnahme der Metadaten in das Discovery System der Bibliothek, in den HBZ-Verbundkatalog und damit auch in den Karlsruher Virtuellen Katalog ist die Sichtbarkeit und Auffindbarkeit der Daten gegeben. Künftig werden die Daten auch in der Deutschen Digitalen Bibliothek und in der Europeana zu finden sein. Die Bibliothek sorgt außerdem für die Verknüpfung der Daten in überregionale fachspezifische Portale, z. B. in Manuscripta Mediaevalia bzw. in das Handschriftenportal, in den Incunabula Short Title Catalogue (ISTC), in den Gesamtkatalog der Wiegendrucke (GW), in den Inkunabelkatalog der Universität Tübingen sowie in das Verzeichnis Deutscher Drucke

18 Vgl. Effinger, Maria: Palatina goes online. Handschriftendigitalisierung an der Universitätsbibliothek Heidelberg. In: Trends, Megatrends, Sackgassen. Die Sondersammlungen im 21. Jahrhundert. Hrsg. von Norbert Schnetzer. Graz-Feldkirch: Neugebauer 2010. S. 78–84.

19 Zur Rolle, die wissenschaftliche Bibliothekar:innen bei der Korpuserstellung für Digital-Humanities-Projekte einnehmen, vgl. Schüpbach, Aspekte (wie Anm. 8), S. 220–221.

des 16. Jahrhunderts (VD 16). Die Langzeitarchivierung wird über das Digitale Archiv NRW erfolgen.

Die Aufbereitung der Daten konnte nicht in einem rein bibliothekarischen System wie Aleph oder ALMA erfolgen, weil hier Möglichkeiten zur Erfassung der Exemplarspezifika, die Namen der Schreiber, die Einbandbeschreibungen, die Erfassung der alten Signaturen usw. nicht bestanden. Deshalb wurde nach einer Möglichkeit gesucht, diese Daten zusammen mit den bereits erfassten Metadaten in ein wissenschaftliches Informationsportal zu überführen. Dieses wurde mit dem TEI-Publisher erstellt und bot die von den Wissenschaftler:innen gestellten Anforderungen für spezifische Filter. Kategorien für die Erfassung der Exemplarspezifika, Formatangaben, für die Namen der Schreiber der mittelalterlichen Handschriften, die Viten der Schreiber und andere Besonderheiten konnte die im Team arbeitende Data Librarian aufbereiten.

Dieses Informationsportal[20] stellt die Grundlage dar, um wissenschaftliche Fragestellungen zum Wissensraum Düsseldorf im Mittelalter und der frühen Neuzeit zu beantworten. Zentrale Forschungsergebnisse konnten mit dem TEI-Publisher in dem Bereich „Sammlungsprofil“ des Informationsportals abgebildet werden: Hier finden sich die in der begleitenden wissenschaftlichen Arbeit erarbeiteten Sachgruppen mit den zugeordneten Werken sowie der Vergleich mit den Beständen einer anderen mittelalterlichen Bibliothek, der Kreuzherrenbibliothek aus Hohenbusch.

Wissenschaftliche Bibliothekar:innen bzw. die im Projekt arbeitende Data Librarian haben das Projekt in der „Werkstatt Digital Humanities“, die sich vor allem an Master-Studierende und Doktoranden der Philosophischen Fakultät der Heinrich-Heine-Universität richtet, ausführlich vorgestellt. Im Mittelpunkt des Vortrags stand dabei die technische Umsetzung mit dem TEI-Publisher. Damit konnte die ULB sich als Datengeberin bzw. Datenproduzentin positionieren und zur Förderung der Digitalkompetenzen von Nachwuchswissenschaftler*innen beitragen. Zugleich diente das Projekt dem Wissensaufbau in Bezug auf Methoden der Digital Humanities in der Bibliothek. Vorgestellt wurde das Projekt auch in der Ringvorlesung „Informationswissenschaft und Digital Humanities“, die im Sommersemester 2022 an der HHU vom Institut für Informationswissenschaft zusammen mit dem Koordinator für Digital Humanities an der Heinrich-Heine-Universität durchgeführt wurde.[21] Das wissenschaftliche Informationsportal wurde in einer öffentlichen Veranstaltung freigestaltet, auf der die beteiligten Wissenschafter:innen ihre Forschungsergebnisse vorstellten und auch die Aufgaben der Bibliothek in diesem Projekt thematisiert wurden. Die Bibliothek konnte

20 Virtual Library of Ordo Sanctae Crucis. Das Düsseldorfer Kreuzherrenkloster und seine Bibliothek. Eine virtuelle Bibliotheksrekonstruktion der Düsseldorfer Kreuzherrenbibliothek. Informationsportal: https://kreuzherren.ulb.hhu.de/index.html (30.10.2022).

21 Olliges-Wieczorek, Ute u. Dirk Fleischer: HHU-Bibliotheken als Datengeber – Digitale Sammlungen als Basis für Forschungs- und Citizen-Science-Projekte. Vortrag im Rahmen der Ringvorlesung Informationswissenschaft und Digital Humanities. https://www.youtube.com/results?search_query=ringvorlesung+ute+olliges-wieczorek (30.10.2022).

sich durch dieses Projekt als Partnerin der Forschung, aber – durch den Lokalbezug des Projekts – auch in der Düsseldorfer Gesellschaft als Datenaufbereiterin bzw. -geberin von offenen Kulturdaten positionieren.[22]

Ein weiteres Projekt, in dem die ULB die Forschung aktiv unterstützen konnte, ist das Editionsprojekt zu den Essays und Kritiken Max Herrmann-Neißes[23]. Das von der DFG geförderte Projekt „Max Herrmann-Neiße: Digitale Edition der Kritiken und Essays, Publikationen in Zeitungen und Zeitschriften 1909–1939“[24] wird gemeinsam vom Institut für Germanistik der Heinrich-Heine-Universität und dem Center for Digital Humanities (CDH) in Trier durchgeführt. Ziel des Projekts ist die Herausgabe einer digitalen hybriden Edition mit ca. 800 Publikationen Max Herrmann-Neißes, die in 74 verschiedenen Tageszeitungen und Zeitschriften publiziert wurden bzw. aus dem Nachlass des Dichters stammen. Das Aufsetzen einer virtuellen Forschungsumgebung erfolgte durch das CDH in Trier mit der Software FUD.[25]

Die ULB Düsseldorf unterstützte den Forschungsprozess vor allem durch die Digitalisierung der in der Bibliothek vorhandenen Kritiken und Essays Max Herrmann-Neißes sowie durch die Beschaffung von Reproduktionen der Beiträge Herrmann-Neißes aus Zeitungen und Zeitschriften aus anderen Bibliotheken und Archiven. Sie erstellte Metadaten für die Digitalisate, Verknüpfungen mit Normdaten (GND), vergab URNs und Lizenzen. Die Bereitstellung und Präsentation der Digitalisate erfolgte in den Digitalen Sammlungen der ULB Düsseldorf, wobei die Publikationen Max Herrmann-Neißes zu einer speziellen virtuellen Sammlung zusammengefasst wurden.[26] Durch die Aufnahme in die Digitalen Sammlungen der ULB ist die Langzeitarchivierung der Texte über das DA NRW gegeben. Die digitale Edition der Texte erfolgt über das CDH in Trier; die gedruckte Version ist bereits erschienen.[27] Auch in diesem Pro-

---

22 Kulturelles Erbe. Von Kreuzherren, Schenkungen, einer neuen Bilddatenbank und Anleitungen für den Notfall. In: ProLibris (2022) H. 3. S. 24–29.

23 Meinschäfer, Victoria: Ein akribischer Beobachter seiner Zeit. In: Magazin der Heinrich-Heine-Universität (2022) H. 2. S. 18–22.

24 Deutsche Forschungsgemeinschaft (DFG): Max Herrmann-Neiße: Digitale Edition der Kritiken und Essays, Publikationen in Zeitungen und Zeitschriften 1909–1939. https://gepris.dfg.de/gepris/projekt/415072179?context=projekt&task=showDetail&id=415072179& (30.10.2022).

25 „FuD ist eine virtuelle Forschungsumgebung für die geistes- und sozialwissenschaftliche Forschung. Die modulare Software bildet den kompletten Forschungsprozess ab und unterstützt die zeit- und ortsunabhängige kollaborative Forschungsarbeit. Ob Print- oder Online-Edition oder beides als Hybridedition, ob Inhalts-, Diskurs- oder Netzwerkanalyse, ob Erschließungsarbeiten oder Verwaltung von Forschungsdaten – FuD bietet eine Vielzahl an Werkzeugen für die Datensammlung, -annotation, -analyse und -aufbereitung bis hin zur Publikation und Archivierung.“ Kompetenzzentrum Trier Center for Digtital Humanities: Die virtuelle Forschungsumgebung für die Geistes- und Sozialwissenschaften – FuD. https://tcdh.uni-trier.de/de/projekt/die-virtuelle-forschungsumgebung-fuer-die-geistes-und-sozialwissenschaften-fud (30.10.2022).

26 ULB Düsseldorf: Max Hermann-Neiße. http://digital.ub.uni-duesseldorf.de/11193464 (30.10.2022)

27 Schönborn, Sybille (Hrsg.): Max Herrmann-Neiße – Kritiken und Essays 1909–1939. Bd. 1: 1909–1920, Bd. 2: 1921–1924, Bd. 3: 1925–1939. Bielefeld: Aisthesis Verlag 2021 bzw. 2022.

jekt waren wissenschaftliche Bibliothekar:innen als Leitung des Digitalisierungszentrums bzw. als Ansprechpartner:innen für die Wissenschaft aktiv.

Universitäre Lehre unterstützen – Digitalkompetenzen der Studierenden stärken

Als Teaching Librarians sind wissenschaftliche Bibliothekar:innen vor allem im Bereich der fachbezogenen Informationskompetenz in Lehrveranstaltungen aktiv. Auch bei der Vermittlung digitaler Kompetenzen können sie tätig werden. Dies kann beispielsweise durch die Vermittlung von Tools für die Erstellung Virtueller Ausstellungen erfolgen. Durch virtuelle Ausstellungen erleben die Studierenden eine aktive Auseinandersetzung mit den digitalen Beständen einer Bibliothek. Sie können selbst aktiv mit dem Kulturgut arbeiten, es weiterverbreiten, anreichern, rekontextualisieren und damit neues Wissen generieren – digitale Nutzende werden zu aktiven Konsumenten, zu „Prosumern". Aus der Read-only-Kultur wird eine „Read-Write-Kultur" [28], eine kreative Kultur, mit der Bibliotheken ihre Nutzerinnen und Nutzer an sich binden können.

Für die Erstellung Virtueller Ausstellungen bietet sich die Software DDB-Studio[29] an, die von allen Mitgliedern der DDB kostenlos genutzt werden kann, sofern ein(e) Wissenschaftler*in die Ausstellung kuratiert. Studierende des Studiengangs „Kunstvermittlung und Kulturmanagement" der Heinrich-Heine-Universität Düsseldorf haben während der Corona-Zeit mit dieser Software die multimediale Ausstellung „Kunst für Kinder. Illustrationen aus dem Umfeld der Kunstakademien in Düsseldorf und Dresden" erstellt. Grundlage für die Virtuelle Ausstellung waren ca. 200 Illustrationen aus elf historischen Kinderbüchern, die überwiegend aus der Virtuellen Sammlung zur „Düsseldorfer Malerschule" [30] der ULB Düsseldorf stammten. Für die Ausstellung stellte die ULB hochauflösende Digitalisate mit einer Auflösung von 300 dpi zur Verfügung.[31] Audiofiles mit Musik und eingesprochenen Texten machten die multimediale Ausstellung zu einem Erlebnis.[32]

Inzwischen sind in zahlreichen Archiven und Bibliotheken virtuelle Ausstellungen erstellt worden[33], die durch die DDB gehostet werden – eine gute Möglichkeit, die Bestände einer Bibliothek mit digitalen Objekten aus anderen Bibliotheken, Museen

---

28 Vgl Hahn: Kooperativ in die digitale Zeit (wie Anm. 6) S. 14,

29 Deutsche Digitale Bibliothek: DDBstudio. https://pro.deutsche-digitale-bibliothek.de/daten-nutzen/virtuelle-ausstellungen/ddbstudio (30.10.2022).

30 ULB Düsseldorf: Düsseldorfer Malerschule. http://digital.ub.uni-duesseldorf.de/dfg (30.10.2022).

31 Die Virtuelle Ausstellung war leider nur in der Zeit vom 28.6. bis 31.12.2021 in der Deutschen Digitalen Bibliothek zu sehen, da die beteiligten Museen ihre Digitalisate nur für diesen Zeitraum zur Verfügung stellen wollten.

32 Seidel, Anna: „Kunst für Kinder" – Willkommen in unserer Online-Ausstellung. 28.6.2021. https://www3.hhu.de/buergeruni/index.php/2021/06/28/kunst-fuer-kinder-willkommen-in-unserer-online-ausstellung/ (30.10.2022).

33 Deutsche Digitale Bibliothek: Virtuelle Ausstellungen. https://www.deutsche-digitale-bibliothek.de/content/journal/ausstellungen/ (30.10.2022).

und Archiven zusammenzuführen und dadurch eine aktive Auseinandersetzung mit dem digitalen Kulturerbe zu fördern.

Digitale Sammlungen in gesellschaftliche und kulturelle Kontexte einbinden

Beteiligung oder Initiierung von Kultur-Hackathons

Neue Wege, Digitale Sammlungen der Bibliotheken kreativ in gesellschaftliche und kulturelle Kontexte einzubinden, ergeben sich auch durch die Teilnahme an Kulturhackathons oder durch die Initiierung von Kulturhackthons durch Bibliotheken in Zusammenarbeit mit anderen Kultureinrichtungen einer Region. Der mittlerweile größte Kulturhackathon in Deutschand ist „COD1NG DA V1NC1"[34]. Museen, Archive, Galerien, Forschungseinrichtungen und Bibliotheken, die sog. GLAM-Institutionen (*G*alleries, *L*ibraries, *A*rchives, *M*useums), beteiligen sich an dem Hackathon als Datengeber für Open Data für die Creative Tech-Communities.[35] Ziel des Kultur-Hackathons „COD1NG DA V1NC1" ist es, neue Zugänge zum kulturellen Erbe zu schaffen, Kulturdaten offen zur Verfügung zu stellen, die Potentiale von offenen Kulturdaten auszuschöpfen und damit neue Interaktionsräume und Strukturen zu schaffen, „in denen Kulturinstitutionen und die Zivilgesellschaft langfristig zusammenarbeiten können"[36]. Insbesondere gehe es dabei um eine Vernetzung von Kultur- und Technikwelt, um innovative Zugänge zum digitalen Kulturerbe auszuloten, so der Leiter der Geschäftsstelle von „COD1NG DA V1NC1", Philippe Genet.[37] Software-Entwickler*innen, Designer*innen sowie Künstler*innen sollen sich von den offenen Kulturdaten, die die Kultureinrichtungen zur Verfügung stellen, inspirieren lassen und auf „kreative, spielerische Weise, mal durch Visualisierungs-Tools oder mit Hilfe von Virtual oder Augmented Reality" neue Zugänge zum kulturellen Erbe schaffen und dem breiten Publikum attraktive und innovative Wege aufzeigen, sich mit dem kulturellen Erbe zu beschäftigen. Der Hackathon wurde in verschiedenen Bundesländern bzw. Regionen in Deutschland angeboten, 2021 residierte COD1NG DA V1NC1 am Niederrhein. 27 Museen, Archive, Bi-

---

34 COD1NG DA V1NC1. https://codingdavinci.de/ (30.10.2022).

35 Den Hackathon gab es von 2014–2022.; zurzeit ruht das Projekt. Ins Leben gerufen wurde der Hackathon von Wikimedia Deutschland gemeinsam mit der Deutschen Digitalen Bibliothek, dem Forschungs- und Kompetenzzentrum Digitalisierung Berlin (digiS) und der Open Knowledge Foundation Deutschland. Gefördert wurde er von der Kulturstiftung des Bundes.

36 COD1NG DA V1NC1. https://codingdavinci.de/ (30.10.2022).

37 Die Bundesregierung: Interview zur Datenstrategie. Digitales Kulturerbe zugänglich machen. https://www.bundesregierung.de/breg-de/aktuelles/datenstrategie-coding-da-vinci-1892200 (30.10.2022).

bliotheken und Verlage aus der Region des Niederrheins stellten 45 Datensets mit offenen Kultur-Daten für Kreative zur Verfügung.

Die ULB Düsseldorf beteiligte sich mit vier Datensets an diesem Hackathon. Ausgewählt und aufbereitet wurden Datensets, die Möglichkeiten für den kreativen Umgang boten: Historische Fotos vom Niederrhein aus der Sammlung Erwin Quedenfeldt[38], Rheinansichten aus dem 19. Jahrhundert, die historische Frauenzeitschrift „Der Bazar" sowie diverse historische Kochbücher. Sämtliche Datensets wurden als CSV-Dateien mit Beschreibungen, Fotos und Kurzfilmen auf den Internetseiten von COD1NG DA V1NC1 hochgeladen bzw. in einer Vorort-Präsentation auf dem virtuellen Kick-off-Meeting präsentiert. Das Meeting diente vor allem der Kontaktherstellung zwischen Hackern und den datengebenden Institutionen. In einer zweimonatigen Sprint-Phase entwickelten die „Hacker" Prototypen für innovative Projekte, die auf dem Abschlussmeeting prämiert wurden.

Zwei Beispiele sollen im Folgenden etwas genauer vorgestellt werden, um zu aufzuzeigen, wie offene Kulturdaten innovativ verwendet werden können. Beide Projekte wurden prämiert.

Im Projekt „Following Quedenfeldt", das auf den fast 1600 Fotografien aus der Sammlung Erwin Quedenfeldt der ULB basiert, wurde eine App entwickelt, mit der Nutzende mit ihrem Handy aus der Perspektive Quedenfeldts die heutigen Orte am Niederrhein aufsuchen und fotografieren können. Die digitalisierten historischen Fotografien aus der Zeit von 1905 bis 1915 werden mit der Open Camera App über den digitalen Sucher der Handykamera gelegt, so dass derselbe Bildausschnitt, die Zoomeinstellung, Perspektive und der Standort von Erwin Quedenfeldt eingenommen werden kann. Außerdem wurden die Straßen- und Adressen, die Quedenfeldt auf die historischen Fotos geschrieben hatte, durch die Nutzung von Open Refine aus den Bildern herausgefiltert und durch Georeferenzierung in die Open Street Map integriert.[39] Die App kann nunmehr genutzt werden, um in Citizen Science-Projekten bzw. Crowdsourcing-Projekten Bürgerinnen und Bürger für das Fotografieren der Orte zu gewinnen, die einst Quedenfeldt dokumentiert hatte. Quedenfeldts Fotos können die Basis für Rekonstruktionen von Städten und Dörfern vom Niederrhein bilden, die im 2. Weltkrieg fast sämtlich zerstört wurden. Das Bewusstsein für die Geschichte der Orte am Niederrhein könnte durch ein Citizen-Science- oder Crowdsourcing Projekt wesentlich gesteigert werden und den tiefgreifenden Wandel, den die Region am Niederrhein erlebte, dokumentiert werden. Auch für Denkmalschutzbehörden und Bür-

---

38 Die Sammlung des promovierten deutschen Fotochemikers, Fotografen und Erfinders Erwin Quedenfeldt (1869–1948) umfasst mehr als 1600 Fotografien vom Niederrhein aus der Zeit von 1905 bis 1915. ULB Düsseldorf: Erwin Quedenfeldt – Fotos vom Niederrhein 1905–1915. https://www.ulb.hhu.de/sammlungen/thomas-mann-sammlung-und-weitere-sammlungen-der-moderne/quedenfeldt. (30.10.2022).

39 COD1NG DA V1NC1: Following Quedenfeldt. https://codingdavinci.de/de/projekte/following-quedenfeldt. (30.10.2022).

ger:innen und Bürger, die sich für die Geschichte ihrer Häuser und Städte interessieren, bietet die App viele Anknüpfungspunkte.

Ein weiteres Beispiel für den sehr kreativen Umgang mit offenen Kulturdaten im Kulturhackathon „COD1NG DA V1NC1" ist das Projekt „Der Bilderbazar – eine Zeitmaschine"[40], das auf einem Datenset aus der Zeitschrift *Der Bazar*[41] basiert. Die zunächst vierzehntägig, ab 1857 wöchentlich publizierte Zeitschrift war im 19. Jahrhundert das Medium, mit dem sich die bürgerlichen Frauen über die aktuelle Mode informierten. Als Beilagen bot die Zeitschrift Schnittmusterbogen zum Nachschneidern: von der „Sportkleidung" bis zur „Brautjungferntoilette" sowie Anleitungen für Handarbeiten, Neuestes zu Frisuren und Wohnaccessoires. Die gesammelten Ausgaben der Zeitschrift beinhalten einen großen Schatz an Abbildungen, die Moden, Möbel, Muster und Maschinen des 19. Jahrhunderts zeigen. Diese Abbildungen aus den PDFs mittels Künstlicher Intelligenz zu extrahieren, automatisiert mit Schlagwörtern bzw. Indexaten zu versehen und somit den Datenschatz nutzbar zu machen ist die Aufgabe des ersten Teils des Projektes „Der Bilderbazar – eine Zeitmaschine". Ergebnis dieses ersten Teilprojekts ist der Prototyp einer Datenbank, bei der die einzelnen Elemente der PDF-Scans extrahiert, freigestellt und mit Metadaten versehen werden. Die so gewonnenen Daten sollen dann im zweiten Teil dazu verwendet werden, über Projektionen eine räumliche Inszenierung zu schaffen, die die Bilderwelten der zweiten Hälfte des 19. Jahrhunderts aufleben lassen. Diese (projizierten) Bilderwelten des 19. Jahrhunderts können dann zu einer Kulisse werden, in der beispielsweise Museen reale Objekte präsentieren können. So können die ausgestellten Objekte mit Kontextinformationen der Epoche gezeigt und in Bilderwelten der jeweiligen Zeit eingebettet werden. In einem weiteren Schritt soll ein Computerspiel entwickelt werden, mit dem der Spielende sich mittels einer Virtual-Reality-Brille durch eigene Zusammenstellungen bzw. durch den Nachbau von Kulissen in die Welt des 19. Jahrhunderts versetzen können.

Auf den Internetseiten von COD1NG DA V1nC1 sind die Projekte aller beteiligten Kultureinrichtungen dokumentiert. Sie können eine Inspirationsquelle für Bibliotheken sein, um eigene kreative Projekte mit offenen Kulturdaten zu initiieren: Mobile Apps, Websites mit Storytelling, Karten oder interaktiven Darstellungen, Augmented-Reality-Anwendungen, Installationen und Hardwareprojekte können vielfältige Anregungen für eigene Projekte bieten, die Bibliotheken mit regionalen oder lokalen Kultureinrichtungen bzw. Vereinen durchführen können.[42]

---

40 COD1NG DA V1NC1: Bilderbazar – Eine Zeitmaschine. Machine Learning zur Bergung der Abbildungen aus den PDFs, Anreicherung mit Metadaten und Bereitstellung für Recherche und kreative Anwendungen. https://codingdavinci.de/de/projekte/bilderbazar-eine-zeitmaschine (30.10.2022).

41 Der Bazar – illustrirte [sic!] Damen-Zeitung. Berlin: Bazar-AG 1855–1937. urn:nbn:de:hbz:061:1-31458 https://nbn-resolving.de/urn:nbn:de:hbz:061:1-31458 (30.10.2022).

42 COD1NG DA V1NC1: Projektbilder. https://codingdavinci.de/de/projekte_alt (30.10.2022).

Citizen-Science- und Crowdsourcing-Projekte

Digitale Sammlungen können auch als Basis für Citizen-Science bzw. Crowd-Sourcing-Projekte dienen. Sie bieten vielfältige Möglichkeiten für Bürger:innen, sich an Prozessen der Wissenserzeugung zu beteiligen und diese an die Bibliothek zu binden.[43] Unter Citizen Science soll hier die „Zusammenarbeit von professionell und ehrenamtlich tätigen Forschenden im gesamten Entscheidungskreislauf von der Entwicklung wissenschaftlicher Fragestellungen über die Sammlung, Analyse und Interpretation von Daten bis hin zur Publikation der Ergebnisse“[44] verstanden werden. Auch durch Crowdsourcing-Projekte können Digitale Sammlungen in gesellschaftliche und kulturelle Kontexte eingebunden werden und Nutzer:innen Interaktion und Partizipation ermöglichen. Der Begriff „Crowdsourcing“, der maßgeblich durch den amerikanischen Autor Jeff Howe[45] geprägt wurde, meint, dass eine Crowd (Menschenmenge) Tätigkeiten z. B. für eine Bibliothek übernimmt, die aufgrund der Menge oder begrenzter Kapazitäten nicht durch die Mitarbeitenden allein bewältigt werden können. Genutzt wird die „kollektive Intelligenz (‚crowdsourcing‘), um gemeinsam für bestehende Probleme und Fragestellungen Lösungsansätze zu entwickeln“[46]. Bürger:innen unterstützen beispielsweise bei der Erschließung der Daten, unbekannte Bestände der Bibliothek werden dadurch in den Fokus der Öffentlichkeit gerückt und durch das aktive Mitwirken wird die Bindung der Bürger an die Bibliothek erhöht.

Crowdsourcing-Projekte lassen sich dabei nach Oomen und Aroyo nach verschiedenen Elementen klassifizieren[47]:

- Korrektur- oder Transkriptionsprojekte: OCR-Verbesserungen durch die Crowd, Transkriptionen von Dokumenten in Fraktur, Sütterlin usw.;
- Kontextualisierungen: Objekte werden in einen neuen Kontext eingebunden, z. B. Storytelling, Erstellung von Wikis;
- Vervollständigung und Aufbau von digitalen Sammlungen, z. B. durch Beiträge von Objekten zur Lückenschließung in Sammlungen;
- Klassifikation, Verschlagwortung und Tagging: Sammeln von deskriptiven Metadaten für Projekte, z. B. Metadaten für Fotos, die von Nutzer:innen erstellt oder verifiziert werden;

---

43 Hahn, Kooperativ in die digitale Zeit (wie Anm. 6), S. 10.

44 Wiederkehr, Stefan: Citizen Science an der Zentralbibliothek Zürich. Ein Praxisbericht. In: Bibliothek. Forschung und Praxis (BFB) (2022) H. 1. S. 99–107. Hier: S. 99.

45 Crowdsourcing is the act of taking a job traditionally performed by a designated agent (usually an employee) and outsourcing it to an undefined, generally large group of people in the form of an open call. Howe, Jeff: Crowdsourcing: A Definition. https://crowdsourcing.typepad.com/cs/2006/06/crowdsourcing_a.html (30.10.2022).

46 Hahn, Kooperativ in die digitale Zeit (wie Anm. 6), S. 10.

47 Oomen, Johan [u. a.]: Crowdsouring in the Cultural Heritage Domain: Opportunities and Challenges. In: Proceedings of the 55h International Conference on Communities and Technologies (2011). S. 138–149. Hier S. 141–145. https://doi.org/10.1145/2103354.2103373 (30.10.2022).

- Co-Kuratierung, z. B. zur Durchführung von virtuellen Ausstellungen;
- Crowdfunding: Kooperationen von Personen, die mit Geld oder anderen Ressourcen Projekte unterstützen.

Aus der Einbindung der Crowd in die Institution ergeben sich zahlreiche Herausforderungen:

Crowdsourcing-Projekte bedürfen einer intensiven Vorbereitung und Begleitung in der Bibliothek. Dazu gehören die Projektkonzeption bzw. die Auswahl der Daten, die bearbeitet werden sollen, die genaue Definition der Aufgaben, die Bereitstellung einer nutzerfreundlichen Crowdsourcing-Infrastruktur, in der die Crowdworker:innen arbeiten, die Öffentlichkeitsarbeit bzw. die Kampagne für das Projekt, die Einführung der Crowdworker:innen in ihre Arbeiten, die intensive Begleitung des Prozesses durch Treffen der Crowdworker:innen und Veranstaltungen für die Community, Blogs, die Zwischenstände publizieren, die Bereitstellung von Incentives für besondere Leistungen im Projekt, die Präsentation der Ergebnisse, die Prämierung der Crowd in einer Abschlussveranstaltung.[48]

Erfolgversprechend werden Projekte mit Bürger:innen insbesondere dann, wenn sie regionalen oder lokalen Bezug haben. Wichtig ist dabei der Faktor der Community Bildung bzw. des Community Managements, der Aufbau von exzellenten Marketing- und Kommunikationsstrukturen für die Projekte.

Citizen-Science- und Crowdsourcing-Projekte wurden bereits von zahlreichen Kultureinrichtungen erfolgreich umgesetzt. Konkrete Citizen-Science bzw. Crowdsourcing-Projekte, die in Bibliotheken aus dem DACH-Raum durchgeführt wurden, waren z. B. die Georeferenzierung von 2509 digitalisierten Zürcher und Schweizer Karten des 16. bis 19. Jahrhunderts[49] oder das Teilprojekt „Schul(zeit)reisen", das von der Zentralbibliothek in Zürich durchgeführt wurde.[50] Basis für ein Citizen-Science-Projekt des Zentrums für Gastrosophie am Fachbereich Geschichte der Universität Salzburg waren digitalisierte Kochbücher der Universitätsbibliothek Salzburg, die gemeinsam mit Bürger:innen transkribiert und erschlossen wurden.[51]

Interessante Citizen-Science-Projekte führt auch die SLUB Dresden in Kooperation mit dem Sächsischen Staatsarchiv, dem Dresdner Verein für Genealogie und dem Verein für Computergenealogie durch. Im Mittelpunkt des Projekts steht die Transkription des Dresdner Totengedenkbuch 1914–1918 im GenWiki.[52] Mehr als 12.000 Karteikar-

---

48 Vgl. Sommersguter, Paul [u. a.]: #ichteilewissen – Die Crowdsorucing-Initiative der Österreichischen Nationalbibliothek. In: Bibliothek. Forschung und Praxis (2020) H. 1. S. 54–65, hier: S. 60–61.

49 Wiederkehr, Citizen Science (wie Anm. 44), S. 102.

50 Wiederkehr, Citizen Science (wie Anm. 44), S. 104.

51 Ernst, Marlene: Salzburg zu Tisch. Wie Citizen Scientists helfen, die barocke Küche zu ergründen. In: Kooperationen in den digitalen Geisteswissenschaften gestalten. Hrsg. von Hendrikje Carius [u. a.]. Göttingen: V&R 2020. S. 127–140.

52 Totengedenkbuch Dresden/Projektbeschreibung. https://wiki.genealogy.net/Totengedenkbuch_Dresden/Projektbeschreibung (30.10.2022).

ten mit den erfassten Meldungen von im 1. Weltkrieg getöteten Soldaten aus Dresden wurden zunächst von der SLUB Dresden digitalisiert und werden jetzt im Rahmen eines Crowdsourcing-Projekts mit Unterstützung von Bürger:innen im GenWiki erfasst.[53]

Die Wienbibliothek im Rathaus führte in Kooperation mit dem Wien-Museum ein Crowdsourcing-Projekt zu über 1700 handschriftlichen Briefen aus den Jahren 1914–1918 durch.[54] Die Briefe wurde durch Crowdworker:innen in kürzester Zeit transkribiert und dreimal geprüft, so dass sie jetzt von jedermann gelesen werden können.

Auch aus Citizen-Science- und Crowdsourcing-Projekten ergeben sich neue Aufgaben für wissenschaftliche Bibliothekare, die vor allem im Kontext der Bereitstellungen der Plattformen sowie im Projektmanagement sowie in der Kommunikation anzusiedeln sind.

Kulturgutdigitalisierung – kleinere Kultureinrichtungen bei der Digitalisierung unterstützen

Staats- und Landes- und Regionalbibliotheken haben eine besondere Verantwortung für den Nachweis, für die Erhaltung und Digitalisierung des schriftlichen Kulturguts eines Landes bzw. einer Region. Sie bieten häufig kleineren Einrichtungen mit bedeutsamem schriftlichen Kulturgut Digitalisierungsmöglichkeiten für ihre Bestände an – ein Service, der für die Zukunft der Kulturgutdigitalisierung eine immense Rolle spielen wird.[55]

In der Regel haben kleinere Bibliotheken keine professionelle Digitalisierungsinfrastruktur und suchen nach Möglichkeiten, ihre Sammlungen zu digitalisieren bzw. digital zu präsentieren. Die Bundesländer Sachsen, Thüringen und Hamburg bieten kleineren Kultureinrichtungen bereits Services zur Unterstützung bei der Digitalisierung ihrer Bestände an und ermöglichen die Präsentation auf Plattformen wie „Sachsen.digital" oder „Hamburg digital".[56]

---

53 Vgl. auch Bemme, Jens [u. a.]: Open Citizen Science – Leitbild für kuratorische Praktiken in Wissenschaftlichen Bibliotheken. In: Bibliotheken als Orte kuratorischer Praxis. Hrsg. v. Klaus Ulrich Werner [u. a.]. Berlin, Boston: De Gruyter Saur 2021. S. 165–200. DOI: https://doi.org/10.1515/9783110673722-013 (30.10.2022).

54 Wienbibliothek im Rathaus: Crowdsourcing – Briefe 1914–1918. https://wienbibliothek.crowdsourcing.wien/briefe-1914-1919/ (30.10.2022). Ein vergleichbares Projekt führte die Wienbibliothek auch zur Transkription von 2000 historischen Ansichtskarten von ca. 1890 bis in die jüngere Vergangenheit durch. Wienbibliothek im Rathaus: Ansichtskarten-Grüße aus dem Wien Museum. Ein Crowdsourcing-Projekt von Juni 2021 bis Juli 2022. https://crowdsourcing.wien/ansichtskarten-gruesse/ (30.10.2022).

55 Schütte, Jana Madlen: Die Zukunft der Kulturgutdigitalisierung an Landesbibliotheken am Beispiel der Badischen Landesbibliothek (BLB). In: Bibliotheksdienst 2022. H. 2. S. 103–114, hier: S. 112–113.

56 Sachsen.digital: Digitalisierte Sammlungen für Kultur und Wissenschaft. https://sachsen.digital/ (30.10.2022); Thüringer Universitäts- und Landesbibliothek Jena: Digitales Kultur- und Sammlungsmanagement. https://www.thulb.uni-jena.de/thulb/organisation/digitales-kultur-und-sammlungsmanage-

Durch das zum 1.1.2022 in Kraft getretene Kulturgesetzbuch NRW ist auch in Nordrhein-Westfalen die Aufgabe der Landesbibliotheken, kleinere Bibliotheken bei der „sachgerechten Aufbewahrung und Erschließung sowie durch geeignete Maßnahmen wie Konservierung, Restaurierung und Digitalisierung“ [57] zu unterstützen, gesetzlich verankert worden.[58] In Einzelfällen wurde diese Aufgabe von den Landesbibliotheken in kleineren Umfang bereits übernommen, so beispielsweise von der ULB Düsseldorf für die Kirchengemeinde St. Peter und Laurentius Essen oder für die Stadtbibliothek Mönchengladbach mit ihren wertvollen Altbeständen.[59]

Kleinere Einrichtungen haben große Vorteile, wenn sie ihre Daten nicht nur über ihre eigene Homepage zur Verfügung stellen, sondern sie mit Digitalen Sammlungen der Staats-, Landes- oder Regionalbibliotheken und damit mit der Deutschen Digitalen Bibliothek bzw. der Europeana verknüpfen. Die Auffindbarkeit wird durch die Aufnahme der Metadaten in Verbund- und nationalen Katalogen erhöht. Die Daten sind standardisiert erfasst, mit Normdaten verknüpft, eindeutig referenzierbar und möglicherweise sogar mit OCR erschlossen. Die Langzeitarchivierung, die für kleinere Kultureinrichtungen eine echte Herausforderung darstellt, wird durch die Ablieferung der Daten an übergeordnete Portale gewährleistet. Offene Schnittstellen ermöglichen Downloads und damit die Zusammenführung mit anderen Daten zu Korpora, die in neue virtuelle Kontexte eingebunden werden können. Die Einbindung kleinerer Kultureinrichtungen in den Kontext der Digitalisierung übernehmen häufig wissenschaftliche Bibliothekar:innen. Sie beraten kleinere Kultureinrichtungen bei der Auswahl und Aufbereitung der Daten und initiieren gemeinsame Digitalisierungsprojekte.

ment (30.10.2022). Staats- und Universitätsbibliothek Hamburg: Hamburger Kulturgut im Netz (HaKiN). https://www.sub.uni-hamburg.de/bibliotheken/projekte-der-stabi/hamburger-kulturgut-im-netz-hakin.html (30.10.2022). Staats- und Universitätsbibliothek Hamburg: Hamburger Kulturgut Digital. https://digitalisate.sub.uni-hamburg.de/ (30.10.2022).

57 Ministerium für Kultur und Wissenschaft des Landes Nordrhein-Westfalen: Kulturgesetzbuch Nordrhein-Westfalen. https://www.mkw.nrw/system/files/media/document/file/mkw_nrw_kulturgesetzbuch.pdf (30.10.2022).

58 Ministerium für Kultur und Wissenschaft des Landes Nordrhein-Westfalen: Kulturgesetzbuch. „§ 52,3: Sie [die Landesbibliotheken] schützen das historische schriftliche Kulturerbe im Land sowie historisch und kulturell bedeutsame Bestände durch sachgerechte Aufbewahrung und Erschließung sowie durch geeignete Maßnahmen wie Konservierung, Restaurierung und Digitalisierung. Sie unterstützen andere Bibliotheken in öffentlicher oder privater Trägerschaft mit wertvollen historischen Beständen. Kulturgesetzbuch für das Land Nordrhein-Westfalen.“ (Kulturgesetzbuch – KulturGB NRW; zum 1. Jan. 2022 in Kraft getreten).

59 ULB Düsseldorf: Bestände anderer Kultureinrichtungen. http://digital.ub.uni-duesseldorf.de/nav/classification/249377. (30.10.2022).

Digitale Sammlungen in regionale und nationale Portale einbringen

Ein Beispiel für die Zusammenarbeit von Digitalisierungszentren in den Landesbibliotheken mit kleineren Kultureinrichtungen, beispielsweise Stadtarchiven und -museen, ist das Projekt „zeitpunkt.nrw“[60]. Im Rahmen des Projekts werden historische Zeitungen aus dem Gebiet des heutigen Nordrhein-Westfalens aus dem Zeitraum 1800 bis 1945 digitalisiert und online kostenfrei zur Benutzung im Volltext bereitgestellt. Beteiligt sind an dem Projekt die drei Landesbibliotheken Münster, Bonn und Düsseldorf sowie der Landschaftsverband Rheinland und Westfalen. Mehr als 80 Kooperationspartner, Stadt- und Kreisarchive, Stadtbibliotheken und Heimat- und Geschichtsvereine sind an dem Projekt beteiligt, indem sie Mikrofilme ihrer Zeitungsbestände bzw. Zeitungsbände für die Digitalisierung in den Digitalisierungszentren der Landesbibliotheken bzw. des Landschaftsverbands Rheinland zur Verfügung stellen. Der Schwerpunkt liegt auf der Digitalisierung bereits mikroverfilmter Bestände. Mehr als 15.000.000 Zeitungsseiten aus NRW stehen bereits im Portal zur Verfügung und sind im Volltext durchsuchbar.

Die Sichtbarkeit der digitalisierten Tageszeitungen wird durch die Ablieferung der Daten an das Deutsche Zeitungsportal[61], das von der Deutschen Bibliothek gehostet wird, weiter gesteigert. Das Deutsche Zeitungsportal der Deutschen Digitalen Bibliothek ermöglicht den Zugriff auf deutsche Tageszeitungen aus dem Zeitraum 1671 bis 1952 und dient als nationales Portal, in dem die regionalen Zeitungen zusammengeführt werden sollen.

Die Einbeziehung auch kleinerer Kultureinrichtungen in den Digitalisierungsprozess ist eine Aufgabe der Staats-, Landes- und Regionalbibliotheken, die häufig von wissenschaftlichen Bibliothekar:innen geleitet bzw. koordiniert wird. In ihrer Rolle als Ansprechpartner:innen für die Wissenschaft obliegt ihnen auch die Vermittlung dieser Angebote in der Hochschule bzw. in der Gesellschaft.

Fazit

Digitale Sammlungen machen Bibliotheken zu Datenaufbereiter:innen und Datengeber:innen für vielfältige Projekte in Wissenschaft und Gesellschaft. Durch die Einbindung in Digital-Humanities-Projekten in der Forschung, durch Beteiligung oder Initiierung von Kulturhackthons oder bei der Durchführung von Citizen-Science- oder Crowdsourcing-Projekten ergeben sich vielfältige neue Aufgaben in Bibliotheken, die vor allem im Bereich des Daten- bzw. Projektmanagements sowie im Bereich der Kommunikation anzusiedeln sind. Dies gilt ebenso für regionale bzw. nationale Projekte,

60 Zeit.punktNRW: Das Projekt. https://zeitpunkt.nrw/wiki/project (30.10.2022).

61 Deutsches Zeitungsportal. Geschichte aus erster Hand. https://www.deutsche-digitale-bibliothek.de/newspaper (30.10.2022).

wie hier am Beispiel des Landesprojekts „zeitpunkt.nrw“ bzw. am Deutschen Zeitungsportal gezeigt werden konnte. Auch im Bereich der Unterstützung kleinerer Kultureinrichtungen bei der Digitalisierung ihrer Bestände ergeben sich zentrale neue Aufgaben, wie die Etablierung von Landesportalen in den einzelnen Bundesländern zeigt. Gerade in diesen Bereichen sind wissenschaftliche Bibliothekarinnen und Bibliothekare künftig besonders gefordert

Siegfried Schmidt

Mit Spezialsammlungen arbeiten

Abstract: In unterschiedlichster Materialität verfügen wissenschaftliche Universal- und Spezialbibliotheken aller Größenordnungen von jeher über Spezialsammlungen, die in keinem expliziten Bezug zu den Aufgaben und Zielsetzungen der jeweiligen Einrichtung stehen. Während in nationalen und großen Bibliotheken die Kuratierung dieser Sammlungen durch entsprechende organisatorische Strukturen und durch wissenschaftlich vorgebildetes, bibliothekarisches Fachpersonal in der Regel sichergestellt ist, liegt deren Betreuung in mittelgroßen und kleinen Bibliotheken oft in der Hand eines oder einer einzigen Altbestandsbibliothekar:in. Mit der digitalen Transformation haben die Spezialsammlungen in den letzten beiden Jahrzehnten als wichtiges Alleinstellungsmerkmal vieler Bibliotheken durch ihre Digitalisierung und Netzpräsenz einen Bedeutungsgewinn und eine Revitalisierung erfahren. Damit verbunden sind auch neue, zusätzlich erforderliche personale Kompetenzen für die in diesem Bereich bibliothekarisch tätigen Mitarbeitenden.

Keywords: Spezialsammlung, Sammlungsmanagement, Kuratierung, Digitalisierung, Digitale Präsenz, Personale Kompetenzen

Kurzbiografie: Prof. Dr. Siegfried Schmidt, Bonn (Bibliothekar i. R.). Jg. 1956. Lehramtsstudium an der Universität zu Köln (Geographie, Biologie), Promotion 1981. 1982–2022 im Anschluss an das Bibliotheksreferendariat Tätigkeit als wissenschaftlicher Bibliothekar, zuletzt stellvertretender Leiter der Diözesan- und Dombibliothek Köln. Seit 2003 Lehraufträge an der KatHo NRW. Aktuelle Forschungsschwerpunkte: Borromäusverein, Geschichte des katholischen Buch- und Verlagswesens im Rheinland. Kontakt: siegfrschmidt@aol.com

Einführung

Wissenschaftliche Universal- und Spezialbibliotheken verfügen in aller Regel jenseits der analogen und digitalen Bestände, die ihrer aktuellen Funktionsbestimmung entsprechen, über Sammlungen,[1] deren Vorhandensein man an diesem Ort nicht unbedingt erwarten würde, da sie in keinem expliziten Bezug zu den Aufgaben und Ziel-

1 Nach Irmgard Siebert versteht man unter dem Begriff Sammlung „bevorzugt die Resultate privater, individueller Bücherliebe und Sammelleidenschaft“. Siebert räumt aber zugleich ein, dass Sammlungen auch durch einen politischen Auftrag, durch Tauschbeziehungen oder das aktive und selektive Zusammentragen von Objekten vergleichbarer Merkmale entstehen können. Vgl. Siebert, Irmgard: Vorwort. In: Bibliothek und Forschung. Die Bedeutung von Sammlungen für die Wissenschaft. Hrsg. von Irmgard Siebert. Frankfurt a. M.: Klostermann 2011 (ZfBB Sonderband 102). S. 7–10, hier S. 7.

https://doi.org/10.1515/9783110790375-025

vorgaben der Einrichtung stehen. Dies gilt umso mehr, wenn diese Bibliotheken selbst auf eine Jahrhunderte alte Tradition zurückblicken.

Materialität der Spezialsammlungen

Betrachtet man zunächst kurz die Materialität dieser Spezialsammlungen, so handelt es sich dabei, wenn man sich auf analoge Trägermaterialien beschränkt, vor allem um mittelalterliche oder frühneuzeitliche Handschriften, Inkunabeln, Flugschriften und Einblattdrucke, Holzschnitte, Kupferstiche, Karten, historische Zeitungen und Drucke aus der vorindustriellen Zeit sowie um Musikalien, Noten und Briefe. Für das 19. und 20. Jahrhundert sind zusätzlich zu nennen: vornehmlich außerhalb des Verlagsbuchhandels vertriebene Kleinschriften und sogenannte Graue Literatur, Plakate, Fotos und Filme oder Sammelgut, für das zeitgenössisch kaum ein wissenschaftliches Interesse bestand. Als Beispiele sei hier hingewiesen auf Kolportageromane und Groschenhefte, auf historische Kinderliteratur und aus der jüngeren Zeit auf Bilderzählungen, denen lange Zeit kein kultureller Wert beigemessen wurde.[2] Herkömmlicherweise werden größere Sammlungen von Materialträgern in für Mitteleuropäer „entlegeneren" Sprachen und mit anderen Schriftsystemen (Osteuropa, Orient, Ostasien) ebenfalls als Sonder- oder Spezialsammlungen bezeichnet. Künftig sind sicher vermehrt digitale Spezialsammlungen zu erwarten, wenn man z. B. nur an die im letzten Jahrzehnt immer wichtiger gewordene Speicherung und Langzeitarchivierung von Forschungsdaten denkt.

Historischer Kontext

Das bisherige Vorhandensein von Spezialsammlungen in einer konkreten wissenschaftlichen Bibliothek erklärt sich zumeist aus dem historischen Kontext der jeweiligen Einrichtung: Landes- und Staatsbibliotheken sind oftmals aus frühneuzeitlichen Fürstenbibliotheken heraus entstanden. Besonders dort, wo die Gründung einer Universität auf eine städtische Initiative zurückging, sind in deren Anfangsbeständen vielfach kommunale Rats- und wissenschaftliche Stadtbibliotheken eingeflossen. Die heutigen Diözesanbibliotheken fußen häufig auf älteren Sammlungen für die Heranbildung von Priestern (Seminarbibliotheken) oder für den Bedarf einer herausgehobenen Gemeinschaft von Klerikern wie z. B. die Domkapitel. Und im Laufe ihrer wechselvollen, oft sich bereits über etliche Jahrhunderte erstreckenden Geschichte wuchsen die Bestände dieser Bibliotheken vor allem durch Schenkungen und Nachlässe, durch

---

2 Zur Sammlung von Comics in deutschen Bibliotheken vgl. Harbeck, Matthias: Comics in deutschen Bibliotheken – Ressourcen für Forschung und Fans. In: Bibliothek. Forschung und Praxis (2010). S. 282–292.

die Übernahme kompletter Bibliotheken von verstorbenen Privatpersonen und von Institutionen und Organisationen, die nicht länger fortbestanden oder über eigene Bibliotheken verfügen wollten. Konfiszierungen und Beschlagnahmungen können ebenfalls eine Rolle spielen, wenn man beispielsweise den massenhaften Zufluss von Sammelgut aus bayerischen Klöstern und geistlichen Institutionen in die heutige Bayerische Staatsbibliothek im Zuge der Säkularisation betrachtet oder, um ein Beispiel aus der jüngeren Vergangenheit zu nennen, an Bestände jüdischer Provenienz denkt, die in den Jahren des Nationalsozialismus als NS-Raubgut in staatlichen Bibliotheken Aufnahme fanden. Als Sonderform der Übernahme ist schließlich das Depositum kurz zu erwähnen. Hier bleibt die abgebende Institution im Rahmen einer vertraglichen Vereinbarung Eigentümerin der Bestände, verbunden mit dem Recht, die Überlassung aufzukündigen und ihr Bibliotheksgut wieder in die eigene Obhut zurückzuführen.

Insgesamt waren die wissenschaftlichen Bibliotheken bis weit in das 20. Jahrhundert hinein zur Bestandsvermehrung in einem viel größeren Maße als heute auf Schenkungen, Nachlassübernahmen[3] und auf den Schriftentausch angewiesen. Denn einem planvollen Bestandsauf- und -ausbau durch Kauferwerb waren aufgrund zu geringer Erwerbungsmittel zumeist enge Grenzen gesetzt.

Aufbewahrung oder Verwertung von Sammlungen

Bei der Übernahme einer Privat- oder einer institutionellen Sammlung steht die aufnehmende Bibliothek immer vor der Frage, ob sie diese geschlossen und vollständig als Sonderbestand bewahren oder ob sie diese verwerten und in die vorhandenen Bestände integrieren soll.[4] Stets wird es sich hierbei für den verantwortlichen Bibliotheksmitarbeitenden um eine Einzelfallentscheidung handeln, bei der Aspekte der kulturellen Überlieferung gegen Wirtschaftlichkeitsüberlegungen oder bibliothekspraktische Belange wie etwa die verfügbaren Magazinkapazitäten abzuwägen sind.

Stirbt eine sammelnde Person oder erlischt eine Institution, so wird aus einer aktiv genutzten Bibliothek eine historische Sammlung, deren Erhalt als *primäre Spezialsammlung* in einer aufnehmenden Bibliothek unter dem Blickwinkel des Kulturgut-

3 Zuwächse durch die Übernahme kompletter Gelehrtenbibliotheken einzelner Hochschullehrer finden z. B. in Universitätsbibliotheken bis in die Gegenwart statt. Zwei Beispiele: Die USB Köln erhielt testamentarisch 4.000 wertvolle zoologische, vor allem ornithologische Werke des langjährigen Kölner Hochschullehrers Prof. Dr. Hans Engländer (1914–2011); die ULB Bonn übernahm 2020 die Privatbibliothek von Professor Dr. Klaus Ley (1943–), die ca. 16.000 Bänden mit dem Schwerpunkt italienische und französische Literatur umfasst. -Vgl. Sammlung Hans Engländer. https://ub.uni-koeln.de/sammlungen/englaender/index_ger.html (25.10.2022) sowie Notiz von M[ichael] H[erkenhoff] in der Kolumne: Kulturelles Erbe. In: ProLibris (2022) H. 3. S. 127.

4 Bei Deposita ist eine vollständige Aufnahme als Sonderbestand allein schon aus rechtlichen Gründen der Regelfall.

erhalts sicher absolut wünschenswert ist. Denn gerade private Sammlungen korrespondieren auf das Engste mit den persönlichen, im Laufe eines Lebens durchaus wechselnden Interessen, Neigungen und Vorlieben ihres Eigentümers, die wissenschaftlicher, bibliophiler oder auch anderer Art sein können. Das Streben nach geistiger Autarkie ist hier als ein weiteres wichtiges Motiv zu nennen. Geistige Autarkie, bzw. der bequeme Zugriff auf und die leichte Verfügbarkeit des relevanten Wissens, war auch bei institutionellen Bibliotheken immer eine wesentliche Triebfeder für deren Entstehung und Ausbau. Im Unterschied zu den in nur wenigen Jahrzehnten zusammengetragenen Privatbibliotheken wurden diese oft über einen längeren Zeitraum hinweg aufgebaut. In ihrer Zusammensetzung spiegeln sich dabei vielfältige, unterscheidbare Interessen der verschiedenen, innerhalb der Institution wirksamen Kräfte wider. In der Summe repräsentiert beispielsweise eine aufgelassene Ordensbibliothek so die geistigen Strömungen, die für diese Gemeinschaft wichtig waren und die Arbeitsfelder, auf denen der Orden aktiv war.

In der Praxis wird eine komplette, kostspielige und aufwendige Aufbewahrung einer übernommenen Bibliothek nur selten und eher in begründeten Ausnahmefällen zu realisieren sein, sofern frei über das übernommene Gut verfügt werden kann. Der Regelfall wird deren Verwertung sein, d. h. nach Aussonderung all dessen, was als nicht geeignet angesehen wird bzw. bereits vorhanden ist, die Einarbeitung und Einordnung der Sammlung in bereits vorhandene Bestandsgruppen der aufnehmenden Bibliothek. Hier ist von den Bibliothekar:innen eine sorgfältige und gründliche Vorgehensweise zur Bewertung der Bestände gefordert. Idealerweise erfolgt zunächst, möglichst noch in situ, eine schriftliche und fotografische Dokumentation des aufzulösenden Ausgangsbestandes. Auch die Sicherung von vorhandenen analogen oder digitalen Katalogdaten ist ein wichtiger Arbeitsschritt. Bei der Auswahl des zu Übernehmenden ist besonders auf Sammelschwerpunkte, Bezüge zu dem bereits vorhandenen Bestand und auf Vorbesitzer- und Gebrauchsspuren zu achten. Alte Drucke, die vor einem bestimmten Stichjahr (heute zumeist 1850, gelegentlich aber auch 1800) erschienen sind, werden ohnehin aufgrund ihrer zu erwartenden Individualität des Exemplars übernommen. Je nach der Materialität des Übernommenen können bereits vorhandene, *sekundäre Spezialsammlungen*, wie Inkunabelbestände, Brief- oder Kartensammlungen weiter ergänzt und aufgefüllt werden. Über eine sorgfältige Provenienzerfassung durch die/den für die Medienerfassung verantwortliche:n Bibliothekar:in können die übernommenen Teile selektiert und der ursprünglichen Sammlung virtuell zugeordnet werden.

Orte der Aufbewahrung

Rolle der großen nationalen und staatlichen Bibliotheken

Blickt man auf die bundesdeutsche Bibliothekslandschaft, so spielen die beiden herausragenden Staatsbibliotheken im Range einer historischen Nationalbibliothek, die Bayerische Staatsbibliothek in München und die Staatsbibliothek zu Berlin, mit ihren umfangreichen Spezialsammlungen eine besondere Rolle, da hier solchen Kollektionen von jeher ein großer Stellenwert eingeräumt wurde. Das Organigramm der Staatsbibliothek zu Berlin weist beispielsweise allein acht Abteilungen aus, die man Sonderbeständen zuordnen kann.[5] Personell werden diese Abteilungen in der Regel von wissenschaftlich vorgebildeten Spezialist:innen geleitet, die neben der bibliothekarischen Fachausbildung auch über einen Abschluss in einem einschlägigen, zumeist geisteswissenschaftlichen oder kulturhistorischen Fachstudium verfügen. Dies ist Garant für eine ausreichende fachliche Expertise bezogen auf die jeweiligen Inhalte der kuratierten Spezialsammlungen. Vergleichbares gilt für die speziellen Forschungs- und Kulturgutbibliotheken wie der Herzog-August-Bibliothek in Wolfenbüttel oder der Herzogin-Anna-Amalia-Bibliothek in Weimar: Hier bilden historische Bestände, die anderenorts vielleicht als Spezialsammlungen spezifiziert würden, den Kern des Sammelgutes.

Unterhalb dieser hervorzuhebenden Beispiele fassen größere und traditionsreiche wissenschaftliche Bibliotheken ihre diversen Spezialsammlungen funktional und organisatorisch zusammen. So weist etwa die 1818 gegründete Universitäts- und Landesbibliothek Bonn auf ihren Webseiten detailliert auf ihre historischen Sammlungen, die das kulturelle Erbe dieser Bibliothek bilden, auf den Bestand an historischen Drucken und auf die auf dem Pflichtexemplarrecht für den südlichen Teil der Rheinlande beruhenden landesbibliothekarischen Sammlungen hin. Der aus dem ehemaligen DFG-Sondersammelgebiet hervorgegangene Fachinformationsdienst Romanistik findet hier ebenfalls seine Berücksichtigung.[6] Das Spektrum dessen, was unter den historischen Sammlungen subsummiert wird, ist auch hier sehr breit: Zahlreiche Nachlässe und Teilnachlässe zumeist Bonner Professor:innen, Musikalien und Autographen, u. a. von Clara und Robert Schumann, ein mittelgroßer Handschriftenbestand, Kriegsbriefe aus dem 19. Jahrhundert, Porträts Bonner Persönlichkeiten, kleinere Konvolute an Siegeln, Urkunden und Papyri und insgesamt 20 historische Bibliotheken, von denen drei zum Gründungsbestand gehören und die übrigen im Laufe der Zeit mit größeren Kon-

5 Handschriften und Historische Drucke, Musikabteilung, Kartenabteilung, Osteuropa-Abteilung, Orientabteilung, Ostasienabteilung, Kinder- und Jugendbuchabteilung sowie Bildagentur für Kunst, Kultur und Geschichte. Vgl. Staatsbibliothek zu Berlin. Preußischer Kulturbesitz. [Organigramm]. Stand: 01.04.2022. https://www.preussischer-kulturbesitz.de/fileadmin/user_upload_SPK/documents/mediathek/ueber_uns/rp/Organigramm_SPK_SBB.pdf (25.10.2022).

6 Das kulturelle Erbe der ULB Bonn. https://sammlungen.ulb.uni-bonn.de/de (25.10.2022).

voluten in den Bestand der heutigen ULB eingeflossen sind. Sie haben wesentlich mit dazu beigetragen, dass die Bibliothek heute über einen größeren Bestand an Inkunabeln verfügt sowie trotz erheblicher Kriegsverluste auf einen respektablen Altbestand verweisen kann. Schließlich ist noch auf einen bedeutenden Bestand an historischen Zeitungen aus dem Rheinland hinzuweisen. Personell sind in solchen Bibliotheken jedoch im Regelfall nur einige wenige Bibliothekar:innen des höheren und gehobenen Bibliotheksdienstes für eine hier beispielhaft geschilderte große Vielfalt von Spezialsammlungen zuständig. Idealerweise sind diese Bibliothekar:innen in der Lage, in ihrer Arbeit diese große Vielfalt hinsichtlich der Inhalte und der Materialität der Spezialsammlungen angemessen zu berücksichtigen; gleichwohl im bibliothekarischen Alltag nicht jede dieser Kollektionen die Aufmerksamkeit erfahren kann, die ihr eigentlich von der Sache her zukommen sollte.

Mittelgroße und kleine Sammlungen

Mittelgroße und kleine wissenschaftliche Bibliotheken sind hinsichtlich ihrer Spezialsammlungen nicht so breit aufgestellt, verfügen aber dennoch ebenfalls oft über ein beachtliches Spektrum besonderer Sammlungen. Eigene Abteilungen für diese Bestände kann man hier jedoch nur selten anzutreffen. Dementsprechend ist das bibliothekarische Fachpersonal, das sich auf die Betreuung dieser Kollektionen in besonderer Weise spezialisiert hat, zahlenmäßig eher gering. Unter Umständen liegt die Zuständigkeit dort bei einer einzigen Person, die als Altbestandsbibliothekar:in für die Sammlungen verantwortlich ist und darüber hinaus auch noch andere Aufgaben in der Bibliothek wahrnehmen muss. Blickt man für diese Gruppe exemplarisch auf die drei Diözesanbibliotheken in Köln, Münster und Würzburg, so ist für die Diözesan- und Dombibliothek Köln ihr großer Bestand an mittelalterlichen Handschriften, deren Kern die noch heute im Besitz des Domkapitels befindlichen Bestände der auf das frühe 9. Jahrhundert zurückgehenden Kathedralbibliothek bilden, die bedeutendste Spezialsammlung. Die umfangreiche, geschlossen aufbewahrte Privatbibliothek des Erzbischofes Ferdinand August von Spiegel (1764–1835, ab 1824 Erzbischof von Köln), die Noten- und Musikaliensammlung des Kölner Domorganisten und Domkapellmeisters Carl Leibl (1784–1870) und die Lateinamerikabestände des in Chile wirkenden Kölner Diözesanpriesters Wolfgang Wallisfurth (1915–1992) sind drei weitere Beispiele für bedeutende Sonderbestände im Kölner Kirchenbesitz. In der Diözesanbibliothek Münster steht unter den Spezialsammlungen die Santini-Sammlung im Mittelpunkt: Sie wurde vom römischen Priester und Musiker Abate Fortunate Santini (1777–1861) zusammengetragen und gilt in Fachkreisen als eine der umfangreichsten und wertvollsten Quellen der italienischen Musik des 16.–19. Jahrhunderts.[7] Aber auch diese Biblio-

7 Die Santini-Sammlung. https://www.dioezesanbibliothek-muenster.de/dioezesanbibliothek-muenster/santini-sammlung/die-sammlung/ (25.10.2022).

thek verfügt über weitere Sammlungen von regionaler und überregionaler Bedeutung, wie z. B. etliche historische Kloster- und Pfarrbibliotheken aus dem Raum der Diözese sowie eine Katechismus- und eine Gebetbuchsammlung.[8] In der fränkischen Diözese Würzburg ist die erst 2012 als Depositum übernommene Bibliothek des ehemaligen Franziskanerklosters Altstadt bei Hammelburg[9] die derzeit wohl bedeutendste Spezialsammlung, die die Bibliothek im Internet neben anderen Kollektionen als besondere Teilbestände und Sammlungen ausweist.[10]

Die Verwaltung der Spezialsammlungen

Herkömmliche Verwaltung der Spezialsammlungen

Diese wenigen Beispiele besonderer Sammlungen in unterschiedlichen wissenschaftlichen Bibliotheken verdeutlichen die Vielschichtigkeit des sich hinter dem Begriff „Spezialsammlungen" verbergenden Materials. Solange in wissenschaftlichen Bibliotheken analoge Arbeitsweisen vorherrschten und die Datenverarbeitung vornehmlich zur Rationalisierung der Betriebsabläufe einer Bibliothek eingesetzt wurde, führten diese Bestände vielerorts – sieht man einmal von den großen Staatsbibliotheken und den wenigen profilierten Forschungsbibliotheken wie Gotha, Weimar oder Wolfenbüttel ab – eher ein Schattendasein. Trotz aller und verdienstvoller Anstrengungen in der Vergangenheit, Spezialbestände durch lokale, regionale oder nationale Bestandsverzeichnisse transparent zu machen[11] oder mittels analoger Trägermedien wie Mikrofilme zu verbreiten: Eine Nutzung war zumeist nur durch eine vielfach restriktiv gehandhabte Einsichtnahme vor Ort möglich und oftmals erhielten Forschende erst hier detaillierte Informationen zu dem Vorhandenen. Die routinemäßigen Aufgaben der für Spezialsammlungen zuständigen wissenschaftlichen Bibliothekar:innen konzentrierten sich

8 Sammlungen. https://www.dioezesanbibliothek-muenster.de/dioezesanbibliothek-muenster/sammlungen/ (25.10.2022).

9 Klosterbibliothek Altstadt. https://abbw.bistum-wuerzburg.de/bibliothek/klosterbibliothek-altstadt/ (25.10.2022).

10 Die Bestände der Diözesanbibliothek. https://abbw.bistum-wuerzburg.de/bibliothek/bestaendeuebersicht/ (25.10.2022).

11 Zahlreich sind die edierten Sonderkataloge wie z. B. Inkunabelkataloge zu den Beständen einzelner Bibliotheken. Als je ein Beispiel für ein regionales Bestandsverzeichnis und ein nationales Inventar sei hier verwiesen auf den dreibändigen: Handschriftencensus Rheinland. Erfassung mittelalterlicher Handschriften im rheinischen Landesteil von Nordrhein-Westfalen mit einem Inventar. Hrsg. von Günter Gattermann; bearb. von Heinz Finger [u. a.]. Wiesbaden 1993 (Schriften der Universitäts- und Landesbibliothek Düsseldorf 18); und auf das inzwischen auch digital vorliegende, 27 Bände umfassende: Handbuch der historischen Buchbestände in Deutschland. Hrsg. von Bernhard Fabian. In Zusammenarbeit mit Severin Corsten, Eberhard Dünninger, Berndt Dugall, Wolfgang Kehr, Friedhilde Krause und Paul Raabe. Herausgegeben von Bernhard Fabian. Redaktion Karen Kloth [u. a.]. 27 Bände in 28 Bänden. Hildesheim, Zürich u. a.: Olms-Weidmann 1992–2000.

neben der Sorge um den Bestandserhalt und neben der weiteren Erschließung noch nicht hinreichend bearbeiteter Spezialbestände vor allem auf die fachliche Betreuung der Forschenden, auf die schriftliche und mündliche Auskunftserteilung zu den Spezialbeständen und auf die Bereitstellung von Leihgaben sowie das Planen und Kuratieren eigener Ausstellungen, um ausgewählte Stücke aus solchen Sammlungen einer interessierten (Fach-)Öffentlichkeit zu präsentieren.

Wandel und Bedeutungsgewinn durch die digitale Transformation

Die ab Mitte der 1990er Jahre mit der Popularisierung des Internets auch in Deutschland einsetzende digitale Transformation, die mit einer bis heute ungebremsten Entwicklung immer leistungsfähigerer Rechner und Datennetze und gigantisch wachsender Speicherkapazitäten für elektronisch verfügbare Datensammlungen einhergeht, hat für die Spezialsammlungen in wissenschaftlichen Bibliotheken eindeutig zu einem Bedeutungsgewinn und zu einer Revitalisierung geführt. Galten diese zuvor teilweise als toter und für das Tagesgeschäft der wissenschaftlichen Bibliothek nutzloser Ballast, so bieten sich nun ganz neue Möglichkeiten, die Sonderbestände einer interessierten Forschungscommunity zu präsentieren und verfügbar zu machen. Und wenn die zeitgenössische wissenschaftliche Literaturproduktion inzwischen in vielen Fächern vorrangig digital vertrieben wird und es für Bibliotheken vor allem darauf ankommt, ihren Nutzenden Zugänge für einen relevanten Ausschnitt dieser digitalen Angebote kostengünstig und stabil anzubieten, physische Bestände inhaltlich veralteter und „überholter" wissenschaftlicher Literatur dagegen zunehmend aus Gründen der Wirtschaftlichkeit und einer ubiquitären digitalen Verbreitung abgebaut werden, dann werden nunmehr die Spezialsammlungen, besonders wenn es sich dabei um seltene und unikale und für die kulturelle Überlieferung und die Forschung bedeutsame Quellen handelt, zu einem existenzsichernden Alleinstellungsmerkmal einer wissenschaftlichen Bibliothek als physischem Ort.[12]

Die digitale Transformation eröffnet wissenschaftlichen Bibliothekar:innen, die mit Spezialsammlungen arbeiten, über die bisherigen Arbeitsfelder der Bewahrung, Erschließung, Auskunftserteilung, Beratung von Nutzer:innen und Kuratierung von Ausstellungen hinaus ein großes Potential, das ihnen anvertraute Bibliotheksgut in ganz anderer Weise universal sichtbar und verfügbar zu machen. Dies setzt jedoch zusätzliche Kompetenzen in den Digital Humanities voraus, d. h. ein Wissen um Konzepte, Standards und Verfahren der Informatik und die anwendungsbezogene Nutzung und Weiterentwicklung von computergestützten Programmen und Verfahren für die speziellen Bedarfe einer modernen Arbeit mit Spezialsammlungen. Konkret beinhaltet dies z. B.:

---

12 Vgl. Siebert, Irmgard: Die Zukunft liegt in der Vergangenheit: Historische Bibliotheken auf dem Weg zu Forschungsbibliotheken. In: Bibliothek. Forschung und Praxis (2013) H. 1. S. 78–90.

- Permanente Pflege, Aktualisierung und Fortschreibung der Beschreibungen der Spezialsammlungen auf den Webseiten der Bibliothek. Derartige informative und bebilderte Beschreibungen, die an prominenter Stelle, oft schon auf der Startseite, im Internetauftritt platziert werden, sind für wissenschaftliche Bibliotheken inzwischen zum Standard geworden. Sie geben Interessierten einen Einblick in das, was die jeweilige Spezialsammlung beinhaltet und machen, soweit vorhanden, auf die einschlägige Fachliteratur aufmerksam. Gelegentlich sind dabei auch Katalogrecherchen in den entsprechenden Teilbeständen mit eingebunden. [13]
- Fachliche Betreuung der Repräsentanz der Spezialsammlungen in den eigenen digitalen Sammlungen der Bibliothek. Vorauszusetzen sind dabei Kompetenzen in Bezug auf die den Sammlungen zugrundeliegende Software und Datenformate, einschließlich aller Fragen, die mit einer dauerhaften Speicherung und Verfügbarkeit der digitalen Daten (Langzeitarchivierung) verbunden sind.[14] Es liegt nahe, dass wissenschaftliche Bibliotheken angesichts bereits abgeschlossener großer Retrodigitalisierungskampagnen gängiger Literatur bei ihren Digitalisierungsprojekten den Fokus vor allem auf die regionalen und seltenen oder gar unikalen Teile ihrer Spezialsammlungen legen, für die ein Forschungsinteresse besteht.[15] Dem/der wissenschaftlichen Bibliothekar:in kommt im Rahmen einer Digitalisierungsstrategie die Aufgabe zu, Bestände zu priorisieren, zu selektieren,[16] auf ihre Eig-

---

13 So findet sich z. B. auf der Startseite der USB Köln ein Reiter „Sammlungen & Schwerpunkte" mit dem Unterpunkt „Sammlungen und Provenienzen entdecken". Hier werden insgesamt 83 historische und moderne Sammlungen eingehender vorgestellt. Vgl. Sammlungen und Provenienzen entdecken. https://www.ub.uni-koeln.de/sammlungen/entdecken/index_ger.html (25.10.2022). – Ein Desiderat ist sicherlich derzeit angesichts der Fülle der inzwischen auf diese Weise beschriebenen Sonderbestände der Aufbau und Betrieb eines bibliotheksübergreifenden, idealerweise nationalen Informationsportals für derartige Spezialsammlungen, vergleichbar mit dem Datenbankinformationssystem dbis.

14 Kleinere wissenschaftliche Bibliotheken, die z. B. aus Kostengründen eigene digitalen Sammlungen nicht vorhalten können, sind dabei auf Kooperationspartner angewiesen. Bibliothekar:innen sollten dann aber auf jeden Fall darauf achten, dass die Herkunft der Digitalisate und die Standorte der Originalquellen transparent bleibt. Als Beispiel sei auf die Erzbischöfliche Akademische Bibliothek Paderborn hingewiesen. Von ihren umfangreichen historischen Beständen digitalisiert die Universitätsbibliothek Paderborn sukzessive Teile, die für die Erforschung der Geschichte von Stadt und Region Paderborn und für Forschung und Lehre an der Universität Paderborn von besonderem Interesse sind. Vgl. Erzbischöfliche Akademische Bibliothek Paderborn (EAB). https://digital.ub.uni-paderborn.de/topic/titles/193167 (25.10.2022).

15 Vgl. die verschiedenen Digitalisierungsstrategien einzelner Regionalbibliotheken, die in folgendem Sammelband dokumentiert sind: Siebert, Irmgard (Hrsg.): Digitalisierung in Regionalbibliotheken. Frankfurt a. M.: Klostermann 2012 (ZfBB Sonderband 107).

16 Dabei muss sich die Selektion keineswegs nur auf geschlossene Spezialsammlungen beschränken, sondern kann sich mittels geeigneter Methodiken auch auf die Recherche nach seltenen Sammlungsstücken im Gesamtbestand beziehen. Der Verf. hat z. B. in den Jahren 2019–2021 im Buchbestand der Diözesan- und Dombibliothek Köln gezielt eine größere Anzahl seltener oder gar unikaler Kleinschriften (zumeist Gebetssammlungen) zur lokalen Frömmigkeits- und Wallfahrtsgeschichte im Rheinland des 19. Jahrhunderts für die Digitalisierung selektiert.

nung einer quellenschonenden Digitalisierung hin zu überprüfen und den Fortgang und die Ergebnisse der Digitalisierung zu überprüfen, ggf. auch einzelne Digitalisate durch die Bereitstellung von zusätzlichen Metadaten inhaltlich zu erschließen. So wird eine universale und weltweite Verfügbarkeit der Spezialsammlungen hergestellt und deren Wertschätzung gefördert. Zugleich werden die Originalquellen als schützenswertes Kulturgut weitgehend der physischen Nutzung entzogen.

- Die Planung, Initiierung und Beteiligung an bibliotheksübergreifenden, kooperativen Digitalisierungsvorhaben ist ein weiteres Feld für Bibliothekar:innen, die mit Spezialsammlungen arbeiten. So können z. B. historische Medienbestände und verloren gegangene Bibliotheken umfassend virtuell rekonstruiert werden. Exemplarisch sei an dieser Stelle auf das Projekt „Corvey digital“[17] und auf das Zeitungsportal „zeit.punktNRW“[18] hingewiesen.
- Innerhalb der digitalen Sammlungen können unter der Voraussetzung der Verfügbarkeit einer entsprechenden Software über die Erschließung der Digitalisate hinaus Meta- und Forschungsdaten zu besonderen Beständen umfassend bereitgestellt werden. Die Ergänzung und Pflege solcher Datenbestände ist ebenfalls eine wichtige Aufgabe für wissenschaftliche Bibliothekar:innen. So bietet beispielsweise die Diözesan- und Dombibliothek in ihren digitalen Sammlungen zu den mittelalterlichen Handschriften zusätzlich zu einer detaillierten Erschließung der Objekte mehrere einschlägige Katalogbeschreibungen parallel an und weist sehr umfassend die Sekundärliteratur, in denen die jeweilige Handschrift Gegenstand der Untersuchung ist oder referenziert wird, nach. Nach Möglichkeit wird dabei ein Volltextzugriff auf das jeweilige Dokument gewährt. Insgesamt wird dem Forschendem so eine möglichst umfassende Forschungsumgebung zu den einzelnen Manuskripten dargeboten.[19]
- Gerade diese kontinuierliche Sichtung und Bearbeitung der Forschungsumgebungen erleichtert dem/der wissenschaftlichen Bibliothekar:in schließlich insgesamt auch die Unterstützung und aktive Förderung der Forschung an den Spezialsammlungen einer Bibliothek. Diese kann sich grundsätzlich sowohl auf materiel-

---

17 Im Rahmen des Projektes werden die im Zuge der Säkularisation weltweit verstreuten Bestände der Bibliothek dieser bedeutenden ostwestfälischen Benediktinerabtei rekonstruiert und nach Möglichkeit digital bereitgestellt. Vgl. Corvey digital. https://corvey.ub.uni-marburg.de/ (25.10.2022).

18 Hier werden historische Zeitungen schwerpunktmäßig aus dem Zeitraum 1801–1945, die im Gebiet des heutigen Nordrhein-Westfalens erschienen, als Quellen zur Erforschung der Regional- und Ortsgeschichte online zur Verfügung gestellt. Die Digitalisate werden dabei sukzessive auch im Volltext erschlossen. Bislang war das Material nur sehr eingeschränkt verfügbar, da es nur sehr verstreut überliefert wurde. Vgl. zeit.punktNRW. Das Projekt. https://zeitpunkt.nrw/wiki/project (25.10.2022).

19 Vgl. Dinger, Patrick u. Siegfried Schmidt: Die Migration der CEEC-Altdaten in die Digitalen Sammlungen der Diözesanbibliothek – ein Statusbericht. In: Mittelalterliche Handschriften der Kölner Dombibliothek. Achtes Symposion der Diözesan- und Dombibliothek zu den Dom-Manuskripten (30. November und 1. Dezember 2018). Hrsg. von Harald Horst. Köln 2019 (Libelli Rhenani 73). S. 261–274.

le Aspekte, wie sie etwa in der Einbandforschung im Vordergrund steht, oder auf inhaltliche Gesichtspunkte, wie etwa das Beispiel der Erforschung der Handschriftenfragmente belegt, beziehen. Je mehr Material und Quellen digital verfügbar sind, umso mehr kann verglichen, unterschieden und zusammengeführt werden. Und der/die wissenschaftliche Bibliothekar:in, der/die gute Kontakte zur Forschungscommunity „seiner/ihrer" Spezialsammlungen pflegt, vermag auch Fachkongresse zu organisieren, die die Forschenden an einem Spezialbestand zur Präsentation ihrer aktuellen Ergebnisse und zum fachlichen Austausch zusammenführen.[20]

Erforderliche personale Kompetenzen

Wissenschaftliche Bibliothekar:innen, die mit Spezialsammlungen arbeiten, sind heute idealerweise kommunikative und teamfähige, in der Forschung gut vernetzte Personen. Für ihre tägliche Arbeit benötigen sie umfassende Kompetenzen in drei Handlungsfeldern: Erstens bringen sie solide fachliche Kenntnisse in Bezug auf die Inhalte und Gegenstände der zu betreuenden Spezialsammlungen durch ein abgeschlossenes geistes- oder kulturwissenschaftliches Studium mit. Zweitens verfügen sie über einschlägige Kenntnisse auf den eher klassischen bibliothekarischen Gebieten des Sammlungsmanagements und Erfassens und Erschließens der Spezialsammlungen, wobei auch hier Spezialwissen, etwa in Bezug auf alte Sprachen und die Provenienzerschließung, erforderlich ist. Drittens sind sie in den Digital Humanities zu Hause und bereit, sich stets auch in neue technische Entwicklungen und die sich hierdurch ergebenden Chancen für die digital dargebotenen Spezialsammlungen einzuarbeiten und diese aktiv zu nutzen. Nur so können sie diesem anspruchsvollen Aufgabenfeld in einer wissenschaftlichen Bibliothek gerecht werden.

20 So fand am 25. und 26. November 2022 in der Diözesan- und Dombibliothek zum neunten Mal das von der Bibliothek organisierte zweitägige Symposion „Mittelalterliche Handschriften in der Kölner Dombibliothek" statt. Wie bei den vorangegangenen Tagungen sollen die 14 Fachvorträge zu der Spezialsammlung erneut in einem Tagungsband der bibliothekseigenen Schriftenreihe „Libelli Rhenani" publiziert werden.

Thomas Stäcker

Kulturgut digitalisieren und langzeitarchivieren

Abstract: Bibliotheken stehen vor der Aufgabe, das überlieferte schriftkulturelle Erbe in eine digitale Form überführen und langzeitarchivieren zu müssen. Digitalisierung bedeutet dabei aber mehr, als lediglich eine digitale Kopie herzustellen. Sie erfordert einen grundsätzlichen Perspektivwechsel auf das kulturelle Erbe, auf Begriffe wie Original und Materialität. Die langfristige Zugänglichkeit des kulturellen Erbes wird, so die These, nur durch eine umfassende digitale Reedition bzw. Rekodierung sichergestellt, die von der reproduzierenden Imagedigitalisierung über den Volltext bis zu vollständig annotierten Texten reicht. Sie sind grundsätzlich Teil des Internets und können mit Techniken des *semantic web* erschlossen und aufeinander bezogen werden. Dies bringt nicht nur einen neuen Sammlungsbegriff mit sich und eine andere „entmaterialisierte" Form der Bibliothek, sondern auch ein neues Berufsprofil. Dabei spielen technische Spezialkenntnisse in der „digitalen Editorik" ebenso eine Rolle wie ethische Prozesse der Auswahl und Priorisierung. Kulturgutdigitalisierung als Massendigitalisierung bedarf in der strategischen und Workflowplanung einer eigenen Expertise und auch der Abstimmung und Kooperation, um bibliothekarische Kompetenznetzwerke für die „Überlieferungsplanung" zu schaffen.

Keywords: Kulturgutdigitalisierung, Langzeitverfügbarkeit, Digitale Edition

Kurzbiografie: Thomas Stäcker (ORCID: https://orcid.org/0000-0002-1509-6960) studierte Philosophie und Lateinische Philologie an der TU Braunschweig, University of Essex (England) und Universität Osnabrück und promovierte mit einer Arbeit zum Begriff der Theurgie bei Jamblich. Nach der Referendariatsausbildung arbeitete er zunächst von 1997–1998 an der Johannes a Lasco Bibliothek in Emden, sodann von 1998 bis 2017 an der Herzog August Bibliothek in Wolfenbüttel, wo er verschiedene Funktionen, zuletzt die des stellvertretenden Direktors, innehatte. 1997 wechselte er als Direktor an die Universitäts- und Landesbibliothek Darmstadt. Ebenfalls seit 1997 bekleidet er eine nebenamtliche Professur in Digital Humanities an der Fachhochschule Potsdam. Zu seinen Forschungsschwerpunkten zählen Digitale Sammlungen und Digitale Editionen sowie Buch- und Bibliotheksgeschichte. Kontakt: thomas.staecker@ulb.tu-darmstadt.de

Einleitung

„Here is surely a truth now universally acknowledged: that the whole of our cultural inheritance has to be recurated and reedited in digital forms and institutional struc-

https://doi.org/10.1515/9783110790375-026

tures."[1] McGann fordert hier nichts Geringeres als die vollständige Digitalisierung bzw. Retrodigitalisierung[2] des überlieferten kulturellen Erbes, eine Aufgabe, die sich zwar nicht nur an Bibliotheken richtet, diese aber gerade mit Blick auf das schriftlich überlieferte Erbe in besonderem Maße in den Blick nimmt: „The library [...] is the storm center of these changes."[3] Zu beachten sind an seiner Formulierung die Begriffe „recurated" und „reedited", denn sie deuten auf eine mit der Digitalisierung einhergehende Transformation der Objekte hin und damit nicht nur auf ein Spannungsverhältnis von Originalität und Veränderung, sondern auch auf einen Vorgang, der in der Digitalisierung mehr sieht als lediglich die Herstellung einer unselbständigen Kopie eines Originals.[4]

Die Forderung nach einer vollständigen und nicht nur partiellen Digitalisierung wiederum folgt der Einsicht, dass wir es mit einem Paradigmenwechsel zu tun haben, der eine andere Form der Zugänglichkeit und Langzeitarchivierung des kulturellen Erbes mit sich bringt: „With the advent of mass digitization, machines have gained a whole new role in the cultural memory ecosystem, not only as managers, but also as interpreters. Thus, collections are increasingly digitized to be read by machines instead of humans."[5] Mit dem Digitalen verändern sich Überlieferungs- und Rezeptionsbedingungen für das kulturelle Erbe. Die Bibliothek muss sich als Gedächtniseinrichtung aktiv in diesen Prozess einschalten, um das Überlieferte nicht nur als solches zu bewahren, sondern auch für Wissenschaft und Gesellschaft zugänglich zu halten.[6]

Überlieferung durch Reedition

Der Begriff Rekuration bzw. Reedition schließt ein, dass es sich nicht nur um einen technischen, sondern auch hermeneutischen Prozess handelt. Mit der Transformation der Handschrift oder des Drucks ins Digitale findet eine Übersetzung statt, die als ei-

---

1 McGann, Jerome: A new republic of letters: memory and scholarship in the age of digital reproduction. Cambridge, Mass [u. a.]: Harvard Univ. Press 2014. S. 1

2 Vgl. zum Begriff: Altenhöner, Reinhard, Tobias Beinert, Markus Brantl, Robert Luckfiel u. Uwe Müller: Digitalisierung von Kulturgut. In: Praxishandbuch Bibliotheksmanagement. Hrsg. von Rolf Griebel, Hildegard Schäffler u. Konstanze Söllner. Berlin, Boston: De Gruyter Saur 2015. S. 775–883, hier S. 763; Gantert, Klaus: Bibliothekarisches Grundwissen. 9.Auf. Berlin, Boston: De Gruyter Saur 2016. S. 113 f.

3 McGann, A new republic (wie Anm. 1), S. 3.

4 Vgl. Stäcker, Thomas: Wozu braucht man das Vergangene? Ideen zur Rolle und Aufgabe von Landesbibliotheken bei der Digitalisierung des schriftkulturellen Erbes. In: Festschrift für Axel Halle. Historisches Erbe und zeitgemäße Informationsinfrastrukturen: Bibliotheken am Anfang des 21. Jahrhunderts. Hrsg. von Matthias Schulze. Kassel: kassel university press 2020. S. 41–54. DOI: https://doi.org/10.17170/KOBRA-202010131934.

5 Thylstrup, Nanna Bonde: The Politics of Mass Digitization. Cambridge, MA: The MIT Press 2019. S. 11.

6 Vgl. Schüller-Zwierlein, André u. Michael Hollmann (Hrsg.): Diachrone Zugänglichkeit als Prozess: kulturelle Überlieferung in systematischer Sicht. Berlin, Boston: De Gruyter Saur 2014 (Age of access? – Grundfragen der Informationsgesellschaft, 4). S. 1.

genständige editorische Leistung zu sehen ist[7] und die von der klassischen Funktion der kritischen Edition, einen bestmöglichen Text zu bieten, unterschieden werden muss. Sie stellt sicher, dass das Überlieferte in seinem wesentlichen Gehalt in der digitalen Welt fortbesteht und zugänglich bleibt. Die Digitalisierung erfüllt darin eine Funktion, die in ihrer Reichweite und Bedeutung für den bibliothekarischen Berufsalltag immer noch nicht vollständig abzusehen ist. Denn während nach allgemeinem Verständnis die digitale Kopie vor allem dazu dient, das Original der kulturellen Überlieferung leichter zugänglich zu machen oder aus konservatorischen Gründen zu schonen, wandelt sie sich unmerklich von der Nutzungskopie zu einem Substitut, das sich vom Original emanzipiert.[8] Das Original verschwindet zwar nicht und bleibt auch ein wichtiger Referenzpunkt für das Verständnis des Digitalisats, doch im kulturellen oder wissenschaftlichen Gebrauch tritt es hinter das Digitalisat zurück, das zum primären Kulturträger avanciert.[9] Während so die Digitalisate im Gebrauch sind, kommen die Originale, wie Eco einmal formulierte, in eine Art Gefrierschrank: „Bibliotheken und Archive sind solche Tiefkühlzellen, in denen wir die Erinnerung einlagern, so dass nicht der gesamte kulturelle Raum mit dem ganzen Plunder vollgestopft wird.“[10]

Für die digitale Transformation des Kulturguts, die man auch eine Remediatisierung[11] oder Rekodierung[12] nennen könnte, folgt, dass die wesentlichen Eigenschaften (*significant properties*, Nestor 2012) bestimmt werden müssen, um das Kulturgut möglichst verlustfrei zu migrieren. Angesichts der zentralen Forderung der Maschinenlesbarkeit der Quellen ist klar, dass es dabei um mehr geht als ein digitales Abbild (Imagedigitalisierung), und die *dedicated community*[13] ist dadurch gekennzeichnet, dass sie sich der Techniken von Text- und Datamining bedient, was eine Transformation der Images in Volltext (Unicode) und, soweit möglich, eine semantische Kodierung (Markup), also die Kennzeichnung von *significant properties* im Sinne von „Bedeutung“, notwendig macht. Dabei ist unerheblich, ob das Markup von Textelementen manuell oder maschinell erfolgt. Ohne eine explizite Interpretation von Bedeutung kann ein Text maschinell nicht „verstanden“ werden. Diese Elemente lassen sich unterscheiden in solche, die sich an der Struktur oder auch am Layout festmachen (Ab-

7 Vgl. Haugen, Odd Einar: The making of an Edition. In: Digital critical editions. Topics in the digital humanities. Hrsg. von Daniel Apollon, Claire Bélisle u. Philippe Régnier. Urbana 2014. S. 203–245.

8 Vgl. Stäcker, Wozu braucht man das Vergangene? (wie Anm. 4).

9 Vgl. Lowenthal, David: The past is a foreign country: revisited. Rev. and updated ed. Cambridge: Cambridge Univ. Press 2015.

10 Eco, Umberto u. Jean-Claude Carrière: Die große Zukunft des Buches: Gespräche mit Jean-Philippe Tonnac. Aus dem Franz. von Barbara Kleiner. München: Carl Hanser 2010. S. 60.

11 Bolter, Jay David u. Richard Grusin: Remediation: understanding new media. Cambridge, MA [u. a.]: MIT Press 2000.

12 Sahle, Patrick: Digitale Editionsformen: zum Umgang mit der Überlieferung unter den Bedingungen des MedienwandelS. 3 Bde. Norderstedt: BoD 2013.

13 The Consultive Committee for Space Data Systems: Reference Model for an Open Archival Information System (OAIS). Recommended Practice CCSDS 650.0-M-2. Washington D. C.: Magenta Books 2012. https://public.ccsds.org/pubs/650x0m2.pdf (15.12.2022).

sätze, Fußnoten, Seitenzahlen, Kolumnentitel, Zitate oder Entitäten wie Personen, Orte, Körperschaften, Sachbegriffe, Themen, Stil oder Tendenz des Textes). Ein Computer muss „wissen", wo sich Namen befinden oder ob es sich bei einem Textabschnitt um ein Zitat oder nur eine relativierende Bemerkung in Anführungszeichen handelt. Layoutinformationen spielen dabei nicht nur eine Rolle als Indikatoren von Bedeutung, sie müssen auch ins neue Medium übersetzt werden, um die Präsentation des Objektes im jeweiligen Viewport zu steuern. Zu denken ist dabei nicht nur an Fettdruck oder Kursive, sondern auch an diverse Visualisierungen oder linkbasierte Navigationsmöglichkeiten auf der Grundlage von Inhaltsverzeichnissen und Registern, die nicht nur für das Objekt, sondern auch im Internet funktionieren.

In Anknüpfung an frühere Ideen von u. a. Licklider (1965)[14] ist mittlerweile rund um Konzepte wie den *knowledge graph*[15] eine reiche Literatur zur Extraktion relevanter Information aus digitalen Dokumenten entstanden, mit dem hohen Anspruch, die klassische Dokumentform zugunsten konziserer maschinenlesbarer Formate zu überwinden. Während es fraglich ist, ob damit auch komplexe Objekte der kulturellen Überlieferung angemessen abgebildet werden können,[16] verheißen sie doch neue analytische Funktionen und eine verbesserte Heuristik, indem wesentliche Themen verdichtet dargestellt werden. Diese Ideen zur Rekodierung schlagen auch auf die Digitalisierung des schriftlichen Kulturerbes und der Neuausrichtung bibliothekarischer Kompetenzen zurück. Wie oben angedeutet, lassen sich diese Transformationsprozesse gut mit dem Begriff der digitalen Edition beschreiben, selbst wenn die Namensgebung „Edition" für die beschriebenen Phänomene strittig ist.[17]

Systematische Digitalisierung

Die Bibliotheken haben die von McGann formulierte neue Aufgabe angenommen und über das letzte Dezennium hinweg vor allem mit Unterstützung der DFG die systematische Digitalisierung des schriftlichen Kulturgutes vorangetrieben. Umfassende Digitalisierungsprojekte folgten insbesondere den Handschriften- und Inkunabelverzeichnissen sowie den großen nationalbibliographischen Datenbanken VD 16, VD 17 und VD 18 mit mittlerweile vergleichsweise hohen Abdeckungsraten.[18] Mit neuen Initiati-

14 Licklider, Joseph Carl Robnett: Libraries of the future. Cambridge, MA: M. I. T. Press 1965.

15 Vgl. Auer, Sören u. Sanjeet Mann: Towards an Open Research Knowledge Graph. In: The Serials Librarian (2019) H. 1–4. S. 35–41. DOI: https://doi.org/10.1080/0361526X.2019.1540272.

16 McGann, A new republic (wie Anm. 1), S. 100.

17 Price, Kenneth M.: Edition, Project, Database, Archive, Thematic Research Collection: What's in a Name? In: Digital Humanities Quarterly (2009) No. 3. http://digitalhumanities.org:8081/dhq/vol/3/3/000053/000053.html (14.12.2022).

18 Vgl. Klaffki, Lisa, Stefan Schmunk u. Thomas Stäcker: Stand der Kulturgutdigitalisierung in Deutschland: Eine Analyse und Handlungsvorschläge des DARIAH-DE Stakeholdergremiums „Wissen-

ven wie OCR-D[19] und hocheffizienten Werkzeugen wie Transkribus[20] schicken sich die beteiligten Einrichtungen an den nächsten großen Schritt zu tun und das schriftkulturelle Erbes in maschinenlesbaren Volltext und Zug um Zug auch in strukturierten Volltext zu überführen bzw. zu rekodieren. Flankiert werden diese Bemühungen von wissenschaftlicher Seite durch Bereitstellung großer Korpora wie dem Deutschen Textarchiv (DTA)[21] oder dem Dramenkorpus (DraCor).[22] Aber auch Aktivitäten engagierter Bürger wie Gutenberg-De,[23] Wikisource[24] oder Unternehmungen wie zeno.org[25] lassen sich in diesen Prozess einbeziehen.

Die massenhafte Digitalisierung der in den Bibliotheken befindlichen Sammlungen eröffnet der Bevölkerung nicht nur einen demokratischen Zugang zum Kulturerbe, sondern sie „alters the politics of cultural institutions".[26] Es führt im Großen nicht nur zu Fragen der kulturellen Dominanz (vgl. z. B. die insbesondere von Jean-Noël Jeanneney[27] ausgelöste Debatte um die anglophone Vorherrschaft in der Kulturgutdigitalisierung, die mittelbar zur Gründung der Europeana führte), sondern auch der kulturellen Diversität bis hin zu Genderfragen. Für Bibliotheken geht es nicht nur darum, diesen neuen uneingeschränkten Zugang zu ihren oder aggregierten Sammlungen zu moderieren und einen optimalen Zugang für die Wissenschaft zu schaffen, sondern auch Bibliotheken als „Schatzhaus"[28] unter digitalen Vorzeichen wieder mit Leben zu

---

schaftliche Sammlungen" 2018 (DARIAH-DE Working Papers, 26). http://nbn-resolving.de/urn:nbn:de:gbv:7-dariah-2018-1-3 (14.3.2023).

19 OCR-D. Koordinierte Förderinitiative zur Weiterentwicklung der Verfahren von Optical Character Recognition (OCR). https://ocr-d.de/ (14.12.2022).

20 Transcribus Lite. https://lite.transkribus.eu/de (14.12.2022).

21 Deutsches Textarchiv. Grundlage für ein Referenzkorpus der neuhochdeutschen Sprache. Hrsg. von der Berlin-Brandenburgischen Akademie der Wissenschaften. Berlin 2022. https://www.deutschestextarchiv.de/ (14.12.2022).

22 Fischer, Frank [u. a.]: Programmable Corpora: Introducing DraCor, an Infrastructure for the Research on European Drama. In: Proceedings of DH2019: „Complexities." Utrecht: Utrecht University 2019. DOI: https://doi.org/10.5281/zenodo.4284002. https://dracor.org/ (14.12.2022).

23 Projekt Gutenberg – DE. Hille & Partner. Hrsg.: Hille Reuter. https://www.projekt-gutenberg.org/ (14.12.2022).

24 Wikimedia Foundation Inc.: Wikisource. San Francisco, CA 94105. https://de.wikisource.org/ (14.12.2022).

25 Zeno.org. Meine Bibliothek. Hamburg: Henricus – Edition Deutsche Klassik GmbH. http://www.zeno.org/ (14.12.2022).

26 Thylstrup, The Politics of Mass Digitization (wie Anm. 5), S. 4.

27 Siehe: Jeanneney, Jean-Noel: Googles Herausforderung: für eine europäische Bibliothek. Vom Autor für die dt. Ausg. aktualisiert und mit einem Nachw. von Klaus-Dieter Lehmann. Aus dem Franz. von Sonja Finck und Nathalie Mälzer-Semlinger. Berlin: Wagenbach 2006 (Wagenbachs Taschenbuch 534).

28 Vgl. Raabe, Paul: Ein Schatzhaus voller Bücher. Die Herzog August Bibliothek in Wolfenbüttel. 3. Aufl. Hannover: Madsack 1971.

füllen. Insbesondere das Konzept der *citizen science* in ihren diversen Abstufungen[29] eröffnet Möglichkeiten für eine Beteiligung der (regionalen) Bevölkerung an (ihren) Kulturgütern und bringt Bibliotheken, die sich der Vermittlung der schriftlichen Kulturgüter verschrieben haben, vor neue Herausforderungen, etwa durch Digitalisierung des Kulturgutes nicht nur der eigenen, sondern auch von anderen Einrichtungen, die sich im jeweiligen landesbibliothekarischen Sprengel befinden und dazu technisch und organisatorisch unmittelbar nicht in der Lage sind oder einer eingehenden Beratung bedürfen.[30] Dazu kann unter Einbeziehung anderer Sparten wie Archiven und Museen auch die Digitalisierung von Kulturgütern gehören, die von der Bevölkerung als Gegenstände der Alltagskultur eingebracht werden.

Originalerhalt und Zugänglichkeit

Die Logik zur umfassenden Digitalisierung ergibt sich aus der Erkenntnis, dass kulturelle Überlieferung als präsentische soziale Aneignung[31] nur durch die mediale Transformation gelingt. Typische bibliothekarische Argumente der besseren Zugänglichkeit der Kulturgüter durch Digitalisierung verstellen diesen Sachverhalt eher, als dass sie ihn erhellen, denn sie gehen von einem Original aus, für das die digitale Kopie nur eine „Schwundstufe"[32] ist. Die Originalität und das „geistige Werk" bleiben so an die Materialität der Kulturobjekte gebunden, die im Erwartungshorizont einer digital geprägten Gesellschaft und Wissenschaft Zugänglichkeit einschränkt bzw. auf den Zugang im „Gefrierschrank" reduziert. Originalerhalt und Zugänglichkeit fallen zunehmend auseinander, denn „an die Stelle des letztlich auf einen materiellen Ursprung gegründeten Originals der analogen Reproduktion setzt digitale Information einen neuen Ausgangspunkt. Der Ursprung liegt nun nicht mehr im Objekt der Reproduktion, sondern in der Einzigartigkeit einer Information".[33] „Digitale Originalität" ist demgegenüber eine Contradictio in Adjecto, denn das Digitale ist aufgrund der Tatsache, dass es verlustfrei kopiert werden kann, einer Originalität entkleidet, die sich aus Uni-

29 Vgl. Haklay, Muki: Participatory Citizen Science. In: Citizen Science: Innovation in Open Science, Society and Policy. Hrsg. von Muki Haklay, Susanne Hecker Anne Bowser, Zen Makuch, Johannes, Vogel u. Aletta Bonn. London: UCL Press 2018. S. 52–62.

30 Vgl. Weymann, Anna [u. a.]: Einführung in die Digitalisierung von gedrucktem Kulturgut. Ein Handbuch für Einsteiger. Berlin: Ibero-Amerikan. Inst. Preuß. Kulturbesitz 2010. S. 13. http://www.iai.spk-berlin.de/fileadmin/dokumentenbibliothek/handbuch/Handbuch_Digitalisierung_IAI_IPK_Online_druck.pdf (14.3.2023).

31 Vgl. Halbwachs, Maurice: Das Gedächtnis und seine sozialen Bedingungen. Berlin [u a.]: Luchterhand 1966 (Soziologische Texte 34).

32 Vgl. Knoche, Michael: Was ist ein Digitalisat? In: Aus der Forschungsbibliothek Krekelborn. Blog. Veröffentlicht am 13. Juni 2022. https://biblio.hypotheses.org/3599 (14.12.2022).

33 Heidenreich, Stefan: Bilddaten und Weltbilder. Digitale Reproduktion? In: Reproduktion. Techniken und Ideen von der Antike bis heute. Eine Einführung. Hrsg. von Jörg Propst. Berlin: Reimer 2011. S. 170.

kalität begründet. Das Einzigartige und Besondere des Objektes, seine „Aura",[34] verschwindet mit der den Unterschied der Exemplare konstituierenden Materialität und Individualität des Transformationsprozesses. Die Abfolge des digitalen Kopierens markiert kein Überlieferungsgeschehen von Original und Kopie, in dem eine Kopie auf ein Original zurückgeführt werden müsste.

Digitale Überlieferung

Digitale Überlieferung erfolgt grundsätzlich anders, etwa mit Hilfe der Versionierung (Dateien werden aktualisiert) oder Konversion (Dateien werden in neue technische Formate migriert). Fragen der Identität der Objekte sind im Zweifelsfall komplex, z. B. bei der Nutzung von Konzepten wie der Transklusion, in der verschiedene Dateien aus unterschiedlichen Quellen in einer Oberfläche zusammengeführt werden. Der Begriff der Datei oder des Datenstroms mag dabei noch am ehesten dem früheren Trägermaterial entsprechen, doch anders als früher ist der Gegenstand der Überlieferung gegen seinen Träger weitgehend agnostisch. Entscheidend ist die Information, das „Werk",[35] dessen „Materialität" eine Visualisierung – oder allgemeiner: Sensualisierung – eines algorithmischen Prozesses ist. Archivisch „festgestellt" wird hier die Bedingung der Möglichkeit eines Informations- oder Wissensobjektes, weniger das sichtbare Objekt selbst. Für die Langzeitarchivierung im Sinne der Sicherstellung von digitaler bzw. diachroner Zugänglichkeit[36] ergeben sich aus dieser Einsicht beträchtliche Konsequenzen. Es reicht im Grunde nicht mehr, definierte Objekte zu archivieren (z. B. PDF/A) und mit Metadaten zu versehen, sondern es geht darum, die algorithmischen Konstruktionsbedingungen des Kulturobjektes, sozusagen das Kochrezept seiner Erzeugung, zu bewahren, das sich in verschiedenen Sichten manifestiert. Auf der Grundlage von „Daten" werden Sichten prozessiert, ein Vorgang, der in der Sprache

---

34 Vgl. Benjamin, Walter: Das Kunstwerk im Zeitalter seiner technischen Reproduzierbarkeit. In: Walter Benjamin – Gesammelte Schriften. Band I, Teil 2. Frankfurt a. M.: Suhrkamp 1980. S. 471–508.

35 Der Werkbegriff ist in den philosophischen Wissenschaften immer wieder problematisiert worden. Er wird hier im Sinne von FRBR, also in einem pragmatischen Sinne verwendet. Zum Werkbegriff vgl. in der Editionstheorie auch Eggert, Paul: The Work Unravelled. In: Text (1998) H. 11. S. 41–60. Was ein „Werk" oder allgemeiner ein „Informations-" bzw. „Wissensobjekt" sei, bedarf einer weiteren Ausarbeitung.

36 Vgl. Schüller-Zwierlein, André: Diachrone Unzugänglichkeit. Versuch einer Prozesstypologie. In: Diachrone Zugänglichkeit als Prozess: kulturelle Überlieferung in systematischer Sicht. Hrsg. von André Schüller-Zwierlein u. Michael Hollmann. Berlin, Boston: De Gruyter Saur 2014 (Age of access? – Grundfragen der Informationsgesellschaft 4). Schüller-Zwierlein führt exemplarisch 10 sogenannte Okklusionsgründe an, die die Zugänglichkeit gefährden (S. 38–69).

der Langzeitarchivierung als Sicherung der *performance*[37] charakterisiert werden könnte.

Unschwer zu erkennen ist, dass, wenn digitale Langzeitverfügbarkeit auf Daten aufbaut und Daten über das Internet vernetzt werden, Standards eine Schlüsselrolle spielen: „Standardization is […] a key technique of network power."[38] Standards kommen dabei auf verschiedenen Ebenen zur Anwendung: Standards für Texte bzw. Editionen (u. a. TEI, JATS, BITS), für seitenbezogen konvertierte Texte mittels OCR (ALTO, PAGE), für Bilddaten/Medien (u. a. TIFF, PNG, JPG, MPEG), für Entitäten (Personen, Orte, Körperschaften, Gegenstände, i. e. Normdaten: u. a. GND, VIAF, TGN/Geonames, fachbezogen Thesauri und Ontologien), für (bibliographische) Metadaten (u. a. MARC, MODS, DC, TEI-HEADER), oder für persistentes Zitieren (PURL, URN, DOI, Handle), für Schnittstellen und Webservices (OAI, REST, SPARQL) oder auch die rechtliche Form der Bereitstellung (CC0, CC BY oder CC BY-SA). Standards kommen aber auch in der Herstellung von Digitalisaten und digitalen Angeboten zum Tragen und sind Voraussetzung für nachhaltige Qualität und Langzeitverfügbarkeit. So sorgten z. B. die Praxisregeln der DFG[39] als das maßgebliche Regelwerk für Digitalisierungsprojekte in Deutschland für eine gleichbleibend hohe Qualität der Digitalisate und stellen deren standardkonforme Erschließung und Integration in vorhandene Infrastrukturen sicher.

Langzeitarchivierung von Kulturgut muss zweierlei leisten: zum einen die Sicherung der überlieferten kulturellen Artefakte in ihrer materiellen Manifestation (das materielle Original), zum anderen aber das kulturelle Wissen, das sich darin ausdrückt. Selbst wenn es nach Marshall McLuhan ein Gemeinplatz ist, dass das Medium die Message sei, die Information also nicht unabhängig von ihrem Träger existiert, muss doch, was Medium und was Message ist, im Digitalen neu definiert werden, wie z. B. mit Begriffen wie *performance*. Das Überlieferte kann beschrieben und in eine neue mediale Form (die digitale Edition) „übersetzt" werden. Dieser Vorgang stellt eine Interpretation dar und führt immer zu einer (medialen) Veränderung des Objektes, es verliert Eigenschaften, gewinnt aber auch neue, für die kulturelle Überlieferung unverzichtbare, hinzu. Beides, die materielle Sicherung des Objektes im „Gefrierschrank", mit Eco zu reden, und seine Transformation in digitale Form gehören zur Langzeitarchivierung bzw. Langzeitverfügbarkeit im Sinne kultureller Überlieferung. Langzeitarchivierung wird immer im Kontext einer *dedicated community* gedacht, die Zukunftsmodelle für die Überlieferung des kulturellen Erbes entwirft.[40]

---

37 Nestor (Hrsg.): Leitfaden zur digitalen Bestandserhaltung: Vorgehensmodell und Umsetzung. Hrsg. von nestor – Kompetenznetzwerk Langzeitarchivierung und Langzeitverfügbarkeit Digitaler Ressourcen für Deutschland. Version 2.0. 2012 (nestor-materialien, 15). S. 8. DOI: http://dx.doi.org/10.18452/1531.

38 Thylstrup, The Politics of Mass Digitization (wie Anm. 5), S. 31.

39 Deutsche Forschungsgemeinschaft: 12.151 – DFG-Praxisregeln „Digitalisierung". https://www.dfg.de/formulare/12_151/ (14.12.2022).

40 Vgl. Rothkegel, Annely: Bewahren, verändern oder löschen – können Textdokumente zukunftsfähig sein? In: Digitales Kulturerbe: Bewahrung und Zugänglichkeit in der Wissenschaftlichen Praxis.

Doch diese Zukunft ist heute nicht mehr die, die sie einmal war. Die Zukunft kommt nie an, denn jeder Punkt in der Zukunft ist immer wieder auch Zukunft, d. h. die Zukunft ist immer eine konkret gedachte Zukunft einer Gegenwart, sie ist charakterisiert durch unser Interesse an der Überlieferung. Wir wählen aus, werfen weg, was wir für unwichtig und bewahren, was wir für wichtig halten. Aus dieser Kultur des Vergessens[41] folgt eine Abwägung, was wie lange für welchen Zweck aufgehoben werden muss, und die Klärung, welchen Aufwand wir treiben wollen, es aufzuheben. Existierende bibliothekarische Sammlungen – so die Theorie – haben diesen Prozess durchlaufen und sind idealerweise Ergebnisse eines Selektionsprozesses und damit in besonderem Maße prädestiniert für Digitalisierung. Man tut indes gut daran, die bibliothekarische Sammlung nicht zu stark von sammlungsbildenden Einzelpersönlichkeiten oder bestimmten Schwerpunkten her, sondern als sozio-ökonomisches, organisatorisch-administratives, zudem politisch-ideologisches Phänomen zu denken,[42] an dem auch Bibliothekszerstörungen und Büchervernichtungen teilhaben.[43] Bibliothekarische Sammlungen sind daher in den seltensten Fällen aus einem Guss und eher Sammlungen von Sammlungen, die teils durch gezielten Aufbau, teils zufällig entstanden sind. Zugleich zeigt der Vergleich unterschiedlicher Sammlungen zeittypische Zusammensetzungen (z. B. Adels- oder Gelehrtenbibliotheken). Die für die Digitalisierung nötige Auswahl und Prioritätensetzung muss die historische Situation bedenken und zu einer für die jeweiligen kulturellen Interessen repräsentativen Auswahl kommen.

Neuausrichtung der bibliothekarischen Arbeit

Mit der Entmaterialisierung der Kulturobjekte geht auch eine Entmaterialisierung der Institutionen, die die Kulturobjekte verwahren, einher[44] und setzt für die bibliothekarische Arbeit neue Akzente. Entgegen früheren Behauptungen, dass die Digitalisierung zu einer intensiveren Vor-Ort-Nutzung führen würde,[45] zeichnet sich in den letzten Jahren ein deutlicher Rückgang der Altbestandsbenutzung in Lesesälen ab. Um ihrem Vermittlungsauftrag gerecht zu werden, müssen sich daher die Institutionen von der

---

Hrsg. von Ralf H. Schneider u. Caroline Y. Robertson-von Trotha. Karlsruhe: KIT Scientific Publishing 2015. S. 11–37. DOI: https://doi.org/10.5445/KSP/1000044869.

41 Vgl. Butzer, Günter u. Manuela Günter (Hrsg.): Kulturelles Vergessen: Medien – Rituale – Orte. Göttingen: Vandenhoeck & Ruprecht 2004 (Formen der Erinnerung 21).

42 Vgl. Degkwitz, Andreas: Digitale Sammlungen – Vision eines Neubeginns. In: Bibliothek Forschung und Praxis (2014) H. 3. S. 411–416. DOI: https://doi.org/10.1515/bfp-2014-0064; Altenhöner, Reinhard: Aspekte des Bestandsaufbaus im digitalen Zeitalter: Eine Herausforderung für sammlungsorientierte Bibliotheken. Berlin, Boston: De Gruyter Saur 2017. DOI: https://doi.org/10.1515/9783110522334-028.

43 Ovenden, Richard: Burning the books: a history of the deliberate destruction of knowledge. First Harvard University Press pbk. ed. Cambridge, MA: Harvard Univ. Press 2022.

44 So schon Licklider, Libraries of the future (wie Anm. 14), S. 5 f.

45 Vgl. Altenhöner, Digitalisierung von Kulturgut (wie Anm. 2), S. 778.

Ortsgebundenheit ihrer Sammlungen lösen und den traditionellen materiellen Sammlungen einen neuen Sammlungstyp zur Seite stellen.[46] Da es im Digitalen keine „Knappheit der Reproduktion" und keine Ökonomie der kulturellen Reproduktion mehr gibt und sich die Knappheit der Reproduktion hin zu Knappheiten der Aufmerksamkeit und Auswahl verschiebt,[47] ändert sich auch die bibliothekarische Arbeit von der lokalen Sammlungsverwaltung hin zu einer „Flusskontrolle" der digitalen Objekte[48] und einer Entwicklung neuer Heuristiken. Flusskontrolle impliziert die Zusammenführung von Informationsobjekten *just in time*, aber auch für eine Nutzung *just in case* die Aggregation disparater Sammlungsobjekte, ja ganzer Sammlungen und Korpora.

Es hindert im Digitalen nichts daran, alle verfügbaren Sammlungen, vollständig oder zum Teil nach verfügbaren Kriterien zusammenzuführen und diese Megasammlung wiederum von allen anderen Orten kopieren zu lassen. „Hinzu kommt die andauernde Verbesserung ihrer (automatisierten) Erschließung; sie eröffnet zugleich immer gewichtigere Möglichkeiten der virtuellen Sammlungsabbildung, über ursprüngliche und moderne Überlieferungszusammenhänge hinweg (zerstreute Bibliotheken, Nachlässe), aber auch in gänzlich neuen Zusammenhängen anhand aktuellen Materials",[49] also instantane Sammlungen, die über Suchen, Schnittstellen oder Schlüssel (z. B. URIs) zu Metasammlungen bzw. einem umfassendem gemeinsamen Informationsraum[50] aggregiert oder verschaltet werden. Da am Ende auch Speicherknappheit keine Bedeutung mehr haben wird, ist es unerheblich, ob diese Meta- oder Megasammlungen einmalig oder mehrfach vorkommen. So geben sich Berlin, München, Wolfenbüttel Halle, Dresden und alle weiteren großen und kleineren historischen Sammlungen im digitalen Regal ein Stelldichein und das seinerzeit von Bonte und Ceynowa[51] vorgetragene Argument, dass nur die Bibliothek mit großen Originalsammlungen überleben wird, bestätigt sich in einem Sinne, den die Verfasser vermutlich nicht intendiert hatten, nämlich dass diese Sammlungen zwar Ausgangspunkt der digitalen Transformation sind, zugleich aber für die präsentische kulturelle und wissenschaftli-

---

46 Vgl. Stäcker, Thomas: Die Sammlung ist tot, es lebe die Sammlung! In: Bibliothek Forschung und Praxis (2019) H. 2. S. 304–310. DOI: https://doi.org/10.1515/bfp-2019-2066.

47 Vgl. Heidenreich, Stefan: Bilddaten und Weltbilder. Digitale Reproduktion? In: Reproduktion. Techniken und Ideen von der Antike bis heute. Eine Einführung. Hrsg. von Jörg Propst. Berlin: Reimer 2011. S. 271.

48 Anderson, Rick: Collections 2021: the future of the library collection is not a collection. In: Serials (2011) H. 24, 3. S. 211–215; vgl. auch Altenhöner: „Für digitale Objekte gilt, dass dies kein statischer, zu einem bestimmten Zeitpunkt abgeschlossener Prozess ist: Die Objekte müssen immer wieder ‚angefasst', auf ihre Verfüg- und Nutzbarkeit hin überprüft, ggf. aktualisiert und neu kontextualisiert werden." Altenhöner, Reinhard: TITEL. ORT: VERLAG 2020. S. 332.

49 Altenhöner, Aspekte des Bestandsaufbaus (wie Anm. 42), S. 333.

50 Altenhöner, Aspekte des Bestandsaufbaus (wie Anm. 42), S. 333–334.

51 Bonte, Achim u. Klaus Ceynowa: Bibliothek und Internet: die Identitätskrise einer Institution im digitalen Informationszeitalter. In: Lettre International (Frühjahr 2013) H. 100. S. 115–117.

che Aneignung nur noch als „Gefrierschrank“ Bedeutung haben werden, wenn sie sich nicht ihrerseits das digitale Paradigma zu eigen machen.

Die Konsequenzen dieses Prozesses für die bibliothekarische Profilbildung sind zahlreich und an vielen Stellen schon heute spürbar. So nimmt z. B. die Bedeutung des Kataloges (OPAC) als zentrales Zugriffsmittel ab, auch wenn der Bestandsnachweis als Filterbedingung weiter als Qualitäts- und Provenienznachweis eine wichtige Rolle spielen wird.[52] Dagegen gewinnen Systeme an Bedeutung, die auf Metadaten aufbauen und den Volltext, ggf. sogar Strukturdaten, nutzen (Discovery), wobei globale Suchsysteme (Google) Vorrang vor regionalen haben. Zwar bleibt die Kompetenz für den eigenen Katalog unverzichtbar, doch tritt daneben diejenige für überregionale, nicht nur bibliothekarische Suchsysteme, wobei nicht nur das Suchen externer Ressourcen, sondern auch das Optimieren der Suche für die eigenen Digitalisierungsangebote das Spektrum der Kompetenzen erweitert. Information bewegt sich vorzugsweise im Internet, weswegen auch bibliothekarische Standards zugunsten von Webstandards (z. B. des W3C) zurückgedrängt bzw. neuen Regimes unterworfen werden (z. B. die GND als eindeutiger Identifier für Entitäten im *semantic web*). Mit der Heraufkunft des *age of access* treten neue Techniken der Zugangsermöglichung an die Stelle der alten. Potenziale bietet vor allem das *semantic web*, das zumindest in der Theorie den entstehenden Informations- oder Forschungsraum öffnet und das Web der Dokumente durch das Web der Dinge ersetzen soll, um am Ende aus den verknüpften Daten automatisiert Schlüsse ziehen zu können.[53] Auch wenn die flächige Umsetzung des *semantic web* – der Standards RDF wurde schon 1999 publiziert[54] – in weiten Teilen eine Verheißung geblieben ist, verdienen die grundsätzlichen Ideen doch bibliothekarische Beachtung, gerade auch für die Kulturgutdigitalisierung, denn das *semantic web* eröffnet mit der Möglichkeit der inhaltlichen Vernetzung eine neue Perspektive der Tradierung unserer kulturellen Überlieferung.

Fazit

Aus diesen teilweise nur angedeuteten Aspekten erhellt, dass die von McGann geforderte vollständige Transformation des kulturellen Erbes nicht nur zu einer Reihe von neuen bibliothekarischen Arbeitsfeldern führt, sondern am Ende ein radikales Umdenken bei allen Arbeitsprozessen mit sich bringt. Um für diesen Prozess gerüstet zu sein, benötigt die Bibliothek Spezialist:innen für die notwendigen Transformationsschritte von der Imagedigitalisierung, Volltext- und Strukturdatenerfassung bis hin

52 Altenhöner, Aspekte des Bestandsaufbaus (wie Anm. 42), S. 326.

53 Berners-Lee, Tim, James Hendler u. Ora Lassila: The Semantic Web. In: Scientific American (2001) Issue 5. S. 36.

54 Resource Description Framework (RDF) Model and Syntax Specification. W3C Recommendation 22 February 1999. https://www.w3.org/TR/1999/REC-rdf-syntax-19990222/ (14.12.2022).

zur manuellen oder automatischen Metadatenerfassung und die dafür erforderlichen Standards. Die Maschinenlesbarkeit der kulturellen Informationsobjekte eröffnen neue Möglichkeiten der Analyse durch Text- und Datamining und setzt eine umfassende Datenaufbereitung bzw. -bereinigung (*data cleaning*[55]) voraus. Für die dazu bereitstehenden Tools muss das erforderliche Anwendungswissen vermittelt werden, was man gemeinhin den Digital Humanities oder mit einem älteren genaueren Begriff dem Humanities Computing[56] zuordnet. Zugleich ist für Auswahl und Erschließung nach wie vor eine profunde administrative und inhaltliche Sammlungs- und Materialkompetenz nötig, um zum Aufbau des kulturhistorischen Informationsraums sachgerechte Entscheidungen fällen und in Abstimmung mit anderen Einrichtungen die fraglichen Sammlungsteile gattungsspezifisch mit digitalen Mitteln erschließen bzw. modellieren und in neue digitale Zielformate transformieren bzw. edieren zu können.

Andererseits wird der „Erwerbungsbibliothekar" (Typus) der kulturellen Sammlung dafür sorgen, dass relevante externe digitale Sammlungen aggregiert und für die Zwecke der jeweiligen Nutzer:innen aufbereitet werden. Der/die wissenschaftliche Altbestandsbibliothekar:in der Zukunft wird eine Mischung aus *data scientist* bzw. *data curator*[57] und Fachmann/Fachfrau für historische Sammlungen sein, ausgewiesen in allen Aspekten der „bibliography"[58] oder „textual scholarship",[59] aber auch der digitalen Transformation und Analyse. Mit der Forderung nach Transformation unseres kulturellen Erbes und der darin liegenden *science of memory*[60] stehen wir zugleich vor einer Renaissance und Neubewertung der Edition als hermeneutischer Transformationsleistung und einem neuen Berufsprofil, dessen Aufgabe die digitale Rekodierung bzw. Reedition der insbesondere schriftlichen Überlieferung sein wird. Dabei spielen ethische Prozesse der Auswahl und Priorisierung ebenso eine Rolle wie die Berücksichtigung von Skalierungseffekten. Kulturgutdigitalisierung als Massendigitalisierung bedarf in der Workflowplanung einer eigenen Expertise[61] und am Ende auch der Abstimmung und Kooperation, um bibliothekarische Netzwerke zu schaffen, die im Sinne der von Schüller-Zwierlein geforderten „Überlieferungsplanung" in die vollständige Digitalisierung des kulturellen Erbes münden.

---

55 Stuart, David: Practical data science for information professionals. London: Facet Publ. 2020. S. 48.
56 McCarty, Willard: Humanities computing. Basingstoke, Hampshire [u. a.]: Palgrave Macmillan 2005.
57 Vgl. Kempf, Klaus: Data Curation oder (Retro) Digitalisierung ist mehr als die Produktion von Daten. In: o-bib. Das Offene Bibliotheksjournal (2015) H. 4. S. 168–278. DOI: https://doi.org/10.5282/o-bib/2015H4S268-278.
58 Vgl. Gaskell, Philip: A new introduction to bibliography. New York, NY: Clarendon Press 1972.
59 Vgl. Greetham, David C.: Textual Scholarship. An Introduction. New York, NY: Routledge 1994.
60 Vgl. McGann, A new republic (wie Anm. 1).
61 Vgl. Altenhöner, Digitalisierung von Kulturgut (wie Anm. 2), S. 773–776.

Teil VI: **[In] Bibliotheken führen und leiten**

Einführung

Auch die Aufgabengebiete der Führung und Leitung haben sich im Zuge der digitalen Transformation verändert: Die mit der Digitalisierung verbundene Zunahme der Komplexität, Diversität und Dynamik der Aufgabenfelder erfordert neue Methoden und Strategien des Managements in Bibliotheken. Dies gilt für die Personalführung ebenso wie für das Etatmanagement und die strategische Ausrichtung der Bibliothek an den sich wandelnden Rahmenbedingungen. Wie sich diese Veränderungen in der Praxis konkret darstellen, mithilfe welcher methodischen Konzepte ihnen begegnet wird und welche Kompetenzen von den (in) Bibliotheken führenden und leitenden Personen dabei in besonderer Weise gefordert sind, erläutern die Autor:innen des folgenden Kapitels.

Im Beitrag von Joachim Kreische stehen dabei zunächst die Methoden und Stile der Personalführung im Fokus, mit denen es gelingt, die oft schwer zu vereinbarenden Anforderungen der Ziel- und der Mitarbeitendenorientierung in dynamischen Situationen optimal umzusetzen. Dabei spielt die Partizipation der Mitarbeitenden eine zunehmend wichtigere Rolle. Dies erfordert auf Seiten der führenden und leitenden Bibliothekar:innen ein hohes Maß an kommunikativer Kompetenz und Empathie, aber ebenso, wie der Beitrag zeigt, Sicherheit und nicht zuletzt Mut.

Welche neuen Anforderungen das digitale Publizieren und insbesondere das Open-Access-Publizieren an das Management des Informationsbudgets stellen, erläutert Susanne Göttker. Sie macht in ihrem Beitrag deutlich, dass diese Transformation des wissenschaftlichen Publizierens gänzlich neue Strategien der Mittelbeantragung und der Etatverteilung erfordern. Dabei wird klar, dass in diesem sich dynamisch wandelnden Handlungsfeld neben neuen fachlichen Kompetenzen auch besondere Soft Skills der Mitarbeitenden für die erfolgreiche Bewältigung der Herausforderungen gefordert sind.

Abschließend behandelt der Beitrag von Klaus-Rainer Brintzinger das strategische Management von Bibliotheken im Kontext der digitalen Transformation. Ausgehend von den Aufgaben, dem Auftrag und dem Dienstleistungsspektrum wissenschaftlicher Bibliotheken stellt er die Portfolio-Analyse als strategisches Instrument in den Fokus und legt dar, wie dessen Einsatz dazu beitragen kann, Bibliotheken erfolgreich in die Zukunft zu führen. Der Einsatz solcher Instrumente des strategischen Managements erfordert von Bibliothekar:innen spezifische betriebswirtschaftliche Kompetenzen. Diese werden angesichts des steigenden Konkurrenzdrucks, in dem Bibliotheken sich mehr und mehr bewähren müssen, zukünftig immer wichtiger werden.

https://doi.org/10.1515/9783110790375-027

Joachim Kreische

Personal führen und entwickeln

Abstract: Führung in wissenschaftlichen Bibliotheken erfordert die souveräne Anwendung von Methoden und Führungsstilen, um die Anforderungen der Ziel- und Mitarbeitendenorientierung in dynamischen Situationen optimal umsetzen zu können. Mit starren Konzepten lassen sich Bibliotheken, deren Aufgabenprofile sowie die fachlichen und kulturellen Hintergründe ihrer Mitarbeitenden deutlich an Komplexität und Diversität zunehmen, nicht mehr führen. Akteure dieses Dialogs sind zum einen Mitarbeitende, die zunehmend selbstbestimmt wirken wollen und dies auch selbstbewusst artikulieren. Zum anderen werden Führungskräfte erfolgreich sein, die klar und überzeugend kommunizieren und über Urteilssicherheit, Empathie, eine stabile Persönlichkeit und über Mut verfügen.

Keywords: Personalführung, Personalentwicklung, Führungsstil, Veränderungsmanagement, Agile Methoden

Kurzbiografie: Joachim Kreische (geb. 24.04.1966) ist seit Oktober 2010 leitender Bibliotheksdirektor der Universitätsbibliothek Dortmund. Er ist Lehrbeauftragter für Personalführung im Malis-Studiengang an der TH Köln. Seine vorherigen Bibliotheksstationen waren die Landesbibliothek Hannover, die Universitätsbibliotheken Osnabrück und Marburg und die Universitäts- und Landesbibliothek Düsseldorf. Er hat in Hannover Bibliothekswesen und Sozialwissenschaften studiert und dort 1997 auch promoviert. Kontakt: joachim.kreische@tu-dortmund.de

Einführung

Die Aufgabe, Personal in wissenschaftlichen Bibliotheken zu führen, unterscheidet sich nicht von der in anderen Organisationen. Deren spezifische Ziele setzen Führungskräfte zusammen mit den von ihnen angeleiteten Mitarbeitenden um.[1] Bibliotheken unterscheiden sich zudem nicht darin, dass Führungserfolg auch am „Wohlbefinden und Zufriedenheit“ der Mitarbeitenden gemessen wird.[2] Diese doppelte Zielfokussierung erfordert von den Führungskräften die professionelle und situationsgerechte Anwendung eines flexiblen Instrumentariums an Methoden und Führungsstilen. Dafür sollten sie über Urteilskraft, Empathie, geistige Beweglichkeit, Entschei-

1 „Personalführung ist ein Prozess der Beeinflussung von Mitarbeitern, damit diese wiederum durch ihr Verhalten beitragen, die Unternehmensziele zu erreichen.“ Lieber, Bernd: Personalführung: … leicht verständlich! 3., überarb. Aufl. Konstanz [u. a.]: UVK-Verl.-Ges. [u. a.] 2017. S. 20.

2 Werth, Lioba u. Anna Steidle: Personal in Hochschule und Wissenschaft professionell führen. Bonn: Deutscher Hochschulverband 2021. S. 39.

https://doi.org/10.1515/9783110790375-028

dungsfreude, Tatkraft, Resilienz und Ausdrucksfähigkeit verfügen.[3] Dieses Kompetenzprofil taugt auch für die Kommunikation mit den Verantwortlichen der Trägereinrichtung, an deren Zielen ausgerichtet Bibliotheksleitungen mit klarer Kommunikation, diplomatischem Geschick und Verhandlungssicherheit bibliothekarische Konzepte umsetzen.[4] Damit übernehmen sie auch in der und für die Trägereinrichtung Verantwortung.[5] Die persönlichen Eigenschaften befähigen dazu, Führungsinstrumente wirksam anzuwenden, die methodisch praktiziert werden und damit als professionelles Handwerk zu erlernen, zu reflektieren und zu optimieren sind.[6] Dazu gehört auch, die eigenen charakterlichen Präferenzen zu analysieren und auf ihre optimale Wirkung im Führungshandeln hinzuwirken.[7]

Personalführung wird im öffentlichen Dienst im Normalfall durch organisatorische Positionen begründet. Im Dienstrecht ist dann von Fachvorgesetzten die Rede.[8] Ihre Besetzung erfolgt durch Aufgabenübertragung, die in der Anpassung der Tätigkeitsdarstellung oder der Übertragung eines Dienstpostens dokumentiert wird. Beide sind vertrauliche und damit nicht öffentliche Vorgänge. Die Übernahme einer Führungsposition erfordert also auf jeden Fall eine klare Kommunikation in die Organisation. Umfang und Bedeutung der übertragenen Weisungsbefugnis werden für alle Beteiligten geklärt, die neue Führungskraft wird durch die Inthronisierung sichtbar autorisiert und gestärkt. Diese Klärung ist erst recht erforderlich für Führungsaufgaben ohne „Positionsautorität“[9] oder beim Aufstieg vom Mitarbeitenden zur Führungskraft. Alle Informationen zu Führungsbefugnissen sollten nachhaltig in einschlägigen Unterlagen aufzufinden sein, wie z. B. Geschäftsverteilungsplänen.

In der Organisationshierarchie ist die Führungskraft zugleich Mitarbeitende:r, die/der von seiner Führungskraft Unterstützung und Zielvorgaben erhält. Wichtig ist dann, Umfang und Grenzen des Führungsauftrages festzulegen. Die praktische Umsetzung verlangt von beiden Hierarchieebenen eine anspruchsvolle Disziplin: Weisungsgebundene Führungskräfte sollten nicht der Versuchung nachgeben, unbeliebte An-

3 Vgl. die sog. Big Five-Eigenschaften bei: Pelz, Waldemar: Kompetent führen: wirksam kommunizieren, Mitarbeiter motivieren. Wiesbaden: Gabler 2004. S. 279.

4 „Processing of soft information that links the organization with its environment.“ Mintzberg, Henry: The Manager's Job: Folklore and Fact. In: Harvard Business Review (1990) March–April. S. 163–176, hier S. 165. https://leadership-resources.com/wp-content/uploads/2019/11/2019-12-01_5de35299d261a_HBR_the-managers-job-folklore-and-fact.pdf (14.3.2023).

5 Kommunale Gemeinschaftsstelle für Verwaltungsmanagement: Schlüsselkompetenzen für kommunale Führungskräfte. Bericht (2017) 12. S. 9.

6 So auch die Grundthese bei Malik, Fredmund: Führen, leisten, leben: wirksames Management für eine neue Welt. Frankfurt: Campus 2019. S. 55.

7 Fiedler, Fred u. Renate Mai-Dalton: Führungstheorien – Kontingenztheorie. In: Handwörterbuch der Führung. Hrsg. von Alfred Kieser. Stuttgart: Schäffer-Poeschel 1987. S. 939–953, hier S. 950 f.

8 Die Begriffe des Fach- und Dienstvorgesetzten: Siehe z. B. Bundesbeamtengesetz vom 5. Februar 2009 (Bundesgesetzblatt I. S. 160).

9 Fürstberger, Gunther u. Tanja Ineichen: Commitment gewinnen als laterale Führungskraft. Freiburg [u. a.]: Haufe 2016. S. 11.

forderungen als „Wunsch von oben“ durchzudrücken. Die vorgesetzte Führungskraft wiederum sollte den Entscheidungsspielraum der nachgeordneten Führungskraft achten. Ein direkter Durchgriff, so abkürzend und klärend er sein kann, hebelt die Autorität der direkten Führungskraft aus und führt bei unbegründeter Anwendung zu einem dysfunktionalen Vakuum.

Führungsmodelle und Führungsstile

Führung als Umsetzung der Organisationsziele und der Mitarbeitendenzufriedenheit ist nur als Dialog zwischen Führungskraft und Mitarbeitenden mit klaren Rollen denkbar.[10] Artikulation und Zuhören ist von beiden Seiten erforderlich, für den Erfolg des Dialogs ist aber die Führungskraft verantwortlich. Die ggf. notwendige Priorisierung der Zielorientierung oder der Mitarbeiterzufriedenheit steuert auch das passende Führungsverhalten. Ein instruktives Modell dafür bietet der Ohio State Quadrant,[11] der mit dem GRID-Modell weiter ausgearbeitet wurde[12] und der Führungskraft eine Orientierung dafür gibt, welcher Führungsstil in welcher sozio-emotionalen oder sachrationalen Konstellation zu einer gelingenden Kommunikation führt.

Dass es nicht um eine klare Präferenz von Führungsstilen geht, zeigt auch das Konzept der situativen Führung. Diese Methode geht von der Annahme aus, dass die Disposition und der „Reifegrad“ der Mitarbeitenden einen individuellen und verändesungssensiblen Führungsstil erfordern. Die klassische Matrix von Hersey und Blanchard[13] gibt in modifizierter Form praxistaugliche Hinweise dazu, welches Führungsverhalten bei unterschiedlichen Ausprägungen der Befähigung und der Motivation angemessen ist. Je nach Einordnung der Mitarbeitenden in die Quadranten sind andere Führungsziele dominant, wie in Abb. 1 veranschaulicht.

Die Führung in den jeweiligen Quadranten variiert auch im Umfang. Das Konzept der situativen Führung empfiehlt beispielsweise, wenig motivierte Mitarbeitende intensiver und öfter an Leistungsziele zu erinnern, während selbstständigen Leistungsträger:innen weniger Zeit, aber Vertrauen gewidmet wird.

---

10 Gerdiken, Ulrike u. Barbara Lämmlein: Führung anders denken. In: Kulturpolitische Mitteilungen (2022) 1. S. 82–84, hier S. 82.

11 Nagelsmeier-Linke, Marlene: Personalführung. In: Die moderne Bibliothek. Ein Kompendium der Bibliotheksverwaltung. Hrsg. von Rudolf Frankenberger u. Klaus Haller. München: Saur 2004. S. 134–146, hier S. 138.

12 Stock-Homburg, Ruth u. Matthias Groß: Personalmanagement. Theorien – Konzepte – Instrumente. 4., vollst. überarb. u. erw. Aufl. Wiesbaden: Springer Gabler 2019. S. 545.

13 Pelz, Kompetent führen (wie Anm. 3), S. 32.

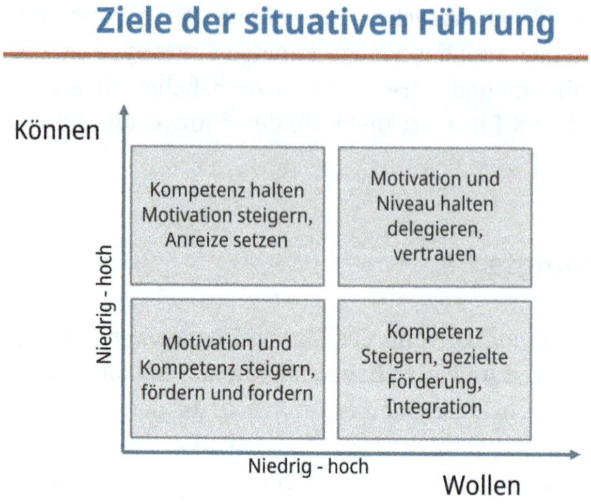

Abb. 1: Modell der situativen Führung[14]

So sehr die Führungskraft in ihrem Handeln mit hoher Aufmerksamkeit, Sensibilität und Urteilsvermögen auf unterschiedlichste Situationen, Personen und Perspektiven reagieren muss, will und darf sie kein passiver Automat sein. Diese Gefahr wird in der Praxis durch chronischen Zeitmangel zusätzlich befeuert. Selbstständiges Agieren und Entscheiden erfordert eigene Aktivitäten auf zwei Ebenen:

1. Führungskräfte müssen von ihren Mitarbeitenden mit ihrem berechenbaren und verlässlichen Führungsstil wahrgenommen werden, so variabel er auch situationsbedingt sein muss.
2. Die so erzeugte Berechenbarkeit begrenzt und versachlicht die Kommunikation und ist für die Führungskraft auch von hoher psychologischer Bedeutung, wenn sie bei aller Mitarbeiter- und Zielorientierung auch die eigene Persönlichkeit einbringen kann, auf die sich Mitarbeitende einstellen (können).

Zielorientierte Kommunikation muss strukturiert werden. Es muss klar sein, wann informiert, wann diskutiert und wann und wo entschieden wird. Empfehlenswert ist etwa, feste Kommunikationsformate zu verwenden und ihnen klare Zwecke zuzuordnen. Tagesordnungen sollten den Themen den entsprechenden Kommunikationszweck zuordnen. Der strukturierende Kommunikationsstil der Führungskraft sorgt letztlich dafür, dass in der Kommunikation Rollen eingehalten und die darin adressierten Aufgaben erfüllt werden. Hilfreich sind hier klassische Instrumente wie strukturierte Protokolle („wer macht was bis wann?") oder Wiedervorlagelisten, genauso wie teamorientierte Instrumente der agilen Führung.

14 Angeregt durch: Maas, Peter: Situative Führung. Veranstaltungsskript, 2004. S. 23.

Welche Führungsstile grundsätzlich geeignet sind, ist in der wirtschaftspsychologischen Forschung immer wieder neu beantwortet worden. Die Dominanz des Konzepts der Führung mit Zielen[15] wird mittlerweile in Frage gestellt, auch wenn seine Verbreitung und Wirksamkeit weiterhin unübersehbar sind. Der Führung mit Zielen wird der transaktionale Führungsstil zugeschrieben, der sachlich und rational dafür sorgt, dass die Ziele von Führungskräften und Mitarbeitenden umgesetzt werden.[16] Eine immer größere Bedeutung wird der transformationalen Führung zugeschrieben, die grob gesprochen die Förderung und sinnstiftende Begeisterung der Mitarbeitenden durch vorbildliche Führungskräfte in das Zentrum stellt.[17] Der flexible Einsatz beider Führungsstile ist besonders in Bibliotheken mit divergierenden Grundhaltungen der Mitarbeitenden gefordert, bei denen jeweils der eine Führungsstil besser den Ton trifft und effektiver zum Ziel führt.

Ein besonders evidentes Beispiel für die Kontextabhängigkeit des Führungsstils liefert das auf dem Phasenmodell von Lewin aufbauende Konzept zur Führung in Veränderungsprozessen.[18] Während es in der frühen Phase der Veränderung wichtig ist, die Mitarbeitenden von der Vision und den Zielen der Veränderung zu überzeugen, sie zu motivieren und bei Frusterfahrungen und Fehlern zu unterstützen, ist mit zunehmender Rückkehr in einen optimierten Normalzustand ein stabilisierender Führungsstil gefragt. Die Bedeutung des transformationalen Führungsstils ist also am Anfang der Veränderung hoch, während in der Projektumsetzung die des transaktionalen Führungsstils ansteigt. Wieder ist es der Emphase und der Urteilskraft der Führungskraft geschuldet, das jeweils richtige Mischverhältnis und den passgenauen Übergang zu finden.[19]

Über die personalisierten Führungsstile hinaus braucht jede Bibliothek ein normierendes Leitbild guter Führung, das auch gelebt werden muss und in vergleichbaren Situationen zu vergleichbarem Handeln führt. Einer strategischen Grundausrichtung verpflichtet, wird eine Führungskultur nur über Instruktion und laufendem kollegialen Austausch der Führungskräfte nachhaltig Wirkung erzielen. Die Perspektive der Mitarbeitenden sollte dabei auf keinen Fall aus den Augen gelassen werden. Immer mehr Einrichtungen führen dazu anonymisierte 360-Grad-Befragungen durch, die den Führungskräften ein Feedback von allen Seiten vermitteln.[20] Auch andere In-

---

15 Vgl. Drucker, Peter F.: Die Praxis des Managements: ein Leitfaden für die Führungsaufgaben in der modernen Wirtschaft. Unveränd. Nachdruck d. Ausg. von 1969. 6. Aufl. Düsseldorf: Econ 1998.

16 Kanning, Uwe P. u. Thomas Staufenbiel: Organisationspsychologie. Göttingen: Hogrefe 2012 (Bachelorstudium Psychologie; Psychlehrbuchplus). S. 252.

17 Kanning u. Staufenbiel, Organisationspsychologie (wie Anm. 16), S. 253.

18 Streich, Richard K.: Fit for Leadership: Führungserfolg durch Führungspersönlichkeit. 2., überarb. u. erw. Aufl. Wiesbaden: Springer Gabler 2016. S. 16–43.

19 Vgl. Lauer, Thomas: Change Management: Grundlagen und Erfolgsfaktoren. 2. Aufl. Berlin, Heidelberg: Springer 2014. S. 91.

20 Vgl. Gerpott, Torsten J.: 360°-Feedback-Verfahren als spezielle Variante der Mitarbeiterbefragung. In: Handbuch Mitarbeiterbefragung. Hrsg. von Michel E. Domsch u. Désirée Ladwig. 3., aktual. u.

strumente wie eine Gesundheitswerkstatt können den Blickwinkel der Mitarbeitenden auf ihre Führung sicht- und nutzbar machen.[21]

Ziel- und mitarbeitendenorientierte Kommunikation

Führung wird faktisch unter ständiger Ressourcenüberforderung ausgeübt und erfordert in hohem Maß Selbstorganisation, Prioritätensetzung und Aufmerksamkeit angesichts einer Vielfalt unterschiedlicher Aufgaben:

> Die Führungskraft muss ansprechbar sein, informieren, motivieren, sich um die Einarbeitung des neuen Personals kümmern, integrieren, sich Zeit für Gespräche nehmen, delegieren, koordinieren, auf den Zusammenhalt im Team achten, Konflikte erkennen und auf eine Lösung hinwirken, Organisations-, Personal- und Sachentscheidungen treffen, über die Vergabe von Leistungsprämien und -zulagen entscheiden, dienstliche Beurteilungen und Leistungsberichte anfertigen, Potenziale erkennen und fördern, Leistungsunterschiede erkennen und ausgleichen, mit individuellen Leistungseinschränkungen umgehen, Belastungsgrenzen erkennen und Überlastungen vorbeugen, Mitarbeiter-, Jahres-, BEM- und Rückkehrgespräche führen und dabei stets ausgeglichen, wertschätzend, klar und bestimmt sein.[22]

Profundes Wissen zu den Handlungsoptionen und ihrer Wirksamkeit ist für das souveräne Handeln der Führungskraft angesichts dieser Vielfalt an Aufgaben mehr als nur hilfreich, wenn es um Fördern und Fordern und um die Fürsorgepflichten gegenüber den Mitarbeitenden geht. Nicht unterschätzt werden sollten dabei Kenntnisse zu den Rahmenbedingungen der Führung, wie z. B. zum Arbeits- und Dienstrecht oder zu anderen Rechtgebieten wie dem Schwerbehindertenrecht, dem Datenschutz, zur Arbeitssicherheit, dem Personalvertretungsrecht oder zur Arbeitsstättenverordnung. Das rechtliche Dickicht komplettieren subsidiäre Vorschriften wie Dienstvereinbarungen zur Ausgestaltung und Kontrolle der Arbeitszeiten oder zum Mitarbeitendengespräch, das typischerweise jährlich stattfindet und komplementär zum laufenden Austausch wichtige Kommunikationsziele zwischen Mitarbeitenden und Führungskraft sicherstellen soll. Das Wichtigste davon ist die Vereinbarung von Zielen und deren Evaluation. Diese sollen nach der bekannten und doch gerne vernachlässigten SMART-Regel eindeutig, messbar, erreichbar, angemessen und termingebunden sein. Die Rahmenbedingungen und Erfolgsfaktoren der Aufgabenerfüllung sollten unbe-

---

überarb. Aufl. Berlin, Heidelberg: Springer Gabler 2013. S. 127–161.DOI: https://doi.org/10.1007/978-3-642-35295-9_6.

21 Vgl. Dann, Petra u. Brigitte Steinke: Die Arbeitssituationsanalyse im Kontext einer TK-Gesundheitswerkstatt. In: Gesundheitsförderung im Setting Hochschule: wissenschaftliche Instrumente, Praxisbeispiele und Perspektiven. Hrsg. von Alexander Krämer. Weinheim [u. a.]: Juventa 2007 (Gesundheitsforschung). S. 81–92.

22 Kommunales Personal- und Organisationsmanagement. Hrsg. von Thomas Böhle. Bearb. von Andreas Becker, Dr. Thomas Böhle [u. a.]. München: C. H. Beck 2017. S. 549.

dingt thematisiert werden. Über die Bewertung der Arbeitsergebnisse hinaus dürfen die Mitarbeitenden ein klares Feedback zu ihrem Leistungsstand und ihren Potentialen erwarten. Offene Führungskräfte bitten um ein Feedback zur Zusammenarbeit, denn gute Führung ist ein wichtiger Erfolgsfaktor für die Leistungen der Mitarbeitenden.[23] Viele Gesprächsanlässe können aber nicht bis zum Mitarbeitendengespräch warten, sind aber nicht für den spontanen Alltagsaustausch geeignet. Hier müssen gesonderte Termine mit passendem Format und entsprechender Vorbereitung eingeplant werden, in denen beide Seiten ihre Wahrnehmungen und Bewertungen strukturiert austauschen können.[24]

Für die Kommunikation mit Gruppen sind Sitzungen das probate Mittel. Auch wenn alle zurecht über eine hohe Termindichte stöhnen und deshalb sehr kritisch darauf geachtet werden muss, ob und in welchem Umfang Treffen erforderlich sind, sollten Führungskräfte regelmäßige Sitzungen mit ihren Mitarbeitenden durchführen, in denen eine maximale Transparenz, Klarheit und Verbindlichkeit für alle hergestellt werden kann.

Ergebnisprotokolle, die nachhaltig Informationen und Entscheidungen dokumentieren, sind nicht nur zur Information Abwesender eine Selbstverständlichkeit. Die Führungskraft trägt für Form und Ablauf der Sitzung Verantwortung und sollte aktivierende Rollen definieren, damit von allen strukturiert beigetragen werden kann, was auch zur Entlastung der Führungskraft beiträgt. Ohne gute Vorbereitung und eine ziel- und gruppenorientierte Moderation scheitern viele Sitzungen.[25] Das heißt aber noch lange nicht, dass jede Sitzung durch die Führungskraft durchchoreografiert sein muss.

Personal entwickeln

Personalentwicklung ist strategisch ausgerichtet, d. h. Gewinnung und Förderung des Personals müssen einem einheitlichen und an den Bibliothekszielen orientiertem Konzept folgen, in dem multiperspektivisch Informationen strukturiert werden.[26]

Zur Umsetzung der strategischen Ziele erforderliche Aufgaben, Tätigkeiten, Qualifikationen und Kompetenzen:

- Soll-Ist-Abgleich
- Zukünftige Ziele und Anforderungen

23 Praktische Anleitung zum Mitarbeitergespräch: s. Lieber, Personalführung (wie Anm. 1), S. 134–140.

24 Gabrisch, Jochen: Mitarbeitergespräche auf den Punkt gebracht: Praxisratgeber für HR-Entscheider mit den wichtigsten Gesprächsarten von Auswahl bis Trennung. Köln: Luchterhand 2012.

25 Zur Bedeutung der Moderation s. Modler, Peter: Wenn Höflichkeit reinhaut: Moderation als Kampfkunst. Frankfurt, New York: Campus 2022. S. 217 ff.

26 Ryschka, Jurij, Marc Solga u. Axel Mattenklott: Praxishandbuch Personalentwicklung: Instrumente, Konzepte, Beispiele. 3., vollst. überarb. u. erw. Aufl. Wiesbaden: Gabler 2011. S. 19.

- Potentiale und Desiderate
- Handlungsbedarfe für Fortbildung, Qualifizierung und andere Maßnahmen
- Personalgewinnung und Integration[27]
- Bindung von Personal[28]
- Individuelle und strategische Evaluation der Maßnahmen
- Gesamtevaluation und Fortschreibung des Konzepts[29]

Für die Führungskräfte ist dies Handlungsrahmen und Hilfsmittel, zu dem sie selbst beitragen, indem sie aktuelle und zukünftige Aufgaben, die damit verbundenen Qualifikationen und Kompetenzen und die Entwicklungspotentiale ihrer Mitarbeitenden erkennen und dokumentieren. Im Austausch mit den Mitarbeitenden generieren sie daraus individuelle Personalentwicklungspläne und initiieren die notwendigen Schritte. Auf diese individuelle Förderung haben die Mitarbeitenden auch einen Rechtsanspruch.[30] Zumindest die größeren wissenschaftlichen Bibliotheken kommen dem mit etablierten Konzepten und erprobten Instrumenten nach, insbesondere für die Fortbildung und Personalgewinnung.[31] Wichtiger Erfolgsfaktor ist dabei die durchgängige Orientierung an den Vorgaben der strategischen Personalentwicklung, die bei Stellenbesetzungsverfahren vom Anforderungsprofil bis zur Auswahlentscheidung ein durchgängig methodisches Vorgehen erfordert, zu dem auch substantielles Wissen zu Fragen der Eingruppierung, der Dienstpostenbewertung oder der Vor- und Nachteile diagnostischer Auswahlverfahren benötigt wird.

Die Dynamik, mit der Bibliotheken die Potentiale der Digitalisierung gestalten, schlägt sich in der strategieorientierten Personalentwicklung als zunehmende Flexibilisierung der gesamten Organisation nieder. Diese ermöglicht nicht nur die ständige Optimierung von Dienstleistungen, sondern auch eine deutliche Ausweitung der Portfolios. Tendenziell zielen neue Dienstleistungen auf spezifische Kundengruppen mit individuellen Bedarfen und können nur mit sehr speziellem Fachwissen und mit Qualifikationen und Erfahrungen erbracht werden, die nicht in Bibliotheksausbildungen vermittelt werden können. Für den Kompetenzbereich der Informationstechnologie

27 Vgl. Brenner, Doris: Onboarding: als Führungskraft neue Mitarbeiter erfolgreich einarbeiten und integrieren. 2. Aufl. Wiesbaden: Springer Gabler 2020. Zum empfehlenswerten Mentoring vgl. Blickle, Gerhard u. Paula B. Schneider: Mentoring. In: Handbuch der Arbeits- und Organisationspsychologie. Hrsg. von Heinz Schuler u. Karlheinz Sonntag. Göttingen: Hogrefe 2007 (Handbuch der Psychologie 6). S. 395–402.

28 Vgl. Meifert, Matthias T.: Retentionmanagement. In: Strategische Personalentwicklung: ein Programm in acht Etappen. Hrsg. von Matthias T. Meifert. 3., korr. Aufl. Wiesbaden: Springer Fachmedien 2013. S. 291–314.

29 Vgl. Riekhof, Hans-Christian: Personalentwicklung als Führungsinstrument. In: Handwörterbuch der Führung. Hrsg. von Alfred Kieser. Stuttgart: Schäffer-Poeschel 1995. S. 1704–1716, hier S. 1704.

30 S. z. B. Laufbahnverordnung NRW § 17 oder § 5 im Tarifvertrag der Länder.

31 Tröger, Beate: Personalentwicklung in der Praxis. In: Personal- und Organisationsentwicklung in Bibliotheken. Hrsg. von Andreas Degkwitz. Berlin: De Gruyter Saur 2012. S. 81–89.

ist das schon lange der Fall, Felder wie die (Medien-)Pädagogik, Datenanalysen oder Forschungserfahrungen kommen dazu. Auch wenn immer mehr bibliotheksorientierte Qualifizierungsangebote für diese Spezialgebiete angeboten werden, ist es für viele Bibliotheken jetzt schon Praxis, Absolvent:innen anderer Ausbildungen und Studiengänge einzustellen und notwendiges Bibliothekswissen on the Job zu vermitteln.[32] Zugespitzt sind Bibliotheken für die anstehenden Aufgaben besser aufgestellt, wenn Mitarbeitende mit fachlich passenden Qualifikationen eingestellt und für den Bibliothekskosmos fit gemacht werden als umgekehrt. Besonders deutlich wird dies aktuell bei den sogenannten forschungsnahen Dienstleistungen, mit denen Bibliotheken als „Partnerinnen der Forschung" agieren.[33]

Fazit

Eine Bibliothek muss sich mit ihrer strategischen Personalentwicklung dem Umstand stellen, dass ein Teil des Portfolios weiterhin aus klassischen Bibliotheksdienstleistungen bestehen wird, die mehr oder weniger standardisiert angeboten werden und für die eine dynamische Weiterbildung des bibliothekarisch ausgebildeten Personals ein ausreichendes Kompetenzniveau aufrechterhalten wird. Insgesamt wird aber die Diversität des Angebots und damit auch die der Kompetenz- und Qualifikationsfelder zunehmen. Dass damit auch die Heterogenität der berufsethischen und der fachkulturellen Hintergründe in Bibliotheken zunehmen wird und sich auch die Servicekonzepte für die Dienstleistungen diversifizieren werden, stellt weitere Anforderungen an die zukünftige Führung in Bibliotheken.[34] Bibliotheken müssen sich zu lernenden Organisationen entwickeln, in denen Führungskräfte und Mitarbeitende deutlich strategieorientierter selbst Bedarfe, Potentiale und Optionen erkennen und agieren. Dies erfordert eine Reife der Organisation, wie auch ihrer Führungskräfte.[35]

Die Mitarbeitenden werden für diesen Dialog nicht nur benötigt, sie fordern diese Partizipation auch stärker ein, was gleich mehrere veränderte Einstellungen zur Erwerbsarbeit zum Ausdruck bringt und mit dem Begriff *New Work* zusammengefasst

---

32 Zur Verschränkung von Qualifizierung und Berufspraxis als Folge der Digitalisierung: Lühr, Henning: Arbeit 4.0. In: Handbuch Digitale Verwaltung. Hrsg. von Henning Lühr. Wiesbaden: Kommunal- und Schul-Verlag 2019. S. 451–496, hier S. 456.

33 Vgl. Stille, Wolfgang: Forschungsunterstützung an Bibliotheken: Positionspapier der Kommission für forschungsnahe Dienste des VDB. In: o-bib (2021) 2. S. 9. DOI: https://doi.org/10.5282/o-bib/5718.

34 Instrumente für ein systematisches Vorgehen bei: Georgy, Ursula: Digitale Transformation – Herausforderungen in der Personalentwicklung Wissenschaftlicher Bibliotheken. In: DUZ – Personal in Hochschulen und Wissenschaft entwickeln (2021) 1. S. 37–51, hier S. 41 f.

35 Vgl. Giethner, Silke: Wie lernen? Wissensmanagement in der lernenden Organisation. In: Strategische Personalentwicklung. Hrsg. von Matthias T. Meifert. Berlin 2013. S. 409–426, hier S. 415.

wird.[36] Die zunehmende Erwartung, in der Berufstätigkeit Sinnvolles zu tun und für persönliche Werte einstehen zu können, führt zu selbstwussten Beiträgen zu Entscheidungsfragen, die Führungskräfte bisher ausschließlich als ihre Domäne angesehen haben. Mitarbeitende sehen sich nicht mehr als reine Befehlsempfänger und erwarten einen Austausch auf Augenhöhe, auch wenn die Entscheidungsbefugnis der Führungskräfte nicht in Frage gestellt, sondern häufig ausdrücklich eingefordert wird.[37] Dies gilt nicht nur für den Sinn der Tätigkeit, sondern erst recht für die persönlichen Interessen der Mitarbeitenden. Die Wünsche der Mitarbeitenden, stärker in die Planung einbezogen zu werden und abwechslungsreicher beschäftigt zu werden, wird zunehmend mit agilen Führungsmethoden umgesetzt, in denen originäre Führungsaufgaben an Projekt-Teams delegiert werden.[38] Modelle des Projektmanagements aus der Software-Entwicklung in Bibliotheken umzusetzen, ist sicher ein erfolgversprechender Weg, der auch darauf hinweist, dass es zur klassischen Matrixorganisation aufgabenorientierte Alternativen gibt.[39] Auch wenn diese veränderte Einstellung zum Verhältnis von privater Lebenswelt und Berufsausübung sicher nicht für alle Mitarbeitenden zutrifft, ist es eine lohnende Perspektive für Bibliotheken, motivierten und gesuchten Fachkräften die Möglichkeit zu geben, sinnerfüllt und selbstorganisiert mit hoher Leistungskraft zu arbeiten. Neue, weiterhin flexible Führungskonzepte werden ihren Beitrag dazu leisten müssen, dass Köpfe ein zentraler Erfolgsfaktor für die Zukunftsgestaltung von wissenschaftlichen Bibliotheken bleiben.[40]

---

36 Vgl. Berend, Benjamin u. Michaela Brohm-Badry: New Work: Souveränität im postdigitalen Zeitalter: Zeitenwende für Unternehmer, Personalverantwortliche, Coaches und Angestellte. Wiesbaden: Springer Fachmedien 2020. S. 13.

37 Empfehlenswert: Michalke, Achim: Mitarbeiterführung: Führen als integrative Tätigkeit. Wiesbaden: Springer Fachmedien 2021. S. 205.

38 Vgl. Hofert, Svenja: Agiler führen: einfache Maßnahmen für bessere Teamarbeit, mehr Leistung und höhere Kreativität. 3., aktual. Aufl. Wiesbaden: Springer Gabler 2021. S. 3.

39 Vgl. Kreische Joachim: Betriebliche Organisation. In: Praxishandbuch Bibliotheksmanagement. Hrsg. von Rolf Griebel, Hildegard Schäffler u. Konstanze Söllner. Red.: Eva Frantz Berlin, Boston: De Gruyter Saur 2015. S. 667–687, hier S. 657.

40 Vgl. Lippold, Dirk: Personalführung im digitalen Wandel. Von den klassischen Führungsansätzen zu den New-Work-Konzepten. Berlin, Boston: De Gruyter 2021 (De Gruyter Studium). S. 60.

Susanne Göttker

Finanzen und Etats managen

Abstract: Die Transformation des wissenschaftlichen Publizierens zu Open Access hat auch einen großen Einfluss auf das Management der Literaturmittel. Folglich muss sich das Engagement der Bibliothek bei der Verfolgung der Strategie vom „Publikationen erwerben“ hin zum „Publikationen ermöglichen“, von der Beantragung der Mittel bis hin zur Gestaltung der Etatverteilung niederschlagen. Hierfür und auch zur Erarbeitung des Informationsbudgets der Einrichtung bedarf es einiger Soft Skills.

Keywords: Erwerbung, Open Access, Strategiewechsel, Literaturmittel, Etatverteilung, Transformation, Informationsbudget, Soft Skills

Kurzbiografie: Susanne Göttker (MA LIS) arbeitete als Diplom-Bibliothekarin 18 Jahre an der Bibliothek (jetzt KIM) der Universität Konstanz, bis sie 2002 als Erwerbungsleiterin nach Bern an die Stadt- und Universitätsbibliothek Bern (jetzt Bibliothek Münstergasse) und von dort 2005 nach Zürich wechselte, wo sie die Geschäftsstelle des Konsortiums der Schweizer Hochschulbibliotheken leitete. Von 2008 bis 2021 war sie an der ULB Düsseldorf zuletzt als Dezernentin der Medienbearbeitung tätig. Im Herbst 2021 erfolgte der Wechsel an die UB der Fern-Universität in Hagen. Sie ist Gründungsmitglied und Beiratsmitglied der GeSIG Netzwerk Fachinformation e. V. und war von 2016 bis 2021 Vorsitzende der dbv-Kommission Erwerbung und Bestandsentwicklung. Kontakt: susanne.goettker@fernuni-hagen.de

Bibliothekarische Tugenden

„Bleibt alles anders“ heißt ein Song von Herbert Grönemeyer aus 1998. Das könnte auch das Motto einer Beschreibung dessen sein, wie an Bibliotheken im Zeitalter der digitalen Transformation Finanzen und Etats zu managen sind.

Manches, womit sich Bibliothekar:innen in diesem Handlungsfeld konfrontiert sehen, war schon vor zweihundert Jahren so und wird vermutlich auch so bleiben. So schrieb F. A. Ebert 1820 in *Die Bildung des Bibliothekars*, es sei gang und gäbe, dass ein Neuling im Beruf „bei Antritt seines Amtes die Bibliothek ganz oder theilweise in Unordnung gefunden habe“.[1] Ebensolches berichtet L A. Constantin in seiner 1840 erschienenen *Bibliothekonomie*[2] und schließlich auch E. Steinhauer 2013: „Die ordentliche Übergabe der Erwerbungsgeschäfte auf eine neue Erwerbungsleiterin oder einen

1 Ebert, Friedrich A.: Die Bildung des BibliothekarS. 1. umgearb. Ausg. Leipzig: Steinacker und Wagner 1820. S. 16.

2 Vgl. Constantin, Leopold-Auguste: Bibliothekonomie. Leipzig: Weber 1840. S. 19.

https://doi.org/10.1515/9783110790375-029

neuen Erwerbungsleiter ist leider nicht die Regel.“[3] Es ist davon auszugehen, dass es sich im Jahr 2023 ähnlich verhält.

Waren jedoch früher eine gute Handschrift, ein gutes Gedächtnis Primärtugenden eines Bibliothekars[4], so bedarf es heute „[...] Handlungstugenden wie Entschlusskraft, Überzeugungsfähigkeit und Tatkraft [...] Konfliktbereitschaft, Standfestigkeit und vor allem Geduld [...]. Genauso handlungsorientiert sind aber auch der Realitätssinn und die Demut, die einen manchmal von etwas abhalten, von dem man zwar voll und ganz überzeugt ist, von dem aber offensichtlich ist, dass es nicht umgesetzt werden kann.“[5]

Dieser Beitrag unternimmt den Versuch darzustellen, wie sich die mit dem Management von Finanzen und Etats betraute und mit den eben genannten Eigenschaften ausgestattete Person gegenwärtig in ihrem universitären Handlungsfeld bewegt.

Finanzen

Seit dem Ende der 1990er Jahre werden die von der Universitätsbibliothek benötigten Mittel ihr nicht mehr direkt vom Landesministerium zugewiesen. Vielmehr erhalten die Universitäten Globalhaushalte. Das sind „mehr oder minder pauschale Zuweisungen, die im Rahmen der Hochschulaufgaben frei einsetzbar sind“.[6] In diesem Zuge endete meist auch die kameralistische Haushaltsführung und wich der kaufmännischen Buchführung. Diese arbeitet mit Wirtschaftsplänen, mit denen im Normalfall nicht nur das kommende, sondern auch die nächsten fünf (oder mehr) Jahre geplant werden. In diesen Wirtschaftsplänen melden die Institute und zentralen Einrichtungen ihren Mittelbedarf für die kommenden Jahre an.

Umso wichtiger ist also die aktive Beteiligung der Bibliothek an der Erstellung des mehrjährigen Haushaltsplans der Hochschule. Ein starker Vorteil der kaufmännischen Buchführung ist die damit einhergehende transparentere Planbarkeit. Nur so lassen sich belastbare Mehrjahrespläne erstellen, was wiederum zu einer fundierteren Bedarfsanmeldung führt.

Hier lässt sich bereits erahnen, dass unter diesen Voraussetzungen Eigenschaften wie Überzeugungsfähigkeit, Standfestigkeit und Geduld stärker vonnöten sind als zu-

---

3 Steinhauer, Eric: „Jedem Menschen Recht getan, ist eine Kunst, die niemand kann“. Den Erwerbungsetat einer Universitätsbibliothek verantworten. In: Neue Führungskräfte in Bibliotheken. Hrsg. von Kristin Futterlieb und Ivo Vogel. Wiesbaden: Harrassowitz 2013. S. 151–160, hier S. 152.

4 Vgl. Constantin, Bibliothekonomie (wie Anm. 2), S. 13 u. 25.

5 Kreische, Joachim: Von den bibliothekarischen Tugenden im 21. Jahrhundert. In: Vernetztes Wissen. Die Bibliothek als Managementaufgabe. Festschrift für Wolfram Neubauer zum 65. Geburtstag. Hrsg. von Rafael Ball u. Stefan Wiederkehr. Berlin: De Gruyter Saur 2015. S. 243–254, hier S. 249.

6 Federkeil, Gero u. Frank Ziegele: Globalhaushalte an Hochschulen in Deutschland, 2001. S. 3 https://www.wissenschaftsmanagement-online.de/sites/www.wissenschaftsmanagement-online.de/files/migrated_wimoarticle/Ziegele-Federkeil-Globalhaushalt.pdf (22.10.2022).

vor. Denn die Bibliothekshaushalte stehen nun in Konkurrenz mit den Instituten and allen anderen zentralen Einheiten, die an einer Hochschule ebenso finanzielle Mittel für sich beanspruchen. Die Haushalte sind immer knapp bemessen, so dass es natürlich zu Verteilungskämpfen kommen kann.[7] Hier treten die Bibliotheksdirektionen zusammen mit ihren Haushaltsbeauftragten in Verhandlungen mit den Hochschulverwaltungen.

Entscheidend ist eine umfassende und gute Kommunikation sowohl innerhalb der Bibliothek, um alle bestehenden und kommenden Bedarfe zu klären, als auch mit der Hochschulleitung. Eine besondere Herausforderung war es zumindest in den letzten Jahren, Hochschulleitungen Begriffe wie Open Access, ihre Wichtigkeit für den Hochschulbetrieb als solchen (also Forschung *und* Lehre) und ihre Relevanz für die Bibliotheken im Speziellen zu vermitteln. Vieles ist gewonnen, wenn der oder die Kanzler:in der Hochschule als ihr:e Verwaltungschef:in und damit als die Person, die die Mittelverteilung innerhalb der Einrichtung verantwortet, Kenntnisse besitzt über die Grundbegriffe und Prozesse der Transformation zu Open Access und die damit einhergehenden, notwendigen Veränderungen in der Budgetierung für die und in der Bibliothek.

Nur so kann die Hochschulleitung gemeinsam mit der Bibliothek eine Strategie tragen, die eine Transformation vom „Publikationen erwerben“ zum „Publikationen ermöglichen“ beinhaltet. Diese Transformation muss von der gesamten Hochschule akzeptiert sein.

Eine fundierte Bedarfsanmeldung erfordert die genaue Kenntnis der in der Bibliothek benötigten Mittel. Diese Mittel teilen sich klassischerweise auf in Personal-, Sach- und Literaturmittel. Sachmittel beinhalten vom Bürobedarf bis hin zu Kosten für mehrjährige Renovierungsarbeiten oder der Einführung von Selbstverbuchungsgeräten alles, was nicht den Literaturmitteln zugeschlagen wird.

Die Literaturmittel

Von 2019 auf 2021 sind die Gesamtmittel der deutschen, an der Deutschen Bibliotheksstatistik teilnehmenden Hochschulbibliotheken um 3,89 % gestiegen. Dagegen erhöhten sich die Literaturmittel dieser Bibliotheken im selben Zeitraum um 7,55 %. Das bedeutet, dass der Anteil 2019 an Literaturmitteln an den Bibliotheken 35,5 % betrug und 2021 sogar 37,22 %.[8]

7 Es ist am Ende des Jahres 2022 vorherzusehen, dass diese Verteilungskämpfe eher zunehmen werden, denn die Kassenlage der öffentlichen Hand wird durch den Angriffskrieg Russlands gegen die Ukraine und die daraus erwachsene Energiekrise in den kommenden Jahren sehr angespannt sein.

8 DBS-Auswertung Nr. 149 (Ausgaben Erwerbung) und 162 (Ausgaben gesamt) 2019 und 2021. https://www.bibliotheksstatistik.de/ (30.10.2022).

Hier muss zumindest einmal erwähnt werden, dass auf der Lizenzierungsebene Etaterhöhungen oftmals nur dazu führen, „dass die Giganten des Verlagswesens immer mehr verdienen. Insofern kann man einem Staat nicht raten, dort noch mehr Geld zu verschleudern. Er ist zum Open Access schlicht gezwungen [...]".[9] Daher ist die Einbeziehung der Literaturmittel in die Finanzierung von Open-Access-Publikationen folgerichtig. Die UB der Technischen Universität Hamburg-Harburg bemerkt dazu: „Kritisch betrachtet werden muss hier die Publikationskostenentwicklung, um nicht erneut [...] in einer Preisspirale zu landen. Denn mit der Etablierung von Open Access hat nicht nur die Anzahl der entsprechenden Veröffentlichungen zugenommen: Auch die APC-Kosten [d. i. Kosten für Article Processing Charges] steigen kontinuierlich."[10]

In den Zeiten vor der finanziellen Beteiligung der Bibliotheken an Open-Access-Kosten war der Begriff „Literaturmittel" synonym mit „Erwerbungsmittel" oder „Erwerbungsetat oder -budget". Mit der Transformation hin zu Open Access (OA) deckt die Bibliothek der Hochschule mit Hilfe ihrer Mittel nicht nur den Informationsbedarf an ihrer Einrichtung, sondern sie wendet auch in zunehmendem Maße Gelder auf, um OA-Publikationen der Angehörigen ihrer Einrichtung zu ermöglichen und OA-Initiativen zu unterstützen. Hatten laut der Deutschen Bibliotheksstatistik (DBS) die teilnehmenden Bibliotheken 2019 noch 8.210.001 € für Open-Access-Publikationen (sowohl an ihren eigenen Einrichtungen als auch als allgemeine Förderung) verausgabt, waren es 2021 bereits 26.486.274 € – Eine Steigerung um 223 %.[11] Daher ist es heute angemessener, übergreifend von Literaturmitteln, bzw. vom Literaturbudget oder -etat zu sprechen.

Die der Bibliothek zum Erwerb und zur Publikation von Literatur zur Verfügung stehende Summe muss nun in der Art und Weise auf die verschiedenen Fakultäten und Fächer verteilt werden, dass alle Bedarfe gleichermaßen gedeckt sind. Es gilt also ein Etatverteilungsmodell zu erstellen, das möglichst einige Jahre Bestand hat. Dies ist in Zeiten, in denen sich eine Transformation vollzieht, nicht trivial. Es empfiehlt sich allein schon aus dieser Überlegung heraus, das Modell so einfach wie möglich und nur so kompliziert wie nötig zu halten.

9 Umstätter, Walther: Lehrbuch des Bibliotheksmanagements. Stuttgart: Hiersemann 2011. S. 228.

10 S. Mit Diamanten aus der Krise? Ein (ausschnitthafter) Blick auf Diamond Open Access und die Open-Access-Farbpalette, 2022. https://www.tub.tuhh.de/blog/2022/06/28/mit-diamanten-aus-der-krise/ (30.10.2022).

11 DBS-Auswertung Nr. 151,1 (Ausgaben für Open-Access-Publikationen) 2019 und 2021. https://www.bibliotheksstatistik.de/ (30.10.2022).

Etatverteilungsmodell

Es wird wohl keine Hochschulbibliothek geben, die gänzlich ohne ein solches Modell oder zumindest einen Plan auskommt. Sei es, dass es publiziert wurde[12], in der Einrichtung bekannt ist oder als „Chefsache" ohne erkennbare genaue Verteilungsgrundsätze[13] existiert. Allerdings sind vermutlich nicht alle bestehenden Modelle auch mit den neuen Erfordernissen, die im Zuge der Transformation zu Open Access entstehen, kompatibel, was zu ihrer Revision führen kann.

Hinzu kommt die erheblich gestiegene Akzeptanz von E-Books in den meisten Wissenschaften seit 2020 durch die Covid-19-Pandemie. Dadurch hat die Nutzung digitaler Tools und Publikationen insgesamt stark zugenommen. Der Zugang gedruckter Bücher in wissenschaftlichen Hochschulbibliotheken ist lt. DBS zwischen 2019 und 2021 um 26 % zurückgegangen (zum Vergleich: von 2018 auf 2019 ein Rückgang um 6 %). Der Bestand an E-Books hingegen ist von 2019 auf 2021 um 75 % gestiegen (zum Vergleich: von 2018 auf 2019 eine Steigerung um 18 %), was sich auch in den Ausgaben spiegelt: Die Ausgaben für gedruckte Bücher gingen zwischen 2019 und 2021 um 17 % zurück, die für E-Books stiegen im selben Zeitraum um 36 %.[14] Diese von der Pandemie beschleunigte Entwicklung kann weitreichende Auswirkungen auf das Bibliotheksmanagement haben, da damit zurückgehende Ausleihzahlen und auch eine vermutlich geringere Auslastung der für die Bearbeitung von gedruckten Büchern zuständigen Mitarbeiter:innen einhergehen.

Die Erwerbung von E-Books gestaltet sich durch paketweisen Kauf und durch Modelle wie Evidence Based Selection (EBS) zum Teil gänzlich anders als die von Print-Büchern. Sie erfordert ein sehr viel höheres Maß an Kommunikation. Diese findet statt zwischen Fachreferent:innen, die sich untereinander über interdisziplinäre Paketinhalte und deren Finanzierung verständigen, aber auch in der Medienbearbeitung, da dort vom Erwerb bis zum Metadatenmanagement langfristige Vorgänge wie z. B. das EBS-Modell organisiert werden. Diese Kommunikation bedarf einer Koordinierung, die in der Hand der Erwerbungsleitung liegen kann.

Ein Etatverteilungsmodell kann diese Entwicklung antizipieren und nur einen geringen Teil der Mittel auf die einzelnen Fächer verteilen, während ein größerer Teil entweder auf die Fakultäten, nicht aber auf die Fächer verteilt wird oder – falls die Bibliothek dazu tendiert, die gängigen großen Verlage per EBS abzudecken – diesen

---

12 Beispiele für publizierte Etatverteilungsmodelle aus jüngerer Zeit sind das Etatverteilungsmodell der UB der HU Berlin, in: o-bib (2000) Nr. 3. DOI: https://doi.org/10.5282/o-bib/5621; der UB Kassel, in: o-bib (2019) Nr. 4. DOI: https://doi.org/10.5282/o-bib/2019H4S39-49; und der UBB Erfurt, Konstanz und Wuppertal, in: o-bib (2017) Nr. 1. DOI: https://doi.org/10.5282/o-bib/2017H1S212-222.

13 Vgl. Steinhauer, Jedem Menschen Recht getan (wie Anm. 3), S. 152.

14 DBS-Auswertung Nr. 19 (Bücher, Zeitschriften und Zeitungen nach Buchbindereinheiten insgesamt – Zugang), 21 (Bücher, Zeitschriften und Zeitungen nach Buchbindereinheiten insgesamt – Ausgaben), 113,1 (Bestand kommerziell vertriebener E-Books) und 113,4 (Ausgaben kommerziell vertriebener E-Books) 2018, 2019 und 2021. https://www.bibliotheksstatistik.de/ (30.10.2022).

Großteil des Monographienbudgets überhaupt nicht zu verteilen. Welcher Anteil des Gesamtetats für Monographien verwendet werden kann, hängt von der Höhe der durch Lizenzen und Subskriptionen festgelegten und der evidenzbasiert angenommenen Höhe an zu zahlenden APCs und BPCs (Article bzw. Book Processing Charges) und anderen OA-Kosten ab.

Eine Möglichkeit der Etatverteilung von vielen

Alle Kosten, die mittel- und unmittelbar durch Open Access entstehen (Transformationsverträge, DEAL-Verträge, APCs, BPCs, Pledging, Beteiligung an Initiativen wie z. B. KOALA, Mitgliedschaften wie z. B. bei der Open Library of Humanities) können vom Gesamtetat abgezogen werden, da diese Mittel nicht mehr weiter verteilt werden. Von dieser so entstandenen Summe können eingeworbene Drittmittel zur OA-Förderung (z. B. DFG-Fördermittel oder ein OA-Fonds der Einrichtung) abgezogen werden, falls diese gänzlich zur Finanzierung der APC ausreichen.

Damit ist die Frage, wie hoch der OA-Anteil der Literaturmittel zur Deckung des Bedarfs an OA-Publikationsgebühren in der Einrichtung sein muss, nicht einfach zu kalkulieren. Es kann jedoch davon ausgegangen werden, dass die Anzahl der Veröffentlichungen für das Folgejahr nicht signifikant von der der Vorjahre abweichen wird. Hier hilft also die Abfrage in einer Zitationsdatenbank.[15] Nur durch diesen Vorabzug kann das Fortschreiten der Transformation gut verfolgt werden. Eine Verteilung auf die Fächer würde, sofern das überhaupt möglich wäre, durch die dadurch entstehende Granularität den Blick auf die Entwicklung der Strategie erschweren.

Die so entstehende Differenz kann nun entweder gänzlich auf die Fakultäten und Fächer verteilt werden. Eine andere Möglichkeit ist ein zweiter Vorabzug aller bestehenden Fixkosten, also ein Pool aller fortlaufenden Lizenzen und Subskriptionen, der nach allgemeinen Grundsätzen, wie beispielsweise basierend auf Nutzungszahlen, bewirtschaftet wird. In jedem Fall muss unterschieden werden zwischen festgelegten und frei verfügbaren Mitteln.

Nur die frei verfügbaren Mittel, die auf die Fächer verteilt werden, können zum Bucherwerb und andere einmalige Ausgaben verwendet werden. Prinzipiell ist es natürlich auch möglich, von diesen Geldern weitere Lizenzen zu finanzieren. Hier kann den Fachreferent:innen zwar freie Hand gelassen werden, es ist aber auch denkbar, von Seiten der Direktion einen festen Anteil vom Gesamtetat für die frei verfügbaren Mittel zu bestimmen. Überschreitet die Summe der Fixkosten 75 % des nach OA-Vorabzug bestehenden Budgets läuft der Etat Gefahr, nach starken Preissteigerungen bei den fortlaufenden Kosten seiner Handlungsfähigkeit beraubt zu werden.

Anhand eines Beispiels kann das veranschaulicht werden: Bei einem Gesamtetat von 2.000.000 € kommen 300.000 € in den OA-Vorabzug. Bestehen die verbleibenden

15 Beispiele für Zitationsdatenbanken: Dimensions, Scopus, Web of Science.

Mittel (1.700.000 €) zu 90 % aus Fixkosten, stehen als frei verfügbare Mittel 170.000 € zur Verfügung. Allein bei einer durchschnittlichen Preissteigerung um 4 % bei den Lizenzen und Subskriptionen verringern sich die freien Mittel im Folgejahr um 36 % auf 108.800 €. Als Gegensteuerung bleibt dann nur die Abbestellung laufender Subskriptionen, was die anfangs erwähnte Tugend der Konfliktbereitschaft der Erwerbungsleitung fordert.

Eine Verteilung der Mittel auf die Fakultäten kann anhand von Kennzahlen erfolgen. Hierfür eignen sich Parameter wie die Zahl der Studierenden und der wissenschaftlichen Mitarbeiter:innen. Es kann die Zahl der Studienanfänger:innen, der abgegebenen Promotionen und/oder Masterabschlüsse herangezogen werden. Manche Bibliotheken bedienen sich auch der durchschnittlichen Buchpreise, was aber mit zunehmendem Erwerb von E-Books nicht mehr gut funktioniert, da die Preise für E-Books durch Pakete, die o. g. Erwerbungsmodelle und Rabattaktionen volatiler sind als bei gedruckten Büchern.

Der Vorteil eines auf Kennzahlen basierenden Etatverteilungsmodells ist die dadurch entstehende rationale Mittelbewirtschaftung. Andererseits bedeuten hohe Kennzahlen nicht zwangsläufig auch einen hohen Literaturbedarf. 50 Physiker:innen benötigen nicht fünfmal so viel Literatur wie 10. Der Bedarf wächst also nicht linear. Eine solche Entwicklung würde bei stagnierendem Etat kleineren Fakultäten nach und nach die Mittel entziehen. Um hier gegensteuern zu können, bedarf es in einem kennzahlenbasierten Modell einer Kappungsgrenze. Praktisch bedeutet das, dass die einzelnen Fakultäten jeweils nicht mehr als jeweils x % des Gesamtetats erhalten können.

Ein solches Modell ist transparent und macht die Transformation sichtbar.[16] Es können quasi spontan zum Beispiel neue Transformationsverträge von den Fakultätsmitteln in den OA-Vorabzug „verschoben“ werden. Die Schaffung von Kostentransparenz ist die Bedingung für eine nachhaltige Transformation von Subskriptionen zu Open Access.[17]

Die Sichtbarkeit der Ausgaben für Open Access ist nicht nur von großer Wichtigkeit, um die Strategie der Einrichtung aufzuzeigen. Sie ist vor allem auch ein Teilschritt bei der Erarbeitung des Informationsbudgets.

Das Informationsbudget

Unter dem Begriff Informationsbudget wird ein Instrument des Finanzmanagements gefasst, mit dem alle Einnahmen und Ausgaben, die den Bereichen des Publizierens und der Rezeption zuzu-

16 Vgl. Friesike, Sascha u. Johanna Sprondel: Träge Transformation. Ditzingen: Reclam 2022. S. 55: „‚Sichtbarkeit‘ bezieht sich nämlich darauf, dass man Informationen findet und versteht, während ‚Transparenz‘ sich auf die grundsätzliche Präsenz dieser Information bezieht.“

17 Vgl. Pampel, Heinz: Auf dem Weg zum Informationsbudget. 2019. S. 8. DOI: https://doi.org/10.2312/os.helmholtz.006.

> ordnen sind, bewirtschaftet werden. Als Teil des Haushaltes der Einrichtung ermöglicht das Informationsbudget über den Bibliotheketat hinaus die Bewirtschaftung aller Finanzmittel für Dienstleistungen und Produkte der wissenschaftlichen Fachinformation.[18]

Es geht folglich „nicht ‚nur' um Interdependenzen zwischen Zeitschriftenabonnements und Publikationsgebühren für Zeitschriftenartikel im Open Access, sondern um grundsätzlich alle Ausgaben (und Einnahmen) sowohl für die Beschaffung von Information als auch für das Publizieren".[19] Über den Bibliotheksetat hinaus? Ja, es ist schließlich keinesfalls so, dass die Bibliothek allein Publikationsgebühren zahlt. Wissenschaftler:innen sind daran gewöhnt, für ihre Veröffentlichungen zahlen zu müssen. Schon im Print-Zeitalter wurden ihnen sogenannte Druckkostenzuschüsse in Rechnung gestellt. Für Farbabbildungen und überlange Artikel musste zusätzlich gezahlt werden. All das hat sich – so absurd es klingt – im Zeitalter der elektronischen Zeitschriften nicht geändert. Sofern also Forschende im Closed Access publizieren, werden sie mit solchen Rechnungen konfrontiert, die sie traditionellerweise aus ihren Institutsmitteln zahlen. Diese Kosten sind ein Beispiel für die Bestandteile des Informationsbudgets.[20]

Der Wissenschaftsrat empfiehlt „den wissenschaftlichen Einrichtungen [...] deshalb, ihr Informationsbudget in allen seinen Komponenten zu erfassen und mögliche Einsparungen auf der Erwerbsseite sowie mögliche Einnahmequellen gegen steigende Ausgaben für Publikationsdienstleistungen zu bilanzieren".[21] Idealerweise sollte diese Erfassung 2025 abgeschlossen sein.[22] Daraus lässt sich schließen, dass ein umfassendes, über den Bibliotheksetat hinausgehendes Informationsbudget noch längst nicht an allen wissenschaftlichen Einrichtungen Deutschlands erstellt worden ist. Getragen werden muss die Erarbeitung von der Leitung der Einrichtung. An der Erarbeitung des Informationsbudgets sollte selbstverständlich die Bibliothek maßgeblich beteiligt sein, so dass natürlicherweise die Person, die in der Bibliothek für die Verwaltung der Literaturmittel zuständig ist, einen starken Anteil daran haben wird.

---

18 Pampel, Heinz: Informationsbudget – Hintergrund und Konzept. 2022. https://gfzpublic.gfz-potsdam.de/pubman/item/item_5013229 (30.10.2022).

19 Mittermaier, Bernhard: Das Informationsbudget – Konzept und Werkstattbericht. In: o-bib 2022 Nr. 4. S. 1–17, hier S. 3 f. DOI: https://doi.org/10.5282/o-bib/5864.

20 Einen hervorragenden Überblick über die Literatur zum Informationsbudget und welche Komponenten es beinhaltet, gibt: Mittermaier, Informationsbudget (wie Anm. 19).

21 Wissenschaftsrat: Empfehlungen zur Transformation wissenschaftlichen Publizierens zu Open Access (DrS. 9477–22), Januar 2022. DOI: https://doi.org/10.57674/fyrc-vb61.

22 Wissenschaftsrat: Transformation wissenschaftlichen Publizierens zu Open Access. Pressegespräch am 24.01.2022. S. 10, https://www.youtube.com/watch?v=AK8SY5OQzMY (30.10.2022).

Soft Skills

Es ist nicht viel Phantasie nötig, um sich vorzustellen, dass es spätestens bei der Arbeit am Informationsbudget zu einem gesteigerten Bedarf an Informationsaustausch innerhalb der Einrichtung kommt. Wie erhält die Bibliothek die notwendigen Informationen bzw. Zahlen? Was ist automatisiert zu erreichen? Wie gestaltet sich die Kommunikation mit der Finanzbuchhaltung? Werden die Lehrstuhlinhaber:innen sich kooperativ zeigen, und werden die Sekretariate der Institute neue Vorgaben im Rahmen der Rechnungsbearbeitung umsetzen? Hier werden also die eingangs genannten „bibliothekarischen Tugenden des 21. Jahrhunderts" verstärkt zum Tragen kommen. Das Thema hat zumindest genügend Potenzial, um Entschlusskraft, Überzeugungsfähigkeit, Tatkraft, Konfliktbereitschaft, Standfestigkeit, Realitätssinn, Geduld und Demut herauszufordern.

Andererseits ist es ja nicht so, als habe man als diejenige Person, die die Finanzen und Etats verwaltet, nicht auch in anderen Konstellationen genügend Möglichkeiten, diese Eigenschaften an sich zu fördern. Wie bereits erwähnt, kann schon die Notwendigkeit, Subskriptionen kündigen zu müssen, herausfordernd sein.

In vielen grundlegenden Entscheidungen der Bibliothek zur Verwendung der Literaturmittel wird sie von der Bibliothekskommission (auch Bibliotheksausschuss oder -beirat genannt) in regelmäßigen Sitzungen unterstützt. Es handelt sich hierbei um ein Gremium, das aus Personen besteht, die nicht zum Bibliothekspersonal gehören.[23] An Universitäten werden die Kommissionen paritätisch aus den jeweiligen Fakultäten besetzt, auch sind die Studierenden vertreten. Soll beispielsweise die Etatverteilung als einer der Grundpfeiler der Verausgabung der Literaturmittel geändert werden, so hat die Bibliothekskommission ein wichtiges Mitspracherecht. Folglich muss sie auch gehört werden, wenn es um die Einbeziehung von OA-Publikationskosten und erst recht um die Erarbeitung des Informationsbudgets geht. Hier bieten sich hervorragende Gelegenheiten, Überzeugungsfähigkeit, Standfestigkeit, aber auch Realitätssinn zu schärfen.

Im Zuge der Transformation zu Open Access wurden an den Bibliotheken meist entsprechende Stellen (Open-Access-Beauftragte) eingerichtet. In forschungsstarken Einrichtungen, in deren Bibliotheken entsprechend viele OA-Publikationen verwaltet werden, sind oft mehrere Personen hierfür zuständig. Diese sind nicht zwangsläufig der Verwaltungseinheit Medienbearbeitung zugehörig, sondern vielmals dem/der jeweiligen OA-Beauftragten oder der Abteilung „Publikationsdienste" unterstellt. Dieser Umstand erfordert ein verstärktes Maß an Kommunikation, wenn zum Beispiel diese Mitarbeiter:innen mit der Bearbeitung der Rechnungen für OA-Publikationen betraut sind. Damit geht nämlich eine Einarbeitung in das Bibliotheksverwaltungssystem einher, die durch Mitarbeiter:innen der Medienbearbeitung erfolgen muss, um eine homogene Rechnungsbearbeitung zu erreichen. Daraus erwächst die Notwendigkeit, die

---

23 S. a. Umstätter, Lehrbuch (wie Anm. 9), S. 76.

Weisungsbefugnis in diesem Bereich über die Grenzen der jeweiligen Stellen hinaus zu regeln. Dies ist in Bibliotheken mit ihrer traditionellen, säulenartigen Organisationsstruktur nicht selbstverständlich. Hier ist also zumindest ein gewisses Maß an Matrixstruktur notwendig. Eine relativ einfache Änderung, die jedoch leichter geschrieben als getan ist. Überzeugungsfähigkeit und Geduld können helfen, inmitten der bestehenden Aufbauorganisation eine horizontale Ebene unterhalb der oberen Leitungsebene einzuziehen.

Schlussbetrachtung

Das Management von Finanzen und Etats besteht am Anfang des 21. Jahrhunderts mehr denn je aus Kommunikation mit all ihren Facetten. Durch die Diversifizierung der Literaturmittel auf Erwerb, Lizenzierung und OA-Publikationsermöglichung besteht ein Gutteil der Arbeit nicht mehr darin, in der relativen Abgeschiedenheit des eigenen Dezernats für den Mittelabfluss zu sorgen. Vielmehr wird nun gemeinsam mit den weiteren Stellen der Bibliothek, die aus den Literaturmitteln versorgt werden (Publikationsabteilung, Unterstützungsleistungen für die Digitalisierung), an einer möglichst breit gefächerten Verausgabung der Mittel gearbeitet, um die diversifizierten Bedarfe der Nutzenden abzudecken. So trägt auch das Managen von Finanzen und Etats dazu bei, die Bibliotheken zukunftssicherer zu gestalten.

Klaus-Rainer Brintzinger

Bibliotheken in die Zukunft führen

Abstract: Bibliotheken stehen vor grundlegenden Veränderungen. Daher ist das Führen in die Zukunft eine essentielle Aufgabe für alle Bibliothekarinnen und Bibliothekare, die mit der Leitung von Bibliotheken oder strategischen Fragen betraut sind. Die Kenntnis des jeweiligen Auftrags der Bibliothek und der Bedürfnisse ihrer primären Zielgruppen sind dabei zentral. Als ein hilfreiches Instrument wird die Portfolio-Analyse vorgestellt. Dabei wird dargelegt, wie Bibliotheksleitungen mithilfe eines strategischen, auf Indikatoren bezogenen Managements Serviceleistungen ihrer Einrichtungen planen, kritisch bewerten und gestalten können.

Keywords: Strategisches Management, Leistungsportfolio, Produktkatalog, Portfolio-Analyse, Nutzerbedürfnisse

Kurzbiografie: Dr. Klaus-Rainer Brintzinger (ORCID: https://orcid.org/0000-0001-5948-1820), Studium der Volkswirtschaftslehre an den Universitäten Augsburg, Freiburg und Stuttgart-Hohenheim. Langjährige Lehrtätigkeit in Volks- und Betriebswirtschaftslehre. Seit 1992 im Bibliotheksdienst und seit 2008 Direktor der Universitätsbibliothek der LMU München. Kontakt: klaus-rainer.brintzinger@ub.uni-muenchen.de

Zukunftsorientierung als Maxime

Schaut man in die reichhaltige betriebswirtschaftliche Literatur zu Organisation und Führung, so verfolgt das strategische Management die grundsätzlichen und längerfristigen Ziele eines Unternehmens unter der normativen Zielsetzung, die „(Über)-Lebensfähigkeit des Unternehmens zu gewährleisten“.[1] Für Bibliotheken ist die Ausrichtung auf die Zukunft jedoch in gewisser Weise ein Paradigmenwechsel: Kaum eine andere Institution hat im letzten Vierteljahrhundert solch einen Wandel vollzogen, nicht nur hinsichtlich der Arbeitsweise und des Auftrages, sondern insbesondere hinsichtlich ihres Selbstverständnisses: Über Jahrhunderte hinweg galten Bibliotheken als Orte der Beständigkeit, deren Bedeutung gerade darin bestand, durch Bewahren und Erhalten die Vergangenheit widerzuspiegeln. Dass dies heute nicht mehr so ist, dass Bibliotheken einen ungeheuer raschen Wandel vollzogen und den größten Medienwandel der letzten 500 Jahren nicht nur begleitet haben, sondern aktiv gestalten – dürfte kaum mehr bestritten werden. Gerade deswegen stellt sich die Frage des in die Zukunft Führens in ganz pointierter Weise für Bibliotheken. Hier geht es nicht nur um neue Medi-

1 Kamis, Alcay [u. a.]: Workbook Strategisches Management: Die besten Werkzeuge für jede Phase des Strategieprozesses. Stuttgart 2022. S. XI.

https://doi.org/10.1515/9783110790375-030

en, nicht nur um veränderte Arbeitsmethoden, es geht um das Selbstverständnis, um den Auftrag und um die Bedürfnisse, die Bibliotheken decken sollen.

Wenn von Führung die Rede ist, dann muss auch gesagt werden, wer führt. Aus organisationstheoretischer Sicht ergibt sich aufgrund der begrenzten individuellen Kapazitäten die Notwendigkeit der interpersonellen Arbeitsteilung, bei der jedoch sichergestellt werden muss, „dass die Mitarbeiter:innen möglichst im Sinne der Unternehmensziele entscheiden“.[2] Für alle Bibliotheken, welche die Größe einer One-Person-Library überschreiten, stellt sich diese Frage in gleicher Weise. Gleichwohl kann in diesem Beitrag auf die Fragen des „wer macht was?“ und „wer erwartet was?“, die Führungsstile, Arbeitsteilung sowie Zusammenarbeit und Motivation betreffen, nur am Rande eingegangen werden; hierfür sei auf die zahlreiche Literatur und Praxisberichte verwiesen.[3]

Deswegen wird im Folgenden meist von Bibliotheken gesprochen, auch wenn damit nicht nur die Institution, sondern deren Akteure – Bibliothekar:innen bzw. Bibliotheksleitungen – angesprochen sind. Dabei soll dieser Beitrag verdeutlichen: Das (strategische) in die Zukunft Führen ist konstitutiv für das Berufsbild der wissenschaftlichen Bibliothekar:innen – ohne diese Zukunftssicherung macht alles Handeln keinen Sinn.

Eine weitere Eingrenzung muss angesprochen werden: Trotz vieler Parallelen zwischen öffentlichen und wissenschaftlichen Bibliotheken ist das Aufgabenspektrum so unterschiedlich, dass gemäß der Konzeption des gesamten Bandes in diesem Beitrag ein Fokussieren auf wissenschaftliche Bibliotheken erfolgt und darüber hinaus überwiegend die Perspektive von Universitätsbibliotheken eingenommen wird – letzteres ist dem Erfahrungshorizont des Autors geschuldet.

---

2 Frese, Erich [u. a.]: Grundlagen der Organisation. Entscheidungsorientiertes Konzept der Organisationsgestaltung. Wiesbaden: Springer 2019. S. 4 und S. 6.

3 S. dazu z. B. Lee, Martin [u. a.]: Organisationsentwicklung an der Freien Universität Berlin. Ergebnisse aus dem Change-Projekt „Wandel@FU-Bib“. In: o-bib (2022) H. 1. S. 1–15; Neubauer, Wolfram: Bibliotheksleitung: Aufgaben, Methoden und Strategien. In: Die moderne Bibliothek. Ein Kompendium der Bibliotheksverwaltung. Hrsg. von Rudolf Frankenberger u. Klaus Haller. München: Saur 2004 S. 117–133; sowie weiterhin in den grundlegenden Darstellungen, so beispielsweise Fingerle, Birgit Inken u. Rudolf Mumenthaler: Innovationsmanagement in Bibliotheken. Berlin [u. a.]: De Gruyter 2016 (Reihe Praxiswissen); Griebel, Rolf u. Hildegard Schäffler, Konstanze Söllner (Hrsg.): Praxishandbuch Bibliotheksmanagement. 2 Bde. Berlin [u. a.]: De Gruyter 2015; Schade, Frauke u. Ursula Georgy (Hrsg.): Praxishandbuch Informationsmarketing. Konvergente Strategien, Methoden und Konzepte. Berlin [u. a.]: De Gruyter 2019; Hobohm, Hans-Christoph, Konrad Umlauf u. Cornelia Vonhof (Hrsg.): Erfolgreiches Management von Bibliotheken und Informationseinrichtungen. Fachratgeber für die Bibliotheksleitung und Bibliothekare. Aktualisierungsstand: Nr. 72 – März 2021. Hamburg: Dashöfer 2021.

Was macht eine wissenschaftliche Bibliothek aus?

Für das Wesen einer wissenschaftlichen Bibliothek lassen sich viele Definitionen finden. Stellt man auf die Zukunftsfähigkeit von Bibliotheken ab, so bietet sich die folgende Gliederung besonders an:

1. Wissenschaftliche Bibliotheken erbringen Services für Forschung und Lehre.
2. Wissenschaftliche Bibliotheken stellen einen Ort des Lernens und Forschens, aber auch der Begegnung und Kollaboration dar.
3. Wissenschaftliche Bibliotheken übernehmen Aufgaben der Überlieferung über die Zeit hinweg.

Sinn dieser Gliederung ist es, die Services für Forschung und Lehre als zentrale Aufgabe wissenschaftlicher Bibliotheken, insbesondere von Universitätsbibliotheken herausarbeiten. Bibliotheken sind jedoch keine beliebige Serviceeinrichtung: Der räumliche und der diachrone Aspekt sind konstitutiv für das Wesen wissenschaftlicher Bibliotheken. Wissenschaftliche Bibliotheken sind auch in Zeiten, in denen viele Services orts- und zeitunabhängig sind, grundsätzlich an Räume und Gebäude gebunden. Dazu gehört auch, Räume unterschiedlichen Zuschnittes zur informellen Nutzung anzubieten und dabei zu etwas beizutragen, das in die soziologische Literatur als „Dritter Ort“ eingegangen ist.[4] In ähnlicher Weise ist die Überlieferung über die Zeit hinweg für das Wesen einer wissenschaftlichen Bibliothek konstitutiv – es ist in gewisser Weise eine Ewigkeitsgarantie, die Bibliotheken von anderen Serviceeinrichtungen unterscheidet und gerade deswegen kommen auf Bibliotheken neue Rollen zu, beispielsweise in den Bereichen von Forschungsdatenmanagement oder Langzeitverfügbarkeit.[5]

Die Zukunftsfähigkeit der Bibliothek hängt wesentlich davon ab, wie sich das für Forschung und Lehre angebotene Serviceportfolio zusammensetzt. In diesem Zusammenhang stellen sich für Bibliotheksleitungen zwei strategische Fragen:

1. Für wen und in wessen Auftrag sind Bibliotheken da?
2. Welche Leistungen bieten Bibliotheken an?

---

4 Dieser in der bibliothekarischen Diskussion oft zitierte Begriff wurde von dem Stadtsoziologen Ray Oldenburg in dessen Werk *The Great Good Place* (1989) geprägt.

5 Ausführlicher zu diesem Aspekt: Schüller-Zwierlein, André: Diachrone Unzugänglichkeit: Versuch einer Prozesstypologie. In: Diachrone Zugänglichkeit als Prozess. Kulturelle Überlieferung in systematischer Sicht. Hrsg. von Michael Hollmann u. André Schüller-Zwierlein. Berlin [u. a.]: DeGruyter 2014. S. 15–79.

Für wen und in wessen Auftrag sind Bibliotheken da?

Über Jahrhunderte hinweg war der Auftrag von Bibliotheken quasi naturgesetzlich gegeben. Als Teil von Klöstern, fürstlichen Höfen und der an Bedeutung gewinnenden Universitäten stand das Bewahren der kostenbaren, raren und schwer zugänglichen schriftlichen Überlieferung im Mittelpunkt ihres Auftrages.[6] Heute ist das Bewahren jedoch nicht mehr der alleinige Auftrag von Bibliotheken und die Träger sind in der Regel nicht mehr monokratisch verfasst, sondern spiegeln plurale Interessen wider. Daher ist es für Bibliotheken zunächst zentral, nicht nur die (formellen) Entscheidungsträger zu identifizieren[7], sondern zu wissen, welche Gruppen oder Personen ihre primären Zielgruppen bilden und wer als Stakeholder berechtigterweise ein Interesse an Leistungen der Bibliothek geltend machen kann.

Was bedeutet dies konkret? Hochschulbibliotheken sind meist zentrale Serviceeinrichtungen der Universität. Als zentrale und zugleich nicht-wissenschaftliche Einrichtung spielen sie an der Hochschule eine Sonderrolle in zweifacher Hinsicht, einerseits, weil Universitäten in Deutschland meist dezentral und personal verfasst sind – die Forschungspersönlichkeit, nicht die Struktur steht dabei im Vordergrund –, andererseits, weil die meisten der übrigen zentralen Einrichtungen unter wissenschaftlicher Leitung stehen. Dieser Sonderstatus führt nicht nur in den Hochschulen selbst, sondern auch im übergeordneten Wissenschaftssystem zu Abgrenzungsfragen und zur Infragestellung tradierter Strukturen. So wurde z. B. die Förderung der Zentralen Fachbibliotheken nach der Aufnahme in die Leibniz-Gemeinschaft nur verlängert, nachdem sie anstelle einer bibliothekarischen eine fachwissenschaftliche Leitung bekommen hatten und sich neben der Servicefunktion insbesondere der Forschung widmeten.[8]

Als zentrale Einrichtungen sind Hochschulbibliotheken in der Regel direkt an die Hochschulleitung angebunden. Häufig gibt es einen Bibliotheksausschuss oder eine Senatskommission, die beratend oder auch beschließend mit Bibliotheksangelegenheiten befasst ist. Für die Entscheidungsstruktur bedeutet dies, dass die Hochschulleitungen und die Mitglieder der entsprechenden Gremien für die Bibliotheken normsetzende Entscheidungsinstanzen sind, mit denen Bibliotheksleitungen ihren Auftrag und die sich daraus ergebenden Services aushandeln müssen. Eine Besonderheit von Hochschulen ist die Besetzung aller Gremien nach Gruppenzugehörigkeit, wobei hier nicht das Prinzip „ein Kopf, eine Stimme" gilt, sondern aus der grundgesetzlich ver-

6 Ball, Rafael: Das Ende eines Monopols. Was von Bibliotheken wirklich bleibt. Ein Lesebuch. Wiesbaden: Dinges & Frick 2013. S. 72.

7 Ball, Rafael: Können Wissenschaftliche Bibliotheken strategisch gesteuert werden? Ausschlaggebend: Strategie und Management des Trägers. In: Bibliotheken strategisch steuern. Projekte, Konzepte, Perspektiven. Hrsg. von Andreas Mittrowann [u. a.]. Bad Honnef: Bock + Herchen 2011. S. 149–154.

8 Albers, Miriam: Verändern oder verändert werden – das ist hier die Frage! In: b. i. t. online (2022) H. 2. S. 140–145.

brieften Wissenschaftsfreiheit der Gruppe von Professor:innen die entscheidende Rolle zukommt. Auch wenn es im Einzelfall nicht immer zu ganz befriedigenden Ergebnissen führen mag, haben Bibliotheksleitungen dieses Kräfteverhältnis zu berücksichtigen. Es mag aus bibliothekarischer Sicht sehr plausibel sein, Öffnungszeiten zu verlängern, mehr Geld für häufig genutzte Lehrbücher einzufordern oder Mittel dafür einzusetzen, bequeme und für Gruppenarbeit geeignet Sitzmöbel anzuschaffen. All dies setzt jedoch erst einen Entscheidungsprozess innerhalb der Hochschule oder der Trägerinstitution voraus. Allein der Verweis auf ein großes Bedürfnis, eine hohe Nutzung oder große Unterstützung bei den Studierenden reicht nicht aus und kann im Einzelfall auch kontraproduktiv sein. Eine Bibliotheksleitung, an die der Wunsch herangetragen wird, Ausgaben für Lehrbuchliteratur zugunsten von Forschungsliteratur zu reduzieren, wird sicherlich mit Nutzungszahlen und mit bibliothekarischen Erfahrungen argumentieren und sich – wenn die Daten gut erhoben und valide sind – damit durchsetzen. Sie wird sich jedoch davor hüten, sich mit den Interessen einer Gruppe zu identifizieren. So sympathisch es ist, wenn Bibliothekar:innen sich als eine Lobby der schwächeren Gruppen in der jeweiligen Institution oder auch der Gesellschaft sehen – der Studierenden in den Hochschulen, den Angehörigen der schlechter dotierten, kleinen Fächer oder in der Gesamtgesellschaft der Schüler:innen, der materiell wenig gut ausgestattenden Bevölkerungsteile –, mit dem Auftrag als eine Dienstleistungseinrichtung ist diese Form von selbstbeauftragter Lobbyarbeit nicht zu vereinbaren.[9] Bibliotheksleitungen können hierzu mit ihren Trägern diskutieren, das Gespräch mit den übrigen Stakeholdern führen, sich starke Bündnispartner suchen, auf Folgen hinweisen, Entwicklungen in die Zukunft extrapolieren – aber sie sollten dabei niemals selbst Partei ergreifen. Entscheidend ist vielmehr, die Bedürfnisse der Nutzer:innen, also die tatsächliche und potentielle Nachfrage zu analysieren.[10]

Nun lässt sich einwenden, dass die Träger diesbezüglich meist nur wenig Fachkompetenz besitzen und Bibliotheken daher einen epochenübergreifenden Auftrag sui generis hätten, der nicht durch ad hoc getroffene Entscheidungen außer Kraft gesetzt werden dürfe. Aus diesem Grund ist der diachrone Aspekt der kulturellen Überlieferung in der eingangs vorgenommenen Gliederung nicht als Dienstleistung, sondern als Wesensmerkmal wissenschaftlicher Bibliotheken charakterisiert worden. Dennoch sollten Bibliothekar:innen mit diesem Argument sehr sparsam umgehen und

9 Ein aktuelles Beispiel dazu war eine vom Deutschen Bibliotheksverband im August 2022 herausgegebene Pressemitteilung, in der Bibliotheken in einer Energiekrise die Funktion von „Wärmeinseln" und „Zufluchtsorten" zugeschrieben wurde. Ein entsprechender Auftrag dazu existierte weder für wissenschaftliche noch für öffentliche Bibliotheken. S. dazu: https://www.bibliotheksverband.de/energiekrise (14.3.2023).

10 Knoche, Michael: Die Idee der Bibliothek und ihre Zukunft. Göttingen: Wallstein Verlag 2018. S. 92. Michael Knoche sieht genau diese Orientierung an den Trägern als kritisch und fordert ein Eingreifen der „Politik" ohne jedoch sagen zu können, welche politische Ebene dies sein könnte.

es nur in ganz extremen Situationen nutzen.[11] Im Regelfall wird sich jedoch die Bibliothek an den strategischen Vorgaben des Trägers orientieren, auch wenn diese ein verändertes Aufgabenportfolio zur Folge haben. Als konkrete Beispiele dafür ließen sich das Aufgeben eines aufwendigen Sammelgebietes, z. B. eines früheren DFG-geförderten Sondersammelgebietes (SSG), das Schließen eines Standortes bzw. umgekehrt auch die Fusion zweier Bibliotheken (wie etwa bei den früheren Universitätsbibliotheken Essen und Duisburg) oder die veränderten Aufgabenzuschnitte beim Wandel der Zentralen Fachbibliotheken zu Forschungseinrichtungen der Leibniz-Gemeinschaft nennen. Strategische Entscheidungen dieser Tragweite werden in der Regel auf der Ebene der Trägereinrichtungen getroffen.[12]

Die Interessen der Träger und der Bibliotheken müssen jedoch keinen Gegensatz darstellen und strategisches Handeln bedeutet, auf diese Zielübereinstimmung hinzuwirken. Ein gutes Beispiel dafür ist das DEAL-Projekt.[13] Der Open-Access-Gedanke wurde über lange Zeit besonders von Bibliotheken befördert. Mit der Übernahme der Trägerschaft durch die Allianz der Wissenschaftsorganisationen als Dachorganisation aller wissenschaftlichen Einrichtungen und Organisationen in Deutschland hat die Transformation hin zum Open-Access-Publizieren eine größere Durchsetzbarkeit gewonnen, gleichwohl sind Bibliothekar:innen weiterhin am Prozess steuernd beteiligt. Zugleich zeigt sich hier jedoch auch die Notwendigkeit der Rückkopplung an die jeweils lokalen Träger, da die Einrichtungen in unterschiedlicher Weise von den, sich im Transformationsprozess ergebenden Verteilungseffekten be- oder entlastet sind und sich zudem an dem Publikationsverhalten zeigt, dass der Open-Access-Gedanken in Bibliotheken und Wissenschaftsorganisationen deutlich stärker verankert ist als bei einzelnen Wissenschaftler:innen.

---

11 Solch eine Situation war sicherlich gegeben, als vor knapp zwei Jahrzehnten ein baden-württembergischer Ministerpräsident die Handschriftensammlung einer der beiden Landesbibliotheken im Blick hatte, um durch Veräußerung auf dem Antiquariatsmarkt dem Landeshaushalt dringend benötigte Finanzmittel zuführen zu können. Dass der damalige Direktor der Badischen Landesbibliothek sich dieser, von seiner Trägerinstitution getroffenen, rein haushaltspolitischen Entscheidung widersetzte und auch einer persönlichen Auseinandersetzung mit dem Ministerpräsidenten nicht aus dem Weg gegangen war, war nicht nur ein außergewöhnlich mutiger Akt, sondern Beweis wirklich strategischer Führungsstärke.

12 Diese Überlegungen lassen sich mit nur kleinen Modifikationen auch für nicht von Hochschulen getragene wissenschaftlichen Bibliotheken anwenden. Dies sind neben den hier genannten Bibliotheken der Leibniz-Gemeinschaft, insbesondere die Staats- und großen Landesbibliotheken sowie eine Hand voll sogenannter Regionalbibliotheken. Anders als an Hochschulen besteht hier die Schwierigkeit, die primäre Nutzergruppe exakt einzugrenzen.

13 Projekt DEAL. https://www.projekt-deal.de/ (30.11.2022).

Welche Leistungen bieten Bibliotheken an?

Das Leistungsportfolio von Bibliotheken ist vielseitig: Ausleihe und Zugänglichmachung von Medien, Publikationsdienstleitungen, Bestandsdigitalisierungen, Forschungsdatenmanagement, Aufbau von Forschungsinfrastruktur, Beteiligung in der Entwicklung neuer Vertragsmodelle für Open-Access-Publikationen und nicht zuletzt Vermittlungsaufgaben im Bereich der Informationskompetenz. Ein solch großes und heterogenes Aufgabenbündel erfordert Auswahl und Priorisierung. Doch nach welchen Gesichtspunkten sollen Bibliotheksleitungen dabei vorgehen?

Innerhalb des von den Trägern vorgegebenen Auftrages ist die Nachfrage durch die primären Zielgruppen das entscheidende Moment. Die einfachste Methode, die Nachfrage zu messen, ist das Heranziehen von Nutzungszahlen: In welchem Maße werden einzelne Bestandsangebote genutzt, Services in Anspruch genommen, Arbeitsplätze über die Öffnungszeiten hinweg belegt? Gerade im Bereich der Bestandsnutzung ist die statistische Basis heute sehr viel besser als in zurückliegenden Zeiten. Während früher für die Präsenznutzung auf Beobachtungen, wie z. B. der „Staubprobe" zurückgegriffen werden musste, lässt sich die Nutzung elektronischer Medien recht exakt messen und durch entsprechende Standards – wie z. B. COUNTER[14] – auch vergleichen. Ebenso verfügen die meisten Bibliotheken heute über Möglichkeiten, die Auslastung ihrer Lesearbeitsplätze nachzuverfolgen. Ausleihzahlen und vergleichbare Nutzungen sind ohnehin im Bibliothekssystem dokumentiert. Nur Daten zu erheben, nutzt jedoch wenig, wenn sie nicht richtig in Beziehung gesetzt und interpretiert werden. Die Auswertung von Daten wird durch ein Data Warehouse erleichtert, ausgebaute Controllinginstrumente erleichtern die Auswertung der Daten.[15]

Nutzungszahlen sind jedoch zunächst nur eine Momentaufnahme, eine statische Größe, die nichts darüber aussagt, wie zukunftsfähig eine Dienstleistung ist. Für die strategischen Entscheidungen, Bibliotheken in die Zukunft zu führen, sind daher dynamische und auf die Zukunft ausgerichtete Verfahren erforderlich.

Die Portfolio-Analyse

Aus der Portfolio-Analyse von Unternehmen sind dazu verschiedene Instrumente bekannt. Voraussetzung zur Durchführung dieser ist ein Produkt- oder Dienstleistungskatalog.[16] Für die meisten Bibliotheken dürfte dies heute ein Standard sein, gab es doch schon zu Beginn der 2000er Jahre eine regelrechte Hochkonjunktur bibliotheka-

14 Projekt COUNTER. https://www.projectcounter.org/ (30.11.2022).

15 Kreische, Joachim: Warum die Leistung von Bibliotheken vergleichen? In: Bibliotheksdienst (2015) H. 5. S. 507–516.

16 Dabei ist es gut zu akzeptieren, dass in der Ökonomie häufig auch dann von Produkten oder Gütern die Rede ist, wenn Dienstleistungen gemeint sind.

rischer Produktkataloge.[17] Das bekannteste und meist genutzte Instrument, um ein Produktportfolio rational zu bewerten, stellt die von der Boston Consulting Group (BCG) entwickelte Portfolio-Matrix dar, nach der die Produktpalette eines Unternehmens anhand von Marktanteil und Wachstumschancen in vier Gruppen eingeteilt wird, die einem typisierten Produktlebenszyklus entsprechen. Während in der Frühphase eines Produktes, das bei zunächst kleinem Marktanteil hohe Wachstumschance verspricht, noch unklar ist, ob es sich durchsetzt – diese Kategorie wird *Question Mark* genannt –, entwickelt es sich idealiter als *Star* mit hohem Marktanteil und weiterhin hohen Wachstumschancen; ist das Wachstum am Markt ausgereizt und nicht mehr steigerbar, so bleibt dieses Produkt möglicherweise noch lange mit einem hohen Marktanteil eine *Cashcow*, ein vielfach nachgefragtes Produkt, für das kaum noch (Entwicklungs-)Aufwand erforderlich ist, bis es dann zu einem *Poor Dog* abstürzt, mit rückläufigem Marktanteil ohne Wachstumschancen, und dann bald aus dem Portfolio genommen werden muss.[18]

Wie kurz der Produktlebenszyklus einer bibliothekarischen Dienstleistung sein kann, lässt sich an einem beliebigen Beispiel, wie der von vielen Bibliotheken angebotenen Datenbankschulungen darstellen: In den späten 1980er Jahren aufgebaut, war das Angebot an Datenbanken in den meisten Bibliotheken klein, teuer und die Benutzung überaus erklärungsbedürftig. Datenbankschulungen stellten damit eine sehr spezielle Dienstleistung dar, deren Nachfrage steigend, aber noch ungewiss war – dies entspricht der Klassifikation als *Fragezeichen*. Mit dem zunehmenden Angebot an Datenbanken bildeten die Schulungen eine wichtige und wachsende Dienstleistung im bibliothekarischen Portfolio, die der Klassifikation als *Star* und später durchaus als *Cashcow* entspricht. Seit die meisten Datenbanken intuitiv zu bedienen und die digita-

---

17 Brintzinger, Klaus-Rainer: Bibliothekscontrolling zwischen Steuerung und Kontrolle: Erfahrungen aus Baden-Württemberg. Vortrag, 23.03.2006, Dresden, 95. Deutscher Bibliothekartag. 2006. https://opus4.kobv.de/opus4-bib-info/files/171/Brintzinger.pdf (30.11.2022); Ceynowa, Klaus: Von der Kostenverwaltung zum Kostenmanagement. Überlegungen zum Steuerungspotential einer Kostenrechnung für Hochschulbibliotheken. In: Bibliotheksdienst (1998) H. 2. S. 263–287; Kirchgäßner, Adalbert: Was produzieren Bibliotheken? Der Produktkatalog der baden-württembergischen Landes- und Universitätsbibliotheken und seine Anwendung in der Bibliothek der Universität Konstanz. Vortrag, 23.03.2006, Dresden, 95. Deutscher Bibliothekartag. 2006. https://opus4.kobv.de/opus4-bib-info/files/160/KLR_Produkte_Vortrag_Skript.pdf (30.11.2022); Mundt, Sebastian [u. a.]: Managementinstrumente in deutschen Bibliotheken – Eine bundesweite Untersuchung zu Einsatz und Verbreitung. In: Bibliothek Forschung und Praxis (2008) H. 3. S. 318–325; Georgy, Ursula: Digitale Transformation – Herausforderungen in der Personalentwicklung Wissenschaftlicher Bibliotheken. In: DUZ – Personal in Hochschulen und Wissenschaft entwickeln (2021) H. 1. S. 37–51, hier S. 41–42.

18 Henderson, Bruce: The Product Portfolio. In: Perspectives on Strategy from The Boston Consulting Group. Hrsg. von Carl W. Stern u. George Jr. Stalk. New York: Wiley 1970, 1998. S. 35–39; Schade, Frauke: Die Portfolio-Analyse als Methode zur Profilierung von Bibliotheksbeständen. In: Gut ist uns nie gut genug! Instrumente zur Qualitätsentwicklung und Qualitätssicherung für eine ausgezeichnete Bibliothek. Hrsg. von Tom Becker u. Cornelia Vonhof. Wiesbaden: Dinges & Frick 2010 (b. i. t. online – Innovativ 30). S. 111–132.

len Kompetenzen der Nutzer:innen höher sind, stellen Datenbankschulungen für Bibliotheken meist nur noch eine Nischen-Dienstleitung dar, die sie zum *Poor Dog* werden lässt.

Kritik an der Portfolio-Analyse

Das Verwenden der Portfolio-Analyse ist für Bibliotheken kritisch diskutiert worden, dabei wurde eingewandt, dass die Methode Gewinnorientierung und monetär messbare Umsätze voraussetze.[19] Diese Kritikpunkte überzeugen jedoch nicht. Es bedarf nur weniger terminologischer Anpassungen, um das Modell in die bibliothekarische Strategieplanung zu übernehmen. Der Marktanteil darf dabei eben nicht in Geldeinheiten, sondern muss in relativen Nutzungszahlen gemessen werden.[20] Und da für bibliothekarische Dienstleistungen in der Regel keine Preise verlangt werden, kann kein Umsatz errechnet werden. Für die Bibliothek lässt sich daher zwar nicht ermitteln, wie aufwendig eine Leistung sein darf, um auf dem Markt abgesetzt werden zu können; dies haben bibliothekarische Dienstleistungen jedoch mit anderen, durch die öffentliche Hand angebotene Dienstleistungen gemein. Steuerungsgröße sind daher nicht die Erlöse, sondern ist der für die jeweilige Dienstleistung zu erbringende Aufwand, welcher der Nachfrage nach einer Dienstleistung gegenüberzustellen ist. In der graphischen Darstellung der BCG-Matrix lässt sich dies berücksichtigen, indem man den Ressourcenaufwand für eine bestimmte Leistung als dritte Dimension hinzunimmt.[21]

Der darüberhinausgehende grundlegende Einwand, die Nachfrage nach Dienstleistungen könne für Bibliotheken keine strategische Größe sein, da sie anders als Unternehmen nicht auf einem Markt agierten und sich nicht gegen Konkurrenten durchsetzen müssten, lässt sich leicht entkräften: Das Gegenteil von Markt wäre hoheitliche Tätigkeit und obrigkeitsstaatliche Zuweisung. Hoheitlich handeln Bibliotheken jedoch nur in ganz wenigen Feldern, z. B. im Rahmen des Pflichtexemplarrechts, was jedoch in der Regel nur einen sehr kleinen Bereich des bibliothekarischen Leistungsspektrums ausmacht. Lediglich dort, wo es um den Kern der kulturellen Überlieferung geht, lässt sich nicht mit Nachfrage argumentieren. Natürlich werden Bibliothekar:innen bedeutende Handschriften auch dann nicht aus ihrem Bestand nehmen, wenn sie

19 Naumann, Ulrich: Serviceportfolios von Bibliotheken im Umbruch: Herausforderungen an Management und Organisation. Ein Überblick zur Thematik aus betriebswirtschaftlicher Sicht. In: Personal- und Organisationsentwicklung in Bibliotheken. Hrsg. von Andreas Degkwitz (Bibliothek: Monographien zu Forschung und Praxis (BMFP), Bd. 2). Berlin [u. a.]: De Gruyter 2013. S. 13–44, hier S. 17.

20 Fingerle, Birgit Inken [u. a.]: Innovationsmanagement in Bibliotheken. (Reihe Praxiswissen). Berlin [u. a.]: De Gruyter 2016. S. 114–115.Genannt wird das Beispiel der ETH-Bibliothek Zürich mit Nutzungszahlen und Trendeinschätzung.

21 Fingerle [u. a.], Innovationsmanagement (wie Anm. 20), S. 113–114. Am Beispiel der ETH-Bibliothek Zürich wird aufgezeigt, wie Dienstleistungen gemäß der BCG-Matrix nach ihrem Ressourcenaufwand entsprechend in unterschiedlich großen Kreisen visualisiert werden können.

schon lange nicht mehr ausgestellt oder in anderer Weise „genutzt" wurden. In allen anderen Bereichen müssen Bibliotheken durch ihre Leistungen überzeugen und sich daran messen lassen, denn – anders als noch 2013 Ulrich Naumann konstatiert hatte[22] – sind Bibliotheken schon längst nicht mehr in der komfortablen Situation eines Monopolisten, sondern bewegen sich bei fast allen ihren Leistungen in einem Konkurrenzverhältnis untereinander, aber auch zu anderen Institutionen, wie dem Buchhandel, Rechenzentren, zentralen Hochschuleinrichtungen – bei der Nutzung von Lernarbeitsplätzen kann es auch das benachbarte Café sein, das direkter Konkurrent ist.[23]

Schlussbemerkungen

Konkurrenz belebt bekanntlich das Geschäft, weswegen der Verlust des „Informationsmonopols"[24] für Bibliotheken kein Grund ist, pessimistisch zu sein. Nur wer sich an dem selbstreferentiellen Bild von Bibliotheken orientiert, das Umberto Eco bereits vor 40 Jahren in seiner ironischer Skizze „einer guten Bibliothek im Sinne einer schlechten Bibliothek" festgehalten hatte, wird von dieser Veränderung ernüchtert sein.[25]

Träger- und Nutzerorientierung als Kern einer strategischen Führung ist dagegen eine Methode, Bibliotheken in die Zukunft zu führen. Grundlegend ist dabei für Bibliotheksleitungen, strategische Entscheidungen auf objektivierbaren Indikatoren basieren zu lassen. Kosten und Nutzen sind dabei zwingend in Relation zum Auftrag und zu den Nutzerbedürfnissen zu setzen. Um aber auch die Zukunftsfähigkeit von Bibliotheken zu erhalten, braucht es einen, auf die eigene Einrichtung abgestimmten Produktkatalog.

Welches konkrete Portfolio an Dienstleistungen sich daraus ergibt, muss jedoch jede Bibliotheksleitung selbst entscheiden. Dass es dabei *eine* Dienstleistung ist, die die Zukunft sichert, ist unwahrscheinlich, auch wenn dies in den letzten beiden Jahrzehnten für die Digitalisierung oder für die Vermittlung von Informationskompetenz gelegentlich proklamiert wurde. In der letzten Zeit sind die Zukunftshoffnungen eher auf die Aufgabe der Transformation des Publikationswesens[26] oder auf den Aufbau von Sammlungen – und dabei an traditionelle bibliothekarische Aufgaben anknüpfend –

---

22 Naumann, Serviceportfolios (wie Anm. 19), S. 17

23 Georgy, Digitale Transformation (wie Anm. 17), S. 39; Georgy, Ursula [u. a.]: Einführung in die Marketinganalyse und aktuelle Entwicklungen. In: Praxishandbuch Informationsmarketing. Konvergente Strategien, Methoden und Konzepte. Hrsg. von Frauke Schade u. Ursula Georgy. Berlin [u. a.]: De Gruyter 2019. S. 17.

24 Ball, Ende eines Monopols (wie Anm. 6), S. 196.

25 Eco, Umberto [u. a.]: Die Bibliothek. München [u. a.]: Carl Hanser 1987. S. 15.

26 Wissenschaftsrat: Empfehlungen zur Transformation des wissenschaftlichen Publizierens zu Open Access. Köln 2022.

hin ausgerichtet.[27] Wahrscheinlicher ist, dass die Zukunftsfähigkeit durch ein Bündel an Services garantiert wird – beurteilt werden muss dies jedoch stets anhand der Bedürfnisse der Nutzer:innen und dem Auftrag der Träger.

---

27 Ceynowa, Klaus: Lessons from Lockdown. Was wissenschaftliche Bibliotheken aus der Corona-Krise lernen könn(t)en. In: Zeitschrift für Bibliothekswesen und Bibliographie (ZfBB) (2020). H. 3–4. S. 150–154, hier S. 151; Knoche, Bibliothek (wie Anm. 10), S. 45; Ball, Rafael: „Sammlung als Selbstzweck ist eigentlich nicht mehr haltbar“. Interview mit Dr. Torsten Reimer, Universitätsbibliothekar und Dekan der Chicago University Library. In: b. i. t. online (2022) H. 5. S. 444–449.

Teil VII: IT-Dienste in und für Bibliotheken entwickeln und umsetzen

Einführung

IT-Dienste, IT-Infrastrukturen und IT-Abteilungen in wissenschaftlichen Bibliotheken haben sich mit der digitalen Transformation von einem Randbereich zu einem zentralen Aufgabenbereich entwickelt, von dem heute praktisch alle Handlungsfelder der Bibliotheken abhängig sind. Hinzu kommt, dass IT heute in vielen größeren wissenschaftlichen Bibliotheken nicht nur angewendet, sondern auch Software zur Unterstützung vielfältiger bibliothekarischer Prozesse entwickelt wird. Aber auch als Anwender sind Bibliotheken wichtige Partner bei der Erforschung der Leistungsfähigkeit neuer IT-Entwicklungen wie bspw. im Bereich der Künstlichen Intelligenz. Die Autoren des folgenden Kapitels stellen diese Entwicklungslinien sowie die damit für Bibliotheken verbundenen Veränderungen und Herausforderungen dar und machen deutlich, dank welcher Kompetenzen es Bibliothekar:innen gelingt, diese Entwicklungen aktiv mitzugestalten.

Zunächst gibt Andreas Weber einen historischen und zugleich systematischen Überblick über das Management der IT-Struktur in Bibliotheken als Leitungsaufgabe. Dabei wird deutlich, wie sich die Ausrichtung der IT-Services wissenschaftlicher Bibliotheken mit der Veränderung ihrer Aufgabenprofile gewandelt hat und weiter wandelt, wie sie sich an neue Anforderungen, wie zum Beispiel aktuell im Bereich des Forschungsdatenmanagements, anpasst und diese effektiv unterstützt. Die hierbei entstehenden Handlungsfelder der wissenschaftlichen Bibliothekar:innen erfordern im Vergleich zum klassischen Berufsbild neue, informationstechnologische Kompetenzen.

Dies gilt insbesondere für das Aufgabengebiet der Softwareentwicklung, wie Adrian Pohl in seinem Beitrag deutlich macht. Dieses in vielen größeren wissenschaftlichen Bibliotheken inzwischen etablierte Aufgabengebiet der Entwicklung, des Betriebs und der Instandhaltung von Software bringt neue Prozesse und Aufgaben in den Bibliotheken, aber auch neue Tätigkeitsbereiche und Rollen wissenschaftlicher Bibliothekar:innen mit sich. Der Beitrag zeigt auf, welche besonderen Herausforderungen damit verbunden sind, und benennt die Kompetenzen, die wissenschaftliche Bibliothekar:innen für deren erfolgreiche Bewältigung benötigen.

Benjamin Flämig nimmt das Thema der Künstlichen Intelligenz und ihrer Bedeutung für die Arbeitsbereiche insbesondere wissenschaftlicher Bibliotheken in den Fokus. Er erläutert, warum deren große, qualitativ hochwertig erschlossene Datensammlungen ideale Anwendungsfelder für den Einsatz von Verfahren des maschinellen Lernens sind, wie Bibliotheken dazu beitragen können, diese Verfahren zu optimieren und wie Künstliche Intelligenz umgekehrt auch eingesetzt werden kann, um die Qualität bibliothekarischer Dienstleistungen zu verbessern, zum Beispiel in der Inhaltserschließung oder in der Kommunikation mit Bibliotheksnutzer:innen. Wissenschaftliche Bibliothekar:innen sollten ihr daher mit Offenheit begegnen und die Chance nutzen, sich aktiv in ihre Entwicklung einbringen.

https://doi.org/10.1515/9783110790375-031

Andreas Weber

Die IT-Struktur der Bibliothek managen

Abstract: Das Management der IT-Struktur in Bibliotheken wird aus der Perspektive der Leitungsaufgabe betrachtet. Historisch hat sich dieser Bereich von einem Randgebiet, in dem zunächst interne Bereiche der Bibliotheken durch den Einsatz von IT unterstützt wurden, zu einem zentralen Aufgabengebiet entwickelt, das die strategische Entwicklung der wissenschaftlichen Bibliotheken entscheidend bestimmt. Inzwischen sind praktisch alle Handlungsfelder der Bibliotheken auf eine funktionierende IT-Infrastruktur angewiesen. Die Änderung der Ausrichtung der Services der Bibliotheken, von der Informationsvermittlung hin zur Vermittlung von Kompetenzen im Umgang mit digitalen Medien und der Unterstützung der Forschenden beim Datenmanagement und im Forschungsprozess, schafft im Bereich des IT-Managements neue Handlungsfelder für wissenschaftliche Bibliothekar:innen.

Keywords: IT-Management, Bibliotheksmanagement, Organisationsformen, Forschungsdatenmanagement

Kurzbiografie: Andreas Weber ist Theoretischer Physiker und seit 2019 der stellvertretende leitende Direktor der Universitäts- und Stadtbibliothek Köln und leitet dort zudem das Dezernat IT-Dienste. Davor war er stellvertretender Leiter des IT-Servicezentrums der Universität Bayreuth und hat viele Jahre im Bayerischen Bibliotheksverbund an der Verbesserung der elektronischen Dienstleistungen der Bibliotheken mitgewirkt. Kontakt: weber@ub.uni-koeln.de

Einleitung

Die Digitale Transformation[1] und damit verknüpft die Informationstechnologie (IT) verändern seit vielen Jahren alle Bereiche des täglichen Lebens. In den meisten Bibliotheken basieren mittlerweile alle Dienstleistungen auf einer funktionierenden digitalen Infrastruktur. Das Management der IT-Struktur wird im Folgenden als Leitungsaufgabe verstanden. Diese stellt aufgrund der wachsenden Bedeutung der IT eine essentielle Aufgabe für alle Einrichtungen der Informationsversorgung dar. Mit der fortschreitenden Digitalisierung verändert sich das Dienstleistungsportfolio von Bi-

1 Gemeint ist hier der Veränderungsprozess in Wirtschaft und Gesellschaft, der durch die Entstehung immer leistungsfähigerer digitaler Techniken und Technologien ausgelöst worden ist: s. https://de.wikipedia.org/wiki/Digitale_Transformation (14.3.2023). Im Umfeld der Bibliotheken muss deutlich zu der Umwandlung von analogen Medien in digitale Darstellungsformenabgegrenzt werden, die hier oft als Digitalisierung bezeichnet wird. Im Weiteren wird dieser Prozess als Retrodigitalisierung bezeichnet.

https://doi.org/10.1515/9783110790375-032

bliotheken fortwährend.[2] Zudem entstehen an den Universitäten ebenfalls neue, zumeist vernetzte Services. Die Bibliotheken müssen in diesem Gesamtgeflecht ihre Rolle finden, indem sie neue, attraktive und vernetzte Services anbieten. Dem Aufbau, der Entwicklung und dem Management der IT-Struktur kommt deshalb eine wichtige Rolle in der strategischen Weiterentwicklung der Bibliotheken zu. Diese qualitative Veränderung in der Rolle des IT-Managements ist eng verbunden mit dem durch die Digitale Transformation einhergehenden Wandel der Handlungsfelder der Bibliotheken. Lange stand die Beschaffung von Literatur für Lehre und Forschung und die Bereitstellung von Zugängen zu Informationsquellen im Vordergrund. Mittlerweile zielen Services von Bibliotheken immer mehr auf die Vermittlung von Kompetenzen im Umgang mit digitalen Medien (Information Literacy)[3] und auf die Unterstützung der Forschenden beim Datenmanagement und im Forschungsprozess.[4]

Historischer Ausflug

Die Sicht auf die heutige IT trägt speziell in Bibliotheken oft noch die Vergangenheit in sich, als „die EDV" verantwortlich dafür war, dass die Systeme zur Unterstützung der bibliothekarischen Prozesse laufen. Daher lohnt sich ein Blick zurück in die jüngere Geschichte und auf die historische Entwicklung der IT-technischen Unterstützung in Bibliotheken.

Die strategische Bedeutung der IT-technischen Infrastruktur wurde lange Zeit nicht erkannt. IT-Anwendungen wurden zunächst eher als notwendiges Übel der digitalen Zeit wahrgenommen und nicht als Startpunkt neuer, innovativer Entwicklungen angesehen. Die ersten Ansätze zur Einführung von IT-Systemen in Bibliotheken blieben dadurch lange Zeit punktuelle Ausnahmen und wurden im bibliothekarischen Umfeld eher als singuläre Experimente betrachtet, „mehr eher ein teilweise belächeltes, teilweise auch bekämpftes Kuriosum".[5] Der Einsatz von IT-Systemen hatte dabei

2 Tappenbeck, Inka: Wissenschaftlicher Dienst im Wandel? Eine Bestandsaufnahme am Beispiel der Universitätsbibliotheken in Nordrhein-Westfalen. In: Die Bibliothek im Spannungsfeld: Geschichte – Dienstleistungen – Werte. Festschrift für Hermann Rösch. Hrsg. von Haike Meinhardt u. Inka Tappenbeck. Bad Honnef: Bock + Herchen 2019. S. 129–140.

3 Sühl-Strohmenger, Wilfried u. Jan-Pieter Barbian: Informationskompetenz: Leitbegriff bibliothekarischen Handelns in der digitalen Informationswelt. Wiesbaden: Dinges & Frick 2017 (b. i. t. online – Innovativ 67). S. 188.

4 Wissenschaftliche Bibliotheken 2025. Beschlossen von der Sektion 4 „Wissenschaftliche Universalbibliotheken" im Deutschen Bibliotheksverband e. V. (dbv) im Januar 2018. http://www.bibliotheksverband.de/fileadmin/user_upload/Sektionen/sektion4/Publikationen/WB2025_Endfassung_endg.pdf (14.3.2023).

5 Dugall, Berndt: Der Einfluss von Informations- und Kommunikationstechnologien auf Dienste, Arbeitsabläufe und Organisation von Bibliotheken. In: Bibliotheken: Innovation aus Tradition. Rolf Griebel zum 65. Geburtstag. Hrsg. von Klaus Ceynowa u. Martin Hermann. Berlin [u. a.]: De Gruyter Saur 2015. S. 151–166. DOI: https://doi.org/10.1515/9783110310511.151.

zunächst allein das Ziel, die Arbeit der Bibliothekar:innen im Bereich der Katalogisierung und der Ausleihe zu erleichtern. An die Schaffung neuer Benutzerservices oder die Veränderung bibliothekarischer Prozesse durch den Einsatz von Rechnersystemen war zu diesem Zeitpunkt nicht zu denken. So war die erste IT-basierte Anwendung in deutschen Bibliotheken ein Offline-Ausleihsystem, das 1963 in Bochum in Betrieb genommen wurde.[6] Es folgte der Einsatz von Systemen zur Unterstützung der Katalogisierung, wobei es sich aufgrund der mangelnden Vernetzung von Rechnern bis weit in die 1980er Jahre um lokale, autonome Systeme handelte.

Das IT-Management in den Bibliotheken glich dem eines Rechenzentrums, galt es doch den Betrieb der Großrechneranlagen und die Entwicklung von Programmen auf diesen Anlagen zu organisieren. Kenntnisse der technischen Anlagen und der Programmierung waren die Grundlagen für das IT-Management. In vielen Bibliotheken stellte die überregionale Sammlung von Katalogdaten den Startpunkt der Einrichtung einer IT-Abteilung dar. Die Netzwerktechnik war zu Beginn dieser Initiative noch wenig leistungsfähig und sehr kostenintensiv. Die Entwicklung erschwinglicher, austauschbarer Speichermedien (Disketten, Floppy Disk) bildete die Grundlage des Austausches elektronisch erfasster Katalogdaten. Diese Daten wurden an zentralen Stellen gesammelt, woraus sich die Verbundsysteme entwickelten. In den 1980er Jahren wurden sieben solcher Bibliotheksverbünde eingerichtet, die bis auf den in Hamburg auch heute noch existieren.[7] Diese zentrale Sammlung von elektronischen Kataloginformationen hatte auch direkte Auswirkungen auf die Arbeitsweise in den Bibliotheken, denn fortan mussten alle an einem Verbund teilnehmenden Bibliotheken zwingend nach einheitlichen Regeln katalogisieren. Über die Administration der lokalen Erfassungsstationen und des Datentransfers fand die Verwaltung von IT-Systemen den Weg in die Bibliotheken. Die trotzdem eher ablehnende oder zumindest sehr skeptische Haltung der Bibliothekar:innen gegenüber der Einführung von Rechenanlagen hat dazu geführt, dass ein flächendeckender Einsatz von EDV-Systemen in den Bibliotheken erst in den 1990er Jahren verzeichnet werden konnte. Die Großrechner wurden durch kompaktere Systeme gleicher Leistung abgelöst, deren Betrieb weniger bauliche und technische Anforderungen stellte. Das IT-Management war aber noch lange Zeit darauf fokussiert, den Betrieb der technischen Basisinfrastruktur für die lokalen Bibliotheksmanagementsysteme (LBMS) zu gewährleisten.

Technische Weiterentwicklungen, insbesondere durch das World Wide Web (Internet), führten zu tiefgehenden Änderungen im Dienstleistungsportfolio der Bibliotheken, auf die im Folgenden noch eingegangen wird. Mittlerweile steht außer Frage, dass die Weiterentwicklung der Services einer Bibliothek nur mit Unterstützung leistungsfähiger IT-Systeme zu erreichen ist. Neben den basalen technischen Anforderun-

6 Albrecht, Jörg: Integrierte elektronische Bibliothekssysteme in wissenschaftlichen Bibliotheken Deutschlands. Dissertation Humboldt-Universität zu Berlin 2010. https://web.archive.org/web/20160517224922/http://repo.ub.rub.de/bibliographie/14226007X/Diss2010.pdf (14.3.2023).

7 Dugall, Der Einfluss von Informations- und Kommunikationstechnologien (wie Anm. 5), S. 154.

gen gilt es, das Potential des IT-Personals für neue Entwicklungen zu nutzen. Der/die IT-Manager:in sollte deshalb ein Mitglied des Leitungsteams der Bibliothek oder zumindest in die strategischen Planungen eng einbezogen sein. Die Mitarbeiter:innen in der IT können in Bibliotheken unterschiedlich organisiert sein, wobei die Organisationsform meist historisch gewachsen ist. Auch die Aufgaben und Rollen des/der IT-Manager:in hängen von der Aufbauorganisation in den Bibliotheken ab. Die wichtigsten Formen sollen im Folgenden zusammengefasst in den Blick genommen werden.

Aufbauorganisation – Organisationsformen der IT-Struktur

Zentrale Organisation

Häufig werden die für die IT zuständigen Mitarbeiter:innen in einer eigenen Abteilung zusammengefasst. Diese Abteilung steht organisatorisch gleichwertig neben den anderen Fachabteilungen und soll die IT-Aufgaben für die ganze Bibliothek erfüllen. Eine zentrale Organisation hat den Vorteil, dass die IT-Kompetenz an einer Stelle gebündelt wird. Neben dem Betrieb zentraler Dienste für die gesamte Institution, können sich einzelne Mitarbeiter:innen auf Teilgebiete spezialisieren und sich detaillierte Fachkenntnisse aneignen, die wiederum die notwendige Grundlage für Neu- und Weiterentwicklungen darstellt. Zwischen den IT-Mitarbeiter:innen herrscht aufgrund der gemeinsamen Struktur ein enger Austausch, was insgesamt zu einem guten Wissenstransfer führt. Das IT-Management steht hier in der Verantwortung, die IT-Ressourcen für die ganze Bibliothek zu organisieren. Für die Abschätzung der Bedarfe sind ein kontinuierlicher Austausch mit allen weiteren Fachabteilungen und -bereichen und die Einbindung in deren Projektplanungen notwendig. Die Verteilung der IT-Ressourcen zur Erfüllung der verschiedenen Anforderung aus den Abteilungen muss durch den/die IT-Manager:in gesteuert werden. Die zentrale Steuerung ermöglicht es hierbei, standardisierte Prozesse einzuführen, die eine effiziente Lösung, zumindest für die Standardaufgaben – etwa die Organisation der Arbeitsplatzrechner – ermöglichen. In übergreifenden Kooperationen ist der/die Leiter:in der IT-Abteilung für die externen Partner erste:r Ansprechpartner:in zu technischen Fragen. Die zentrale Organisation ermöglicht es, im Bedarfsfall die spezialisierten Mitarbeiter:innen in die Planungsgespräche einzubeziehen. Als Abteilungsleiter:in ist der/die IT-Manager:in in die Leitungsebene und somit in die strategischen Planungen eingebunden.

Dezentrale Organisation

In stark (auch räumlich) dezentral organisierten Einrichtungen hat sich eine andere Form der Organisation der IT entwickelt. Hier werden den einzelnen Bereichen der Bibliothek eigene IT-Ressourcen zugeordnet. Der IT-Einsatz ist auf die Aufgaben des

Bereichs fokussiert, eine Spezialisierung findet meist nur in einem engen fachlichen Kontext statt. Der Austausch mit anderen IT-Mitarbeiter:innen und damit ein Wissenstransfer finden nur da statt, wo bereichsübergreifende Kommunikations- und Kollaborationsstrukturen geschaffen wurden. Da in der Regel auch die Versorgung mit den Grunddiensten (z. B. Arbeitsplatzrechner) durch die lokalen IT-Mitarbeiter:innen erfolgen muss, wird ein generalisiertes IT-Wissen benötigt. Ohne die Nutzung von Synergien, insbesondere bei der Umsetzung der IT-Grundversorgung ist die Möglichkeit der tiefgehenden Spezialisierung meist beeinträchtigt. Die IT-Strategie wird in den einzelnen Fachbereichen unter Verantwortung der Abteilungsleitungen erarbeitet und kann zu heterogenen Zielen zwischen den einzelnen IT-Ressourcen führen. Daher muss für die übergreifende Koordination der IT-Prozesse von der Bibliotheksleitung ein Prozess eingeführt und überwacht werden. Die Priorisierung der Projekte und die Verteilung der Ressourcen werden hier ebenfalls auf dieser Ebene umgesetzt.

Auslagerung der IT-Aufgaben

Besonders in kleineren Bibliotheken mit geringen Personalkapazitäten werden IT-Aufgaben an Dienstleister ausgelagert. Diese können externe Partner oder in anderen Bereichen der Gesamteinrichtung angesiedelt sein, z. B. in Rechenzentren. Auch in größeren Einrichtungen können teilweise IT-Services ausgelagert werden, etwa durch die Einführung cloudbasierter Services. Grundsätzlich muss die Auslagerung von IT-Services kein Nachteil sein. Die Anbindung an größere Anbieter birgt die Chance an Weiterentwicklungen partizipieren zu können, die mit eigenen Ressourcen nicht erreicht werden könnten. Wird ein Dienst ausgelagert, besteht die Aufgabe des lokalen IT-Managements darin, die fachlich qualifizierte Kommunikation mit dem Dienstleister zu führen. Es muss also ausreichend IT-Kompetenz vorhanden sein, um einerseits die Anforderung der Bibliothek formulieren und andererseits, um die Qualität der erbrachten Leistungen beurteilen zu können. Weiterhin obliegt es dem IT-Management geeignete Mechanismen einzurichten, die den störungsfreien Betrieb der Dienste sicherstellen. Das beginnt mit der Festlegung des Umfangs der Serviceleistungen durch vertragliche Vereinbarungen und endet mit ganz praktischen Fragestellungen, wie der Einrichtung von Kommunikationswegen, auf denen Störungen gemeldet werden.

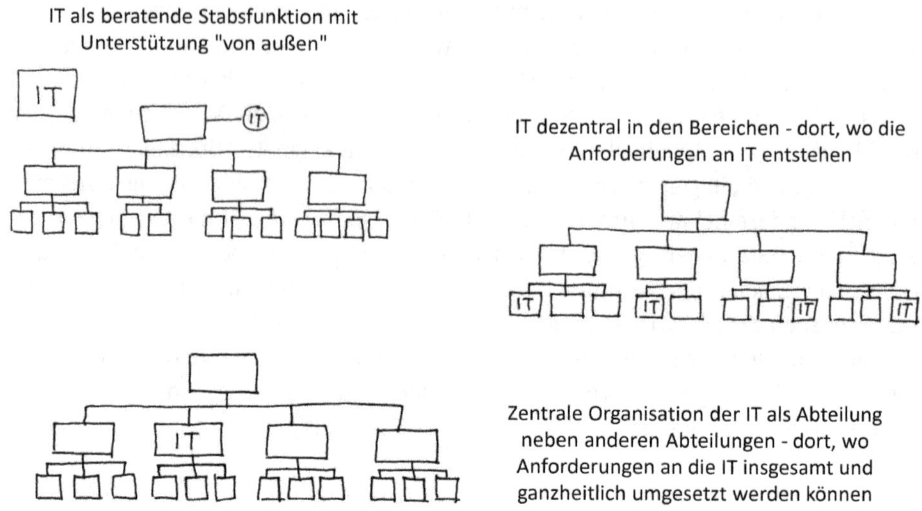

Abb. 1: Bildliche Darstellung der verschiedenen Organisationsformen[8]

Matrix-Modelle

Mischformen

Diese drei „klassischen", meist historisch gewachsenen Organisationsformen können in der jeweiligen Reinform Nachteile aufweisen. Die Organisation der IT als eigenständige Abteilung innerhalb der Gesamthierarchie der Institution birgt beispielsweise die Gefahr, dass Kommunikationswege durch die Einhaltung der Hierarchiestufen träge sind. Den immer schneller werdenden, technologischen Weiterentwicklungen werden die klassischen Organisationsformen kaum noch gerecht. Daher gibt es zwischen den vorgestellten Organisationsmodellen auch Mischformen, in denen die aufgezeigten Charakteristiken in unterschiedlicher Ausprägung auftreten.

Die allgegenwärtige Transformation etablierter Angebote in digitale Services und die steigende Kundenorientierung der angebotenen Dienstleistungen führen zu starken Veränderungen im Serviceportfolio von Informationseinrichtungen im Allgemeinen und damit auch Bibliotheken im Speziellen. Wegen dieser Veränderungen und der notwendigen Agilität, die diese bedeuten, muss zukünftig das (IT-)Management aus Sicht der Services gedacht und implementiert werden. Die für die Weiterentwicklung der fachlichen Angebote notwendigen Ressourcen müssen flexibel organisiert

8 Brechmacher, Janna: Wie ist IT in Bibliotheken heute organisiert und was könnten wir tun, um (noch) besser zu werden? Präsentationsfolien. Datum: 16.03.2016. https://opus4.kobv.de/opus4-bib-info/frontdoor/index/index/docId/2313 (14.3.2023).

werden. Dafür werden IT-Ressourcen temporär verschiedenen Projekten zugeordnet. Das IT-Management hat durch die Mitarbeit im Projektmanagement dafür zu sorgen, dass fachbezogene Projektgruppen geeignet mit der benötigten IT-Kompetenz unterstützt werden. Das IT-Personal vernetzt sich somit mit allen anderen Bereichen, ohne dass es feste, dauerhafte Zuordnungen zu diesen Bereichen gibt. Dieses Modell des „Dualen Betriebssystems“ [9] setzt primär auf das Prinzip, dass Veränderungen von vielen Menschen aus allen Bereichen vorangetrieben werden müssen. Durch den Zusammenschluss zu Netzwerken wird insbesondere das wesentliche Problem überwunden, dass die Kommunikation in hierarchischen Strukturen in der Regel langsam und wenig effektiv ist.

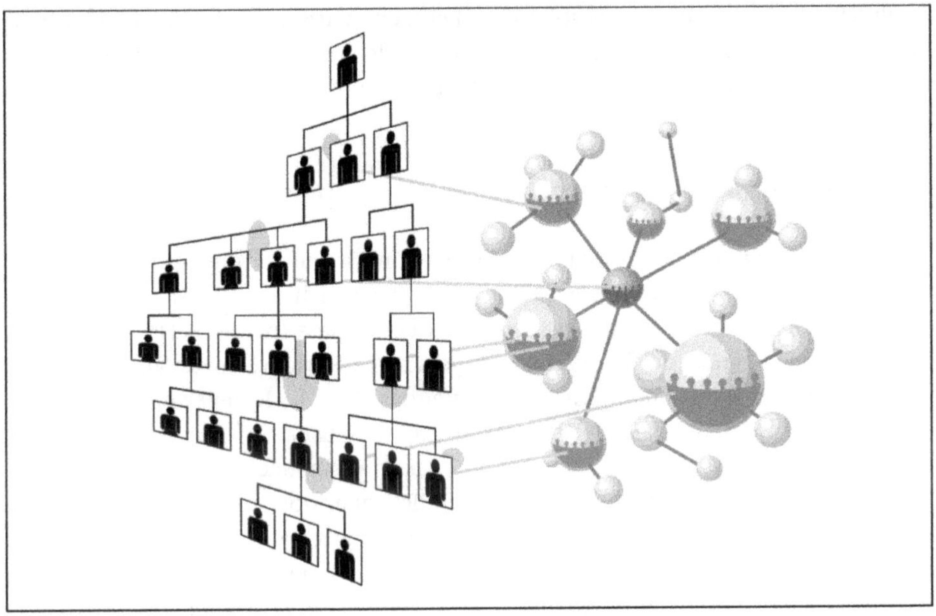

Abb. 2: Duales Betriebssystem: Die ausgereifte hierarchische Organisation (links) wird durch eine neue, netzwerkartige Struktur (rechts) ergänzt. Beide Systeme funktionieren Hand in Hand[10]

9 Kotter, John P.: Accelerate: strategischen Herausforderungen schnell, agil und kreativ begegnen. Aus d. Amerikan. übers. von Katrin Klein. München: Verlag Franz Vahlen 2015. S. 18. ProQuest Ebook Central. https://ebookcentral.proquest.com/lib/ubkoeln/detail.action?docID=4070270 (14.3.2023).

10 Kotter, Accelerate (wie Anm. 9).

Aufgaben des IT-Managements

Zu den wesentlichen Aufgaben des IT-Managements gehört, neben der Ressourcenplanung, die strategische Planung und Überwachung der Ablauforganisation, also der Definition und Implementierung der IT-Prozesse. Im Sinne der IT-Governance müssen diese Prozesse mit den strategischen Zielen der Gesamtorganisation in Einklang gebracht werden. Das IT-Management ist als Teil des Gesamtmanagements der Organisation dafür verantwortlich, dass die IT strategisch und sinnvoll eingesetzt wird, um die Organisationsziele optimal und nachhaltig zu unterstützen.

Standardisierte Rahmenwerke, wie beispielsweise Information Technology Infrastructure Library (ITIL)[11] können hier sinnvoll eingesetzt werden. Auf eine ausführliche Beschäftigung mit diesem Best-Practice-Leitfaden wird an dieser Stelle verzichtet. Vielmehr soll, anhand praktischer Aufgabenbeispiele aus der eigenen Erfahrungswelt, das Handlungsfeld des IT-Managements dargestellt werden.

Bereitstellung der IT-Infrastruktur

Eine der Kernaufgaben des IT-Managements stellt nach wie vor die Bereitstellung der IT-Infrastruktur dar. Die IT-Infrastruktur umfasst dabei in der Regel die komplette Hard- und Software. Das IT-Management sorgt dafür, dass für die Bereitstellung der Dienstleistungen genügend finanzielle und personelle Ressourcen zur Verfügung stehen. In Bezug auf Hard- und Software bedeutet das, dass die Erneuerung in gewissen Zyklen geplant wird und die benötigten Mittel in die Haushaltsplanungen eingebracht werden. Ebenso muss sichergestellt werden, dass die personelle Ausstattung ausreichend und kompetent ist. Nicht ganz offensichtlich, aber notwendig ist, dass auch die für den Betrieb notwendigen baulichen Voraussetzungen im IT-Management berücksichtigt werden. Die Anpassung der baulichen Gegebenheiten trägt wesentlich zur Weiterentwicklung der IT-Services bei. So führt beispielsweise der immer größer werdende Anteil elektronischer Materialien am gesamten Informationsangebot zu einer veränderten Nutzung der Bibliotheksgebäude. Waren die Arbeitsplätze früher zur Nutzung gedruckter Materialien ausgelegt, werden nun Arbeitsplätze benötigt, mit denen alle elektronischen Angebote abrufbar sind. Zu Beginn dieser Entwicklung richteten die Bibliotheken spezielle Internet-Arbeitsplätze ein, die öffentlich für alle Benutzer:innen zugänglich waren. Mit der Verbreitung der mobilen Endgeräte (Laptop, mobile Telefone, Tablets) ergab sich die Notwendigkeit, an den Arbeitsplätzen der Benutzer:innen einen Netzzugang und Stromanschlüsse bereitzustellen – Stichwort *Bring your own Device* (ByoD). Während der Netzzugriff über die Einrichtung von WLAN-Accesspoints relativ einfach ermöglicht werden kann, ist die Versorgung mit

11 Offizielle Webseite: Axelos Ltd.: Information Technology Infrastructure Library (ITIL). https://www.h-brs.de/de/bib/e-tutoren-zertifikatsprogramm (14.3.2023).

Stromanschlüssen mit Baumaßnahmen verbunden, die etwa bei denkmalgeschützten Gebäuden komplex gestaltet sein können. Auch wenn die baulichen Maßnahmen nicht selbst von der IT geplant und durchgeführt werden, muss das IT-Management in der Lage sein, die notwendigen Absprachen mit den zuständigen Stellen, z. B. den Baudezernaten, durchführen zu können.

Für die Vermittlung digitaler Schlüsselkompetenzen müssen Umgebungen bereitgestellt werden, in denen diese auch praktisch ausprobiert und angewendet werden können. Moderne Lernräume müssen mit moderner Technik ausgestattet sein, die den Anforderungen moderner Lernumgebungen genügt und weiterentwickelbar ist. Beispielweise haben die Einrichtung eines Aufnahmestudios für selbstproduzierte Lernvideos oder die Einrichtung von Arbeitsplätzen, um in der virtuellen Realität erste Gehversuche zu machen, neben den technischen Anforderungen weitergehende Rahmenbedingungen, die sich z. B. aus der Einhaltung der Brandschutzrichtlinien ergeben. Auch hier liegen die Kommunikation und die Zusammenarbeit mit anderen Abteilungen im Aufgabenbereich des IT-Managements.

Kooperationen und Vernetzung

Nicht nur in den Bibliotheken werden durch die fortschreitende Digitalisierung neue digitale Angebote aufgebaut. Die Services und Dienstleistungen in diese entstehenden Netzwerke einzubinden, liegt in der Verantwortung des IT-Managements. Für die Anbindung an andere Services müssen Absprachen zu Schnittstellen getroffen werden und die technischen Rahmenbedingungen bereitgestellt werden. Das IT-Management hat diese Absprachen zu verifizieren und die Umsetzung zu überwachen. Weiterhin unterstützt das IT-Management die Fachabteilungen dabei, ihre Angebote in größere Kontexte einzubinden.

Die Vernetzung mit IT-Spezialist:innen anderer Bereiche der eigenen Einrichtung, regional und überregional ermöglicht einen Wissenstransfer, der die erfolgreiche Umsetzung von großen Projekten unterstützt. Die Mitarbeit des IT-Managements selbst und der IT-Mitarbeiter:innen in übergreifenden Arbeitsgruppen ist die Grundlage für diese Vernetzung und sollte vom IT-Management vorangetrieben werden.

Datenschutz und Datensicherheit

Den wohl gravierendsten Umbruch für die Serviceangebote der Bibliotheken brachte das World Wide Web (WWW). Neben dem vereinfachten Zugriff auf die eigenen Serviceangebote und der Möglichkeit der Vernetzung von überregionalen Angeboten brachte das Internet auch eine neue Verteilung der Angebote. Fachdatenbanken wurden nach und nach im WWW durch die Produzenten selbst angeboten. Lokale Angebote auf Basis von DVD oder CD-ROM wurden dadurch obsolet. Die Organisation der

Zugriffe auf diese Datenbanken wurde abgelöst durch die Aufgabe, die in den Lizenzverträgen mit den Anbietern vereinbarten Zugangsbeschränkungen einzuhalten. Das Thema der digitalen Authentifizierung und Autorisierung wurde damit zu einem Kernthema der IT-Infrastruktur.

Die Sicherstellung der Konformität der eingesetzten Anwendungen und Schnittstellen mit den rechtlichen Vorgaben ist eine Aufgabe des IT-Managements. Neben den Vorgaben des Datenschutzes sind hier auch die Mitbestimmungsverfahren der Personalvertretungen einzuhalten. Bei der Einführung neuer Verarbeitungssysteme oder Schnittstellen zum Austausch von Daten sind diese vorab anzumelden und mit den entsprechenden Gremien abzuklären. Das gilt auch für Schnittstellen innerhalb der eigenen Institution, etwa der Datenaustausch zum Haushaltsystem oder mit der Studierendenverwaltung. In der Verantwortung des IT-Managements liegt auch, dass die Vorgaben der Datenschutz-Grundverordnung (DSGVO) eingehalten werden. Das ist insbesondere für Anwendungen notwendig, die auf Systemen externer Partner ablaufen. Mit den Anbietern der externen Services oder Cloud-Services muss die datenschutzkonforme Verarbeitung in den vertraglichen Vereinbarungen festgehalten werden. Die rechtliche Prüfung dieser Vereinbarungen mit dem Justiziariat der Einrichtung und die Aktualisierung der Angaben liegen ebenfalls in der Verantwortung des IT-Managements.

Zusätzlich zu den neuen Möglichkeiten durch das Internet, sind seit dem Beginn der weltweiten Öffnung der Angebote die Rechnersysteme nun externen Angriffen ausgesetzt. Die Organisation der IT-Sicherheit wurde ein wichtiges Aufgabenfeld für das IT-Management. Die Zugriffe auf die IT-Infrastruktur müssen abgesichert werden, ohne den einfachen Zugang für die autorisierten Endnutzer:innen zu behindern. Dies geschieht sowohl auf Ebene der lokalen Rechnersysteme als auch über übergreifenden Firewall-Lösungen. Die Organisation regelmäßiger Sicherheitsupdates der Systeme ist ebenfalls die Aufgabe des IT-Managements. Bei komplexen Systemen ist das eine Aufgabe, die einer langfristigen Planung bedarf, da die Systeme in der Regel in gegenseitiger Abhängigkeit zueinander stehen. Ebenso muss ein Sicherungskonzept für die lokalen Systeme konzipiert und überwacht werden, welches eine sichere Rekonstruktion der Daten auch nach einer Havarie erlaubt. Im Falle eines Zwischenfalls ist das IT-Management für die Berichterstattung, die Wiederherstellung der Systeme und den Kontakt mit den ermittelnden Stellen verantwortlich.[12]

Publikation und langfristige Verfügbarkeit von Forschungsergebnissen

Die Etablierung von PDF als Standard für die Präsentation und den Austausch von elektronischen Texten im WWW bereitete die Grundlage für die Bereitstellung vor-

12 Steinberg, Joseph: Cyber-Sicherheit für Dummies. Übers. aus d. Amerikan. von Michaela Haller. Weinheim: Wiley 2020 (Lernen einfach gemacht).

mals gedruckt distribuierter Medien in elektronischer Form.[13] Diese Entwicklung wurde von den Bibliotheken selbst vorangetrieben, indem sie Publikationsserver für die Veröffentlichung von Dissertationen einrichteten. Die freie Bereitstellung von Dissertationen im Netz stellte gewissermaßen den Beginn des OA-Gedankens bei der Veröffentlichung von Forschungsergebnissen dar. Die Unterstützung des OA-Publizierens hat sich als neues Aufgabengebiet für Bibliotheken entwickelt. Einerseits werden die Forschenden bei der Wahl des Publikationsortes und der Abwicklung der Zahlungen an die Verlage unterstützt. Andererseits werden von Bibliotheken selbst Systeme zur Publikation frei zugänglicher Zeitschriften und Monographien angeboten. Die Bereitstellung geeigneter Rechercheinstrumente für Forschungsdaten, die open access angeboten werden, wird oft auch von Bibliotheken organisiert. Die Entwicklung des wissenschaftlichen Publikationswesens zum OA-Modell stellt die Bibliotheken vor die Herausforderung, dass die klassische Beschaffung physischer beziehungsweise lizenzierter Medien in den Hintergrund treten wird. Gleichermaßen treten Anforderungen an Services und IT-Systeme in den Vordergrund, welche die Forschenden im neuen Publikationsprozess bestmöglich unterstützen. Bei der Umgestaltung dieser Dienste ist die IT gefordert, die Prozesse geeignet zu gestalten und zu unterstützen.

Mit der Möglichkeit, Forschungsergebnisse in institutionellen Repositorien zu publizieren, ergeben sich für die IT-Infrastruktur und Services weitere Anforderungen. Zu den Vorkehrungen der IT-Sicherheit gesellt sich die Anforderung, die institutionell publizierten Forschungsdaten und Forschungsergebnisse über einen langen Zeitraum garantiert verfügbar zu halten. Hierzu müssen neue Methoden zur langfristigen Speicherung und Wiederauffindbarkeit gefunden und implementiert werden. Das Schaffen von Zugängen zu Archivsystemen und -infrastrukturen und die Unterstützung bei der Beschreibung der Daten mit Metadaten, die eine langfristige Wiederverwendbarkeit garantieren, sind neue Services in Bibliotheken, die sowohl fachlich als auch IT-technisch ausgestaltet werden müssen.

Innovation

Neue Verarbeitungsmethoden und Services müssen kontinuierlich erkannt, betrachtet und evaluiert werden. Insbesondere muss das Potential neuer technischer Entwicklungen für die Verbesserung der lokalen Services abgeschätzt werden.

Ein gutes Beispiel zur Verdeutlichung des Potentials neuer Entwicklungen stellt der Umgang mit den historischen Beständen in Bibliotheken dar. Zunächst wurden ausgewählte Medien mit Hilfe von Scannern individuell digitalisiert, um die erstellten

13 Die über PDF bereitgestellten Dokumente unterscheiden sich nicht von gedruckt gelieferten Ausgaben. Lediglich die Durchsuchbarkeit und die Verlinkung zu externen Referenzen bieten einen gewissen Vorteil. Interaktive Elemente, die in elektronischen Publikationen denkbar sind, fehlen hier jedoch meist.

Bilder für Nutzer:innen bereitzustellen. Die Anbindung der Scanner an die Arbeitsplatzrechner und die Bereitstellung von Speicherplatz stellten somit die ersten Aufgaben für die IT dar. Mit der Erhöhung des Durchsatzes durch bessere und erschwingliche Hardware wurde für die Organisation der Digitalisierungsvorhaben der Einsatz eines Workflow-Managements notwendig. Diese komplexen Systeme koordinieren die verschiedenen Arbeitsschritte und sorgen für den optimalen Einsatz der Ressourcen. Die dauernde Verbesserung der OCR-Technik ermöglichte schließlich die automatische inhaltliche Erschließung der Digitalisate. Die Auswertung der Gesamtheit der Volltext-Daten wird mit intelligenten Text- und Data-Mining Methoden möglich und ermöglicht das Anbieten ganz neuer Services für die Forschenden. In jedem einzelnen dieser Entwicklungsschritte der Retrodigitalisierung war es die Aufgabe des IT-Managements, Technologien und Methoden hinsichtlich ihrer Einsatzfähigkeit, ihrer Passgenauigkeit und ihres Reifegrads zu evaluieren, bevor diese dann produktiv im Digitalisierungsprozess eingesetzt werden konnten.

Ein weiteres Beispiel innovativer und mannigfaltiger Handlungsfelder für Bibliotheken bietet die Unterstützung der Forschenden bei der Verwaltung ihrer Forschungsdaten. Beratung und Unterstützung bei der Entwicklung von Metadatenschemata zur Beschreibung der Forschungsdaten gehört offensichtlich in die Kernkompetenz von Bibliotheken. Aber auch die Bereitstellung von Publikationsmöglichkeiten für Forschungsdaten ist ein Bereich, in dem Bibliotheken eine Rolle finden. Die Bereitstellung von Systemen zur Verwaltung und Erschließung digitaler Objekte in Sammlungen ist ebenfalls ein Handlungsfeld, bei dem die Bibliotheken den Forschungsprozess aktiv unterstützen können. Die Vermittlung digitaler Kompetenzen und die Unterstützung der Bereitstellung elektronischer Lernmittel ist ebenfalls ein Tätigkeitsbereich, in dem die Bibliotheken innovativ wirken. Die Bibliotheken entwickeln sich somit von einer Einrichtung zur reinen Literaturversorgung und Verwaltung der eigenen Bestände zu einem Broker für digitale Informationen aller Art. Dieser Schritt ist für die Bibliotheken wichtig, um in den neuen, vernetzten Strukturen ein gleichwertiger Partner der Wissenschaft zu sein und damit letztendlich auch künftig eine wichtige Rolle im Angebotsgefüge der Hochschule zu spielen. Diese Innovationsprozesse bedürfen der Unterstützung der IT-Mitarbeiter:innen und des IT-Managements bei den strategischen Entscheidungsprozessen.

Personalverwaltung und Personalentwicklung

Für die Umsetzung der neuen Herausforderungen ist engagiertes und kompetentes Personal eine notwendige Voraussetzung. Aufgrund der absehbaren Arbeitsmarktentwicklung speziell im Bereich der IT-Fachkräfte wird es daher unabdingbar sein, dem bestehenden Personal Entwicklungspotentiale aufzuzeigen, bestehende Potentiale zu fördern und ein gutes Arbeitsumfeld zu bieten, so dass eine Abwanderung des bestehenden Personals vermieden wird. In diesem Bereich wird das IT-Management in

Zukunft noch stärker gefordert sein, die oft starren Strukturen in öffentlichen Einrichtungen und der tariflichen Rahmenbedingungen geeignet aufzuweichen und zu flexibilisieren. Zusammen mit den Personalverwaltungen müssen hier neue, innovative Lösungen gefunden werden. Insbesondere stellt die Weiterbildung vorhandener (IT-) Mitarbeiter:innen eine wichtige Möglichkeit dar, das notwendige Know-how im Bereich der IT aufzubauen. Dabei ist es wichtig, dass die Fortbildung in IT-Themen nicht auf die IT-Mitarbeiter:innen beschränkt bleibt. Das IT-Management muss geeignete Fortbildungsangebote fördern, die in der Breite des Kollegiums das Wissensniveau in IT-Fragen erhöht. Jedes von technisch qualifizierten Mitarbeiter:innen eigenständig gelöste Problem entlastet die eigentlichen IT-Mitarbeiter:innen. Bei der Rekrutierung neuer Mitarbeiter:innen sollte durch das IT-Management darauf hingewirkt werden, dass interessante und attraktive Aufgabenbeschreibungen mit Freiraum für eigene Ideen geschaffen werden. Das Finden und Halten von IT-Spezialist:innen werden zukünftig zu den wichtigsten Aufgaben des IT-Managements zählen und maßgeblich über die Handlungsfähigkeit der IT und damit auch über das Erreichen der strategischen Ziele der Gesamtorganisation entscheiden.

Da die wesentlichen Innovationen in den Bibliotheken mit technischen Veränderungen einhergehen, ist auch das Change-Management eine Aufgabe, in die das IT-Management stark eingebunden ist. Die Vermittlung von Vertrauen in die neuen technischen Systeme und die Erarbeitung geeigneter Migrationsszenarien kann ohne den Einbezug der IT-Abteilungen nicht gelingen. Insbesondere die transparente Darstellung der Verarbeitungsprozesse hilft bei der Vertrauensbildung und stellt auch die Basis geeigneter Schulungen dar. Nicht zuletzt kann das IT-Management im Veränderungsprozess noch mit technischen Anpassungen eingreifen und eventuelle Probleme durch die Veränderung abschwächen.

Ausblick

Durch die fortwährende Weiterentwicklung des Dienstleistungsangebots der Bibliotheken erfährt auch das Management der IT-Struktur in Bibliotheken einen gravierenden Wandel. Wurde früher auf die Entscheidungen der Bibliotheksleitungen im IT-Management mit der Planung der technischen Umsetzung reagiert, kommt heute und zukünftig dem IT-Management ein sehr viel aktiverer Part in der strategischen Weiterentwicklung der Bibliotheken zu. Lange waren die Aufgaben des IT-Managements dadurch geprägt, den Betrieb der technischen Infrastruktur für die lokalen Bibliothekssysteme zu gewährleisten. Diese technisch orientierten Aufgaben werden durch die Verfügbarkeit cloudbasierter Services oder virtualisierter Serversysteme zunehmend ausgelagert. Durch die wachsende Vernetzung der Services innerhalb und außerhalb der Einrichtung sind die IT-Manager:innen technisch kompetente Ansprechpartner:innen für Kooperationspartner. Neue informationstechnische Trends müssen beobachtet werden, um daraus frühzeitig Chancen für neue oder verbesserte Serviceangebote abzuleiten. Zusammen mit den Fachabteilungen müssen diese diskutiert und umgesetzt werden. Dabei werden die personellen Ressourcen der IT-Abteilung temporär zu verschiedenen Teams in anderen Abteilungen oder überregionalen Gruppen zugeordnet, um fachliche Projekte mit dem technischen Wissen zu unterstützen. Der Einhaltung rechtlicher Vorgaben, der Sicherheit der Systeme und der Daten und dem Personalmanagement kommen eine immer größere Bedeutung zu. Die technischen Kenntnisse sollten demnach nicht mehr die alleinigen Kompetenzen des IT-Managements sein. Dem Wissen zu Projektorganisation, -management und zum Controlling von Prozessen kommen eine ebenso große Bedeutung zu. Insbesondere die zunehmende Ausrichtung der Services von Bibliotheken hin zur Unterstützung der Forschenden in ihren Forschungsprozessen schafft für wissenschaftliche Bibliothekar:innen aller Fachbereiche neue Perspektiven im IT-Bereich eine Führungsrolle einzunehmen. Denn das Wissen zu und das Verständnis von Wissenschaftsprozessen bildet immer mehr die Grundlage für Entscheidungen in der IT-Strategie von Informationseinrichtungen.

Adrian Pohl

Software entwickeln und betreiben

Abstract: In vielen insbesondere größeren Wissenschaftlichen Bibliotheken wird Software entwickelt und betrieben. Wissenschaftliche Bibliothekar:innen besitzen wichtige Kompetenzen, um wertvolle Beiträge zu Entwicklung und Betrieb von Software zu leisten. Denn für Entwicklung, Betrieb und Instandhaltung von Software, die dauerhaft erfolgreich sind, müssen viele verschiedene Aufgaben erledigt und unterschiedlichste Rollen übernommen werden. Der Beitrag stellt zur besseren Einordnung der Aufgaben die verschiedenen Schritte im Prozess der Softwareentwicklung dar und erläutert dann die Aufgaben und Rollen, die Bibliothekar:innen in diesem Prozess übernehmen können. Dabei konzentriert er sich auf Arbeiten, die selbst nicht Programmier-, Deployment- oder Administrationsaufgaben sind. Schließlich wird erläutert, welche Kompetenzen für die Erledigung der genannten Aufgaben hilfreich sind und welche Herausforderungen bei der Arbeit entstehen können.

Keywords: Software-Entwicklung, Software-Betrieb, Software-Maintenance, Entwicklungsprozesse

Kurzbiografie: Adrian Pohl arbeitet seit 2008 am Hochschulbibliothekszentrum des Landes Nordrhein-Westfalen (hbz). Er hat Kommunikationswissenschaften und Philosophie an der RWTH Aachen studiert und ist Absolvent des ersten MALIS-Jahrgangs an der TH Köln (MALIS09). Seit 2019 leitet er die Gruppe „Offene Infrastruktur" (neuerdings „Metadateninfrastruktur"), die sich mit offenen Standards, Software-Werkzeugen und Prozessen für die Publikation strukturierter Daten im Web befasst. Die Gruppe arbeitet – teils in Kooperation mit anderen Institutionen – an einer Reihe von Online-Diensten und Software-Werkzeugen, u. a. lobid, Metafacture, SkoHub, OERSI (gemeinsam mit der TIB) und NWBib. Adrian Pohl ist Co-Chair des Programmkomitees der Konferenz „Semantic Web in Libraries" (SWIB). Kontakt: pohl@hbz-nrw.de

Hintergrund und Einleitung

Mit einem geisteswissenschaftlichen Hintergrund und einem Platz im ersten MALIS-Studiengang an der TH (damals: FH) Köln bin ich Ende 2008 im Hochschulbibliothekszentrum des Landes Nordrhein-Westfalen (hbz) gelandet, wo ich seitdem gearbeitet habe. Im Laufe dieser Zeit habe ich an verschiedenen Open-Source-Software-Projekten mitgearbeitet. Ich bezeichne mich selbst als „Web Librarian" und sehe mich durchaus auch als Softwareentwickler, ein Programmierer bin ich nicht. Dennoch habe ich teilweise essentielle Rollen im Entwicklungsteam übernommen, denn für die

https://doi.org/10.1515/9783110790375-033

Softwareentwicklung werden bekanntermaßen nicht nur Programmierkenntnisse benötigt.[1]

Auch in vielen größeren wissenschaftlichen Bibliotheken findet mittlerweile Softwareentwicklung statt, sei dies eine federführende Entwicklung innerhalb eines eigenständigen Software-Projekts oder Beiträge zu Open-Source-Projekten wie Folio, VuFind, Kitodo, Catmandu, Annif, Vivo, dem International Image Interoperability Framework (IIIF) und IIIF-Viewer wie Mirador, zu Repository-Software wie Dspace, Fedora oder OPUS. Wissenschaftliche Bibliothekar:innen[2] besitzen wichtige Kompetenzen, um wertvolle Beiträge zu Entwicklung und Betrieb von Software zu leisten. Es müssen schließlich eine Vielzahl verschiedener Aufgaben erledigt und unterschiedlichste Rollen besetzt werden, damit Entwicklung, Betrieb und Instandhaltung von Software dauerhaft erfolgreich sein können. In diesem Beitrag möchte ich einige dieser Aufgaben und Rollen beschreiben und welche Kompetenzen dafür hilfreich sind.[3]

Softwareentwicklung als Prozess

Zur besseren Einordnung der Aufgaben werde ich zunächst verschiedene Schritte im Prozess der Softwareentwicklung darstellen. Es gibt eine Menge verschiedener Methodologien der Softwareentwicklung, am bekanntesten sind die Agile Entwicklung und andere iterative Entwicklungsprozesse sowie das sogenannte Wasserfallmodell. Unabhängig von der Methodologie und von der Frage, ob ich bloß eine einzelne zusätzliche Funktion oder ein gesamtes Softwaresystem entwickle, lassen sich grob folgende Schritte der Softwareentwicklung und -maintenance unterscheiden:

– Planung und Priorisierung: Die Entwicklungsressourcen einer Einrichtung oder eines Teams sind immer endlich. Bevor mit der Arbeit an der (Weiter-)Entwicklung einer Software begonnen werden kann, muss ein Überblick über alle anstehenden Entwicklungsaufgaben erstellt, deren Wichtigkeit und Dauer abgewogen und schließlich die als nächstes umzusetzenden Aufgaben priorisiert werden.

---

1 Ein großer Dank und Grüße gehen an die Kolleg:innen in meiner Gruppe „Metadateninfrastruktur“: Pascal Christoph, Fabian Steeg, Katinka Tauber, Tobias Bülte, Steffen Rörtgen, Anna Keller und Phu Tu, mit denen ich in gemeinsamen Gesprächen und Diskussionen über Softwareentwicklung und bei der Entwicklung gemeinsamer Prozesse eine Menge gelernt habe und sicher noch Vieles lernen werde.

2 Im Folgenden werde ich der Kürze halber häufig auch nur von Bibliothekar:innen sprechen, wobei ich mich primär auf Wissenschaftliche Bibliothekar:innen beziehe.

3 Meine Zusammenarbeit mit Softwareentwickler:innen und Administrator:innen war meist durch große Kontinuität gekennzeichnet. Die Arbeit an lobid begann in einem Zweierteam mit Unterstützung durch einen Entwickler. Die meiste Zeit arbeitete ich in einem Dreierteam, zusammen mit zwei Softwareentwicklern, die auch Web-Administrationsaufgaben übernahmen. Seit 2020 wuchs das Team beständig, erst auf fünf und bis Anfang 2023 auf insgesamt neun Personen, von denen drei bis vier einen bibliothekarischen Hintergrund haben. Ich habe kaum Erfahrung mit projektorientierter Arbeit in wechselnden Teams. Einige Projekte haben wir mit der Unterstützung Externer durchgeführt, mit denen wir aber meist bereits vertraut waren. Dies sei bei der Lektüre dieses Textes bedacht.

- Anforderungsanalyse: Ermittlung und Dokumentation der umzusetzenden Anforderungen, z. B. in Form eine Backlogs von Tickets, die Anforderungen als User Stories beschreiben.
- Systementwurf: Insbesondere wenn ein größeres Entwicklungsprojekt gestartet wird, geht der eigentlichen Entwicklung eine Designphase voraus, in der eine Systemarchitektur aufgrund der ermittelten Anforderungen bestimmt wird.
- Implementierung: Hierbei handelt es sich um die eigentliche Programmierung, in deren Kontext in der Regel auch automatisierte Tests entwickelt und ausgeführt werden, etwa zur Überprüfung von Code-Qualität, der Funktionalität auf Code-Ebene (Unit-Tests), sowie der Integration des Codes mit bestehenden Softwarekomponenten.
- Begutachtung: Die Begutachtung der entwickelten Software kann in zwei Schritte unterteilt werden: 1. Funktionale Begutachtung, d. h. das Ausprobieren in einer Testumgebung, ob die gewünschten Änderungen an Daten, User-Interface (UI) und/oder Schnittstelle tatsächlich umgesetzt sind und dabei keine unliebsamen Veränderungen mit eingeführt wurden. Sollten Probleme festgestellt werden, geht die Arbeit zurück an die Entwickler:in zur Anpassung. 2. Begutachtung des Codes durch eine:n zweite:n Entwickler:in (Code-Review).
- Deployment: Sind die Anforderungen umgesetzt und die Begutachtung durchgeführt, kann das Ergebnis zur Nutzung bereitgestellt – deployt – werden. Dies kann bedeuten, dass eine neue Version der Software paketiert und veröffentlicht wird oder – bei Webanwendungen – dass das aktualisierte System auf dem Produktionsserver installiert wird.
- Monitoring und Maintenance: Insbesondere bei Webanwendungen ist das System nach dem Deployment zu überwachen (Monitoring) und bei Ausfällen, Bug-Meldungen oder anderen Problemen sind entsprechende Korrekturen umzusetzen. Auch bei länger problemlos laufenden Systemen bleiben Maintenancearbeiten nicht aus. So sind etwa – zumindest sicherheitsrelevante – Versionsupdates der verwendeten Softwarebibliotheken, -komponenten und Programmiersprachen einzuspielen und eventuell neu zu integrieren.

Wissenschaftliche Bibliothekar:innen können theoretisch in allen Phasen dieses Prozesses aktiv werden. Hier geht es allerdings um jene Aufgaben, die zwar eine wichtige Begleitung für institutionelle Softwareentwicklungsprojekte darstellen, selbst aber *nicht* direkt mit dem Schreiben von Software-Code (4.), Deployment (6.) oder Administration (7.) zu tun haben.

Aufgaben und Rollen

Im Folgenden werde ich einige nicht-programmiertechnische zentrale Aufgabenbereiche und Rollen der Softwareentwicklung benennen und näher betrachten.

Product Owner

Bei einem Entwicklungsprojekt oder auch bei bereits produktiven IT-Dienstleistungen ist die Benennung eines Product Owners sinnvoll. Der Terminus kommt aus der agilen Entwicklung, konkret dem Scrum-Framework. Aber auch bei einem weniger formalisierten oder nicht ganz Scrum-konform gestalteten Prozess ist es hilfreich, wenn eine Person die Rolle eines Product Owners übernimmt. Product Owner stellen die Schnittstelle zwischen Nutzer:innen und Entwickler:innen dar. Sie sind somit die Garanten dafür, dass die Entwicklung tatsächlich nutzer:innen-orientiert stattfindet. Auch in der Bibliothekswelt haben wir erfahren, wie wichtig es ist, eine Software nicht auf Basis bloßer Annahmen über Endnutzer:innen und ihrer Bedürfnisse zu gestalten. Product Owner übernehmen insbesondere folgende Aufgaben:

- Anforderungsermittlung und -analyse: Im Gespräch mit Nutzer:innen, Auftraggeber:innen und anderen Stakeholder:innen ermitteln Product Owner kontinuierlich über den ganzen Entwicklungsprozess hinweg die Bedarfe der Nutzer:innen und die Anforderungen an die zu entwickelnde Software. Dabei können verschiedene Methoden verwendet werden, etwa die Definition von Personas, um die verschiedenen Nutzer:innentypen und Anwendungsfälle der Software für alle Beteiligten klarer zu fassen. Konkrete Anforderungspakete werden schließlich in Tickets, häufig in Form von User Stories, festgehalten. Die Liste aller Anforderungen kann in einem sogenannten Backlog gesammelt werden.
- Backlog-Pflege: Zentrale Aufgabe von Product Owner:innen ist die Backlog-Pflege. Dies umfasst zum einen die Priorisierung der Entwicklungsaufgaben, um zu Beginn des Projekts früh einen funktionieren Prototyp zu haben, anhand dessen wiederum Nutzer:innen-Feedback für eine erneute Priorisierung eingeholt werden kann. Zum anderen bedeutet Backlog-Pflege die Übersetzung von User Stories in konkrete Entwicklungsaufgaben. Dies kann etwa bedeuten, die Aufgaben zu konkretisieren oder zusätzliche Tickets anzulegen.
- Funktionales Review: Funktionales Review bedeutet die Abnahme von Neuentwicklungen im Lichte der zuvor definierten Anforderungen. Erst wenn das funktionale Review bestanden ist, werden Änderungen aus dem Entwicklungssystem in das Produktionssystem überführt.

Softwaredesign, Datenmodellierung, Standardisierung

Neben der Rolle als Schnittstelle zwischen Entwickler:innen und Nutzer:innen bringen Bibliothekar:innen auch wichtige fachliche Kompetenzen mit, mittels derer sie eine wichtige Rolle bei der grundsätzlichen Gestaltung einer Software spielen können. Dabei beziehe ich mich auf Kompetenzen im Bereich Metadaten, die in der Erfahrung mit der Lektüre und dem Verstehen von Metadatenstandards wurzeln sowie in deren Anwendung etwa in Katalogisierungsumgebungen. Auch eigene Erfahrungen in der

Entwicklung von (Metadaten-)Standards sowie Kenntnisse von allgemeinen Webstandards und ihren Implementierungen sind hier sehr hilfreich. Entsprechendes Knowhow befähigt Bibliothekar:innen etwa zur Erledigung folgender Aufgaben:

- Datenmodellierung und -validierung: Das Datenmodell ist in der Regel der konzeptuelle Kern einer Software und in seiner Bedeutung kaum zu überschätzen. Es definiert unter anderem die in einem System erfassten Typen von Dingen, die an sie geknüpften Datenfelder und deren Inhalte. Mit Kenntnissen in RDF Schema (RDFS) und Web Ontology Language (OWL) etwa können Bibliothekar:innen direkt maschinenlesbare Datenmodelle erstellen. Wenn für die Datenmodellierung Validierungssprachen wie JSON Schema oder OpenAPI zum Einsatz kommen, kann das Modell direkt zum Aufbau der Software beitragen, nicht nur durch die Validierung von Instanzdaten und API-Ansprachen, sondern etwa auch durch die halbautomatische Generierung von Eingabeformularen. Für die Erstellung und Pflege von kontrollierten Vokabularen in einer maschinenlesbaren Form eignet sich bestens das Simple Knowledge Organization System (SKOS). SKOS-kodierte kontrollierte Vokabulare können von Entwickler:innen direkt in die Software integriert werden. So wird die Entwicklung des Datenmodells zu *der* Aufgabe, wo sich Kompetenzen von Bibliothekar:innen und Entwickler:innen die Hand geben. Die Datenmodellierung muss sich selbstverständlich auch zuvorderst an den ermittelten und definierten Anforderungen orientieren und sollte darüber hinaus im besten Fall bestehende Metadatenstandards nachnutzen und ggf. erweitern. Gleichzeitig muss es flexibel genug für etwaige zukünftige Erweiterungen sein.
- URL Design: Bibliothekar:innen, die mit den grundlegenden Funktionsprinzipien des World Wide Web vertraut sind und beim Browsen auch mal ein Auge auf die konkrete Anwendung der grundlegenden Web-Technologien werfen (Hypertext Transfer Protocol, http und Uniform Resource Locator, URL), bringen wertvolle Kenntnisse für die Web-Entwicklung mit. Bei einer jeden Web-Anwendung spielt das Design der URLs eine zentrale Rolle für die Nutzbarkeit, Erweiterbarkeit und Langlebigkeit des Webauftritts – ganz gleich, ob die Anwendung sich vornehmlich an Menschen richtet oder es sich um eine Web-Schnittstelle zur Anwendungsentwicklung (API, Application Programming Interface) handelt.
- Standardisierung: Bibliothekarische Web-Anwendungen müssen meist für einen langfristigen und verlässlichen Betrieb ausgelegt sein bei möglichst geringen Instandhaltungsaufwänden. Dazu sollen sie im besten Fall so gebaut sein, dass sie Interoperabilität mit anderen Anwendungen unterstützen. Dafür sind standardisierte Schnittstellen und Daten die beste Voraussetzung, zumindest eine klare und leicht nutzbare Dokumentation ist nötig. Aus diesem Grund sind Kenntnisse von Web-Standards (allen voran HTTP), Datenstrukturen und -formaten (JSON, RDF, YAML, XML, CSV etc.), (Meta)datenstandards (schema.org, Dublin Core, Bibframe) und standardisierter bzw. verbreiteter APIs (z. B. International Image Interoperability Framework IIIF oder OpenRefine Reconciliation Service API) unerlässlich für die Entwicklung und das Testen von Webanwendungen.

Darüber hinaus sind Erfahrungen mit Standardisierungsprozessen und -Tools häufig sehr nützlich. Zum einen kann so an der (Weiter-)Entwicklung von Standards mitgearbeitet werden – etwa im Rahmen des W3C, von IIIF oder der Dublin Core Metadata Initiative –, zum anderen kann – sollte kein passender Standard vorhanden sein – die eigene Entwicklung offen, transparent und klar dokumentiert werden, so dass sie von anderen leicht genutzt und übernommen werden kann. Perspektivisch kann eine solche eigene Lösung sogar zu einem neuen Standard ausgebaut werden.

Weitere mögliche Aufgaben

Datentransformation

In vielen bibliothekarischen Softwareprojekten spielt die Transformation von Daten aus einem bestimmten System auf ein Zielformat eine wichtige Rolle: insbesondere bei Systemmigrationen, Aggregationsprojekten wie der Erstellung eines Suchindex, bei Datenaufbereitungs- und Datenanreicherungsprojekten sowie bei Datenanalyseprojekten. Wie im vorherigen Abschnitt erläutert, bringen Bibliothekar:innen, insbesondere Data Librarians, mit ihren Erfahrungen in Bezug auf Metadaten und deren Erfassung, essentielles Wissen und Know-how mit. Aus diesem Grund ist es ratsam, Datentransformationsaufgaben direkt von Bibliothekar:innen erledigen zu lassen. Software zur Datentransformation wie OpenRefine, Metafacture oder Catmandu richtet sich explizit auch an Nicht-Programmierer:innen.

Usabiblity Tests

Die Ergebnisse von Software-Entwicklungsprojekten sollten idealerweise bereits in einer frühen Phase durch Usability-Tests begleitet werden. Dadurch wird die nutzer:innen-orientierte Entwicklung sichergestellt. Es gibt verschiedene Methoden der Testdurchführung. Erfahrungen in der Rekrutierung von passenden Testpersonen und der Durchführung der Tests sind sehr hilfreich, insbesondere für Projekte, die sich an Endnutzer:innen richten.

Prozesse aushandeln und dokumentieren

In jedem Entwicklungsprojekt, sei es durchgeführt im Rahmen einer stabilen Organisationseinheit oder irgendeiner anderen Kooperation, spielt die Einigung auf einen gemeinsamen Prozess und die klare Dokumentation desselben eine wichtige Rolle. Im Idealfall werden Verfahrensfragen durch einen Blick in ein offenes Prozessdokument geklärt.[4] Bei neu aufkommenden Fragen, die durch das Prozessdokument nicht beantwortet werden, sollte das Dokument entsprechend verbessert werden.

Das gemeinsame Festlegen auf einen Prozess verlangt einiges an Kommunikation, die – je nach Team – mehr oder weniger moderiert von statten gehen muss. Hier können Bibliothekar:innen aktiv werden.

Dokumentation & Support

Wie oben bereits geschrieben spielt die Erstellung und Aktualisierung von Dokumentation eine grundlegende Rolle für den Erfolg eines Softwareprojekts. Ob es sich um das Datenmodell, die Schnittstellen, oder auch den Entwicklungsprozess und die Regeln für potentiell Beitragende handelt: Eine gute Dokumentation ist das A und O. Es ist alles andere als trivial, einen Zustand guter Dokumentation zu erreichen und vor allem auch zu halten. Bibliothekar:innen können hier eine wichtige Rolle spielen, indem sie Dokumentation schreiben und Nutzer:innen-Feedback sammeln, um schnell auf Unzulänglichkeiten in der Dokumentation zu reagieren.

Öffentlichkeitsarbeit, Marketing und Community Management

Für viele Softwareprojekte und Webangebote ist eine Öffentlichkeitsarbeit sinnvoll oder sogar notwendig, etwa wenn es sich um ein Open-Source-Projekt mit einer überinstitutionellen Community handelt. Die Bandbreite der Aufgaben reicht von der Gestaltung und Pflege eines Webauftritts über das Verfassen von Blogbeiträgen bis hin zur Betreuung von Social-Media-Konten im Fediverse oder auf kommerziell-proprietären Plattformen wie Facebook oder Twitter. Im Kontext von lobid hat sich zum Beispiel gezeigt, dass einige Nutzer:innen Bugs, Daten- oder Verfügbarkeitsprobleme gerne und wiederholt über Microblogging-Dienste melden, vorausgesetzt natürlich, sie bekommen zeitig eine Rückmeldung auf ihre Anfrage. Schließlich können Vorträge und Fachartikel dazu dienen, auf eine Software oder einen Dienst aufmerksam zu machen und neue potenzielle Nutzer:innen neugierig zu machen. Dazu kommt das Angebot von Workshops und Tutorials für Menschen, die eine Softwarelösung bereits verwendet haben oder daran interessiert sind. So können die Vorteile, Anwendungsfälle und Funktionen einer Software praktisch vermittelt werden.

Bei Open-Source-Projekten mit einer überinstitutionellen Entwickler:innen-Community kommen Aufgaben im Bereich Community-Entwicklung und -Management dazu.

---

4 Vergleiche etwa das für alle Entwicklungsarbeiten im Kontext von Metafacture gültige Dokument: Tauber, Katinka [u. a.]. (2021): Contributing to Metafacture. https://github.com/metafacture/metafacture-core/blob/master/CONTRIBUTING.md (22.12.2022).

Projektmanagement und Führung

Über die genannten Aufgaben hinaus können Bibliothekar:innen natürlich auch die allgemeine Rolle des Projektmanagers/der Projektmanagerin in einem Softwareprojekt übernehmen. Da es sich dabei nicht um eine IT-spezifische Rolle mit IT-spezifischen Aufgaben handelt, gehe ich hier darauf nicht näher ein.

Kompetenzen

Die oben näher betrachteten Aufgaben von Wissenschaftlichen Bibliothekar:innen in der Software-Entwicklung erfordern allesamt Kompetenzen in den allgemeinen Tätigkeitsbereichen *Zuhören und Kommunizieren, Konzipieren und Planen, Organisieren und Steuern, Festhalten/Erfassen und Prüfen.* Im Folgenden werde ich einen näheren Blick auf eine Schlüsselkompetenz in der Softwareentwicklung richten und abschließend ein paar fachliche Kernkompetenzen erläutern.

Schlüsselkompetenz schriftliche Kommunikation

Softwareentwicklung ist von vorne bis hinten ein schriftlicher oder zumindest schriftlich unterstützter Prozess: Bei allen oben genannten Schritten spielt Verschriftlichung – kombiniert mit Diagrammen, Mockups und anderen Visualisierungen – eine fundamentale Rolle: Die Programmierung selbst ist das Verfassen eines Textes, des Source-Code, Anforderungen werden be*schrieben*, Ergebnisse von Tests und Begutachtungen schriftlich dokumentiert. Auch das Projektmanagement dreht sich heutzutage meist um die Manipulation von Schrift, wenn etwa schriftlich formulierte Anforderungen auf Karten in einem Kanban-Board verschoben werden. Ebenso geschieht die oben erwähnte Dokumentation der Anwendung für Nutzer:innen zum Großteil schriftlich. Vor diesem Hintergrund ist die Fähigkeit zu einer klaren, offenen und für alle Stakeholder transparenten schriftliche Kommunikation essentiell für alle, die in einem Softwareprojekt mitarbeiten.

Dieser Punkt bekommt vor allem auch deshalb hier einen eigenen Abschnitt, weil er den Schlüssel darstellt für Softwareprojekte, die möglichst nachhaltig und zukunftsfähig sein sollen, weil sie nach der initialen Entwicklung über Jahre instandgehalten, aktualisiert und bei Bedarf weiterentwickelt werden müssen. Eine gute schriftliche Kommunikation, die mit größtmöglicher Klarheit Anforderungen an die Software, Diskussionen zu Implementierungsfragen, Entwicklungsfortschritte und Fehlentscheidungen, auftretende Probleme und deren Lösungen festhält, ist eine wertvolle Quelle der Information, und zwar für alle, die jetzt und zukünftig an der Software arbeiten. Ich finde mich regelmäßig dabei wieder, wie ich zur Lösung eines aktuellen Problems in Tickets, Blogbeiträgen oder Dokumentation stöbere, die wir teilweise zehn Jahre vorher verfasst haben.

Gut abgestimmte und eingespielte Prozesse der schriftlichen Kommunikation haben sich auch – insbesondere im Laufe der Covid-19-Pandemie – als großer Vorteil für die Organisation von gemeinsamer Arbeit in verteilten und asynchron arbeitenden Teams herausgestellt.

Die Notwendigkeit und Bedeutung mündlicher Kommunikation soll durch diesen Fokus auf Schriftlichkeit nicht in Abrede gestellt werden, etwa in regelmäßigen Treffen im Entwicklungsteam sowie im Austausch mit Partner:innen und Nutzer:innen. Aber auch hier ist das schriftliche Festhalten der Ergebnisse und der anfallenden Aufgaben unabdingbar.

Fachliche Kompetenzen

Als fachliche Kompetenzen haben sich bereits im vorherigen Kapitel einige im Bereich Metadaten- und Webstandards herausgeschält. Dazu gehört zum Beispiel die Fähigkeit der Recherche und schnellen Orientierung in der Menge der existierenden Web- und Metadatenstandards, um die für eine Anwendung relevanten Standards zu identifizieren. Daran anknüpfend ist wichtig, die formalen Dokumente zur Spezifikation der Standards sowohl kursorisch erfassen zu können als auch anhand einer tiefgehenden Lektüre die Implementierung der Standards unterstützen zu können.

Dazu kommen Grundkenntnisse im Umgang mit der Unix-Shell (z. B. Bash) und Versionskontrollsystemen (insbesondere Git) sowie grundlegende Fähigkeiten in der Nutzung von Softwareentwicklungsplattformen wie GitHub, GitLab oder Forgejo/Gitea.

Herausforderungen

Zum Ende möchte ich einige Herausforderungen nennen, mit denen Bibliothekar:innen, die in der Softwareentwicklung arbeiten, konfrontiert werden können.

- Prinzipien leben: Prinzipien wie Offenheit und Transparenz lassen sich leicht proklamieren, sie aber tatsächlich im Alltag wo immer möglich umzusetzen, kann durchaus eine Herausforderung sein. Bis heute wird in der Bibliothekswelt oft Insiderwissen gepflegt und als persönlicher oder institutioneller Vorteil verstanden. Transparenz geht häufig nicht über die Mitglieder eines Gremiums hinaus und exkludiert so alle, die nicht Teil dieser Gruppe sind, von möglicherweise relevanten und hilfreichen Informationen. Ein solches Verhalten muss erst verlernt werden, um sämtliche Kommunikation, die nicht aus gutem Grund vertraulich sein muss, öffentlich zu dokumentieren. In diesem Umlernprozess lässt sich viel von Open-Source-Foundations und Organisationen, wie dem World Wide Web Consortium (W3C), und ihren Prozessen lernen.
- Erwartungshaltung der Nutzer:innen: Nutzer:innen erwarten Zuverlässigkeit und Stabilität von einer Software. Sie nutzen und orientieren sich dabei häufig an ih-

ren Erfahrungen mit Diensten, hinter denen millionen- oder milliardenschwere Unternehmen stehen. Mit einer solchen Haltung konfrontiert zu werden, kann leicht den bereits existierenden Stress vergrößern, gerade wenn der Betrieb eines Web-Angebots in der eigenen Institution gestört ist.

– Einbeziehung in Datenmodellierung durchsetzen: Von Programmierer:innen zu verlangen, Konfigurationen und Prozesse so aufzusetzen und zu kapseln, dass sie von der Fachabteilung übernommen werden können (z. B. Datenmodellierung mit JSON Schema und SKOS oder Datentransformationen mit Metafacture oder Catmandu anstatt mit Python- oder Perl-Skripten), kann auf Widerstände stoßen. Hier kann etwa mit verbesserter Nachhaltigkeit und Entlastung der Programmierer:innen durch Integration der Fachebene argumentiert werden.
– Balance halten und Nein sagen: In der Bibliothekswelt und auch darüber hinaus gibt es heutzutage einen Fokus auf „innovative" Projekte und *the next big thing*. Dabei treten der Betrieb nachhaltiger, zukunftsfähiger Infrastrukturen und vor allem auch die damit verbundenen Aufwände in den Hintergrund. Deshalb ist es – nicht zuletzt zur Schonung der Mitarbeiter:innen – wichtig, die Zustimmung zu neuen Projekten von einer realistischen Ressourcenplanung abhängig zu machen.
– Miteinander auf Augenhöhe: Es kann schwierig sein, im Entwicklungsteam ein gemeinsames Miteinander und einen Austausch auf Augenhöhe herzustellen und zu halten. Von Seiten der Bibliothekar:innen ist hier Offenheit und Neugierde nötig. Außerdem sollte nachgefragt und auch kritisch hinterfragt werden, wenn Aussagen oder Entscheidungen von Programmierer:innen nicht klar verstanden werden. So gewinnt ein Team zunehmend ein gemeinsames Verständnis der Anforderungen und gemeinsamen Aufgaben und schafft damit die Voraussetzungen zur gemeinschaftlichen Entwicklung passender Lösungen.

Wichtig ist immer, dass man aus diesen und anderen Herausforderungen und Problemen lernt. Insgesamt kann ich versichern, dass die nötigen Kompetenzen und Erfahrungen kein Hexenwerk sind und dass man diese von Projekt zu Projekt nach und nach erwirbt. Gezieltes Ausprobieren und das regelmäßige Begehen und Reflektieren von Fehlern sind dabei notwendige Schritte im Lernprozess.

Benjamin Flämig

„Zurück in die Zukunft" – Künstliche Intelligenz in Bibliotheken nutzbar machen

Abstract: Die vor allem von Medien und Popkultur geprägte Angst vor einer zu starken Künstlichen Intelligenz (KI) ist auch im wissenschaftlichen Bibliothekswesen unbegründet. Die so bezeichneten Verfahren des maschinellen Lernens weisen nur eine sehr begrenzte Lernfähigkeit auf und basieren auf mathematischen Verfahren der Statistik- und Wahrscheinlichkeitsrechnung. Gestiegene Rechenleistung und günstiger Speicherplatz haben allerdings auch in einigen spezialisierten Anwendungsfällen des Bibliotheksbereichs zu beeindruckenden Ergebnissen geführt. Der Erfolg des KI-Einsatzes ist dabei eng verknüpft mit einer großen, qualitativ hochwertig erschlossenen und ausgewogen zusammengestellten Datensammlung, aus der Verfahren des maschinellen Lernens automatisch Zusammenhänge ableiten können, die zuvor nur intellektuell erkannt werden konnten. Diese Grundvoraussetzung macht wissenschaftliche Bibliothekar:innen zu idealen Partner:innen beim Einsatz von KI-Software. Sie können nicht nur mit den benötigten Datensammlungen dienen, sondern auch bei der Qualitätskontrolle der eingesetzten Verfahren helfen. Insbesondere durch Kooperationen und Open-Source-Lösungen wird der KI-Einsatz auch im Bibliotheksbereich selbst möglich, z. B. bei der automatischen Inhaltserschließung, bei der Verbesserung der eigenen Recherchewerkzeuge oder in der täglichen Kommunikation mit Bibliotheksbenutzer:innen. Angesichts des hohen Automatisierungspotentials auch im wissenschaftlichen Bibliothekswesen ist diese Technologie daher nicht als Gefahr, sondern als Chance zu begreifen, die aktiv mitgestaltet werden kann.

Keywords: Künstliche Intelligenz/Artificial Intelligence, Maschinelles Lernen/Machine Learning, Deep Learning, Künstliche Neuronale Netze, Chatbot, Robotik, Text and Data Mining, Bildähnlichkeitssuche, Automatisierte Inhaltserschließung, Forschungsunterstützung

Kurzbiografie: Benjamin Flämig (ORCID: https://orcid.org/0000-0002-7181-025X), Bachelor (2009) und Master (2018) in Geschichte und Deutsch (HU Berlin). 2011–2017 Bibliotheksleitung und Wissensmanagement in juristischen Spezialbibliotheken. 2014–2017 berufsbegleitendes Masterstudium in Bibliotheks- und Informationswissenschaft (TH Köln), 2018–2021 Leiter E-Services/Digitale Dienste und seit Februar 2021 Direktor der ZHB Luzern. Kontakt: benjamin.flaemig@zhbluzern.ch, https://openbiblio.social/@bflaemig, https://twitter.com/BenjaminFlaemig

https://doi.org/10.1515/9783110790375-034

Fiktion und Wirklichkeit

Dem Einsatz von Software auf Basis sogenannter künstlicher Intelligenz (KI) im wissenschaftlichen Bibliothekwesen kann ohne jede Angst begegnet werden. Weder Skynet, HAL 9000 noch irgendeine andere KI-basierte Lösung wird in der Zukunft ein finsteres Bewusstsein erlangen, die Herrschaft über die Welt oder, schlimmer noch, über die Bibliotheken an sich reißen und deren Mitarbeitende versklaven bzw. über Bord werfen. Dafür sind die derzeit unter diesem leicht in die Irre führenden Sammelbegriff zum Einsatz kommenden Verfahren des maschinellen Lernens schlichtweg nicht schlau genug. Die neusten Softwaremodelle dieses Bereichs mögen zwar aus der schichtweisen Verschaltung menschlicher Nervenzellen Inspiration bezogen haben, basieren letztendlich aber auf sehr grundsätzlichen, mathematischen Prinzipien aus dem Bereich der Statistik- und Wahrscheinlichkeitsrechnung.[1] Auch die Lernfähigkeit, welche diesen Systemen zugeschrieben wird, kann im Vergleich zum menschlichen Lernen nicht bestehen:

Der Trainingsprozess im maschinellen Lernen erfordert eine riesige Menge an qualitativ hochwertig erfassten und v. a. ausgewogen zusammengestellten Datensätzen, die unter hohem Energie- und Hardwareeinsatz von einem Algorithmus analysiert werden.[2] Sind Datenmenge, -qualität oder -auswahl ungenügend oder passt der gewählte Algorithmus nicht zum Datensatz, unterlaufen den vermeintlich intelligenten Programmen gröbste Fehler, die bereits in den ausgewählten Daten angelegte, gesellschaftliche Ungleichheiten und Vorurteile unbeabsichtigt reproduzieren.[3] Selbst wenn der Trainingsprozess von Erfolg gekrönt ist, lässt sich die entwickelte Software

---

1 Vgl. Bager, Jo: Statistik mit Appeal. Was künstliche Intelligenz kann und was nicht. In: c't – magazin für computertechnik (2022) H. 17. S. 24; Gieselmann, Hartmut u. Andreas Trinkwalder: Kontrollierte Intelligenz. KI zwischen Hype und Dämon. In: c't – magazin für computertechnik (2022) H. 17. S. 19; Seeliger, Frank [u. a.]: Work in Progress. Zum erfolgversprechenden Einsatz von KI in Bibliotheken. Diskussionsstand eines White Papers in progress – Teil 1. In: b. i. t. online (2021) H. 2. S. 177–178; Börteçin, Ege: Einblick in die Welt der künstlichen Intelligenz. In: Semantische Datenintelligenz im Einsatz. Hrsg. von Ege Börteçin u. Adrian Paschke. Wiesbaden: Springer Vieweg 2021. S. 1 u. 15.

2 Vgl. Bager, Statistik mit Appeal (wie Anm. 1), S. 25; Seeliger, Frank [u. a.]: Work in Progress. Zum erfolgversprechenden Einsatz von KI in Bibliotheken. Diskussionsstand eines White Papers in progress – Teil 2. In b. i. t. online (2021) H. 3. S. 297; Krickl, Martin [u. a.]: Mit Machine Learning auf der Suche nach Provenienzen – ein Use Case der Bildklassifikation an der Österreichischen Nationalbibliothek. In: Bibliothek Forschung und Praxis (2022) H. 1. S. 237.

3 Vecera, Emanuel: Künstliche Intelligenz in Bibliotheken. In: Information – Wissenschaft & Praxis (2020) H. 1. S. 50; Neustadt, Jeanette: Von technologischen Utopien und programmierten Unzulänglichkeiten. Wie künstliche Intelligenz das Leben und die Bibliotheken verändert. In: BuB – Forum Bibliothek und Information (2022) H. 6. S. 298–299; Eigenbrodt, Olaf: Allgegenwärtigkeit – Angst – Autonomie. Gesellschaftliche Fragen zum Umgang mit künstlicher Intelligenz in Bibliotheken. In: BuB – Forum Bibliothek und Information (2022) H. 6. S. 304; Bager, Statistik mit Appeal (wie Anm. 1), S. 26; Peter Buxmann u. Holger Schmidt: Grundlagen der Künstlichen Intelligenz und des Maschinellen Lernes. In: Künstliche Intelligenz. Mit Algorithmen zum wirtschaftlichen Erfolg. Hrsg. von Peter Buxmann u. Holger Schmidt. 2., aktual. u. erw. Aufl. Berlin: Springer-Gabler 2021. S. 16; Börteçin, Einblick (wie

nur zur Lösung des einen, sehr spezifischen Problems einsetzen, auf das sie trainiert wurde.[4]

Die mit maschinellem Lernen trainierten Algorithmen können somit im Gegensatz zur menschlichen Lern- und Problemlösefähigkeit weder zeitgleich für die Lösung unterschiedlicher Probleme eingesetzt werden, noch können sie bereits während des Lernens schon Probleme lösen.[5] Zudem ist häufig völlig intransparent, wie ein im Zuge des maschinellen Lernens trainiertes, künstliches neuronales Netz seine Ergebnisse erzielt, so dass deren Plausibilitätsprüfung eine Herausforderung darstellt.[6] Vorausgesetzt, es liegt eine ausreichend große Datenbasis für den Trainingsprozess vor, können mit maschinellem Lernen einige spezifische Aufgaben technisch bewältigt werden, die vorher nur intellektuell zu lösen waren.[7] Ein komplexes System wie der menschliche Verstand mit all seinen kreativen, emotionalen, ethischen und rhetorischen Facetten lässt sich mit den derzeit im KI-Bereich verwendeten, mathematischen Verfahren nicht modellieren.[8] Folglich werden sie auch die zentralen Fähigkeiten der Bibliotheksfachkräfte wie analytisches und innovatives Denken, Ideenreichtum und psychologisches Geschick nicht ersetzen.[9] Das teils angestrebte Ziel, eine sogenannte „starke", vollständig autonome KI zu entwickeln, wird auf absehbare Zeit[10] bzw. wohl für immer[11] dem Science-Fiction-Genre vorbehalten bleiben und vermutlich dazu führen, dass die seit den 1940er Jahren betriebene KI-Forschung entwicklungstechnisch auf eine weitere Sackgasse zusteuert.[12]

Anm. 1), S. 16; Cox, Andrew [u. a.]: The intelligent library. Thought leaders' view on the likely impact of artificial intelligence on academic libraries. In: Library Hi Tech (2018) H. 3. S. 421.

4 Gieselmann u. Trinkwalder, Kontrollierte Intelligenz (wie Anm. 1), S. 19; Bager, Statistik mit Appeal (wie Anm. 1), S. 25; Seeliger [u. a.], Work in Progress – Teil 1 (wie Anm. 1), S. 178; Wissen, Dirk: Bibliotheken als „Vierter Ort". Eine smarte virtuelle Realität als Pendant bzw. Ergänzung zum „Dritten Ort" oder eine digitale Utopie? In: BuB – Forum Bibliothek und Information (2022) H. 6. S. 317; Börteçin, Einblick (wie Anm. 1), S. 6 u. 16.

5 Bager, Statistik mit Appeal (wie Anm. 1), S. 25.

6 Gieselmann u. Trinkwalder, Kontrollierte Intelligenz (wie Anm. 1), S. 19; Bager, Statistik mit Appeal (wie Anm. 1), S. 26; Cox [u. a.], The intelligent library (wie Anm. 3), S. 421.

7 Seeliger [u. a.], Work in Progress – Teil 1 (wie Anm. 1), S. 177; Seeliger [u. a.], Work in Progress – Teil 2 (wie Anm. 2), S. 291.

8 Landgrebe, Jobst u. Barry Smith: Why Machines Will Never Rule the World. Artificial Intelligence without Fear. New York: Routledge 2023. S. 138; Neustadt, Von technologischen Utopien (wie Anm. 3), S. 298; Seeliger [u. a.], Work in Progress – Teil 1 (wie Anm. 1), S. 176–177.

9 Vecera, Künstliche Intelligenz (wie Anm. 3), S. 52.

10 Finley, Thomas: The Democratization of Artificial Intelligence: One Library's Approach. In: Information Technology and Libraries (2019) H. 1. S. 8; Eigenbrodt, Allgegenwärtigkeit (wie Anm. 3), S. 302; Bager, Statistik mit Appeal (wie Anm. 1), S. 27; Buxmann u. Schmidt, Grundlagen der Künstlichen Intelligenz (wie Anm. 3), S. 7.

11 Landgrebe u. Smith, Artificial Intelligence without Fear (wie Anm. 8), S. 11–13; 138, 178 u. 196.

12 Das Versprechen, eine der menschlichen Intelligenz ebenbürtige KI zu schaffen, hat neben all den bemerkenswerten Errungenschaften bereits zweimal zu einem sogenannten „KI-Winter" geführt. Eine Zeitperiode, in der die Forschung angesichts ausbleibender Fortschritte, unerreichbarer Versprechen

Hochproblematisch ist jedoch die von Medien und Popkultur stark geprägte Erwartungshaltung einer unrealistisch „starken“ KI. Diese überdeckt, verzerrt und behindert die Einsatzmöglichkeiten von den tatsächlich bereits verfügbaren „schwachen“ KI-Anwendungen aus dem Bereich des maschinellen Lernens.[13] Somit stehen sich auch in der Bibliothekslandschaft hierzulande unnötigerweise gegensätzliche Kräfte gegenüber, die von proaktiven Pilotversuchen über ein eher verhaltendes Echo bis hin zu existentiellen Ängsten vor Job- und Kontrollverlust reichen.[14] Das ist hochgradig bedauerlich.

Zurück in die Zukunft

Die aktuellen KI-Verfahren im Bereich des maschinellen Lernens mögen zwar nicht intelligent sein, beeindruckend leistungsfähig sind sie dennoch[15] und ermöglichen so eine spannende Vielzahl an Anwendungsmöglichkeiten, die wissenschaftliche Bibliothekar:innen keinesfalls ungenutzt lassen sollten. Denn der große Vorteil dieser Verfahren liegt in einem völlig neuen Ansatz der Programmierung: Statt alle Parameter, Ziele und Regeln, die das Programm bei der Lösung seiner Aufgabe berücksichtigen soll, in einer klassischen Wenn-Dann-Logik vorzugeben, erlauben Verfahren des maschinellen Lernens das automatische Analysieren riesiger Datenmengen. Aus diesen vermag die Software tatsächlich selbstständig komplexe Regeln und Zusammenhänge zwischen den Daten abzuleiten und sogar auf neue Daten anzuwenden. Dabei erkennt sie mitunter sogar Zusammenhänge, die ihren Programmierer:innen völlig unbekannt waren, womit sie den Menschen in zumindest diesem Punkt zu übertreffen vermag.[16] Möglich wird dieser Durchbruch nicht durch gänzlich neue Algorithmen, sondern viel mehr durch gestiegene Rechenleistung und günstigen Speicherplatz, der die Anwendung auf Datenmengen in einer völlig neuen Größenordnung erlaubt.[17] Durch kosten-

---

und offenkundiger Rückschläge stark zurückgefahren wurde. Nach dem aktuellen Hype um die Lösungsmöglichkeiten im Bereich des maschinellen Lernens wird ein weiterer „KI-Winter“ vorhergesagt, da auch diese Lösungsansätze das ursprüngliche Versprechen nicht einlösen können. Siehe dazu: Börteçin, Einblick (wie Anm. 1), S. 15; Landgrebe u. Smith, Artificial Intelligence without Fear (wie Anm. 8), S. 10–11.

13 Eigenbrodt, Allgegenwärtigkeit (wie Anm. 3), S. 302; Gieselmann u. Trinkwalder, Kontrollierte Intelligenz (wie Anm. 1), S. 19; Bager, Statistik mit Appeal (wie Anm. 1), S. 27.

14 Krickl [u. a.], Provenienzen (wie Anm. 2), S. 127; Eigenbrodt, Allgegenwärtigkeit (wie Anm. 3), S. 302–303; Seeliger [u. a.], Work in Progress – Teil 1 (wie Anm. 1), S. 174; Cox [u. a.], The intelligent library (wie Anm. 3), S. 418.

15 Landgrebe u. Smith, Artificial Intelligence without Fear (wie Anm. 8), S. 167; Gieselmann u. Trinkwalder, Kontrollierte Intelligenz (wie Anm. 1), S. 19; Eigenbrodt, Allgegenwärtigkeit (wie Anm. 3), S. 303.

16 Seeliger [u. a.], Work in Progress – Teil 1 (wie Anm. 1), S. 178; Eigenbrodt, Allgegenwärtigkeit (wie Anm. 3), S. 304; Buxmann u. Schmidt, Grundlagen der Künstlichen Intelligenz (wie Anm. 3), S. 9–10.

17 Buxmann u. Schmidt, Grundlagen der Künstlichen Intelligenz (wie Anm. 3), S. 8; Börteçin, Einblick (wie Anm. 1), S. 2; Seeliger [u. a.], Work in Progress – Teil 1 (wie Anm. 1), S. 176.

lose Open Source Toolkits oder vollständig nach dem „Pay per Use"-Prinzip bezahlbare Services großer Anbieter können auch kleinere Einrichtungen Zugang zu diesen ressourcenintensiven Anwendungen erhalten.[18] Die Kombination aus großen, automatisiert auswertbaren Datenbanken und den bestehenden Ansätzen aus den Bereichen der Statistik- und Wahrscheinlichkeitsrechnung erlaubt somit letztendlich Anwendungen, welche eine künstliche Intelligenz zumindest beeindruckend gut imitieren können – z. B. wenn sie plötzlich Kolumnen schreiben und diese in Tageszeitungen veröffentlichen.[19]

Godot kommt nicht

Diese Anwendungen werden weder Bibliotheken noch Bibliothekar:innen ersetzen, bringen aber das Potential zur Automatisierung von repetitiven Routineaufgaben mit,[20] die derzeit in vielen wissenschaftlichen Bibliotheken noch manuell und intellektuell erbrachten werden.[21] Frank Seeliger verweist in diesem Zusammenhang auf den vom Institut für Arbeitsmarkt- und Berufsforschung entwickelten Job-Futuromat, der im Falle von Bibliothekar:innen ein Automatisierungspotential in 4 von 9 Tätigkeiten (44 %) attestiert – konkret in den Bereichen Bestandspflege, Bibliografie, Katalogisierung und Systematisierung.[22] Bei der Frage, ob Bibliotheken diese absehbare Entwicklung eher als passive Anwender:innen abwarten oder aktiv entsprechende technische

18 Kasprzik, Anna u. Klaus Tochtermann: Auf Augenhöhe mit Forschungspartnern aus der wissenschaftlichen Anwendung von künstlicher Intelligenz in der ZBW. In: BuB – Forum Bibliothek und Information (2022) H. 6. S. 307; Buxmann u. Schmidt, Grundlagen der Künstlichen Intelligenz (wie Anm. 3), S. 9.

19 Wae, Anic T.: Die Zukunft gehört den Maschinen. Kolumne einer künstlichen Intelligenz. In: wochentaz vom 26.11.2022. https://taz.de/Kolumne-einer-kuenstlichen-Intelligenz/!5894926/ (30.11.2022). Der Kolumne zugrunde liegt GPT-3 – ein auf maschinellem Lernen beruhender Textgenerator, der verblüffende, stilistisch und grammatikalisch stimmige Texte zu produzieren vermag. Siehe dazu: Kilg, Marie [u. a.]: Wie Schreibt eine Robo-Autor*in. Kolumne einer künstlichen Intelligenz. In: taz vom 26.11.2022. https://taz.de/Kolumne-einer-kuenstlichen-Intelligenz/!5898282/ (30.11.2022). Trotz der beeindruckenden Ergebnisse beruht auch GPT-3 lediglich auf statistischen Verfahren: Der Text-Generator wurde mit einem sehr großen Textkorpus trainiert und kann daher nach Eingabe von Beispielwörtern oder Teilsätzen passende Teilsätze oder Textteile dazu ergänzen, die mit hoher Wahrscheinlichkeit passende Wörter enthalten, welche im Textkorpus in ähnlichen Zusammenhängen aufgetreten sind. Über ein begriffliches Verständnis oder sprachliche Konzepte wie ein Mensch sie hat, verfügt die Software selbstverständlich nicht. Siehe dazu: Bager, Statistik mit Appeal (wie Anm. 1), S. 25.

20 Landgrebe u. Smith, Artificial Intelligence without Fear (wie Anm. 8), S. 301.

21 Asemi, Asefeh [u. a.]: Intelligent libraries: a review on expert systems, artificial intelligence and robot. In: Library Hi Tech (2020) H. 2. S. 413.

22 Seeliger, Frank: Warten auf KI? Plädoyer für eine proaktive Teilnahme an der Gestaltung von sinnvollen Einsatzszenarien. In: BuB – Forum Bibliothek und Information (2022) H. 6. S. 313; Seeliger [u. a.], Work in Progress – Teil 1 (wie Anm. 1), S. 174; siehe auch Institut für Arbeitsmarkt und Berufsforschung: Job Futuromat. https://job-futuromat.iab.de/ (30.11.2022)

Lösungen mitgestalten sollten,[23] plädiert Seeliger klar dafür, vom bekanntermaßen aussichtslosen „Warten auf Godot“ abzusehen und diese Veränderungsprozesse aktiv mitzugestalten.[24] Diese sollten nicht als Gefahr, sondern vielmehr als Chance begriffen werden: Fallen repetitive Aufgaben durch Automatisierung weg, bleibt wissenschaftlichen Bibliothekar:innen mehr Zeit für kreative Ideen, Wissenserweiterung und Tätigkeiten, in denen ihre Expertise gefragt ist, z. B. mit Bezug zu Benutzer:innen oder in der Forschungsunterstützung.[25] Eine besondere Rolle spielen dabei die KI-Anwendungsmöglichkeiten für Bibliotheken selbst – diese bringen nicht nur neue Aufgaben mit sich, sondern auch neue Anforderungen an das Rollenverständnis. Dies eröffnet den wissenschaftlichen Bibliothekar:innen die Chance zur Weiterentwicklung ihrer Kompetenzen durch entsprechende Fortbildungen.[26] Hier hilft es, dass wissenschaftliche Bibliothekar:innen gegenüber neuen Ideen und Technologien generell und hinsichtlich KI im Besonderen eine überdurchschnittlich große Aufgeschlossenheit mitbringen.[27] Auch vor den Bibliotheksleitungen macht das Automatisierungspotential dabei nicht Halt[28] und fordert sie mit Blick auf die KI-Anwendung in Bibliotheken besonders, da es neben der Weiterentwicklung und der Rekrutierung zusätzlichen Personals auch entsprechende Ressourcen für die benötigte Hard- und Software sowie eine strategische Verankerung der neuen Aufgaben braucht.[29]

---

23 Schaper Rinkel, Petra: Zum Geleit. Die Zukunft von künstlicher Intelligenz in Bibliotheken. In: Künstliche Intelligenz in Bibliotheken. Tagungsband 34. Österreichischer Bibliothekartag Graz 2019. Hrsg. von Christina Köstner-Pemsel [u. a.]. Graz: Unipress 2020, S. 13.

24 Seeliger, Warten auf KI (wie Anm. 22), S. 312.

25 Schaper Rinkel, Zukunft von künstlicher Intelligenz (wie Anm. 23), S. 16; Asemi [u. a.], Intelligent libraries (wie Anm. 21), S. 414.

26 Cox [u. a.], The intelligent library (wie Anm. 3), S. 418, 421, 428 u. 432; Asemi [u. a.], Intelligent libraries (wie Anm. 21), S. 414; Krickl [u. a.], Provenienzen (wie Anm. 2), S. 227–228; Cox [u. a.], The intelligent library (wie Anm. 3), S. 421; Die TH Wildau bietet z. B. einen Zertifikatskurs an, der die Grundlagen, Anwendungen und Einsatzgebiete von KI-Lösungen im Bibliotheksbereich anhand von Praxisbeispielen vermittelt. Siehe hierzu: Seeliger, Warten auf KI (wie Anm. 22), S. 314. Sowie auch Wildau Institute for Technology: Zertifikatskurs Anwendung der Technologien der Künstlichen Intelligenz in Bibliotheken. https://www.wit-wildau.de/zertifikatsprogramme/kuenstliche-intelligenz-an-bibliotheken/?cookie-state-change=1669458422294 (30.11.2022)

27 Lund, Brady [u. a.]: Perceptions toward Artificial Intelligence among Academic Library Employees and Alignment with the Diffusion of Innovations' Adopter Categories. In: College & Research Libraries (2020) H. 5. S. 869–870, hier 877.

28 Der Job-Futuromat weist hier ein Automatisierungspotential von 25 % (3 von 12 Tätigkeiten) aus, siehe dazu Seeliger, Warten auf KI (wie Anm. 22), S. 313.

29 Seeliger [u. a.], Work in Progress – Teil 2 (wie Anm. 2), S. 297, 299; Kasprzik u. Tochtermann, Auf Augenhöhe (wie Anm. 18), S. 309; Seeliger [u. a.], Work in Progress – Teil 1 (wie Anm. 1), S. 174; Krickl [u. a.], Provenienzen (wie Anm. 2), S. 229.

Mitgestalten und Vermitteln

Im *NMC Horizon Report – Library Edition* aus dem Jahr 2017 waren für den KI-Bereich 4–5 Jahre „time to adoption“ vorgesehen[30] – eine Angabe, die erstaunlich gut aufgegangen zu sein scheint. Zunächst gingen Bibliotheken das KI-Thema im Vergleich zu anderen Trends wie Internet of Things oder Cloud-Lösungen verhaltener und teils mystifizierend an.[31] Erst 2018 erschienen die ersten Untersuchungen zu den Auswirkungen von KI-Entwicklungen auf wissenschaftliche Bibliotheken[32] und auch wenn der Österreichische Bibliothekartag 2019 das Thema erstmals für eine bibliothekarische Fachkonferenz aufnahm, fanden sich vor Ort und im Tagungsband nur eine sehr überschaubare Anzahl an Beiträgen, die tatsächlich auch von einem praktischen KI-Einsatz in Bibliotheken berichten konnten.[33] Seitdem kommt die Anwendung dieser Technologie aber vielerorts zunehmend im bibliothekarischen Alltag an und wird immer häufiger Gegenstand von Bibliothekssymposien.[34] Dies ist einerseits durch die Tatsache bedingt, dass Bibliotheken mit ihren großen Sammlungen an hochwertig erschlossenen bibliographischen Daten für KI-Umsetzungen eine elementare Grundlage mitbringen.[35] Immer mehr setzt sich andererseits aber auch die Erkenntnis durch, dass sich über den Bereich der Metadaten hinaus für die gesamte Einrichtung einer wissenschaftlichen Bibliothek potentielle KI-Anwendungsfälle identifizieren lassen.[36] Im direkten Vergleich mit den großen KI-Anwendern wie Google, Amazon, Facebook oder DeepL müssen sich Bibliotheken in Anbetracht ihrer begrenzten Ressourcen für einen zielgerichteten und wohlüberlegten Ressourceneinsatz engagieren.[37] Dabei können sie aber auch von Vorteilen profitieren: So müssen KI-Anwendungen von Bibliotheken nicht im wirtschaftlichen Wettbewerb kommerziell bestehen, was längerfristige Bereitstellungen von Lösungen selbst für sehr kleine Zielgruppen aus der Spitzenforschung ermöglicht.[38] Wo einzelne Bibliotheken für das Training einer Anwendung mittels maschinellem Lernen nicht über einen ausreichend großen Datenbe-

30 New Media Consortium: Horizon Report – 2017 Library Edition. S. 46. https://www.issuelab.org/resources/27498/27498.pdf (30.11.2022); siehe auch: Cox [u. a.], The intelligent library (wie Anm. 3), S. 420; Seeliger [u. a.], Work in Progress – Teil 1 (wie Anm. 1), S. 176.

31 Seeliger [u. a.], Work in Progress – Teil 1 (wie Anm. 1), S. 178.

32 Cox [u. a.], The intelligent library (wie Anm. 3), S. 432.

33 Köstner-Pemsel, Christina [u. a.] (Hrsg.): Künstliche Intelligenz in Bibliotheken. Tagungsband 34. Österreichischer Bibliothekartag Graz 2019. Graz: Unipress 2020. (Schriften der Vereinigung Österreichischer Bibliothekarinnen und Bibliothekare 15).

34 Seeliger, Warten auf KI (wie Anm. 22), S. 314; Kasprzik u. Tochtermann, Auf Augenhöhe (wie Anm. 18), S. 310; Vecera, Künstliche Intelligenz (wie Anm. 3), S. 49.

35 Seeliger [u. a.], Work in Progress – Teil 2 (wie Anm. 2), S. 290; Kasprzik u. Tochtermann, Auf Augenhöhe (wie Anm. 18), S. 310; Vecera, Künstliche Intelligenz (wie Anm. 3), S. 49; Schaper Rinkel, Zukunft von künstlicher Intelligenz (wie Anm. 23), S. 13–14.

36 Seeliger [u. a.], Work in Progress – Teil 1 (wie Anm. 1), S. 173.

37 Seeliger [u. a.], Work in Progress – Teil 2 (wie Anm. 2), S. 290.

38 Seeliger [u. a.], Work in Progress – Teil 2 (wie Anm. 2), S. 290.

stand verfügen, spricht im Gegensatz zum Konkurrenzdruck in der Privatwirtschaft nichts gegen die Kooperation mit anderen Bibliotheken, die ähnliche Sammlungsaufträge und Erkenntnisinteressen haben.[39] Zu guter Letzt können Bibliotheken in einem besonders kritischen KI-Bereich einen wichtigen Beitrag leisten: Angesichts der für Benutzer:innen schwer nachvollziehbaren Funktionsweise dieser Softwarelösungen, den immer wieder auftretenden Fehlern und den datenschutzrechtlichen Fragen können wissenschaftliche Bibliotheken beim KI-Einsatz mit größtmöglicher Offenheit punkten, indem sie die den analysierten Datenbestand, den verwendeten Algorithmus und alle möglicherweise auftretenden Fehler nicht nur offenlegen, sondern ihrem Zielpublikum auch im Sinne einer *AI Literacy* erklären.[40] Entsprechende Angebote ließen sich auch in die reguläre Vermittlung von Digitalkompetenzen durch wissenschaftliche Bibliotheken integrieren.[41] Für diese Erweiterung im Vermittlungsbereich müssen nicht einmal zwangsläufig eigene KI-Anwendungen umgesetzt werden – ein grundsätzliches Verständnis dieser Technologie sowie die Bereitstellung von Equipment (Hardware & Software) für das Selbststudium durch interessierte Benutzer:innen kann bereits ein attraktives Angebot ergeben.[42]

Von der Theorie in die Praxis

Längst sind wissenschaftliche Bibliotheken dabei über die theoretische Erörterung der möglichen Auswirkungen hinaus, welche der Einsatz von Softwarelösungen aus dem Bereich des maschinellen Lernens für ihre Einrichtungen und die Mitarbeiter:innen mit sich bringt. Es liegen zahlreiche Praxisbeispiele aus den Bereichen Erschließung, Digitalisierung, Discovery, Wissenskommunikation und Forschungsunterstützung sowie aus dem breiten Feld der Kommunikation mit Bibliotheksbenutzer:innen vor. Der nachfolgende Überblick illustriert dabei, welche neuen Facetten dem Rollenverständnis der wissenschaftlichen Bibliothekar:innen durch den Einsatz von KI-Technologien bereits hinzugefügt wurden.

---

39 Kasprzik u. Tochtermann, Auf Augenhöhe (wie Anm. 18), S. 308; Seeliger [u. a.], Work in Progress – Teil 2 (wie Anm. 1), S. 291.

40 Neustadt, Von technologischen Utopien (wie Anm. 3), S. 299–300; Seeliger [u. a.], Work in Progress – Teil 2 (wie Anm. 2), S. 291; Eigenbrodt: Allgegenwärtigkeit, S. 302, 305; Engelkenmeier, Ute: Künstliche Intelligenzen und Roboter in fiktionalen Bibliotheken und damit verbundene berufsethische Fragenstellungen. In: Künstliche Intelligenz in Bibliotheken. Tagungsband 34. Österreichischer Bibliothekartag Graz 2019. Hrsg. von Christina Köstner-Pemsel [u. a.]. Graz: Unipress 2020. S. 88–89; Gieselmann u. Trinkwalder, Kontrollierte Intelligenz (wie Anm. 1), S. 19; Cox [u. a.], The intelligent library (wie Anm. 3), S. 421, 432.

41 Eigenbrodt, Allgegenwärtigkeit (wie Anm. 3), S. 305.

42 Ähnlich wie es bereits ausleihbare Makerspace-Toolboxen an Bibliotheken zu verschiedenen Themen wie Robotik oder 3D-Druck gibt, lassen sich auch entsprechende Angebote für den KI-Bereich mit vertretbarem Aufwand zusammenstellen. Siehe dazu: Finley, Democratization (wie Anm. 10), S. 9–11.

Automatische Inhaltserschließung

Einer der ersten und inzwischen verbreitetsten Anwendungsfälle im Bereich der maschinellen Erschließung wird bereits seit zehn Jahren von der Deutschen Nationalbibliothek vorangetrieben.[43] Dies vor allem im Anbetracht einer Verdopplung des wissenschaftlichen Publikationsaufkommens innerhalb weniger Jahre, angesichts dessen es schlichtweg unmöglich geworden ist, jede Publikation einzeln von Hand mit sorgfältig kuratierten Metadaten zu versehen.[44] Um dennoch eine sinnvoll nachnutzbare Bereitstellung der Medien zu gewährleisten, nimmt dieser Bereich der KI-Automatisierung in wissenschaftlichen Bibliotheken eine zunehmend bedeutende Rolle ein.[45] Da in diesem Kernaufgabenbereich von wissenschaftlichen Bibliotheken zurecht ein besonders hoher Qualitätsstandard erwartet werden darf, hat die erste Erweiterung der maschinellen Erschließung von digitalen auch auf gedruckte Publikationen in 2017 der Deutschen Nationalbibliothek (DNB) bekanntermaßen viel Kritik eingebracht.[46]

Während sich das maschinelle Erfassen von Metadaten für die Formalerschließung auf Basis automatischer Auswertung der Titelblätter nicht bewährt hat, sind die Verfahren zur maschinellen Vergabe von DDC-Sachgruppen, DDC-Kurznotationen und GND-Schlagwörtern inzwischen etabliert.[47] Inzwischen wurde in einem Projekt eine neue „Erschließungsmaschine“ an der DNB in Betrieb genommen, welche die bisherige Anwendung durch das von der Finnischen Nationalbibliothek entwickelte Open Source Toolkit Annif ersetzt.[48] Neben den bisherigen Funktionen, deren Erschließungsqualität deutlich gesteigert wurde,[49] erlaubt Annif auch die modulare Einbindung weiterer KI-gestützter Assistenztools für Textextraktion, Textaufbereitung und

---

43 Seeliger [u. a.], Work in Progress – Teil 2 (wie Anm. 2), S. 292–294; Seeliger [u. a.], Work in Progress – Teil 1 (wie Anm. 1), S. 173.

44 Kasprzik u. Tochtermann, Auf Augenhöhe (wie Anm. 18), S. 306–307; Schaper Rinkel, Zukunft von künstlicher Intelligenz (wie Anm. 25), S. 18.

45 Kasprzik u. Tochtermann, Auf Augenhöhe (wie Anm. 18), S. 306.

46 Siehe dazu im Detail: Ceynowa, Klaus: In Frankfurt lesen jetzt zuerst Maschinen. In: FAZ 31.07.2017. https://www.faz.net/aktuell/feuilleton/buecher/maschinen-lesen-buecher-deutsche-nationalbibliothek-setzt-auf-technik-15128954.html (30.11.2022); Was Maschinen können und was nicht. Börsenblatt 30.08.2017. https://www.boersenblatt.net/archiv/1361205.html (30.11.2022); Wiesenmüller, Heidrun: Maschinelle Indexierung am Beispiel der DNB – Analyse und Entwicklungsmöglichkeiten. In: o-bib (2018) H. 4, S. 141–153.

47 Seeliger [u. a.], Work in Progress – Teil 2 (wie Anm. 2), S. 294.

48 Busse, Frank [u. a.]: Erschließungsmaschine gestartet. In: DNB Blog 04.05.2022. https://blog.dnb.de/erschliessungsmaschine-gestartet/ (30.11.2022).

49 Nagelschmidt, Matthias: Evaluation von Annif für die maschinelle Inhaltserschließung an der Deutschen Nationalbibliothek. Präsentation 12.11.2020. Folie 28. https://wiki.dnb.de/download/attachments/181735291/07-EvaluationVonAnnif.pdf?version=1&modificationDate=1605778295000&api=v2 (30.11.2022).

zur Einbindung in Erschließungsworkflows.[50] Inzwischen setzt auch die Zentralbibliothek Wirtschaftswissenschaften (ZBW) auf Annif, um in der Inhaltserschließung automatisch Schlagwörter unter Einbindung des Standard Thesaurus Wirtschaft zu vergeben.[51] Die nachgeschaltete Qualitätskontrolle erfolgt teilautomatisiert im Sinne eines Mensch-Maschine-Interface bzw. „human in the loop"[52] unter Einbezug der wissenschaftlichen Bibliothekar:innen, deren Berufshandeln neben der zeitlichen Entlastung um die Qualitätsbeurteilung der eingesetzten KI-Verfahren erweitert wird.[53] Zudem beraten die ZBW Bibliothekar:innen andere Bibliotheken zum Einsatz von Annif, stellen Tutorials zur Verfügung und sind an der Weiterentwicklung beteiligt.[54]

Massendigitalisierung

Die zahlreichen Massendigitalisierungsprogramme an wissenschaftlichen Bibliotheken haben ein weiteres Anwendungsfeld für den Einsatz von maschinellem Lernen eröffnet, das den Zugang zu diesen großen, digitalen Sammlungen deutlich aufwertet.[55] Hier verfolgen zum Beispiel die Bayerische Staatsbibliothek (BSB) und die Staatsbibliothek zu Berlin (SBB) den Ansatz, neben klassischen Recherchen in ihren digitalisierten Sammlungen auch nicht-textuelle Zugänge zu ermöglichen.[56] Die Ausgangssituation ist dabei vergleichbar zur maschinellen Inhaltserschließung: Im Rahmen der Massendigitalisierung können nicht alle Objekte mittels OCR automatisch maschinenlesbar und somit im Volltext durchsuchbar gemacht werden – insbesondere bei mittelalterlichen Handschriften, alten Drucken und weiteren Spezialbeständen kommt die manuelle Inhaltserschließung der Massendigitalisierung nicht mehr hinterher.[57] Vor allem der reichhaltige Bildbestand ist in den betroffenen Werken nicht systematisch recherchierbar. Mittels maschinellem Lernen wurden daher aus den 1.2 Millionen Digitalisaten der BSB durch die Analyse von Farb-, Kanten- und Strukturmerkmalen erfolgreich 13 Millionen Bilder gewonnen.[58] Diese konnten im Rahmen einer Bildähnlichkeitssuche zugänglich gemacht werden, bei der ein vorhandenes Bild

50 Seeliger [u. a.], Work in Progress – Teil 2 (wie Anm. 2), S. 294; Kasprzik u. Tochtermann, Auf Augenhöhe (wie Anm. 18), S. 308.

51 Kasprzik u. Tochtermann, Auf Augenhöhe (wie Anm. 18), S. 307; Seeliger [u. a.], Work in Progress – Teil 2 (wie Anm. 2), S. 294.

52 Vecera, Künstliche Intelligenz (wie Anm. 3), S. 49; Kasprzik u. Tochtermann, Auf Augenhöhe (wie Anm. 1), S. 308–309.

53 Seeliger [u. a.], Work in Progress – Teil 2 (wie Anm. 2), S. 294, 299.

54 Kasprzik u. Tochtermann, Auf Augenhöhe (wie Anm. 18), S. 308.

55 Cox [u. a.], The intelligent library (wie Anm. 3), S. 420.

56 Krickl [u. a.], Provenienzen (wie Anm. 2), S. 230.

57 Markus Brantl [u. a.]: Visuelle Suche in historischen Werken. In: Datenbank Spektrum (2017) H. 1, S. 53; Vecera, Künstliche Intelligenz (wie Anm. 3), S. 49; Krickl [u. a.], Provenienzen (wie Anm. 2), S. 228.

58 Brantl [u. a.], Visuelle Suche (wie Anm. 57), S. 53.

aus dem Bestand ausgewählt oder ein eigenes von den Benutzer:innen hochgeladen werden kann.

Die Ähnlichkeitssuche präsentiert dabei nicht nur ungewöhnliche und überraschende Bezüge, die in einer herkömmlichen Recherche unmöglich zu entdecken gewesen wären, sondern macht die Funktionsweise auch vorbildlich transparent.[59] So können Benutzer:innen in den erweiterten Einstellungen der Suche selbst bestimmen, in welchem Verhältnis Kanten- und Farbwerte zueinander berücksichtigt werden sollen oder wie hoch bzw. niedrig der Schwellwert für die Ähnlichkeitsbewertung liegen darf.[60] Ebenfalls mittels maschinellem Lernen hat die Österreichische Nationalbibliothek (ÖNB) ihre 600.000 in Kooperation mit Google Books digitalisierten historischen Druckschriften auf Bilder hin analysiert.[61] Dabei lag der Fokus auf dem Erkennen von Provenienzen, die angesichts dieser großen Massendigitalisierung nicht manuell erfasst werden konnten. Die eingesetzte Lösung wurde einzeln auf die Identifikation von Provenienzmerkmalen wie handschriftliche Besitzvermerke, Stempel, Initialen oder Wappen sowie auf die mit ihnen einhergehenden Konventionen (wiederkehrende Positionen im Werk bzw. bestimmte Form) trainiert.[62]

Finden statt Suchen

Alle aufgezeigten Einsatzbereiche werten automatisch auch den Bereich Discovery auf, da potentielle Treffer durch die zusätzlich angereicherten Metadaten leichter auffindbar werden. Darüber hinaus gibt es Ansätze, mithilfe maschinellen Lernens auch den Relevanzalgorithmus von Discovery-Systemen selbst zu verbessern, sprachunabhängiger zu gestalten bzw. vollständig zu ersetzen.[63] Zur Optimierung des Relevanzrankings müssten Verfahren des maschinellen Lernens dabei aber analog zu Google eigentlich auch das Nutzer:innenverhalten analysieren und in Form von Nutzer:innenprofilen berücksichtigen, was unweigerlich zu der Frage führt, wie sich dies DSGVO-konform umsetzen ließe.[64] Die ZBW setzt hier auf den Ansatz, durch den Vergleich von Suchbegriffen mittels Wortvektoren ein künstliches neuronales Netz auf das Erkennen von Ähnlichkeiten, Zusammenhängen und Wortmatrizen zu trainieren, um so die Relevanz von Suchergebnissen zu steigern.[65]

---

59 Brantl [u. a.], Visuelle Suche (wie Anm. 57), S. 53, 59.

60 Brantl [u. a.], Visuelle Suche (wie Anm. 57), S. 59.

61 Krickl [u. a.], Provenienzen (wie Anm. 2), S. 230.

62 Krickl [u. a.], Provenienzen (wie Anm. 2), S. 230–231.

63 Vecera, Künstliche Intelligenz (wie Anm. 3), S. 49–50; Seeliger [u. a.], Work in Progress – Teil 2 (wie Anm. 2), S. 292; Krickl [u. a.], Provenienzen (wie Anm. 2), S. 229; Cox [u. a.], The intelligent library (wie Anm. 3), S. 423; Seeliger [u. a.], Work in Progress – Teil 2 (wie Anm. 2), S. 298.

64 Seeliger [u. a.], Work in Progress – Teil 2 (wie Anm. 2), S. 291, 298.

65 Kasprzik u. Tochtermann, Auf Augenhöhe (wie Anm. 18), S. 306–307.

Auf Augenhöhe mit der Forschung

Werden wissenschaftliche Bibliothekar:innen mit dem praktischen Einsatz von KI-Anwendungen für die Forschung aktiv, ergibt sich die Chance von Partnerschaften auf Augenhöhe, die über die etablierten Formen der Forschungsunterstützung hinausgehen.[66] So haben die ZBW und Zentralbibliothek Medizin (ZB Med) die gewonnenen Daten aus der fortlaufenden automatischen Inhaltserschließung in einem KI-Projekt für die Forschung nachnutzen können. Dabei wurden die wachsenden bzw. schrumpfenden Ähnlichkeitsindikatoren zwischen Themenbereichen analysiert, um Prognosen über die Dynamiken zwischen konvergierenden bzw. divergierenden Forschungsfeldern treffen zu können. Große Forschungseinrichtungen werden so in die Lage versetzt, das Potential für neue interdisziplinäre Zusammenarbeiten frühzeitig zu erkennen und organisatorisch unterstützen zu können.[67] Der BSB ist es mittels einer kommerziellen KI-Anwendung gelungen, der Forschung eine Konzept-Suchmaschine zur Verfügung zu stellen: In dem Verfahren wurde auf Basis der Metadaten, Publikationen und Volltexte in einem großen Textkorpus Konzepte identifiziert, die unabhängig von manchmal erst im Nachhinein eingeführten Begrifflichkeiten für die Recherche genutzt werden können.[68] An der Technischen Informationsbibliothek (TIB) Hannover wurden im Bereich der semantischen Technologie und Verfahren des maschinellen Lernens nicht nur die eigenen Forschungskapazitäten mit Professuren ausgebaut, sondern im „Open Research Knowledge Graph" Beziehungen zwischen Entitäten und Fachartikeln analysiert und in Form eines zusätzlichen Sucheinstiegs visualisiert.[69]

Das hat Hand und Fuß

Die wortwörtlich auch für Benutzer:innen greifbarste Form der KI-Anwendung in wissenschaftlichen Bibliotheken ist in der Form von Robotern und Chatbots anzutreffen, welche geduldig und idealerweise rund um die Uhr Fragen zur Bibliothek und ihrer Benutzung beantworten sollen.[70] Bei den auch in Bibliotheken weit verbreiteten Roboter-Modellen Pepper und Nao ist die Zuschreibung zu einer KI-Anwendung differen-

66 Kasprzik u. Tochtermann, Auf Augenhöhe (wie Anm. 18), S. 311.

67 Kasprzik u. Tochtermann, Auf Augenhöhe (wie Anm. 18), S. 306, 310.

68 Mit der Lösung ist es z. B. möglich, im gesamten historischen Material des Textkorpus nach „Azteken" zu suchen, obwohl dieser Neologismus erst im 18. Jahrhundert aufkam. Siehe dazu: Seeliger [u. a.], Work in Progress – Teil 2 (wie Anm. 2), S. 295.

69 Seeliger [u. a.], Work in Progress – Teil 2 (wie Anm. 2), S. 294–295.

70 Cox [u. a.], The intelligent library (wie Anm. 3), S. 420; Vecera, Künstliche Intelligenz (wie Anm. 3), S. 51.

ziert zu betrachten[71] – auch wenn sie in der Erwartungshaltung von Bibliotheksbenutzer:innen eng zusammengehört.[72] Insbesondere das maschinelle Lernen von Kommunikationssituationen mit Bibliotheksbenutzer:innen ist eine Herausforderung, da es hier an der für das Training benötigten großen Datenbasis mangelt.[73] In der Folge wurden die Knowledge Bases von Robotern und Chatbots im Bibliotheksbereich bisher (zu?) aufwendig per Hand gepflegt, was insbesondere zum Verschwinden der einst zahlreich an wissenschaftlichen Bibliotheken vertretenen Chatbots beigetragen hat – immerhin wird an der TH Wildau und der ZBW an einem KI-basierten Revival der Chatbots gearbeitet.[74] Auch die Zentral- und Hochschulbibliothek (ZHB) Luzern hat sich 2019 an einem KI-Pilotprojekt in der täglichen Kommunikation mit Benutzer:innen versucht. Dabei wurde eine kommerzielle Software eingesetzt, die nach einer Trainingsphase mit rund 600 Fragen und Antworten zur Bibliotheksnutzung bei wiederkehrenden Fragen automatisch Lösungsvorschläge anzeigen konnte. Im Falle von trotzdem eingereichten Fragen hat die Software schnell intern die Personen über die offene Frage automatisch benachrichtigt, welche diese mit hoher Wahrscheinlichkeit direkt zu beantworten vermochten. Dafür hatte sich die Lösung mittels maschinellem Lernen eine automatische Indexierung von eingehenden Fragen mit Schlagwörtern angeeignet und zudem eine Expert:innen-Beziehung zwischen Personen, die besonders häufig auf Fragen mit denselben Schlagwörtern reagieren, hergestellt.[75] An der Bibliothek der TU Dortmund lässt sich ein inzwischen in den Produktivbetrieb gewechseltes Projekt erleben, bei denen mit RFID-Technologie ausgerüstete Tory-Roboter die Bibliotheksmitarbeiter:innen vom arbeitsaufwendigen Prozess der Inventarisierung und Suche nach vermissten Medien entlasten.[76]

---

71 Die vormals vom Hersteller Softbank vertriebenen und nun von der United Robotics Group aufgekauften Modelle nutzen für die Navigation, Sprach- und Gesichts-/Objekterkennung auf Basis des maschinellen Lernes trainierte Softwarelösungen. Für die Interaktion mit Benutzer:innen kommt aber eine Chatanwendung zum Einsatz, die herkömmlich mit vorzugebenden Fragen und Antworten programmiert wird. Siehe Eigenbrodt, Allgegenwärtigkeit (wie Anm. 3), S. 304; Aldebaran: United Robotics Group. https://www.aldebaran.com/en/partner/united-robotics-group (30.11.2022); Vecera, Künstliche Intelligenz (wie Anm. 3), S. 51.

72 Seeliger, Warten auf KI (wie Anm. 22), S. 312.

73 Seeliger [u. a.], Work in Progress – Teil 2 (wie Anm. 2), S. 296–297.

74 Seeliger [u. a.], Work in Progress – Teil 2 (wie Anm. 2), S. 296; Engelkenmeier, Künstliche Intelligenzen (wie Anm. 40), S. 86–87.

75 Flämig, Benjamin: Lucebro. Pilotprojekt zum Einsatz Künstlicher Intelligenz in der täglichen Kommunikation mit Bibliotheksnutzenden. In: B. I. T. online (2019) H. 5. S. 392–393; Flämig, Benjamin: Lucebro. Pilotprojekt zum Einsatz von KI in der täglichen Kommunikation mit Bibliotheksnutzenden. Vortragsaufzeichnung #vBIB20. https://av.tib.eu/media/47778 (30.11.2022).

76 Engelkenmeier, Künstliche Intelligenzen (wie Anm. 40), S. 87; Vecera, Künstliche Intelligenz (wie Anm. 3), S. 50; TU Dortmund: Vorreiter in Europa. In der Universitätsbibliothek suchen vier Serviceroboter verschollene Bücher. https://www.tu-dortmund.de/nachrichtendetail/detail/in-der-universitaetsbibliothek-suchen-vier-serviceroboter-verschollene-buecher-19973/ (30.11.2022).

Wir müssen nur wollen

Wissenschaftliche Bibliothekar:innen bieten sich mit der immer stärkeren Verbreitung von KI-Verfahren auf Basis des maschinellen Lernens somit keine unausweichlichen Herausforderungen oder Bedrohungslagen, sondern eine Vielzahl an Chancen.[77] Unter der Voraussetzung, dass es entsprechend große Mengen an bibliotheksspezifischen Daten vorliegen,[78] lassen sich „[v]ermutlich auf jeder Arbeitsebene im Prozessablauf oder Organigramm einer Bibliothek [...] auf der Basis von KI-Technologien Automatisierungspotentiale mit vertretbaren Aufwänden erfassen [...]“,[79] welche die wissenschaftlichen Bibliothekar:innen von Routineaufgaben entlasten[80] und ihnen mehr Zeit für die Betreuung von Benutzer:innen und die Umsetzung von besseren Dienstleistungen ermöglichen können.[81] Für den KI-Einsatz zentrale Kompetenzen bringen wissenschaftliche Bibliothekar:innen dabei bereits mit, indem sie qualitativ hochwertig erschlossene Datensammlungen für KI-Projekte pflegen und zur Verfügung stellen können. Dabei können sie die ausgewogene Zusammenstellung der notwendigen Trainingsdaten auch inhaltlich beurteilen und somit typischen Fehlern in der Trainingsphase des maschinellen Lernens effektiv vorbeugen bzw. durch die Beteiligung an einer regelmäßigen Qualitätskontrolle fortlaufend sicherstellen. Eignen sich wissenschaftliche Bibliothekar:innen Grundlagenwissen zu den Verfahren des maschinellen Lernens und der dafür benötigten Hard- und Software an, können sie diese in ihr bestehendes Angebot an Medien und Dienstleistungen integrieren und ihren Benutzer:innen für eigene Anwendungsprojekte zur Verfügung stellen. Insbesondere Open -Source-Lösungen und die hohe Kooperationsbereitschaft zwischen den Institutionen des wissenschaftlichen Bibliothekswesen erlauben dabei den KI-Einsatz auch an der eigenen Bibliothek, z. B. in der Inhaltserschließung, bei der Verbesserung der eigenen Recherchewerkzeuge oder in der täglichen Kommunikation mit Bibliotheksbenutzer:innen. Dabei führt der Einsatz von KI-Technologien in Bibliotheken bedingt durch deren große Offenheit und ihre etablierte Vermittlungsangebote und -aufträge auch zu einem besseren Verständnis und zum Abbau von entsprechenden Ängsten gegenüber dieser Technologie in der Gesellschaft.[82]

---

77 Krickl [u. a.], Provenienzen (wie Anm. 2), S. 227; Landgrebe u. Smith, Artificial Intelligence without Fear (wie Anm. 8), S. 301.

78 Seeliger [u. a.], Work in Progress – Teil 2 (wie Anm. 2), S. 291.

79 Seeliger [u. a.], Work in Progress – Teil 2 (wie Anm. 2), S. 299.

80 Seeliger [u. a.], Work in Progress – Teil 2 (wie Anm. 2), S. 297.

81 Vecera, Künstliche Intelligenz (wie Anm. 3), S. 51; Seeliger, Warten auf KI (wie Anm. 22), S. 313.

82 Eigenbrodt, Allgegenwärtigkeit (wie Anm. 3), S. 305.

Teil VIII: **An Bibliotheken forschen und entwickeln**

Einführung

Zwar wurde in wissenschaftlichen Bibliotheken auch in früheren Zeiten schon geforscht, jedoch beschränkte sich dies im Wesentlichen auf die historischen Bestände und Sammlungen der Bibliothek. Ferner beschäftigen sich die wissenschaftlichen Bibliothekar:innen seinerzeit mit bibliografischen und mit buchkundlichen bzw. buchwissenschaftlichen Themen – eigentlich bis in die Gegenwart hinein. Neue Gebiete für Forschung und Entwicklung in Bibliotheken sind informationswissenschaftliche Projekte, wie sie Christoph Kudella, Daniel Kurzawe und Jan Brase im Kontext der digitalen Transformation wissenschaftlicher Bibliotheken in diesem Kapitel behandeln. Am Beispiel digitaler Editionsprojekte verdeutlichen sie, dass neue Infrastrukturbereiche ergänzend zu den klassischen bibliothekarischen Aufgaben aufgebaut und entsprechende digitale Kompetenzen für die Realisierung und nachhaltige Integration der Projekte entwickelt werden müssen. In diesem Abschnitt werden zudem die Aufgaben bei der Projektfinanzierung, Projektrealisierung und bei den organisatorischen Rahmenbedingen thematisiert.

Dass die oben angesprochene Erforschung der historischen Bestände und Sammlungen weiterhin ein Tätigkeitsfeld wissenschaftlicher Bibliothekar:innen darstellt, unterstreicht der Beitrag von Olaf Hamann. Er betont die seit Jahrzehnten steigende Bedeutung historischer Bestände für die bibliothekarische Arbeit und beschreibt zentrale Punkte dieser Entwicklung. Dadurch verändern sich die Aufgaben wissenschaftlicher Bibliothekar:innen – sowohl im Hinblick auf inhaltliche und technologische Fragen als auch bezüglich des beruflichen Selbstverständnisses –, damit historische Bestände als wichtiger Teil des Informationsangebotes für die aktuelle Forschung optimal nutzbar gemacht werden können. Angesprochen werden Projekte wie die Sammlung Deutscher Drucke, sodann Aspekte der Provenienzforschung und der Digital Humanities, auch der Deutsch-Russische Bibliotheksdialog (DRBD), in den der Verfasser involviert ist, findet Erwähnung.

Im Kontext des digitalen Wandels hat die Nutzungsforschung an Bedeutung für das bibliothekarische Handeln gewonnen, jedoch sieht Jens Ilg nicht nur Entwicklungschancen durch die Digitalisierung, sondern auch Gefahren, wie er in seinem Beitrag darlegt. Die Daten, die auch im Rahmen der Nutzendenforschung anfallen, können in eine „Datenfalle“ münden. Als geeignetes Gegenmittel sieht Ilg eine dezidierte Orientierung hin zu den Nutzenden und damit auch zur Nutzungsforschung. Voraussetzung dafür ist jedoch eine „Haltung“, also ein Berufsethos, das sich der traditionellen Bibliotheksidee im Kern noch verpflichtet fühle.

Carolin Zapke widmet sich einem weiteren Gebiet, auf dem wissenschaftliche Bibliothekar:innen forschend tätig sind: dem der Entwicklung und Bereitstellung bibliometrischer Services für die Forschung, sei es in Richtung auf explorative oder evaluative Bibliometrie. In der Universitätsbibliothek Chemnitz ist dieser Service beispielsweise als forschungsnahe Dienstleistung im Fachreferat angesiedelt. Der Bei-

https://doi.org/10.1515/9783110790375-035

trag beschreibt, wie das Angebot im bibliothekarischen Alltag umgesetzt werden kann und bietet einen Überblick über Zielgruppen und spezifische Nachfragen, die zum Komplex Bibliometrie an diese Einrichtung herangetragen werden. Gleichzeitig eröffnet Carolin Zapke Einblicke in konkrete Aufgaben dieses Bereichs, aber spricht auch problematische Aspekte des Feldes Bibliometrie an und diskutiert Strategien, um das bibliometrische Angebot von Bibliotheken bekannter zu machen als es bisher der Fall ist.

Christoph Kudella, Daniel Kurzawe und Jan Brase

Informationswissenschaftliche Projekte realisieren

Abstract: Informationswissenschaftliche Projekte sind essentielle Bestandteile der digitalen Transformation wissenschaftlicher Bibliotheken. Durch den Aufbau neuer Infrastrukturbereiche werden klassische bibliothekarische Aufgaben und Kompetenzen um digitale Angebote und Methoden ergänzt. Die erfolgreiche Durchführung und nachhaltige Einbindung solcher Projekte, verlangt nach spezifischen Kompetenzen und Strukturen. In diesem Kapitel werden wir auf die allgemeinen Herausforderungen anhand digitaler Editionsprojekte und auf praktische Beispiele bei der Projektfinanzierung, Projektrealisierung und den organisatorischen Rahmenbedingen eingehen.

Keywords: Wissenschaftliche Projekte, Innovation, Digitale Geisteswissenschaften, Digitale Editionen, Projektmanagement

Kurzbiografien: Dr. Daniel Kurzawe (ORCID: https://orcid.org/0000-0001-5027-7313) ist stellvertretender Leiter der Forschung und Entwicklung an der Staats- und Universitätsbibliothek Göttingen. Dort forscht und entwickelt er Methoden und Anwendungen zum Umgang mit digitalen Informationen und Forschungsdaten. Hierzu leitet er ein interdisziplinäres Team, welches sich diesen Herausforderungen in nationalen und internationalen Projekten stellt. Zu seinen Schwerpunkten zählen Theoriemodellierung, Simulationen, Text- und Datamining und Data Science. Nach seinem Studium der Logik und Wissenschaftstheorie, Computerlinguistik und Philosophie promovierte er an der Ludwig-Maximilians-Universität München zur Dynamik von Forschung und Gesellschaft und modellierte dazu Wissenschaftsprozesse. Kontakt: Georg-August-Universität Göttingen, Niedersächsische Staats- und Universitätsbibliothek, Platz der Göttinger Sieben 1, 37073 Göttingen; kurzawe@sub.uni-goettingen.de

Christoph Kudella (ORCID: https://orcid.org/0000-0002-9645-7122) ist wissenschaftlicher Bibliothekar an der Staats- und Universitätsbibliothek Göttingen. Als wissenschaftlicher Koordinator leitet er dort den abteilungsübergreifenden Service „Digitale Editionen" und in diesem Bereich durchgeführte Drittmittelprojekte. Nach dem Studium der Mittleren und Neueren Geschichte und der Deutschen Philologie absolvierte er einen Doktorandenstudiengang in den Digital Humanities am University College Cork, Irland. Kontakt: Georg-August-Universität Göttingen, Niedersächsische Staats- und Universitätsbibliothek, Platz der Göttinger Sieben 1, 37073 Göttingen; kudella@sub.uni-goettingen.de

Dr. Jan Brase (ORCID: https://orcid.org/0000-0002-8250-6253) ist Leiter der Forschung und Entwicklung an der Staats- und Universitätsbibliothek Göttingen und Wissenschaftlicher Koordinator der eResearch Alliance, die alle Angebote zum For-

https://doi.org/10.1515/9783110790375-036

schungsdatenmanagement am Campus Göttingen koordiniert. Nach einem Abschluss in Mathematik an der Universität Hannover promoviert er in Informatik am Forschungszentrum L3S. Sein Schwerpunkt ist die Weiterentwicklung von Bibliotheken und informationswissenschaftlichen Services. Er war Gründungsdirektor von DataCite. 2011 erhielt er den German Library Hi-Tech award. Kontakt: Georg-August-Universität Göttingen, Niedersächsische Staats- und Universitätsbibliothek, Platz der Göttinger Sieben 1, 37073 Göttingen; brase@sub.uni-goettingen.de

Ausgangslage

Wissenschaftliche Bibliotheken stehen vor der Herausforderung, ihre über Jahrhunderte aufgebaute Rolle für die Entwicklung der Wissenschaft neu zu definieren und dabei bestehende Kompetenzen fortzuentwickeln und neue Kompetenzen zu erlernen. Die Digitalisierung stellt dabei wohl die bisher größte Herausforderung dar, da sich mit ihr nicht nur einzelne fachspezifische Methoden, sondern ebenso die Art der Medien und die damit einhergehende Strukturierung und Relevanz von Informationen grundlegend verändert.[1] Dabei müssen sich Bibliotheken mit anderen Informationsinfrastrukturen messen und ihre Relevanz herausstellen.[2] Ein anschauliches Beispiel hierfür ist die Wandlung der Rolle der Bibliothek in der geisteswissenschaftlichen Forschung. Mit dem Aufkommen der Digitalen Geisteswissenschaften und den damit einhergehenden computergestützten Forschungsmethoden werden von den Bibliotheken nicht nur umfangreichere Methodenkompetenzen eingefordert, sondern zugleich auch deutlich höhere Anforderungen an die Informationsinfrastruktur gestellt.[3] So werden beispielsweise neue Zugänge zu Daten gefordert, etwa um Datenanalysen direkt auf Volltexten durchführen zu können. Dafür müssen Bibliotheken technische, aber auch rechtliche Rahmenbedingungen schaffen. Auch im Hinblick auf die Nachhaltigkeit ändert sich das Profil: Das Forschungsdatenmanagement ist eine Aufgabe, die sich im Zuge der Digitalisierung und der gestiegenen Qualitätsanforderungen an die Forschung zunehmend professionalisiert. Diese Aufgabe wird entweder im Zusammenspiel zwischen Bibliotheken und weiteren Einrichtungen oder vollständig an den Bibliotheken verortet. Ein weiterer Aspekt ergibt sich aus einer zunehmenden inter-

1 Vgl. Breuer, Constanze u. Peer Trilcke: Die Ausweitung der Wissenschaftspraxis des Publizierens unter den Bedingungen des digitalen Wandels. Herausgegeben von der Arbeitsgruppe „Wissenschaftspraxis“ im Rahmen der Schwerpunktinitiative „Digitale Information“ der Allianz der deutschen Wissenschaftsorganisationen. 2021. https://gfzpublic.gfz-potsdam.de/pubman/item/item_5005999 (31.12.2022).

2 Horstmann, Wolfram: Library Technology – Between Local Tools and Global Solutions. In: Bibliothek Forschung und Praxis (2022) H. 2. S. 261–270. DOI: https://doi.org/10.1515/bfp-2022-0011.

3 Vgl. Rapp, Andrea: Digital Humanities und Bibliotheken: Traditionen und Transformationen. 027.7 Zeitschrift für Bibliothekskultur/Journal for Library Culture (2021) Apr 20. DOI: https://doi.org/10.21428/1bfadeb6.486c17e5.

nationalen Vernetzung in der Forschung. Forschungsverbünde arbeiten zunehmend globaler und entsprechend bedarf es an Öffnungen und Schnittstellen zwischen Infrastrukturen.[4]

Praktisch stellt dieser Wandel wissenschaftliche Bibliotheken nicht nur vor ein Umdenken der klassischen bibliothekarischen Aufgaben, sondern fordert insbesondere auch ergänzende informationswissenschaftliche und informatische Kompetenzen. Dies gelingt zum einen durch die Erwerbung weiterer Kompetenzen durch die Schaffung neuer Profile in der Bibliothek. Zum anderen müssen aber auch bestehende Arbeitsweisen und Angebote angepasst werden. In diesem Kapitel werden Konzepte vorgestellt, wie Bibliotheken um Methoden und Angebote angereichert werden können. Ein zentraler Aspekt wird dabei die Beschreibung von Projekten als Instrument zur Angebotsentwicklung sein. Projekte erlauben es, neue Strukturen zu erproben, Methoden zu entwickeln sowie Angebote aufzubauen, und dienen dazu, neue Arten von fachgerechten Angeboten zu realisieren oder gemeinsam mit Forschenden zielgerichtete Informationsplattformen und Kompetenzen zur Wirkung zu bringen. Auf diese Weise bringen sich Bibliotheken proaktiv in die digitale Forschung und Infrastrukturentwicklung ein.

Der Grund für diese Strategie liegt insbesondere in zwei Gegebenheiten: Zum einen geben von Angeboten abgetrennte Projekte eine Möglichkeit der Realisierung über diverse Finanzierungsinstrumente, losgelöst von den Stammbudgets, zum anderen ergibt sich durch die immer stärkere Präsenz als Partnerinstitution in fachspezifischen Forschungsvorhaben eine neue Position in der äußeren und Selbstwahrnehmung für bestehende Bibliotheken.

Setzt drittmittelgetriebene Forschung digitale Dienste, Informationen und Infrastrukturen ein, so werden bereits zur Projektlaufzeit spezifische Kompetenzen verlangt, die nicht unbedingt direkt im Forschungsvorhaben verankert sind. Das betrifft die Methodenkompetenz, etwa in der Datenauszeichnung und Anreicherung oder im Bereich Data Mining, aber auch im direkten Umgang mit Daten. Dies zeigt sich etwa im Forschungsdatenmanagement oder auch im nachhaltigen Umgang mit Daten und den entsprechenden Werkzeugen.

Projektfinanzierung

Für die Finanzierung solcher Vorhaben bieten sich insbesondere zwei Wege an: Zum einen können Vorhaben über die Eigenfinanzierung durch vorhandene Budgets realisiert werden, zum anderen durch die Finanzierung mittels hierfür eingeworbener

---

4 Vgl. Neuroth, Heike u. Gudrun Oevel: Aktuelle Entwicklung und Herausforderungen im Forschungsdatenmanagement in Deutschland. In: Praxishandbuch Forschungsdatenmanagement. Hrsg. von Markus Putnings, Heike Neuroth u. Janna Neumann. Berlin, Boston: De Gruyter Saur 2021 (De Gruyter Praxishandbuch). DOI: https://doi.org/10.1515/9783110657807.

Drittmittel. Mit Blick auf die erste Variante ist jedoch zu konstatieren, dass gerade die Budgets in den Häusern durch bestehende Aufgaben oftmals ausgelastet sind und so nur einen sehr geringen Spielraum bieten. Die Digitalisierung erweitert und transformiert dabei jedoch das Aufgabenspektrum. Wenn beispielsweise Journals zunehmend digital publiziert und bezogen werden, so können die Ressourcen nicht direkt allokiert werden. Kompetenzen für die physische Bearbeitung dieser Medien lassen sich nicht direkt in neue Aufgabenbereiche transferieren.

Hier entsteht schnell ein Trugschluss: Digitale Medien erfordern keine Regale, sie benötigen weniger Aufwendungen in der Bearbeitung, Kuration und Verwaltung. An diesen Stellen findet jedoch vielmehr eine Verlagerung statt: Auch digitale Medien verlangen nach Kuration. Serverdienste müssen technisch unterhalten werden und es entstehen ebenso laufende Kosten für den Betrieb. Hinzu kommt, dass das Personal, das zuvor die Zeitschriften in physischer Form unterhalten hat, sich im Kompetenzprofil gänzlich vom Betrieb der digitalen Infrastruktur unterscheidet.

Um in dieser Gemengelage neue Vorhaben realisieren zu können, bedarf es einer Förderung zusätzlich zum Grundbudget der Bibliotheken: Hier bieten sich Mittelgeber für die Finanzierung von Personal und Sachmitteln an. Dabei ist eine Möglichkeit die Beantragung von Mitteln in Förderprogrammen über kompetitive Verfahren. Zu den zentralen Förderinstitutionen zählen dabei die Deutsche Forschungsgemeinschaft (DFG), die europäische Kommission, über Förderprogramme wie Horizon Europe, das Bundesministerium für Bildung und Forschung (BMBF) oder direkte Förderinstrumente der jeweiligen Länder. Die DFG bietet mit dem Programm „Wissenschaftliche Literaturversorgungs- und Informationssystem“ (LIS) eine Fördermöglichkeit, welche sich insbesondere an Informationseinrichtungen richtet. Im Zentrum dieser Förderlinie steht der Aufbau von Informationssystemen.

Motivation und Zielsetzung von Projekten

Je nach Ausgangslage entstehen Vorhaben aus unterschiedlichen Bedarfen heraus: So können sie etwa aus einer Eigeninitiative heraus entstehen oder die Bibliothek wird als Partnerinstitution Teil eines Projektverbundes. Dabei können die Dimensionen und Zielrichtungen informationswissenschaftlicher Projekte höchst unterschiedlich sein: Sie reichen von Community Aktivitäten, über die Standardisierung, Implementierung, bis hin zum Aufbau komplexer überregionaler Forschungsinfrastrukturen und Verbünde.

Forschungsvorhaben können dabei mit einem Blick auf die Nachhaltigkeit der Informationen auch zum Ziel haben, die hervorgebrachten Ergebnisse in eine Bibliothek zu überführen und etwa einer breiten Nutzendenschaft bereitzustellen. Ein Beispiel dafür sind etwa digitale Editionen. Während Editionen als Druckwerke ohne die Einbeziehung von Bibliotheken entstehen und sich ihren Weg über bestehende Verlags- und Handelsketten in die Institution bahnen und dort sich über die ebenfalls bereits vorhandenen Prozesse und Infrastrukturen in den Bestand eingliedern, ist bei der Schaffung von digitalen Editionen eine direkte Einbeziehung der Bibliothek im Entstehungsprozess notwendig.

Bereits bei der Konzeption einer Digitalen Edition ist es essentiell, die technische Infrastruktur für einen zukünftigen Betrieb mitzudenken. Hinzu kommt, dass dieser Bereich noch vergleichsweise wenig normiert ist und sich in einem starken Wandel befindet. Forschende wollen hier die weitreichenden Möglichkeiten und Vorteile digitaler Werkzeuge und Darstellungen nutzen und dazu gern die aktuellsten Technologien verwenden. Beispielsweise sollen fachspezifische Verlinkungen und Visualisierungen die Edition um weitere Inhaltsebenen ergänzen. Diese Systeme müssen zum einen im Hinblick auf eine Eingliederung in bestehende Infrastrukturen und zum anderen mit Blick auf eine möglichst aufwandsarme Pflege für einen nachhaltigen Betrieb entwickelt werden. Hierbei kann zwischen den Anforderungen zur Nachhaltigkeit und den Forschenden ein Spannungsverhältnis entstehen, welches eine genaue Abwägung bereits zum Beginn des Projekts erfordert. Bei längeren Laufzeiten des Projekts zum Aufbau der Edition kommt erschwerend hinzu, dass sich Methoden und Technologien bereits zur Laufzeit verändern und entsprechend angepasst werden müssen.

Realisierung: Das Beispiel digitaler Editionen

Ein Beispiel für informationswissenschaftliche Projekte in Bibliotheken stellt der oben erwähnte Bereich digitaler Editionen[5] dar, in dem wissenschaftliche Bibliotheken sowie Spezial- und Forschungsbibliotheken zunehmend neuartige Dienstleistungen erbringen.[6] Editionen als solche sind in historischer Perspektive schon immer auch in Bibliotheken verankert,[7] und es überrascht unter diesem Blickwinkel wenig, dass Bibliotheken den Wandel von analogen zu digitalen Editionstechniken und (Re)präsentationsformen mitvollzogen haben. Das wesentliche Moment dieses Adoptionsprozesses für Bibliotheken stellt jedoch in erster Linie der im Konnex von Editionswissenschaft und Bibliothek stattfindende, fundamentale Wandel der von ihnen erbrachten Dienstleistungen dar: Während sich im vordigitalen Editionszeitalter die Serviceerbringung von Bibliotheken in der Regel auf traditionelle bibliothekarische Dienstleis-

5 Zur Begriffsgeschichte und -definition vgl. Sahle, Patrick: Digitale Editionsformen. Zum Umgang mit der Überlieferung unter den Bedingungen des Medienwandels. Teil 2: Befunde, Theorie und Methodik. Norderstedt: BoD 2013 (Schriften des Instituts für Dokumentologie und Editorik 8). S. 125–156.

6 Neben der SUB Göttingen sind in diesem Bereich beispielsweise die HAB Wolfenbüttel, die UB Heidelberg, die ULB Darmstadt und die ThULB Jena aktiv.

7 Vgl. Mittler, Elmar u. Malte Rehbein: Edition und Forschungsbibliothek. Chancen und Herausforderungen einer traditionsreichen Partnerschaft im digitalen Zeitalter. In: Digitale Edition und Forschungsbibliothek. Beiträge der Fachtagung im Philosophicum der Universität Mainz am 13. und 14. Januar 2011. Hrsg. von Christiane Fritze [u. a.]. Wiesbaden: Harrassowitz 2011 (Bibliothek und Wissenschaft 44). S. 9–22, hier S. 11.

tungen beschränkte, so stellen diese heutzutage nur noch einen geringen Anteil der von Bibliotheken in Editionsprojekten ausgeübten Tätigkeiten dar.[8] Dies liegt vor allem an den im Kontext digitaler Editionen erwachsenen informationswissenschaftlichen und -technologischen Bedarfe der Forschenden, die konsequenterweise auch und gerade von Bibliotheken bedient werden können.

So hat etwa die Niedersächsische Staats- und Universitätsbibliothek Göttingen (SUB Göttingen) im Rahmen ihres Strategieprozesses unter anderem solche Maßnahmen entwickelt und umgesetzt, die ihr das Agieren als Partnerin und/oder Dienstleisterin in digitalen Editionsvorhaben mit Forschenden vor Ort als auch mit externen Partnern ermöglichen. Entscheidende Schritte in diesem Prozess waren die Einrichtung des Göttinger Digitalisierungszentrums (GDZ), die Etablierung der Abteilung „Forschung und Entwicklung“ (FE), der Ausbau der Abteilung „Digitale Bibliothek“ (DB) sowie der Gruppe „Metadaten und Datenkonversion“ (MET). Die in diesen Organisationseinheiten entwickelten e-Infrastrukturen (z. B. TextGrid[9]), Werkzeuge (z. B. TextAPI, TIDO) und digitalen Services (z. B. die DARIAH Authentication and Authorization Infrastructure[10]) bilden zusammen ein Service-Portfolio, das der SUB Göttingen eine herausgehobene Stellung innerhalb der nationalen und internationalen Bibliothekslandschaft zukommen lässt. Neben den (traditionellen) Aufgaben der Bestandsbewahrung, -erhaltung und der Zugänglichmachung von Wissen kann die SUB Göttingen Wissenschaftler:innen in ihren sich ebenfalls wandelnden Forschungsprozessen aktiv unterstützen. So können unter anderem Dienstleistungen in den Bereichen der digitalen Erschließung, Publikation, Langzeitarchivierung und der Nachnutzung von Forschungsdaten erbracht werden. Digitale Editionsvorhaben stellen hierbei einen zentralen Konvergenzpunkt der vorgenannten Services der SUB Göttingen dar.

Die gemäß den Anforderungen und der gewährten Förderung erbrachten Services im Bereich digitaler Editionen umfassen ein ungemein breites Spektrum, das Beratung, Digitalisierung, Datenmodellierung, Bereitstellung einer Virtuellen Forschungsumgebung, Datenmanagement- und -konversion, Entwicklung von Editionsportalen und von Datenvisualisierungen, Publikation in unterschiedliche Medienformen und Forschungsdatenarchivierung einbezieht. Das – analoge oder digitale – Quellenmate-

---

8 Vgl. hierzu vor allem: Stäcker, Thomas: Creating the Knowledge Site – elektronische Editionen als Aufgabe einer Forschungsbibliothek. In: Fritze, Digitale Edition (wie Anm. 7), S. 125.

9 DARIAH-DE: TextGrid. Virtuelle Forschungsumgebung für die Geisteswissenschaften. https://textgrid.de (31.12.2022). An neueren Beiträgen zu TextGrid siehe etwa die Beiträge in: Neuroth, Heike, Andrea Rapp u. Sibylle Söring (Hrsg.): TextGrid: Von der Community – für die Community. Göttingen: Universitätsverlag Göttingen 2015. Für den Einsatz in Editionsprojekten siehe unter anderem Rapp, Andrea: Digitale Edition und Forschungsbibliothek. TextGrid als virtuelle Infrastruktur für digitale Editionen. In: Fritze, Digitale Edition (wie Anm. 7), S. 127–140. Siehe auch Söring, Sibylle: Technische und infrastrukturelle Lösungen für digitale Editionen: DARIAH-DE und TextGrid. In: Bibliothek. Forschung und Praxis (2016) H. 2. S. 207–212. DOI: https://doi.org/10.1515/bfp-2016-0040.

10 Siehe hierzu DARIAH-EU: DARIAH AAI Documentation. https://wiki.de.dariah.eu/display/publicde/DARIAH+AAI+Documentation (14.3.2023).

rial entstammt dabei sowohl Beständen der SUB Göttingen, des Campus Göttingen und seiner wissenschaftlichen Sammlungen als auch externen nationalen und/oder internationalen Institutionen. Diese unter Beteiligung der SUB Göttingen durchgeführten Editionsprojekte decken viele editorische Archetypen (z. B. diplomatische, historisch-kritische und genetische Editionen) ab und umfassen eine große Bandbreite von Disziplinen.

Zugleich stellt die Erbringung von Dienstleistungen im Bereich digitaler Editionen Bibliotheken aber auch vor nicht zu unterschätzende Herausforderungen im Management dieses Service-Portfolios. So gilt es etwa nicht nur die Bereiche Forschungsförderung und Peer Review Kriterien[11], sondern auch nationale Infrastrukturentwicklungen[12] ständig zu beobachten und die Services an die sich wandelnden Bedingungen hin anzupassen.

Organisatorische Rahmenbedingungen

Sowohl die Anbahnung als auch die Durchführung von digitalen Editionsprojekten stellt eine komplexe Verkettung von Tätigkeiten dar, die nicht nur mehrere Organisationseinheiten einer Bibliothek involviert bzw. involvieren kann, sondern zudem oft quer zur traditionellen Linienorganisation verläuft. Vor diesem Hintergrund ist es ratsam, alle diesbezüglich relevanten Prozesse hausintern formal zu definieren, d. h.: welche Organisationseinheiten zu welchem Zeitpunkt unter welchen Bedingungen in die jeweiligen Projektphasen eingebunden sein müssen bzw. können. Aufgrund des vergleichsweise hohen Volumens an Editionsprojekten an der SUB Göttingen wurde mit dem Service Digitaler Editionen darüber hinausgehend ein organisatorischer Rahmen etabliert, in dem diese Prozesse übergreifend koordiniert und weiterentwickelt werden. Diese trägt zum einem dem Skalierungsproblem von informationswissenschaftlichen und -technologischen Projekten Rechnung: die Durchführung von Beratungen, das Verfassen von Förderanträgen sowie insbesondere das Projektmanagement einschließlich Administration und Reporting ist ab einer bestimmten Anzahl an Projekten nur durch dezidierte Stellen bzw. Stellenanteile in diesem Servicebereich leistbar. Zum anderen stellt dies sicher, dass diese Prozesse weitgehend einheitlich und möglichst wenig arbiträr verlaufen und dies bereits ab dem Zeitpunkt einer initialen Kontaktaufnahme von potenziellen Projektpartner:innen.

Im Kontext von digitalen Editionsprojekten gilt es auch, die Frage der Langzeitverfügbarkeit der Forschungsergebnisse digitaler Editionen zu berücksichtigen und

---

11 Siehe etwa Sahle, Patrick: Kriterienkatalog für die Besprechung digitaler Editionen (v 1.1, Juni 2014). Unter Mitarb. von Georg Vogeler [u. a.]. http://www.i-d-e.de/publikationen/weitereschriften/kriterien-version-1-1/ (31.12.2022).

12 Für den Bereich digitaler Editionen relevant sind hier z. B. die geisteswissenschaftlichen NFDI-Konsortien Text+, NFD4Culture, NFDI4Memory und NFDI4Objects.

sich die damit einhergehenden Konsequenzen zu vergegenwärtigen, die einer Bibliothek aus einer Beteiligung an digitalen Editionsprojekten erwachsen. Hierbei hilft es, zwei Gegenstandsbereiche voneinander abzugrenzen: Zum einen muss die Langzeitarchivierung der Forschungsdaten digitaler Editionen sichergestellt werden, wie es etwa durch Auflagen seitens der Forschungsförderer festgelegt wird. Konkret werden hiermit vornehmlich TEI-XML Daten sowie etwaige digitale Faksimiles des edierten Materials als Primärdaten digitaler Editionen in den Blick genommen. Für die Sicherung dieser Daten besteht eine Fülle von Angeboten in Form von fachspezifischen oder institutionellen Repositorien. Letztere werden zudem oftmals durch Bibliotheken bereitgestellt, so dass diese Anforderung vergleichsweise einfach erfüllt werden kann. Deutlich schwieriger ist jedoch die – oftmals nur implizit formulierte – Anforderung einer langfristigen Verfügbarkeit der Präsentationsschichten digitaler Editionen, einschließlich spezifischer Suchfunktionalitäten und Visualisierungen, sicherzustellen.[13]

Diesbezüglich liegt eine zweifache Problemstellung vor:

1. das Spannungsfeld zwischen Gegenstandsadäquatheit, Innovationswillen und Wissenschaftsfreiheit auf der einen Seite und systemischen Infrastrukturanforderungen auf der anderen Seite: Digitale Editionsprojekte haben in der Regel den Anspruch, ihre Forschungsergebnisse in innovativer Art und Weise zu präsentieren – nicht zuletzt bedingt durch die Drittmittelprojekten zugrundeliegende Förderlogik. In der Praxis kann dies zu einem Wildwuchs an eingesetzten Technologien führen, der mit mittel- und langfristigen Verpflichtungen und vor allem kaum skalierbaren Folgekosten verbunden ist. Für die Projektdurchführung hat dies zur Folge, dass die Anforderungen der Projektpartner mit den Rahmenbedingungen der Infrastrukturpartner in einen Ausgleich gebracht werden müssen.
2. die ungeklärten Verantwortlichkeiten für den langfristigen Betrieb der Präsentationsschichten: Betriebsaufgaben werden von den Förderern oder auch den edierenden Wissenschaftler:innen häufig den beteiligten informationswissenschaftlichen und -technologischen Partnereinrichtungen zugeschrieben. Dies geschieht zudem oftmals, ohne dass hierüber explizite Vereinbarungen geschlossen wurden. Gerade Bibliotheken verfügen jedoch in ihrem Haushalt in der Regel nicht über die Ressourcen, um den Betrieb digitaler Editionen jenseits der projektförmigen Förderung sicherzustellen – nicht zuletzt, weil dies aktuell nicht zu ihren expliziten Aufgaben gehört. Gleichzeitig werden für den Betrieb und andere anfallende Aufwände nach Projektende seitens der Forschungsförderer keine Mittel bereitgestellt.

Es ist folglich ratsam, proaktiv ein Erwartungsmanagement zu betreiben und Projektpartnern klar zu kommunizieren, ob und wie ein längerfristiger Betrieb der Präsenta-

13 Malits, Andrea: Infrastrukturentwicklung für digitale Editionen am Beispiel der Universität Zürich: Herausforderungen, Erfahrungen und Perspektiven. In: Bibliothek Forschung und Praxis (2020) H. 2. S. 202–209, hier S. 202.

tionsschichten sichergestellt werden kann, was dieser umfasst (und was nicht) und welche Funktionalitätseinbußen sich durch etwaige Portalmigrationen und Ähnliches ergeben könnten.

Allgemein ist festzuhalten, dass die Verstetigung informationswissenschaftlicher Projekte eine Reihe von Herausforderungen beinhaltet und auch stark von lokalen Gegebenheiten abhängt. So ist etwa gerade bei einem langfristigen Betrieb von Diensten ein Zusammenwirken zwischen der Forschung, Entwicklung und dem Betrieb vonnöten. Der Aufbau neuer Dienste oder Infrastrukturen führt mitunter zu neuen Anforderungen an den Betrieb und der dazugehörigen Infrastruktur. Dies können etwa Anforderungen sein, die sich durch die Einführung neuer Technologien ergeben, oder Arbeitsabläufe, die bestehendes Personal vor Herausforderungen stellt.

Wenn darüber hinaus noch weitere Stellen, beispielsweise durch die Einbeziehung von intellektuellen Dienstleistungen, wie etwa einer Beratung zum Forschungsdatenmanagement, eingebunden werden, entstehen komplexe Strukturen, die in bestehende Strukturen eingegliedert werden müssen. Dies muss parallel zu den eigentlichen inhaltlichen Projektzielen mitgedacht und frühzeitig berücksichtigt werden.

Ausblick und Fazit

Bibliotheken haben innerhalb der letzten zwei Dekaden wesentliche Strategien entwickelt und umgesetzt, um sich als Informationsinfrastrukturen den wandelnden Rahmenbedingungen im Kontext der digitalen Transformation von Wissenschaft und Gesellschaft anzupassen und neue Dienstleistungen erbringen zu können.

Grundsätzlich ist die Durchführung informationswissenschaftlicher Projekte ein essentieller Bauteil, um die digitale Transformation im Bibliotheksbereich zu unterstützen. Neue Services helfen, die Wahrnehmung der Bibliothek in der Community zu verändern, neue Kompetenzen ermöglichen der Bibliothek, sich in einem neuen Rollenverständnis breiter aufzustellen. Wenn letztendlich ggf. aus dem Projekt ein verstetigter Service erwächst, können diese neuen Aufgaben die Forschenden vor Ort in ihrem alltäglichen Streben nach Wissensgewinn unterstützen.

Die Rolle der Bibliotheken bei digitalen Editionen zeigt anschaulich die zunehmende Spezialisierung dieser Aufgaben in der Bibliothek. Digitale Editionen vereinen dabei klassische Aufgaben, wie die Editorik, mit neuen Konzepten zur Informationsanreicherung und Visualisierung. Dabei ist ein zentraler Aspekt noch immer im dauerhaften Wandel: die Schnittstelle zu den Nutzenden. Die Bedienung erfolgt über Computer mittels Tastatur und Mouse oder über Tablets und andere Mobilgeräte, im Browser oder in speziellen Anwendungen. Und an allen Stellen ist der Umgang mit diesen Technologien in einem vergleichsweise schnellen Wandel. Während etwa eine gedruckte Edition aus den 1980er Jahren heute noch auf die gleiche Weise zu lesen ist wie im Erscheinungsjahr, so wirken selbst digitale Publikationen aus den 2000er Jahren kaum den heutigen Standards entsprechend, wenn diese nicht über die Jahre immer wieder aktualisiert wurden.

Hier ist noch ein großer Forschungs- und Entwicklungsbedarf, der exemplarisch dafür ist, wie die Unterstützung der digitalen Transformation für moderne Bibliotheken eine dauerhafte Aufgabe ist, die uns noch lange begleiten wird. Entsprechend fordern Projekte neben den Bibliotheks- und informationswissenschaftlichen Kompetenzprofilen auch ein breiteres Spektrum an Kompetenzen und Spezialisierungen für die skizzierten Aufgabenbereiche: Dies reicht von technischen Spezialisierungen in der Softwarearchitektur und Softwareentwicklung über das Interfacedesign bis hin zu methodischen und fachwissenschaftlichen Kompetenzen für die Entwicklung von fachspezifischen Werkzeugen und Methoden. Durch die Digitalisierung wird nicht nur eine weitere Art von Medium erschlossen, es wird ein neuer Informationsraum bedient, und damit gehen neue Methoden und Perspektiven für die Bibliotheken einher.

Olaf Hamann

Historische Bestände wissenschaftlich untersuchen

Abstract: In den letzten Jahrzehnten sind historische Bestände immer stärker in den Mittelpunkt bibliothekarischer Arbeit getreten. Der Aufsatz beleuchtet zentrale Punkte dieser Entwicklung und belegt sie durch zahlreiche Beispiele für Veränderungen in den Aufgaben wissenschaftlicher Bibliothekar:innen. Dabei geht es um inhaltliche und technologische Fragen, aber auch um das berufliche Selbstverständnis, mit dem historische Bestände als wichtiger Teil des Informationsangebotes für die aktuelle Forschung nutzbar gemacht werden.

Keywords: Historische Sammlung, Historischer Bestand, Sammlung Deutscher Drucke, Provenienzforschung, Digitalisierung, Deutsch-Russischer-Bibliotheksdialog (DRBD), Digital Humanities

Kurzbiografie: Nach einem Studium der internationalen Politik- und Nordeuropawissenschaften am Moskauer Staatlichen Institut für internationale Beziehungen und kurzer Tätigkeit im DDR-Außenministerium begann Olaf Hamann 1990 seine Laufbahn als wissenschaftlicher Mitarbeiter in der Deutschen Staatsbibliothek in Berlin. Parallel zur Tätigkeit als Fachreferent absolvierte er am IBI der HU Berlin ein Fernstudium der Bibliothekswissenschaft. Von 1996 bis 2007 koordinierte er die antiquarischen Erwerbungen der Staatsbibliothek in der Abteilung „Historische Drucke". Seit 2007 leitet Olaf Hamann die Osteuropa-Abteilung der SBB PK. Er engagiert sich für die Suche nach kriegsbedingt verlagerten Büchersammlungen und ihre Erschließung für die heutige Wissenschaft sowie für die Zusammenarbeit mit osteuropäischen Bibliotheken. Kontakt: olaf.hamann@sbb.sbpk-berlin.de

Über den Begriff „historische Bestände"

Historische Bestände haben Konjunktur. Während der Begriff in Lexika kaum Erwähnung findet,[1] ergeben Internetsuchen über verschiedene Browser gigantische Treffermengen zwischen vier und 116 Millionen. Selbst die Suche nach „historische Bestände"

1 Im *Lexikon des gesamten Buchwesens* wird lediglich auf *Sondersammlungen* verwiesen, die als ein „Nach Inhalt, Material, Provenienz oder einem anderen Kriterium (z. B. Benutzungsfrequenz) abgegrenzter Teil des Bestandes einer Bibl[iothek]" definiert werden. Vgl. Wiegand, G.: Sondersammlung. In: Lexikon des gesamten Buchwesens Online. DOI: http://dx.doi.org/10.1163/9789004337862__COM_191558. Zuerst veröffentlicht: 2017 (28.11.2022).

https://doi.org/10.1515/9783110790375-037

als Wortgruppe erzielt noch zwischen 91.000 und über 41 Mio. Treffer.[2] Die Ergänzung des Suchbegriffs „Bibliothek“ verbessert die Übersichtlichkeit des Suchergebnisses nur unwesentlich. Die schiere Menge der angezeigten Ergebnisse lässt jeden Suchenden überfordert zurück.

Zum Glück zeigen die ersten Seiten der angezeigten Treffer Ergebnisse mit einem unmittelbaren Bezug. Immerhin nutzen zahlreiche Einrichtungen den Begriff „historische Bestände“ auf ihren Webseiten, so dass die Relevanz der Ergebnisse oft gegeben ist. Da geht es um historische Bestände der Universitätsbibliotheken Erfurt, Leipzig, Marburg, Göttingen, Stuttgart, Freiburg, Darmstadt, Münster, Eichstätt, Rostock, Fulda und Köln, der Staats- und Universitätsbibliothek Hamburg, der Stadtbibliotheken Chemnitz und Hannover oder der Badischen Landesbibliothek Karlsruhe. Immer stärker rücken die digitalisierten und elektronisch verfügbaren Sammlungen in den Fokus, so etwa „Heidelberger historische Bestände – digital“, die historischen Bestände auf dem e-doc-Server der Humboldt-Universität zu Berlin oder in den digitalen Sammlungen der Universität Freiburg im Breisgau. Bei verschiedenen Treffern wird die Verbindung zwischen den Beschreibungen der gedruckten und der digitalen Sammlungen mit herausgearbeitet, wie etwa bei den Sammlungen der Bayerischen Staatsbibliothek München oder der Staatsbibliothek zu Berlin Preußischer Kulturbesitz (SBB PK).

Nicht übersehen werden darf der Bezug zu praktischen Anleitungen, Hilfsmitteln und Austauschforen für die Arbeit mit historischen Sammlungen in den wissenschaftlichen Bibliotheken. Hier wären beispielsweise die Facharbeitsgruppe Historische Bestände im HEBIS-Verbund, die Landesbibliothekarische Arbeitsstelle „Historische Bestände im Rheinland“ an der USB Köln oder die Arbeitsstelle „Historische Bestände in Westfalen“ bei der Universitäts- und Landesbibliothek Münster hervorzuheben. Einen etwas anderen Aspekt rücken Treffer mit Bezug zur Provenienzforschung in den Mittelpunkt des Interesses. Gerade diese Forschungen haben in den letzten Jahren das Interesse und die Hinwendung der Fachleute zu den historischen Sammlungen enorm befördert und viele neue Erkenntnisse für die methodische Arbeit zur Beschreibung historischer Bestände erbracht.

Doch warum hat das Interesse an den historischen Beständen in den letzten Jahrzehnten so stark zugenommen und sie in den Mittelpunkt fachbibliothekarischer Arbeiten gerückt? Macht das neue Medium „Internet“ den herausragenden Wert der historischen Originale besonders sichtbar?

Historischer Rückblick

Die Überlieferung der deutschsprachigen Buchproduktion war in Bibliotheken des Landes bis zur Zeit der Weimarer Republik gut gewährleistet. Obwohl wiederholt das Fehlen einer Nationalbibliothek beklagt wurde, die für die Sammlung der gesamten

2 Suchen in Google und Bing (26.11.2022).

deutschen Buchproduktion verantwortlich wäre, verfügte das Land über ein weit verzweigtes Netz von Bibliotheken. Die zahlreichen Kleinstaaten hatten nicht nur die Verbreitung des modernen Buchdrucks mit beweglichen Lettern enorm befördert, sondern auch ein umfangreiches Netz an Bibliotheken entstehen lassen. Ergänzt wurde dieses System der Landes-, Regional- und Stadtbibliotheken durch zahlreiche große Privatbibliotheken des deutschen Adels, die teilweise auch der Öffentlichkeit zugänglich waren.

Obwohl Zensurmaßnahmen wiederholt Einfluss auf die Zugänglichkeit von Werken in einzelnen Bibliotheken hatten, war die Überlieferung der inkriminierten Werke nie gefährdet. Erst mit dem Machtantritt der Nationalsozialisten wurden in bis dato kaum bekanntem Ausmaß Bücher aus Bibliotheken ausgeschieden und als „undeutsch" verbannt. Den öffentlich inszenierten Bücherverbrennungen[3] folgten Einschränkungen in den Benutzungsmodalitäten für missliebige Buchbestände, zensurbedingte Beschränkungen im Publikationswesen und bei der Entwicklung von Bibliothekssammlungen noch vor dem Kriegsausbruch.

Das wirklich einschneidende Ereignis wurde der Zweite Weltkrieg. Er brachte nicht nur in den von Deutschland eroberten und zeitweilig besetzten Gebieten Europas eine Zerstörungswelle von bis dahin ungeahntem Ausmaß mit sich, bei der nicht zwischen menschlichen und materiellen Opfern unterschieden wurde.[4] Der Krieg schlug in vollem Maße auch auf Deutschland zurück.[5] Die dort ergriffenen Maßnahmen zur Evakuierung von Buchbeständen verschiedener Bibliotheken konnten das Ausmaß der Verluste kaum mindern. Die Zerstörungen durch die eigentlichen Kampfhandlungen fanden eine Fortsetzung im Verbleib zahlreicher evakuierter Sammlungen in anderen Staaten und in den Entnahmen der Besatzungsmächte – hier vor allem der Sowjetunion, die sich ihrerseits für die Zerstörungen des eigenen Bibliothekswesens entschädigt sehen wollte. Davon betroffen waren nicht nur die staatlichen oder kommunalen Einrichtungen und Bücherdepots, sondern auch zahlreiche private Bibliotheken und Verlagslager.

Die deutsche Teilung trug kaum zu einer Entspannung der entstandenen Situation bei. Sie fand ihren stärksten Ausdruck im Schicksal der Sammlungen der Preußischen Staatsbibliothek. Deren fast vollständig evakuierte und nach dem Krieg noch in Deutschland verfügbare Sammlungen waren auf drei Besatzungszonen verteilt und wurden für viele Jahrzehnte Gegenstand scharfer politischer Auseinandersetzungen

3 Treß, Werner: „Wider den undeutschen Geist": Bücherverbrennung 1933. Berlin: Parthas-Verl. 2003; Schoeps, Julius H. u. Werner Treß (Hrsg.): Verfemt und verboten: Vorgeschichte und Folgen der Bücherverbrennungen 1933. Hildesheim [u. a.]: Olms 2010 (Wissenschaftliche Begleitbände im Rahmen der „Bibliothek Verbrannter Bücher" 2).

4 Hamann, Olaf: Raub, Zerstörung und Verlagerung von Bibliotheksgut im Krieg: eine europäische Perspektive. In: Selbstbehauptung – Anpassung – Gleichschaltung – Verstrickung: Die Preußische Staatsbibliothek und das deutsche Bibliothekswesen 1933–1945. Frankfurt a. M.: Klostermann 2014 (Zeitschrift für Bibliothekswesen und Bibliographie Sonderband 113). S. 237–249.

5 Leyh, Georg: Die deutschen wissenschaftlichen Bibliotheken nach dem Krieg. Tübingen: Mohr 1947.

zwischen beiden deutschen Staaten. Auch die Frage der Nationalbibliothek musste neu gestellt werden. Im Ergebnis setzte die Deutsche Bücherei in Leipzig ihre erst 1912 aufgenommene Tätigkeit fort und in Frankfurt am Main wurde 1947 die Deutsche Bibliothek mit vergleichbarem Auftrag neu gegründet.

Der Wiederaufbau des Bibliothekswesens in beiden deutschen Staaten band für viele Jahre die vorhandenen Kräfte. Erst mit Gründung zahlreicher neuer Universitäten in der Bundesrepublik rückte der Bedarf der Forschung an historischen Beständen stärker in den Mittelpunkt und somit auch deren nicht ausreichende Verfügbarkeit. Wesentliche Anstöße erhielt die Diskussion durch das Wirken des anerkannten Literatur- und Buchwissenschaftlers Bernhard Fabian.[6] Daraufhin entwickelten sich vor allem zwei Projekte, für die sich nach der Wiederherstellung der deutschen Einheit deutlich bessere Perspektiven abzeichneten. Zum einen bereitete Fabian die Herausgabe des *Handbuchs der historischen Buchbestände in Deutschland, Österreich und Europa* vor. Im Vorwort zur digitalisierten Ausgabe des Gesamtwerkes wird angemerkt, dass der „nationale Bestand an historischem Schrifttum […] in hohem Maße ein Streubestand“ sei.[7] Diese verstreut erhalten gebliebene Überlieferung sei jedoch von erheblicher Bedeutung für die geistes- und kulturwissenschaftliche Forschung. Den Bibliotheken komme dabei die Aufgabe zu, moderne technische Neuerungen für eine zeitgemäße Beschreibung und Nutzung der historischen Bestände zu ermöglichen. Auch dem Bestandsschutz sollte in diesem Rahmen eine angemessene Bedeutung beigemessen werden.

Handbuch der historischen Buchbestände

Die Konzeption des *Handbuchs* wurde schon seit 1984 entwickelt. Im Unterschied zur Nationalbibliographie konzentriert es sich nicht auf die vollständige bibliographische Verzeichnung der Veröffentlichungen, sondern auf die Sammlungen des historischen Schrifttums in den verschiedenen Bibliotheken in Deutschland, Österreich und weiteren Ländern Europas. Dabei werden auch die Sammlungen des ausländischen Schrifttums beschrieben, so dass die historischen Bestände der Bibliotheken vom Beginn des Buchdrucks bis zum Ende des 19. Jahrhunderts in Gänze in den Blick genommen werden: „Neben den Bestandsbeschreibungen eröffnen die ausführlichen Abschnitte über Kataloge und Veröffentlichungen zu den Beständen vielfältige neue Zugänge. In der

---

6 Fabian, Bernhard: Buch, Bibliothek und geisteswissenschaftliche Forschung. Zu Problemen der Literaturversorgung und der Literaturproduktion in der Bundesrepublik Deutschland. Göttingen: Vandenhoeck u. Ruprecht 1983. (Schriftenreihe der Stiftung Volkswagenwerk 24).

7 Handbuch der historischen Buchbestände in Deutschland. Vorwort. Digitalisiert von Günter Kükenshöner. Hrsg. von Bernhard Fabian. Hildesheim: Olms Neue Medien 2003. https://fabian.sub.uni-goettingen.de/fabian?Vorwort (30.11.2022).

Kumulation seiner bibliographischen Abschnitte bietet das Handbuch einen Nachweis für aktuelle und historische Bibliothekskataloge, wie es ihn bislang nicht gab."[8]

Nachdem schon in der zweiten Hälfte der 1980er Jahre Verhandlungen mit der Deutschen Staatsbibliothek (DSB) in Berlin (Ost) über die Einbeziehung der DDR-Bibliotheken in das Projekt geführt und bis September 1989 zu einem positiven Abschluss gebracht worden waren, ergaben sich aus den danach folgenden politischen Veränderungen auch für das Projekt bedeutsame Vereinfachungen.[9] Vor allem für die frühere Preußische Staatsbibliothek, deren Sammlungen bis zur Wiederherstellung der deutschen Einheit auf die Staatsbibliothek Preußischer Kulturbesitz (SBPK) Berlin (West) und die DSB Berlin (Ost) verteilt waren, ergab sich erstmals die Perspektive einer Gesamtbeschreibung. Im Vorwort zum Regionalteil Berlin dankt Bernhard Fabian ausdrücklich „den Mitarbeitern in beiden Häusern, durch deren Bemühungen eine Darstellung zustande gekommen ist, die der Zerrissenheit fast eines halben Jahrhunderts Rechnung trägt, doch ungeachtet des einmaligen Schicksals der Bibliothek dem Leser jene neue Einheit vor Augen stellt, auf die es in Zukunft allein ankommt".[10]

Die Erarbeitung des *Handbuchs* erfolgte auf der Grundlage einer einheitlichen Struktur für die Bestandsbeschreibungen. Diese schloss kurze Abhandlungen über die Geschichte der beteiligten Bibliotheken und deren Sammlungsschwerpunkte ein. Die Beschreibungen der Sammlungsteile in der SBPK waren schon Ende der 1980er Jahre abgeschlossen. In der DSB im Ostteil Berlins wurden zu Beginn der 1990er Jahre mehrere Teams für die Erfassung der tatsächlich vorhandenen Druckschriften gebildet. Meist wurde damit die Aufmerksamkeit auf Sammlungsteile gelenkt, die im täglichen Geschäft nicht immer in angemessener Weise im Mittelpunkt stehen. Diese beschreibende Tätigkeit entwickelte eine Langzeitwirkung, indem die historisch entstandenen Sammlungen für die Beschäftigten eine identitätsstiftende Wirkung entfalteten und das Bewusstsein für die historische Rolle der Einrichtung stärkten.

Sammlung Deutscher Drucke

1989 starteten fünf deutsche Bibliotheken das von der Volkswagenstiftung geförderte und langfristig angelegte Projekt Sammlung Deutscher Drucke (SDD) und gründeten dazu eine Arbeitsgemeinschaft (AG SDD). Ziel der AG SDD war es, für den Zeitraum bis zur Gründung der Deutschen Bücherei in Leipzig eine vollständige Sammlung aller Veröffentlichungen aus dem geschlossenen deutschen Sprachraum und aller weltweit erschienenen Schriften in deutscher Sprache zusammenzutragen und so eine verteilte

8 Handbuch der historischen Buchbestände in Deutschland (wie Anm. 7) (30.11.2022).
9 Vgl. Handbuch der historischen Buchbestände in Deutschland (wie Anm. 7), Vorwort zum Regionalteil Berlin https://fabian.sub.uni-goettingen.de/fabian?Vorw-Ber (7.12.2022).
10 Vgl. Handbuch der historischen Buchbestände in Deutschland (wie Anm. 7), Vorwort zum Regionalteil Berlin https://fabian.sub.uni-goettingen.de/fabian?Vorw-Ber (7.12.2022).

Nationalbibliothek zu bilden. Dazu wurden die Perioden seit Beginn des modernen Buchdrucks mit beweglichen Lettern bis zum Erscheinungsjahr 1912 aufgeteilt. Auch hier wirkte sich die deutsche Einheit positiv auf den Projektverlauf aus. Zum einen waren nun auch die Bestände der Deutschen Bücherei Leipzig wieder für das vereinigte Deutschland nutzbar. Aber auch die Beteiligung der wiedervereinigten SBB PK verbesserte die Ausgangsbasis für das Projekt.

Grundlage für die Beteiligung der Bibliotheken waren die bereits in großem Umfang verfügbaren Sammlungen zu den einzelnen Perioden. Beteiligt waren zunächst die Bayerische Staatsbibliothek München für die Zeit von der Erfindung des Buchdrucks bis 1600, die Herzog August Bibliothek Wolfenbüttel für die Jahre 1601–1700, die Niedersächsische Staats- und Universitätsbibliothek Göttingen für die Jahre 1701–1800, die Universitätsbibliothek Johann Christian Senckenberg in Frankfurt am Main für die Jahre 1801–1870 und die SBB PK für den Zeitraum 1871–1912. Für Landkarten, Zeitungen und Notendrucke gelten bis heute leicht abweichende Zuständigkeiten und Perioden. In den ersten fünf Jahren der Projektlaufzeit unterstützte die Volkswagenstiftung jede der genannten Bibliotheken bei der Erwerbung historischer Ausgaben mit jährlich einer Million DM. Die Unterhaltsträger verpflichteten sich, die Einrichtungen nach Ablauf der Einführungsphase angemessen finanziell auszustatten und das Projekt weiterzuführen.

Nach dem Ende der ersten Förderphase schloss sich die Deutsche Nationalbibliothek (DNB) der AG SDD an. Seither führen die sechs Bibliotheken das Projekt einer verteilten Nationalbibliothek gemeinsam in Eigenregie fort, um „eine umfassende Sammlung der gedruckten Werke des deutschen Sprach- und Kulturraums vom Beginn des Buchdrucks bis in die Gegenwart aufzubauen, zu erschließen, der Öffentlichkeit zur Verfügung zu stellen und für künftige Generationen zu bewahren“.[11] Sie erwerben regelmäßig weitere Drucke aus den jeweiligen Zeitabschnitten. Eine Webseite informiert über neue Entwicklungen und stellt besondere Neuerwerbungen als Buch des Monats vor.

Das aktive Auftreten mehrerer großer Bibliotheken auf dem Antiquariatsmarkt hatte zur Folge, dass grundsätzliche Vereinbarungen für den Geschäftsverkehr zwischen wissenschaftlichen Bibliotheken und dem Antiquariatsbuchhandel als notwendig erachtet wurden. Eine erste Vereinbarung wurde 1996[12] getroffen, die 2014–2016[13] noch einmal überarbeitet worden ist. Darin geht es nicht nur um die sogenannten Allgemeinen Geschäftsbedingungen (AGB). Für beide Seiten war es wichtig, Standards für die bibliographische Beschreibung historischer Drucke zu formulieren. Dazu gehö-

11 Arbeitsgemeinschaft Sammlung Deutscher Drucke. https://www.ag-sdd.de/Webs/agsdd/DE/Home/home_node.html (30.11.2022).

12 Gruber, Gerhard u. Margot Wiener: Empfehlung zum Geschäftsverkehr zwischen wissenschaftlichen Bibliotheken und dem Antiquariatsbuchhandel. In: Bibliotheksdienst (1996) H. 4. S. 660–668.

13 Leitfaden für den Geschäftsverkehr zwischen wissenschaftlichen Bibliotheken und dem Antiquariatsbuchhandel. https://www.antiquare.de/verband/leitfaden-bibliotheken (8.12.2022).

ren Angaben zu den Autor:innen, dem Erhaltungszustand, zu Vorbesitzer:innen und vorhandenen Eigentumszeichen, zum Entwidmen von Bibliotheksstempeln bei Deakzession bis hin zu Bestellung, Lieferung, Rückgaberecht und Zahlungsmodalitäten.

Die beteiligten Bibliotheken stimmten ihr Auftreten auf Antiquariatsmessen und -auktionen untereinander ab, um preissteigernde Konkurrenzsituation zu vermeiden und für die öffentlichen Sammlungen einen möglichst wirtschaftlichen Einsatz der bereitgestellten Erwerbungsmittel zu sichern. Vor allem die Vertretung auf den großen Buchauktionen wurde koordiniert und in Vertretung für auswärtige Bibliotheken übernommen. Dies erforderte eine umfangreiche Vorbereitung der Auktionsteilnahmen mit detaillierten Anweisungen für die vertretenden Kolleg:innen zum Agieren bei den Geboten.

Verzeichnisse der im deutschen Sprachbereich erschienenen Drucke

Den Wandel in der Beschäftigung mit historischen Beständen verdeutlichen die Verzeichnisse der im deutschen Sprachbereich erschienenen Drucke (VD) in sehr anschaulicher Weise. Ursprünglich als Projekt zur Erstellung einer retrospektiven Nationalbibliographie für das 16. Jahrhundert als VD 16 schon Ende der 1960er Jahre begonnen, kamen 1996 noch das VD 17 für das 17. und 2009 das VD 18 für das 18. Jahrhundert hinzu. Der Wandel dokumentiert sich vor allem in der Art der heute entwickelten Strategie. Anfangs ging es beim VD 16 um einen gedruckten Katalog. Für das VD 17 wurde von Beginn an auf eine Datenbank gesetzt, die dann auch durch digitalisierte Beispielseiten aus den referierten Drucken ergänzt werden sollte. Für das VD 18 wurde von Anfang an die Idee verfolgt, nicht nur eine Datenbank der erschienenen Veröffentlichungen zu erarbeiten, sondern parallel dazu die Titelbeschreibungen mit vorhandenen Digitalisaten zu verlinken. Der Wechsel von der gedruckten Bibliographie zur Volltextdatenbank mit Texterkennung und Inhaltserschließung wurde auf die früheren Projekte übertragen. Ungeachtet der langen Laufzeiten unterstützt die DFG das Projekt weiterhin und begleitet den technologischen Wandel. Die erweiterten Möglichkeiten für die Einbindung aller im deutschen Sprachgebiet erschienenen Drucke in Projekte der Digital Humanities sind nicht nur für die wissenschaftlichen Bibliotheken bedeutsam. Sie bringen auch enorme Chancen und erweiterte Perspektiven für die geistes- und sozialwissenschaftliche oder wissenschaftshistorische Forschung.[14]

14 Beyer, Hartmut, Claudia Bubenik u. Michaela Scheibe: Rundgespräche zur Zukunft der nationalbibliographischen Verzeichnisse (VD). In: ZfBB (2022) H. 1–2. S. 82–91.

Bibliothekarische Kooperationen und Regelwerke

Mit dem Wandel entwickelten sich notwendigerweise Kooperationen und Abstimmungen, mit denen die Standards und Regelwerke für die bibliothekarische Arbeit mit historischen Sammlungen weitgehend vereinheitlicht werden konnten. Dazu formierten sich Arbeitsgruppen und Netzwerke vor allem auf der Ebene der Nationalbibliothek und der Verbundkataloge.

Das heute verwendete Regelwerk für die Katalogisierung (die RDA[15]) ist ein modernes und erweitertes Regelwerk zur Beschreibung von Medien aller Art und unterscheidet sich dahingehend von den früheren Regeln für die alphabetische Katalogisierung (RAK), die ihrerseits die Preußischen Instruktionen[16] ablösten. RAK hatte eine besondere Version für wissenschaftliche Bibliotheken (RAK WB)[17] und natürlich auch besondere Ergänzungen zur Beschreibung historischer Sammlungen, die RAK WB Alte Drucke.[18] Die RDA sind an die Veränderungen der digitalen Welt angepasst, eröffnen im Unterschied zu früheren Regelwerken zusätzlich Möglichkeiten für die Beschreibung von Archivalien und musealen Objekten und bieten bessere Voraussetzungen für den internationalen Datenaustausch. Das gesamte Regelwerk ist sehr flexibel und wird regelmäßig aktualisiert. Die DNB koordiniert die Anwendung des Regelwerkes in der Bundesrepublik und bietet spezielle Arbeitshilfen für Alte Drucke[19] an. Diese sehen zusätzliche Elemente für die bibliographische Beschreibung alter Drucke, ergänzende Veröffentlichungs-, Vertriebs- und Herstellerangaben, Angaben zur Kollation, zur Beschreibung verschiedener Ausgaben und Druckvarianten und zum STCN-Fingerprint vor.

Da die RDA häufig Interpretationsmöglichkeiten für die Katalogisierung lassen, ist eine Abstimmung für die Auslegung des Regelwerkes in den Verbünden hilfreich. Entsprechend formierten sich Arbeitsgruppen Alte Drucke nicht nur bei der DNB[20], sondern beispielsweise auch beim GBV bzw. K10plus.[21] Die AG Alte Drucke bei der DNB konzentriert sich in enger Abstimmung mit dem Österreichischen Bibliothekenverbund und der Schweizerischen Nationalbibliothek auf einheitliche Katalogisierungs-

15 Resource Description & Access: RDA; deutsche Übersetzung. Berlin, Boston: De Gruyter Saur 2013.

16 Instruktionen für die alphabetischen Kataloge der preussischen Bibliotheken und für den preussischen Gesamtkatalog: vom 10. Mai 1899. Berlin: A. Asher & Co. 1899.

17 Regeln für die alphabetische Katalogisierung in wissenschaftlichen Bibliotheken <RAK-WB>. Berlin: Deutsches Bibliotheksinstitut 1979.

18 Regeln für die Katalogisierung alter Drucke/erarbeitet von der Arbeitsgruppe des Deutschen Bibliotheksinstituts „RAK-WB und Alte Drucke". Hrsg. und eingel. von Klaus Haller. Berlin: Deutsches Bibliotheksinstitut 1994. Faksimile. (Schriften der Deutschen Forschungsgemeinschaft).

19 Deutsche Nationalbibliothek: Arbeitshilfen RDA für „Alte Drucke". https://wiki.dnb.de/display/RDAINFO/Arbeitshilfen#Arbeitshilfen-Arbeitshilfenf%C3%BCr%22AlteDrucke%22 (9.12.2022).

20 Deutsche Nationalbibliothek: Arbeitsgemeinschaft Alte Drucke. https://wiki.dnb.de/display/STAC/AG+Alte+Drucke (9.12.2022).

21 GBV Verbund-Wiki: Arbeitsgemeinschaft Alte Drucke beim GBV und SWB. https://verbundwiki.gbv.de/display/GAD/Arbeitsgemeinschaft+Alte+Drucke+beim+GBV+und+SWB (9.12.2022).

richtlinien für Alte Drucke in den drei Ländern. Neben der Verbesserung der Nachweissituation und der bibliographischen Standards stehen bei der AAG im K10plus auch Benutzungsmodalitäten, Fragen der Bestandserhaltung oder gemeinsame Erschließungsprojekte der Verbundteilnehmer und Schulungsangebote im Mittelpunkt der Arbeit.

Originalerhalt

Die wachsende Aufmerksamkeit für historische Sammlungen richtete das Augenmerk auch auf die damit verbundene Notwendigkeit des Originalerhalts. Historische Texte auf Papier haben eine hohe Halbwertzeit, sind aber dennoch verschiedenen Verfallsprozessen unterworfen. Eine Ursache können ungeeignete Lagerungsbedingungen sein. Die Objekte werden vor allem zu feucht gelagert, so dass sich Schimmelpilze bilden und sie zerstören oder nachhaltig schädigen. Über Jahrzehnte oder Jahrhunderte hinweg können aber auch Prozesse einsetzen, die den Beschreibstoff zersetzen. Das sind bei Handschriften z. B. Tinten, wie bei den Notenhandschriften in der Bachsammlung[22] der SBB PK, oder der mittlerweile allbekannte Säurefraß bei den seit Mitte des 19. Jahrhunderts in großem Umfang verwendeten, industriell hergestellten Holzschliffpapieren.

Das Bewusstsein um diese Bedrohung der Originale entwickelte sich verstärkt in den 1990er Jahren. 2001 formierte sich dann die Allianz Schriftliches Kulturgut erhalten als Gemeinschaftsprojekt von Bibliotheken und Archiven, um mit Unterstützung der Bundesbeauftragten für Kultur und Medien „die in ihrer Existenz gefährdeten Originale der reichen kulturellen und wissenschaftlichen Überlieferung in Deutschland [zu] sichern und diese Überlieferung als nationale Aufgabe im öffentlichen Bewusstsein [zu] verankern".[23] Die bis 2009 erarbeitete Denkschrift *Zukunft bewahren* erreichte große Aufmerksamkeit und konnte somit die Ziele der Allianz entscheidend zur Geltung bringen. Auf dieser Grundlage wurde 2011 bei der SBB PK die Koordinierungsstelle für die Erhaltung des schriftlichen Kulturgutes (KEK) gegründet.[24] Bisher sind über 950 Projekte in verschiedenen Kultureinrichtungen finanziell unterstützt worden. Von langfristiger Bedeutung ist die Erarbeitung von bundesweiten Handlungsempfehlungen, die seit 2015 wesentliche Richtlinien für die Sicherung von Originalob-

---

22 Staatsbibliothek zu Berlin: Die Restaurierung der Bach-Autographe (1999–2003). https://staatsbibliothek-berlin.de/die-staatsbibliothek/abteilungen/bestandserhaltung/bestandserhaltung/projekte/restaurierung-der-bach-autographe (10.12.2022).

23 Zukunft bewahren: eine Denkschrift der Allianz zur Erhaltung des schriftlichen Kulturguts. Hrsg. von Barbara Schneider-Kempf. Text: Thomas Bürger [u. a.]. Red.: Martin Hollender. Berlin: Staatsbibliothek zu Berlin, Preußischer Kulturbesitz 2009. S. 3.

24 Koordinierungsstelle für die Erhaltung des schriftlichen Kulturgutes: Über uns. https://www.kek-spk.de/ueber-uns (10.12.2022).

jekten unserer kulturellen Überlieferung vorstellten und als Grundlage eines langfristigen Handelns formulierten.[25]

Bibliotheksgeschichte 1: Kriegsverluste und Provenienzforschung

Als der Autor dieser Zeilen im Frühsommer 1990 seine Arbeit in der damaligen Deutschen Staatsbibliothek in Berlin (Ost) aufnahm, gehörten auch Führungen durch das historische Gebäude zu seinen Aufgaben. Zur Vorbereitung studierte er die vorliegenden Veröffentlichungen zur Geschichte der Einrichtung und versuchte, interessante Erlebnisse aus der täglichen Arbeit einzubinden. Gerade mit Blick auf den Vorkriegsbestand der Bibliothek ergaben sich verschiedene spannende Momente von der nahezu vollständigen Evakuierung der mehr als 3 Millionen Bände umfassenden Sammlung der Preußischen Staatsbibliothek in der Zeit des Zweiten Weltkrieges über die teilweise Rückführung der Sammlungen in das Stammhaus Unter den Linden 8 in Berlin, die jahrzehntelange Aufteilung der Sammlungen der Preußischen Staatsbibliothek auf die beiden deutschen Staaten bis zu den Bemühungen um Zusammenführung und Bestandsaufnahme der historischen Sammlungen nach der Wiedervereinigung.

Das tatsächliche Ausmaß der Kriegsverluste für den Vorkriegsbestand der heutigen SBB PK konnte viele Jahr nur geschätzt werden. Erst nach Abschluss der Konversion der alten Kataloge und einer umfangreichen Bestandsrevision samt Übertragung ihrer Ergebnisse in den elektronischen Katalog wurde deutlich, dass über 700.000 Bände nicht mehr verfügbar sind. Sie waren teilweise in den Verlagerungsorten östlich der deutschen Nachkriegsgrenzen verblieben und hatten Eingang in polnische Bibliotheken gefunden, waren in den Verlagerungsorten zerstört oder nach Kriegsende in die Sowjetunion abtransportiert worden.

Daher wurden vor der Wiedervereinigung an beiden Nachkriegsstandorten viele Initiativen unternommen, um die Kriegsverluste auszugleichen und durch neue Exemplare zu ersetzen. Im Haus Unter den Linden in Berlin (Ost) wurde dazu auf die Buchangebote der 1953 in Gotha gegründete Zentralstelle für wissenschaftliche Altbestände (ZwA) zurückgegriffen, die neben Büchern aus in der Sowjetischen Besatzungszone und der frühen DDR aufgelösten oder enteigneten Bibliotheken auch auf Depots aus der Zeit des Dritten Reiches zurückgreifen konnte. Es kann also nicht überraschen, dass in den Büchern der DSB mit Erscheinungsjahr bis 1945 zahlreiche Eigentumszeichen verschiedener Vorbesitzer zu finden waren. Bis in die 1990er Jahre wurden in der Bibliothek viele Bände eingearbeitet, die aus der in Auflösung befindlichen ZwA[26]

25 Die Erhaltung des schriftlichen Kulturguts in Archiven und Bibliotheken in Deutschland: bundesweite Handlungsempfehlungen für die Beauftragte der Bundesregierung für Kultur und Medien (BKM) und die Kultusministerkonferenz (KMK). Berlin: KEK 2015.

26 Mälck, Andreas: Zum Wirken der Zentralstelle für wissenschaftliche Altbestände in Vergangenheit und Gegenwart. Diplomarbeit. Berlin 1989; Dehnel, Regine: Die Zentralstelle für wissenschaftliche Alt-

oder aus den Restbeständen einer Sperrbibliothek stammten, in der ab 1946 auf Befehl der Sowjetische Militäradministration in Deutschland (SMAD) faschistische, revanchistische oder gegen einen der Alliierten gerichtete Veröffentlichungen zusammengefasst worden waren.

Es stellten sich zahlreiche Fragen: Was war mit den in die Sowjetunion abtransportierten Sammlungen geschehen? Warum wurde bei der Einarbeitung von Büchern aus der ZwA nicht auf die Vorbesitzer – die Provenienz – geachtet und dabei auch auf Werke aus dem Besitz von Opfern des NS-Regimes zurückgegriffen? Hier ergaben sich spannende Aufgaben, deren Lösung einen langen Atem, die Einbeziehung zahlreicher Kolleg:innen und Abstimmungen mit anderen Einrichtungen im In- und Ausland erforderte.

Das Thema Provenienzforschung[27] erhielt starke Impulse von außen. Die im Dezember 1998 verabschiedeten Grundsätze der Washingtoner Konferenz in Bezug auf Kunstwerke, die von den Nationalsozialisten beschlagnahmt worden waren, führte schließlich zur Verabschiedung der „Erklärung der Bundesregierung, der Länder und der kommunalen Spitzenverbände zur Auffindung und zur Rückgabe NS-verfolgungsbedingt entzogenen Kulturgutes, insbesondere aus jüdischem Besitz" vom 9. Dezember 1999 und der Erarbeitung einer Handreichung zur Umsetzung der Washingtoner Erklärung.[28] Dafür wurde die 1994 in Bremen eingerichtete Koordinierungsstelle für Kulturgutverluste nach ihrer Verlegung nach Magdeburg mit erweiterten Aufgaben betraut. Die Koordinierungsstelle richtete u. a. die Lostart-Datenbank[29] ein, auf der Such- oder Fundmeldungen sowie Restitutionen gemeldet werden können. Seit 2015 wird die Webseite von der Stiftung Deutsches Zentrum Kulturgutverluste getragen.

Internationale Zusammenarbeit

Die Suche nach den kriegsbedingt in die Sowjetunion verbrachten Sammlungen begann schon 1992 mit einem Runden Tisch deutscher und russischer Bibliotheksdirek-

bestände als Verteilerinstitution für NS-Raubgut nach 1945. In: Provenienz & Forschung/Deutsches Zentrum Kulturgutverluste (2021) H. 1. S. 6–12.

27 Zuschlag, Christoph: Einführung in die Provenienzforschung: wie die Herkunft von Kulturgut entschlüsselt wird/Christoph Zuschlag. München: C. H. Beck 2022; Deutscher Bibliotheksverband: Provenienzforschung und Provenienzerschließung. https://www.bibliotheksverband.de/provenienzforschung-und-provenienzerschliessung (11.12.2022).

28 Handreichung vom Februar 2001 zur Umsetzung der „Erklärung der Bundesregierung, der Länder und der kommunalen Spitzenverbände zur Auffindung und zur Rückgabe NS-verfolgungsbedingt entzogenen Kulturgutes, insbesondere aus jüdischem Besitz" vom Dezember 1999. Berlin 2001; dass. Neufassung 2019.

29 Deutsches Zentrum Kulturgutverluste: LostArt-Datenbank. https://www.lostart.de/de/start (11.12.2022).

toren in Moskau.[30] Bei dieser Veranstaltung wurde deutlich, dass die Kenntnisse der russischen Kolleg:innen über den Verbleib der in ihr Land verbrachten Sammlungen geringer war als bei den deutschen Beteiligten. Die Überwindung von Vorurteilen und eingefahrenen Denkmustern sowie die Schaffung einer Vertrauensbasis stellte beide Seiten vor große Herausforderungen. Erfolg stellte sich vor allem dann ein, wenn die fachlichen Aspekte einer Zusammenarbeit in den Mittelpunkt traten und die politischen Aspekte weitgehend außen vorgelassen wurden.

Die SBB PK schloss mehrere Rahmenverträge über fachliche Kooperationen mit zentralen russischen Bibliotheken und konzentrierte sich auf bibliotheksfachliche Fragen. Sie unterstützte die Informationsbeschaffung für die Erarbeitung eines umfangreichen Katalogs von Ausgaben in kyrillischer Schrift aus der zweiten Hälfte des 16. Jahrhunderts[31] und erhielt daraufhin eine Einladung zur Erfassung von Signaturen der PSB-Werke im Bestand der Abteilung für seltene Drucke in der Russischen Staatsbibliothek in Moskau (RSB). Auf diese Weise wurden über 8.000 verlagerte Titel der PSB – darunter 6.000 Drucke aus dem 16. Jahrhundert – ermittelt, die heute in der RSB aufbewahrt werden. 2005 informierte sich eine Kollegin aus der RSB in Berlin über die Verzeichnung von Provenienzen im StaBiKat. Ein vergleichbares Tool ermöglicht heute die Suche nach verlagerten Titeln im elektronischen Katalog der RSB mit Angabe der Provenienz Staatsbibliothek zu Berlin.[32]

Das auf dieser Grundlage entwickelte Vertrauen schuf die Voraussetzung für eine Zusammenarbeit mit weiteren Bibliotheken. Daraus entwickelte sich schließlich die Idee für einen Deutsch-Russischen Bibliotheksdialog[33] zu kriegsbedingt verlagerten Büchersammlungen, der zwischen 2009 und 2021 unter wachsender Beteiligung von Einrichtungen aus beiden Ländern zu neun Workshops zusammenkam. Das letzte Treffen im Mai 2021 wurde wegen der COVID-19-Pandemie virtuell abgehalten. Hier konnte der stellvertretende Leiter des Stadtarchivs Lübeck, Dominik Kuhn, ein Projekt vorstellen, bei dem Kolleg:innen aus der UB Tomsk über die Ergebnisse einer 2010 ver-

30 Lehmann, Klaus-Dieter u. Ingo Kolasa (Hrsg.): Restitution von Bibliotheksgut: Runder Tisch Deutscher und Russischer Bibliothekare in Moskau am 11. und 12. Dezember 1992. Frankfurt a. M.: Klostermann 1993 (Zeitschrift für Bibliothekswesen und Bibliographie Sonderheft 56).

31 Guseva, Aleksandra Alekseevna: Izdanija kirillovskogo šrifta vtoroj poloviny XVI veka: svodnyj katalog; v dvuch knigach. Moskva: Indrik 2003.

32 Eine Suche im elektronischen Katalog der RSB Moskau http://aleph.rsl.ru nach „Staatsbibliothek zu Berlin regia“ bzw. „Staatsbibliothek zu Berlin preussische“ im Suchfeld „Все поля“/„All fields“ ergibt zusammen 8.439 Treffer von überwiegend kriegsbedingt verlagerten Büchern aus der SBB-Sammlung (11.12.2022).

33 Durch Dialog zur Zusammenarbeit: über den deutsch-russischen Bibliotheksdialog zu kriegsbedingt verlagerten Büchersammlungen/zusammengestellt von Olaf Hamann. Berlin: Staatsbibliothek zu Berlin – Preußischer Kulturbesitz 2016 (Veröffentlichungen der Osteuropa-Abteilung/Staatsbibliothek zu Berlin – Preußischer Kulturbesitz 43).

sprochenen Erfassung der aus Deutschland dorthin verbrachten Handschriften und alten Drucke und über deren Digitalisierung berichten.[34]

Bibliotheksgeschichte 2: Verborgene Sammlungen

Die Geschichte großer Bibliotheken ist von sich verändernden Grundsätzen und Regelungen für den Bestandsaufbau gekennzeichnet. Immer wieder werden ganze Sammlungen übernommen. Oft gehen sie in der neuen Umgebung auf und verlieren dabei ihren früheren Sammlungszusammenhang. Die Entdeckung solcher Besonderheiten ist häufig von Zufällen geprägt oder ergibt sich bei einer intensiven Beschäftigung mit der Einrichtungsgeschichte.

In Dresden baute der sächsische König in der ersten Hälfte des 19. Jahrhunderts eine Dante-Sammlung auf.[35] 1865 formierte sich am selben Ort die Deutsche Dante-Gesellschaft mit einer eigenen Bibliothek, deren Entwicklung von vielen Provisorien und Unwägbarkeiten geprägt war. Schon 1877 wurde die Dante-Bibliothek an die UB Leipzig übergeben, wo sich ihre Spur verliert. Nach Gründung der Neuen Dante-Gesellschaft 1921 wurde länger erfolglos nach der Bibliothek gesucht, bevor 1927 der Entschluss zu einer neuen Dante-Sammlung der Gesellschaft bei der Thüringischen Landesbibliothek in Weimar gefasst wurde. Während des Zweiten Weltkrieges wurde die Sammlung zunächst nach Schloss Moritzburg in Sachsen und später von dort zusammen mit Teilen der Dante-Sammlung des sächsischen Königs in die Sowjetunion verbracht. Die in Deutschland verbliebenen Sammlungsteile haben jetzt in der Herzogin-Anna-Amalia-Bibliothek in Weimar eine neue Heimat gefunden.[36] Der OPAC der HAAB Weimar verzeichnet 2128 Titel.[37]Über die heute in der Allrussischen Bibliothek für ausländische Literatur in Moskau verbliebenen Sammlungsteile konnte im Rahmen des DRBD[38] berichtet werden. Damit sind hier die Voraussetzungen für eine virtuelle Sammlungsrekonstruktion gegeben.

34 Portnych, Valentin: Mittelalterliche Handschriften und Urkunden aus deutschen Beständen in der Bibliothek der Staatlichen Universität Tomsk. Lübeck: Schmidt-Römhild 2021 (Findbücher 11).

35 Baumann, Betty [u. a.]: Auf den Spuren Dantes in Sachsen. SLUBlog. 02.08.2021. https://blog.slub-dresden.de/beitrag/2021/8/2/auf-den-spuren-dantes-in-sachsen (11.12.2022).

36 Mangei, Johannes: Die Bibliothek der Deutschen Dante-Gesellschaft kehrt zurück. In: Supralibros (2015) H. 16. S. 35–37. S. 35.

37 Herzogin-Anna-Amalia-Bibliothek Weimar. OPAC. Provenienz Dantegesellschaft (danteges). https://opac.lbs-weimar.gbv.de/DB=2/SET=1/TTL=1/CMD?ACT=SRCHA&IKT=3080&SRT=YOP&TRM=abr+danteges (11.12.2022)

38 Dmitrijeva, Karina A. u. Nikolai N. Zubkov: „Dantea“ korolja Iogana. In: Dante v vekach: La Divina Commedia v kul'turnoj tradicii Evropy i Rossii. Moskva 2022. S. 238–247.

Zusammenfassung

Die Arbeit mit historischen Beständen in Bibliotheken hat sich in den vergangenen Jahrzehnten stark gewandelt. Neben der bibliographischen Erfassung der Bibliothekssammlung sind die Erforschung ihrer Entstehungsgeschichte, der Provenienz einzelner Objekte oder Sammlungsteile und die Digitalisierung der urheberrechtsfreien Werke mit in den Mittelpunkt gerückt. Dabei ist eine Zusammenarbeit mit in- und ausländischen Einrichtungen ein wichtiger Bestandteil der Tätigkeit geworden. Die modernen Möglichkeiten von Digitalisierung, Texterkennung und automatischer Indexierung bieten im Rahmen der Digital Humanities neue Chancen für die Zusammenarbeit der bestandsbewahrenden Bibliotheken mit der geistes- und sozialwissenschaftlichen Forschung.

All diese Prozesse haben das Selbstverständnis der beteiligten wissenschaftlichen Beschäftigten in den Bibliotheken stark gewandelt. Die noch Anfang der 1990er Jahre geltenden Grundprinzipien der Tätigkeit „erwerben, erschließen, vermitteln" für fast ausschließlich gedruckte oder handschriftliche Medien haben eine deutliche Erweiterung erfahren. Das Studium eines Faches musste nicht nur durch bibliothekarische Kenntnisse ergänzt werden. Ein Verständnis für elektronische Datenverarbeitung und die erweiterten Möglichkeiten der Arbeit mit digitalen Dokumenten musste entwickelt werden. Was vor dreißig Jahren die Arbeit mit Zettel- oder Bandkatalogen in großen Bibliotheksräumen war, kann heute an einem PC oder mit einem Smartphone unabhängig von Bibliotheksgebäuden erledigt werden. Und dennoch ist die Bibliothek ein wichtiger Raum für Studium, Forschung und vor allem den Austausch von Ideen geblieben. Der Schwerpunkt bibliothekarischer Tätigkeit hat sich vom Sammeln und Bewerten der Informationen zu ihrer Vermittlung verlagert. Damit verbunden sind ein zunehmend erforderliches Verständnis für historische Bestandsentwicklungen, Projektarbeit und Kooperation im bibliothekarischen Kontext sowie mit den Fachwissenschaften. Die Entwicklung der Digital Humanities erfordert eine stärkere Orientierung auf die aktuellen Inhalte und Informationsbedürfnisse in den Geistes- und Sozialwissenschaften. Und vor allem funktioniert das Prinzip „total digital" nur mit einer vertieften Erfassung und Auswertung historischer Bestände.

Jens Ilg

Nutzungsforschung als Haltung praktizieren

Abstract: Der Autor vertritt die These, dass die gegenwärtige „digitale Transformation" unserer Lebens- und Berufswelten für Wissenschaftliche Bibliothekar:innen und Wissenschaftliche Bibliotheken nicht nur eine Weiterentwicklungschance bedeuten kann, sondern auch eine Degenerationsgefahr, die als „Datenfalle" bezeichnet wird. Sie besteht darin, jener Transformation zu erliegen und Bibliotheken zu riesige Datenunternehmen weiterentwickeln zu wollen. Schließlich wird die Schlussfolgerung vertreten, dass als geeignetes Gegenmittel die konsequente Nutzerorientierung und damit die Nutzungsforschung hilft, für die heute jedoch Bibliotheksleitungen und bibliothekarische Ausbildungen nicht sicher sorgen, sondern der Besitz einer Haltung, und zwar eine Haltung zur Jahrhunderte alten Bibliotheksidee.

Keywords: Nutzungsforschung, Nutzendenorientierung, Berufsbild, Berufsethos

Kurzbiografie: Nach einer Berufsausbildung zum Koch folgte ein Studium der Philosophie und Theaterwissenschaft an der Universität Leipzig, anschließend ein Bibliotheksreferendariat an der SUB Göttingen und da Studium Library and Information Science an der Humboldt-Universität zu Berlin. Stationen an UB Würzburg, UB Rostock, UB Magdeburg; seit 2021 SLUB Dresden. 2020–2022 Lehraufträge Nutzerforschung (Hochschule Hannover). Kontakt: Jens.Ilg@slub-dresden.de

Vorweg

Die folgenden Thesen beziehen sich auf Hochschulbibliotheken in der Bundesrepublik. Sie gründen auf meinen Erfahrungen aus fünfzehn Berufsjahren an fünf verschiedenen Hochschulbibliotheken, an denen ich jeweils als Wissenschaftlicher Bibliothekar eingestellt worden bin, also in der Berufsgruppe, um die es in diesem Sammelband geht. Dort arbeitete ich in verschiedenen Funktionen: als Fachreferent: in, als Projektverantwortlicher, als Standort- und Abteilungsverantwortlicher.

Wann immer ich den letzten vier fünf Jahren über meine Berufsgruppe nachdachte, bedachte ich eigentlich einen Schatten, also etwas, was noch da und gleichzeitig nicht da war. Das Berufsbild „Wissenschaftliche Bibliothekar:in" wurde für mich immer weniger greifbar, es wurde bald so abstrakt wie abwesend. In meiner Wahrnehmung ist dieses Berufsbild so, wie ich es zu Beginn meiner Ausbildung zum Wissenschaftlichen Bibliothekar kennenlernte (2005), inzwischen nicht mehr existent, was auch die Herausgeber:innen dieses Sammelbandes in ihrer Einführung nicht müde wurden zu betonen. Was das vor dem Hintergrund der digitalen Transformati-

https://doi.org/10.1515/9783110790375-038

on für die Bibliothekspraxis bedeutet, versuche ich nachfolgend in bewusst überspitzen thesenartigen Überlegungen auszubuchstabieren.

Das Berufsbild Wissenschaftliche Bibliothekar:in ist aus der Zeit gefallen

Die Wissenschaftlichen Bibliothekar:in, die es übrigens an vielen Fachhochschulbibliotheken bis heute kaum gibt, ist inzwischen nicht mehr als eine Art Herkunftsbezeichnung. Wann immer ich diesen Kolleg:innen begegnete, dann entweder in Gestalt von schwerpunktmäßig als Fachreferent:innen arbeitende Kolleg:innen, die es, glaubt man der aktuellen Fachdiskussion, eigentlich nicht mehr geben dürfte. Oder ich begegnete ihnen als wissenschaftsnah arbeitende Spezialist:innen, die mit dem bisherigen Berufsbild wenig gemein haben. Oder es waren Kolleg:innen mit überwiegenden Leitungs- oder Führungsaufgaben. Inzwischen jedoch ergibt das Berufsbild Wissenschaftliche Bibliothekar:in als solches keinen Sinn, und wenn, dann bestenfalls in musealer Funktion. Mittlerweile arbeitet bereits eine Vielzahl dieser Kolleg:innen in einem Aufgaben- und Rollenverständnis, für das der Ausdruck „Wissenschaftliche Bibliothekar:in" Verwirrung stiftet. Weder diese Bezeichnung noch dieses Berufsbild hilft uns heute weiter, wenn wir darüber nachdenken, wie sich Hochschulbibliotheken strategisch weiterentwickeln und dabei die Jahrhunderte alte Bibliotheksidee in die unsere Gegenwart transformieren wollen. In meiner persönlichen Beobachtung lebt das Berufsbild Wissenschaftlicher Bibliothekar:in in der gegenwärtigen Bibliothekspraxis von seiner Wissenschaftsnähe. Die Wissenschaftliche Bibliothekar:in ist eine, die ein wissenschaftliches Fachstudium erfolgreich absolvierte, um mit den Methoden, der Fachkultur, den Termini dieses Fachs vertraut sein zu können. Daraus erwächst auch ihre Hauptaufgabe (idealiter), Bedarfe einer spezifischen Fachkultur in der bibliothekarischen Serviceentwicklung adäquat zu übersetzen helfen.[1]

Dieses Berufsbild oder dieser Teil dieses Berufsbildes wurde von der Wirklichkeit überholt: Einerseits ist unstrittig, spezifische Bedarfe einer Zielgruppe im Servicedesign und -portfolio zu berücksichtigen, keine Frage. Das kann jedoch auch für Fachcommunities anders erreicht werden, zum Beispiel mit regelmäßiger quantitativen und qualitativen Nutzungsforschungen, zu der übrigens auch fachspezifische Nutzungsdatenanalyse und -auswertung gehört. Zum anderen belegt unsere tägliche Bibliothekspraxis an Hochschulbibliotheken, dass es auch ohne geht: Nicht nur, dass an erfolgreichen Fachhochschulbibliotheken selten Wissenschaftliche Bibliothekar:innen oder Fachreferent:innen tätig sind, weiß ich aus eigener Anschauung, dass es selten der Fall war und ist, dass man als Wissenschaftliche Bibliothekar:in für die Fächer zu-

1 Vgl. aktuelle Berufsbildbeschreibung „Wissenschaftlicher Dienst" des Deutschen Bibliotheksverbandes, die in seinem Bibliotheksportal veröffentlicht wurde: https://bibliotheksportal.de/informationen/beruf/berufswege/wissenschaftlicher-dienst/ (10.12.2022).

ständig ist, in denen man selbst forschte oder sie studierte. Das gilt auch für Fachkulturen, wenn zum Beispiel Germanist:innen die Fachcommunity Informatik betreuen. Dennoch richtig ist: In der täglichen Bibliotheksarbeit benötigen wir verschiedenartige Expertisen. Jene oben genannten Wissenschaftliche Bibliothekar:innen benötigen wir für Spezialbereiche wie Musikbibliotheken oder Kunstbibliotheken oder für Historische Altbestände. Jedoch nicht mehr im Basisregelbetrieb einer Wissenschaftlichen Bibliothek. Auch als Führungskräfte sind sie nicht besser geeignet als alle anderen. Kolleg:innen mit einer wissenschaftlichen Ausbildung bieten hingegen ein Potential an Spezialexpertisen, die wir gegenwärtig im Betrieb einer Wissenschaftlichen Bibliothek benötigen: Wir brauchen sie als Expert:innen für bestimmte Sammlungsbestände, für Delphi-Studien, für Forschungsdatenmanagement, für bibliometrische Analysen, für die Etablierung von Informationsbudgets, für Open Science, für Metadata Engineering, für Data Literacy, als Data Stewards, für Fachinformationsdienste, für Textmininganalysen, für Schulungen zum Umgang numerischer und statistischer Daten usf.

Kurz: Was wir nicht nur für die Bedarfe der Zielgruppe wissenschaftlicher Communities benötigen, sind Expertisen, die nicht zwingend aus einem Fachstudium erwachsen. Und dafür scheint weder die Bezeichnung „Wissenschaftliche Bibliothekar:in“ zeitgemäß noch dieser Berufsstand wesentlich für Hochschulbibliotheken, heute und künftig. Vor dem Hintergrund des auch bibliothekarischen Fachkräftemangels, der m. E. evident ist, werden diese Expert:innen immer mehr solche sein, die als Quereinsteiger:innen in die Bibliothekswelt treten, ohne bibliothekarisch ausgebildet zu sein.

Die Digitale Transformation birgt eine Datenfalle

Auch die Herausgeberin und der Herausgeber sehen in ihrer Einführung zu diesem Sammelband in der inflationären Verwendung des Begriffs „Digitale Transformation“ keinen erhellenden, sondern einen erklärbedürftigen Mehrwert. Oft stört er unsere Reflexionen mehr, als dass er nutzt. Da ist etwas dran. Dennoch: Wahr ist auch, dass unser bibliothekarischer Arbeitsalltag auf strategischer Ebene von den damit benannten Phänomenen beeinflusst wird, und das nicht unerheblich: Data Librarians, Citizen Science, automatisierte Selfservices, Forschungsrohdaten, Renaissance der Chatbots für digitale Auskunft, optische Zeichenerkennung historischer Dokumente, Open Publishing, Discoverysysteme, Bibliometrie, Open Educational Resources, Informationsbudgets, Metadata Engineering, Cloud basiertes Metadatenmanagement, Textmining als Services, KI-basierte Sacherschließung, Remote-Access-Zugänge, maschinenlesbares semantisches wissenschaftliches Wissen – weitere Beispiele könnten aufgeführt werden. Diese oder ähnliche Dinge existieren mehr oder weniger im Alltag einer Wissenschaftlichen Bibliothek. Das ist nicht wegzudiskutieren. Sie beeinflussen unsere Strategiemodellierung, sie beeinflussen unser Bild von Bibliotheken, sie beeinflussen unser Denken über unseren Berufsstand, sie beeinflussen die Arbeit aller Kolleg:innen einer Wissenschaftlichen Bibliothek, sie beeinflussen Anforderungen unserer Unterhaltsträger.

Warum sage ich das? Weil sich nun, nach der anfänglichen bibliothekarischen Dateneuphorie, eine Falle auftun kann, die ich aus Bibliotheksbenutzungsperspektive ausmache. Es ist – so nenne ich sie hier – die Datenfalle. Sie schnappt zu, wenn wir unkritisch diesen Trend weiterhin und soweit folgen, dass wir glauben, nur dann unserem Beruf gegenwärtig wie künftig gerecht werden zu können, wenn wir ihn schwerpunktmäßig zu einem Datenberuf entwickeln, und, schlimmer noch, wenn wir eine Brücke zu bauen helfen über eine Art Lücke, die seit Etablierung betriebswirtschaftlicher Managementmethoden in Bibliotheken zu Beginn der 2000er Jahre klafft. Wovon Controlling-getriebene Bibliotheksentscheidungsträger:innen, die sich nicht selten aus jenem Kreis oben genannter Wissenschaftlicher Bibliothekar:innen speisen, nur träumen konnten, ist nun möglich: Die Datenfixierung auf Managementebene findet ihr Pendant in der Datenfixierung auf der Serviceebene. Die Bibliothek wird schwerpunktmäßig nur über Daten gesteuert und bietet schwerpunktmäßig nur Datendienstleistungen an. Auf einmal lassen sich gewissermaßen – um einen noch heute gebräuchlichen Begriff aus jenen 2000er Jahren zu gebrauchen – ohne Medienbruch Services und Management steuern, auf einmal sind Services und Steuerungsinstrumente eins: nur noch Daten. Das macht etwas mit uns, vielleicht bald mit nicht nur wenigen von uns. Die verschiedenen Menschen, die die Bibliotheken besuchen und nutzen, sieht man darin nicht mehr bzw. nur noch deren Daten, die sie anfordern oder hinterlassen. Ich denke, die meisten wissen, dass das nicht wirklich weit hergeholt ist. Etwa, wenn wir uns vor Augen führen, wie man an einer Universitätsbibliothek gelegentlich mit dem über Jahrzehnte gesammelten gedruckten Wissen umgeht, wenn gedruckte Ausgaben gegen digitale Ausgaben ausgespielt werden, wenn ausschließlich und zielgruppen*in*different nur Ausleihdaten über das Fortleben eines Buches entscheiden sollen – und eben nicht konkrete Menschen vor Ort, die sie nutzen. Und die, weil sie datenmäßig in diesem Fall zu wenige Nutzungsdaten hinterlassen, das Nachsehen haben, weil sie betriebswirtschaftlich gesehen leider ein zu kleines Thema erforschen oder studieren.

Kurz: Auch Nutzungsdaten sind nur Daten, nur Daten, von konkreten Menschen, die uns mit verschiedenen Voreinstellungen und Anliegen täglich besuchen. Von Menschen, die von unserem Tun und Lassen ihre Erinnerungen daran teilen mit anderen, mit Freunden, mit ihren Kolleg:innen, mit ihren Familienmitgliedern. Was wir aus den Daten machen, bleibt unsere Sache, wir sollten sie nutzen, keine Frage, doch dabei der Bibliothek als Jahrhunderte alte Idee und nicht der Bibliothek als Informationsinfrastruktureinrichtung den Vorzug geben. Tun wir das, birgt das die Gefahr, als pure Datenzentren bald so gemanagt werden zu können wie jedes x-beliebige datenvermittelnde Unternehmen auch. Nur sind diese darin besser. Bibliotheken sind aber mehr, sie sind mehr als Recherchemaschinen, mehr als Datenkuratoren, mehr als Ausleihdaten, mehr als Lernfabriken, mehr als Minen für noch unentdeckte Datenschätze.

Und wer geschichtlich genau hingesehen hat, weiß: Die Bibliotheken waren auch früher mehr als Informations- und Wissensdistributoren.

Menschenzentrierung hilft, immer

Blicken wir auf die oben ausgeführte These, ist es dann nicht so konsequent wie falsch, wenn aus Kostengründen Wissenschaftlichen Bibliothekar:innen nicht mehr die Gelegenheit bekommen, an der zentralsten Schnittstelle zwischen Bibliothek und sie vor Ort nutzende Menschen in Berührung zu kommen, an unseren Servicetheken? In vielen Wissenschaftlichen Bibliotheken arbeiten Wissenschaftliche Bibliothekar:innen aus betriebswirtschaftlichen Gründen dort nicht mehr wegen ihrer monetär zu hohen Stückzahlkosten. Lege ich nun alle beiden oben ausgeführten Thesen nebeneinander und ist man, wie ich, von Bibliotheken und Nutzungsforschung beseelt, ist naheliegend, was mindestens lindernde Wirkung entfalten kann: Es hilft Nutzendenorientierung, die sich gut in Gestalt von regelmäßiger Nutzungsforschung praktizieren lässt, um Bibliotheken weiter bzw. verstärkt menschenzentriert zu führen und zu entwickeln, übrigens: sowohl auf Seiten der Nutzenden als auch der Mitarbeitenden.

Es hilft Nutzendenorientierung und Nutzungsforschung nicht einer einzigen Berufsgruppe, erst recht nicht der aus der Zeit gefallenen *klassischen* Wissenschaftlichen Bibliothekar:in zu übertragen. Jene Nutzendenorientierung muss Auftrag und Tagesgeschäft aller für und in Bibliotheken arbeitenden Menschen sein, unabhängig von ihren Funktionen, unabhängig von ihren bibliothekarischen Professionen. Ob Quereinsteiger:innen, ob Wissenschaftliche Bibliothekar:innen (solange es diese Berufsgruppe gibt), ob Bibliothekar:innen, ob Fachangestellte für Medien- und Informationsdienste u. a. – Nutzendenorientierung und Nutzungsforschung ist deren Auftrag. Und beides ist zu umfassend und zu existenzsichernd, um es verantwortlich wie ausführend nur einer einzigen Berufsgruppe überlassen zu können.

Nichts spricht gegen den Einsatz passender betriebswirtschaftlicher Steuerungsmethoden, zum Beispiel Kennzahlen auf Basis einer Balanced Scorecard, mit der u. a. Nutzeranforderungen mit denen der Unterhaltsträger ausbalanciert werden können. Nichts spricht dagegen, Services rund um die Nutzung und Nachnutzung wissensbezogener Daten zu entwickeln. Wir entfremden uns nur dann von der Bibliotheksidee, wenn wir uns unkritisch letztlich auf einen Datenbetrieb reduzieren lassen, wenn wir uns tatsächlich „digital transformieren“ lassen.

Nutzungsforschung geht auch ohne Methodenangst

Wer in diese Bibliothekslandschaft schaut, weiß, dass von den rd. 700 Wissenschaftlichen Bibliotheken in der Bundesrepublik nur ein kleiner Teil mehr oder weniger regelmäßig und systematisch Nutzungsforschung betreibt. Das liegt nicht nur an dem ihr zugeschriebenen vermeintlichen hohen zeitlichen und personellen Aufwand, das liegt auch an einer – so nenne ich es hier – Methodenangst. Die meisten assoziieren mit Nutzungsforschung Befragungen bzw. elaborierte Fragebögen. Und für diese benötige man vor allem methodische Spezialexpertise, die die wenigsten bei sich oder in ihren Einrichtungen vermuten.

Wie für alles, was wir professionell tun, ist Expertise natürlich maßgeblich. Jedoch muss sie weder für Befragungen aller Art noch für einen Großteil der Nutzungsforschungsmethoden ein wissenschaftliches Hochschulstudium herhalten. Ganz abgesehen davon, dass kooperativ Expertise anderer Bibliotheken aushelfen kann, zum Beispiel im Rahmen des sich momentan etablierenden „UX Roundtables",[2] sind viele unserer Standardservices bereits der Nutzerorientierung und der Nutzungsforschung dienlich. Dazu gehört das systematische Einholen von Feedback unserer Nutzenden in Gestalt von physischen oder digitalen Feedbackboxen, dazu gehören die täglichen Auskunftsinterviews an unseren Theken, Telefonen, Chatkanälen, dazu gehört auch die nutzendenorientierte und nicht allein betriebswirtschaftliche Auswertung von Bibliotheksnutzungsdaten aller Art, dazu gehören auch Medienanschaffungsvorschlagservices, dazu gehören die Methoden der qualitativen Nutzungsforschung wie Leitfadeninterviews oder Campustagebücher, dazu gehören Befragungen aller Art, dazu gehören auch die niedrigschwellig einsetzbaren Methoden aus der User Experience (Nutzungserlebnisse von Nutzenden eines Bibliotheksservices), dazu gehören besonders Nutzendenpartizipationsprojekte, zum Beispiel in Bezug auf die Ausgestaltung von Lernräumen, von Homepagedesigns oder von Teaching-Library-Konzepten. Inzwischen ist das Fachliteraturaufkommen dafür groß, auch für auf die Bibliothekspraxis abgestimmte Nutzungsforschungsliteratur[3].

Es gibt also keinen guten Grund, methodenängstlich zu sein. Und wir täten schlecht daran, Methodenangst zu verstärken, indem wir die konzeptionelle wie durchführende Nutzungsforschung ausschließlich Spezialist:innen mit wissenschaftlichem Hochschulstudium zuschreiben. Erst recht, wenn wir uns vor Augen führen, dass auch in den Ausbildungen zur/zum Bibliothekar:in und Fachangestellten für Medien- und Informationsdienste Nutzendenforschung vermittelt wird (wenn auch in variierenden Ausmaß). Kolleg:innen in Leitungs- und Führungsverantwortung übernehmen hierbei die Aufgabe, uns nicht nur dazu zu motivieren, sondern auch, die Rahmenbedingungen dafür zu schaffen, zum Beispiel in Gestalt von Fortbildungseinladungen, von zeitlichem Freiraum auch für eigene Nutzendenforschungsprojekte oder von der User Experience gewidmeten regelmäßigen AG-Arbeit.

---

2 Behrens, Alena [u. a.]: Bericht vom „UX Roundtable für Informationsspezialist*innen". In: o-bib (2022) Nr. 4. S. 1–3. DOI: https://doi.org/10.5282/o-bib/5867.

3 Beispielhaft genannt sei: Nix, Sebastian Johannes u. Doreen Siegfried: Nutzerbezogene Marktforschung für Bibliotheken: eine Praxiseinführung. De Gruyter 2014 (Praxiswissen). DOI: https://doi.org/10.1515/9783110276305.

Nutzendenorientierung und Nutzendenforschung folgt aus einer Haltung

Für Nutzendenorientierung und Nutzungsforschung ist zwar Methodenkenntnis förderlich, keine Frage. Nur genügt das nicht, beides auch mit Leben zu füllen, erst recht nicht vor dem Hintergrund der so genannten „digitalen Transformation“, siehe These zwei. Eine Ausbildung, auch die einer Wissenschaftlichen Bibliothekar:in, ist dafür heute nicht der Garant und nicht die entscheidende Basis, um mit stetem unverwandtem Blick auf die Verschiedenheit und Bedürftigkeit, auf die Vielfalt und Vorgeschichten von Menschen, die Bibliotheken nutzen, zu arbeiten. Entscheidend ist etwas anderes, etwas Altmodisches, was nur bestärkt, aber nicht gelehrt werden kann, etwas, was wir uns vielleicht unkritisch von jener „digitalen Transformation“ haben ein Stück weit abtragen lassen: eine Haltung. Kein Studium, keine Berufsausbildung, keine bestimmte Funktion in einer Bibliothek ist dafür entscheidend. Entscheidend ist eine Haltung. Eine Haltung, die ich bewusst vage beschreibe: Ja, ich bin Bibliothek! Eine Haltung, die darin besteht, dass jede:r von uns für die Bibliothek als Jahrhunderte alte Idee brennt. Es ist auch die Haltung, die uns hilft, die Bibliothek als Jahrhunderte alte Idee in die Gegenwart zu übertragen und sie vor dem oben genannten Hintergrund auszubuchstabieren. Die uns hilft, sie vor genau jenem Hintergrund zu verteidigen, etwa gegenüber Unterhaltsträgern oder gegenüber Vorgesetzten oder Kolleg:innen. Diese Haltung treffen wir womöglich täglich auch in unserem Kollegium an, zu denen übrigens auch Kolleg:innen des oben diskutierten Berufsbildes gehören können. Inzwischen ist das Eintreten für diese jahrhundertealte Bibliotheksidee so nötig wie schon lange nicht mehr. Auch und besonders von denen, die ohne bibliothekarische Ausbildung, die dafür nicht immer nötig ist, für Bibliotheken arbeiten und ihre Spezialexpertise einbringen oder Führungsaufgaben übertragen bekommen haben. Das, wofür eine Bibliothek einmal stand und wofür sie folglich heute stehen sollte, ist in vielen unserer Diskurse ohne Strahlkraft. Im Berufsalltag muss nun – vor dem oben geschilderten Hintergrund – an die Stelle eines bibliothekarischen Rollenverständnisses ein bibliothekarisches Berufsethos treten. Nicht das Selbstverständnis über Rolle und Funktion eines Bibliotheksberufs oder Bibliotheksposition sollte handlungsleitend sein, sondern das, was die Rolle und Funktion der Bibliothek als jahrhundertealte Idee heute ausmacht.

Fazit

Eine Reaktion auf jene „digitale Transformation“ muss die konsequente Nutzendenorientierung bleiben und sein, die auf regelmäßige und proaktive Nutzungsforschungsaktivitäten hinausläuft. Dafür benötigen wir weder zwingend Spezialexpertisen noch das Berufsbild „Wissenschaftlicher Bibliothekar:in“. Dafür benötigen wir von allen, die für Bibliotheken arbeiten, auch von Quereinsteiger:innen, eine Einstellung zu unserem Beruf, eine bejahende, nahezu euphorische Haltung zur Bibliothek als Idee.

Carolin Zapke

Bibliometrische Services für die Forschung entwickeln und bereitstellen

Abstract: An der Universitätsbibliothek Chemnitz ist der Service Bibliometrie im Fachreferat angesiedelt. Dieser Beitrag beschreibt, wie das Angebot im bibliothekarischen Alltag umgesetzt wird (und werden kann) und gibt einen Überblick über die Zielgruppen und spezifischen Nachfragen an dieser Einrichtung. Einblicke in konkrete Aufgaben sowie problematische Aspekte des Feldes Bibliometrie werden diskutiert und Lösungen für die zu geringe Bekanntheit des Angebotes vorgeschlagen.

Keywords: Forschungsnahe Dienstleistung, Bibliometrie, Explorative Bibliometrie, Evaluative Bibliometrie, Öffentlichkeitsarbeit, Informationsvermittlung, Beratung

Kurzbiografie: Carolin Zapke wurde 1989 in Karl-Marx-Stadt geboren. 2011 schloss sie ihr Studium der Anglistik/Amerikanistik an der TU Chemnitz mit einem Bachelor of Arts, Schwerpunkt Linguistik ab. An der HTWK Leipzig machte sie von 2012–2014 ihren Master of Arts im Fach Bibliotheks- und Informationswissenschaften, Spezialisierung: Historische Bestände. Seit Oktober 2015 ist sie an der Universitätsbibliothek Chemnitz als Fachreferentin tätig. Die Aufgabenbereiche umfassen neben der Betreuung der Fachreferate Maschinenbau und Elektrotechnik die Vermittlung von Informationskompetenz, die Betreuung der Serviceangebote Bibliometrie und Open Educational Resources sowie die Mitarbeit im Team Öffentlichkeitsarbeit. Kontakt: carolin.zapke@bibliothek.tu-chemnitz.de

Einführung: Berufsbiografischer Hintergrund und digitale Transformation

Die digitale Transformation in wissenschaftlichen Bibliotheken und der damit einhergehende Wandel im Fachreferat wurden in den vorangegangenen Artikeln schon zutreffend beschrieben. In diesem Beitrag möchte ich nun auf mein ganz persönliches Arbeitsumfeld und meine Aufgaben im Bereich Bibliometrie sowie als Fachreferentin an der Universitätsbibliothek Chemnitz eingehen.

Um die nachfolgenden Ausführungen besser einordnen zu können, werde ich kurz meine persönliche Sicht auf die Digitalisierung als solche schildern. Ich bin 1989 geboren und gehöre damit zur ersten Generation, die bereits in ihrer Jugend Smartphones besaß. Der Computer zu Hause musste allerdings noch mit der ganzen Familie geteilt werden und in der Schule wurden Präsentationen mittels Polylux-Folien illustriert. Erst im Studium lernten wir die Vor- und Nachteile von PowerPoint-Präsentatio-

https://doi.org/10.1515/9783110790375-039

nen zu schätzen. Doch auch hier wurden Texte im Copyshop als Skript ausgedruckt, statt online verfügbar gemacht zu werden.

Der größte Sprung in der Digitalisierung hat an vielen Einrichtungen wahrscheinlich durch die Covid-19-Pandemie stattgefunden, denn damit wurden viele akademische Institutionen auf einmal gezwungen, Materialien auch online bereitzustellen. An einigen Stellen fehlte die Infrastruktur. Unsicherheit, besonders im Hinblick auf das Urheberrecht, war an der Technischen Universität Chemnitz und sicher auch an anderen Universitäten verbreitet. Für die Universitätsbibliothek war das Jahr 2020 in vielerlei Hinsicht ein Umbruch. Mitten in der Covid-19-Pandemie fand unser Umzug in ein neues Gebäude statt. Drei Standorte mussten auf einen Standort vereinigt werden und zusätzlich zog auch das Universitätsarchiv mit ins neue Gebäude. Glücklicherweise versteht sich die UB Chemnitz schon seit mehreren Jahren als digitale Bibliothek. Mittlerweile wird hier ein Großteil des Haushaltes für elektronische Medien ausgegeben.[1] Die Versorgung der Studierenden der TU Chemnitz mit Literatur war also erst einmal zu einem großen Teil sichergestellt.

Auch in der Erwerbung, dem Kern unserer Fachreferatsarbeit, gibt es Möglichkeiten der Digitalisierung. Der computergestützte Erwerbungsprozess mittels eines Skriptes zum Abgleich von Angebotslisten mit dem Katalog ist allerdings an der UB Chemnitz bisher keine Option gewesen.[2] Der Aufwand einer Implementierung und der voraussichtlich geringe Nutzen an einer kleineren Einrichtung sprechen für uns eher dagegen.

Natürlich gibt es noch weitere Faktoren, die mit der Digitalisierung Hand in Hand gehen. Um nur einige Beispiele aus meiner Arbeitsumgebung zu nennen: Die Sacherschließung gedruckter Bücher nimmt in vielen Fächern immer mehr ab. Möglichkeiten zur teilweisen oder vollständigen Automatisierung von Sacherschließungsprozessen wurden geprüft.[3] Hier hat sich herausgestellt, dass eine Umsetzung an der UB Chemnitz bisher nicht in Frage kommt. Von einigen Fachreferent:innen wird jedoch das Unterstützungstool für Fachreferatsarbeit der Uni Mannheim genutzt.[4] Fragen wie die nach der Präsentation und dem Bewerben elektronischer Medien nehmen zu.

Die Open-Access-Transformation (OA-Transformation) ist auch an der Technischen Universität Chemnitz in vollem Gange, Beschaffungsprozesse mussten ange-

---

1 Vgl. Malz, Angela: Aus der Alten Aktienspinnerei wird die neue Universitätsbibliothek Chemnitz. In: ABI Technik (2020) H. 3. S. 246–259. DOI: https://doi.org/10.1515/abitech-2020-2020.

2 Vgl. Tello, José Calvo, Michael Czolkoß-Hettwer u. Julika Mimkes: Kooperative Fachreferate: Eine offene Toolbox für den Bestandsaufbau. In: o-bib. Das offene Bibliotheksjournal (2022) Nr. 2. S. 1–14. DOI: https://doi.org/10.5282/o-bib/5787.

3 Vgl. Hinrichs, Imma, Gérard Milmeister, Peter Schäuble u. Helge Steenweg: Computerunterstützte Sacherschließung mit dem Digitalen Assistenten (DA-2). In: o-bib. Das offene Bibliotheksjournal (2016) H. 4. S. 156–185. DOI: https://doi.org/10.5282/o-bib/2016H4S156-185.

4 Siehe Online-Tool Malibu der Universität Mannheim. https://data.bib.uni-mannheim.de/malibu/isbn/suche.html (30.10.2022).

passt werden und der Fond für OA-Publikationen wächst ständig.[5] Die Zurückhaltung unter den Wissenschaftler:innen bleibt jedoch bestehen und dieser kann meines Erachtens nur mit konsequenter Beratung und Aufklärung beigekommen werden.

Fachreferat und Bibliometrie

Dies führt mich nun zu meinen Aufgaben als Fachreferentin der UB Chemnitz. Eingestellt wurde ich 2015 als Elternzeitvertretung für die Fachreferentin für Wirtschaftswissenschaften, Soziologie und Informatik – eine nicht unübliche Menge von Fachreferaten an kleineren Einrichtungen. Zusätzlich sollte ich die Leitung der Arbeitsgruppe Informationskompetenz übernehmen und mich in das Thema „Bibliometrie“ einarbeiten.

Bis dato war mir dieser Begriff noch nicht über den Weg gelaufen. Glücklicherweise hatte man mir einen kompetenten Kollegen zur Seite gestellt. Gemeinsam haben wir uns also in die Untiefen der Bibliometrie gestürzt und als erste Amtshandlung einen dreistündigen Workshop für Nachwuchswissenschaftler:innen der TU Chemnitz gehalten.

Etwas Besseres hätte uns nicht passieren können, denn so mussten wir in kurzer Zeit sehr viel (anwendbares) Wissen anhäufen. Wir haben uns mit der explorativen Bibliometrie beschäftigt – hierbei geht es zum Beispiel darum, Themen und Trends in der Wissenschaft herauszuarbeiten und graphisch darzustellen. Ein weiteres Beispiel ist die Darstellung von Netzwerken beispielsweise zwischen Autor:innen einer Einrichtung. Dieser Zweig der Bibliometrie ist mit Sicherheit der angenehmere, denn hier können objektiv Sachverhalte beschrieben werden, es gibt viele Programme zur graphischen Darstellung und kaum Fallstricke. Allerdings nimmt die Beschäftigung mit diesem Gebiet auch extrem viel Zeit in Anspruch. Dies ist als Einzelperson, die auch noch andere Aufgaben hat, kaum zu bewältigen. Daher habe ich mich mit diesem Teil der Bibliometrie, seit einem ersten Projekt, das in diesem Artikel noch genauer beschrieben wird, leider auch eher wenig beschäftigt. An der TU Chemnitz gab es dahingehend auch recht wenig Bedarf.

Im Gegensatz dazu steht die evaluative Bibliometrie. Hier geht es darum, die Forschungsleistung von Individuen, Einrichtungen oder ganzen Ländern zu bewerten. Und damit gehen natürlich auch Probleme einher: Einen Forscher oder eine Forscherin objektiv zu bewerten ist nahezu unmöglich. Es gehören immer viele Faktoren dazu, die mit einbezogen werden müssen: die Dauer der akademischen Karriere, das Fachgebiet auf dem publiziert wird und dementsprechend die dortigen Publikationsmedien und Zitierverhalten. Eine junge Forscherin in den Geisteswissenschaften wird

5 Vgl. Blumtritt, Ute u. Angela Malz: Publikationsunterstützung als wichtige Dienstleistung im Portfolio der Universitätsbibliothek Chemnitz. Ein Erfahrungsbericht. In: Zeitschrift Für Bibliothekswesen und Bibliographie (2021) H. 5. S. 282–289. DOI: https://doi.org/10.3196/186429502068523.

mit hoher Wahrscheinlichkeit einen geringeren h-index haben als ein gleichaltriger Forscher in der Elektrotechnik, selbst wenn sie die gleiche Anzahl an Publikationen veröffentlicht hat.[6]

In den Geisteswissenschaften wird recht häufig in Monografien veröffentlicht, welche einem längeren Review-Prozess unterliegen als Artikel in Fachzeitschriften. Die Abdeckung der Geisteswissenschaften in den gängigen Zitationsdatenbanken wie Scopus, Web of Science und Dimensions ist noch unzureichend und Open Access spielt eine vergleichsweise geringe Rolle.[7] All dies trägt dazu bei, dass im Durchschnitt weniger Zitationen angehäuft werden und der h-Index[8] geringer ausfällt. Dazu kommt, dass die allermeisten Institutionen den h-Index nicht selbst berechnen, sondern bei Scopus, Web of Science oder Google Scholar danach suchen. Fehleranfällig sind jedoch alle diese Werte.[9]

Zur evaluativen Bibliometrie gehört auch die Bewertung von Publikationsmedien – im klassischen Sinne von Zeitschriften. Der Ursprung der Bibliometrie liegt genau dort – Bibliotheken wollten objektive Kriterien, um ihren Zeitschriften-Bestand zu evaluieren. Daher rührt die Bedeutung des Journal Impact Factor (JIF), der jedoch bei der Bewertung von Zeitschriften nicht alleinsteht. Es gibt mittlerweile unzählige Alternativen, ähnlich wie beim h-Index,[10] denn den Expert:innen ist bewusst, welche Probleme mit beiden einhergehen.[11] Der JIF ist ein Instrument, das allein von Web of Science bereitgestellt wird und auch das in größerem Umfang nur gegen eine weitere Lizenz – nicht dass die Lizenz für Web of Science schon teuer genug wäre. Wie oben beschrieben, werden hier nur die Zeitschriften berücksichtigt, die in Web of Science indexiert sind – das ist im Großen und Ganzen eine recht mangelhafte Abdeckung.

Bibliometrische Angebote der UB Chemnitz

An der TU Chemnitz liegen die klassischen Anfragen im Bereich der evaluativen Bibliometrie. Bei der regelmäßigen Leistungsevaluierung zur Entscheidung über die Ge-

---

6 Vgl. Bauschmann, Martin u. Carolin Ahnert. Bibliometrie – Ein neuer Service der Bibliothek in der Forschungsunterstützung. https://tu-chemnitz.de/ub/dokumente/open_access/bibliometrie/Einf%C3%BChrung_Bibliometrie.pdf (25.10.2022).

7 Vgl. Mongeon, Philippe u. Adèle Paul-Hus. The journal coverage of Web of Science and Scopus: a comparative analysis. In: Scientometrics (2016) H. 1. S. 213–228. DOI: https://doi.org/10.1007/s11192-015-1765-5 (30.10.2022).

8 Der h-Index berechnet sich aus der Anzahl der Veröffentlichungen und Zitationen.

9 Vgl. Mongeon u. Paul-Hus, The journal coverage (wie Anm. 7).

10 Vgl. Schmitz, Jasmin: Journal Impact Factor und Alternativen. https://www.publisso.de/open-access-beraten/faqs/journal-impact-factor-und-alternativen/ (25.10.2022).

11 Vgl. Ball, Rafael: 5 Bibliometrische Indikatoren. In: Bibliometrie: Einfach – verständlich – nachvollziehbar. Hrsg. von Rafael Ball. Berlin, Boston: De Gruyter Saur 2013. S. 38–76. DOI: https://doi.org/10.1515/9783110293753.38.

währung besonderer Leistungsbezüge der W-Professuren wird auch der Indikator „Publikationen" herangezogen. Hier gibt es mittlerweile ein Verfahren, an dessen Entstehen wir als Bibliothek beteiligt waren. Dieses berücksichtigt möglichst viele der oben genannten potentiellen Fehlerquellen und ermöglicht mittels einfacher Indikatoren wie Publikationsanzahl, Ko-Autor:innen und Publikationstyp eine relativ objektive Einschätzung. Bei diesem Verfahren leiste ich die Zuarbeit, auf Grundlage unserer Universitätsbibliographie. Auch diese ist nicht immer vollständig, aber hier liegt die Verantwortung bei den einzelnen Forscher:innen – jede:r trägt seine Publikationen dort selbst ein. Die Universitätsbibliothek übernimmt dabei nur die Rolle einer Kontrollinstanz. Zitationen werden überhaupt nicht mehr berücksichtigt, da diese nicht in der Universitätsbibliographie vorkommen.

Ein weiteres Angebot der Bibliometrie an der UB Chemnitz liegt in Datenabfragen für einzelne Professuren. Oft anlässlich von Jubiläen sollen die Publikationen der Professur über die letzten Jahre erfasst und ab und zu durch zusätzliche Angaben ergänzt werden. Diese Anfragen können meist mittels der Universitätsbibliographie bearbeitet werden, denn dort sind die Publikationen der Professuren der TU Chemnitz verzeichnet – insofern diese von den jeweiligen Verantwortlichen eingetragen wurden.

Außerdem erreichen uns noch die Anfragen von Nachwuchswissenschaftler:innen zu Publikationsmedien. Es geht ihnen darum, eine geeignete Zeitschrift zu finden, die möglichst viele Kriterien erfüllt: Eine renommierte Zeitschrift, zumindest ein renommierter Verlag oder Herausgeber sollen es sein. Ein hoher JIF ist dabei das wesentliche Kriterium. Zusätzlich ist auch OA erwünscht, welches die größtmögliche Sichtbarkeit bietet und damit viele Zitationen ermöglicht. OA wird oftmals von den Förderern vorgegeben. An dieser Stelle im Beratungsprozess gebe ich die Nachteile des JIF zu bedenken. Ich stelle als Entscheidungshilfe eine Liste mit möglichen Zeitschriften aus der Fachrichtung zusammen, die den Scope der Zeitschrift, Publikationsvoraussetzungen, verschiedene Indikatoren für die Relevanz der Zeitschrift und natürlich die OA-Publikationsmöglichkeiten umfasst.

Nachwuchswissenschaftler:innen gehören zu unserer primären Zielgruppe und wir bieten ihnen Unterstützung bei der Erhebung, Aufbereitung und Analyse von Publikations- und Zitationsdaten. Außerdem ist der Bibliometrie-Kurs mittlerweile ein festes Angebot im Programm des Zentrums für Wissenschaftlichen Nachwuchs der TU Chemnitz. In diesem Kurs geht es darum, die Sichtbarkeit und Wahrnehmung der eigenen Forschungsleistungen zu verstehen und zu verbessern, geeignete Publikationsmedien zu finden, Publikationsstrategien zu entwickeln und mögliche Kooperationspartner (Co-Autoren-Analyse) zu bestätigen.

Werbung und Öffentlichkeitsarbeit

Natürlich unterstützen wir unsere Wissenschaftler:innen auch bei der Recherche nach bereits veröffentlichten Publikationen in einem bestimmten Themengebiet oder bei der Zusammenstellung von Daten für Drittmittelanträge. Dazu gibt es allerdings bisher noch kaum Anfragen – eventuell weil der Bedarf nicht da ist. Wahrscheinlicher ist allerdings, dass die Angebote der Universitätsbibliothek nicht ausreichend wahrgenommen werden. Das ist eines unserer größten Probleme mit nahezu allen Angeboten. Wie können wir diese besser bewerben? Diese Frage stellen wir uns fast jedes Jahr aufs Neue und sind bisher nicht zu einer zufriedenstellenden Antwort gelangt.

Ein Problem könnte die Art der Bereitstellung sein. Deshalb bieten wir umfangreiche Informationen auf unserer Webseite an. Dort können zeit- und ortsunabhängig alle Interessierten darauf zugreifen. Wir haben hilfreiche Anwendungen und Tools für die Datenaufbereitung, -analyse und -visualisierung zusammengetragen sowie die wichtigsten bibliometrischen Datenquellen aufgelistet.[12]

Zur weiteren Unterstützung finden sich auf unserer Webseite ebenfalls E-Tutorials und Präsentationen als Anleitung zum selbstständigen Arbeiten mit bibliometrischen Hilfsmitteln und Indikatoren. Wir bieten aber auch individuelle Beratungen, sowie Schulungen und Workshops auf Anfrage an.

Weitere Zielgruppen unserer Angebote sind Führungskräfte (Universität, Fakultäten, Institute) und Verantwortliche für Drittmittelprojekte. Zu den Angeboten für diese Zielgruppe gehören Performanceanalysen der eigenen Organisation (wie die Leistungsevaluierung, die bereits beschrieben wurde), von Organisationseinheiten oder Projekten. Wie bereits eingangs erwähnt, bieten wir auch Netzwerkanalysen zur Erkundung interdisziplinärer und überregionaler Kooperationen an. Eine Netzwerkanalyse der TU Chemnitz wurde zu Beginn der Arbeit im Feld Bibliometrie als Beispiel erstellt.[13]

Auch zur Öffentlichkeitsarbeit kann Bibliometrie genutzt werden. Beispielsweise könnte hier die datengestützte Kommunikation von Forschungsleistungen oder die Visualisierung von Kooperationsnetzwerken, um interdisziplinäre oder internationale Kooperationen sichtbar zu machen, genannt werden.

Und schließlich kommt noch die Bibliothek selbst hinzu, als inhärente Zielgruppe des Angebotes Bibliometrie. Hier kann Unterstützung bei der Bestandsoptimierung geleistet werden, zum Beispiel durch die Objektivierung von Anschaffungs- und Aussonderungsentscheidungen. Wie oben bereits beschrieben, wären dies etwa Indikatoren für die Relevanz von Zeitschriften im Bestand. Außerdem kann Bibliometrie dazu beitragen, neuartige Kooperationsbeziehungen zwischen Wissenschaft und Informationsversorgung zu schaffen.

---

12 Vgl. Homepage UB Chemnitz Bibliometrie. https://www.tu-chemnitz.de/ub/publizieren/bibliometrie/index.html (30.10.2022).

13 Vgl. Bauschmann, Martin u. Carolin Ahnert: Interdisziplinäres Publikationsnetzwerk 2010–2015. https://www.tu-chemnitz.de/ub/publizieren/bibliometrie/analyse1.html (14.3.2023); vgl. Bauschmann, Martin u. Carolin Ahnert: Analyse und Visualisierung interdisziplinärer Publikationsnetzwerke (2016). DOI: https://doi.org/10.5281/zenodo.159939.

Zusammenfassung und Ausblick

Abschließend bleibt zu sagen, dass viele unserer Angebote für unsere Begriffe zu wenig genutzt werden. Natürlich ist aber auch eine weitreichendere Bewerbung momentan kaum möglich. Dazu fehlen einfach die Zeit und die personellen Ressourcen. Ich habe glücklicherweise seit einiger Zeit eine Kollegin im Fachreferat, die mich im Bereich Bibliometrie unterstützt. Dennoch wäre viel mehr machbar, wenn es eine Stelle nur für die Bibliometrie oder auch ein größeres Team gäbe, das verschiedene Aufgaben übernehmen kann. Besonders proaktive Angebote sind derzeit einfach nicht umsetzbar – diese könnte aber eine große Stellschraube für die Sichtbarkeit des bibliothekarischen Bibliometrie-Service insgesamt sein.

Das aktuelle Verfahren sieht meist so aus, dass die Wissenschaftler:innen auf uns zukommen und wir ihre Anfragen bearbeiten. Diese Anfragen liegen, wie eingangs bereits erwähnt, hauptsächlich im Bereich der evaluativen Bibliometrie. Wünschenswert wären mehr Angebote im Bereich der explorativen Bibliometrie und mehr Zeit, um sich mit den Möglichkeiten der Visualisierung zu beschäftigen. Denn solche Visualisierungen können ein mächtiges Werkzeug in unserer Öffentlichkeitsarbeit darstellen. Aus meiner Sicht liegt genau hier großes Potential, das im aktuellen Betrieb mangels dafür vorgesehener Personalstunden nicht ausgeschöpft werden kann. In der Öffentlichkeitsarbeit optimieren wir die Vernetzung innerhalb der Universität, beispielsweise über das Zentrum für Wissenschaftlichen Nachwuchs, die Bewerbung des Angebotes auf unserer Webseite, über unsere Social-Media-Kanäle und über den direkten Kontakt zu den Fachbereichen.

Es zeigt sich immer wieder, dass es sinnvoll ist, forschungsnahe Dienstleistungen wie die Bibliometrie an das Fachreferat anzubinden. Fachreferent:innen stehen im direkten Kontakt zu den Forschenden, haben Kenntnisse über den Forschungsprozess an sich und einen Abschluss im jeweiligen Fach oder sind intensiv ins Fachgebiet eingearbeitet.[14] An kleineren Einrichtungen, an denen Fachreferent:innen mehrere Fachbereiche betreuen (und wie in meinem Fall auch solche, die sie nicht studiert haben) kann dieser Kontakt nur über die Zeit wachsen und enger werden.

In den neueren Stellenausschreibungen wird mittlerweile auch viel Wert darauf gelegt, das Fachreferat plus X[15] zu bedenken – die neuen Aufgabengebiete wie die Bibliometrie, das Forschungsdatenmanagement oder Open Science sind oft dort angesiedelt. Die Stellenausschreibung, auf die ich mich 2015 beworben habe, definierte die Aufgabengebiete noch vorsichtig: Die „Betreuung der Fachreferate Wirtschaft und Informatik sowie sozialwissenschaftlicher Fächer in enger Zusammenarbeit mit den

14 Vgl. Tappenbeck, Inka: Fachreferat 2020: from collections to connections. In: Bibliotheksdienst (2015) Bd. 49. H. 1. S. 37–48. DOI: https://doi.org/10.1515/bd-2015-0006.

15 Vgl. Kläre, Christina [u. a.]: Fachreferat plus X: Transformation des wissenschaftlichen Dienstes an der Universitätsbibliothek Duisburg-Essen. In: o-bib. Das offene Bibliotheksjournal (2022) H. 2. S. 1–17. DOI: https://doi.org/10.5282/o-bib/5786.

Professuren unter Verwendung von zukunftsorientierten Methoden bei der Erwerbung und Erschließung" stand dort zum Beispiel. Außerdem die „Zielgruppenspezifische Vermittlung von Informationskompetenz in deutscher und englischer Sprache" und das Plus X – das „Konzeptionelle Arbeiten in fächerübergreifenden Projekten, wie z. B. Bibliometrie, Forschungsdatenmanagement, und E-Learning als verantwortlicher Projektmanager". Die Mitarbeit im Leitungsteam der Universitätsbibliothek in Fragen der Bibliotheksorganisation, der Organisationsentwicklung und der Bibliotheksplanung war schließlich der letzte Punkt in dieser Stellenausschreibung.

Hinzugekommen sind seither die Mitarbeit im Open-Science-Team zur Betreuung der Open Educational Resources, im Team Öffentlichkeitsarbeit und damit einhergehend im Social-Media-Team. Auch hier gibt es viele Aufgaben und Entwicklungsmöglichkeiten. Eine feste Zielgruppe sind die Studierenden der TU Chemnitz. Die UB Chemnitz beschreitet neue Wege, um auch dort die forschungsnahen Angebote bekannter zu machen, schließlich sind die Studierenden von heute die Wissenschaftler:innen von morgen. Anlässlich der Internationalen Open Access Week 2022 haben wir in Kooperation mit der Open-Science-Initiative der Fakultät HSW[16] am 27.10.2022 eine Open Science Night organisiert. Wenig Rahmenprogramm, mehr Unterhaltung – und das alles im Stil des agilen Arbeitens war unser Motto. Neben einem Escape-Room zum Thema Open Access gab es ein Open-Science-Pubquiz sowie einen kleinen Kinosaal, in dem wir Kurzfilme mit CC-Lizenz gezeigt haben. Angenommen wurde die Veranstaltung sehr gut. Mit etwa 60 Besucher:innen über den Abend verteilt sogar weitaus besser als alle unsere bisherigen Angebote im Rahmen der Open Access Week.

Ich habe Hoffnung, dass wir in Zukunft mit ähnlich niederschwelligen Angeboten für die Nachwuchswissenschaftler:innen auch immer noch zu wenig bekannte Themen wie Bibliometrie in den Fokus rücken können und so einen Beitrag zu zielführender und verantwortungsvoller Publikationsarbeit im digitalen Zeitalter leisten können.

Dank: Ich möchte mich mit diesem Beitrag ganz herzlich bei meinen Kolleg:innen bedanken, die mich im Bereich Bibliometrie unterstützen. Das sind aktuell Anja Hähle sowie das Open-Science-Team der UB Chemnitz. Vielen Dank an euch! Und des Weiteren möchte ich mich bei Martin Bauschmann bedanken, ohne den unser Bibliometrie-Service nicht das wäre, was er heute ist.

---

16 Siehe Homepage der Open-Science-Initiative der Fakultät Human- und Sozialwissenschaften der TU Chemnitz. https://www.tu-chemnitz.de/hsw/forschung/openscience/index.php (30.10.2022).

Teil IX: **Vernetzen, Ausbilden, Fortbilden**

Einführung

Die in den vorausgegangenen Kapiteln dargestellten Veränderungen der Aufgabenfelder wissenschaftlicher Bibliotheken und damit verbunden der Handlungsfelder und Rollen wissenschaftlicher Bibliothekar:innen erfordern auch neue Formen der Kooperation innerhalb der bibliothekarischen Community, aber auch mit externen Partner:innen sowie neue Formen der Lobbyarbeit. Hinzu kommt eine gänzliche Neubewertung des Stellenwerts der Fort- und Weiterbildung. Während diese auch in wissenschaftlichen Bibliotheken lange Zeit als zwar wünschenswertes, aber häufig genug den Anforderungen des Tagesgeschäfts nachgeordnetes Add-on betrachtet wurde, ist die gezielte Fort- und Weiterbildung des bibliothekarischen Personals heute eine unverzichtbare Kernaufgabe. Die Autor:innen des vorliegenden Kapitels stellen diese Veränderungen in den Bereichen der Kooperation, der Lobbyarbeit und der Fort- und Weiterbildung dar und erläutern die von den Akteur:innen dabei in besonderer Weise gefordert Kompetenzen.

Reinhard Altenhöner gibt in seinem Beitrag zunächst einen historischen und systematischen Überblick über die im bibliothekarischen Bereich bestehenden Verbandsstrukturen. Darauf aufsetzend erläutert er, inwiefern es im Kontext der digitalen Transformation zu einem Bedeutungszuwachs der Verbandsarbeit gekommen ist und wie sich dies auf die Handlungsfelder und Rollen der wissenschaftlichen Bibliothekar:innen auswirkt. Daraus leitet er ab, welche Konzepte der Community-Arbeit, der Kooperation und der Vernetzung mit internen und externen Partnern für Bibliotheken wichtiger werden und welche Folgen dieser Wandel für das Berufsbild der wissenschaftlichen Bibliothekar:innen hat.

Damit verbunden ist auch das Thema Lobby-Arbeit, dem der Beitrag von Frank Simon-Ritz gewidmet ist. Er macht deutlich, dass und warum Lobby-Arbeit für Bibliotheken und damit auch für Bibliothekar:innen unverzichtbar ist, und erläutert die Relevanz dieses Arbeitsbereiches innerhalb der bibliothekarischen Verbandsarbeit. Dabei geht er auch auf Instrumente und Formate der bibliothekarischen Lobby-Arbeit ein und skizziert, wie die wissenschaftliche Bibliothekar:innen sich innerhalb der Hochschulen als Lobbyisten engagieren und dabei auch neue und unkonventionelle Wege einschlagen können.

Der Beitrag von Konstanze Söllner zeigt auf, warum die berufliche Fort- und Weiterbildung innerhalb des Bibliothekwesens im Zuge der digitalen Transformation nicht nur an Bedeutung gewonnen hat, sondern zu einer strategischen Führungsaufgabe geworden ist. Auch der Fachkräftemangel erfordert eine Neubewertung der Fort- und Weiterbildung, insbesondere angesichts vielerorts sinkender Zahlen der Bewerber:innen für ein bibliothekarisches Studium sowie einer steigenden Konkurrenz um datenwissenschaftlich qualifizierte Bibliothekar:innen. Diese Entwicklung fordert von den Ausbildenden in Bibliotheken neue Kompetenzen, um die Qualifikationswege

https://doi.org/10.1515/9783110790375-040

für das bibliothekarische Personal zu gestalten, Personal zu gewinnen und auch zu halten.

Reinhard Altenhöner

Wissenskooperation im erweiterten Netzwerk: Verbandsarbeit im Wandel leisten

Abstract: Zusammenschlüsse von Personen und Institutionen im bibliothekarischen Berufs- und Arbeitsfeld haben eine lange Tradition. Sie sind aufgrund der vielfältigen Veränderungen in Bibliotheken und ihrem Umfeld mit Herausforderungen konfrontiert, die ihre Rolle und Funktion verändert haben und beschleunigt verändern. Dies kann durchaus zu einem Bedeutungszuwachs der Verbandsarbeit führen. Dieser Beitrag gibt einen Überblick zu bestehenden Verbandsstrukturen, ihren historischen Wurzeln und ihren Arbeitsschwerpunkten. Dem Befund zur bibliothekarischen Verbandsarbeit werden anschließend die Perspektiven gegenübergestellt, die sich aus dem sich verändernden Markenkern Bibliothek in der digitalen Transformation ergeben und sich auf die Rolle der Bibliotheken und der dort Arbeitenden auswirken. Daraus lässt sich ein Potentialprofil ableiten, in dem Community-Arbeit, Zusammenarbeit und Vernetzung mit anderen fachlichen Gruppierungen sowie ein verändertes Berufsbild wissenschaftlicher Bibliothekar:innen wichtig sind.

Keywords: Verbandswesen, Verbandsarbeit, Interessenvertretung, Lobbyismus, Bibliothekswesen, Verein Deutscher Bibliothekarinnen und Bibliothekare e. V. (VDB), Deutscher Bibliotheksverband e. V. (dbv)

Kurzbiografie: Reinhard Altenhöner, geb. 1963 in Detmold, geisteswissenschaftlich ausgerichtetes Studium, postgraduales Studium zum Bibliothekar, nach Stationen in Bonn (DFG), Münster (FHB), Mainz (WStB/ÖB), Frankfurt/Leipzig (DNB) seit 2015 bei der Staatsbibliothek zu Berlin/Preußischer Kulturbesitz in der Funktion des ständigen Vertreters des Generaldirektors. Arbeitsschwerpunkte: Digitale Services und Technologien, Auf-/Ausbau Digitale Bibliothek, Content-Strategie, Prozessentwicklung, Projektmanagement/Projektorganisation. Publikations-, Beratungs- und Gremientätigkeiten (national/international), seit 2022 stv. Vorsitzender des dbv. Kontakt: reinhard.altenhoener@sbb.spk-berlin.de

Einführung

Verbände als Zusammenschluss von Personen oder Einrichtungen bündeln die Interessen ihrer Träger und vertreten sie nach außen. Das politische System der Bundesrepublik Deutschland stützt sich u. a. auf eine explizite Einbindung von Interessensverbänden in das politische Entscheidungsverfahren und wurde bereits in der Gründungsphase des Staates als legitimierende Instanz bei der Ausgestaltung von

https://doi.org/10.1515/9783110790375-041

rechtlichen Rahmenbedingungen und Regelungen angelegt.[1] Glaubensgemeinschaften, Gewerkschaften oder Wirtschaftsverbände erhalten so Gelegenheit, sich frühzeitig und in gesellschaftspolitische Debatten auch konträr einzubringen, bevor eine Regelung legislativ gefasst wird. Dies bedingt, dass es im Verband gelingt, die Interessen der einzelnen Mitglieder zu identifizieren und zu bündeln, um ihnen gezielt Ausdruck zu geben – und dies impliziert zugleich auch, dass der Verband über den Erfolg der Interessenvertretung hinaus eine integrative Bindungskraft entwickelt, die für die einzelnen Glieder die Mitgliedschaft im Verband lohnend erscheinen lässt.

Definitorisch grenzt sich der *Verein* – insbesondere im alltäglichen Sprachgebrauch – von dem Verband nicht scharf ab; in der Regel wird „Verein“ stärker in seiner juristischen Bedeutung genutzt. Häufig schließen sich eigenständige Vereine in Verbänden zusammen, letztere können aber auch selbst als Verein organisiert sein.

Die bewusste und strukturierte Einbindung von Interessenverbänden – systemisch zusammengefasst als *Lobbyismus* – wurde mit der zunehmend kritischen Sicht auf die Beeinflussung von Entscheidungen durch sie nach und nach stärker reglementiert und vor allem transparent gemacht, sichtbar im seit 2022 neu aufgestellten Lobbyregister des Bundestags.[2] Analysen des Verbandswesens der Bundesrepublik zeigen, dass der Organisationsgrad, also der Anteil der potentiellen Mitglieder, die sich in einer Interessengemeinschaft binden, sehr unterschiedlich ist: Berufsgruppen-Vertretungen und Wirtschaftsverbände weisen Organisationsgrade von zum Teil über 90 % auf, bei Arbeitnehmendenvertretungen ist der Organisationsgrad auf unter 20 % gesunken, Tendenz seit Jahren fallend.[3] Andererseits ist die Zahl der Verbände seit 1990 um gut 5.000 auf knapp 16.000 gestiegen.[4] In dieser gegenläufigen Entwicklung spiegelt sich eine viele westliche Gesellschaften prägender Befund: feste, längerfristige Bindungen durch Mitgliedschaften werden seltener, sie realisieren sich nur dann, wenn eine hohe Identifikation mit Ziel und Wirksamkeit der jeweiligen Interessenvertretung erreicht wird. Insgesamt spielt der Lobbyismus nach wie vor eine wichtige Rolle und die systematische Einbeziehung von Interessenverbänden in die politische Entscheidungsfindung bildet ein wichtiges Element bei der Legitimierung. Die Verlagerung von Zuständigkeiten auf die europäische Ebene hat den Lobbyismus eher gestärkt, die Interessenverbände spielen bei der parlamentarischen und legislativen Meinungsbildung in den Zentralen der Europäischen Union eine große Rolle.

Unter der Registrierungsnummer R003275 findet sich im Lobbyregister der Deutschen Bundestags für die Interessenvertretung gegenüber dem Deutschen Bundestag

---

1 Vgl. dazu u. a.: Rudzio, Wolfgang u. Tom Mannewitz: Das politische System der Bundesrepublik Deutschland. 11., aktual. Aufl. Wiesbaden: Springer Fachmedien/Springer VS 2022.

2 Deutscher Bundestag: Lobbyregister. https://www.lobbyregister.bundestag.de/startseite (19.12.2022).

3 Schneider, Helena: Gewerkschaften – ja bitte, aber ohne mich! In: IW-Kurzbericht (2018) No. 80. https://www.iwkoeln.de/studien/helena-schneider-ja-bitte-aber-ohne-mich-411019.html (19.12.2022).

4 Zuletzt aber rückläufig. Vgl. Deutsches Verbände Forum: Die Anzahl der haupt- und nebenamtlich geführten Verbände – Entwicklung seit 1990. Datenstand 2018. https://www.verbaende.com/fakten/studien-statistiken/ (19.12.2022).

und der Bundesregierung auch der Deutscher Bibliotheksverband e. V. (dbv), andere Zusammenschlüsse aus dem bibliothekarischen Umfeld sind dort nicht gelistet.[5]

Im Folgenden ein Überblick über die Verbandsstrukturen im deutschen Bibliothekswesen.[6]

Personalverbände

Wesentlicher Schwerpunkt der berufsständischen Vereinsbildung im deutschen Bibliothekswesen sind die Personalverbände, die auf der Mitgliedschaft einzelner Personen basieren. Diese Entwicklung formierte sich entlang der Laufbahngruppen des Öffentlichen Dienstes einerseits und der ausgeprägten Spartendifferenzierung zwischen den öffentlichen und den wissenschaftlichen Bibliotheken andererseits. Beide Entwicklungen sind eng mit der Herausbildung voneinander abgegrenzter Ausbildungswege verknüpft, die zu Berechtigungszertifikaten für bestimmte Positionen in Bibliotheken führen.

Verein Deutscher Bibliothekarinnen und Bibliothekare e. V. (vdb)

Der wichtigste Personalverband für wissenschaftliche Bibliothekar:innen in Deutschland ist der Verein Deutscher Bibliothekarinnen und Bibliothekare (VDB) (seit 2015 unter diesem Namen), gegründet 1900 als Verein Deutscher Bibliothekare in Marburg.[7] Der VDB ist der älteste übergreifende Verband im Berufsfeld Bibliothek und bestimmte wesentlich die Ausprägung des „wissenschaftlichen Bibliothekars" (im höheren Dienst) als Profil und der damit verbundenen Professionalisierung der Arbeit wissenschaftlicher Bibliothekar:innen.[8] Zugleich verantwortete der Verein auch wichtige Bausteine zur Etablierung des Bibliothekswesen als strukturierter Domäne, beispielsweise durch das *Jahrbuch der Deutschen Bibliotheken*, das seit 1902 erscheint und u. a. statistische Angaben zu deutschen Bibliotheken enthält, aber auch durch die Organisation der Bibliothekartage, die bis heute u. a. in den Händen des VDB liegt. Die Programme der Bibliothekartage der 1920er Jahre zeigen schon, dass hier eine über den

---

5 Vgl. grundlegend zur bibliothekarischen Lobbyarbeit in Deutschland: Lux, Claudia: Praxishandbuch Richtige Lobbyarbeit Für Bibliotheken. Berlin Boston: De Gruyter Saur 2022 (De Gruyter Reference); s. auch den Beitrag von Frank Simon-Ritz in diesem Band.

6 Vgl. hierzu einführend: Griebel, Rolf, Hildegard Schäffer u. Konstanze Söllner (Hrsg.): Praxishandbuch Bibliotheksmanagement. Band 2. Berlin, München, Boston: De Gruyter Saur 2014. Ferner: Handbuch Bibliothek: Geschichte, Aufgaben, Perspektiven. Hrsg. von Konrad Umlauf u. Stefan Gradmann. Stuttgart, Weimar: Metzler 2012.

7 Verein Deutscher Bibliothekarinnen und Bibliothekare e. V. https://www.vdb-online.org/ (19.12.2022).

8 Verein Deutscher Bibliothekare 1900–2000: Festschrift. Hrsg. Von Engelbert Plassmann u. Ludger Syré. Wiesbaden: Harrassowitz 2000.

Verein gebundene Gruppe ein Austausch- und Arbeitsformat begründet hatte, in dem die institutionalisierte Zusammenarbeit der deutschen (wissenschaftlichen) Bibliotheken und daraus abgeleitet übergreifende Standards und Dienstleistungen verhandelt wurden. Neben dem fachlichen Austausch in der Berufsgruppe selbst dienten die Aktivitäten der Weiterentwicklung (und Spezialisierung/Diversifizierung) des Bibliothekswesens und der Bibliotheken, gestalteten das Berufsbild und wirkten dabei intern und extern.

Nach Wiedergründung des Vereins im Westen 1948 und mit dem starken Ausbau der Bibliothek besonders in den Hochschulen wuchs die Bedeutung des Vereins in den 1960er Jahren; der Bedarf für eine strategische Gesamtplanung beim Ausbau der Informationsinfrastruktur mit vielen programmatischen Grundlagenpapieren in den 1970er Jahren machte Bedarf einer institutionellen Vertretung deutlich und 1973 wurde nach vielen Vorüberlegungen der Deutschen Bibliotheksverband (dbv) im Rahmen einer umfassenden Neustrukturierung als Gesamtverband der Bibliotheken, also als institutionelle Interessenvertretung gegründet. Entsprechend gab der VDB viele seiner fachlichen Aufgaben an den dbv ab.

Vereinsarbeit des VDB

Im Mittelpunkt der Arbeit des VDB heute steht das Berufsbild der wissenschaftlichen Bibliothekar:innen. Der Verein sieht seine Ziele in der Stärkung des Kontakts und des Austauschs unter den Mitgliedern, er erweitert Fachkenntnisse durch Fortbildungen und Tagungen. Nach außen nimmt er in Zusammenarbeit mit anderen Organisationen des Bibliotheks- und Informationswesens die Berufsinteressen seiner Mitglieder wahr und widmet sich der Förderung des wissenschaftlichen Bibliothekswesens insgesamt. Die inhaltliche Arbeit strukturiert sich in Kommissionen, von denen mehrere in Kooperation mit dem dbv und anderen Verbänden unterhalten werden. Themenfelder der nur vom VDB geführten Kommissionen sind neben Rechtsfragen vor allem die berufliche Qualifikation, die Information zum und die Weiterentwicklung des Berufsbildes ausgehend von der Fachreferatsarbeit sowie die Beschäftigung mit forschungsnahen Diensten, die auf das sich verändernde Berufsfeld wissenschaftlicher Bibliothekar:innen verweisen.

Der Organisationsgrad, also die Frage, wieviel Angehörige des Personals in Bibliotheken im höheren Dienst im Verein organisiert sind, ist angesichts der uneinheitlichen Datenlage nicht verlässlich ermittelbar und kann nur geschätzt werden.[9] Die beim VDB zurzeit geführten 1.772 Mitglieder entsprechen aber in etwa der Zahl der von der Deutschen Bibliotheksstatistik (DBS) ausgewiesenen Zahl an Mitarbeiter:innen

9 Das primäre Klientel des vdb ist der höhere Dienst in wissenschaftlichen Bibliotheken, auch wenn die Zugehörigkeit zu dieser Gruppe formal keine Voraussetzung der Mitgliedschaft ist.

im höheren Dienst in wissenschaftlichen Universal- und Hochschulbibliotheken.[10] Die Mitgliederentwicklung im VDB ist im Wesentlichen seit Jahren unverändert.

Stellt man diesen Zahlen die dem Deutschen Statistischen Bundesamt gemeldeten Daten zu Vollzeitäquivalenten in Forschung und Entwicklung in Bibliotheken gegenüber, fällt auf, dass der dort angegebene Wert von 3.678 für 2020 die Mitgliedszahlen des VDB deutlich übertrifft.[11] Bemerkenswert ist außerdem, dass diese Gruppe einen kontinuierlichen Zuwachs von deutlich über 60 %, zwischen 2000 und 2020 verzeichnet: Ganz offensichtlich spiegelt sich dies in der Mitgliedsentwicklung des VDB nicht wider. Daraus sind verschiedene Schlüsse möglich:

In Bibliotheken und vergleichbaren Einrichtungen wächst der Personalbestand im höheren Dienst. Es liegt die Vermutung nahe, dass hier wissenschafts- und forschungsnahe Dienste entwickelt und betrieben werden, beispielsweise Publikationsdienste.[12] Bibliotheken an Hochschulen sind in einem erweiterten Wirkungsfeld unterwegs, dass zumindest nicht unmittelbar den „konventionellen“ Aufgabenbereichen wissenschaftlicher Bibliothekar:innen zugeordnet werden kann.

In der angestammten Interessenvertretung für wissenschaftliche Bibliothekar:innen findet sich diese Personengruppe überwiegend nicht. Es kann vermutet werden, dass viele in dieser Gruppe keine einschlägige bibliothekarische Ausbildung (Referendariat oder einen einschlägiger Master) haben. Die Koppelung an diese Qualifikationen ist also noch immer maßgeblich für die Entscheidung, dem Verein beizutreten. Die Aufnahmebedingungen für eine Mitgliedschaft im Verein wurden zwar gelockert, dies hat sich bislang aber noch nicht auf die Mitgliederzahlen ausgewirkt.[13]

Berufsbild im Wandel

Es zeichnet sich ab, dass sich der beobachtete Trend in Zukunft verstärkt: Die Berufsbilder, die in einer wissenschaftlichen Bibliothek arbeiten, diversifizieren sich weiter und damit sinkt die Zahl derjenigen, die dem bislang noch etablierten Berufsbild wis-

---

10 DBS: knapp 1800 Berichtsjahr 2021, zur VDB-Mitgliedsstatistik vgl. https://www.vdb-online.org/verein/mitgliederstatistik.php (19.12.2022).

11 Vgl. https://www-genesis.destatis.de/genesis/online (14.3.2023), Tabelle 21811-0004, 9.442 Personen sind in Hochschulbibliotheken beschäftigt. Zwar ist die Abdeckung dieser Abfrage des Bundesamtes breiter, da explizit Archive und Fachinformationszentren einbezogen sind, deren Anteil an dieser Personalgruppe ist aber vergleichsweise gering.

12 Die Ausbildung des FID-Systems mit einem deutlichen Schwerpunkt auf fachlichen Services und einer dreistelligen Zahl von Beschäftigten ist hierfür vermutlich symptomatisch. Siehe dazu auch den Beitrag von Matthias Harbeck.

13 Eine vertiefte Analyse der Mitgliederentwicklung des VDB steht aus. Aktuell ist die wissenschaftliche Vorbildung nur noch eine der Voraussetzungen für die Mitgliedschaft: Der Verein steht heute grundsätzlich allen Menschen offen, die sich in einer bibliothekarischen Ausbildung befinden oder diese abgeschlossen haben oder in einer Bibliothek bzw. vergleichbaren Einrichtung beruflich tätig sind, wenn er/sie „den Zielen des Vereins nahe steht und diese vertritt“. Vgl. https://www.vdb-online.org/verein/ (14.3.2023).

senschaftlicher Bibliothekar:innen zuzuordnen sind. Die damit einhergehende Erosion der „Einheit“ zwischen Bibliothek und einem spezifischen Ausbildungsgang zeigt vor allem, dass das Berufsbild und die Anforderungen der Bibliotheken an Mitarbeiter:innen im höheren Dienst auseinanderdriften – für eine am Berufsbild der wissenschaftlichen Bibliothekar:innen orientierte Personenvereinigung eine große Herausforderung.[14]

Der VDB konzentriert sich vor allem auf das Zusammenwirken seiner Mitglieder und die aktive Mitarbeit bei der weiteren Ausgestaltung des Berufsbilds. Eine Lösung aus der Orientierung an Ausbildungsgängen und eine deutlichere Öffnung (ggf. in einer engeren Zusammenarbeit mit anderen Interessenvertretungen) könnte die Arbeit des Vereins erfolgreicher und sichtbarer machen. Bei der Weiterentwicklung des Berufsbildes erfüllt eine Personenvertretung eine wichtige Funktion, die mit Initiativen in Fachgesellschaften vergleichbar ist: Veränderung und Ausweitung des Berufsbildes spiegeln sich dort darin, dass der Bedeutungszuwachs der Digital Humanities zur Einbeziehung von anderer Expertise und Vorbildungen in den Interessenvertretungen führen. Die Etablierung entsprechender Weiterbildungs- und Austauschstrukturen kann dabei helfen, das Berufsbild beschleunigt zu modernisieren und den Anforderungen – wie sie sich in den Jobprofilen in Bibliotheken schon heute zeigen – anzupassen.

Die sich wandelnden fachlichen Anforderungen an die Arbeit im wissenschaftlichen Bibliotheksdienst – Schlagwörter sind der veränderte Informationsmarkt, veränderte Methodologien und Arbeitsverfahren in den Wissenschaften, neue Wege des Publizierens, der gestärkte Fokus auf Forschungsdaten in allen Disziplinen u. a. m. – spiegeln sich in der Facharbeit des Vereins. Die Adaption dieser veränderten beruflichen Anforderungen, aber auch der Bedarf zur Anwendung agiler, nutzungsbezogener Methoden bei der Produktentwicklung finden in einem Umfeld statt, in dem andere wettbewerblich geführte Einrichtungen konkurrieren. Damit sind der Wandel des Berufsbilds und die Positionierung der Bibliotheken eng verquickt. Die Weiterentwicklung des konventionellen Berufsbilds mit seiner auf standardisierte, regelbasierte Abläufe konzentrierten Ausrichtung ist dringlich. Für Bibliotheken wie für den VDB liegt darin ein großes Potential, das der Verein zum Beispiel durch sein Engagement bei Mentoring-Programmen aufgreift. Eine Öffnung zu „berufsbildfernen“ Personen- und Interessenvertretungen könnte helfen, diese Entwicklung zu stärken und zu beschleunigen.

---

14 Die „einschlägigen Studiengänge“ verändern sich deutlich: Andere Inhalte und Formen von Abschlüssen und die Verbreiterung der Berufsperspektiven von Absolventen jenseits der Bibliotheken kennzeichnen die Veränderungen. Vgl. Altenhöner, Reinhard: Studium und Ausbildung als Projekt: Zur Zukunft des bibliothekarischen Berufsfeldes. In: Bibliothek Forschung und Praxis (2022) Nr. 3. S. 479–486. DOI: https://doi.org/10.1515/bfp-2022-0054.

Weitere bibliothekarische Verbände

Ein kurzer Blick auf weitere Verbandsstrukturen, der der Vollständigkeit hier gegeben werden soll, verstärkt die bislang gewonnenen Eindrücke:

Ebenfalls explizit als Berufsverband versteht sich der Berufsverband Information Bibliothek e. V. (BIB),[15] der im Jahr 2000 durch die Vereinigung des Vereins der Bibliothekare und Assistenten (vba) mit dem Verein der Diplom-Bibliothekare an wissenschaftlichen Bibliotheken (VdDB) entstanden ist.[16] Der BIB hat mehr als 6.000 Mitglieder und steht Angehörigen der bibliothekarischen und Informationsberufe sowie sonstigen Beschäftigten in Bibliotheken und IuD-Einrichtungen und Auszubildenden und Studierenden der entsprechenden Berufe und Studiengänge offen. Die Mitgliederentwicklung scheint leicht rückläufig, was mit dem Personalabbau in Bibliotheken begründet wird.[17] Das Mitgliedsprofil ist breit, der Organisationsgrad ist unklar, decke aber alle Ebenen der Bibliotheken ab.[18]

Der BIB unterhält eine Reihe von Kommissionen mit Schwerpunkten bei fachlichen Themen, zum Teil für bestimmte Bibliothekstypen, mit dem Schwerpunkt „Berufsbild" und aktuellen Themen.[19] Die Zielgruppe des BIB ist bis in die Formulierung hinein der des VDB ähnlich, eine Orientierung an bestimmten Berufsabschlüssen gibt es nicht explizit. Seit vielen Jahren wird ein Zusammengehen mit dem VDB diskutiert, die dabei ausgetauschten Argumente orientieren sich an den laufbahnprägenden Abschlüssen.[20] In diesem „Selbstbezug" und dieser Beschränkung auf (noch) etablierte Berufsbilder ähneln sich BIB und VDB sehr und sie teilen auch die daraus entstehenden Probleme.

Über die größeren Interessenvertretungen für Personen hinaus existieren noch zahlreiche kleinere berufsbezogene und auch berufsfeldübergreifende Organisationen, die als Interessenvertretung für Personen fungieren wie beispielsweise der „Berliner Arbeitskreis für Information", der ein reges Fortbildungs- und Vernetzungswesen betreibt.[21] Es handelt sich um lockere Formationen, die lokal und regional integrativ wirken; allerdings habe sich viele dieser Gruppierungen in den vergangenen Jahren aufgelöst.

---

15 Berufsverband Information Bibliothek e. V. https://www.bib-info.de/ (19.12.2022).

16 Den vba hatten 1997 der Verein der Bibliothekare an Öffentlichen Bibliotheken (VBB) und der Bundesverein der Bibliotheksassistenten/innen und anderer Mitarbeiter/-innen an Bibliotheken (BBA) gebildet.

17 Vgl. Protokoll der BIB-Mitgliederversammlung vom 18.03.2019, https://nbn-resolving.org/urn:nbn:de:0290-opus4-163797 (19.12.2022).

18 Protokoll (wie Anm. 17).

19 Darüber hinaus gibt der BIB „BuB – Forum Bibliothek und Information", die am weitesten verbreitete spartenübergreifende Fachzeitschrift für den Bibliotheks- und Informationssektor, heraus. Vgl. https://www.bib-info.de/berufspraxis/bub (19.12.2022).

20 Die als „Problem" zwischen mittlerem und gehobenem Dienst nicht benannt werden.

21 Berliner Arbeitskreis Information (bak). http://bak-information.de/ (19.12.2022).

Herausforderungen

Personale Interessenvertretungen in Deutschland orientieren sich am traditionellen Berufsbild ausgebildeter Bibliothekar:innen. Wie gezeigt, wird dies allerdings perspektivisch zu einem Risiko für ihren Fortbestand, wenn es nicht gelingt, das veränderte Berufsfeld und die geringer werdende Bedeutung der traditionellen Abschlüsse durch die Aufnahme derjenigen zu kompensieren, die im weitergespannten Aufgabenfeld von wissenschaftlichen Bibliotheken mit ganz anderen Abschlüssen arbeiten. Den verschiedenen Vereinen ist es gelungen, die Vereinzelung der Strukturen im Bereich der Interessenvertretungen für Personen zu reduzieren und die Zusammenarbeit der noch bestehenden Vereine zu intensivieren; dieses Binnenwirken und die Diskussionen dazu kosten aber erkennbar viel Kraft, die bei den anstehenden Reformen fehlt. Die Überwindung der Laufbahn-/Abschluss-orientierten Ausrichtung des Berufsbilds in den Interessenvertretungen und eine Zusammenführung der Vereine bietet die Chance einer breiteren Akzeptanz und besser wahrgenommenen Engagement für den Wandel des Berufsbildes. Die Außenvertretung, also den Lobbyismus, überlassen die Vereine anderen Formationen der Verbandsarbeit im institutionellen Bereich.

Deutscher Bibliotheksverband e. V. (dbv)

Der Verband

Die institutionelle Verbandsarbeit erfolgt vor allem im dbv, der als Dachverband für alle deutschen Bibliotheken fungiert. Rechtlich ebenfalls als Verein konstituiert hat er mehr als 2.000 Mitglieder und vertritt über 9.000 Bibliotheken mit mehr als 25.000 Beschäftigten. Ziel bei seiner Gründung war die Bündelung der Aktivitäten der vorher im Deutschen Büchereiverband zusammenarbeitenden Öffentlichen Bibliotheken mit der fachlichen Arbeit des VDB. 1991 erfolgte die Vereinigung mit dem Bibliotheksverband der DDR, Teile der Aufgaben des DBI gingen später in den dbv über.

Die Organisation des dbv orientiert sich an den Segmentierungen des Bibliothekswesens in Deutschland, durch alle Strukturen zieht sich die Trennung zwischen Öffentlichen und wissenschaftlichen Bibliotheken. Unterhalb dieser Ebene ist der dbv nach Bibliothekstypen und Ländern gegliedert. Der dbv versteht sich als politisch wirkende Interessensvertretung der Bibliotheken. Diese Ausrichtung drückt sich auch in seiner organisatorischen Struktur aus: Ein dreiköpfiges Präsidium, bestehend aus Politiker:innen und Vertreter:innen wissenschaftspolitischer Gremien, repräsentiert den Verband in der Öffentlichkeit und berät den Bundesvorstand. In einem Beirat wirken Präsidium, Vorstand, Landesverbände und die Vorsitzenden der Sektionen zusammen, letztere sind entlang der Sparten und einzelner Bibliothekstypen und -gruppen organisiert. Geführt wird der Verband von einem/einer gewählten Bundesvorsitzenden, der/die mit je drei Vertreter:innen der Wissenschaftlichen und Öffentlichen Bibliotheken den Vorstand bildet. Der Verband unterhält derzeit 14 Kommissionen und weitere Arbeitsgruppen. Eine Geschäftsstelle unter hauptamtlicher Führung mit sechs festen und derzeit rund 24 befristet Beschäftigten unterstützt die Verbandsarbeit intern (Mitgliederorganisation und -betreuung) und extern auf allen Feldern der Lobbyarbeit.[22] Die Organisationsstruktur des Verbandes gliedert sich also einerseits typologisch nach Bibliothekssparten und -typen, anderseits spiegelt sich in ihr auch die föderale Struktur der Bundesrepublik im Bereich von Wissenschaft, Bildung und Kultur, erkennbar durch die Existenz von Landesverbänden und deren starkes Gewicht im Finanzierungsgefüge des Verbandes.

Aufgaben und Themen des dbv

Kernanliegen des Verbandes ist – im Zusammenspiel mit vielen weiteren Interessenvertretungen im Bereich von Wissenschaft, Kultur und Bildung – die Stärkung der Bibliotheken als Garanten des freien Zugangs zu Medien und Information und damit ein gesellschaftspolitischer Auftrag zur demokratischen Weiterentwicklung der Gesellschaft. Als Interessenvertretung hat der dbv seit seiner Gründung einen stetigen Bedeutungszuwachs erfahren, der sich während der Covid-19-Pandemie verstärkt hat: Die Relevanz der Bibliotheken in der öffentlichen Wahrnehmung und für die Politik sind gestiegen, der dbv wird in aktuelle Diskussionen zum Beispiel zur Digitalen Transformation in der Fläche regelmäßig einbezogen. Vor diesem Hintergrund verantwortet er umfangreiche Förderprogramme zur Digitalisierung und verwandten Themen im nationalen Bibliothekswesen, die mit Finanzierung aus Bundesmitteln in enger Kooperation mit den weiteren politischen Ebenen realisiert.

Themen wie die Sonntagsöffnung Öffentlicher Bibliotheken und die Ausweitung urheberrechtlicher Schranken für die Nutzenden der Bibliotheken kann der dbv nun proaktiv forcieren. Die Erfolge können allerdings nicht darüber hinwegtäuschen, dass bei vielen Themenstellungen verteilte Zuständigkeiten für Bibliotheken in Deutschland ein durchgehendes und konsistentes Vorgehen erschweren: Kommunen und Gebietskörperschaften, Zwischenebenen, die Länder und die nationale Ebene unterhalten jeweils Bibliotheken, die wiederum je nach ihrer Ausrichtung im Bereich Forschung und Wissenschaft, im Bereich der Kultur oder der öffentlichen Bildung ressortieren. Umso wichtiger ist es daher, dass es funktionierende Abstimmungsmechanismen gibt. Beispiele für das Zusammenwirken der Personalvertretungen und des dbv sind u. a. die Weiterentwicklung des Berufsbildes, die Nachwuchswerbung, die Ausbildung an den Hochschulen und das nicht mit der realen Entwicklung in den Bibliotheken schritthaltende Image des Berufs. Hier wird als Ergebnis langwieriger und schwieriger Verständigungsprozesse gemeinsam agiert.

22 Deutscher Bibliotheksverband e. V. (dbv). https://www.bibliotheksverband.de/ (19.12.2022).

Bibliothek & information Deutschland (BID)

Als Dachverband der Vereine fungiert formal Bibliothek & Information Deutschland (BID), in dem Personen- und Institutionsverbände wie VDB und dbv zusammenwirken. Bemerkenswert ist, dass hier auch weitere Vereinigungen mitwirken wie zum Beispiel das Goethe-Institut. BID vertritt laut Satzung die Gesamtinteressen auf nationaler und europäischer Ebene sowie in internationalen Gremien (insbesondere gegenüber der International Federation of Library Associations and Institutions – IFLA) und organisiert den alle drei Jahre stattfindenden Bibliothekskongress.[23] Die Sichtbarkeit des Bibliothekswesens in Gesellschaft und Politik steht in den letzten Jahren nicht im Vordergrund der Arbeit von BID.

Problem der Fragmentierung und verpasste Potentiale

Das Bibliothekswesen in Deutschland und seine Verbandsarbeit ist – auch nach einigen Konsolidierungen – noch immer stark fragmentiert. Dies begrenzt die Möglichkeiten zur Außenwirksamkeit; oftmals stehen interne Fach- oder Berufsdebatten mit zum Teil langer Tradition im Vordergrund. Zwar sind die Adressaten von Themen wie die Verankerung der Bibliotheken als Pflichtaufgabe in rechtlichen Normen oder das Pflichtexemplarrecht aufgrund der verstreuten Zuständigkeiten ebenfalls nicht zentral lösbar, dennoch wäre aber eine zentrale Vereinigung aller Bibliotheken und Bibliothekar:innen, wie sie andere Länder kennen, mit hoher Wahrscheinlichkeit eine wirksamere, handlungsstärkere Instanz – vor allem wenn es gelingt, die Attraktivität der Vereinsstrukturen auch für andere Berufsgruppen zu öffnen.

Fazit

Für die Verbandsarbeit der Bibliotheken und der Interessenvertretungen für Personal und insbesondere für das Berufsfeld wissenschaftlicher Bibliothekar:innen, ergibt sich: Die Geschwindigkeit, in der traditionelle Wertschöpfungsketten und Prozesse abbrechen, wächst, Lösungen werden komplexer und individueller; die Bibliothek als Vollanbieter wird zum Unikum. Das Markenbild „Bibliothek“ wird weiter, der Spezia-

23 Bibliothek & Information Deutschland (BID). https://bideutschland.de/ (19.12.2022). BID verleiht außerdem die Karl-Preusker-Medaille und fördert in der Kommission „Bibliothek und Information International (BII)“ die internationale fachliche Begegnung. Hier auch zu erwähnen die von BID veranlasste und bereits in mehreren Auflagen erschienene Überblicksdarstellung zum Bibliothekswesen in Deutschland: Seefeldt, Jürgen u. Ludger Syré: Portale zu Vergangenheit und Zukunft – Bibliotheken in Deutschland. Im Auftrag von Bibliothek & Information in Deutschland e. V. (BID) herausgegeben. Mit e. Vorwort von Sabine HomiliuS. 6., überarb., erw. u. gegenderte Aufl. Hildesheim, Zürich [u. a.]: Georg Olms 2022.

lisierungsgrad einzelner Bibliotheken nimmt zu und auch die Anforderungen an das Personal werden diverser. Sehr unterschiedlich ausgebildetes Personal, Training on the Job, Nach- und Weiterqualifizierungen bestimmen in zunehmendem Maße die Bibliothek, auch der Umgang mit höheren Fluktuationsraten bei Personal, das immer seltener aus der „geschützten" Domäne Bibliothek kommt, werden zu wichtigen Stellschrauben. Dies forciert die Notwendigkeit der intensiven Zusammenarbeit von Bibliotheken auch jenseits enger Sparten- und Typengrenzen, aber auch mit weiteren Akteuren der Informationsinfrastruktur und externen Trägern von relevanten Kompetenzen.

Der Vereins- und Verbandsarbeit der Bibliotheken kommt bei der Etablierung und Intensivierung der Kooperation dabei eine besondere Bedeutung zu; diese historisch gewachsene Qualität der Kooperationsfähigkeit, die Entwicklung von gemeinsamen Standards und Interoperabilitätsinfrastrukturen, die heute noch den (methodischen) Vorsprung vor vielen Akteuren der Informationsinfrastruktur sichert, bedarf der Weiterentwicklung und Hebung auf die technischen Möglichkeiten, die die digitale Transformation kennzeichnen. Organisationsübergreifende Netzwerke, die der Zusammenarbeit und dem Austausch von Wissen dienen, Plattformen, die dem Angebot und der Nutzung von Ressourcen dienen, sind in anderen Domänen bereits etablierte Kollaborationsformen: Hier werden Expertiseträger:innen vermittelt.

Eine Schlüsselrolle für diese Entwicklung kann dabei die Zusammenarbeit der Verbände haben: Der digital gestützte Aufbau und die Stärkung von fachlich/themengeleiteten Communities, die Kompetenzen und berufliche Expertise profilieren, orientiert sich am Berufsbild der in der Bibliothek Arbeitenden unabhängig vom Berufsabschluss. Sie schaffen und stärken ein attraktives Angebot, das sich auf die aktive Gestaltung des Berufsbildes fokussiert. Sie fördern die Kooperation unter den Bibliotheken und erarbeiten dafür gemeinsame strategische Leitlinien, über Sparten- und Bibliothekstypgrenzen hinweg. Sie treten im Fall der wissenschaftlichen Bibliotheken in den Austausch mit wissenschaftlichen Fachgesellschaften und institutionellen Verbänden im akademischen und außerakademischen Spektrum. Kern einer solchen Plattform wäre die Aggregierung von Wissen und die Vernetzung von Personen, Informationen zu Projekten, Ideen, Angeboten – Wissenschaftler:innen-Netzwerke leben dies vor.[24]

Die Verfügbarkeit von Werkzeugen, dic im Web-Umfeld für viele Kollaborationsaufgaben entstanden sind, bietet hierfür adäquate Formate. Bitkom e. V., erst 1999 als Branchenverband der deutschen Informations- und Telekommunikationsbranche durch Zusammenschluss andere Teilverbände gegründet, hat konsequent intern und extern die Digitalisierung als Thema propagiert und sich erfolgreich als übergreifen-

24 Wie das aktuelle entstehende Portal für die Sozial- und Geisteswissenschaften, das einen starken Akzent auf die Zusammenführung und Kollaboration der Forschenden und ihrer Anliegen setzt: Go-Triple: Search Resources and Users in Social Sciences and Humanities. https://www.gotriple.eu (19.12.2022).

der Dachverband mit einer hohen Sichtbarkeit etabliert – gerade auch gegenüber der Politik. Der Verband und seine digitale Präsenz zeigen, wie Netzwerkarbeit, verstanden als Plattform von Mitgliedern mit einer starken Akzentuierung des physischen und virtuellen Austauschs jenseits des engen Berufsbildbegriffs der Vorgängerformationen, wirksam gemacht werden kann.[25]

25 In Kombination mit einem bewussten Eventmanagement und einer hohen Präsenz in den social media Bitkom. Vgl. das Mitgliederportal. https://www.bitkom.org/mitgliederportal (19.12.2022).

Frank Simon-Ritz

Der Bibliothek eine Stimme geben: Die Integration von Lobby-Arbeit in den beruflichen Alltag

Abstract: Dass Lobby-Arbeit auch für Bibliotheken und damit auch für Bibliothekar:innen unverzichtbar ist, hat sich als Erkenntnis mittlerweile durchgesetzt. Im Folgenden soll – ausgehend von einer kurzen Betrachtung des Stellenwerts der Lobbyarbeit in der bibliothekarischen Verbandsarbeit – aufgezeigt werden, welche Rolle Lobbyaktivitäten im bibliothekarischen Alltag spielen könnten bzw. sollten.

Keywords: Bibliotheksgesetze, Lobbyarbeit, Interessenvertretung, (Bibliothekarische) Verbände, Politik, Urheberrecht

Kurzbiografie: Dr. Frank Simon-Ritz, Direktor der Universitätsbibliothek der Bauhaus-Universität Weimar, geb. 1962 in Letmathe (Westfalen). Studium der Geschichte und der Germanistik in Bochum und Bielefeld. Promotion 1995. 1993–1995 Bibliotheksreferendariat. 1995–1999 wissenschaftlicher Mitarbeiter an der Herzogin Anna Amalia Bibliothek Weimar. Seit 1999 Direktor der Universitätsbibliothek der Bauhaus-Universität Weimar. 2003–2009 Vorsitzender des Landesverbands Thüringen im Deutschen Bibliotheksverband, 2013–2016 Vorsitzender des Deutschen Bibliotheksverbands. Autor und Herausgeber zahlreicher Bücher, Buchbeiträge sowie Zeitschriften- und Zeitungsbeiträge. Kontakt: frank.simon-ritz@uni-weimar.de

Die bibliothekarischen Verbände als Interessenvertreter

Kaum jemand würde in Abrede stellen, dass gerade für die bibliothekarischen Verbände – sei es auf regionaler, nationaler oder internationaler Ebene – Lobby-Arbeit zu den Hauptaufgaben gehört.[1] Zu den Zielen, die im Rahmen der Lobbyarbeit eine Rolle spielen, gehört neben der kurz- und mittelfristigen Etatsicherheit und -planung eine möglichst gute rechtliche Absicherung der Arbeit der Bibliotheken durch Bibliotheks-, Kultur- und Hochschulgesetze. Auch der strategischen Planung für Bibliothe-

1 Vgl. dazu Lux, Claudia: Praxishandbuch Richtige Lobbyarbeit für Bibliotheken. Berlin, Boston: De Gruyter Saur 2022 (De Gruyter Reference). Besonders S. 145–264. DOI. https://doi.org/10.1515/9783110673746. Einen etwas anderen Akzent setzt Frauke Schade mit ihrem Beitrag über „Public Affairs", vgl. dazu Schade, Frauke: Licence to Operate: Interessen von Bibliotheken im politischen Raum vertreten, in: Praxishandbuch Informationsmarketing. Hrsg. von Schade, Frauke u. Georgy, Ursula u. a. Berlin, Boston: De Gruyter Saur 2019. S. 479–497 u. S. 482–488. DOI: https://doi.org/10.1515/9783110539011-031.

https://doi.org/10.1515/9783110790375-042

ken, z. B. im Rahmen von Bibliotheksentwicklungsplänen oder aktuell in Open-Access-(OA) oder Open-Science-Strategien der Bundesländer, kommt eine große Bedeutung zu.

Zu den Werkzeugen der Lobby-Arbeit der Verbände gehören die gezielte Kontaktaufnahme zu einzelnen Parlamentsmitgliedern genauso wie die Veranstaltung sog. „parlamentarischer Abende“. In den letzten 20 Jahren haben die bibliothekarischen Verbände in Deutschland hier vielfältige Erfahrungen gemacht und viel gelernt. Eine besondere Rolle spielt die Lobbyarbeit für den Deutschen Bibliotheksverband (dbv). In seiner Satzung wird konkret beschrieben, welche Instrumente der Verband hier einsetzt. An erster Stelle gehört dazu, dass der dbv „bibliothekspolitische Forderungen“ formuliert.[2] Eine wichtige Aufgabe besteht weiterhin darin, dass er sich für eine „bedarfsgerechte Finanzierung“ der Bibliotheken einsetzt. Klar wird vom dbv ausgesagt, dass er der „Interessenvertreter seiner Mitglieder“ ist. Der dbv gibt seinen Mitgliedern Werkzeuge und Plattformen an die Hand, die für die Lobbyarbeit der Bibliotheken genutzt werden können. Dazu gehörte u. a. der „Werkzeugkasten für Lobbyarbeit“, der über die Internetseite des dbv viele Jahre zur Verfügung gestellt wurde.[3]

Ein weiteres Instrument der Lobbyarbeit des dbv ist der *Bericht zur Lage der Bibliotheken*, der seit dem Berichtsjahr 2010 erstellt wird.[4] In seiner aktuellen Ausgabe (2022/2023) geht dieser Bericht u. a. auf den digitalen Ausbau von Bibliotheken und die OA-Transformation ein. Von Anfang an war ein fester Bestandteil dieses Berichts, dass Politiker:innen in unterschiedlichen Funktionen – auf Bundes-, Länder- und kommunaler Ebene – die Gelegenheit gegeben wurde, sich zu Bibliotheken zu äußern. Diese Aussagen konnte und kann der dbv dann seinerseits im Rahmen seiner Lobbyarbeit verwenden. Durchaus prägnant formuliert die Bundeswissenschaftsministerin Bettina Stark-Watzinger (FDP) im aktuellen Bericht: „Bibliotheken helfen, digitale Daten als Treibstoff der Forschung und Digitalisierung zu nutzen und zu archivieren. Darin steckt enormes Potential für neue Technologien oder Geschäftsmodelle. Dabei bleiben

---

2 Satzung des dbv vom 15.06.2021, zitiert nach: https://www.bibliotheksverband.de/sites/default/files/2022-05/2021_05_07_Satzung_23_03_06_endg.pdf (18.10.2022).

3 Dieser Werkzeugkasten befindet sich – nach Aussage der Geschäftsführerin des dbv, Barbara Schleihagen – im Herbst 2022 in einer „Generalüberholung“ (vgl. Mail von Barbara Schleihagen an Frank Simon-Ritz vom 12.10.2022).

4 dbv: Bericht zur Lage der Bibliotheken 2010. Im Internet dankenswerterweise auf dem Online-Portal der Zentral- und Landesbibliothek Berlin unter: https://digital.zlb.de/viewer/api/v1/records/16091607_2010/files/images/DBV_Bericht_2010.pdf/full.pdf (18.10.2022). Leider sind die ersten *Berichte zur Lage der Bibliotheken* auf den Internetseiten des dbv selbst nicht mehr zugänglich: https://www.bibliotheksverband.de/publikationen (18.10.2022). Zu den „Lageberichten“ vgl. auch Lux, Praxishandbuch Richtige Lobbyarbeit (wie Anm. 1), S. 157: „Der Bericht zur Lage der Bibliotheken ist für Entscheidungsträger gedacht, und dafür zielen die Form und die Inhalte genau auf den Punkt. Diese Papiere sind mindestens ebenso wichtig für alle Bibliothekarinnen, die ihre Lobbyarbeit mit guten Argumenten unterfüttern wollen.“

Bibliotheken ihrer Grundaufgabe stets treu: Sie schaffen Zugang und öffnen neue Horizonte."[5]

Ein Veranstaltungsformat, das ausdrücklich der politischen Lobbyarbeit für Bibliotheken gewidmet ist, ist der Bibliothekspolitische Bundeskongress, der zum ersten Mal 2018 in Berlin und ein weiteres Mal – unter Pandemie-Bedingungen – 2021 digital stattfand.[6] Neben der großen politischen Bühne, die in der Regel von den Verbänden bespielt wird, steht jede Bibliothek auch in einem unmittelbaren Zusammenhang, in dem sie selber für ihre Interessen – und damit zugleich für die Interessen von Nutzer:innen und Mitarbeiter:innen – eintreten muss. Für die Öffentlichen Bibliotheken wird dieser Kontext durch die Kommune definiert; für die Hochschulbibliotheken ist es die eigene Universität oder Hochschule, die diesen Rahmen absteckt.

Die Rolle der Bibliothek in der Hochschule

Bei jeder Form von Aufgabenkritik ist es hilfreich, sich zunächst zu überlegen, wo sich verbindliche und möglichst konkret formulierte Aussagen zu den Aufgaben einer Einrichtung finden. Für die Hochschulbibliotheken sind dies in der Regel zunächst die Hochschulgesetze der Bundesländer. Daneben gibt es mittlerweile zumindest in fünf Bundesländern (Landes-)Bibliotheksgesetze.[7] Und darüber hinaus gibt es auch die Basisdokumente der einzelnen Hochschulen selber, z. B. in der Form von „Grundordnungen". Dies sei im Folgenden anhand des Beispiels erläutert, das der Autor dieses Beitrags am besten kennt.

In Thüringen wurde das Hochschulgesetz zuletzt 2018 geändert. In der aktuell geltenden Fassung finden sich in § 44 Festlegungen zu den Hochschulbibliotheken. Das Thüringer Hochschulgesetz trifft hier durchaus konkrete Aussagen, die nicht nur die „Informationsversorgung" der Hochschulen im Allgemeinen betreffen, sondern die Bibliotheken auch verpflichten, eine Infrastruktur für das digitale Publizieren zu betreiben. Im Hinblick auf die Vertretung der Bibliothek in der Hochschule wird festgelegt, dass die Bibliotheksleitung in den Organen und Gremien der Universität „zu allen Bibliotheks- und Informationsangelegenheiten zu hören" ist.[8]

5 dbv: Bericht zur Lage der Bibliotheken: Zahlen und Fakten 2022/2023, Berlin 2022. S. 3. Im Internet unter: https://www.bibliotheksverband.de/sites/default/files/2022-10/Bericht%20zur%20Lage%20der%20Bibliotheken_2022-23_web.pdf (25.10.2022).

6 Für den 2. Bibliothekspolitischen Bundeskongress wurde eine eigene Internetseite eingerichtet: https://www.dbv-bundeskongress.de/ (18.10.2022). Vgl. zu beiden Kongressen: Lux, Praxishandbuch Richtige Lobbyarbeit (wie Anm. 1), S. 258 f.

7 Landesbibliotheksgesetze gibt es in Thüringen (2008), Sachsen-Anhalt (2010), Hessen (2010), Rheinland-Pfalz (2014) und Schleswig-Holstein (2016).

8 Das Thüringer Hochschulgesetz wird zitiert nach: https://landesrecht.thueringen.de/bsth/document/jlr-HSchulGTH2018rahmen (25.10.2022).

Ergänzende Bestimmungen zur Rolle und Funktion der Bibliotheken finden sich im Thüringer Bibliotheksgesetz aus dem Jahr 2008 – dem ältesten Bibliotheksgesetz Deutschlands auf Länderebene.[9] Durchaus zukunftweisend findet sich hier in § 3 eine Funktionszuschreibung, die ganz auf den Aspekt der Bildung zielt:

> Bibliotheken sind Bildungseinrichtungen und als solche Partner für lebenslanges Lernen. Sie sind Orte der Wissenschaft, der Begegnung und der Kommunikation. Sie fördern Wissen und gesellschaftliche Integration und stärken die Lese-, Informations- und Medienkompetenz ihrer Nutzer durch geeignete Maßnahmen sowie durch die Zusammenarbeit mit Schulen und anderen Bildungseinrichtungen.[10]

Diese Formulierung eröffnet gerade auch den Hochschulbibliotheken in Thüringen breitere Spielräume im Hinblick auf eigene Schulungstätigkeiten sowie im Hinblick auf die Erweiterung dieser Tätigkeiten auf Schulen als Zielgruppen.[11]

Neben dem Hochschul- und dem Bibliotheksgesetz gibt es auf der Ebene der einzelnen Hochschule ebenfalls grundlegende Ordnungen, die die Organisation der Hochschule und die Aufgabe der Organisationseinheiten beschreiben. In Thüringen gibt das Hochschulgesetz vor, dass das wichtigste dieser Dokumente die Grundordnung ist.[12] In der Grundordnung der Bauhaus-Universität Weimar finden sich auch im Hinblick auf die Bibliothek einige grundlegende Festlegungen, die den Arbeitsalltag der Bibliothek regeln. Der § 24 ist ganz der (Universitäts-)Bibliothek gewidmet und lehnt sich dabei eng an die Formulierungen des Thüringer Hochschulgesetzes an. Eine für die Bauhaus-Universität Weimar spezifische Regelung enthält der Absatz 3, in dem geregelt ist, dass der Senat der Universität einen „Fachbeirat" der Universitätsbibliothek bestellt.[13]

Mit diesen Gesetzen und Ordnungen wird ein Rahmen gespannt, der von den Bibliotheken auszufüllen ist. Deutlich ist, dass die Bibliotheken auf den Ebenen der Universitätsleitung, der Fakultäten und in den verschiedenen Gruppen der Nutzer:innenschaft verschiedene (Ansprech-)Partner:innen haben, die das Feld der inneruniversitären Lobbyarbeit abstecken. Eine spannende Frage ist, wie sich diese Aufgabe –

---

9 Vgl. dazu Lux, Praxishandbuch Richtige Lobbyarbeit (wie Anm. 1), S. 181–184; sowie Simon-Ritz, Frank: Politik für Bibliotheken: 10 Jahre Thüringer Bibliotheksgesetz. In: Kooperative Informationsinfrastrukturen als Chance und Herausforderung. Hrsg. von Achim Bonte u. Juliane Rehnolt. Berlin 2018. S. 144–253. DOI: https://doi.org/10.1515/9783110587524-028.

10 Das Thüringer Bibliotheksgesetz wird zitiert nach: https://landesrecht.thueringen.de/bsth/document/jlr-BiblGTHrahmen (18.10.2022).

11 Zum Konzept der „Bibliothekspädagogik" vgl. Schultka, Holger: Bibliothekspädagogik: Lehren und Lernen in wissenschaftlichen Bibliotheken. München: kopaed, 2018. Ein gelungenes Beispiel der Kooperation mit Schulen von wissenschaftlichen Bibliotheken beschreibt: Richter, Katrin: Weimarer Schüler erobern Wissen. Gymnasiasten für Recherchemöglichkeiten jenseits von Google sensibilisiert. In: BuB (2007) H. 6. S. 406.

12 Vgl. Thüringer Hochschulgesetz (wie Anm. 8), § 28 AbS. 3.

13 Grundordnung der Bauhaus-Universität Weimar vom 05.04.2019, im Internet unter: https://www.uni-weimar.de/fileadmin/user/uni/universitaetsleitung/kanzler/mdu_akad/19/19_2019.pdf (18.10.2022).

gerade im Zeitalter der digitalen Transformation – in den Arbeitsalltag wissenschaftlicher Bibliothekar:innen integrieren lässt.

Interne Lobbyarbeit

Im Hinblick auf die jeweilige Hochschule kann man durchaus von einer „internen Lobbyarbeit“ sprechen.[14] Diese bezieht sich nicht nur auf die Leitungsebene der Bibliothek, die – wie beschrieben – in den Gremien der Universität zu Angelegenheiten der Bibliothek und der Information Stellung nimmt. Eine wichtige Aufgabe der Leitungsebene der Bibliothek besteht darüber hinaus darin, die Arbeit des für die Bibliothek zuständigen Gremiums (Bibliotheksausschuss oder Fachbeirat) zu organisieren. Die Tätigkeit dieses Gremiums sollten Bibliothekar:innen nicht als lästige Pflicht, sondern eher als große Chance begreifen. Abgesehen von eher punktuellen Kontakten sind diese Gremien sozusagen der systematische Ort, an dem die Kommunikation zwischen der Bibliothek und den Fakultäten der Universität stattfindet. Diese Kommunikation sollte in beide Richtungen stattfinden. Zum einen kann die Bibliothek dieses Gremium nutzen, um über eigene Vorhaben und Projekte zu informieren und für sie zu werben. Zum anderen sollten die Vertreter:innen der Bibliothek die Möglichkeit nutzen, von den unterschiedlichen Gruppen der Nutzenden – bis hin zu den Studierenden – zu erfahren, was ihnen an der Bibliothek besonders wichtig ist bzw. was sie möglicherweise vermissen. Und schließlich entfalten diese Gremien auch Wirkungen im Sinne klassischer Lobbyarbeit. Gegenüber der Universitätsleitung und in den Gremien der Universität treten die Mitglieder des Bibliotheksausschusses bestenfalls als Fürsprecher:innen der Bibliothek auf.

Neben der Leitungsebene der Bibliothek sind aber auch andere Ebenen der Bibliothek in die hochschulinterne Lobbyarbeit involviert – unabhängig davon, ob es den Angehörigen dieser Ebenen bewusst ist oder nicht. Dies gilt gerade für die Gruppe der Fachreferent:innen, die sowohl im Hinblick auf den Bestandsaufbau als auch bei bibliotheksbezogenen Schulungen in unmittelbarem Kontakt mit den Fakultäten stehen. Für die Wahrnehmung der Bibliothek in der Hochschule sind diese Kontakte von nicht zu unterschätzender Bedeutung. Aber auch im Hinblick auf die finanzielle und personelle Ausstattung der Bibliothek wird hier ein Eindruck vermittelt, der für viele Fakultätsangehörige sicherlich unvermittelter und authentischer ist als die Statements der Bibliotheksdirektion in den Gremien der Hochschule.

14 Vgl. dazu Lux, Praxishandbuch Richtige Lobbyarbeit (wie Anm. 1), S. 27.

Openness braucht Anwält:innen

Zu den eher klassischen Feldern der Lobbyarbeit gehört die Verbesserung der rechtlichen Rahmenbedingungen von Bibliotheken. Neben Hochschul- und Bibliotheksgesetzen, die die Arbeit der Bibliotheken unmittelbar betreffen, gibt es andere Rechtsbereiche, die für Bibliotheken schon seit Langem von herausgehobener Bedeutung sind. Dazu gehört insbesondere das Urheberrecht, das für eine ganze Reihe bibliothekarischer Dienstleistungen den Rahmen definiert.[15]

Gerade im Umkreis der Bestrebungen, die mit mehr Offenheit zu tun haben, bestätigt die Alltagserfahrung, dass hier insbesondere Bibliothekar:innen gefragt sind, um nicht nur die entsprechenden Tools und Plattformen in den Hochschulen bekannt zu machen, sondern auch grundsätzlich für mehr Openness zu werben. Dieses Werben fängt in der eigenen Universität und im eigenen Fachreferat an.[16] Neben dem persönlichen Austausch sind hier Gesprächs- und Veranstaltungsangebote denkbar, die sich an die Vertreter:innen bestimmter Fachcommunities richten. Diese Angebote können sich an übergeordneten Formaten wie z. B. der International Open Access Week[17] orientieren. Sie können aber die Fragen des Open Access z. B. auch direkt in den Kontext einer bestimmten Disziplin stellen. Solche Veranstaltungen tragen dazu bei, ein Bewusstsein für diese Themen und die in vielen Bibliotheken bereits vorhanden Beratungs- und Unterstützungsmöglichkeiten zu schaffen.

Neben der Ebene der Wissenschaftler:innen gibt es die eher hochschulpolitische Ebene, die durch die Gremien und die Hochschulleitung repräsentiert werden. Auf dieser Ebene geht es weniger um die individuelle Werbung und Überzeugung, sondern mehr um die hochschulpolitische Positionierung.

Im Hinblick auf die Durchsetzung von Open Access begann dieser Prozess mit der Erklärung der Budapest Open Access Initiative (BOAI) aus dem Jahr 2002, gefolgt von der „Berliner Erklärung über den offenen Zugang zu wissenschaftlichem Wissen“ aus dem Jahr 2003. Auch wenn dieser Prozess bereits seit 20 Jahren läuft, ist er doch im Jahr 2023 noch nicht abgeschlossen.[18]

Für die einzelne Hochschule oder Universität ist es jedoch nicht nur von Belang, ob sie sich einer der großen internationalen Erklärungen anschließt. Auf dieser Ebene

---

15 Zum Urheberrecht als Gegenstand der bibliothekarischen Lobbyarbeit vgl. Reip, Natascha u. Frank Simon-Ritz: Die Lobbyarbeit des dbv: allgemeine Überlegungen und konkrete Umsetzung am Beispiel des Urheberrechts. In: o-bib: das offene Bibliotheksjournal (2015) H. 4. S. 1–10. DOI: https://doi.org/10.5282/o-bib/2015H4S1-10. Bei Lux, Praxishandbuch Richtige Lobbyarbeit (wie Anm. 1), taucht das Urheberrecht als Thema der bibliothekarischen Lobbyarbeit an verschiedenen Stellen auf, vgl. v. a. S. 121–123, 211–212 und 256–257.

16 Vgl. dazu die Beiträge in o-bib: das offene Bibliotheksjournal (2022) H. 2 („Aufgabenspektrum Fachreferat“). DOI: https://doi.org/10.5282/o-bib/2022H2.

17 Vgl.International Open Access Week. https://www.openaccessweek.org/ (10.10.2022).

18 Mit Stand 10.10.2022 waren es 762 Einrichtungen weltweit, die sich der „Berliner Erklärung“ angeschlossen haben. Vgl. https://openaccess.mpg.de/Berliner-Erklaerung (10.10.2022).

ist es vielmehr wichtig, dass es eine eigene Erklärung der einzelnen Einrichtung gibt, die – im Sinne einer Momentaufnahme – wiedergibt, wie an der konkreten Einrichtung der aktuell erreichte Stand der Verständigung aussieht. Auch wenn es große Übereinstimmungen zwischen den OA-Policies der verschiedenen Hochschulen und Universitäten gibt, dürfte vermutlich niemand in Abrede stellen, dass der individuelle Prozess von großer Bedeutung ist, der in dieser konkreten Form nur an der einzelnen Hochschule mit ihren jeweiligen Akteur:innen ablaufen kann. Wichtig ist, dass die Bibliotheken darüber hinaus eine starke Stimme haben, wenn auf der Ebene der Bundesländer Open-Access-Strategien erarbeitet werden.[19]

Zusammenfassung: Eine Stimme für Bibliotheken

Auf unterschiedlichen Ebenen können sich Bibliothekar:innen dafür einsetzen, dass Bibliotheken Beachtung finden und gehört werden. Uns sollte dabei bewusst sein, dass dies zu unseren Kernaufgaben gehört. Eher selten ist es so, dass uns bekannte Persönlichkeiten dabei unter die Arme greifen. Im Dezember 2021 ist es dem Bibliotheksdienstleister OCLC gelungen, den Blogger, Journalisten und Autor Sascha Lobo für einen Vortrag auf dem Bibliotheksleitungstag zu gewinnen. Lobo ging es darum, Bibliothekar:innen in die Pflicht zu nehmen, für eine zentrale Rolle der Bibliotheken in der digitalen Wissensgesellschaft einzutreten. Seine einprägsame Botschaft lautete: „Kämpft!“[20] Dem ist im Sinne der Notwendigkeit bibliothekarischer Lobbyarbeit nichts hinzuzufügen.

19 Vgl. z. B. die Berliner Open-Access-Strategie aus dem Jahr 2015: http://www.open-access-berlin.de/strategie/index.html (31.10.20022).

20 Vgl. dazu Simon-Ritz, Frank: Kämpft! Sascha Lobo nimmt Bibliotheken in die Pflicht. In: BuB (2022) H. 2/3. S. 122–123. https://b-u-b.de/fileadmin/archiv/imports/pdf_files/2022/bib_bub_2022_02_03_122_123.pdf (25.10.2022).

Konstanze Söllner

Die Steuerung der beruflichen Fort- und Weiterbildung als Führungsaufgabe wahrnehmen

Abstract: Berufliche Fort- und Weiterbildung hat im Bibliothekwesen als zentrale Führungsaufgabe in den letzten Jahren stark an Bedeutung gewonnen. Hintergrund dieser Entwicklung sind der enorme Wettbewerb um gut ausgebildetes Personal sowie die Datafizierung der Bibliotheksarbeit. Bibliotheken sind dabei sowohl mit einem sinkenden Interesse an der Aufnahme eines bibliothekarischen Bachelor-Studiums konfrontiert als auch mit der Tatsache, dass datenwissenschaftlich qualifizierte Bibliothekar:innen häufig nicht mehr in die Tätigkeit in einer Bibliothek einmünden. Die damit verbundenen Herausforderungen erfordern qualifizierte Ausbilder:innen, die formale ebenso wie informelle Qualifikationswege gestalten und somit Personal gewinnen und an die Bibliothek binden.

Keywords: Ausbildung, Weiterbildung, Formale Qualifizierung, Informelles Lernen, Upskilling, Quereinstieg, Personalgewinnung

Kurzbiografie: Konstanze Söllner (ORCID: https://orcid.org/0000-0002-6263-7846) ist Leitende Bibliotheksdirektorin an der Universitätsbibliothek Erlangen-Nürnberg. Sie ist Diplom-Mathematikerin und Diplom-Theologin und hat das Bibliotheksreferendariat in Bayern absolviert. Zu einer anfänglichen Tätigkeit als Fachreferentin kamen im Laufe der Jahre verschiedene Leitungsfunktionen hinzu. In ihrem beruflichen Alltag ist sie aktuell stark mit Themen wie Bibliotheksbau, Open Science, Forschungsdatenmanagement, Personalgewinnung und Personalentwicklung befasst. Sie engagiert sich ehrenamtlich beim Verein Deutscher Bibliothekarinnen und Bibliothekare (VDB) und hat mehrfach den Deutschen Bibliothekartag bzw. die BiblioCon und andere Tagungen mit vorbereitet. Gemeinsam mit Kolleg:innen aus dem Archiv- und Bibliotheksbereich in Deutschland, Österreich und der Schweiz gibt sie die spartenübergreifende Zeitschrift *ABI Technik* heraus. Kontakt: konstanze.soellner@fau.de

Ausbildung, Weiterbildung, Professionalität

Ausbildung umfasst die Vermittlung von Fertigkeiten und Wissen durch Schulen, Hochschulen oder Unternehmen. Eine institutionell organisierte Ausbildung endet mit einer bestimmten formalen Qualifikation. Fort- und Weiterbildung hat zum Ziel, das durch formale Ausbildung oder informell im Beruf erworbene Wissen fortzuführen und zu erweitern. Die Professionalisierung des Berufsfelds Bibliothekar:in setzte be-

https://doi.org/10.1515/9783110790375-043

reits zum Ende des 19. Jahrhunderts ein. Dazu gehörte, dass die in Bibliotheken beschäftigten Personen sich aufgrund der erworbenen Kompetenzen das Selbstverständnis der Profession „Bibliothekar:in“ zu eigen machten und im Laufe der Zeit definierte Ausbildungswege geschaffen wurden, um die Vorgehensweisen der bibliothekarischen Profession zu erlernen und den Schritt zu professionellen, spezifischen Handlungskompetenzen zu vollziehen. Auch Fragen der Weiterbildung spielten von Anfang an eine zentrale Rolle.

Aktuelle inhaltliche Anforderungen an Aus- und Weiterbildung

In den letzten Jahren nehmen die Anforderungen an die Aus- und Weiterbildung von Bibliothekar:innen deutlich zu. Fragen der Aus- und Weiterbildung, der Personalgewinnung sowie Personalentwicklung werden daher zunehmend als unmittelbare Führungsaufgabe und „Chef-/Chefinsache“ verstanden. Datenintensive Forschung führt zu einem Wandel in den Wissenschaften und gewinnt zunehmend Einfluss auf die Ausrichtung der Infrastrukturen und Serviceangebote. Diese Anforderungen wurden zuletzt vom Rat für Informationsinfrastrukturen (RFII) in seinem Positionspapier „Digitale Kompetenzen – dringend gesucht! Empfehlungen zu Berufs- und Ausbildungsperspektiven für den Arbeitsmarkt Wissenschaft“ behandelt und hinsichtlich der unterschiedlichen beruflichen Rollen konkretisiert.[1] Bibliotheken müssen die Verfügbarkeit von großen Datenbeständen für die Forschung sicherstellen, digitale Objekte in Bibliotheken werden mit Methoden der Computerlinguistik erforscht und Bibliothekar:innen sind zunehmend bei der Vermittlung von Data Literacy oder Kenntnissen im Forschungsdatenmanagement eingesetzt. Hinzu kommen die rechtlichen Anforderungen an das Datenmanagement, die entsprechende Beratungsdienstleistungen voraussetzen. Außerdem arbeiten Bibliothekar:innen auch in Verbünden mit, die die Interoperabilität und einrichtungsübergreifende Verwendbarkeit von Datenbeständen sichern sollen (Nationale Forschungsdateninfrastruktur/NFDI, Länderinitiativen, DFG-Fachinformationsdienste). Diese Tätigkeiten bedingen eine enge Verbindung von Forschungs- und Infrastrukturkenntnissen.

Die Anforderungen an die Aus- und Weiterbildung von Bibliothekar:innen als datenwissenschaftlich qualifizierte Fachkräfte („Datenbibliothekar:in“,[2] Data Librarian) steigen somit in den letzten Jahren überproportional. Absolvent:innen der bibliothekarischen oder informationswissenschaftlichen Bachelorstudiengänge können – je nach Ausrichtung der Studiengänge oder Wahlbereiche – entweder über einen datenwissenschaftlichen oder über einen kulturwissenschaftlichen Hintergrund verfügen.

---

1 Rat für Informationsinfrastrukturen: Digitale Kompetenzen – dringend gesucht! Empfehlungen zu Berufs- und Ausbildungsperspektiven für den Arbeitsmarkt Wissenschaft. http://www.rfii.de/?p=3883 (18.10.2022).

2 Rat für Informationsinfrastrukturen (wie Anm. 1), S. 43.

Auch bei wissenschaftlichen Bibliothekar:innen mit einem zuvor absolvierten Fachstudium auf Master-Niveau ist nicht davon auszugehen, dass sie datenwissenschaftliche Fähigkeiten und Kompetenzen automatisch mitbringen. Die Vermittlung von datenwissenschaftlichen Kompetenzen an Bibliothekar:innen aller Qualifikationsebenen steht somit in den letzten Jahren bei den mit Aus- und Weiterbildung befassten Einrichtungen und Personen besonders im Fokus.

Handlungsfelder: Die Rolle der formalen und informellen Qualifizierung in Bibliotheken

Die formale Qualifizierung spielt in Unternehmen und Institutionen nach wie vor die wichtigste Rolle als Eintrittsvoraussetzung für eine berufliche Tätigkeit. Je kleiner eine Berufsgruppe ist, umso wichtiger ist es, dass formale Zugangsmöglichkeiten zum Beruf existieren und regelmäßig – also möglichst wenigstens jährlich – angeboten werden. Ohne formale Qualifizierungswege können Interessent:innen am Berufsfeld nicht ausreichend abgeholt werden, so dass unweigerlich eine Deprofessionalisierung einsetzt, die die Aufgabenerfüllung und letztlich auch die Existenz der Einrichtungen gefährdet. Dies gilt ganz besonders im Zeitalter der zunehmenden Digitalisierung und Datafizierung, in dem sich Bibliotheken immer weniger über gedruckte Bücher oder Gebäude definieren können. Eine Universität ohne Forschende würde ebenso ihre Existenzberechtigung verlieren wie eine Bibliothek ohne Bibliothekar:innen. Das Kompetenzprofil und die bibliothekarische Profession immer weiterzuentwickeln und bedarfsbezogen neu auszurichten, stellt eine Basisaufgabe von Bibliotheken dar. Dabei geht es nicht nur um die Anforderungen der eigenen Einrichtung, sondern auch um die Anschlussfähigkeit im Kontext überregionaler Netzwerke und Förderprogramme. Zugleich steigt mit zunehmender Komplexität der Arbeitsaufgaben aber auch die Bedeutung des selbstverantwortlichen informellen Lernens on the Job, das zu den klassischen Qualifizierungswegen hinzutreten muss.

Personalgewinnung und Ausbildungswege

Personalgewinnung

Die Personalgewinnung ist regelmäßig eine Aufgabe, die beim Leitungspersonal von Bibliotheken, also meist bei wissenschaftlichen Bibliothekar:innen, angesiedelt ist. Die Gewinnung von gut qualifiziertem Personal wird in den letzten Jahren immer mehr zu einer Herausforderung. Das hat unterschiedliche Gründe. Zum einen stehen aufgrund der Alterung der deutschen Gesellschaft immer weniger potentielle Kandidat:innen für die verschiedenen Ausbildungswege zur Verfügung. Aufgrund der geringen Größe des Berufsfelds, der insgesamt geringen Zahl von grundständigen bibliothekarischen Bachelor-Studiengängen und der sinkenden Studierendenzahlen kann leicht eine Abwärtsspirale beim Studienangebot entstehen. Umgekehrt nimmt das Phänomen zu, dass nicht die einschlägigen Ausbildungswege eingeschlagen werden, sondern dass zunächst eine andere Ausbildung oder ein andersfachliches Studium aufgenommen werden und anschließend nach einer Beschäftigung in Bibliotheken gesucht wird. Dieses fachfremde Bewerber:innenpotential spielt in den kommenden Jahren eine wichtige Rolle bei der Rekrutierung, und die Nachqualifizierung dieser Personen wird eine besondere Herausforderung für die Aus- und Weiterbildung darstellen.

Ausbildung von Fachangestellten für Medien- und Informationsdienste (FaMI)

Der Beruf des Fachangestellten für Medien- und Informationsdienste (FaMI) stellt den üblichen Zugangsweg für Bewerber:innen mit mittlerem Schulabschluss dar. Häufig sind Ausbilder:innen aber damit konfrontiert, dass sich vor allem Abiturient:innen oder auch Studienabbrecher:innen bzw. sogar Personen bewerben, die ein Studium bereits abgeschlossen haben. Gerade bei den für Bibliotheken geforderten Kompetenzen (Sprachenkenntnisse, IT-Affinität) haben diese gegenüber den Bewerber:innen mit mittlerem Schulabschluss einen deutlichen Vorteil. Die Aufgabenteilung bei der Ausbildung ist allgemein meist so geregelt, dass wissenschaftliche Bibliothekar:innen mit Ausbilderfunktion – insbesondere wenn es um die Betreuung von FaMI oder von Praktikant:innen aus Bachelorstudiengängen geht – von Beschäftigten anderer Qualifikationsebenen unterstützt werden und vornehmlich Koordinationsaufgaben übernehmen. Häufig ist es sogar üblich, die Verantwortung für die verschiedenen Qualifikationsebenen auf unterschiedliche Ausbilder:innen zu übertragen, so dass wissenschaftliche Bibliothekar:innen von vornherein nur wieder wissenschaftliche Bibliothekar:innen ausbilden, und keine FaMI oder Praktikant:innen aus Bachelor-Studiengängen. Unabhängig davon erfordert die Ausbildung von FaMI, sei es als Koordinationsaufgabe oder als unmittelbar zuständige:r Ausbilder:in ein breites Fachwissen, da an den Berufsschulen nicht immer berufspraktisches, sondern vor allem allgemeinbildendes Wissen vermittelt wird. Umso höher ist der Anteil, den Ausbilder:innen und Bibliotheken selbst leisten müssen.

Ausbildung von Bachelor-Studierenden

Gelingt es den meisten Bibliotheken noch relativ gut, Auszubildende für den Beruf der/des FaMI zu finden, sei es auch häufig erst nach mehreren Ausschreibungen, ist die Gewinnung von Absolvent:innen bibliothekarischer oder informationswissenschaftlicher Bachelorstudiengänge immer schwieriger geworden. Die Studierendenzahlen in diesen Studiengängen sind an einzelnen Hochschulen stark rückläufig. Zugleich befinden sich die bibliotheks- und informationswissenschaftlichen Studiengänge in einem enormen Wettbewerb mit anderen Fächern an den Hochschulen. Diese Tendenzen verstärken sich gegenseitig, und die Zahl der Professuren an einigen Hochschulen ist wegen der sinkenden Studierendenzahlen im Abnehmen begriffen. Darunter leiden die Breite des Angebots und die fachliche Qualität. Es ist daher unabdingbar, dass Bibliotheken ihre Rolle umfassender begreifen und alle Einflussmöglichkeiten nutzen, damit genügend Studierende ein entsprechendes Studium aufnehmen, aber auch bei der Landespolitik die Bedeutung der bibliothekarischen Studiengänge besser wahrgenommen wird. Nicht von ungefähr spielen Überlegungen, duale Studienmöglichkeiten einzurichten, inzwischen an vielen Bibliotheken eine Rolle.[3] Dabei erscheint es für ein erfolgreiches Vorgehen besonders wichtig, dass Bibliotheken ihre Kräfte bündeln und mit den Hochschulen möglichst viele duale Studienplätze vereinbaren. Nur bei Erreichen der entsprechenden Kohortengrößen sind die Fachbereiche und Hochschulen überhaupt in der Lage, ein entsprechendes Angebot zu machen. Diese Zahlen müssen den Hochschulen fest garantiert werden, auch wenn nicht immer vorhersehbar ist, ob überhaupt genügend Studieninteressierte gefunden werden. Dieser Weg ist aufwändig, aber mittelfristig alternativlos, wenn ausreichend Bachelor-Absolvent:innen mit einschlägigem Studienabschluss für die Arbeit in der Bibliothek gewonnen werden sollen.

Dennoch wird es nicht möglich sein, den Rückgang bei den regulären Vollzeitstudierenden durch duale Studienplätze vollständig zu kompensieren. Das liegt schon allein daran, dass es zwar eine große Anzahl von Bibliotheken gibt, diese aber häufig nicht ausreichend ausgestattet sind, als dass sie duale Studienplätze finanzieren oder aus ihrem regulären Stellenplan aufbringen könnten. Daher ist abzusehen, dass gut ausgebildete FaMI immer mehr Kernaufgaben in den Bibliotheken übernehmen werden. Die Gewinnung von Auszubildenden für die FaMI-Ausbildung wird also an den meisten Bibliotheken in den nächsten Jahren ein zentrales Thema sein.

Bachelor-Studierende absolvieren regelmäßig Pflichtpraktika in Bibliotheken und Informationseinrichtungen. Aufgrund des enormen Wettbewerbs um qualifiziertes Personal gewinnt die inhaltliche Ausgestaltung der Praktika einen immer höheren Stellenwert. Das Praktikum wandelt sich von einer reinen Wissensvermittlung zu einer Situation, in der sich die Bibliotheken um künftige Mitarbeiter:innen bewerben. Umgekehrt achten aber auch die Studierenden darauf, an großen, attraktiven und bekannten Einrichtungen ein Praktikum zu erhalten. Infolgedessen geht es bei den Pflichtpraktika immer mehr darum, auch auf individuelle Wünsche einzugehen. Noch viel wichtiger, als die Qualität bei den Praktika zu steigern, wird es aber, deutlich mehr Praktikumsplätze als bisher anzubieten, um sich bei potentiellen Bewerber:innen bekanntzumachen. Dabei unterstützen Kontakte zu den Studiengängen der Hochschulen.

3 Zwar sind in Deutschland nur 4,6 % aller Studienfänger:innen in einem dualen Studium eingeschrieben, aber diese Zahl hat sich innerhalb der Jahre 2009 bis 2019 mehr als verdoppelt. Vgl. Nickel, Sigrun [u. a.]: Duales Studium. Umsetzungsmodelle und Entwicklungsbedarfe. Gütersloh [u. a.]: CHE Centrum für Hochschulentwicklung gGmbH; f-bb Forschungsinstitut Betriebliche Bildung gGmbH 2021 (CHE Impulse Nr. 8). S. 133. DOI: https://doi.org/10.3278/9783763971718 (18.10.2022).

Ausbildung von wissenschaftlichen Bibliothekar:innen

Die Rekrutierung wissenschaftlicher Bibliothekar:innen war schon immer von einer Unterversorgung in den sogenannten Mangelfächern (MINT, Jura) gekennzeichnet. Somit stellen seit vielen Jahren Fachreferent:innen die typischen Allrounder in den großen Universitätsbibliotheken. Sie betreuen immer schon auch Fächer, die sie nicht studiert haben. Inzwischen hat sich das Fachreferat sehr stark verändert, und das eigentlich studierte Fach spielt neben anderen Kompetenzen (Projektmanagement, Datenkompetenz, IT-Affinität) eine immer geringere Rolle. Somit stellt das Fachreferat schon lange keine reine Fachlaufbahn mehr dar, sondern wird charakterisiert durch hochwertige Managementaufgaben sowie weitere Kompetenzen, die fächerübergreifend einsetzbar sind. Insbesondere beim Datenmanagement haben sich aber auch die Wissenschaftsfächer in ihrem Methodenspektrum inzwischen so stark ausdifferenziert, dass Fachstudium schon längst nicht mehr gleich Fachstudium ist und eine Überbetonung des studierten Fachs bei den Anforderungsbeschreibungen für wissenschaftliche Bibliothekar:innen schon allein aus diesem Grund kontraproduktiv ist. Somit sind Personen, die mit der Ausbildung und Rekrutierung von wissenschaftlichen Bibliothekar:innen betraut sind, besonders gefordert, die Anforderungsprofile zu modernisieren und so zu gestalten, dass die formalen Zugangshürden nicht zu hoch werden und dem eigentlichen Ziel der Personalrekrutierung zuwiderlaufen. Insgesamt muss die Zahl wissenschaftlich vorqualifizierter Beschäftigter in den Bibliotheken in dem Maße deutlich steigen, wie die Wissenschaft hochqualifizierte Beratung und infrastrukturelle Unterstützung beim wissenschaftlichen Publizieren benötigt. Die Rekrutierung über nichtstandardisierte Wege, also bspw. Projektstellen, Werkstudierendenverträge u. ä. wird zunehmen, und das erfordert von den Verantwortlichen für die Ausbildung eine hohe Flexibilität und die Bereitschaft, individuell vorzugehen.

Upskilling als Antwort auf den digitalen Wandel

Die Zukunft des arbeitsbegleitenden Lernens liegt in Trends wie dem Micro Learning, Austauschformaten und Netzwerken, bei denen Mitarbeitende sowohl Lehrende als auch Lernende sein können, sowie in einer Kultur des aktiven Lernens, Abschauens und Probierens, die im Arbeitsalltag gelebt wird. Die mit Aus- und Weiterbildung beauftragten Personen oder Entscheidungsträger:innen in Bibliotheken müssen informell erworbene Kenntnisse einschätzen und validieren können und die entsprechenden Voraussetzungen für informelles Lernen schaffen. Informell erworbenes Wissen bleibt sonst unsichtbar oder fragmentarisch und geht in seinem spezifischen Wert für die Einrichtung verloren. Dies erfordert von den Aus- und Fortbildungsverantwortlichen ein systematisches Herangehen, um informell erworbenes Wissen für den Einsatz im bibliothekarischen Berufsfeld zu spezifizieren und damit besser verfügbar zu machen.

Die Aufgaben der mit Ausbildung, Fort- und Weiterbildung beauftragten Personen reichen infolge der Digitalisierung und der zunehmenden Bedeutung von Lernprozessen, die direkt am betrieblichen Arbeitsplatz stattfinden, über die reine Personalentwicklung hinaus bis in die Organisationsentwicklung hinein. Um neue Formate zur Kompetenzentwicklung umzusetzen sowie die Personalentwicklungsprozesse zu digitalisieren, benötigen die in diesem Arbeitsfeld tätigen wissenschaftlichen Bibliothekar:innen eine ausreichende Qualifizierung. Die Erwartungen, die sich an Aus- und Fortbildung richten, steigen – Stichwort digitale Kompetenzen, Agilität. Neben dem eigenen Kompetenzaufbau dürfte deshalb das Abrufen von Dienstleistungen bei externen Anbietern zunehmen.

Die Rolle von Tagungen und Fortbildungen

Die Entwicklung der bibliothekarischen Profession zu Ende des 19. Jahrhunderts ging einher mit der Gründung des ersten Berufsverbands Verein Deutscher Bibliothekare (VDB) sowie der Ausrichtung von jährlichen Versammlungen (der spätere Bibliothekartag) durch den VDB. Tagungen und Kongresse haben also im Bibliothekswesen von Anfang an eine wichtige Rolle als zentrale Fort- und Weiterbildungsveranstaltungen gespielt. Inzwischen gibt es neben dem Bibliothekartag, der heutigen BiblioCon, eine Reihe von etablierten Tagungsformaten mit engerem oder weiterem Bibliotheksbezug, wie etwa die Open-Access-Tage, die SWIB (Semantic Web in Bibliotheken), die E-Science-Tage oder die Open Science Conference. Externe Angebote kommen hinzu. Dabei nehmen von Bibliotheksdienstleistern, Contentanbietern oder Verlagen häufig kostenfrei offerierte Webinare bis hin zu ganzen Tagungen („Bibliotheksleitungstag") zu. Stehen Marketingaspekte zunächst sicherlich im Vordergrund, profilieren sich immer mehr Firmen aus dem Bibliotheksumfeld als Bildungsanbieter, bis hin zum Analytics-Unternehmen und früheren Wissenschaftsverlag Elsevier. Teilnahme- und Nutzungsgebühren haben auf diesem Hintergrund etwas an Bedeutung verloren, wobei sicherlich ein solches Angebot genauso wenig kostenlos ist wie die Nutzung von kostenfreien Social-Media-Plattformen. Insgesamt aber könnten Abo-Modelle und Flatrates an Bedeutung gewinnen, wenn sich einzelne Anbieter zukünftig stärker profilieren.

Die Rolle von Weiterbildungszentren

Wegen des wachsenden Bedarfs an Zertifikatskursen, die auf formale Qualifikationen wie ein Bachelor- oder Masterstudium anrechenbar sind, sind aber auch die Erwartungen an die bibliothekarischen Fortbildungsanbieter gestiegen. Das sind sowohl die ausbildenden Hochschulen selbst als auch die an den Hochschulen bestehenden Weiterbildungszentren, wie bspw. das ZBIW an der TH Köln oder das Bibliotheksweiterbildungsprogramm der Freien Universität Berlin sowie weitere Einrichtungen, wie etwa die Bibliotheksakademie Bayern. Zusätzliche Fortbildungsangebote kommen von den bibliothekarischen Verbänden und ihren Kommissionen, etwa der gemeinsamen Baukommission von Deutschem Bibliotheksverband (dbv) und VDB. Aber auch die Bibliotheken selbst engagieren sich mit strukturierten Weiterbildungsangeboten, so etwa im Rahmen der Koordinierungsstelle für die Fort- und Weiterbildung an wissenschaftlichen Bibliotheken des Landes Baden-Württemberg. Die Aufgaben wissenschaftlicher Bibliothekar:innen können dabei vielfältig sein, sie reichen von der Koordination und inhaltlichen Ausrichtung der Angebote bis hin zu Dozent:innentätigkeiten. Die umfangreichen Fortbildungsprogramme sind ohne Beteiligung vieler nebenamtlicher Dozent:innen schon allein aus Aufwandsgründen gar nicht möglich, hinzu kommt der steigende Bedarf an praxisnahen Angeboten.

Ausblick: Quereinsteiger:innen und der Einfluss der Projektarbeit

Das bibliothekarische Aus- und Fortbildungsgeschehen ist sehr stark von Selbstorganisation geprägt, da das Angebot der regionalen Fortbildungsträger den Bedarf nicht immer decken kann. Dies bietet eine Chance, auch berufsfremden Personen, die mit einem anderen Hintergrund in die Bibliothek kommen, ein praxisorientiertes Weiterbildungsangebot machen zu können. Dabei geht es um die zunehmende Zahl an Quereinsteiger:innen mit andersfachlichen Studienabschlüssen, die mittels strukturiertem Training on the Job schnell in ihre Aufgaben eingeführt werden müssen. Gerade neue Aufgabenstellungen aufgrund der Veränderungen beim wissenschaftlichen Publizieren werden häufig in Projektform bearbeitet, und nicht selten bleiben die Projektbeschäftigten anschließend in der Bibliothek. Um ein Auseinanderdriften der herkömmlichen und der neuen Aufgabenprofile zu vermeiden, müssen aber nicht nur die Quereinsteiger:innen bibliothekarische Kenntnisse erwerben, auch die Bibliothekar:innen sind gefordert, Projektarbeit zu erlernen und sich in neue Aufgabenbereiche hineinzufinden. Gerade wissenschaftliche Bibliothekar:innen mit ihrer doppelten fachlichen und bibliothekarischen Qualifikation verfügen über die Fähigkeiten und Kompetenzen, die verschiedenen Welten zusammenzudenken. Ihnen kommt eine zentrale Rolle bei der Ausrichtung der dazu nötigen formalen Qualifizierungsangebote und bei der Ermöglichung informeller Lernsituationen zu.

Teil X: **Rollenverständnis und Rollenerwartungen**

Einführung

Das Schlusskapitel dieses Praxishandbuchs ist einem zentralen Anliegen des Werks gewidmet: dem Rollenverständnis und den Rollenerwartungen wissenschaftlicher Bibliothekar:innen. In den verschiedenen Kapiteln und Beiträgen wurden diese Aspekte vielfach schon im Kontext der jeweiligen Handlungsfelder reflektiert, hier nun bilden sie explizit den Fokus des Kapitels.

Im ersten Beitrag analysieren Johanna Hickmann, Janina Kühner und Alessandro Aprile systematisch und datengestützt Stellenausschreibungen für den höheren (wissenschaftlichen) Dienst in Deutschland im Zeitraum von 2016 bis 2021. Demnach befindet sich vor allem das Fachreferat in einem grundlegenden Veränderungsprozess, der dadurch gekennzeichnet ist, dass neben herkömmliche Aufgaben der Literaturversorgung und neben die fachliche Beratung neue forschungs- und fachnahe Services treten und in den bibliothekarischen Dauerbetrieb integriert werden. Diese digital geprägten Dienstleistungen zeichnen sich, wie die Verfasser:innen konstatieren, durch einen hohen Grad an Spezialisierung aus und bedürften deshalb neuer Kompetenzen und Spezialkenntnisse. Das Rollenverständnis von Fachreferent:innen haben Thomas Nachreiner, Karolin Bubke, Sonja Rosenberger sowie Jana Mersmann (Corresponding Author) näher untersucht, indem sie Außenansichten auf dieses im Umbruch befindliche Arbeitsfeld eingeholt und aufbereitet haben. Mithilfe explorativer Umfragen skizzieren sie die Voraussetzungen für ein mehrperspektivisches Rollenverständnis, und zwar aus dem Blickwinkel zweier Anspruchsgruppen: der Bibliotheksleitungen und der bibliothekarischen Netzwerkakteur:innen. Diese sind in Fachinformationsdiensten und Konsortien der Nationalen Forschungsdateninfrastruktur aktiv. Aufgezeigt werden Schnittstellen und Divergenzen in der Rollen- und Funktionsdefinition von Fachreferent:innen, um so den Fachdiskurs zum Berufsbild auf neuer Ebene anzuregen.

https://doi.org/10.1515/9783110790375-044

Johanna Hickmann, Janina Kühner und Alessandro Aprile

Wissenschaftliche Bibliothekar:innen – eine Analyse der Stellenausschreibungen für den höheren Dienst in Deutschland 2016–2021

Abstract: Durch eine systematische und datenbasierte Analyse der für den höheren Bibliotheksdienst ausgeschriebenen Stellen können tiefe und erkenntnisreiche Einblicke in ein Berufsbild, das sich – genauso wie der gesamte Arbeitsmarkt selbst – dynamisch entwickelt und verändert, gewonnen werden. Insbesondere das Fachreferat befindet sich mehr denn je in einem grundlegenden Wandel. Kennzeichnend dafür ist, dass neben herkömmlichen Aufgaben der Literaturversorgung und fachlicher Beratung neue forschungs- und fachnahe Services etabliert und in den bibliothekarischen Dauerbetrieb integriert werden, die aufgrund ihrer starken digitalen Akzentuierung sowie Spezialisierung neuer Kompetenzen und Spezialkenntnisse bedürfen. Dadurch bedingte Veränderungen in den berufspraktischen Anforderungen und Bedarfen von wissenschaftlichen Bibliotheken nachzuzeichnen, ist das Ziel des vorliegenden Beitrags. Dabei wird bewusst darauf verzichtet, eine einheitliche Definition für das Fachreferat zu geben. Vielmehr wird empirisch auf die facettenreiche Vielfalt der Desiderata an Qualifikationen hingewiesen, die explizit aus den von den wissenschaftlichen Bibliotheken, und damit den Bibliotheksleitungen, ausgeschriebenen Stellen hervorgehen.

Keywords: Fachreferat, Stellenausschreibungsanalyse, Arbeitsmarkt, forschungsnahe Services, fachnahe Services, Bibliothekspersonal, höherer Dienst

Kurzbiografien: Johanna Hickmann (ORCID: https://orcid.org/0000-0002-7535-8344) ist studierte Ingenieurin und war Fachreferentin für unterschiedliche technische Fachreferate an der Universitätsbibliothek der Technischen Universität Braunschweig sowie der Technischen Universität Berlin. Ihre beruflichen Stationen waren jeweils geprägt von der Konzeption, Erstellung und Umsetzung verschiedener zielgruppenspezifischer Dienste vor allem in den forschungsnahen Themengebieten. Gegenwärtig arbeitet Johanna Hickmann an der Bibliothek der Physikalisch-Technischen Bundesanstalt (PTB) und ist designierte Bibliotheksleiterin. Kontakt: johanna.hickmann@ptb.de

Janina Kühner, M. A., (ORCID: https://orcid.org/0000-0001-9211-8695) ist an der Universitätsbibliothek Bamberg als Referentin für Forschungsdatenmanagement tätig. Im Rahmen ihres Referendariats an der Herzog August Bibliothek Wolfenbüttel betreute

Förderhinweis: Die Veröffentlichung dieses Beitrags im Open Access wurde durch den Verein Deutscher Bibliothekarinnen und Bibliothekare finanziell gefördert.

https://doi.org/10.1515/9783110790375-045

sie das Fachreferat Germanistik. Sie unterstützt die VDB-Kommission für Fachreferatsarbeit als Mitglied. Kontakt: janina.kuehner@uni-bamberg.de

Alessandro Aprile (ORCID: https://orcid.org/0000-0001-5780-8412) ist promovierter Kirchenhistoriker und war Fachreferent für Theologie an der GWLB – Niedersächsischen Landesbibliothek Hannover (2017-2018) sowie der Universitätsbibliothek Tübingen (2018-2023) im Fachinformationsdienst (FID) Theologie. Derzeit hat er die stellvertretende Leitung der Erzbischöflichen Diözesan- und Dombibliothek in Köln inne. Seine Arbeitsschwerpunkte sind die Digitalisierung des gedruckten Kulturgutes und die Open-Access-Transformation. Seit 2019 ist Alessandro Aprile Mitglied der VDB-Kommission für Fachreferatsarbeit. Kontakt: mailto:alessandro.aprile@posteo.de

Vom disruptiven Wandel und dessen Auswirkungen auf den Arbeitsmarkt

Der Arbeitsmarkt in Deutschland steht vor großen Herausforderungen. Diese lassen sich mit zwei Begriffen in ihren Grundzügen gut beschreiben: demographischer Wandel und Digitalisierung. Gemäß den Vorausberechnungen des Statistischen Bundesamtes wird die Bevölkerung hierzulande von gegenwärtig rund 83 Millionen in den nächsten Jahrzehnten kontinuierlich zurückgehen, bis 2060 sogar auf etwa 78 Millionen.[1] Neben dem Bevölkerungsumfang wird sich deren Struktur zudem stark verändern. Eine seit Jahren konstant niedrige Geburtenrate führt dazu, dass es immer mehr alte als junge Menschen geben wird. Diese Schrumpfung und zugleich Alterung der Bevölkerung hat Auswirkungen auf die Zusammensetzungen des Erwerbspersonenpotenzials und damit auf Arbeitswelt und Arbeitsmarktbilanz.[2] Fachkräftemangel ist hier das zentrale Stichwort.

Die voranschreitende medientechnologische Revolution der Digitalisierung hat zudem einen starken Einfluss auf den Arbeitsmarkt. Dabei lassen sich vier Entwicklungen deutlich beobachten: (1) die Technisierung von Arbeit, die Veränderung von (2) Geschäftsmodellen und (3) Arbeitsorganisationen sowie (4) der Wandel der benötigten und gefragten Kompetenzen und Qualifikationen.[3]

---

1 Wilke, Christina Benita: Demografie und Arbeitsmarkt. In: Wirtschaftsdienst. Zeitschrift für Wirtschaftspolitik (2016) H. 3. S. 221.

2 Vgl. Kistler, Ernst u. Markus Hilbert: Auswirkungen des demographischen Wandels auf Arbeit und Arbeitslosigkeit. In: Aus Politik und Zeitgeschichte (2001) B 3–4. S. 5–13.

3 Wenke, Klingbeil-Döring: Digitalisierung und der Arbeitsmarkt. Wie wirkt sich die Digitalisierung auf den deutschen Arbeitsmarkt aus? www.bpb.de/themen/arbeit/arbeitsmarktpolitik/316908/digitalisierung-und-der-arbeitsmarkt/ (01.11.2022).

Stellenausschreibungsanalyse als Methode

Um strukturelle und inhaltliche Umbrüche auf dem sich dynamisch entwickelnden Arbeitsmarkt oder in einem bestimmten Sektor aufzuzeigen, ist ein konstantes und präzises Monitoring von zentraler Bedeutung. Dafür ist eine Stellenausschreibungsanalyse ein zielführendes Instrument. Darunter versteht man die auf empirischer Basis gewonnenen Informationen aus Stellenanzeigen über derzeitige und künftige berufliche, personenbezogene und sozialkommunikative Ansprüche von Unternehmen bzw. Organisationen an spezifische Bewerbergruppen.[4] Als erprobte Methode der Sozialforschung erlaubt die Analyse von Stellenanzeigen ein umfassendes, empirisches Bild über den Arbeitsmarkt zu gewinnen, den Qualifikationsbedarf eines Berufsfeldes abzubilden und Veränderungen von Tätigkeitsprofilen im Zeitverlauf zu erkennen.[5] Sie gibt ferner nicht nur wieder, was der Arbeitsmarkt oder ein bestimmter Sektor von Individuen oder spezifischen Bewerbergruppen verlangt, sondern zeigt ebenso auf, welche Entwicklungen bzw. Verschiebungen im Arbeitsmarkt an sich zu erwarten sind.[6] Denn Stellenanzeigen selbst kann ein Prognosecharakter zugeschrieben werden. In der Regel ist der Zeitpunkt des Verfassens externer Stellenanzeigen *die* Gelegenheit, sich Gedanken über den betrieblichen Qualifikationsbedarf zu machen bzw. Personalplanung zu betreiben.[7] Eine solche Analyse hat darüber hinaus den Vorteil, dass sie auf bereits bestehenden Daten beruht und somit keine neuen Erhebungen vorgenommen werden müssen. Zudem handelt es sich um eine nicht-reaktive Methode, d. h. eine beabsichtigte oder auch unbeabsichtigte Einflussnahme durch die ausschreibenden Einrichtungen kann ausgeschlossen werden.[8]

Vor diesem Hintergrund soll mit der Auswertung von Stellenausschreibungen für den höheren Dienst[9] mit Fachreferatsanteil ein Überblick über die Tätigkeitsprofile Wissenschaftlicher Bibliothekar:innen gewonnen werden. Die in der Einleitung des vorliegenden Praxishandbuchs skizzierten Veränderungen in den „Strukturen, Prozessen und Handlungsfeldern wissenschaftlicher Bibliotheken“ im Zuge des digitalen Wandels sollen anhand der Auswertung der Stellenanzeigen präzisiert und darauf

---

4 Sailer, Maximilian: Anforderungsprofile und akademischer Arbeitsmarkt. Die Stellenanzeigenanalyse als Methode der empirischen Bildungs- und Qualifikationsforschung. Münster, New York, München, Berlin: Waxmann 2009 (Erziehung & Bildung – Eichstätter Pädagogische Beiträge 3). S. 39.

5 Sailer, Anforderungsprofile (wie Anm. 4), S. 39.

6 Sailer, Anforderungsprofile (wie Anm. 4), S. 39–40.

7 Dietzen, Agnes u. Peter Werner Kloas: Stellenanzeigenanalyse – eine effektive Methode zur Früherkennung des Qualifikationsbedarfs. In: Wandel beruflicher Anforderungen. Der Beitrag des BIBB zum Aufbau eines Früherkennungssystems Qualifikationsentwicklung. Hrsg. von Laszlo Alex u. Henning Bau. Bielefeld: Bertelsmann 1999. S. 15–16.

8 Dietzen, Wandel (wie Anm. 7), S. 37.

9 In Anlehnung an die Deutsche Bibliotheksstatistik (DBS) wird diese beamtenrechtlich konnotierte Bezeichnung (heute auch: 2. Einstiegsamt der 2. Laufbahngruppe oder Qualifikationsebene 4.) verwendet. Darin sind andere Qualifikationswege des wissenschaftlichen Bibliotheksdienstes inkludiert.

aufbauend Rückschlüsse auf die praktische Ausgestaltung des Rollenverständnisses Wissenschaftlicher Bibliothekar:innen gezogen werden. Spiegelt die von den Herausgeber:innen in ihrer Einleitung konstatierte Vielfalt an Stellenbezeichnungen die unterschiedlichen Ausprägungen des Rollenverständnisses wider? Lässt sich ein gemeinsamer Kern des bibliothekarischen Rollenverständnisses herausarbeiten? Ansätze zur Beantwortung dieser Fragen zu bieten, wird nachfolgend versucht.

Ausgewählte Analysen im Bibliothekswesen

Ausschreibungen von Fachreferatsstellen lassen sich für unterschiedliche Bibliothekstypen sowie Qualifikationsprofile finden. Im Folgenden werden ausgewählte Analysen von Stellenausschreibungen im Bibliothekswesen beschrieben, um aufzuzeigen, in welchen Kontexten Fachreferatsstellen ausgeschrieben werden. Analysen von Stellenanzeigen des Bibliothekswesens im deutschsprachigen Raum lassen sich in Studien mit Schwerpunkt auf einen bestimmten Bibliothekstyp bzw. auf eine bestimmte Stellenart sowie Studien, die sämtliche Bibliothekstypen und Stellenarten berücksichtigen, unterteilen (siehe Tabelle 1). Darüber hinaus liegen Auswertungen nach bestimmten Kompetenzprofilen oder Abschlüssen vor.

Tab. 1: Ausgewählte Studien für Stellenanalysen im deutschen Bibliotheksdienst

Autor:innen/ Jahr	Zeitraum	Datenquelle	Fokus
Behm-Steidel 2001	1997–1999	– Zeitschrift Bibliotheksdienst	Spezialbibliotheken
Puschmann 2005	2000–2004	– Zeitschrift Bibliotheksdienst – BuB - Forum Bibliothek und Information – Information - Wissenschaft und Praxis – InetBib	Spezialbibliotheken
Braun & Brunenberg-Piel 2014	Mai 2003 bis April 2013	– InetBib – Bibliotheksdienst	Wissenschaftliche Bibliotheken Fachreferat
Söllner 2016	17.07.2012 bis 24.06.2015	– OpenBiblioJobs	Deutschland, Österreich, Schweiz
Söllner 2017	05.06.2015 bis 31.07.2017	– OpenBiblioJobs	vWissenschaftliche Bibliotheken, Fachreferat Deutschland
Zellmann 2018	17.07.2012 bis 01.09.2017	– OpenBiblioJobs	Stellen mit IT-Schwerpunkt, ohne Einschränkung im Bibliothekstyp, Deutschland

Die Analyse von Behm-Steidel aus dem Jahr 2001 richtet den Fokus auf Spezialbibliotheken. Die Autorin untersuchte im Rahmen ihrer Dissertation Stellenangebote von Spezialbibliotheken in der Zeitschrift Bibliotheksdienst für den Zeitraum von 1997 bis 1999 und verglich diese mit den Anzeigen des Jahres 1994. Hierbei waren Aussagen zu EDV-Kenntnissen am häufigsten vertreten. Zudem stellte die Autorin eine überwiegende Nennung klassisch bibliothekarischer Aufgaben sowie eine Zunahme eher dokumentarischer Tätigkeiten wie Inhaltserschließung und Recherchen fest. Auch die Nennung von Schlüsselqualifikationen wie z. B. Teamfähigkeit stieg im Vergleich von 1994 auf 1999 stark an.[10] Puschmanns Stellenanzeigenanalyse im Rahmen ihrer Diplomarbeit schließt zeitlich an die Analyse von Behm-Steidel an. Untersucht wurden die Jahre 2000 bis 2004.

2014 untersuchten Braun und Brunenberg-Piel Stellenausschreibungen für Fachreferatspositionen in Hinblick auf mögliche Veränderungen des Anforderungs- und Aufgabenprofils analog zu den wachsenden Anforderungen der Bibliotheken. Ausgewertet wurden Stellenanzeigen aus zwei Datenquellen (*InetBib, Bibliotheksdienst*) im Zeitraum Mai 2003 bis April 2013, deren Stellenbezeichnung „Fachreferent/in" oder die Nennung der Aufgaben „Bestandsaufbau" bzw. „Übernahme eines Fachreferats" enthielten.[11] Das Ergebnis der Studie zeigt, dass die Anforderungen an Fachreferent:innen noch weitestgehend an den „klassischen" Aufgaben – Literaturversorgung und Informationsvermittlung – ausgerichtet waren, die jedoch um neue Aspekte wie IT-Kompetenzen, Managementkenntnisse, ausgeprägte persönliche und soziale Kompetenzen oder Übernahme von Personalverantwortung ergänzt wurden. Von insgesamt 235 ausgewerteten Stellenausschreibungen beinhalteten lediglich 33 Anzeigen explizite Anforderungen aus den Bereichen Digitalisierung, Langzeitarchivierung, Elektronisches Publizieren, Open Access, Forschungsdatenmanagement und Virtuelle Forschungsumgebungen. Davon bezogen sich 16 auf Digitalisierungsaufgaben, 13 auf Open Access und vier auf das Elektronische Publizieren. Langzeitarchivierung wurde in drei Anzeigen als Aufgabe genannt, Virtuelle Forschungsumgebungen einmal, wohingegen das Forschungsdatenmanagement im untersuchten Zeitraum gar nicht vorkommt.

Söllner untersuchte 5.871 Stellenausschreibungen der Online-Stellenbörse *OpenBiblioJobs* im Zeitraum vom 17. Juli 2012 bis 24. Juni 2015. Im Fokus stand hierbei die Frage, welche „Spezialist/inn/en mit welchen Aufgabenprofilen von den Bibliothe-

---

10 Behm-Steidel, Gudrun: Kompetenzen für Spezialbibliothekare: eine Untersuchung zu Anforderungen und Qualifizierung von Beschäftigten in internen Informationsabteilungen. Berlin: Logos-Verlag 2001 (Berliner Arbeiten zur Bibliothekswissenschaft 6). S. 104–106. urn:nbn:de:bsz:960-opus-211 (01.11.2022).

11 Braun, Katrin u. Ulrike Brunenberg-Piel: Fachreferat heute. Analyse des Berufsbildes von Fachreferenten anhand von Stellenanzeigen der Jahre 2003 bis 2013. In: MALIS-Praxisprojekte 2014. Projektberichte aus dem berufsbegleitenden Masterstudiengang Bibliotheks- und Informationswissenschaften der Fachhochschule Köln. Hrsg. von Achim Oßwald. Wiesbaden: Dinges & Frick 2014 (B. I. T. online. Innovativ 50). S. 193.

ken im deutschsprachigen Raum“ nachgefragt werden.[12] Nach einer Grobfilterung der Anzeigen und einer Bereinigung um Dubletten, Anzeigen für Ausbildungsplätze, Archivar:innen, Dokumentar:innen und andere Qualifikationen, blieben 805 zu analysierende Stellenanzeigen übrig.[13] Während 46 % keinem Aufgabenprofil zugeordnet werden konnten, stellte Söllner einen Schwerpunkt auf Leitungspositionen und somit Managementaufgaben (36 %) fest. Reine Fachreferatsstellen beliefen sich auf 10,4 %. Weitere Aufgabenprofile, die Söllner für die Jahre 2012 bis 2015 identifizieren konnte, sind Forschungsdienstleistungen/Wissenschaftsmanagement (4 %), Open Access und wissenschaftliches Publizieren (2 %), Forschungsdatenmanagement (1 %) sowie E-Learning, Mediendidaktik, Learning Services (0,7 %).[14] Insgesamt kommt Söllner für den deutschsprachigen Raum zu dem Ergebnis, dass neben einer Häufung von Leitungsaufgaben gleichzeitig neue Aufgabenprofile gesucht werden, wobei das Fachreferat „als stärker disziplinär bestimmte Aufgabenbeschreibung [...] gegenüber den neuen, stärker funktional bestimmten“ in einem Verhältnis von 5:2 überwiegt.[15]

Die im Rahmen seiner Bachelorarbeit durchgeführte Studie von Zellmann aus dem Jahr 2018 wiederum rückte IT-Anforderungen unabhängig von der Art des Abschlusses und für alle Laufbahngruppen in den Fokus und untersuchte Stellenanzeigen auf *OpenBiblioJobs* im Zeitraum von 2012 bis 2017. Die Ergebnisse hinsichtlich der gewünschten IT-Kompetenzen vergleicht er mit den Inhalten von Modulhandbüchern und Studienordnungen deutscher informationswissenschaftlicher Studiengänge. Der Autor stellt insgesamt einen Anstieg IT-orientierter Ausschreibungen fest, wobei der Fokus zunächst mehr auf system- als auf datenorientierten Stellen liegt, dies aber 2017 nahezu ausgeglichen ist.

Das Berufsbild des Wissenschaftlichen Bibliothekspersonals aus Datensicht

Auf der Grundlage von zwei unterschiedlichen Daten-Perspektiven, (1) *Deutscher Bibliotheksstatistik* (DBS) und (2) *OpenBiblioJobs*, kann das Berufsbild des wissenschaftlichen Bibliothekspersonals und insbesondere das der wissenschaftlichen Bibliothekar:innen bzw. Fachreferent:innen näher beschrieben werden. Anhand der DBS untersuchen die Autor:innen die aktuelle Stellensituation der wissenschaftlichen Bibliotheken

12 Vgl. Söllner, Konstanze: Management-Abschluss oder Fachlaufbahn – Wohin entwickeln sich Anforderungsprofile und Karrierewege im wissenschaftlichen Bibliothekswesen? In: o-bib. Das offene Bibliotheksjournal (2016) Nr. 4. S. 263. DOI: https://doi.org/10.5282/O-BIB/2016H4S257-270.; ferner: Söllner, Konstanze: Bibliotheken ohne Bibliothekar/innen? Qualifikationen für die wissenschaftliche Bibliothek. In: Bibliotheksdienst (2017) H. 10–11. S. 852–863. doi:10.1515/bd-2017-0098 (01.11.2011).

13 Vgl. Söllner, Management-Abschluss (wie Anm. 12), S. 266.

14 Vgl. Söllner, Management-Abschluss (wie Anm. 12), S. 267.

15 Söllner, Management-Abschluss (wie Anm. 12), S. 267.

in Deutschland, deren Veränderung auch einen direkten Einfluss auf den Zuschnitt der Stellenausschreibungen hat. Die Weiterentwicklung des Berufsbildes wird vor allem in der Aufgabenbeschreibung und den gesuchten Qualifikationsprofilen sichtbar. In Kombination erlauben beide Analysen einen differenzierten Blick auf Dynamik und Realität für die Ausschreibung von Stellen in wissenschaftlichen Bibliotheken.

Entwicklung und Veränderung des Bibliothekspersonals anhand der Deutschen Bibliotheksstatistik

Um die Rolle wissenschaftlicher Bibliothekar:innen im Arbeitskontext genauer zu verstehen, lohnt es sich die Arbeitgeber:innen näher zu betrachten. In der DBS werden alle bibliotheksrelevanten Daten von öffentlichen und wissenschaftlichen Bibliotheken basierend auf der Internationalen Bibliotheksstatistik und der darin enthaltenen vereinheitlichten Definition ISO 2789 erfasst. Als Arbeitgeber für wissenschaftliche Bibliothekar:innen kommen sowohl Spezialbibliotheken sowie Universal- und Hochschulbibliotheken (WB) infrage.

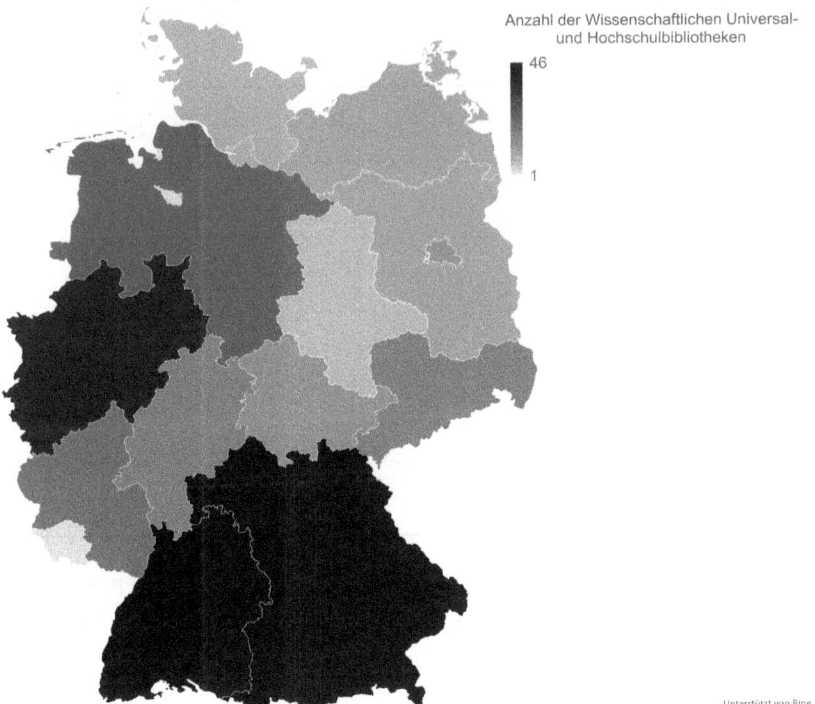

Abb. 1: Verteilung aller Wissenschaftlichen Universal- und Hochschulbibliotheken nach DBS auf Bundesländer

In der DBS ist hierfür vor allem die Stellenentwicklung im höheren Dienst interessant. Da keinerlei Daten für Spezialbibliotheken vorliegen, beschränkt sich die folgende Auswertung auf die Arbeitgeber in der Kategorie der Wissenschaftlichen Universal- und Hochschulbibliotheken. Für den Zeitraum 2016 bis 2021 werden insgesamt 254 Bibliotheken[16] aufgeführt, die sich auf folgende Bibliothekstypen aufteilen: 141 Fach-/ Hochschulbibliotheken, 3 Nationalbibliotheken, 24 Regionalbibliotheken, 83 Universalbibliotheken und 3 Zentrale Fachbibliotheken. In Tabelle 2 wird die regionale Verteilung der Wissenschaftlichen Bibliotheken auf die Bundesländer aufgezeigt und das Gesamtergebnis in Abbildung 1 dargestellt.

Tab. 2: Wissenschaftliche Universal- und Hochschulbibliotheken nach DBS – Verteilung der Bibliothekstypen auf Bundesländer

Bundesland	**Fach?/ Hochschulbibliothek**	**Nationalbibliothek**	**Regionalbibliothek**	**Universitätsbibliothek**	**Zentrale Fachbibliothek**
Baden-Württemberg	36		2	8	
Bayern	22	1	10	12	
Berlin	5	1	1	4	
vBrandenburg	5			3	
Bremen				1	
Hamburg	2			4	
Hessen	7	1	1	5	
Mecklenburg-Vorpommern	5		1	2	
Niedersachsen	10		3	8	1
Nordrhein-Westfalen	20		1	14	1
Rheinland-Pfalz	7		4	7	
Saarland	1			1	
Sachsen	11			4	
Sachsen-Anhalt	3			2	
Schleswig-Holstein	2			3	1
Thüringen	5		1	5	
Gesamtergebnis	**141**	**3**	**24**	**83**	**3**

In Bezug auf die Stellenausschreibungen sind vor allem die Angaben zum Bibliothekspersonal relevant, die entweder durch Mittel des Unterhaltsträgers (DBS-ID-Nr. 215 bis

16 Im Berichtsjahr 2021 haben 241 Institutionen an der DBS-WB teilgenommen, dies entspricht ca. 73 % aller deutscher Wissenschaftlichen Bibliotheken, die ihre Daten gemeldet haben. Vgl. Protokoll der 20. Sitzung der DBS-Steuerungsgruppe WB vom 14.6.22. https://service-wiki.hbz-nrw.de/pages/viewpage.action?pageId=99811480&preview=/99811480/791642244/Bericht_DBS_WB_20.pdf (14.3.2023).

218) oder durch Drittmittel (DBS-ID-Nr. 219) finanziert werden. In Tabelle 3 wird die Veränderung von 2016 zu 2021 nach Bibliothekstyp aus den Universal- und Hochschulbibliotheken dargestellt. Besonders auffällig ist, dass die Zahl des Bibliothekspersonals im höheren Dienst innerhalb der letzten fünf Jahre gestiegen ist, einzige Ausnahme sind in diesem Bereich die Fach-/Hochschulbibliotheken, die in Summe eine leichte Abnahme im Bereich des höheren Dienstes – aber auch für alle anderen Personalstellen – zu verzeichnen haben.

Tab. 3: Veränderung der Stellen zwischen 2016 und 2021 nach Bibliothekstyp

DBS-ID und -entsprechung		**Universitätsbibliothek**	**Zentrale Fachbibliothek**	**Regionalbibliothek**	**Nationalbibliothek**	**Fach?/ Hochschulbibliothek**
Bibliothekspersonalstellen, (ohne stud. Hilfskräfte), Nr. 215	2016	7.049,11	587,45	1.092,58	1.677,48	1.193,60
	2021	7.051,63	569,72	1.071,22	1.775,91	1.145,25
	Differenz	2,52	-17,73	-21,36	98,43	-48,35
Bibliothekspersonalstellen, darunter einfacher und mittlerer Dienst, Nr. 216	2016	3.248,83	166,32	550,69	719,3	576,58
	2021	3.082,36	133,89	537,55	727,76	534,86
	Differenz	-166,47	-32,43	-13,14	8,46	-41,72
Bibliothekspersonalstellen, darunter gehobener Dienst, Nr. 217	2016	2.814,82	126,3	405,12	713,38	518,76
	2021	2.779,27	141,8	392,83	737,23	515,22
	Differenz	-35,55	15,5	-12,29	23,85	-3,54
Bibliothekspersonalstellen, darunter höherer Dienst, Nr. 218	2016	995,57	56,89	126,66	244,8	59,92
	2021	1.194,09	79,07	151,81	310,92	56,53
	Differenz	198,52	22,18	25,15	66,12	-3,39
Personal, finanziert durch Drittmittel (ohne stud. Hilfskräfte), Nr. 219	2016	249,92	42,98	67,7	100,44	15,06
	2021	441,07	100,22	79,6	83,3	13,5
	Differenz	191,15	57,24	11,9	-17,14	-1,56
Anzahl der Bibliotheken		83	3	24	3	141

Stellenausschreibungen im höheren Bibliotheksdienst

Stellenausschreibungen im Bibliotheksdienst wurden mehrheitlich im betrachteten Zeitraum von 2016 bis 2021 sowohl über die Stellenbörse *OpenBiblioJobs* als auch über Mailingliste *InetBib* bis zur Änderung der Veröffentlichungsrichtlinien bis Ende März

2019 veröffentlicht.[17] Für die Auswertung der Stellenausschreibungen werden daher beide Datenquellen einander ergänzend als Grundlage verwendet. Dabei kann sich die Struktur der Stellenausschreibungen durchaus voneinander unterscheiden: Einige verfügen beispielsweise nur über wenige Angaben zur Stellenbezeichnung, Gehaltsklasse, Befristung und/oder Stellenumfang; andere liegen vollständig mit Angaben zu Aufgabengebieten und erforderlichen Qualifikationen vor.

Die Ausgangsdaten der Stellenausschreibungen sind so uneinheitlich und unstrukturiert, dass diese entsprechend der Fragestellung – welche Rückschlüsse auf das Rollenverständnis sich aus den Stellenausschreibungen bzw. -bezeichnungen ziehen lassen – aufbereitet, strukturiert sowie durch weitere Angaben ergänzt wurden. Im Folgenden werden diese Schritte für beide Datenquellen beschrieben.

Datengrundlage Mailingliste InetBib

Die Stellenanzeigen auf der Mailingliste *InetBib*[18] konnten über das Listenarchiv recherchiert werden. Die Stellenanzeigen wurden aufgrund ihrer Stellenbezeichnung oder beschreibenden Angaben zur Stelle ausgewählt. Für den Zeitraum wurden 116 Stellen mit einem Bezug zum Fachreferat identifiziert.

Datengrundlage Stellenbörse OpenBiblioJobs

Aus einem csv-Export von *OpenBiblioJobs*[19] ließen sich die Berufsbezeichnung, der Link zur vollständigen Stellenausschreibung sowie beschreibende Daten wie z. B. Entgeltgruppe, Teilzeit- oder Befristungsoptionen, Arbeitgeber und Bewerbungsfrist entnehmen. Diese Daten wurden nach den jeweils enthaltenen Informationen kategorisiert abgelegt und ggf. durch Einsicht in die vollständige Stellenanzeige ergänzt.

Innerhalb des betrachteten Zeitraums wurden insgesamt 15.140 Stellen auf *OpenBiblioJobs* gepostet. Um die Datengrundlage auf die Stellenanzeigen mit einem Bezug zum Fachreferat eingrenzen zu können, wurden drei Ausschlusskriterien definiert:

---

17 inetbib: Stellenangebote haben nun ein Zuhause! www.inetbib.de/2019/03/stellenangebote-haben-nun-ein-zuhause/ (01.11.2022).

18 InetBIB: Listenarchiv nach Datum. www.inetbib.de/listenarchiv/ (1.11.2022).

19 Datenabzüge der Jobposts von OpenBiblioJobs kann man in unregelmäßigen Abständen auf GitHub finden: www.github.com/openbiblioeu/OBJ-Daten (1.11.2022). Die Links zum Stellenangebot führen durch die Verwendung des Amber-Plugins seit 2019 i. d. R. auch zu Snapshots und somit zu der vollständigen Stellenausschreibung.

1. Stellen für Ausbildung oder eine ausbildungsbegleitende Tätigkeit,
2. Stellen im Ausland,
3. Stellen außerhalb des öffentlichen Dienstes.

Nach der Prüfung der Stellen blieben noch 12.438 Stellen übrig, die entsprechend den Laufbahngruppen zugeordnet wurden (zur Vorgehensweise siehe Abbildung 2). Es entfallen 257 Stellenausschreibungen auf den einfachen Dienst, 3.520 auf den mittleren Dienst, 5.896 auf den gehobenen Dienst und 2.210 auf den höheren Dienst. 555 Stellen enthielten entweder gemischt ausgeschriebene Stellen wie z. B. im mittleren oder gehobenen Dienst oder höherwertige B- bzw. W-Stellen (406 Stellen) oder konnten keiner Laufbahngruppe zugeordnet werden (149 Stellen).

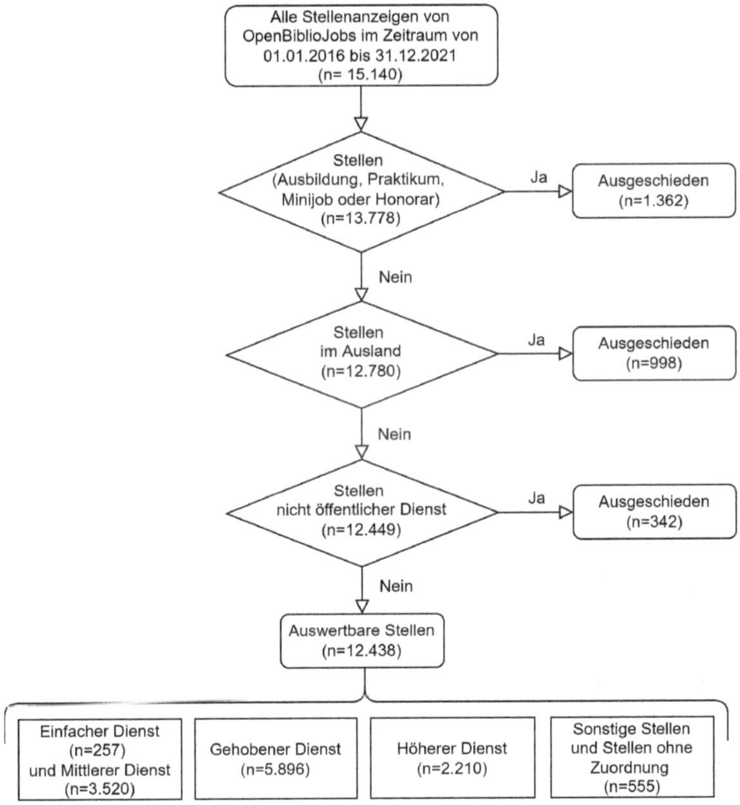

Abb. 2: Verfahren zur Eingrenzung der Datengrundlage

Nicht alle dieser auswertbaren Stellen enthalten Stellenanzeigen für Fachreferatsarbeit. Die Auswahl erfolgte analog zur Datenquelle *InetBib* nach Stellenbezeichnung oder Angaben der Stellen. Nach einer Deduplizierung[20] mit bereits vorhandenen Stellen aus *InetBib* wurden so zusätzlich 168 Stellen identifiziert.

Zusammenführung der Datenquellen und ergänzende Angaben

Aus den Datenquellen *InetBib* (109 Stellen) und *OpenBiblioJobs* (168 Stellen) wurden somit fachreferatsbezogene Stellen identifiziert (siehe Abbildung 3). Zusätzlich wurde für jede Stellenanzeige weiterführende Angaben zum Arbeitgeber, d.h. zum Bibliothekstyp, zur DBS-ID, zu Stadt und Bundesland, festgehalten und zur Beschreibung des Fachreferats die DFG-Fachsystematik[21] ergänzt.

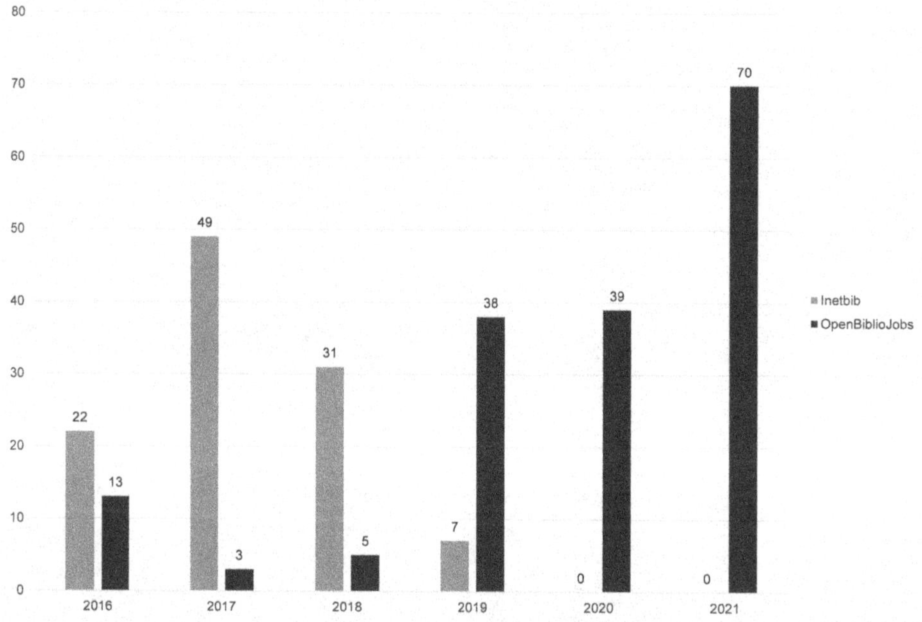

Abb. 3: Verteilung der Stellenausschreibungen der wissenschaftlichen Bibliothekar:innen auf die beiden Datenquellen InetBib und OpenBiblioJobs über die Jahre 2016 bis 2021

20 Die Deduplizierung erfolgte entweder durch den Link zur vollständigen Stellenbeschreibung oder aus einer Kombination aus Ausschreibungsort sowie -datum und der Stellenbezeichnung vorzugsweise mit weiteren beschreibenden Angaben zur Stelle.

21 Die Ergänzung der DFG-Fachsystematik dient der systematischen Übersicht über gesuchte Fachbereiche bzw. Fächer. Siehe: Deutsche Forschungsgemeinschaft: Fachsystematik. https://www.dfg.de/dfg_profil/gremien/fachkollegien/faecher/ (1.11.2022).

Ergebnisse der Analyse von Stellenausschreibungen für Bibliothekspersonal in wissenschaftlichen Bibliotheken

Die Datenauswertung erfolgte nach unterschiedlichen Kriterien. Zunächst wurden die Ergebnisse der regionalen Verteilung der Stellenausschreibungen nach Land bzw. Bundesland sowie die Rahmenbedingungen des Arbeitsverhältnisses, wie Befristung, Entgeltgruppe und Beschäftigungsumfang beschrieben. Anschließend richtete sich der Blick auf die Stellenbezeichnungen, die Verteilung der gesuchten Fächer sowie weitere zum Fachreferat hinzutretende Aufgabenbereiche.

Regionale Verteilung

Betrachtet man für Deutschland die Verteilung der Stellenausschreibungen nach Bundesland, so ist diese Anzahl im Verhältnis zu der Anzahl der in der DBS aufgeführten Bibliotheken je Bundesland zu sehen. Daraus ergibt sich aufgrund der Größe der Bundesländer und der dort vorhandenen Bibliotheken die höchste Ausschreibungsquote für Nordrhein-Westfalen mit 39 sowie Niedersachsen mit 38 Stellen, es folgt Bayern mit 33. Für den untersuchten Zeitraum wurden keine Stellenausschreibungen aus dem Saarland veröffentlicht.

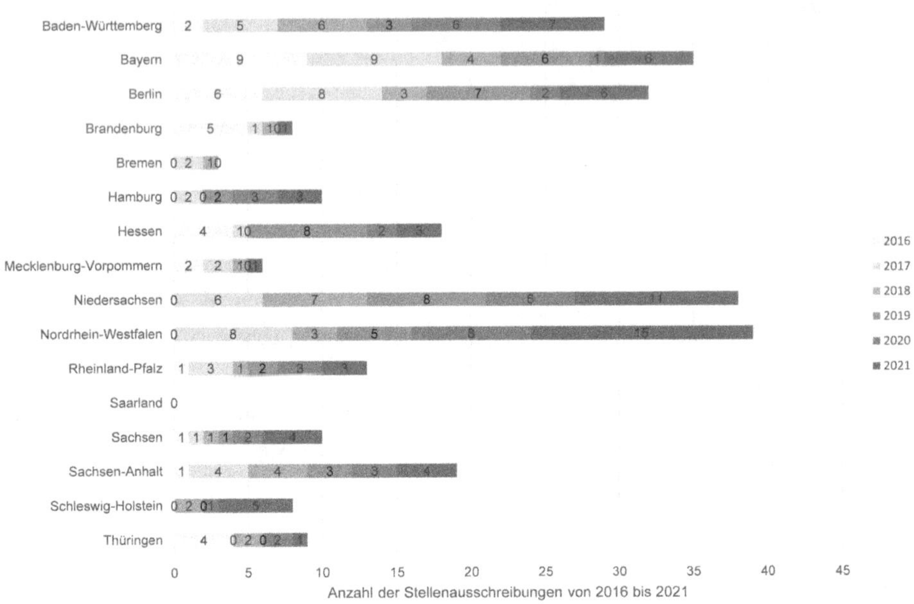

Abb. 4: Stellenausschreibungen nach Bundesland

Rahmenbedingungen der Arbeitsverhältnisse

65 der insgesamt 277 ausgewerteten Stellen waren befristet ausgeschrieben. 19 Stellen wurden explizit als „vorerst befristet“ ausgewiesen. 114 waren unbefristet und bei 50 war die Art der Befristung aus der Stellenbezeichnung nicht ersichtlich (unbekannt). Explizit als Krankheits- oder Elternzeitvertretung ausgeschrieben wurden 29 Stellen.

Die Befristungen variieren je nach Entgeltgruppe stark. Die meisten Stellen für wissenschaftliche Bibliothekar:innen mit Fachreferatsanteil wurden befristet mit der Entgeltgruppe E 13 ausgeschrieben (61 Stellen). Es folgen unbefristet mit der Entgeltgruppe E 13 ausgeschriebene Stellen (56 Stellen) und mit der Entgeltgruppe E 13 ausgeschriebene Stellen als Elternzeit- oder Krankheitsvertretung (28 Stellen). Die häufigste Ausschreibung von vorerst befristeten Stellen erfolgte ebenfalls in der Entgeltgruppe E 13 (13 Stellen).

	E13	E13, A13	E13, A13, A14	E13, A14	A13	A13, A14	E14	E14, A14	A14	E15	E15, A13, A15	E15, A15	A15	unbekannt
unbefristet	56	16	3	1	6	3	9	4	6	0	0	3	3	4
vorerst befristet	13	1	1	0	0	0	0	0	0	0	1	0	0	3
befristet	61	0	0	0	0	0	1	0	0	0	0	1	0	2
Vertretung	28	1	0	0	0	0	0	0	0	0	0	0	0	0
unbekannt	17	16	0	0	1	2	1	2	1	1	0	3	0	6

Abb. 5: Stellenausschreibungen Fachreferat – Befristungen nach Entgeltgruppen

Von den insgesamt 277 Stellenausschreibungen wurden 182 Stellen (66 %) als Vollzeit- sowie 44 (16 %) als Teilzeitstellen ausgeschrieben. Bei 51 Stellen (18 %) war der Beschäftigungsumfang nicht explizit angegeben.

Stellenbezeichnungen

Die Stellenbezeichnungen wurden intellektuell normiert, sodass Aussagen über die Anzahl von Ausschreibungen mit ähnlichen Bezeichnungen getroffen werden konnten. Über die Hälfte der Stellen wurden als Fachreferatsstellen ausgeschrieben (107 Stellen, 38 %), gefolgt von 40 Stellen (14 %) mit der Bezeichnung Wissenschaftliche:r Bibliothekar:in und Wissenschaftliche:r Mitarbeiter:in mit 17 Stellen (6 %).

Abb. 6: Die zehn häufigsten Stellenbezeichnungen

Auffällig ist, dass sich unter den zehn häufigsten Stellenbezeichnungen fast ausschließlich „klassische“ Berufsbezeichnungen wie „Fachreferent:in“ und „Wissenschaftliche:r Bibliothekar:in“ finden. Zudem wird in neun der zehn Fälle nur ein Tätigkeitsbereich genannt. Lediglich die Kombination „Fachreferent:in/Wissenschaftliche:r Mitarbeiter:in“ taucht unter den zehn häufigsten Bezeichnungen auf.

Insgesamt enthalten 249 Stellen nur eine einzige Stellenbezeichnung (wie z. B. Stellvertretende:r Bibliotheksdirektor:in, Abteilungsleiter:in, Wissenschaftliche:r Mitarbeiter:in). Bei 26 Ausschreibungen werden in der Bezeichnung Angaben zu mehreren Tätigkeitsbereichen gemacht (wie z. B. Referatsleiter:in Open Science und Fachreferent:in; Wissenschaftliche:r Bibliothekar:in/ Referent:in Öffentlichkeitsarbeit). Stellenausschreibungen enthielten keine Berufsbezeichnung.

Fächerbezeichnungen

Von 225 der 277 ausgewerteten Stellenanzeigen enthielten mindestens ein zu betreuendes Fach, 131 Ausschreibungen enthielten sogar mehrere Fachreferate. Insgesamt werden in den 225 Ausschreibungen 495 Fachreferate genannt, die nach der DFG-Fachsystematik klassifiziert und der obersten Ebene zugeordnet wurden. Mit 67,5 % der gesuchten Fachreferate (334 Nennungen) sind die Geistes- und Sozialwissenschaften am häufigsten nachgefragt. Es folgen die Ingenieurwissenschaften (54 Fachreferate), dicht gefolgt von den Naturwissenschaften (40 zu betreuende Fachreferate) und den Lebenswissenschaften (24 Fächer). 43 Fachreferaten konnte keine Fachsystematik zugeordnet werden. In Abbildung 7 werden die Fachreferate in einer Wortwolke entsprechend ihrer Ausschreibungshäufigkeit und ihrer DFG-Fachzugehörigkeit dargestellt.

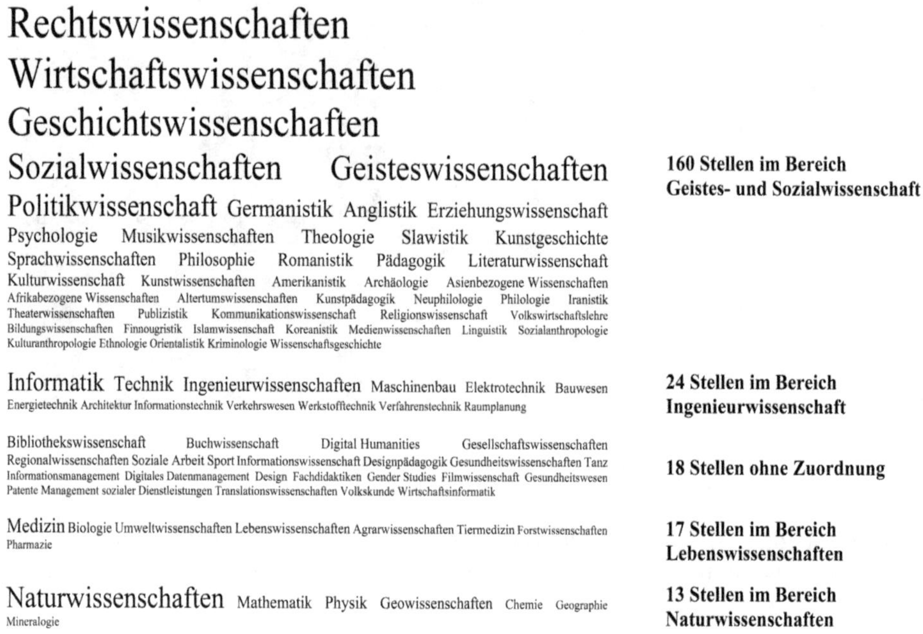

Abb. 7: Fächerverteilung nach DFG-Systematik: Geistes- und Sozialwissenschaften, Naturwissenschaften, Lebenswissenschaften, Ingenieurwissenschaften und ohne Zuordnung

Fachreferat plus

Um einen Überblick über die in den analysierten Stellenausschreibungen zusätzlich zum Fachreferat enthaltenen Aufgabenbereiche zu erhalten, wurden die Volltexte intellektuell ausgewertet in übergeordnete Kategorien eingeteilt (siehe Tabelle 4). Es wird deutlich, dass zusätzlich zu den klassischen Aufgaben im Fachreferat wie Bestandsmanagement und -entwicklung, Fachspezifische Informationsvermittlung oder Sacherschließung zahlreiche weitere Aufgaben in den Bereichen „Übergreifende Dienstleistungen“, „Forschungsunterstützende Tätigkeiten“, „Besondere Aufgabenbereiche“ sowie „Management- und Leitungsaufgaben“ hinzukommen. Dies verdeutlicht, dass das Fachreferat sich zu einem „komplexen und in vielen Teilaspekten hochspezialisierte Kenntnisse erfordernden Aufgabenkonglomerat“ entwickelt.[22]

Spezialkenntnisse sind beispielsweise in den unterschiedlichen Services und Beratungsfeldern zu Open Access, Forschungsdatenmanagement oder Urheberrecht unabdingbar. Darüber hinaus werden in hohem Maße Management-, Führungs- und Leitungskompetenzen gefordert. Besonders interessant erscheinen dabei die interdisziplinären Beschäftigungsfelder im Bereich der fachspezifischen Vokabulare und Ontologien sowie in der Maschinellen Erschließung.

Tab. 4: Aufgabenbereiche Fachreferat plus

Klassische Fachreferatsarbeit	**übergreifende Dienstleistungen**	**Forschungsunterstützende Tätigkeiten**	**Besondere Aufgabenbereiche**	**Management- und Leitungsaufgaben**
Bestandsmanagement und -entwicklung (112 Stellen)	Entwicklung zukunftsorientierter Dienstleistungen (79 Stellen)	Ansprechperson für Lehrende und Forschende, insb. Beratungen und Kommunikation (43 Stellen)	Gremienvertretung sowie externe Kooperationen (42 Stellen)	Projektarbeiten (88 Stellen)
Sacherschließung (103 Stellen)	Medien- und Informationskompetenz (60 Stellen)	Publikations- und Open-Access-Services (29 Stellen)	Digitalisierungsmaßnahmen (25 Stellen)	Leitungsaufgaben (69 Stellen)
Fachspezifische Informationsvermittlung (97 Stellen)	Benutzungsdienste (22 Stellen)	Services zum Forschungsdatenmanagement sowie Open Science (25 Stellen)	Öffentlichkeitsarbeit, Soziale Medien (24 Stellen)	Mitarbeiterführung (58 Stellen)
Spezielle fachliche Auskünfte (45 Stellen)	Services zum Wissenschaftliches Arbeiten, insb. Literatur-verwaltungsprogramme (14 Stellen)	Bibliometrische Services (10 Stellen)	Betreuung von Sammlungen (18 Stellen)	Prozess- und Qualitätsmanagement (27 Stellen)
Budgetplanung oder -koordinierung (37 Stellen)	Beratung von Studierenden (10 Stellen)	Beratung zu rechtlichen Fragestellungen, insb. Urheberrecht (9 Stellen)	Drittmittelakquise (15 Stellen)	Verwaltungsaufgaben (24 Stellen)

22 Tappenbeck, Inka u. Achim Oßwald: Fachliche Informationsberatung. Perspektiven für eine Neuorientierung der Fachreferatsarbeit. In: Bibliothekare zwischen Verwaltung und Wissenschaft. Hrsg. von Irmgard Siebert u. Thorsten Lemanski. Frankfurt a. M.: Klostermann 2014 (ZfBB Sonderband 111). S. 159–172, hier S. 160.

Klassische Fachreferatsarbeit	übergreifende Dienstleistungen	Forschungsunterstützende Tätigkeiten	Besondere Aufgabenbereiche	Management- und Leitungsaufgaben
	E-Learning-Services (8 Stellen)	Fachinformationsdienst (9 Stellen)	IT-Aufgaben und Digitale Dienste (8 Stellen)	Verhandlungen mit Verlagen oder Lieferanten (2 Stellen)
	Wissensgraphen und Terminologie (6 Stellen)	Digital Humanities (8 Stellen)	Aus- und Weiterbildung (5 Stellen)	
	Automatisierte Sacherschließung (5 Stellen)	Bibliographie (5 Stellen)	Bauplanung (4 Stellen)	

Fazit

Die beschriebenen Herausforderungen der Veränderung und des Wandels des Arbeitsmarkts sind auch in den Auswertungen der Stellen und vor allem in der Vielfalt an Aufgaben, die zusätzlich von Fachreferent:innen geleistet werden sollen (siehe Tabelle 4) ersichtlich. Die Analyse der Stellenausschreibungen verdeutlicht, dass klassische Fachreferatstätigkeiten und insbesondere die typischen Aufgabenbereiche der Bestandsentwicklung, Sacherschließung sowie der fachlichen Informationsvermittlung weiterhin gefordert werden. Darüber hinaus scheint eine gewisse Flexibilität (siehe Projektaufgaben) und Zukunftsorientierung (siehe Entwicklung von Dienstleistungen) eminent wichtig. Die Vielfalt an Kompetenzen und Fertigkeiten, die von Fachreferent:innen mitgebracht werden sollen, lässt offen, inwiefern alle Anforderungen der Arbeitgeber im vollen Umfang in naher Zukunft erreicht und vom akquirierten neuen Personal erfüllt werden können.

Bei der fachlichen Ausrichtung der Stellenausschreibungen fällt eine Diskrepanz in der Detailtiefe der Fachprofile auf. Während in den Geistes- und Sozialwissenschaften in der Regel mit einem recht spezifischen Fachprofil nach passenden Bewerber:innen gesucht wird, ist das Fachprofil laut Stellenausschreibungen für die übrigen Natur-, Lebens- oder Ingenieurwissenschaften weit weniger granular. Dies trägt der Ausdifferenzierung der Studienfächer, die auch in diesen Fachbereichen in den letzten Jahren stattgefunden hat, in keiner Weise Rechnung. In diesen Fächern wird von Fachreferent:innen also deutlich mehr Generalistentum gefordert als im geistes- und sozialwissenschaftlichen Bereich.

Diese Ausgestaltung überrascht insbesondere deshalb, weil die Weiterentwicklung von Bibliotheksservices auf Augenhöhe mit der Forschung gewährleistet werden muss und entsprechende Bedarfe zu decken sind. Laut den Stellenausschreibungen scheinen Fachreferent:innen probates Personal für die Entwicklung solcher akzessorischen und forschungsunterstützenden Services zu sein, da Fachreferent:innen durch weitere Aufgabenbereiche zunehmend ein Fachreferat plus ausfüllen. Mit den durch Fachreferent:innen entwickelten und betreuten Services kann angesichts der sich weiterhin verändernden Rahmenbedingungen eine fundierte Unterstützung der Hochschulen für Forschung und Lehre durch Universitätsbibliotheken geboten werden. Die Folgen für das Berufsbild werden im Editorial des o-bib-Themenschwerpunkts „Fachreferat 2021“ als „Spagat zwischen klassischem Profil und neuen Herausforderungen“[23] beschrieben. In den dazugehörigen Artikeln werden die Einblicke in das Fachreferat durch öffentlichkeitswirksame Posts mit dem Hashtag #fachreferatsfreitag beschrieben. Dies spiegelt sich zum einen in den Aufgabenbereichen Öffentlichkeitsarbeit und auch in der Rolle der Ansprechperson für die Wissenschaft wider.[24] Weitere Themen behandeln u. a. die agile Projektarbeit sowie neue Services in Forschungsdatenmanagement bzw. Digital Humanities.[25] Nicht nur werden alle dort beschriebenen Themen von den Aufgaben in den Tätigkeitsbeschreibungen der ausgewerteten Stellen abgedeckt, vielmehr handelt sich dabei explizit auch um die Aufgabenbereiche, die in den Stellenausschreibungen am häufigsten genannt wurden.

Die Stellenausschreibungen zeigen in Fach- und Kompetenzprofil deutlich, dass von den Stelleninhaber:innen Schnittstellenarbeit mit Forschenden zu leisten ist. Es darf daraus abgeleitet werden, dass in wissenschaftlichen Bibliotheken die Notwendigkeit zu einer forschungsnahen Ausrichtung des Personals im höheren Dienst angekommen ist. Während Stellenbezeichnungen wie „Fachreferent:in“ oder „Wissenschaftlicher Bibliothekar:in“ noch dominieren, kommen zunehmend auch andere Bezeichnungen wie „Wissenschaftliche:r Mitarbeiter:in“ ins Spiel, womit zunehmend Quereinsteiger:innen mit wissenschaftlichem Studium möglicherweise auch im Zusammenhang mit intensivierter Projektarbeit in wissenschaftlichen Bibliotheken akquiriert werden könnten, die ebenso Schnittstellentätigkeiten ausfüllen können.

Open Access, Fachinformationsdienste und die Beteiligung am Aufbau der Nationalen Forschungsdateninfrastruktur sind nur einige Beispiele der aktuellen Treiber der Hochschulen und insbesondere der wissenschaftlichen Bibliotheken. Die geförderte und geforderte Zusammenarbeit verstärkt die Nachfrage und den gesteigerten Wert der Rolle des Fachreferats auch in den Stellenausschreibungen. Um diese Schnittstellenpositionen in Bibliotheken strategisch entsprechend qualifiziert zu besetzen, werden vielfältige Wege je nach gesuchter wissenschaftlicher Ausrichtung beschritten. Schien das Bibliotheksreferendariat früher noch ein notwendiges Auswahlkriterium bei der Besetzung, sind nunmehr auch weiterqualifizierende Maßnahmen

---

23 Mersmann, Jana u. Caroline Leiß [u. a.]: Aufgabenspektrum Fachreferat. Ein Arbeitsgebiet im Wandel. In: o-bib. Das offene Bibliotheksjournal (2022) Nr. 2. S. 1. DOI: https://doi.org/10.5282/o-bib/5827.

24 Voß, Viola: Einblicke in den Bibliotheksalltag: #Fachreferatsfreitag. In: o-bib. Das Offene Bibliotheksjournal (2022) Nr. 2. S. 1–4. DOI: https://doi.org/10.5282/o-bib/5777.

25 Auberer, Benjamin u. Alexander Berg-Weiß [u. a.]: Potentiale nutzen und Verbindungen herstellen: Neue fachliche Aufgabenbereiche für Bibliotheken am Beispiel Forschungsdatenmanagement. In: o-bib. Das offene Bibliotheksjournal (2022) Nr. 2. S. 1–16. DOI: https://doi.org/10.5282/o-bib/5783.

im Bibliothekswesen denkbar. Das Ringen nach qualifizierten Mitarbeiter:innen zeigt sich auch in den Stellenbezeichnungen des auszufüllenden Berufs.

Thomas Nachreiner, Karolin Bubke und Sonja Rosenberger
Corresponding Author: Jana Mersmann

Zum Rollenverständnis von Fachreferent:innen – Außenansichten auf ein Arbeitsfeld im Umbruch

Abstract: Wer definiert das Rollenverständnis von wissenschaftlichen Bibliothekar:innen im Allgemeinen und Fachreferent:innen im Besonderen? Ausgehend vom pragmatischen Konsens der jüngeren Fachdiskurse wird versucht, mittels explorativer Umfragen die Voraussetzungen für ein mehrperspektivisches Rollenverständnis zu skizzieren. Konkret wird aus dem Blickwinkel zweier Anspruchsgruppen – Bibliotheksleitungen und bibliothekarischen Netzwerkakteur:innen (Fachinformationsdienste und Konsortien der Nationalen Forschungsdateninfrastruktur) – nach Schnittstellen und Divergenzen in der Rollen- und Funktionsdefinition von Fachreferent:innen gesucht. Dadurch wird nicht nur der Fachdiskurs zum Berufsbild fortgeführt, sondern auch der Versuch unternommen, die strukturellen Leerstellen in der Selbstbeobachtung der Profession zu beleuchten.

Keywords: Fachreferat, Rollenverständnis, Arbeitsfeld, Forschungsunterstützung, Umfrage, Bibliotheksleitung, Fachinformationsdienste (FID), Nationale Forschungsdateninfrastruktur (NFDI)

Kurzbiografien: Thomas Nachreiner (ORCID: https://orcid.org/0000-0002-0137-6283) ist promovierter Medienwissenschaftler und hat die Leitung des Referats Medienbearbeitung an der Universitätsbibliothek Passau inne, wo er auch Fachreferent für Mathematik/Informatik ist und den zugehörigen Lesesaal betreut. Er ist Mitglied der VDB-Kommission für Fachreferatsarbeit und publiziert v. a. zum Medienwandel in Bibliotheken sowie zu akademischen Informations- und Wissenskulturen. Kontakt: thomas.nachreiner@uni-passau.de

Karolin Bubke (ORCID: https://orcid.org/0000-0003-2548-7903) ist promovierte Historikerin und war viele Jahre als Fachreferentin für unterschiedliche geisteswissenschaftliche Fachreferate an der Universitätsbibliothek Bochum sowie im Bibliotheks- und Informationssystem (BIS) der Carl von Ossietzky Universität Oldenburg tätig. Im BIS war sie zudem Abteilungsleiterin zunächst der Fachabteilung Geistes- und Kulturwissenschaften, später der Benutzungsdienste sowie Leiterin des Universitätsarchivs. Derzeit ist Karolin Bubke Professorin für Informationswissenschaft an der Hochschule

Förderhinweis: Die Veröffentlichung dieses Beitrags im Open Access wurde durch den Verein Deutscher Bibliothekarinnen und Bibliothekare finanziell gefördert.

https://doi.org/10.1515/9783110790375-046

Hannover und Mitglied in der VDB-Kommission für Fachreferatsarbeit. Kontakt: karolin.bubke@hs-hannover.de

Jana Mersmann (ORCID: https://orcid.org/0000-0001-9952-3626) ist promovierte Biologin und seit vielen Jahren an der Universitätsbibliothek der TU Braunschweig als Fachreferentin für naturwissenschaftliche Fächer tätig. Zusätzliche Schwerpunkte ihres Engagements liegen in den Bereichen Forschungsdatenmanagement, Open Access und Bibliometrie. Außerdem ist sie für die Ausbildung im Höheren Dienst in wissenschaftlichen Bibliotheken an der Universitätsbibliothek Braunschweig verantwortlich und gegenwärtig Vorsitzende der VDB-Kommission für Fachreferatsarbeit. Kontakt: j. mersmann@tu-braunschweig.de

Sonja Rosenberger, M. A., M. A. LIS, (ORCID: https://orcid.org/0000-0002-7519-1476) ist an der Universitätsbibliothek Bochum tätig und koordiniert das dort angesiedelte Digital Humanities Center (DHC) der Ruhr-Universität Bochum. In dieser Funktion hilft sie bei der Ermittlung der Bedarfe und Anforderungen für die Digital Humanities auf dem Campus, organisiert Veranstaltungen und fördert die Vernetzung der lokalen DH-Community. Zugleich ist Sonja Rosenberger Fachreferentin für Anglistik/Amerikanistik, Klassische Philologie und Jura und unterstützt die VDB-Kommission für Fachreferatsarbeit als Mitglied. Kontakt: sonja.rosenberger@ruhr-uni-bochum.de

Rollenverständnisse zwischen Diskurs und Pragmatik

In der Einleitung zum o-bib-Themenschwerpunkt „Berufsbild wissenschaftliche/r Bibliothekar/in" benennt Rainer Plappert vier prägende Komponenten der Berufsbild-Diskussion: Neben den erforderlichen fachlichen Qualifikationen und den formalen Voraussetzungen zählt er v. a. das „Selbstverständnis bzw. die Eigenwahrnehmung der Betroffenen" sowie die praktische Realität des „tagtägliche[n] Arbeitsumfeld[s] [...] mit den in der Praxis ausgeübten Tätigkeiten"[1] hinzu. Ohne Zweifel sind Qualifikationen und Qualifikationswege ein zentraler Schauplatz in der Entwicklung des Berufsbilds. Für die hier unternommene Fokussierung des Rollenverständnisses von Fachreferent:innen soll jedoch die zirkuläre Dynamik der anderen beiden Komponenten hinterfragt werden:[2] Welche Spannungen, Diskrepanzen oder gar Konflikte lassen sich zwischen den formulierten Rollenerwartungen und den situierten Möglichkeiten des Rollenhandelns in der Praxis benennen? Und welche Perspektiven können dazu

---

1 Plappert, Rainer: Einleitung zum Themenschwerpunkt „Berufsbild wissenschaftliche/r Bibliothekar/in". In: o-bib. Das offene Bibliotheksjournal (2015) Nr. 3. S. 1. DOI: https://doi.org/10.5282/o-bib/2015H3S1-3.

2 Die Frage des Qualifikationsweges zum Fachreferat – gängigerweise im Schisma von postgradualer Ausbildung qua Referendariat und wissenschaftlicher Qualifikation im Masterstudiengang angesiedelt – ist organisationspolitisch relevant und verdient sicherlich eine eingehende Betrachtung. Als Binnendifferenzierung der Laufbahnvoraussetzungen ist sie hier aber kein primärer Beobachtungsaspekt.

beitragen, diese Rollenkonflikte für eine Erneuerung des Rollenverständnisses im Lichte der digitalen Transformation fruchtbar zu machen?

Diese Frage drängt sich auf, da sich das Bibliothekswesen als bewährt in seiner Heterogenität erweist und mithin auch ein einheitliches Berufsbild von Fachreferent: innen mit klar konturiertem Aufgabenspektrum eher konzeptionelle Fantasie als angewandte Praxis ist. Nachdem eine zwischen der genuinen Wissenschaftlichkeit des Bibliotheksdienstes und der primär administrativ verstandenen Service-Bibliothek polarisierende Grundlagendiskussion nunmehr beigelegt – oder zumindest verarbeitet – ist, lässt sich in den Debattenbeiträgen der letzten Dekade eine Art pragmatische Wende identifizieren. In Anlehnung an die Resultate der breit angelegten empirischen Erhebung unter Fachreferent:innen von Schröter gilt die Wahrnehmung des Fachreferats als „Mischarbeitsplatz […], bei dem der Anteil an klassischen Tätigkeitsfeldern meist eher gering ausfällt",[3] als Minimalkonsens. Eine variabel konfigurierte „Schnittstellenfunktion"[4] zwischen Bibliothek, Wissenschaft und Verwaltung erscheint dabei als gemeinsamer Nenner der bibliothekarischen Rollenbestimmung.

Dass die konkrete Ausprägung der Tätigkeit von Fachreferent:innen der organisationsspezifischen und disziplinären Pragmatik geschuldet bleiben muss, deuten z. B. auch die Fallstudien von Martin-Konle[5] – für die UB Gießen – und Kläre [u. a.][6] – für die UB Duisburg-Essen – an, in denen die Freisetzung von Fachreferatskapazitäten für Projektarbeit und Innovationsentwicklung als operative Strategie definiert ist und mithin das Berufsverständnis eines „Fachreferat plus X" zum Leitbild wird. Die variabel einsetzbaren Kapazitäten und Kompetenzen des höheren Bibliotheksdienstes werden zuvor schon bei Brintzinger[7] als wichtigste Ressource von wissenschaftlichen Bibliotheken beschrieben, die – aufsetzend auf der institutionellen wie fachlichen Vernetzung von Fachreferent:innen – zentrale Innovationstreiberin sein kann.[8] Konzeptionell konturiert wird diese Ausrichtung weiterhin bei Tappenbeck,[9] die das

3 Schröter, Marcus: Der wissenschaftliche Bibliothekar – eine aussterbende Spezies? Umfrage der VDB-Kommission für Fachreferatsarbeit zum Thema „Fachreferat: gestern – heute – morgen". In: 100. Deutscher Bibliothekartag in Berlin 2011. Bibliotheken für die Zukunft – Zukunft für die Bibliotheken. Hrsg. von Daniela Lülfing. Hildesheim: Olms 2012 (Deutscher Bibliothekartag). S. 207.

4 Schröter, Der wissenschaftliche Bibliothekar (wie Anm. 3), S. 208.

5 Vgl. Martin-Konle, Claudia: How to survive – Fachreferat in der funktionalen Einschichtigkeit oder die Form ist nur ein Teil des Ganzen. In: o-bib. Das offene Bibliotheksjournal (2015) Nr. 3. S. 4–7. DOI: https://doi.org/10.5282/o-bib/2015H3S4-7.

6 Vgl. Kläre, Christina [u. a.]: Fachreferat plus X: Transformation des wissenschaftlichen Dienstes an der Universitätsbibliothek Duisburg-Essen. In: o-bib. Das offene Bibliotheksjournal (2022) Nr. 2. S. 1–17. DOI: https://doi.org/10.5282/o-bib/5786.

7 Vgl. Brintzinger, Klaus-Rainer: Wissenschaft, Berufsbild und Fachreferat – das Ende einer jahrzehntelangen Debatte. In: Bibliothekare zwischen Verwaltung und Wissenschaft. 200 Jahre Berufsbilddebatte. Hrsg. von Irmgard Siebert. Frankfurt a. M.: Klostermann 2014 (ZfBB Sonderband, 111). S. 238–259.

8 Vgl. Brintzinger, Wissenschaft, Berufsbild und Fachreferat (wie Anm. 7), S. 258.

9 Vgl. Tappenbeck, Inka: Fachreferat 2020: from collections to connections. In: Bibliotheksdienst (2015) H. 1. S. 37–48. DOI: https://doi.org/10.1515/bd-2015-0006.

„Fachreferat 2020“ insbesondere im Hinblick auf die potenziell alle Bereiche des Forschungsprozesses umfassenden, beratenden Tätigkeiten als Vernetzungsaufgabe versteht, was sich im entsprechenden Titelmotto „from collections to connections“[10] verdichten lässt.

Zielsetzung und Methodik

Im Folgenden soll es nicht darum gehen, dieses variable und für organisatorische Neuausrichtungen durchaus praktikable Arbeitskonzept zu kritisieren. Gleichwohl wird eine Sensibilisierung für die Implikationen dieses Rollenverständnisses angestrebt, indem es aus verschiedenen Perspektiven konturiert wird. Anstoß des Vorhabens waren punktuelle individuelle Rollenreflexionen, die die VDB-Kommission für Fachreferatsarbeit im Zuge des o-bib-Themenschwerpunkts „Aufgabenspektrum Fachreferat: Ein Arbeitsgebiet im Wandel“[11] von Vertreter:innen verschiedener bibliotheksinterner und -externer Anspruchsgruppen eingeholt hat.

In der Ausarbeitung für die vorliegende Publikation haben die Autor:innen beabsichtigt, eine größere Zahl an qualitativen Betrachtungen einzuholen, die zunächst sogar aus drei Anspruchsgruppen stammten. Den jeweiligen Ansprechpartner:innen wurden rollenorientierte Fragen übermittelt, die in diesem Paper in anonymisierter Form ausgewertet werden. Dies sind erstens Leitungen von wissenschaftlichen Bibliotheken, deren Rollenverständnis in der strategischen Dimension von Organisationsstrukturen und Serviceentwicklung vermutet wird. Dies sind zweitens Akteur:innen der bibliothekarischen Vernetzung, nämlich die Fachinformationsdienste (FID) und die Konsortien der Nationalen Forschungsdateninfrastruktur (NFDI), deren Wahrnehmung von Fachreferent:innen, so die Vermutung, in der konnektiven Dimension zwischen Fachcommunity und Infrastrukturen anzusiedeln sein dürfte. Und dies waren drittens Wissenschaftler:innen, die eine zentrale Anspruchsgruppe darstellen, wenn es um die Dimension der Effektivität bibliothekarischer Dienstleistungen und die Außenwahrnehmung von Fachreferent:innen geht. Allerdings zeigte sich v. a. in der Auseinandersetzung mit dieser dritten Anspruchsgruppe die fundamentale praktische Schwierigkeit, diese in ihrer ausgesprochenen Heterogenität adäquat oder auch nur näherungsweise repräsentativ abzubilden, sodass letztlich nur die ersten beiden Anspruchsgruppen systematisch ausgewertet wurden. Bemerkenswerterweise lassen sich aber gerade aus der Erfahrung im Umgang mit den Wissenschaftler:innen nochmals die Herausforderungen für das Rollenverständnis von Fachreferent:innen pointiert aufzeigen.

---

10 Tappenbeck, Fachreferat 2020 (wie Anm. 9), S. 46.

11 Vgl. o-bib. Das offene Bibliotheksjournal (2022) Nr. 2. DOI: https://doi.org/10.5282/o-bib/2022H2.

Statements von Bibliotheksleitungen

Bibliotheksleitungen stellen in strategischer, personeller und struktureller Hinsicht die Weichen für die Weiterentwicklung von Bibliotheken insgesamt und ihren Dienstleistungen im Speziellen für alle Stakeholdergruppen. Daher wurden an Leitungen von Bibliotheken Fragen adressiert, die die Rolle der Bibliotheken in der Forschungsunterstützung thematisieren, sowie den möglichen Mehrwert einer Unterstützung von Forschung und Wissenschaft durch das Fachreferat beleuchten. Vor dem Hintergrund künftig gegebenenfalls schwindender personeller Ressourcen wurde zudem erfragt, wie wissenschaftliche Bibliotheken ihre Attraktivität als Arbeitgeberinnen erhöhen könnten.

Forschungsunterstützung: generische Basics – oder so spezifisch wie möglich?

Aus den 16 eingegangenen Statements von Bibliotheksleitungen aus verschiedenen Bundesländern geht deutlich die Ansicht hervor, dass sich speziell die Aufgaben der Fachreferent:innen weiterhin und maßgeblich in Richtung forschungsunterstützender Services verändern werden. Vielfach wird geäußert, dass es Aufgabe der Bibliothek sei, sich mit den immer spezifischeren Bedarfen der Wissenschaft eingehender zu beschäftigen. Universelle Angebote seien hierbei nicht zielführend, vielmehr müsse Forschungsunterstützung bedarfsgerecht erfolgen. Doch wie viele spezielle Anforderungen und zugeschnittene Dienste lassen sich umsetzen, und von wem kann das geleistet werden? Damit findet sich hier die Spannung zwischen Generalisten- und Spezialistentum wieder, die für das Rollenverständnis des Fachreferats konstitutiv zu sein scheint.

Ein fluider, bisweilen auch in einzelnen Fachdisziplinen fehlender einheitlicher Methoden-Kanon wird als dauerhaft gegebenes Problem angesehen: zum einen, da neue, insbesondere digitale Methoden selbst in einzelnen Fachkulturen sehr unterschiedlich bewertet und angewendet würden; zum anderen, da die Entwicklung in den Fachkulturen dem Angebot der Bibliotheken immer einen Schritt voraus sei. Vorgeschlagen wird, einen Kern an feststehenden Angeboten zu definieren, um Forschung mit entsprechenden Basisdiensten zu unterstützen. Weitere und insbesondere spezifischere Bedarfe könnten mangels Ressourcen und aufgrund anderer Aufgaben nicht immer in der notwendigen Tiefe erfüllt werden – und dahingehende Dienstleistungen dann mitunter auch nicht kontinuierlich vorgehalten werden:

> *Wenn diese zusätzlichen Angebote nur mittels befristeter Ressourcen (projekthaft) angeboten werden können, ist sehr frühzeitig zu evaluieren, ob sie zu einem langfristigen Angebot werden könnten und sollten. Aus Infrastruktursicht ist dies eine immense Aufgabe, da die meisten Bibliotheken ein breites Aufgabenportfolio bedienen (müssen?) und eine neue Fokussierung und ein Weglassen bis-*

> *heriger Angebote nicht nur die Veränderungsbereitschaft des bibliothekarischen Personals, sondern auch der Stakeholder voraussetzt.*[12]

Neue Aufgaben versus Routine – wie fortbilden und qualifizieren?

Mehrere Leitungen benennen als große Herausforderung generell die Qualifizierung des Bibliothekspersonals, ausdrücklich auch die der Kolleg:innen in den Fachreferaten. Um ihnen für neue und wechselnde Aufgaben die benötigten zeitlichen Ressourcen zu verschaffen, müssten sie von Routineaufgaben befreit werden. Ziel sei es, die Fachreferent:innen als kompetente Ansprechpartner:innen in die Institute und ihre Forschungsvorhaben zu integrieren. Durch Weiterbildung und insbesondere einen größeren Stellenumfang für neue Aufgaben könnten sie die Rollen professioneller ausfüllen, die ihnen in vielen Bibliotheken auch bereits ohne die notwendigen Veränderungen der Rahmenbedingungen zugefallen sind:

> *Fachreferent:innen können im Sinne der Liason Librarian[s] als Vermittler:innen fungieren, Forschende an einen Tisch holen, den Austausch mit den serviceerbringenden Einrichtungen fördern, Bedarfe ermitteln, Kontakte herstellen, um dann gemeinsam Services zu entwickeln.*

Ausdrücklich problematisiert wird die aktuelle fachfremde Betreuungspraxis von Fachreferaten, in der die forschungsnahe Expertise für die Fächer zumeist nicht mehr vorhanden sei oder nur aufgrund ausgeprägten individuellen Interesses bestehe. Dies konterkariere letztlich die „Begegnung auf Augenhöhe", die als ein in die Wissenschaft hinein vertrauensförderndes Moment verstanden und auch für Fachreferent:innen als motivationsstiftend erachtet wird. Dies korrespondiert mit der mehrfach geäußerten Einschätzung, dass fachspezifische Aufgaben in forschungsunterstützenden Diensten nur noch durch überregionale Vernetzung und Fachreferatskooperationen zu bewältigen seien.

Als gegenläufige Tendenz wird ausgemacht, dass Aufgaben in den Fachreferaten schon seit längerem und in zunehmendem Maße um Verwaltungs- und Managementaufgaben ergänzt worden seien, das Zeitbudget für den Ausbau neuer Aufgaben somit limitiert ausfalle. Auch wenn keine grundsätzliche ideologische Kontroverse mehr auszumachen ist, kollidieren somit offenbar Verwaltungsauftrag und akademischer Spezialisierungsanspruch schlicht auf dem Feld zeitlicher Ressourcen.

---

12 Hier und im Folgenden wird zitiert aus den der VDB Kommission für Fachreferatsarbeit übermittelten Statements, die wie geschildert in anonymisierter Form ausgewertet werden.

Fachreferent:innen – welche Rolle(n) werden sie künftig ausfüllen?

An konkreten neuen Dienstleistungen und Services im Forschungskontext, die auch oder vornehmlich aus den Fachreferaten zu stemmen seien, benennen Leitungen wissenschaftlicher Bibliotheken u. a. die Themen Publikationsunterstützung, Open Access, Urheberrecht, IT-Know-how sowie Data Science und Forschungsdatenmanagement. Auch genannt werden Normierung, die Entwicklung neuer Kommunikationsformen, die Anfertigung systematischer Reviews oder bibliometrischer Analysen. Bestehende Beratungsangebote seien zu ergänzen mit Blick auf Datenmanagement und -pläne, der Schulungsbereich um den Themenkomplex Open Science.

In Hinblick auf Forschungsunterstützung betont eine Leitung jedoch, es sei überhaupt erst zu klären, welche Rolle (implizit vielleicht: ob überhaupt irgendeine Rolle) Bibliotheken im Forschungsdatenmanagement einnehmen sollten. Dies sei in den Fachdisziplinen unterschiedlich zu bewerten, ebenso die Frage, ob die Vertreter:innen des Fachreferats seitens der Forschung als Partner:innen überhaupt (an-)erkannt und angesprochen würden.

Kritisch äußern sich mehrere Stimmen hinsichtlich der vorhandenen Kompetenzen der Fachreferent:innen: Je nach eigenem Studienfach (Informatik, Wirtschaftsinformatik, DH-Studiengänge) und Werdegang könne datenbezogene Forschung durchaus kompetent von ihnen unterstützt werden. Bei vielen Kolleg:innen lägen ausreichende Kenntnisse jedoch nicht vor. Angezweifelt wird auch, ob sie überhaupt eine tragende Rolle in diesem Kontext einnehmen könnten, da die notwendigen Dienste durch die IT-Abteilung geleistet würden oder eher im gehobenen Dienst angesiedelt seien, wie z. B. die Unterstützung im Metadatenmanagement. Im Gegensatz dazu wird ihnen aber auch eine umfassende Einsicht in die große Bandbreite bestehender Angebote zugestanden:

> *Fachreferent:innen sind in Hochschulen oft die einzigen, die die Angebots-Strukturen (Fachinformationsdienste, Forschungsdateninfrastrukturen, Open Access-Förderprogramme, Verlagsangebote, Konsortien) kennen. Ihnen kommt daher eine wichtige Vermittlungsfunktion zu. Als Fach-Wissenschaftler:innen können sie glaubhaft als Vermittler:innen gegenüber Wissenschaftler:innen fungieren.*

Insgesamt ergibt sich aus den Statements von Leitungen wissenschaftlicher Bibliotheken kein klares Bild, wie sich Aufgaben und Dienste in den nächsten Jahren weiterentwickeln oder verändern werden. Konstatiert wird jedoch, dass sie es grundlegend tun und dadurch die Ausrichtung und Aufgaben der Bibliotheken massiv beeinflussen werden. Deutlich zeigt sich: Aufgabenfelder sind noch nicht eindeutig definiert und könnten künftig weniger identitätsstiftend wirken. Entsprechend werden von den Fachreferent:innen Soft Skills wie Flexibilität und Innovationsfreude ausdrücklich erwartet, ebenso globales Denken, ein hohes Maß an IT-Kenntnis und die Bereitschaft und Fähigkeit, sich in neue Bereiche einzuarbeiten.

Dies bringt eine Leitung treffend auf den Punkt:

*Wissenschaftliche Bibliothekar*innen sind im Idealfall akzeptierte Ansprechpersonen für die Forscher*innen, die durch die teils unübersichtliche Angebotsvielfalt hindurchleiten, strukturelle Beziehungen zu anderen Projekten erkennen, dies spiegeln und als Information wiederum anbieten. Es ist stärker eine Frage der Haltung, denn der Inhalte. [...] Mehrwert: Überall, wo sie ihr fachwissenschaftliches oder informationswissenschaftliches Wissen einbringen können und damit der Forschung eine Vereinfachung, Beschleunigung, ein Sparring, ein Wegweisen bieten können und die Nachhaltigkeit der Daten/Projektergebnisse frühzeitig einbringen können.*

Die Fülle potenzieller Aufgaben steht damit zentralen Unsicherheiten gegenüber, die sich aus der Gemengelage von digitaler Transformation und noch offener Fragen in der Rollendefinition ergeben.

Statements aus den FID und den NFDI-Konsortien

Die von den Leitungen klar konstatierte notwendige Vernetzung der Fachreferent:innen mit überregionalen Forschungsdienstleistungen führt zur Befragung der Nationalen Forschungsdateninfrastruktur e. V. (NFDI) und der Fachinformationsdienste (FID), die fachspezifische Services für Forschende bieten. Zu berücksichtigen ist, dass die meisten FID von Fachreferent:innen aus ehemaligen Sondersammelgebieten (SSG) betreut werden, wohingegen die NFDI-Konsortien deutlich heterogener aufgestellt sind, also viele nicht-bibliothekarische Mitarbeiter:innen in ihren Gremien haben. Die höhere Rücklaufquote weist entsprechend die engere Vernetzung der Fachreferent:innen insbesondere mit den FID nach.

Es wurden alle in webis[13] eingetragenen Dienste angeschrieben, im Falle der NFDI erfolgte die Kontaktaufnahme zentral über die Geschäftsstelle der NFDI-Konsortien. An der Umfrage beteiligten sich insgesamt 13 FID und vier NFDI-Konsortien, wobei sie Fragen zur effektiven Zusammenarbeit zwischen FID und NFDI-Konsortien und Bibliotheken beantworteten, sowie dazu, welche Unterstützung sie von Fachreferent:innen oder generell Bibliotheken für ihren Tätigkeitsschwerpunkt benötigen.

Fachreferent:innen als Makler:innen externer Angebote nach innen und außen

Sowohl FID als auch NFDI sehen Fachreferent:innen in einer Multiplikator:innenfunktion für die eigenen Angebote und Tools. Bemerkenswert ist, dass sie sich dabei nicht allein auf den zu vermutenden Brückenschlag zur Fachcommunity beschränken, sondern sich gleichsam die Dissemination ihrer Services an Kolleg:innen der eigenen

13 webis: FID-Einrichtungen. https://wikis.sub.uni-hamburg.de/webis/index.php/FID-Einrichtungen (17.10.2022).

oder auch anderer Bibliotheken wünschen. Beide Netzwerke betonen, dass der Austausch mit den Fachreferent:innen über eigene Erfahrungen und die der Forschenden mit den von FID und NFDI entwickelten Services entscheidend sei. Darüber hinaus sei eine proaktive Kontaktaufnahme der Fachreferent:innen mit entsprechenden FID und NFDI zu Aspekten wie lokal nicht mehr erfüllbaren Literaturwünschen, Datenquellen, infrastrukturell-fachlichen Fragen, Herausforderungen im Forschungsdatenmanagement oder Digitalisierungsbedarfen hilfreich. Die Fachreferent:innen werden somit von den beiden befragten Netzwerkpartnerinnen als umfassender „Kummerkasten" hinsichtlich der Forschungsunterstützung wahrgenommen, die Aktivitäten in Richtung der Forschenden/Studierenden und Netzwerke zugleich anstrengen sollten. Mit dieser zugedachten Multiplikatorfunktion einher geht auch die Vermittlung der von NFDI und FID entwickelten Services in entsprechenden, vorzugsweise von Fachreferent:innen und NFDI/FID gemeinsam gestalteten Informations- und Schulungsangeboten.

Beide Serviceanbieterinnen wünschen sich einen intensiven Austausch mit Fachreferent:innen darüber, wie Unterstützungsangebote für die Forschenden am besten aufbereitet werden sollten. Denkbar erscheinen hier sowohl Vor-Ort-Veranstaltungen als auch die Vermittlung durch Tutorials, Handouts und Flyer, die gern kooperativ erstellt werden sollten. Darüber hinaus ließen sich Veranstaltungen besonders gut dazu nutzen, um Bedarfe der Forschenden direkt aufzunehmen. Neben den durch die Initiativen entwickelten Angeboten und Tools wurden dabei auch folgende Themen genannt: Publikationsmanagement und -beratung, FID-Lizenzen, Forschungsdatenmanagement und entsprechende Lizenzen für Forschungsdaten und -software, Etablierung und Nutzung von persistenten Identifikatoren für alle Publikationstypen, sowie ein Austausch zu allgemeinen und fachspezifischen Metadaten und Vokabularien.

Von Fachreferent:innen zu Networker:innen

Aus den Statements von NFDI und FID geht hervor, dass von Fachreferent:innen eine tiefgehende Verwurzelung in der eigenen Fachdisziplin erwartet wird, die sich u. a. in der Teilnahme an Mitgliederversammlungen der Fachvereinigungen, an Fachkonferenzen oder Poster-Sessions oder, niedrigschwelliger, durch die Besetzung von Infoständen oder die Übernahme von Panelleitungen auszeichnet. Insbesondere in Zusammenarbeit mit den NFDI wurde die Möglichkeit eines Engagements in NFDI-Sektionen mit Querschnittsthemen wie Infrastruktur, Ethik und Recht, Bildung und Metadaten betont.

Voraussetzung für dieses vielfältige Networking sei allerdings, dass Fachreferent:innen aktiv aus ihren fachwissenschaftlichen Kenntnissen heraus die eigene Rolle in der Forschungsunterstützung erkennen und weiterentwickeln. Eine eigene Wissensbasis über akzessorische Dienste und die Bedarfe der eigenen lokalen Fachcommunity in relevanten Instituten und Forschungsverbünden zu schaffen, gilt dabei als zentrale

Aufgabe, ohne die die Mittlerrolle von Fachreferent:innen zwischen Forschenden und forschungsunterstützenden Initiativen nicht gewinnbringend eingenommen werden kann. Als Beispiel dafür wurde die fachreferatsgesteuerte Erwerbung von FID-Lizenzen benannt.

Insbesondere von den NFDI-Konsortien geht der Wunsch aus, Fachreferent:innen mögen sich zu Data Stewards an der Schnittstelle zur Forschung entwickeln. Die detaillierte Kenntnis von Strukturen, Zielsetzungen und Services der unterschiedlichen Initiativen, auf die sie bei ihrer täglichen Arbeit zurückgreifen mögen, sowie ihre Expertise im generischen und fachspezifischen Forschungsdatenmanagement machen Fachreferent:innen zu „the (wo)men on the ground" für FID, NFDI und Forschende gleichermaßen. Insbesondere vor dem Hintergrund fortschreitender Interdisziplinarität in der Forschung müsse die Wahrnehmung der Services von FID und NFDI über die Grenzen des eigenen Faches hinaus reichen und müssten Fachreferent:innen über ausreichend Kenntnisse darüber verfügen, zu welchen Themen und mit welchen Fächern Forschungskooperationen bestehen. Dies bedinge, dass die Sensibilität für die Spezialbedarfe des eigenen Faches geschärft werden müsse.

Klassische Fachreferatsaufgaben weiterhin gefordert

Die Umfrage offenbarte allerdings auch, dass weiterhin und in nicht zu unterschätzendem Maße ein Bedarf an klassisch bibliothekarischen Kompetenzen besteht, die auch Fachreferent:innen zugesprochen werden. Die Themenbereiche fokussieren sich hier auf Erwerbung, Metadatenmanagement, Sacherschließung und Informationskompetenz.

Von Fachreferent:innen müsse z. B. geklärt und entsprechend kommuniziert werden, inwiefern lokale Bestände ergänzende Fachliteratur benötigten – ein Service vieler FID auch im Zusammenhang mit von diesen ausgehandelten FID-Lizenzen. Da viele Services der FID auf erworbenen oder lizenzierten Beständen beruhen, sei ein fundiertes Metadatenmanagement inklusive einer zeitnahen, qualifizierten Sacherschließung eine entscheidende Unterstützungsleistung von Bibliotheken.

Darüber hinaus etabliert sich der Bereich der Forschungsdaten als Betätigungsfeld für Fachreferent:innen, aber explizit auch für Kolleg:innen anderer Bereiche, z. B. in Institutsbibliotheken und Spezialsammlungen und als Arbeitsgebiet „aller Statusgruppen außerhalb des klassischen Fachreferats". Die Entwicklung standardisierter Metadatenschemata unter Einbezug diverser Klassifikationssysteme und Normdaten sowie die Verknüpfung von Primär- und Sekundärliteratur als Grundlage für eine verbesserte Literatur- und Forschungsdatenrecherche[14] wurden sowohl von FID als auch von NFDI als Beispiele für einen kompetenten Umgang mit Metadaten genannt. Dieser

14 Aktuell gelinge dies nur schlecht, *„da Publikationskataloge (z. B. Bibliothekskataloge) und Forschungsdatenrepositorien kaum Verknüpfungen teilen"*.

werde vorzugsweise in Bibliotheken verortet und sei für die Entwicklung weiterer Services unabdingbar. Als Tendenz ist hier vor allem seitens der FID erkennbar, dass die Rollenerwartungen an Fachreferent:innen nach wie vor von klassischen Tätigkeiten geprägt sind.

Fachreferent:innen als Anwender:innen

Nichtsdestotrotz äußerten sowohl FID als auch NFDI den Wunsch, Fachreferent:innen mögen sich auch verstärkt praktisch in die Breite der forschungsunterstützenden Services ihrer Bibliothek einbringen. Dazu gehört beispielsweise das Nutzen von Repositorien und Verzeichnissen von Forschungsdaten, die sich anhand der eigenen Fachexpertise auch weiterentwickeln lassen, z. B. durch Filtermöglichkeiten nach Fachdisziplinen, die insbesondere von institutionellen Repositorien derzeit meist nicht angeboten werden. Auch

> *die Ausgestaltung, de[n] Betrieb und die Verwaltung von Sammlungen von allgemeinen und fachspezifischen Vokabularen, Metadaten und Ontologien*

sehen die FID und NFDI als Aufgabenfeld für Fachreferent:innen, die ihre Expertise beim Testen von Tools schon in der Pilotphase einbringen können.

Fazit

Auf den ersten Blick scheint die Essenz aus 33 qualitativen Einschätzungen zu sein, dass es nahezu nichts gibt, was ein:e Fachreferent:in nicht ist bzw. sein könnte. Ob aus Leitungs- oder Netzwerkperspektive: Die Fülle potenzieller Fachreferatsaufgaben umfasst derart weite Bereiche von Forschung und Lehre, dass gerade aufgrund des bibliothekarischen Generalistentums die inhärente Begrenztheit als Strukturmodell augenfällig wird. Mithin ist die situierte Spezialisierung auf einzelne Dienstleistungen am Mischarbeitsplatz allein schon aus Zeit- und Ressourcengründen geboten oder wird – nolens volens – die Auslegung als Schnittstelle gefördert, die einerseits lokal zwischen Wissenschaft und Bibliothek verknüpft oder aber strukturell den Konnex zwischen lokalen, regionalen und nationalen Institutionen der Informationsinfrastruktur herstellt.

Dies ist fraglos eine kontinuitätsstiftende Fortschreibung der Berufsbilddebatte des letzten Jahrzehnts, in der sich aber auch die Fragilität des Rollenverständnisses von Fachreferent:innen zeigt. Die Zauberformel der pragmatischen, situierten Spezifik in der Rollenauslegung wird somit zur Diagnose einer allgemeinen Nicht-Spezifik, die positiv wie negativ ausgelegt werden kann: positiv besehen als eine besonders adaptionsfähige Rollenidentität, die den Fragestellungen einer offenen Zukunft umso flexibler begegnen kann;[15] negativ besehen aber als eine nurmehr formale Kategorie, die einer definierbaren Zweckbestimmung entbehrt und obsolet erscheint.[16]

V. a. mit Blick auf diese zweite, höchst kritische Lesart kann nicht ignoriert werden, dass die Diskussion von einer konstitutiven Unschärfe geprägt ist, wenn „Fachreferat" und „Wissenschaftlicher Bibliotheksdienst" kategorisch gleichgesetzt werden:[17] Gerade die Spezialisierung auf neue Arbeitsfelder, wie z. B. die mit der digitalen Transformation intrinsisch verbundene Herausforderung des Forschungsdatenmanagements, verdeutlicht, dass sich die Veränderung des Rollenverständnisses nicht als schlichte Addition von Tätigkeitselementen vollziehen wird. Wie insbesondere die Reflexionen der Netzwerkakteur:innen illustriert haben, tritt zu den – noch durchaus traditionsorientierten – Rollenmustern der Informationskurator:innen und -vermittler:innen eine klar digital geprägte Anforderung des IT- und Datenmanagements, die sich nicht zuletzt in eigenständigen Tätigkeitsprofilen wie Software-Tester:in oder Data Steward zeigt. Sicher: Auch dies könnten Fachreferent:innen sein. Offen ist aber, inwieweit oder bis wann dahingehende Tätigkeitsanteile in ähnlicher Weise identitätsstiftend wirksam werden können, wie es die tradierten bibliothekarischen Kategorien in Ansätzen noch sind.

Nicht zuletzt deshalb, so die Vermutung der Autor:innen, wird für die Rollenlegitimation der Fachreferent:innen auch weiterhin der nominell präfigurierte Bezug zum Fach und mithin der Fokus auf die zugehörige Fachcommunity bemüht, auch wenn die damit einhergehende, gern betonte Forderung nach fachspezifischer Augenhöhe nicht flächendeckend einzulösen ist.[18] Zwar lässt sich diese Augenhöhe noch auf Ebene eines übergreifenden Wissenschaftsverständnisses verorten, jedoch verbirgt sich hinter dem schier omnipräsenten Community-Bezug schlussendlich doch die zentrale Krux bei der Suche nach Außenansichten auf das Fachreferat, denn: Kennen die Fachreferent:innen ihre Communities und – vice versa – die Communities ihre Bibliothek?

Wie eingangs dargestellt, hatten die Autor:innen ihre jeweiligen fachwissenschaftlichen Community-Netzwerke darum bemüht, die Wahrnehmung ihres Berufsstands zu spiegeln – und waren dabei vermutlich auch aufgrund der folgenden beiden Aspekte an ihre Grenzen gestoßen: Zum einen gibt es, wenig überraschend, jenseits der Bibliothek oftmals keine Sensibilität für ihre interne Rollendifferenzierung, sodass Fragen nach dem Rollenverständnis bestenfalls für den Sammelbegriff „Bibliothekar:

---

15 Vgl. z. B. Brintzinger, Wissenschaft, Berufsbild und Fachreferat (wie Anm. 7), S. 249–250.

16 Besonders prominent präsentiert wurde diese Diagnose von Achim Bonte im einschlägigen Vortrag: Bonte, Achim: Der wissenschaftliche Dienst in der Digitalen Bibliothek. Was kommt nach dem Fachreferentensystem? Vortrag zur Veranstaltung „Berufsbild Wissenschaftliche(r) Bibliothekar(in) heute". Frankfurt a. M. 2014. https://de.slideshare.net/Achim_Bonte/der-wissenschaftliche-dienst-in-der-digitalen-bibliothek-was-kommt-nach-dem-fachreferentensystem-39650127 (4.11.2022) – siehe dazu v. a. die Präsentationsfolien 10–11.

17 Vgl. hierzu auch Auberer, Benjamin [u. a.]: Potentiale nutzen und Verbindungen herstellen. In: o-bib. Das offene Bibliotheksjournal (2022) Nr. 2. S. 3–4.

18 Vgl. u. a. Schröter, Der wissenschaftliche Bibliothekar (wie Anm. 3), S. 194–199.

in“ veranschlagt werden können und nicht für die organisationsintern differenzierungsrelevanten Rollen. Zum anderen entstand der durchaus erwähnenswerte Eindruck, dass externen Anspruchsgruppen zumeist nur die bibliothekarischen Funktionen und Dienstleistungen bewusst sind, die sie selbst (intensiv) nutzen. Mithin ist zu vermuten, dass das Gros der Wissenschaftler:innen und Studierenden vorrangig klassische Rollenerwartungen gegenüber der Bibliothek hegt und neue Themen oder Services nicht umgehend mit der Bibliothek assoziiert.[19] Diesen komplexen Herausforderungen lässt sich nicht in allen Facetten mit einer pauschalen Empfehlung begegnen. Der übergreifende Bedarf für die Arbeit am Rollenverständnis könnte jedoch sein: ein strategisch ausgerichtetes, weiterhin flexibles Rollenhandeln, das sowohl jenseits tradierter Erwartungen als auch jenseits des pragmatisch notwendigen *anything goes* identitätsstiftende Domänen und Arbeitsformen hervorbringt.

19 Vgl. hierzu auch Gilman, Todd (2017): Academic librarianship today. Lanham, MD: Rowman & Littlefield Publishers. S. 226.

Wilfried Sühl-Strohmenger und Inka Tappenbeck

Wissenschaftliche Bibliothekar:innen gestalten die digitale Transformation – Fazit und Perspektiven

Das vorliegende Praxishandbuch bietet einen Überblick über aktuelle Tätigkeiten und Handlungsfelder wissenschaftlicher Bibliothekar:innen im Kontext des digitalen Wandels, verbunden mit Überlegungen zu neuen Rollen und Herausforderungen. Die insgesamt 35 Beiträge kommen dabei dem Anspruch einer 360-Grad-Sicht nahe, auch wenn einzelne sehr spezielle Tätigkeitsbereiche, wie beispielsweise das Ausrichten von Ausstellungen, nicht explizit thematisiert werden. Abgerundet wird das Handbuch durch zwei daten- und materialreiche Darstellungen zum Rollenverständnis wissenschaftlicher Bibliothekar:innen bzw. Fachreferent:innen und zu den an sie gerichteten Rollenerwartungen im Kontext sich verändernder Rahmenbedingungen.

Das Handbuch sollte in Form von Darstellungen aus der Perspektive der Praxis zeigen, was den Beruf und die Tätigkeiten wissenschaftlicher Bibliothekar:innen heute ausmacht und wie sich dabei die eingangs angesprochene „Wissenschaftlichkeit" des Berufsstandes in den verschiedenen Aufgabenbereichen manifestiert. Sodann war danach gefragt, wie sich die digitale Transformation auf die Handlungsfelder wissenschaftlicher Bibliothekar:innen auswirkt,[1] schließlich, welche Überlegungen sich daraus für das Rollenverständnis dieses Berufsstandes ergeben können. In der Rückschau auf die Kapitel dieses Handbuches lassen sich nun einige Antworten auf diese Fragen geben.

Handlungsfeld „Medien und Informationen erwerben, erschließen und vermitteln"

Im Handlungsfeld „Medien und Informationen erwerben, erschließen und vermitteln" lassen sich viele Kontinuitäten zu der Zeit vor der digitalen Transformation erkennen, aber auch Veränderungen und Brüche identifizieren. Nach wie vor besteht das bewährte Instrumentarium des Erwerbens: die Sichtung der Buchhandelsverzeichnisse, der Nationalbibliografien und der Besprechungsdienste. Hinzugekommen ist die Beachtung von Blogs, Mailinglisten oder sozialen Medien, dies belegt den Einfluss des Digitalen auf die Erwerbung, die ihrerseits längst durch elektronische Abläufe geprägt

1 Vgl. dazu auch: Sühl-Strohmenger, Wilfried: Digitale Welt und Wissenschaftliche Bibliothek – Informationspraxis im Wandel. Determinanten, Ressourcen, Dienste. Kompetenzen. Eine Einführung. Wiesbaden: Harrassowitz 2008 (Bibliotheksarbeit 11).

https://doi.org/10.1515/9783110790375-047

ist. Eine Bevorzugung von E-Medien, vor allem im Rahmen von Paketen, ist unstrittig, aber die Nutzungsorientierung vor Ort spielt auch bei Erwerbungsentscheidungen mit Bezug auf diese Medien eine große Rolle. Es kommt daher auf den direkten Kontakt zu den Nutzenden an – die Vertrautheit der Fachreferent:innen mit Entwicklungen in ihrer Fachwissenschaft und an ihrer Hochschule ist unverzichtbar. Dieser Kontakt lässt sich heute jedoch durch die Nutzung digitaler Tools anders gestalten und erweitern.

Auch die Bestandsentwicklung und damit einhergehend die Katalogentwicklung bleiben ein zentrales Element im Tätigkeitsprofil wissenschaftlicher Bibliothekar:innen, heute jedoch unter durchaus veränderten Rahmenbedingungen, bei denen Discovery-Systeme und Catalogue Enrichment eine immer größere Rolle spielen. Informationsservices werden zunehmend entlang des Forschungszyklus' angeboten und präsentiert, müssen also für die Zielgruppen dort auch sichtbar und wirksam sein. Eine deutliche Ausweitung des Handlungsfeldes bringen die Fachinformationsdienste (FID) mit sich, weil hier standortübergreifend gedacht und kommuniziert werden muss – auch mittels Social Media oder Blogs –, IT-Kompetenzen sind genauso erforderlich wie Fähigkeiten zur Drittmittelakquise, zur Personalführung oder zur Schnittstellenarbeit.

Handlungsfeld „Lehren und Lernen in der Bibliothek"

Das Handlungsfeld „Lehren und Lernen in der Bibliothek" ist geprägt durch die Ausweitung der sich inhaltlich und methodisch ausdifferenzierenden Angebote mit einem zunehmenden Schwerpunkt im Bereich der digitalen und hybriden Formate. Neben eine Förderung der notwendigen Kompetenzen beim Umgang mit digitalen Informations- und Medienressourcen tritt mehr als früher die aktive Beratung als Begleitung von Forschungsvorhaben, d. h.: Wissenschaftliche Bibliothekar:innen müssen die verschiedenen bibliothekarischen, fachlich-methodischen und pädagogischen Fähigkeiten gleichermaßen entwickeln und in Beziehung zueinander setzen. Zu den bisherigen Kompetenzbereichen sind weitere, wie z. B. die Schreib-, Publikations-, Daten- oder Urheberrechtskompetenz, hinzugekommen, vor allem auch die an den Hochschulen und wissenschaftlichen Einrichtungen stark geforderte Data Literacy, also das Sammeln, Managen, Evaluieren und Anwenden von Daten in Studium, Forschung und Lehre. Die enge Kooperation mit den an den Hochschulen Lehrenden ist dabei unabdingbar, dabei kommt es auf Kommunikationsfähigkeit im Kontext von Netzwerken, Gremien und Veranstaltungen an.

Diese Lehr-Lernprozesse vollziehen sich in einem räumlichen Umfeld, das durch bauliche Umorganisation und durch Magazinierung nicht mehr benötigter Printressourcen erweitert und neu gestaltet werden kann. Das vorausschauende, nutzungs- und bedarfsorientierte Planen von Lernräumen unter Berücksichtigung mit der digitalen Transformation gegebener Rahmenbedingungen für Lernende und Lehrende wird somit zu einer wichtigen Aufgabe bauender Bibliothekar:innen. Der Einsatz von

E-Learning- und Hybrid-Formaten hat sich nicht erst im Zuge der Covid-19-Pandemie auch in den Hochschulbibliotheken deutlich verstärkt und stellt damit auch höhere Anforderungen an Teaching Librarians. Die Bibliothek setzt nicht nur neue Methoden und Techniken des E-Teaching ein, sondern kann sich zu einem zentralen Lernzentrum entwickeln, in dem analoge und digitale Elemente zu hybriden Lernszenarien verbunden werden. Dies bedingt auf der Seite der mit Lehre und Lernbegleitung befassten Bibliothekar:innen eine deutlich stärkere Hinwendung zu den Fächern und den Fachlehrenden, um eine vernetzte digitale Förderung von Informations-, Daten- und Forschungskompetenz zu ermöglichen.

Handlungsfeld „Wissenschaftler:innen beraten und unterstützen“

Im Handlungsfeld „Wissenschaftler:innen beraten und unterstützen“ kommt dem Fachreferat, vor allem in Richtung auf Schnittstellenkompetenz mit Blick auf Studierende, Lehrende und Forschung, besondere Bedeutung zu. Dabei reicht das entsprechende Interfacing der Fachreferent:innen weit über die eigene Einrichtung hinaus und umfasst landesweite, nationale und globale Dimensionen, wobei die spezifischen Bedarfsstrukturen der Zielgruppen besonders einbezogen werden müssen. Vom Fachreferat wird sodann erwartet, dass es den Paradigmenwechsel von analogen zu digitalen Prozessen bzw. Medienressourcen bewältigt und gestaltet, sei es auf den Feldern der Erwerbung und der Kompetenzförderung oder auf innovativen Gebieten wie der Bibliometrie, der Open-Access-Publikationsunterstützung oder der Einrichtung einer zentralen digitalen Hochschulbibliografie. Schnittstellenkompetenz in komplexen Zusammenhängen und Situationen ist maßgeblich für das Handeln und die Rollenreflexion der Fachreferent:innen.

Das Managen von Forschungsdaten hat sich ebenfalls als neue Tätigkeit für wissenschaftliche Bibliothekar:innen etabliert, verbunden mit Aufgaben wie dem Erstellen von Datenmanagementplänen gemäß den FAIR-Prinzipien, einschließlich der Festlegung von Metadaten, oder der Sorge für geeignete Schnittstellen zwischen Datenrepositorien und den Anwendungssystemen der Wissenschaftler:innen. Gute Voraussetzungen für erfolgreiches Agieren in die disziplinspezifische Lehre und Forschung hinein sind dann gegeben, wenn wissenschaftliche Bibliothekar:innen als Embedded bzw. als Liaison Librarians fungieren, wie es am Beispiel der im Aufbau befindlichen Bibliothek der Universität Zürich veranschaulicht wurde. Diese arbeiten in räumlich und/oder organisatorisch eng an die Institute und Fachbereiche angeschlossenen Bibliotheken mit den Fachlehrenden und Forschenden zusammen, sind nicht nur für den Aufbau, die Erschließung und Vermittlung der Medien, Informationen, Daten und sonstigen wissenschaftlichen Ressourcen zuständig, sondern sind selbst in die Prozesse von Lehre und Forschung eingebunden. Teaching Librarians und Data Librarians wirken im Team arbeitsteilig an der Förderung von digitalen Kompetenzen bei Studierenden und Wissenschaftler:innen, können sogar im Rahmen von Digital Science Communities zusammen mit Forschenden an Themen zu Forschungsdatenrepositorien oder digitalen Editionen arbeiten.

Eine weitere im Zusammenhang mit dem digitalen Wandel im wissenschaftlichen Bibliothekswesen bedeutende Entwicklung ist das Konzept der Open Science, unter dem sich u. a. Open Access (OA), Open Data, Open Educational Resources (OER), aber auch die Zielsetzungen einer Citizen Science vereinigen. Wissenschaftliche Bibliothekar:innen sind hier gleichermaßen beratend, ausführend und strategisch gefragt, ähnlich wie auf dem Gebiet der Digital Humanities. Auch dort werden dem bibliothekarischen Rollenprofil koordinierende, beratende und exekutive Ausprägungen zuerkannt, darüber hinaus liegt der Fokus auf lehrenden, beratenden und vermittelnden Aktivitäten.

Handlungsfeld „Publizieren fördern und unterstützen"

Im Handlungsfeld „Publizieren fördern und unterstützen" offenbaren die Beiträge, dass im Zuge des Publikationsprozesses auf der Basis von Open Access nicht nur bei den vorbereitenden Phasen des Recherchierens und der Anwendung von Literaturverwaltungsprogrammen bibliothekarische Expertise gefragt ist. Auch im Anschluss an die Veröffentlichung, wenn es um die Nachweise in Hochschulbibliografien oder Forschungsinformationssystemen, um das Eintragen in persönliche Profile, um das Zweitveröffentlichen oder das Langzeitarchivieren, auch um das Bewerben der Publikation über Social-Media-Kanäle geht, um nur einige Nacharbeiten zu nennen, sind wissenschaftliche Bibliothekar:innen aktiv beteiligt. Dies bedingt vielseitige Kenntnisse und Kompetenzen, die die Rolle eines Open Science Librarians charakterisieren. Dabei wird deutlich, dass die Publikationstätigkeit von wissenschaftlichen Bibliothekar:innen eine deutlich ausgeprägte Nähe zur Forschung, also auch neuartige Arbeitsbeziehungen innerhalb der Hochschule erfordern, im Sinne einer radikalen Kollaboration. Publikationsservices seitens der Bibliothek benötigen eine breite Absicherung, eine gute Vernetzung und die enge Anbindung an den Forschungskreislauf. Inwieweit die Fachreferate diesen komplexen Anforderungen genügen können, muss offenbleiben, jedoch scheint sich abzuzeichnen, dass auch ein Team von speziell für diesen Aufgabenbereich qualifizierten wissenschaftlichen Bibliothekar:innen eine effiziente und nachhaltige Publikationsunterstützung für alle Fachgebiet leisten kann.

Handlungsfeld „Digitalisieren, Kuratieren, Langzeitarchivieren"

Das Handlungsfeld „Digitalisieren, Kuratieren, Langzeitarchivieren" verdeutlicht, dass historische Sammlungen, Sonderbestände und Bücher auch im digitalen Zeitalter von großer Bedeutung sind, nicht nur wegen ihres kulturellen und materiellen Werts, sondern auch als Objekte der Forschung. Wissenschaftliche Bibliothekar:innen kümmern sich um die notwendige Bestandspflege und Bestandserhaltung genauso wie um das Engagement in Fachgremien und bei der Öffentlichkeitsarbeit, insbesondere in Form publikumswirksamer Ausstellungen. Digitale Sammlungen sind zudem in die Forschung und in gesellschaftlich-kulturelle Kontexte einzubinden, dadurch deutlich sichtbarer zu machen, als dies früher der Fall war. Insbesondere bringen die virtuellen bzw. digitalen Sammlungen neue Möglichkeiten der Vernetzung mit sich, weil sie flexibel und dynamisch open access verfügbar sind. Wissenschaftliche Bibliothekar:innen binden digitale Sammlungen zudem in Forschung und Lehre ein.

Für Spezialsammlungen, die in kleinen und mittelgroßen Bibliotheken ebenso beheimatet sind wie in den großen nationalen und staatlichen Bibliotheken, sind wiederum besondere Voraussetzungen erforderlich, die sich auf gute Kenntnisse bezüglich der Materialität von Spezialsammlungen, sodann auf die historischen Kontexte erstrecken, in denen diese Sammlungen von wissenschaftlichen Bibliotheken inkorporiert wurden, die vor allem die Aufbewahrung und Verwertung solcher Sammlungen betreffen. Bei der Retrodigitalisierung müssen wissenschaftliche Bibliothekar:innen eine Digitalisierungsstrategie entwickeln, müssen Bestände selektieren und priorisieren, jeweils Metadaten zuweisen und enge Kontakte zur Forschung, die sich mit den Spezialsammlungen befasst, pflegen können, um nur einige Kompetenzen zu nennen.

Bei massenhafter und systematischer Digitalisierung und Langzeiterhaltung des überlieferten Kulturguts wachsen die Herausforderungen, denn die digitale Transformation bedeutet gleichzeitig eine Transformation der Objekte selbst im Sinne von Reedition bzw. Rekuration. Wissenschaftliche Bibliothekar:innen erbringen durch diese Form der Übersetzung eine editorische Leistung, dementsprechend verändern sich die Überlieferungs- und Rezeptionsbedingungen für das kulturelle Erbe. Dabei ist das Spannungsverhältnis zwischen Originalerhalt und Zugänglichkeit zu reflektieren, denn die Einzigartigkeit der kulturellen Objekte schwindet mit deren digitaler Reproduktion, reduziert sie auf die Einzigartigkeit der ihnen inhärenten Information. Digitale Überlieferung beruht auf der Kenntnis von Techniken und von Standards, sodann auf einer Überlieferungsplanung, damit die Langzeitverfügbarkeit des kulturellen Erbes gewährleistet ist. Wissenschaftliche Bibliothekar:innen, die mit Altbeständen befasst sind, entwickeln sich somit gleichermaßen zu Data Curators und Spezialist:innen für historische Sammlungen, die Anwendungswissen in den Digital Humanities erworben haben und in der Forschung gut vernetzt sind.

Handlungsfeld „(In) Bibliotheken führen und leiten“

Das Handlungsfeld „(In) Bibliotheken führen und leiten“ umfasst die Bereiche der Personalführung, des Etatmanagements und der strategischen Führung mit Fokus auf der Träger- und gleichzeitig Nutzungsorientierung. Für eine erfolgreiche Personalführung in Bibliotheken benötigen wissenschaftliche Bibliothekar:innen ein ausgeprägtes Instrumentarium an methodisch-organisatorischen, führungspsychologischen, kommunikativen und charakterlichen Kompetenzen bzw. Eigenschaften, einschließlich kritischer Selbstreflexion, neben weiteren Fähigkeiten, die sich z. B. auf Gesprächs- und Verhandlungsführung oder auf Delegation von Verantwortung wie Entscheidungsstärke gleichermaßen beziehen. Welcher Führungsstil – etwa der situative, der zielorientierte, der transaktionale oder der stabilisierende – gewählt wird, hängt dabei von den jeweiligen Kontexten ab. Von hoher Bedeutung sind eine ziel- und mitarbeitendenorientierte Kommunikation und eine strategische Personalentwicklung sowie agile Führungsformen.

Beim Management von Finanzen und Etats in Hochschulbibliotheken hat ein Paradigmenwechsel vom Erwerben zum Ermöglichen von Publikationen stattgefunden. Dazu bedarf es einer engen Kommunikation mit der Hochschulverwaltung bzw. -leitung, denn die Literaturmittel müssen nun verstärkt in die Finanzierung von OA-Publikationen einfließen, einhergehend mit einem die Fächer und Fakultäten bedarfsgerecht berücksichtigenden Etatverteilungsmodell. Die kommunikativen Fähigkeiten wissenschaftlicher Bibliothekar:innen sind daher wichtig – für die Abstimmungsprozesse innerhalb der Einrichtung, aber auch darüber hinaus, in die Hochschule und speziell in die Fakultäten hinein. Wissenschaftliche Bibliothekar:innen agieren hier im Spannungsverhältnis zwischen den Zielen, dem Auftrag der Trägereinrichtung und den vielfältigen Bedarfen der Nutzenden. Hier sind Zielübereinstimmungen zu erarbeiten, z. B. hinsichtlich der DEAL-Strategie oder der OA-Strategie. Dabei werden auch digital basierte Verfahren der Nachfragemessung und aus der Betriebswirtschaft stammende Instrumente wie die Portfolio-Analyse eingesetzt, die entsprechende Kenntnisse und Kompetenzen auf Seiten der wissenschaftlichen Bibliothekar:innen erfordern.

Handlungsfeld „IT-Dienste in und für Bibliotheken entwickeln und umsetzen“

Im Handlungsfeld „IT-Dienste in und für Bibliotheken entwickeln und umsetzen“ spielen neben IT-technischen Spezialkompetenzen insbesondere kommunikative und kollaborative Fähigkeiten wissenschaftlicher Bibliothekar:innen eine wichtige Rolle, da IT-Ressourcen für die gesamte Bibliothek bereitzustellen sind, es also bereichsübergreifender Zusammenarbeit bedarf. Anstelle von hierarchischen treten dabei zunehmend netzwerksartige Organisationsformen, in denen IT-Infrastrukturen bereitgestellt und weiterentwickelt werden, u. a. für die Vermittlung digitaler Kompetenzen. Hinzu kommen Anforderungen des Datenschutzes und der Datensicherheit – angesichts zunehmender Hackerangriffe auf Hochschulnetzwerke besonders dringlich –, sodann die IT-Unterstützung bei OA-Publikationen, beim Forschungsdatenmanagement und bei der Langzeitarchivierung. Dies bedingt technisch qualifizierte IT-Mitarbeiter:innen, die sich kontinuierlich fort- und weiterbilden und die über ein ausgeprägtes Verständnis der zunehmend digital basierten Wissenschaftsprozesse verfügen.

Ein besonderes Tätigkeitfeld ist in diesem Kontext das der Softwareentwicklung mit den Schritten der Planung und Priorisierung, der Anforderungsanalyse, des Systementwurfs, der Implementierung und Begutachtung, ferner des Deployments, des Monitorings und der Maintenance. Die Product Owner sind zuständig für die Anforderungsermittlung und -analyse, für die Backlog-Pflege, für Datenmodellierung und -analyse oder für das URL-Design und Standardisierungen. Von den Bibliothekar:innen, die mit der Softwareentwicklung befasst sind, werden technische Kenntnisse und Erfahrungen bezüglich Web-Standards, Datenmodellierungen usw. erwartet, darüber hinaus aber auch Kompetenzen bei der Dokumentation von Softwareprojekten, beim Kommunizieren, Planen, Organisieren, Erfassen oder Prüfen.

Wachsende Bedeutung kommt zudem dem Einsatz von Künstlicher Intelligenz (KI, engl. *artificial intelligence* – AI) in wissenschaftlichen Bibliotheken zu, z. B. bei der automatischen Inhaltserschließung oder der Massendigitalisierung. Hier erlaubt der Einsatz von KI das automatische Analysieren enormer Datenmengen und unterstützt bibliothekarische Prozesse durch die Automatisierung oder Teil-Automatisierung repetitiver Routineaufgaben, beispielsweise bei der Bestandspflege, Katalogisierung oder Systematisierung. Wissenschaftliche Bibliothekar:innen können KI aber nicht nur passiv, sondern auch aktiv-mitgestaltend einsetzen und Nutzenden Kurse im Bereich von „AI Literacy" anbieten, analog den Angeboten zur Information und Data Literacy. Wissenschaftliche Bibliothekar:innen machen sich KI auch beim Einsatz von Chatbots zunutze, auch wenn diese Technologie gerade bei der Kommunikation mit Nutzenden zeitweise in den Hintergrund gerückt war, nun aber ein Revival erlebt. Für die aktive und zielgerichtete Nutzung von KI-Tools wird vor allem Aufgeschlossenheit benötigt, sodann die Bereitschaft sich Grundlagenkenntnisse auf dem KI-Gebiet anzueignen.

Handlungsfeld „An Bibliotheken forschen und entwickeln"

Eng verbunden mit der digitalen Transformation in wissenschaftlichen Bibliotheken ist das Handlungsfeld „An Bibliotheken forschen und entwickeln". Hier geht es um informationswissenschaftliche Projekte, z. B. digitale Editionen. Informationswissenschaftliche und informatorische Kenntnisse sind dafür ebenso notwendig wie bibliothekarische und auch fachwissenschaftliche Expertise. Wissenschaftliche Bibliothekar:innen übernehmen hier Aufgaben der Beratung, der Digitalisierung, der Datenmodellierung, des Aufbaus von virtuellen Forschungsumgebungen, des Datenmanagements, der Entwicklung von Editionsportalen, um nur einige wichtige Bereiche zu nennen. Ihr Interesse gilt Fragen des Originalerhalts, der Kriegsverluste, der Provenienzforschung, wie auch der Beteiligung an internationalen Kooperationen. Aber das Forschen im Kontext der Hochschulbibliothek birgt auch Risiken, wie anhand der Nutzungsforschung deutlich wird. Hier darf die digitale Transformation nicht dazu führen, nicht mehr die Nutzenden selbst, sondern nur deren Daten zu erforschen. Wichtig ist es vielmehr, Nutzende als Personen zu betrachten mit denen Bibliothekar:innen in Kontakt treten – z. B. mithilfe von User-Experience-Roundtables – und Feedback erbitten, auch zu subjektiven Aspekten wie bspw. dem Nutzungserlebnis bibliothekarischer Services. Es ginge also um eine Art der Re-Personalisierung des Verhältnisses von Bibliothekar:innen zu ihren Nutzenden und dazu bedürfte es einer Haltung, die durchaus in der langen Geschichte von Bibliotheken und ihrer Idee wurzelt, diese weiterhin bejaht und in gewisser Weise lebt.[2] Schließlich beinhaltet das Handlungsfeld Forschen und Entwickeln den Bereich der Bibliometrie, durch den wiederum wissenschaftliche Bibliothekar:innen forschungsbegleitend und -unterstützend aktiv sind, sowohl im Rahmen der explorativen als auch der evaluativen Bibliometrie. Vor allem Nachwuchswissenschaftler:innen können von diesem Service profitieren, den an der Universitätsbibliothek Chemnitz z. B. die Fachreferent:innen erbringen, müssen sie doch mit Blick auf ihr Fortkommen auf Bewertungskriterien von Fachzeitschriften, wie sie z. B. der Journal Impact Factor bietet, besonders achten.

Handlungsfeld „Vernetzen, Ausbilden, Fortbilden“

Das Handlungsfeld „Vernetzen, Ausbilden, Fortbilden“ schließlich umfasst die unabdingbaren Voraussetzungen, um den komplexen und dynamisch sich verändernden Anforderungen, denen wissenschaftliche Bibliothekar:innen sich in digitalen und hybriden Informations-, Daten- oder Medienräumen stellen müssen, mit Blick auf Studium, Forschung, Lehre und auch auf Citizen Science erfolgreich zu begegnen. Einen übergeordneten Rahmen dafür liefern die bibliothekarischen Verbände, die notwendige Lobbyarbeit machen, dadurch der Bibliothek eine Stimme geben, und von denen auch wichtige Impulse für die strategische Ausrichtung der Fort- und Weiterbildung formuliert werden. Letztere ist als Führungsaufgabe anzusehen, weil die Zukunft der wissenschaftlichen Bibliotheken und ihres Personals entscheidend von einer effektiven Personalgewinnung, aber auch von der Qualifizierung vorhandenen Personals für die im Zuge der digitalen Transformation entstehenden, neuen Anforderungen abhängt. Überlegungen zu einem „Upskilling“ oder der Einstellung von Quereinstei-

2 An dieser Stelle sei exemplarisch auf lesenswerte biografische Handbücher zu wissenschaftlichen Bibliothekar:innen des 20. Jahrhunderts hingewiesen: Habermann, Alexandra, Rainer Klemmt u. Frauke Siefkes: Lexikon deutscher wissenschaftlicher Bibliothekare 1925–1980. Frankfurt a. M.: Klostermann 1985 (Zeitschrift für Bibliothekswesen und Bibliographie: Sonderheft 42); Habermann, Alexandra u. Peter Kittel: Lexikon deutscher wissenschaftlicher Bibliothekare: die wissenschaftlichen Bibliothekare der Bundesrepublik Deutschland (1981–2002) und der Deutschen Demokratischen Republik (1949–1990). Frankfurt a. M.: Klostermann 2004 (Zeitschrift für Bibliothekswesen und Bibliographie 86); Hohoff, Ulrich: Wissenschaftliche Bibliothekare als Opfer in der NS-Diktatur: ein Personenlexikon. Wiesbaden: Harrassowitz 2017 (Beiträge zum Buch- und Bibliothekswesen 62).

ger:innen, die mit Training on the Job an die bibliothekarischen Aufgaben herangeführt werden, gewinnen insofern an Bedeutung und müssen von wissenschaftlichen Bibliothekar:innen mit strategischer Kompetenz und Weitsicht bewältigt werden

Das Rollenverständnis und die Rollenerwartungen gehen nicht nur aus den handlungsfeldbezogenen Beiträgen hervor, sondern lassen sich auch im Spiegel der Stellenausschreibungen sowie der Sichtweisen von Bibliotheksleitungen sowie externer Anspruchsgruppen konkretisieren. Weiterhin finden sich in vielen Ausschreibungstexten die Bezeichnungen Fachreferent:in oder Wissenschaftliche:r Bibliothekar:in, jedoch werden vermehrt Tätigkeitsbereiche genannt, die ein Profil „Fachreferat plus“ konstituieren, z. B. im Management und der Leitung, bei der Kompetenzvermittlung, bei der Forschungsunterstützung (bibliometrische Services, Digital Humanities u. a.), bei Open Access/Open Science (Publikationsunterstützung), im Forschungsdatenmanagement, im Rahmen von FIDs oder auf dem Gebiet des Urheberrechts. Diese Befunde decken sich durchaus mit den Beschreibungen und Analysen in vielen Beiträgen dieses Handbuchs. Bemerkenswert ist, dass aus externer Perspektive, also aus der Sicht von Studierenden und Wissenschaftler:innen, dennoch die überkommenen Rollenerwartungen bezüglich wissenschaftlicher Bibliothekar:innen nicht ganz überwunden zu sein scheinen. Jedoch zeigen die Beiträge des vorliegenden Praxishandbuchs anschaulich, dass wissenschaftliche Bibliothekar:innen sich der durch die digitale Transformation entstehenden Herausforderungen bewusst sind und diesen Wandel durch die Entwicklung neuer Tätigkeitsfelder, Aufgabenbereiche, Rollen und Funktionen, aber auch durch die Etablierung eines neuen bibliothekarischen Mindsets aktiv mitgestalten.

Literaturverzeichnis

AG Informationskompetenz im Bibliotheksverbund Bayern: Förderung von Informationskompetenz in der digitalen Lehre: Herausforderungen und Empfehlungen. In: Bibliotheksforum Bayern (2021) H. 3. S. 56–61. Dezember 2020. https://www.bibliotheksforum-bayern.de/fileadmin/archiv/2021-3/BFB-3-21_015_Franke_et_al._Foerderung_von_Informationskompetenzt_in_der_digitalen_Lehre_BVB_01.pdf (30.8.2023).

Albers, Miriam: Verändern oder verändert werden – das ist hier die Frage! In: b. i. t. online (2022) H. 2. S. 140–145.

Albrecht, Jörg: Integrierte elektronische Bibliothekssysteme in wissenschaftlichen Bibliotheken Deutschlands. Humboldt-Universität zu Berlin 2010 [Diss.]. https://web.archive.org/web/20160517224922/http://repo.ub.rub.de/bibliographie/14226007X/Diss2010.pdf (22.3.2023).

Alison Mackenzie, Alison u. Lindsey Martin (Hrsg.): Developing digital scholarship. Emerging practices in academic libraries. London: Facet Publ. 2016.

Allemann, Simon, Hanna Bös, Priska Bucher, Adrian Scheidegger u. Ladina Tschander: Medien- und Bedarfskonzept. Universität Zürich 2021. Online verfügbar unter: https://www.projekte.uzh.ch/dam/jcr:67de8380-1359-4956-959b-8d1a89ac4bd1/20200901_Bedarfs-%20und%20Medienkonzept_verabschiedet.pdf (05.11.2022).

Altenhöner, Reinhard: Aspekte des Bestandsaufbaus im digitalen Zeitalter: Eine Herausforderung für sammlungsorientierte Bibliotheken. Berlin, Boston: De Gruyter Saur 2017. DOI: https://doi.org/10.1515/9783110522334-028.

Altenhöner, Reinhard: Studium und Ausbildung als Projekt: Zur Zukunft des bibliothekarischen Berufsfeldes. In: Bibliothek Forschung und Praxis (2022) Nr. 3. S. 479–486. DOI: https://doi.org/10.1515/bfp-2022-0054.

Altenhöner, Reinhard, Tobias Beinert, Markus Brantl, Markus, Robert Luckfiel u. Uwe Müller: Digitalisierung von Kulturgut. In: Praxishandbuch Bibliotheksmanagement. Hrsg. von Rolf Griebel, Hildegard Schäffler u. Konstanze Söllner. Berlin, Boston: De Gruyter Saur 2015. S. 775–883.

Anderson, Rick: Collections 2021: the future of the library collection is not a collection. In: Serials (2011) H. 24, 3. S. 211–15.

Ansichtskarten-Grüße aus dem Wien Museum. Ein Crowdsourcing-Projekt von Juni 2021 bis Juli 2022. https://crowdsourcing.wien/ansichtskarten-gruesse/ (30.10.2022).

Arnold, Karl-Heinz u. Carola Lindner-Müller: Kompetenz. In: Klinkhardt-Lexikon Erziehungswissenschaft (KLE). Hrsg. von Klaus-Peter Horn [u. a.]. Bad Heilbrunn: Klinkhardt 2012.

Arnold, Patricia [u. a.]: Handbuch E-Learning. Lehren und Lernen mit digitalen Medien. Bielefeld: W. Bertelsmann 2011.

Arnold, Rolf: Ermöglichungsdidaktik: Kriterien einer intransitiven Kompetenzförderung. In: Handbuch Kompetenzentwicklung im Netz. Bausteine einer neuen Lernwelt. Hrsg. v. von John Erpenbeck u. Werner Sauter. Stuttgart: Schäffer-Poeschel 2017. S. 93–114

Asemi, Asefeh [u. a.]: Intelligent libraries: a review on expert systems, artificial intelligence and robot. In: Library Hi Tech (2020) H. 2. S. 412–434.

Auberer, Benjamin, Alexander Berg-Weiß, Vanessa Gabriel und Martin Spenger: Potentiale nutzen und Verbindungen herstellen: Neue fachliche Aufgabenbereiche für Bibliotheken am Beispiel Forschungsdatenmanagement. In: o-bib. Das offene Bibliotheksjournal (2022) Nr. 2. S. 1–16. DOI: https://doi.org/10.5282/O-BIB/5783.

Auer, Sören u. Sanjeet Mann: Towards an Open Research Knowledge Graph. In: The Serials Librarian (2019) H. 1–4. S. 35–41. DOI: https://doi.org/10.1080/0361526X.2019.1540272.

Bager, Jo: Statistik mit Appeal. Was künstliche Intelligenz kann und was nicht. In: c't – magazin für computertechnik (2022) H. 17. S. 24–27.

https://doi.org/10.1515/9783110790375-048

Ball, Rafael: Das Ende eines Monopols. Was von Bibliotheken wirklich bleibt. Ein Lesebuch. Wiesbaden: Dinges & Frick 2013.

Ball, Rafael: Können Wissenschaftliche Bibliotheken strategisch gesteuert werden? Ausschlaggebend: Strategie und Management des Trägers. In: Bibliotheken strategisch steuern. Projekte, Konzepte, Perspektiven. Hrsg. von Andreas Mittrowann [u. a.]. Bad Honnef: Bock + Herchen 2011. S. 149–154.

Ball, Rafael: „Sammlung als Selbstzweck ist eigentlich nicht mehr haltbar". Interview mit Dr. Torsten Reimer, Universitätsbibliothekar und Dekan der Chicago University Library. In: b. i. t. online (2022) H. 5. S. 444–449.

Ball, Rafael: 5 Bibliometrische Indikatoren. In: Bibliometrie: Einfach – verständlich – nachvollziehbar. Hrsg. von Rafael Ball. Berlin, Boston: De Gruyter Saur 2013. S. 38–76. DOI: https://doi.org/10.1515/9783110293753.38.

Baran, Evrim, Dana Al Zoubi u. Boris Jovanović: Implementing Open Pedagogy in Higher Education: Examples and Recommendations. In: Handbook for Online Learning Contexts: Digital, Mobile and Open. Hrsg. von Ann Marcus-Quinn u. Tríona Hourigan. Cham: Springer International Publishing 2021. S. 201–215.

Bargheer, Margo: Historische Umbrüche im wissenschaftlichen Publikationswesen und ihr Widerhall in heutigen Techniken. In: Publikationsberatung an Universitäten. Ein Praxisleitfaden zum Aufbau publikationsunterstützender Services. Bielefeld: transcript 2020. S. 21–51. DOI: https://doi.org/10.14361/9783839450727-003.

Baumann, Betty [u. a.]: Auf den Spuren Dantes in Sachsen. SLUBlog. 2.8.2021. https://blog.slub-dresden.de/beitrag/2021/8/2/auf-den-spuren-dantes-in-sachsen (14.12.2022).

Baumgartner, Clemens: coaching.you. Bereich Teamentwicklung: Teamarbeit– Kooperation und Kollaboration. https://baumgartner-coaching.de/teamentwicklung/teamarbeit-%20kooperation-kollaboration/ (07.07.2023).

Bauschmann, Martin u. Carolin Ahnert: Analyse und Visualisierung interdisziplinärer Publikationsnetzwerke (2016). DOI: https://doi.org/10.5281/zenodo.159939.

Bauschmann, Martin u. Carolin Ahnert: Bibliometrie – Ein neuer Service der Bibliothek in der Forschungsunterstützung. https://www.tu-chemnitz.de/ub/dokumente/open_access/bibliometrie/Einf%c3%bchrung_Bibliometrie.pdf (25.09.2022).

Bauschmann, Martin u. Carolin Ahnert: Interdisziplinäres Publikationsnetzwerk 2010–2015. https://www.tu-chemnitz.de/ub/publizieren/bibliometrie/analyse1.html (30.10.2022).

Becker, Alexandra u. Richard Stang: Kulturwandel und Innovation. Lernwelt Hochschule 2030 aus Perspektive des Projektes. In: Lernwelt Hochschule 2030. Hrsg. von Richard Stang u. Alexandra Becker. Berlin, Boston: De Gruyter Saur 2022 (Lernwelten). S. 249–256. DOI: https://doi.org/10.1515/9783110729221.

Becker, Pascal, Daniel Beucke, Ute Blumtritt, Arvid Deppe, Gernot Deinzer, Isabella Meinecke, Jochen Schirrwagen [u. a.]: DINI-Zertifikat für Open-Access-Publikationsdienste 2022 – Request for Comments. Zenodo 2022 March. DOI: https://doi.org/10.5281/zenodo.6389914.

Beckmann, Regine, Imma Hinrichs, Melanie Janßen, Gérard Milmeister u. Peter Schäuble: Der Digitale Assistent DA-3: Eine Plattform für die Inhaltserschließung. In: o-bib (2019) Nr. 3. S. 1–20. DOI: https://doi.org/10.5282/o-bib/2019H3S1-20.

Behrens, Alena [u. a.]: Bericht vom „UX Roundtable für Informationsspezialist*innen". In: o-bib (2022) Nr. 4. S. 1–3. DOI: https://doi.org/10.5282/o-bib/5867.

Bemme, Jens [u. a.]: Open Citizen Science – Leitbild für kuratorische Praktiken in Wissenschaftlichen Bibliotheken. In: Bibliotheken als Orte kuratorischer Praxis. Hrsg. von Klaus Ulrich Werner [u. a.]. Berlin, Boston: De Gruyter Saur 2021. S. 165–200. DOI: https://doi.org/10.1515/9783110673722-013.

Benjamin, Walter: Das Kunstwerk im Zeitalter seiner technischen Reproduzierbarkeit. In: Walter Benjamin – Gesammelte Schriften. Band I, Teil 2. Frankfurt a. M.: Suhrkamp 1980. S. 471–508.

Berend, Benjamin u. Michaela Brohm-Badry: New Work: Souveränität im postdigitalen Zeitalter: Zeitenwende für Unternehmer, Personalverantwortliche, Coaches und Angestellte. Wiesbaden: Springer Fachmedien 2020.

Berners-Lee, Tim, James Hendler u. Ora Lassila: The Semantic Web. In: Scientific American (2001) Issue 5. S. 34–43.

Bertelmann, Roland [u. a.]: Bibliothekssuchmaschine statt Bibliothekskatalog. In: Bibliotheksdienst (2007) H. 12. S. 1302–1306.

Beyer, Hartmut, Claudia Bubenik u. Michaela Scheibe: Rundgespräche zur Zukunft der nationalbibliographischen Verzeichnisse (VD). In: ZfBB (2022) H. 1–2. S. 82–91.

Biggs, John u. Catherine Tang: Teaching for Quality Learning at University: what the Student doeS. 4. ed. Maidenhead [u. a.]: Open Univ. Press 2011.

Bilo, Albert: Personalentwicklung und Forschungsdatenmanagement: Ein Blick auf die Anforderungsprofile in aktuellen Stellenausschreibungen. In: Bibliotheksentwicklung im Netzwerk von Menschen, Informationstechnologie und Nachhaltigkeit. Hrsg. von Simone Fühles-Ubach [u. a.]. Bad Honnef: Bock + Herchen 2019. S. 11–30.

Blaser-Meier, Susanna: Embedded Librarianship und Forschungsdatenmanagement in den Geisteswissenschaften: Fallstudien aus der Kunstgeschichte. Berlin: Institut für Bibliotheks- und Informationswissenschaft 2019 (Berliner Handreichungen zur Bibliothekswissenschaft 434).

Blasetti, Alessandro, Sandra Golda [u. a.]: Smash the Paywalls: Workflows und Werkzeuge für den grünen Weg des Open Access. In: Informationspraxis (2019) H. 1. S. 1–37.

Blickle, Gerhard u. Paula B. Schneider: Mentoring. In: Handbuch der Arbeits- und Organisationspsychologie. Hrsg. von Heinz Schuler u. Karlheinz Sonntag. Göttingen: Hogrefe 2007 (Handbuch der Psychologie 6). S. 395–402.

Blümel, Ina, Bastian Drees, Christian Hauschke, Lambert Heller u. Marco Tullney: Open Science und die Bibliothek – Aktionsfelder und Berufsbild. In: Mitteilungen der Vereinigung Österreichischer Bibliothekarinnen und Bibliothekare (2019) H. 2. S. 243–262. DOI: https://doi.org/10.31263/voebm.v72i2.2808.

Blumtritt, Ute u. Angela Malz. Publikationsunterstützung als wichtige Dienstleistung im Portfolio der Universitätsbibliothek Chemnitz. Ein Erfahrungsbericht. In: Zeitschrift Für Bibliothekswesen und Bibliographie (2021) H. 5. S. 282–289. DOI: https://doi.org/10.3196/186429502068523.

Bolter, Jay David u. Richard Grusin: Remediation: understanding new media. Cambridge, MA [u. a.]: MIT Press 2000.

Bonn, Maria, Will Cross u. Josh Bolick: Finding Our Way: A Snapshot of Scholarly Communication Practitioners' Duties and Training. In: Journal of Librarianship and Scholarly Communication (2020) H. 1. S. 1–21.

Bonte, Achim u. Klaus Ceynowa: Bibliothek und Internet: die Identitätskrise einer Institution im digitalen Informationszeitalter. In: Lettre International (Frühjahr 2013) H. 100. S. 115–117.

Bonte, Achim: Der wissenschaftliche Dienst in der Digitalen Bibliothek. Was kommt nach dem Fachreferentensystem? Vortrag zur Veranstaltung „Berufsbild Wissenschaftliche(r) Bibliothekar(in) heute". Frankfurt a. M. 2014. https://de.slideshare.net/Achim_Bonte/der-wissenschaftliche-dienst-in-der-digitalen-bibliothek-was-kommt-nach-dem-fachreferentensystem-39650127 (04.11.2022).

Bonte, Achim: Wirtschaftliche Bestandsentwicklung bei elektronischen Publikationen. Lösungsansätze der Universität Heidelberg. In: Bibliothekdienst (1997) H. 6. S. 1108–1115.

Börsenblatt: Was Maschinen können und was nicht. Börsenblatt 30.08.2017. https://www.boersenblatt.net/archiv/1361205.html (30.11.2022).

Börteçin, Ege: Einblick in die Welt der künstlichen Intelligenz. In: Semantische Datenintelligenz im Einsatz. Hrsg. von Ege Börteçin u. Adrian Paschke. Wiesbaden: Springer Vieweg 2021. S. 1–17.

Bosserhoff, Björn (2008): Beruf. Wissenschaftlicher Bibliothekar – Berufsstand in der Legitimationskrise? In: Bibliotheksdienst (2008) H. 11. S. 1161–1171. DOI: https://doi.org/10.1515/bd.2008.42.11.1161.

Brandtner, Andreas, Gerhard Lauer und Peter Reuter: Die Bibliotheken haben ihre Zukunft vor sich, aber es sind Bibliotheken des 21. Jahrhunderts. Bibliotheken als Infrastrukturen der Geisteswissenschaften und als Orte der Selbstkultivierung. Ein Gespräch mit Gerhard Lauer von Andreas Brandtner und Peter Reuter. In: ABI Technik (2019) Nr. 2. S. 171–178. DOI: https://doi.org/10.1515/abitech-2019-2011. Bräu, Karin: Beraten. In: Studienbuch pädagogische Praktiken. Hrsg. v. Jürgen Budde u. Torsten Eckermann. Bad Heilbrunn: Klinkhardt 2021. S. 145–169.

Braun, Katrin u. Ulrike Brunenberg-Piel: Fachreferat heute. Analyse des Berufsbildes von Fachreferenten anhand von Stellenanzeigen der Jahre 2003 bis 2013. In: MALIS-Praxisprojekte 2014. Projektberichte aus dem berufsbegleitenden Masterstudiengang Bibliotheks- und Informationswissenschaften der Fachhochschule Köln. Hrsg. von Achim Oßwald. Wiesbaden: Dinges & Frick 2014 (B. I. T. online. Innovativ 50). S. 189–210.

Brechmacher, Janna: Wie ist IT in Bibliotheken heute organisiert und was könnten wir tun, um (noch) besser zu werden? [Präsentationsfolien]. Datum: 16.03.2016. https://opus4.kobv.de/opus4-bib-info/frontdoor/index/index/docId/2313 (14.3.2023).

Brenner, Doris: Onboarding: als Führungskraft neue Mitarbeiter erfolgreich einarbeiten und integrieren. 2. Aufl. Wiesbaden: Springer Gabler 2020

Breuer, Constanze u. Peer Trilcke: Die Ausweitung der Wissenschaftspraxis des Publizierens unter den Bedingungen des digitalen Wandels. Herausgegeben von der Arbeitsgruppe „Wissenschaftspraxis" im Rahmen der Schwerpunktinitiative „Digitale Information" der Allianz der deutschen Wissenschaftsorganisationen. 2021. https://gfzpublic.gfz-potsdam.de/pubman/item/item_5005999 (31.12.2022).

Brintzinger, Klaus-Rainer: Bibliothekscontrolling zwischen Steuerung und Kontrolle: Erfahrungen aus Baden-Württemberg. Vortrag, 23.03.2006, Dresden, 95. Deutscher Bibliothekartag. 2006. https://opus4.kobv.de/opus4-bib-info/files/171/Brintzinger.pdf (23.3.2023).

Brintzinger, Klaus-Rainer: Wissenschaft, Berufsbild und Fachreferat – das Ende einer jahrzehntelangen Debatte. In: Bibliothekare zwischen Verwaltung und Wissenschaft. 200 Jahre Berufsbilddebatte. Hrsg. von Irmgard Siebert. Frankfurt a. M.: Klostermann 2014 (ZfBB Sonderband 111). S. 238–259.

Bryson, Tim, Marian Posner, Alain St. Pierre u. Stewart Varner: Digital Humanities: SPEC Kit 326. Association of Research Libraries (ALA): Washington, DC: 2011. DOI: https://doi.org/10.29242/spec.326.

Budde, Jannica: Der digitale Wandel als Motor der Hochschulentwicklung. Strategiemuster für die Digitalisierung der Hochschullehre. In: Digitalisierung in Studium und Lehre gemeinsam gestalten. Hrsg. von Hochschulforum Digitalisierung. Wiesbaden: Springer 2021. S. 165–180. DOI: https://doi.org/10.1007/978-3-658-32849-8.

Butzer, Günter u. Manuela Günter (Hrsg.): Kulturelles Vergessen: Medien – Rituale – Orte. Göttingen: Vandenhoeck & Ruprecht 2004 (Formen der Erinnerung 21).

Buxmann, Peter u. Holger Schmidt: Grundlagen der Künstlichen Intelligenz und des Maschinellen Lernens. In: Künstliche Intelligenz. Mit Algorithmen zum wirtschaftlichen Erfolg. Hrsg. von Peter Buxmann u. Holger Schmidt. 2., aktual. u. erw. Aufl. Berlin: Springer-Gabler 2021, S. 3–25.

Canuel, Robin u. Chad Crichton (Hrsg.): Approaches to Liaison Librarianship: Innovations in Organization and Engagement. Chicago, Ill: Association of College and Research Libraries 2021.

Carius, Hendrikje: Interviewt durch Fabian Cremer, Swantje Dogunke und Thorsten Wübbena: Unfrequently Asked Questions: Interviewreihe zu Projektmanagement in den Digital Humanities. In: Perspektive Bibliothek (2021). DOI: https://doi.org/10.17613/etzb-2r21.

Casties, Robert, Alexander Czmiel, Julia Damerow, Max Ionov, Albert Meroño Peñuela, Steve Ranford, Catherine Smith u. Malte Vogl: The DH RSE Workshop White Paper by DHTech. 3.8.2019. https://dh-tech.github.io/dhrse-whitepaper#/ (23.10.2022).

Ceynowa, Klaus: Von der Kostenverwaltung zum Kostenmanagement. Überlegungen zum Steuerungspotential einer Kostenrechnung für Hochschulbibliotheken. In: Bibliotheksdienst (1998) H. 2. S. 263–287.

Ceynowa, Klaus: In Frankfurt lesen jetzt zuerst Maschinen. In: FAZ, 31.07.2017. https://www.faz.net/aktuell/feuilleton/buecher/maschinen-lesen-buecher-deutsche-nationalbibliothek-setzt-auf-technik-15128954.html (30.11.2022).

Ceynowa, Klaus: Lessons from Lockdown. Was wissenschaftliche Bibliotheken aus der Corona-Krise lernen könn(t)en. In: Zeitschrift für Bibliothekswesen und Bibliographie (ZfBB) (2020). H. 3–4. S. 150–154.

Childress, Dawn: The Local Digital Humanities Landscape: Understanding and Building Community, Capacity, and Infrastructure. In: 102. Deutscher Bibliothekartag in Leipzig 2013 = 5. Kongress Bibliothek & Information Deutschland. 14.08.2013. https://opus4.kobv.de/opus4-bib-info/files/1408/Childress_The_Local_Digital_Humanities_Landscape_2013.pdf (23.10.2022).

COD1NG DA V1NC1: Projektbilder. https://codingdavinci.de/de/projekte_alt (30.10.2022).

COD1NG DA V1NC1: Bilderbazar – Eine Zeitmaschine. Machine Learning zur Bergung der Abbildungen aus den PDFs, Anreicherung mit Metadaten und Bereitstellung für Recherche und kreative Anwendungen. https://codingdavinci.de/de/projekte/bilderbazar-eine-zeitmaschine (30.10.2022).

COD1NG DA V1NC1: Following Quedenfeldt. https://codingdavinci.de/de/projekte/following-quedenfeldt. (30.10.2022).

Coghill, Jeffrey C. (Hrsg.): Developing librarian competencies for the digital age. Lanham, MD: Rowman & Littlefield 2016.

Constantin, Leopold-Auguste: Bibliothekonomie. Leipzig: Weber 1840.

Cox, Andrew [u. a.]: The intelligent library. Thought leaders' view on the likely impact of artificial intelligence on academic libraries. In: Library Hi Tech (2018) H. 3. S. 418–435.

Cramer, Florian u. Matthew Fulle: Interface. In: Software studies. A lexicon. Hrsg. von Matthew Fuller. Cambridge, MA: MIT Press 2008 (Leonardo books). S. 149–153.

Dann, Petra u. Brigitte Steinke: Die Arbeitssituationsanalyse im Kontext einer TK-Gesundheitswerkstatt. In: Gesundheitsförderung im Setting Hochschule: wissenschaftliche Instrumente, Praxisbeispiele und Perspektiven. Hrsg. von Alexander Krämer. Weinheim [u. a.]: Juventa 2007 (Gesundheitsforschung).

Danowski, Patrick u. Adrian Pohl (Hrsg.): Open Linked Date in Bibliotheken. Berlin: De Gruyter 2013 (Bibliotheks- und Informationspraxis 50).

Degkwitz, Andreas: Digitale Sammlungen – Vision eines Neubeginns. In: Bibliothek, Forschung und Praxis (2014) H. 3. S. 411–416.DOI: https://doi.org/10.1515/bfp-2014-0064.

Degkwitz, Andreas: „Open Science“ – Treiber des digitalen Wandels in Bibliotheken. In: Die Hochschule: Journal für Wissenschaft und Bildung (2017) 2. S. 32–41. URN: urn:nbn:de:0111-pedocs-166471. DOI: https://doi.org/10.25656/01:16647.

Degkwitz, Andreas: Von der Bücherburg zum digitalen Marktplatz? In: b. i. t. online (2020) Nr. 6. S. 16–17.

Degkwitz, Andreas: Fordern und Fördern – Verbände als Akteure der digitalen Transformation. In: Bibliothek. Forschung und Praxis (BFB) (2021) H. 2. S. 269–272.

Dehnel, Regine: Die Zentralstelle für wissenschaftliche Altbestände als Verteilerinstitution für NS-Raubgut nach 1945. In: Provenienz & Forschung/Deutsches Zentrum Kulturgutverluste. Dresden (2021) H. 1. S. 6–12.

Der Bazar – illustrirte [sic!] Damen-Zeitung. Berlin: Bazar-AG 1855–1937. urn:nbn:de:hbz:061:1-31458. https://nbn-resolving.de/urn:nbn:de:hbz:061:1-31458 (30.10.2022).

Deutsche Digitale Bibliothek: DDBstudio. https://pro.deutsche-digitale-bibliothek.de/daten-nutzen/virtuelle-ausstellungen/ddbstudio (30.10.2022).

Deutsche Digitale Bibliothek: Virtuelle Ausstellungen. https://www.deutsche-digitale-bibliothek.de/content/journal/ausstellungen/ (30.10.2022).

Deutsche Forschungsgemeinschaft (DFG): DFG-Praxisregeln „Digitalisierung“. https://www.dfg.de/formulare/12_151/ (30.10.2022).

Deutsche Forschungsgemeinschaft (DFG): Max Herrmann-Neiße: Digitale Edition der Kritiken und Essays, Publikationen in Zeitungen und Zeitschriften 1909–1939. https://gepris.dfg.de/gepris/projekt/415072179?context=projekt&task=showDetail&id=415072179& (30.10.2022).

Deutsche Forschungsgemeinschaft): Weiterentwicklung des Förderprogramms „Fachinformationsdienste für die Wissenschaft". Stellungnahme der Kommission zur Evaluierung des Förderprogramms „Fachinformationsdienste für die Wissenschaft". Bonn: DFG 2019. https://www.dfg.de/download/pdf/dfg_im_profil/zahlen_fakten/programm_evaluation/studie_fid_stellungnahme.pdf (7.8.2019).

Deutsche Forschungsgemeinschaft: Merkblatt und ergänzender Leitfaden. Fachinformationsdienste für die Wissenschaft. DFG-Vordruck 12.10–11/20. Bonn: DFG 2020. http://www.dfg.de/formulare/12_10/12_10_de.pdf (07.01.2021).

Deutsche Nationalbibliothek: Arbeitshilfen RDA für „Alte Drucke". https://wiki.dnb.de/display/RDAINFO/Arbeitshilfen#Arbeitshilfen-Arbeitshilfenf%C3%BCr%22AlteDrucke%22 (9.12.2022).

Deutscher Bibliotheksverband: Provenienzforschung und Provenienzerschließung. https://www.bibliotheksverband.de/provenienzforschung-und-provenienzerschliessung (11.12.2022)

Deutsches Zeitungsportal. Geschichte aus erster Hand. https://www.deutsche-digitale-bibliothek.de/newspaper (30.10.2022).

Die Erhaltung des schriftlichen Kulturguts in Archiven und Bibliotheken in Deutschland: bundesweite Handlungsempfehlungen für die Beauftragte der Bundesregierung für Kultur und Medien (BKM) und die Kultusministerkonferenz (KMK). Berlin: KEK 2015.

Dietzen, Agnes u. Peter Werner Kloas: Stellenanzeigenanalyse – eine effektive Methode zur Früherkennung des Qualifikationsbedarfs. In: Wandel Beruflicher Anforderungen. Der Beitrag des BIBB zum Aufbau eines Früherkennungssystems Qualifikationsentwicklung. Hrsg. von Laszlo Alex u. Henning Bau. Bielefeld: Bertelsmann 1999. S. 13–32.

Digital Society Initiative: DSI Minor Digital Skills. https://www.dsi.uzh.ch/de/education/digital-skills.html (4.11.2022).

DIN Deutsches Institut für Normung e. V. (Hrsg.): DIN 66770. Bau von Bibliotheken und Archiven – Anforderungen und Empfehlungen für die Planung. Berlin 2017.

Dinger, Patrick u. Siegfried Schmidt: Die Migration der CEEC-Altdaten in die Digitalen Sammlungen der Diözesanbibliothek – ein Statusbericht. In: Mittelalterliche Handschriften der Kölner Dombibliothek. Achtes Symposion der Diözesan- und Dombibliothek zu den Dom-Manuskripten (30. November und 1. Dezember 2018). Hrsg. von Harald Horst. Köln 2019 (Libelli Rhenani 73). S. 261–274.

Dmitrijeva, Karina A., Nikolai N. Zubkov: „Dantea" korolja Iogana. In: Dante v vekach: La Divina Commedia v kul'turnoj tradicii Evropy i Rossii. Moskva 2022. S. 238–247.

Dogunke, Swantje, Lydia Koglin u. Timo Steyer: Keine falsche Scheu: Wie geisteswissenschaftliche Fachreferate von den Digital Humanities profitieren können. In: o-bib. Das offene Bibliotheksjournal (2022) Nr. 2. DOI: https://doi.org/10.5282/o-bib/5778.

Drucker, Peter F.: Die Praxis des Managements: ein Leitfaden für die Führungsaufgaben in der modernen Wirtschaft. Unveränd. Nachdruck d. Ausg. von 1969 (6. Aufl.). Düsseldorf: Econ 1998.

Dugall, Berndt: Der Einfluss von Informations- und Kommunikationstechnologien auf Dienste, Arbeitsabläufe und Organisation von Bibliotheken. In: Bibliotheken: Innovation aus Tradition, Rolf Griebel zum 65. Geburtstag. Hrsg. von Klaus Ceynowa u. Martin Hermann. Berlin [u. a.]: De Gruyter Saur 2015. S. 151–66. DOI: https://doi.org/10.1515/9783110310511.151.

Dürkop, Axel: Modernes Publizieren. Digitale Werkzeuge für offene Veröffentlichungsprozesse. ein Projekt im Programm Hamburg Open Science (HOS). https://oa-pub.hos.tuhh.de/de/ (30.5.2022).

Dziekan, Katrin (Hrsg.) [u. a.]: Lesewelten – historische Bibliotheken: Büchersammlungen des 18. Jahrhunderts in Museen und Bibliotheken in Sachsen-Anhalt. Halle (Saale): Mitteldeutscher Verlag 2011 (Sachsen-Anhalt und das 18. Jahrhundert; 3).

Ebert, Friedrich A.: Die Bildung des BibliothekarS. 2. umgearb. Ausg. Leipzig: Steinacker und Wagner 1820.

Eco, Umberto [u. a.]: Die Bibliothek. München [u. a.]: Carl Hanser 1987.

Eco, Umberto u. Jean-Claude Carrière: Die große Zukunft des Buches: Gespräche mit Jean-Philippe Tonnac. Aus dem Franz. von Barbara Kleiner. München: Carl Hanser 2010.

Effinger, Maria: Palatina goes online. Handschriftendigitalisierung an der Universitätsbibliothek Heidelberg. In: Trends, Megatrends, Sackgassen. Die Sondersammlungen im 21. Jahrhundert. Hrsg. von Norbert Schnetzer. Graz-Feldkirch: Neugebauer 2010. S. 78–84.

Eggert, Paul: The Work Unravelled. In: Text (1998) H. 11. S. 41–60. http://www.jstor.org/stable/30227732 (23.3.2023).

Eigenbrodt, Olaf u. Richard Stang (Hrsg.): Formierungen von Wissensräumen. Optionen des Zugangs zu Information und Bildung. Berlin, Boston: De Gruyter Saur 2014 (Age of Access? Grundfragen der Informationsgesellschaft 3).

Eigenbrodt, Olaf: Grundsanierung in einem Zug oder flexibel fortschreitende Veränderung? Räumliche Weiterentwicklung von Bibliotheken in der Praxis. In: BuB. Forum Bibliothek und Information (2014) H. 4. S. 270–274.

Eigenbrodt, Olaf: Allgegenwärtigkeit – Angst – Autonomie. Gesellschaftliche Fragen zum Umgang mit künstlicher Intelligenz in Bibliotheken. In: BuB – Forum Bibliothek und Information (2022) H. 6. S. 302–305.

Eigenbrodt, Olaf: Lernwelt Wissenschaftliche Bibliothek. Pädagogische und raumtheoretische Facetten. Berlin, Boston: De Gruyter Saur 2021 (Lernwelten).

Engelkenmeier, Ute: Künstliche Intelligenzen und Roboter in fiktionalen Bibliotheken und damit verbundene berufsethische Fragenstellungen. In: Künstliche Intelligenz in Bibliotheken. Tagungsband 34. Österreichischer Bibliothekartag Graz 2019. Hrsg. von Christina Köstner-Pemsel [u. a.]. Graz: Unipress 2020. S. 75–89.

Engelkenmeier, Ute u. Elisabeth Sträter: Bibliothek und Berufsfeld: Rollen, Funktionen und Anforderungen. Impulse aus Trägersicht: Bericht eines Stakeholder-Interviews mit Roland Kischkel und Frank Mentrup. In: BuB (2022) H. 5. S. 230–234. https://b-u-b.de/fileadmin/archiv/imports/pdf_files/2022/bub_2022_05_0230_0234.pdf (22.10.2022).

Ernst, Marlene: Salzburg zu Tisch. Wie Citizen Scientists helfen, die barocke Küche zu ergründen. In: Kooperationen in den digitalen Geisteswissenschaften gestalten. Hrsg. von Hendrikje Carius [u. a.]. Göttingen: V&R 2020. S. 127–140.

Euler, Ellen: Hochschulbibliothek der digitalen Zukunft. Berlin: Hochschulforum Digitalisierung 2015 (Arbeitspapier Nr. 4). https://hochschulforumdigitalisierung.de/sites/default/files/dateien/HFD%20AP%20Nr%204_Hochschulbibliothek%20der%20digitalen%20Zukunft.pdf (31.10.2022).

European Commission: Horizon Europe Research Funding. https://ec.europa.eu/info/research-and-innovation/funding/funding-opportunities/funding-programmes-and-open-calls/horizon-europe_en (14.11.2022).

Ex Bibliotheca Regia Berolinensi: schöne und seltene Bücher aus der Abteilung Historische Drucke. Red.: Olaf Hamann. Bibliogr. Beschreibung: Heike Pudler. Fotos: Renate Richter. Wiesbaden: Reichert 2000.

Fabian, Bernhard: Buch, Bibliothek und geisteswissenschaftliche Forschung. Zu Problemen der Literaturversorgung und der Literaturproduktion in der Bundesrepublik Deutschland. Göttingen: Vandenhoeck u. Ruprecht 1983 (Schriftenreihe der Stiftung Volkswagenwerk 24).

Fachhochschule Potsdam/Fachbereich Informationswissenschaften (Hrsg.): Archivführer Deutsche Kolonialgeschichte. Potsdam: FH Potsdam 2017. https://archivfuehrer-kolonialzeit.de/ (5.12.2022).

Fachinformationsdienst Sozial- und Kulturanthropologie (Hrsg.): Netzwerk Koloniale Kontexte – Deutsch. Berlin: UB der Humboldt-Univ. zu Berlin 2022. https://www.evifa.de/de/netzwerk-koloniale-kontexte (5.12.2022).

FAIR-Prinzipien. https://www.nature.com/articles/sdata201618 (14.11.2022).

Faßnacht, Martin: Historical and Media-Theoretical Implications of a Modern International Bibliography: Origin, Development and Future of the Index Theologicus in the Context of Other Specialised Bibliographies. In: Theological Libraries and Library Associations in Europe. Hrsg. von Leo Kenis, Penelope R. Hall u. Marek Rostkowski. Leiden: Brill 2022. S. 382–428.

Federkeil, Gero, Frank Ziegele: Globalhaushalte an Hochschulen in Deutschland 2001. https://www.wissenschaftsmanagement-online.de/sites/www.wissenschaftsmanagement-online.de/files/migrated_wimoarticle/Ziegele-Federkeil-Globalhaushalt.pdf (30.10.2022).

Feldmann, Reinhard: Historische Bestände und ihre Erhaltung. In: Handbuch Bibliothek. Geschichte, Aufgaben, Perspektiven. Hrsg. von Konrad Umlauf u. Stefan Gradmann. Stuttgart/Weimar: Verlag J. B. Metzler 2012. S. 162–172.

FID-Lenkungsgremium: Aktionsplan 2022–2024 des FID-Lenkungsgremiums für das FID-Netzwerk. https://wikis.sub.uni-hamburg.de/webis/images/8/8a/Aktionsplan-FID-Netzwerk_2022-2024.pdf (04.12.2022).

Fiedler, Fred u. Renate Mai-Dalton: Führungstheorien – Kontingenztheorie. In: Handwörterbuch der Führung. Hrsg. von Alfred Kieser. Stuttgart: Schäffer-Poeschel 1987.

Fingerle, Birgit Inken, Rudolf Mumenthaler (Hrsg.): Innovationsmanagement in Bibliotheken. (Reihe Praxiswissen). Berlin [u. a.]: De Gruyter 2016.

Finley, Thomas: The Democratization of Artificial Intelligence: One Library's Approach. In: Information Technology and Libraries (2019) H. 1. S. 8–13.

Flämig, Benjamin: Lucebro. Pilotprojekt zum Einsatz Künstlicher Intelligenz in der täglichen Kommunikation mit Bibliotheksnutzenden. In: b. i. t. online (2019) H. 5. S. 390–396.

Flämig, Benjamin: Lucebro. Pilotprojekt zum Einsatz von KI in der täglichen Kommunikation mit Bibliotheksnutzenden. Vortragsaufzeichnung #vBIB20. https://av.tib.eu/media/47778 (30.11.2022).

Förstner, Konrad U., Ursula Georgy u. Ragna Seidler-de Alwis: Aktuelle Wege zum Data Librarian. In: b. i. t. online (2022) H. 04. S. 339–345. https://www.b-i-t-online.de/heft/2022-04-fachbeitrag-foerstner.pdf (29.12.2022).

Frank, Markus: Interviewt durch Fabian Cremer, Swantje Dogunke u. Thorsten Wübbena: Unfrequently Asked Questions: Interviewreihe zu Projektmanagement in den Digital Humanities. In: Perspektive Forschungsförderung (2021). DOI: https://doi.org/10.17613/gs9g-yq24.

Franke, Fabian [u. a.]: Themenschwerpunkt Information Literacy Threshold Concepts. In: o-bib. Das offene Bibliotheksjournal (2017) Nr. 4. DOI: https://doi.org/10.5282/o-bib/2017H1.

Franke, Fabian: Aufgaben und Organisation der Teaching Library. In: Praxishandbuch Bibliotheksmanagement. Hrsg. von Rolf Griebel, Hildegard Schäffler u. Konstanze Söllner. Berlin, Boston: De Gruyter Saur 2014. S. 495–512.

Frese, Erich [u. a.]: Grundlagen der Organisation. Entscheidungsorientiertes Konzept der Organisationsgestaltung. Wiesebaden: Springer 2019.

Friede, Lisa-Marie [u. a.]: Alle sind gezwungen, sich anzupassen. In: DUZ Wirtschaft & Management (2020) H 8. S. 66–71.

Friedrich-Alexander-Universität Erlangen-Nürnberg: Open Science Policy der FAU. https://ub.fau.de/2021/11/02/open-science-policy-fuer-die-fau/ (14.11.2022).

Friesike, Sascha u. Johanna Sprondel: Träge Transformation. Ditzingen: Reclam 2022.

Fühles-Ubach, Simone, Ursula Georgy u. Miriam Albers: Digital. Persönlich. Weiter – Veränderungen in der bibliothekarischen Weiterbildung seit 2016. In: Bibliothek Forschung und Praxis (2022) H. 1. S. 174–182.

Fürstberger, Gunther u. Tanja Ineichen: Commitment gewinnen als laterale Führungskraft. Freiburg [u. a.]: Haufe 2016.

Gabrisch, Jochen: Mitarbeitergespräche auf den Punkt gebracht: Praxisratgeber für HR-Entscheider mit den wichtigsten Gesprächsarten von Auswahl bis Trennung. Köln: Luchterhand 2012.

Gagnon, Roger J.: Empirical research. The burdens and the benefits. In: Interfaces (1982) H. 4. S. 98–102.

Gantert, Klaus: Bibliothekarisches Grundwissen. 9., vollst. aktual. und erw. Auflage. Berlin: De Gruyter Saur 2016. DOI: https://doi.org/10.1515/9783110321500.

Gantert, Klaus, Günther Neher u. Frauke Schade: Die digitale Transformation meistern. In: Bibliothek Forschung und Praxis (2018) H. 3. S. 441–452.

Garcia-Febo, Loida, Anne Hustad [u. a.]: IFLA Code of Ethics for Librarians and Other Information Workers. repository.Ifla.org 2012. S. 1–6.

Gaskell, Philip: A new introduction to bibliography. New York: Clarendon Press 1972.

GBV Verbund-Wiki: Arbeitsgemeinschaft Alte Drucke beim GBV und SWB. https://verbundwiki.gbv.de/display/GAD/Arbeitsgemeinschaft+Alte+Drucke+beim+GBV+und+SWB (9.12.2022).

Gebert, Björn: Digitale Wissenschaftskommunikation. In: Digitale Fachdidaktiken in den Kulturwissenschaften. Hrsg. von Gerrit Jasper Schenk. Darmstadt: TUprints 2020. S. 281–302. DOI: https://doi.org/10.25534/tuprints-00017207.

Georgy, Ursula [u. a.]: Einführung in die Marketinganalyse und aktuelle Entwicklungen. In: Praxishandbuch Informationsmarketing. Konvergente Strategien, Methoden und Konzepte. Hrsg. von Frauke Schade u. Ursula Georgy. Berlin [u. a.]: De Gruyter 2019. S. 15–22.

Georgy, Ursula: Digitale Transformation – Herausforderungen in der Personalentwicklung Wissenschaftlicher Bibliotheken. In: DUZ – Personal in Hochschulen und Wissenschaft entwickeln (2021) 1. S. 37–51.

Gerdiken, Ulrike u. Barbara Lämmlein: Führung anders denken. In: Kulturpolitische Mitteilungen (2022) 1. S. 82–84.

Gerpott, Torsten J.: 360°-Feedback-Verfahren als spezielle Variante der Mitarbeiterbefragung. In: Handbuch Mitarbeiterbefragung. Hrsg. von Michel E. Domsch u. Désirée Ladwig. 3., aktual. u. überarb. Aufl. Berlin, Heidelberg: Springer Gabler 2013. S. 127–161. DOI: https://doi.org/10.1007/978-3-642-35295-9_6.

Gieselmann, Hartmut u. Andreas Trinkwalder: Kontrollierte Intelligenz. KI zwischen Hype und Dämon. In: c't – magazin für computertechnik (2022) H. 17. S. 18–19.

Giethner, Silke: Wie lernen? Wissensmanagement in der lernenden Organisation. In: Strategische Personalentwicklung. Hrsg. von Matthias T. Meifert. Berlin 2013. S. 409–426.

Gil, Einat, Yishay Mor [u. a.] (Hrsg.): Hybrid Learning Spaces. Cham: Springer 2022. S. 3. DOI: https://doi.org/10.1007/978-3-030-88520-5.

Gilman, Todd (Hrsg.): Academic Librarianship today. Lanham, MD: Rowman & Littlefield 2017.

Ginther, Clara u. Karin Lackner: Predatory Publishing – Herausforderung für Wissenschaftler/innen und Bibliotheken. In: o-bib. Das offene Bibliotheksjournal (2019) H. 2. S. 17–32.

Glaser, Timo: Digital Humanities aus dem Fachreferat heraus. In: 027.7 Zeitschrift für Bibliothekskultur/Journal for Library Culture (2021) Nr. 1. DOI: https://doi.org/10.21428/1bfadeb6.3daa6c49.

Grabensteiner, Caroline, Erich Schönbächler [u. a.]: Partizipative Raumgestaltung mit digitalen Medien. In: Medienimpulse (2021) H. 4. DOI: https://doi.org/10.21243/mi-04-21-07.

Greetham, David C.: Textual Scholarship. An Introduction. New York: Routledge 1994.

Griebel, Rolf, Hildegard Schäffler, Konstanze Söllner (Hrsg.): Praxishandbuch Bibliotheksmanagement. 2 Bde. Berlin [u. a.]: De Gruyter 2014.

Gruber, Gerhard u. Margot Wiener: Empfehlung zum Geschäftsverkehr zwischen wissenschaftlichen Bibliotheken und dem Antiquariatsbuchhandel. In: Bibliotheksdienst (1996) H. 4. S. 660–668.

Guseva, Aleksandra Alekseevna: Izdanija kirillovskogo šrifta vtoroj poloviny XVI veka: svodnyj katalog; v dvuch knigach. Moskva: Indrik 2003.

Habermann, Alexandra, Rainer Klemmt u. Frauke Siefkes: Lexikon deutscher wissenschaftlicher Bibliothekare 1925 – 1980. Frankfurt a. M.: Klostermann 1985 (Zeitschrift für Bibliothekswesen und Bibliographie: Sonderheft 42).

Habermann, Alexandra u. Peter Kittel: Lexikon deutscher wissenschaftlicher Bibliothekare: die wissenschaftlichen Bibliothekare der Bundesrepublik Deutschland (1981–2002) und der Deutschen Demokratischen Republik (1949–1990). Frankfurt a. M.: Klostermann 2004 (Zeitschrift für Bibliothekswesen und Bibliographie 86).

Hahn, Helene: Kooperativ in die digitale Zeit – wie öffentliche Kulturinstitutionen Cultural Commons fördern. Eine Einführung in offene Kulturdaten. Hrsg. von digiS – Servicestelle Digitalisierung Berlin 2016. S. 14. http://nbn-resolving.de/urn:nbn:de:0297-zib-59131 (30.10.2022).

Haklay, Muki: Participatory Citizen Science. In: Citizen Science: Innovation in Open Science, Society and Policy. Hrsg. von Muki Haklay, Susanne Hecker, Anne Bowser, Zen Makuch, Johannes, Vogel u. Aletta Bonn. London: UCL Press 2018. S. 52–62.

Halbwachs, Maurice: Das Gedächtnis und seine sozialen Bedingungen. Berlin [u a.]: Luchterhand 1966 (Soziologische Texte 34).

Hamann, Olaf: Durch Dialog zur Zusammenarbeit: über den deutsch-russischen Bibliotheksdialog zu kriegsbedingt verlagerten Büchersammlungen. Zusammengestellt von Olaf Hamann. Berlin: Staatsbibliothek zu Berlin – Preußischer Kulturbesitz 2016 (Veröffentlichungen der Osteuropa-Abteilung/ Staatsbibliothek zu Berlin – Preußischer Kulturbesitz 43).

Hamann, Olaf: Raub, Zerstörung und Verlagerung von Bibliotheksgut im Krieg: eine europäische Perspektive. In: Selbstbehauptung – Anpassung – Gleichschaltung – Verstrickung: Die Preußische Staatsbibliothek und das deutsche Bibliothekswesen 1933–1945. Frankfurt a. M.: Klostermann 2014 (Zeitschrift für Bibliothekswesen und Bibliographie Sonderband 113). S. 237–249.

Hamm, Wolfgang-M.: Trier 10. Seminarbibliothek der Weißen Väter. In: Handbuch der Historischen Buchbestände in Deutschland. Bd. 6. Hrsg. von Berndt Dugall. Hildesheim[u. a.]: Olms-Weidmann 1993. S. 267 f.

Handbuch Bibliothek: Geschichte, Aufgaben, Perspektiven. Hrsg. von Konrad Umlauf u. Stefan Gradmann. Stuttgart; Weimar: Metzler 2012.

Handbuch der historischen Buchbestände in Deutschland. Hrsg. von Bernhard Fabian. In Zusammenarbeit mit Severin Corsten, Eberhard Dünninger, Berndt Dugall, Wolfgang Kehr, Friedhilde Krause u. Paul Raabe. Hrsg. von Bernhard Fabian. Redaktion Karen Kloth [u. a.]. 27 Bände in 28 Bänden. Hildesheim, Zürich [u. a.]: Olms-Weidmann 1992–2000.

Handbuch der historischen Buchbestände in Deutschland. Vorwort. Digitalisiert von Günter Kükenshöner. Hrsg. von Bernhard Fabian. Hildesheim: Olms Neue Medien 2003. https://fabian.sub.uni-goettingen.de/fabian?Vorwort (30.11.2022).

Handbuch Kompetenzentwicklung im Netz. Bausteine einer neuen Lernwelt. Hrsg. von John Erpenbeck u. Werner Sauter. Stuttgart: Schäffer-Poeschel 2017. S. 93–114.

Handreichung vom Februar 2001 zur Umsetzung der „Erklärung der Bundesregierung, der Länder und der kommunalen Spitzenverbände zur Auffindung und zur Rückgabe NS-verfolgungsbedingt entzogenen Kulturgutes, insbesondere aus jüdischem Besitz“ vom Dezember 1999. Berlin 2001.

Handschriftencensus Rheinland. Erfassung mittelalterlicher Handschriften im rheinischen Landesteil von Nordrhein-Westfalen mit einem Inventar. Hrsg. von Günter Gattermann; bearb. von Heinz Finger [u. a.]. Wiesbaden 1993 (Schriften der Universitäts- und Landesbibliothek Düsseldorf 18).

Hanke, Ulrike u. Wilfried Sühl-Strohmenger: Bibliotheksdidaktik. Grundlagen zur Förderung von Informationskompetenz. Berlin, Boston: de Gruyter Saur 2016 (Bibliotheks- und Informationspraxis 58).

Hapke, Henrike: Data Librarian: Das moderne Berufsbild. In: b. i. t. online (2016) H. 2. S. 159–164.

Harbeck, Matthias: Koloniale Kontexte. Neue Aufgaben für den Fachinformationsdienst Sozial- und Kulturanthropologie in Bibliotheken und digitalen Sammlungen. In: Jahresbericht 2021 der Universitätsbibliothek der Humboldt-Universität zu Berlin. Berlin: UB der Humboldt-Univ. zu Berlin 2022. DOI: https://doi.org/10.18452/24851.

Harbeck, Matthias: Comics in deutschen Bibliotheken – Ressourcen für Forschung und Fans. In: Bibliothek. Forschung und Praxis (2010). S. 282–292.

Haugen, Odd Einar: The making of an Edition. In: Digital critical editions. Topics in the digital humanities. Hrsg. von Apollon, Daniel, Claire Bélisle u. Philippe Régnier. Urbana 2014. S. 203–245.

Hauke, Petra u. Klaus-Ulrich Werner (Hrsg.): Praxishandbuch Bibliotheksbau. Planung – Gestaltung – Betrieb. Berlin, Boston: De Gruyter Saur 2016 (De Gruyter Reference).

Hayes, M. A., F. A. Henry u. R. Shaw: Librarian Futures. Charting librarian-patron behaviors and relationships in the networked digital age [online]: Lean Library 2021. DOI: https://doi.org/10.4135/wp.20211103.

Heidelberger historische Bestände – digital/Ruprecht-Karls-Universität Heidelberg, Universitätsbibliothek. Heidelberg: Univ.-Bibliothek, 2005–. Online-Ressource: http://www.ub.uni-heidelberg.de/helios/digi/digilit.html (10.12.2022).

Heidenreich, Stefan: Bilddaten und Weltbilder. Digitale Reproduktion? In: Reproduktion. Techniken und Ideen von der Antike bis heute. Eine Einführung. Hrsg. von Jörg Propst. Berlin: Reimer 2011. S. 266–279.

Heinzelmann, Susanne, Jan Biela, Michelle Andersson, Cordula Klaus u. Patrick Frankenbach: Evaluierung des Förderprogramms Evaluierung des Förderprogramms „Fachinformationsdienste für die Wissenschaft". Studie von prognos im Auftrag der Deutschen Forschungsgemeinschaft (DFG). Deutsche Forschungsgemeinschaft. Bonn: DFG 2019. https://www.dfg.de/download/pdf/dfg_im_profil/zahlen_-fakten/programm_evaluation/studie_fid.pdf (5.12.2022).

Henderson, Bruce: The Product Portfolio. In: Perspectives on Strategy from The Boston Consulting Group. Hrsg. von Carl W. Stern u. George Jr. Stalk. New York: Wiley 1970. S. 35–39.

Hinrichs, Imma, Gérard Milmeister, Peter Schäuble u. Helge Steenweg: Computerunterstützte Sacherschließung mit dem Digitalen Assistenten (DA-2). In: o-bib. Das offene Bibliotheksjournal (2016) H. 4. S. 156–185. DOI: https://doi.org/10.5282/o-bib/2016H4S156-185.

Hintze, Ulrike: Aus der Deutschen Forschungsgemeinschaft. In: o-bib. Das offene Bibliotheksjournal (2022) Nr. 3. DOI: https://doi.org/10.5282/O-BIB/5882.

Historische Bestände der Fürstlichen Bibliothek Corvey/hrsg. von der Universitätsbibliothek der Universität-GH Paderborn. – Paderborn, 1999. Bd. 1–7, Titelregister.

Historische Bestände der Herzogin-Anna-Amalia-Bibliothek zu Weimar: Beiträge zu ihrer Geschichte und Erschließung; mit Bibliographie/Zsstellung und wiss. Red.: Konrad Kratzsch u. Siegfried Seifert. München [u. a.]: Saur, 1992 (Literatur und Archiv; 6).

Hobohm, Hans-Christoph, Konrad Umlauf u. Cornelia Vonhof (Hrsg.): Erfolgreiches Management von Bibliotheken und Informationseinrichtungen. Fachratgeber für die Bibliotheksleitung und Bibliothekare. Aktualisierungsstand: Nr. 72 – März 2021. Hamburg: Dashöfer 2021.

Hochschulrektorenkonferenz: Hochschule im digitalen Zeitalter: Informationskompetenz neu begreifen – Prozesse anders steuern. Entschließung der 13. Mitgliederversammlung der HRK am 20. November 2012 in Göttingen. Bonn 2012. https://www.hrk.de/fileadmin/_migrated/content_uploads/Entschliessung_Informationskompetenz_20112012_01.pdf (31.10.2022).

Hofert, Svenja: Agiler führen: einfache Maßnahmen für bessere Teamarbeit, mehr Leistung und höhere Kreativität. 3., aktual. Aufl. Wiesbaden: Springer Gabler 2021.

Holländer, Stephan, Wilfried Sühl-Strohmenger u. Ludger Syré (Hrsg.): Hochschulbibliotheken auf dem Weg zu Lernzentren. Beispiele aus Deutschland, Österreich und der Schweiz. Wiesbaden: b. i. t. verlag 2021 (b. i. t. online Innovativ 80).

Homann, Benno: Standards der Informationskompetenz. Eine Übersetzung der amerikanischen Standards der ACRL als argumentative Hilfe zur Realisierung der „Teaching Library". Bibliotheksdienst (2002) H. 5. S. 625–638.

Horstmann, Wolfram: 1h. From collecting to connecting – the role of libraries in Open Access. In: Praxishandbuch Open Access. Hrsg. von Konstanze Söllner u. Bernhard Mittermaier. De Gruyter 2017. S. 62–74.

Horstmann, Wolfram: Library Technology – Between Local Tools and Global Solutions. In: Bibliothek Forschung und Praxis (2022) H. 2. S. 261–270. DOI: https://doi.org/10.1515/bfp-2022-0011.

Howe, Jeff: Crowdsourcing: A Definition. https://crowdsourcing.typepad.com/cs/2006/06/crowdsourcing_a.html(30.10.2022).

Hugger, Kai-Uwe: Medienkompetenz. In: Handbuch Medienpädagogik. Hrsg. von Uwe Sander, Friederike Gross u. Kai-Uwe Hugger. 2, Aufl. Wiesbaden: Springer VS 2022. S. 67–80.

Institut für Arbeitsmarkt und Berufsforschung: Job Futuromat. https://job-futuromat.iab.de/ (30.11.2022).

Institute of Electrical and Electronics Engineers Standards Association: IEEE P7015 – Data and AI Literacy, Skills, and Readiness Working Group. https://sagroups.ieee.org/7015/ (3.7.2022).

Instruktionen für die alphabetischen Kataloge der preussischen Bibliotheken und für den preussischen Gesamtkatalog: vom 10. Mai 1899. Berlin: A. Asher & Co. 1899.

Jantz, Ronald C.: A Vision for the Future: New Roles for Academic Librarians. In: Academic librarianship today. Hrsg. von Todd Gilman. Lanham, Boulder, New York, London: Rowman & Littlefield 2017. S. 1–26.

Jeanneney, Jean-Noel: Googles Herausforderung: für eine europäische Bibliothek. Vom Autor für die dt. Ausg. aktualisiert und mit einem Nachw. von Klaus-Dieter Lehmann. Aus dem Franz. von Sonja Finck und Nathalie Mälzer-Semlinger. Berlin: Wagenbach 2006 (Wagenbachs Taschenbuch 534).

Kamis, Alcay [u. a.]: Workbook Strategisches Management: Die besten Werkzeuge für jede Phase des Strategieprozesses. Stuttgart 2022.

Kamposiori, Christina: The role of Research Libraries in the creation, archiving, curation, and preservation of tools for the Digital Humanities: RLUK Report. Research Libraries UK 2017. http://www.rluk.ac.uk/wp-content/uploads/2017/07/Digital-Humanities-report-Jul-17.pdf (23.10.2022).

Kanning, Uwe P. u. Thomas Staufenbiel: Organisationspsychologie. Göttingen: Hogrefe 2012 (Bachelorstudium Psychologie; Psychlehrbuchplus).

Kasprzik, Anna u. Klaus Tochtermann: Auf Augenhöhe mit Forschungspartnern aus der wissenschaftlichen Anwendug von künstlicher Intelligenz in der ZBW. In: BuB – Forum Bibliothek und Information (2022) H. 6. S. 306–311.

Keller, Alice: Einstellung zur (automatischen) Sacherschließung in deutsch- und englischsprachigen Ländern. In: Bibliotheksdienst (2015) H. 8. S. 801–813.

Keller, Alice: Publikationskompetenz als neues Tätigkeitsfeld von Bibliotheken. In: Bibliotheksdienst (2016) H. 7. S. 661–671. DOI: https://doi.org/10.1515/bd-2016-0080.

Keller, Alice: Publikationskompetenz. In: Handbuch Informationskompetenz. Hrsg. von Wilfried Sühl-Strohmenger. De Gruyter 2016. S. 307–322.

Keller, Alice: Nachhaltigkeit 3.0 in Bibliotheken: eine Herausforderung für das Management. In: Bibliothek Forschung und Praxis (2021) H. 3. S. 412–420. DOI: https://doi.org/10.1515/bfp-2021-0065.

Kempf, Klaus: Data Curation oder (Retro) Digitalisierung ist mehr als die Produktion von Daten. In: o-bib. Das Offene Bibliotheksjournal (2015) H. 4. S. 268–278. DOI: https://doi.org/10.5282/o-bib/2015H4S268-278

Kerres, Michael [u. a.]: Digitale Lernwelten in der Hochschule. In: Digitale Lernwelten. Hrsg. von Kai-Uwe Hugger u. Markus Walber. Wiesbaden: VS-Verlag 2009.

Kerres, Michael: Mediendidaktik. Konzeption und Entwicklung digitaler Lernangebote. 5. Aufl. Berlin, Boston: Walter de Gruyter 2018.

Kilg, Marie [u. a.]: Wie Schreibt eine Robo-Autor*in. Kolumne einer künstlichen Intelligenz. In: taz vom 26.11.2022. https://taz.de/Kolumne-einer-kuenstlichen-Intelligenz/!5898282/ (30.11.2022).

Kirchgäßner, Adalbert (2006): Was produzieren Bibliotheken? Der Produktkatalog der baden-württembergischen Landes- und Universitätsbibliotheken und seine Anwendung in der Bibliothek der Universität Konstanz. Vortrag, 23.03.2006, Dresden, 95. Deutscher Bibliothekartag. https://opus4.kobv.de/opus4-bib-info/files/160/KLR_Produkte_Vortrag_Skript.pdf (14.3.2023).

Kirschbaum, Marc u. Richard Stang (Hrsg.): Architektur und Lernwelten. Perspektiven für die Gestaltung. Berlin, Boston: De Gruyter Saur 2022 (Lernwelten). DOI: https://doi.org/10.1515/9783110732795.

Kistler, Ernst u. Markus Hilbert: Auswirkungen des demographischen Wandels auf Arbeit und Arbeitslosigkeit. In: Aus Politik und Zeitgeschichte (2001) B3–4. S. 5–13.

Klaffki, Lisa, Stefan Schmunk u. Thomas Stäcker: Stand der Kulturgutdigitalisierung in Deutschland: Eine Analyse und Handlungsvorschläge des DARIAH-DE Stakeholdergremiums „Wissenschaftliche Sammlungen“ 2018 (DARIAH-DE Working Papers, 26). http://nbn-resolving.de/urn:nbn:de:gbv:7-dariah-2018-1-3 (14.3.2023).

Klaproth, Frank: Digitalisierung und Digitale Bibliotheken – 25 Jahre Digitalisierung im Kontext der Deutschen Universitätsbibliotheken. In: Bibliothek. Forschung und Praxis (BFB) (2022) H. 2. S. 289–293.

Kläre, Christina, Dorothee Graf, Anke Petschenka, Stephanie Rehwald, Felix M. Schmidt, Elke T. Spielberg [u. a.]: Fachreferat plus X: Transformation des wissenschaftlichen Dienstes an der Universitätsbibliothek Duisburg-Essen. In: o-bib. Das offene Bibliotheksjournal (2022) Nr. 2. S. 1–17. DOI: https://doi.org/10.5282/o-bib/5786.

Klingbeil-Döring, Wenke: Digitalisierung und der Arbeitsmarkt. Wie wirkt sich die Digitalisierung auf den deutschen Arbeitsmarkt aus? www.bpb.de/themen/arbeit/arbeitsmarktpolitik/316908/digitalisierung-und-der-arbeitsmarkt/ (1.11.2022).

Knoche, Michael: Die Idee der Bibliothek und ihre Zukunft. Göttingen: Wallstein 2018.

Knoche, Michael: Die Glanzleistung der Bibliothekare sind doch die Kataloge – Gespräch mit Prof. Dr. Ulrich Johannes Schneider, Direktor der Universitätsbibliothek Leipzig (Teil 2). In: Aus der Forschungsbibliothek Krekelborn. Veröffentlicht: 30. Nov. 2020. Aktualisiert: 13. Dez. 2020. https://biblio.hypotheses.org/2133 (4.10.2022).

Knoche, Michael: Was ist ein Digitalisat? In: Aus der Forschungsbibliothek Krekelborn. Blog. Veröffentlicht 13. Juni 2022. https://biblio.hypotheses.org/3599 (14.12.2022).

Kobold, Maria u. Jana Moczarski: Bestandserhaltung. Ein Ratgeber für Verwaltungen, Archive und Bibliotheken. 3. Aufl. Hrsg. von der Universitäts- und Landesbibliothek Darmstadt u. dem Hessischen Landesarchiv. Leipzig: ZFB – Zentrum für Bucherhaltung 2021.

Kommission des Deutschen Bibliotheksinstituts für Erwerbung und Bestandsentwicklung. Expertengruppe Bestandsentwicklung in wissenschaftlichen Bibliotheken: Bestandsaufbau und Erwerbungspolitik in universitären Bibliothekssystemen. Versuch einer Standortbestimmung. Berlin 1994.

Kommunales Personal- und Organisationsmanagement. Hrsg. von Thomas Böhle. Bearb. von Andreas Becker, Dr. Thomas Böhle [u. a.]. München: C. H. Beck 2017.

Kompetenzzentrum Trier Center for Digital Humanities: Die virtuelle Forschungsumgebung für die Geistes- und Sozialwissenschaften – FuD. https://tcdh.uni-trier.de/de/projekt/die-virtuelle-forschungsumgebung-fuer-die-geistes-und-sozialwissenschaften-fud (30.10.2022).

König, Erwin: Zur Arbeit von Liaison Librarians. In: Library Essentials. Fakten und Berichte für Informationsspezialisten. 12.2.2016. https://www.libess.de/zur-arbeit-liaison-librarians/ (30.10.2022).

Köstner-Pemsel, Christina [u. a.] (Hrsg.): Künstliche Intelligenz in Bibliotheken. Tagungsband 34. Österreichischer Bibliothekartag Graz 2019. Hrsg. von Christina Köstner-Pemsel, Elisabeth Stadler u. Markus Stumpf. Graz: Unipress 2020 (Schriften der Vereinigung Österreichischer Bibliothekarinnen und Bibliothekare 15).

Kötter (geb. Bernard), Miriam S.: Verankerung von Open Access Diensten in den Organisationsstrukturen von wissenschaftlichen Bibliotheken in Deutschland. Berlin: Humboldt Univ. zu Berlin, Institut für Bibliotheks- und Informationswissenschaft 2021 (Berliner Handreichungen zur Bibliotheks- und Informationswissenschaft 478). DOI: http://dx.doi.org/10.18452/23395.

Kotter, John P.: Accelerate: strategischen Herausforderungen schnell, agil und kreativ begegnen. Aus d. Amerikan. übers. von Katrin Klein. München: Franz Vahlen 2015. ProQuest Ebook Central. https://ebookcentral.proquest.com/lib/ubkoeln/detail.action?docID=4070270 (14.3.2023).

Kranich, Nancy, Megan Lotts, Jordan Nielsen u. Judith H. Ward: Moving from Collecting to Connecting: Articulating, Assessing, and Communicating the Work of Liaison Librarians. In: Libraries and the Academy (2020) H. 2. S. 285–304. DOI: https://doi.org/10.1353%2Fpla.2020.0015.

Krauß-Leichert, Ute [Leitung]: Berufsbild 2000: Bibliotheken und Bibliothekare im Wandel. Erarbeitet von der Arbeitsgruppe Gemeinsames Berufsbild der BDB e. V. unter Leitung von Ute Krauß-Leichert. Berlin: Bundesvereinigung Deutscher Bibliotheksverbände e. V. 1998.

Krautz, Jochen: Kompetenzen machen unmündig. In: Forum Wissenschaft (2018) H. 4. https://www.bdwi.de/forum/archiv/uebersicht/10702472.html (31.10.2022).

Kreische Joachim: Betriebliche Organisation. In: Praxishandbuch Bibliotheksmanagement. Hrsg. von Rolf Griebel, Hildegard Schäffler u. Konstanze Söllner. Red.: Eva Frantz. Berlin, Boston: De Gruyter Saur 2015. S. 667–687.

Kreische, Joachim: Von den bibliothekarischen Tugenden im 21. Jahrhundert. In: Vernetztes Wissen. Die Bibliothek als Managementaufgabe. Festschrift für Wolfram Neubauer zum 65. Geburtstag. Hrsg. von Rafael Ball u. Stefan Wiederkehr. Berlin, Boston: De Gruyter Saur 2015. S. 243–254

Kreische, Joachim: Warum die Leistung von Bibliotheken vergleichen? In: Bibliotheksdienst (2015) H. 5. S. 507–516.

Krickl, Martin [u. a.]: Mit Machine Learning auf der Suche nach Provenienzen – ein Use Case der Bildklassifikation an der Österreichischen Nationalbibliothek. In: Bibliothek Forschung und Praxis (2022) H. 1. S. 227–238.

Kultur Management Network/Gebert, Björn: Berufsbilder im Kulturbereich: Abteilungsleitung einer wissenschaftlichen Bibliothek. https://www.kulturmanagement.net/Themen/Berufsbilder-im-Kulturbereich-Abteilungsleiter-einer-wissenschaftlichen-Bibliothek,4049 (6.11.2019).

Kulturelles Erbe. Von Kreuzherren, Schenkungen, einer neuen Bilddatenbank und Anleitungen für den Notfall. In: ProLibris (2022) H. 3. S. 24–29.

Kuttner, Sven: „Die verspätete Bibliothek". Zehn Beiträge zur Geschichte der Universitätsbibliothek der Ludwig-Maximilians-Universität München im 20. Jahrhundert. Wiesbaden: Harrassowitz 2021 (Beiträge zum Buch- und Bibliothekswesen 67).

Landgrebe, Jobst u. Barry Smith: Why Machines Will Never Rule the World. Artificial Intelligence without Fear. New York: Routledge 2023.

Langenegger, Catrina, Iris Lindenmann, Noah Regenass, Johanna Schüpbach u. Alice Spinnler: Editorial: Digital Humanities und wissenschaftliche Bibliotheken. In: 027.7 Zeitschrift für Bibliothekskultur/ Journal for Library Culture (2021) Nr. 1. DOI: https://doi.org/10.21428/1bfadeb6.f71569dd.

Laube, Reinhard u. Georg Ruppelt: Die Tradition der buch- und kulturwissenschaftlichen Forschung. In: Handbuch Bibliothek. Geschichte, Aufgaben, Perspektiven. Hrsg. von Konrad Umlauf u. Stefan Gradmann. Stuttgart/Weimar: J. B. Metzler 2012. S. 214–218.

Lauer, Thomas: Change Management: Grundlagen und Erfolgsfaktoren. 2. Aufl. Berlin, Heidelberg: Springer 2014.

Lee, Martin [u. a.]: Organisationsentwicklung an der Freien Universität Berlin. Ergebnisse aus dem Change-Projekt „Wandel@FU-Bib". In: o-bib (2022) H. 1. S. 1–15.

Leendertse, Jan, Susanne Mocken u. Dirk von Suchodoletz: Datenmanagementpläne zur Strukturierung von Forschungsvorhaben. In: Bausteine Forschungsdatenmanagement (2019) Nr. 2 (Mai). S. 4–9. DOI: https://doi.org/10.17192/bfdm.2019.2.8003.

Lehmann, Klaus-Dieter u. Ingo Kolasa (Hrsg.): Restitution von Bibliotheksgut: Runder Tisch Deutscher und Russischer Bibliothekare in Moskau am 11. und 12. Dezember 1992. Frankfurt a. M.: Klostermann 1993. (Zeitschrift für Bibliothekswesen und Bibliographie; Sonderheft 56).

Leiß, Caroline: Ungewöhnliche Kundengruppe? Informationskompetenz-Veranstaltungen für die Universitätsverwaltung. In: o-bib. Das offene Bibliotheksjournal (2014) Nr. 1. S. 110–116. DOI: https://doi.org/10.5282/o-bib/2014H1S110-116.

Leiß, Caroline u. Dorothea Lemke: Zitieren – ein Thema für Bibliotheken! Zitierleitfaden, Zitierkurs und mehr an der Universitätsbibliothek der TU München. In: o-bib. Das offene Bibliotheksjournal (2015) Nr. 4. S. 226–236. DOI: https://doi.org/10.5282/o-bib/2015H4S226-236.

Leitfaden für den Geschäftsverkehr zwischen wissenschaftlichen Bibliotheken und dem Antiquariatsbuchhandel. https://www.antiquare.de/verband/leitfaden-bibliotheken (8.12.2022).

Lemke, Dorothea u. Caroline Leiß: Qualitätssicherung für die Lehre: Ein Supervisionsprojekt von Universitätsbibliothek und hochschuldidaktischem Zentrum der TUM. In: o-bib. Das offene Bibliotheksjournal (2022) Nr. 9. S. 1–13. DOI: https://doi.org/10.5282/o-bib/5858.

Letsch, Matthias: Aus- und Fortbildungsmöglichkeiten für das Forschungsdatenmanagement in Bibliotheken im deutschsprachigen Raum. Master-Thesis im Studiengang Informationswissenschaft. Hochschule Darmstadt 2017. DOI: https://doi.org/10.6094/UNIFR/12867.

Lexikon zur Soziologie. Hrsg. von Werner Fuchs-Heinritz [u. a.]. 4., grundlegend überarb. Aufl. Wiesbaden: VS-Verlag für Sozialwissenschaften 2007.

Leyh, Georg: Die deutschen wissenschaftlichen Bibliotheken nach dem Krieg. Tübingen: Mohr 1947.

Licklider, Joseph Carl Robnett: Libraries of the future. Cambridge, MA: M. I. T. Press 1965.

Lieber, Bernd: Personalführung: ... leicht verständlich! 3., überarb. Aufl. Konstanz [u. a.]: UVK-Verl.-Ges. [u. a.] 2017.

Lippold, Dirk: Personalführung im digitalen Wandel. Von den klassischen Führungsansätzen zu den New-Work-Konzepten. Berlin, Boston: De Gruyter 2021 (De Gruyter Studium).

Lohmeier, Felix, Jens Mittelbach u. Matti Stöhr: Informationsservices auf Augenhöhe – So können Bibliotheken den Forschungsprozess proaktiv unterstützen. In: Handbuch Informationskompetenz. Hrsg. von Wilfried Sühl-Strohmenger. Unter Mitwirkung von Martina Straub. 2. Aufl. Berlin, Boston: de Gruyter Saur 2016 (Reference). S. 289–306.

Loprieno, Antonio: Die entzauberte Universität. Europäische Hochschulen zwischen lokaler Trägerschaft und globaler Wissenschaft. Deutsche Erstausgabe, 2. Auflage. Wien: Passagen 2020 (Wissenschaft – Transformation – Politik).

Lowenthal, David: The past is a foreign country: revisited. Rev. and updated ed. Cambridge: Cambridge Univ. Press 2015.

Lühr, Henning: Arbeit 4.0. In: Handbuch Digitale Verwaltung. Hrsg. von Henning Lühr. Wiesbaden: Kommunal- und Schul-Verlag 2019. S. 451–496

Lund, Brady [u. a.]: Perceptions toward Artificial Intelligence among Academic Library Employees and Alignment with the Diffusion of Innovations' Adopter Categories. In: College & Research Libraries (2020) H. 5. S. 865–882.

Lux, Claudia: Praxishandbuch Richtige Lobbyarbeit für Bibliotheken. Berlin, Boston: De Gruyter Saur 2022 (De Gruyter Reference). DOI: https://doi.org/10.1515/9783110673746.

Mälck, Andreas: Zum Wirken der Zentralstelle für wissenschaftliche Altbestände in Vergangenheit und Gegenwart. Diplomarbeit. Berlin 1989.

Malik, Fredmund: Führen, leisten, leben: wirksames Management für eine neue Welt. Frankfurt: Campus 2019.

Malits, Andrea: Infrastrukturentwicklung für digitale Editionen am Beispiel der Universität Zürich: Herausforderungen, Erfahrungen und Perspektiven. In: Bibliothek Forschung und Praxis (2020) H. 2. S. 202–209.

Malo, Markus: Die Bibliothek als Partner – Plagiatsprävention an der Universität Stuttgart. In: Praxishandbuch Schreiben in der Hochschulbibliothek. Hrsg. von Wilfried Sühl-Strohmenger u. Ladina Tschander. Berlin: De Gruyter 2019. S. 309–318.

Malz, Angela: Aus der Alten Aktienspinnerei wird die neue Universitätsbibliothek Chemnitz. In: ABI Technik (2020) H. 3. S. 246–259. DOI: https://doi.org/10.1515/abitech-2020-2020.

Mangei, Johannes: Die Bibliothek der Deutschen Dante-Gesellschaft kehrt zurück. In: Supralibros (2015) H. 16. S. 35–37. S. 35.

Martin-Konle, Claudia: How to survive – Fachreferat in der funktionalen Einschichtigkeit oder die Form ist nur ein Teil des Ganzen. In: o-bib. Das offene Bibliotheksjournal (2015) H. 3. S. 4–7. DOI: https://doi.org/10.5282/o-bib/2015H3S4-7.

Maschmann, Ira Theresa u. Philipp Zumstein: Open Science Services an Hochschulen und Forschungsinstitutionen verankern. Präsentation. 110. Dt. Bibliothekartag, zugleich 8. Bibliothekskongress. Leipzig 2022. Urn:nbn:de:0290-opus4-180165 (29.12.2022).

McCarty, Willard: Humanities computing. Basingstoke, Hampshire [u. a.]: Palgrave Macmillan 2005.

McDonald, Andrew: The ten commandments revisited. The qualities of good library space. In: Liber Quarterly (2006) No. 2. DOI: https://doi.org/10.18352/lq.7840.

McGann, Jerome: A new republic of letters: memory and scholarship in the age of digital reproduction. Cambridge, MA [u. a.]: Harvard Univ. Press 2014.

McGovern, Nancy Y.: Radical Collaboration and Research Data Management: An Introduction. In: Research Library Issues (2016) no. 296. S. 6–22. https://publications.arl.org/14uvcr7/ (16.1.2023).

Meifert, Matthias T.: Retentionmanagement. In: Strategische Personalentwicklung: ein Programm in acht Etappen. Hrsg. von Matthias T. Meifert. 3., korr. Aufl. Wiesbaden: Springer Fachmedien 2013. S. 291–314.

Meinschäfer, Victoria: Ein akribischer Beobachter seiner Zeit. In: Magazin der Heinrich-Heine-Universität (2022) Heft 2. S. 18–22.

Meiren, Thomas u. Tilmann Barth: Service Engineering in Unternehmen umsetzen. Leitfaden für die Entwicklung von Dienstleistungen. Stuttgart: Fraunhofer-IRB-Verlag 2002 (Service Engineering).

Mersmann, Jana u. Caroline Leiß [u. a.]: Aufgabenspektrum Fachreferat. Ein Arbeitsgebiet im Wandel. In: o-bib. Das offene Bibliotheksjournal (2022) Nr. 2. S. 1–4. DOI: https://doi.org/10.5282/o-bib/5827.

Michalke, Achim: Mitarbeiterführung: Führen als integrative Tätigkeit. Wiesbaden: Springer Fachmedien 2021.

Ministerium für Kultur und Wissenschaft des Landes Nordrhein-Westfalen: Kulturgesetzbuch Nordrhein-Westfalen. https://www.mkw.nrw/system/files/media/document/file/mkw_nrw_kulturgesetzbuch.pdf (30.10.2022).

Mintzberg, Henry: The Manager's Job: Folklore and Fact. In: Harvard Business Review (1990) March-April. S. 163–176. https://leadership-resources.com/wp-content/uploads/2019/11/2019-12-01_5de35299d261a_HBR_the-managers-job-folklore-and-fact.pdf (14.3.2023).

Mittermaier, Bernhard: Das Informationsbudget – Konzept und Werkstattbericht. In: o-bib (2022) H. 4. S. 1–17. DOI: https://doi.org/10.5282/o-bib/5864.

Mittler, Elmar: Die Bibliothek als Gedächtnisinstitution. In: Handbuch Bibliothek. Geschichte, Aufgaben, Perspektiven. Hrsg. von Konrad Umlauf u. Stefan Gradmann. Stuttgart/Weimar: J. B. Metzler 2012. S. 33–39.

Mittler, Elmar u. Malte Rehbein: Edition und Forschungsbibliothek. Chancen und Herausforderungen einer traditionsreichen Partnerschaft im digitalen Zeitalter. In: Digitale Edition und Forschungsbibliothek. Beiträge der Fachtagung im Philosophicum der Universität Mainz am 13. und 14. Januar 2011. Hrsg. von Christiane Fritze [u. a.]. Wiesbaden: Harrassowitz 2011 (Bibliothek und Wissenschaft 44). S. 9–22.

Modler, Peter: Wenn Höflichkeit reinhaut: Moderation als Kampfkunst. Frankfurt, New York: Campus 2022.

Mongeon, Philippe u. Adèle Paul-Hus: The journal coverage of Web of Science and Scopus: a comparative analysis. In: Scientometrics (2016) H. 1. S. 213–228. DOI: https://doi.org/10.1007/s11192-015-1765-5.

Müller, Uwe: 1g. Standards und Best Practices im Kontext von Open Access. In: Praxishandbuch Open Access. Hrsg. von Konstanze Söllner u. Bernhard Mittermaier. Berlin, Boston: De Gruyter Saur 2017 (De Gruyter Praxishandbuch). S. 53–61. DOI: https://doi.org/10.1515/9783110494068-007.

Mundt, Sebastian [u. a.]: Managementinstrumente in deutschen Bibliotheken – Eine bundesweite Untersuchung zu Einsatz und Verbreitung. In: Bibliothek Forschung und Praxis (2008) H. 3. S. 318–325.

Nachreiner, Thomas: Akademische Soziale Netzwerke und ihre Auswirkungen auf wissenschaftliche Bibliotheken. In: Perspektive Bibliothek (2019) H. 1. S. 2–37.

Nachreiner, Thomas: Lesarten der Lehrbuchsammlung zwischen physischem und virtuellem Bestand. In: Akademisches Lesen. Medien, Praktiken, Bibliotheken. Hrsg. von Stefan Alker-Windbichler, Axel Kuhn, Benedikt Lodes u. Günther Stocker. Göttingen: V&R unipress 2022 (Bibliothek im Kontext 5). S. 289–307.

Nagelschmidt, Matthias: Evaluation von Annif für die maschinelle Inhaltserschließung an der Deutschen Nationalbibliothek. Präsentation 12.11.2020. https://wiki.dnb.de/download/attachments/181735291/07-EvaluationVonAnnif.pdf?version=1&modificationDate=1605778295000&api=v2 (30.11.2022).

Nagelsmeier-Linke, Marlene: Personalführung. In: Die moderne Bibliothek. Ein Kompendium der Bibliotheksverwaltung. Hrsg. von Rudolf Frankenberger u. Klaus Haller. München: Saur 2004. S. 134–146.

Naumann, Ulrich: Grundsätze des Bibliotheksbaus. Von den „Zehn Geboten" von Harry Faulkner-Brown zu den „Top Ten Qualities" von Andrew McDonald. In: Bibliotheken bauen und ausstatten. Hrsg. von Petra Hauke u. Klaus-Ulrich Werner. Bad Honnef: Bock + Herchen 2009. S. 14 – 37.

Naumann, Ulrich: Serviceportfolios von Bibliotheken im Umbruch: Herausforderungen an Management und Organisation. Ein Überblick zur Thematik aus betriebswirtschaftlicher Sicht. In: Personal- und Organisationsentwicklung in Bibliotheken. Hrsg. von Andreas Degkwitz. Berlin [u. a.]: De Gruyter 2013 (Bibliothek: Monographien zu Forschung und Praxis – BMFP, Bd. 2). S. 13–44.

Nestor (Hrsg.): Leitfaden zur digitalen Bestandserhaltung: Vorgehensmodell und Umsetzung. Hrsg. von nestor – Kompetenznetzwerk Langzeitarchivierung und Langzeitverfügbarkeit Digitaler Ressourcen für Deutschland. Version 2.0. 2012 (nestor-materialien, 15). DOI: http://dx.doi.org/10.18452/1531.

Neubauer, Wolfram: Bibliotheksleitung: Aufgaben, Methoden und Strategien. In: Die moderne Bibliothek. Ein Kompendium der Bibliotheksverwaltung. Hrsg. von Rudolf Frankenberger u. Klaus Haller. München: Saur, 2004. S. 117–133.

Neuroth, Heike u. Gudrun Oevel: Aktuelle Entwicklung und Herausforderungen im Forschungsdatenmanagement in Deutschland. In: Praxishandbuch Forschungsdatenmanagement. Hrsg. von Markus Putnings, Heike Neuroth u. Janna Neumann. Berlin, Boston: De Gruyter Saur 2021 (De Gruyter Praxishandbuch). DOI: https://doi.org/10.1515/9783110657807.

Neuroth, Heike, Achim Oßwald [u. a.] (Hrsg.): nestor Handbuch. Eine kleine Enzyklopädie der digitalen Langzeitarchivierung. Boizenburg: Werner Hülsbusch 2009.

Neuroth, Heike, Andrea Rapp u. Sibylle Söring (Hrsg.): TextGrid: Von der Community – für die Community. Göttingen: Universitätsverlag Göttingen 2015.

Neustadt, Jeanette: Von technologischen Utopien und programmierten Unzulänglichkeiten. Wie künstliche Intelligenz das Leben und die Bibliotheken verändert. In: BuB – Forum Bibliothek und Information (2022) H. 6. S. 298–301.

New Media Consortium: Horizon Report – 2017 Library Edition. https://www.issuelab.org/resources/27498/27498.pdf (30.11.2022).

Nickel, Sigrun [u. a.]: Duales Studium. Umsetzungsmodelle und Entwicklungsbedarfe. CHE Centrum für Hochschulentwicklung gGmbH; f-bb Forschungsinstitut Betriebliche Bildung gGmbH. Gütersloh [u. a.]: 2021. (CHE Impulse Nr. 8). DOI: https://doi.org/10.3278/9783763971718.

Nix, Sebastian Johannes u. Doreen Siegfried: Nutzerbezogene Marktforschung für Bibliotheken: eine Praxiseinführung. De Gruyter 2014 (Praxiswissen). DOI: https://doi.org/10.1515/9783110276305.

Oberländer, Anja: Institutionelle Organisation von Open-Access-Aktivitäten. Master-Thesis. Humboldt Univ. zu Berlin, Institut für Bibliotheks- und Informationswissenschaft 2019. http://nbn-resolving.de/urn:nbn:de:bsz:352-2-z492xxred2953 (29.12.2022).

OECD (Hrsg.): OECD Lernkompass 2030: OECD-Projekt Future of Education and Skills 2030 – Rahmenkonzept des Lernens. Paris, 2019. !https://www.bertelsmann-stiftung.de/de/publikationen/publikation/did/oecd-lernkompass-2030-all (30.12.2022).

Oldenburg, Ray: The Great Good Place. Cafés, Coffee Shops, Bookstores, Bars, Hair Salons and Other Hangouts at the Heart of a Community. 3. ed. Boston: Da Capo Press 1999.

Olliges-Wieczorek, Ute u. Dirk Fleischer: HHU-Bibliotheken als Datengeber – Digitale Sammlungen als Basis für Forschungs- und Citizen-Science-Projekte. Vortrag im Rahmen der Ringvorlesung Informationswissenschaft und Digital Humanities. https://www.youtube.com/results?search_query=ringvorlesung+ute+olliges-wieczorek (30.10.2022).

Oomen, Johan [u. a.]: Crowdsourcing in the Cultural Heritage Domain: Opportunities and Challenges. In: Proceedings of the 55h International Conference on Communities and Technologies (2011) S. 138–149. DOI: https://doi.org/10.1145/2103354.2103373.

Ovenden, Richard: Burning the books: a history of the deliberate destruction of knowledge. First Harvard University Press pbk. ed. Cambridge, MA: Harvard Univ. Press 2022.

Pampel, Heinz: Auf dem Weg zum Informationsbudget: zur Notwendigkeit von Monitoringverfahren für wissenschaftliche Publikationen und deren Kosten; Arbeitspapier. Potsdam: Helmholtz Open Science Koordinationsbüro 2019. DOI: https://doi.org/10.2312/os.helmholtz.006.

Pampel, Heinz: Informationsbudget – Hintergrund und Konzept. 2022. https://gfzpublic.gfz-potsdam.de/pubman/item/item_5013229 (30.10.2022).

Pelz, Waldemar: Kompetent führen: wirksam kommunizieren, Mitarbeiter motivieren. Wiesbaden: Gabler 2004.

Petschenka, Anke, Richard Stang, Alexandra Becker [u. a.]: Die Zukunft der Lernwelt Hochschule gestalten: Ein Baukasten für Veränderungsprozesse. In: Zukunft Lernwelt Hochschule. Hrsg. von Richard Stang u. Alexandra Becker. Berlin, Boston: De Gruyter Saur 2020 (Lernwelten). S. 213–256.

Pfeffer, Magnus u. Heidrun Wiesenmüller: Resource Discovery Systeme. In: Handbuch Informationskompetenz. Hrsg. von Wilfried Sühl-Strohmenger. Unter Mitwirkung von Martina Straub. 2. Aufl. Berlin, Boston: de Gruyter Saur 2016 (Reference). S. 105–114.

Plappert, Rainer: Einleitung zum Themenschwerpunkt „Berufsbild wissenschaftliche/r Bibliothekar/in". In: o-bib. Das offene Bibliotheksjournal (2015) Nr. 3. S. 1–3. DOI: https://doi.org/10.5282/o-bib/2015H3S1-3.

Portnych, Valentin: Mittelalterliche Handschriften und Urkunden aus deutschen Beständen in der Bibliothek der Staatlichen Universität Tomsk. Lübeck: Schmidt-Römhild 2021 (Findbücher 11).

Price, Kenneth M.: Edition, Project, Database, Archive, Thematic Research Collection: What's in a Name? In: Digital Humanities Quarterly (2009) No. 3. http://digitalhumanities.org:8081/dhq/vol/3/3/000053/000053.html (14.12.2022).

Prill, Anne: Lernräume der Zukunft – Vier Praxisbeispiele zu Lernraumgestaltung im digitalen Wandel. Arbeitspapier Nr. 45. Berlin: Hochschulforum Digitalisierung 2019. https://hochschulforumdigitalisierung.de/sites/default/files/dateien/HFD_AP_45-Lernraeume_der_Zukunft_Praxisbeispiele_Web.pdf (14.3.2023).

Putnings, Markus: Förderung von Schlüsselqualifikationen von Führungskräften: Überblick und Bewertung der Aus- und Fortbildung im Bibliothekswesen. OPUS FAU 2011.

Raabe, Paul: Ein Schatzhaus voller Bücher. Die Herzog August Bibliothek in Wolfenbüttel. 3. Aufl. Hannover: Madsack 1971.

Rapp, Andrea: Digitale Edition und Forschungsbibliothek. TextGrid als virtuelle Infrastruktur für digitale Editionen. In: Digitale Edition und Forschungsbibliothek. Beiträge der Fachtagung im Philosophicum der Universität Mainz am 13. und 14. Januar 2011. Hrsg. von Christiane Fritze [u. a.]. Wiesbaden: Harrassowitz 2011 (Bibliothek und Wissenschaft 44). S. 127–140.

Rapp, Andrea: Digital Humanities und Bibliotheken: Traditionen und Transformationen. In: 027.7 Zeitschrift für Bibliothekskultur/Journal for Library Culture (2021) Nr. 1. DOI: https://doi.org/10.21428/1bfadeb6.3daa6c49 (23.10.2022).

Rapp, Andrea: Digitalisierung – Chancen für Überlieferung und geistes- und kulturwissenschaftliche Forschung. In: Bibliothek. Forschung und Praxis (BFB) (2021) H. 2. S. 255–261.

Rat für Informationsinfrastrukturen: Digitale Kompetenzen – dringend gesucht! Empfehlungen zu Berufs- und Ausbildungsperspektiven für den Arbeitsmarkt Wissenschaft. http://www.rfii.de/?p=3883 (18.10.2022).

Rat für Informationsinfrastrukturen: Leistung aus Vielfalt. Empfehlungen zu Strukturen, Prozessen und Finanzierung des Forschungsdatenmanagements in Deutschland. Göttingen 2016.

Regeln für die alphabetische Katalogisierung in wissenschaftlichen Bibliotheken <RAK-WB>. Berlin: Deutsches Bibliotheksinstitut 1979.

Regeln für die Katalogisierung alter Drucke/erarbeitet von der Arbeitsgruppe des Deutschen Bibliotheksinstituts „RAK-WB und Alte Drucke“. Hrsg. und eingel. von Klaus Haller. Berlin: Deutsches Bibliotheksinstitut, 1994. Faksimile. (Schriften der Deutschen Forschungsgemeinschaft).

Reip, Natascha u. Simon-Ritz, Frank: Die Lobbyarbeit des dbv: allgemeine Überlegungen und konkrete Umsetzung am Beispiel des Urheberrechts. In: o-bib: das offene Bibliotheksjournal (2015) H. 4. S. 1–10. DOI: https://doi.org/10.5282/o-bib/2015H4S1-10.

Renn, Oliver: Die ideale Bibliothek. In: Bibliotheken: Wegweiser in die Zukunft. Projekte und Beispiele. Hrsg. von Erda Lapp [u. a.]. Berlin: Simon Verlag für Bibliothekswissen 2021. S. 89–121.

Resource Description & Access: RDA. Deutsche Übersetzung. Berlin [u. a.]: De Gruyter Saur 2013.

Resource Description Framework (RDF) Model and Syntax Specification. W3C Recommendation. 22. Februar 1999. https://www.w3.org/TR/1999/REC-rdf-syntax-19990222/ (14.12.2022).

Richter, Katrin: Weimarer Schüler erobern Wissen. Gymnasiasten für Recherchemöglichkeiten jenseits von Google sensibilisiert. In: BuB (2007) H. 6. S. 406.

Ridsdale, Chantel, James Rothwell [u. a.]: Strategies and best practices for data literacy education. Knowledge synthesis report 2015.

Riekhof, Hans-Christian: Personalentwicklung als Führungsinstrument. In: Handwörterbuch der Führung. Hrsg. von Alfred Kieser. Stuttgart: Schäffer-Poeschel 1995. S. 1704–1716

Robrecht, Michèle: Positionsbestimmung wissenschaftlicher Bibliotheken in der externen Wissenschaftskommunikation am Beispiel des Fraunhofer-Fachinformationsmanagements. Master Arbeit. Köln 2022. DOI: https://doi.org/10.24406/publica-303.

Rodriguez, Allyson: Collaboration in scholarly communication: Opportunities to normalize open access. In: College & Research Libraries News (2017) H. 5. S. 270–273.

Roeder, Torsten, Sybille Söring, Swantje Dogunke, Frederik Elwert, Thorsten Wübbena, Harald Lordick, Fabian Cremer u. Anne Klammt: Digital Humanities from Scratch. In: DHdBlog, 03.07.2019. https://dhd-blog.org/?p=11804 (23.10.2022).

Rösch, Henriette: Der finc-Suchmaschinenindex als strategisches Instrument der Bestandsentwicklung. In: „Bibliotheken verändern“. 7. Bibliothekskongress (zugl. 108. Deutscher Bibliothekartag). 18.–21. März. Leipzig 2019. urn:nbn:de:0290-opus4-163113 (18.10.2022).

Rösch, Henriette: Open Access als Zumutung für die Erwerbung. Auswirkungen der Open-Access-Transformation auf die Erwerbungs- und Bestandspolitik der Bibliotheken. In: b. i. t. online (2019) H. 3. S. 213–216.

Rösch, Henriette: Analysieren, Prozessieren, Kommunizieren: Neue Qualifikationen und Tätigkeitsprofile für Bibliotheken im Zuge der Open-Access-Transformation. In: b. i. t. online (2022) H. 3. S. 241–246. https://www.b-i-t-online.de/heft/2022-03-fachbeitrag-roesch.pdf.

Rosenberger, Sonja u. Jana Madlen Schütte: Wissenschaftliche Bibliotheken und Digital Humanities: Potentiale für die Fachreferatsarbeit. In: o-bib. Das offene Bibliotheksjournal (2021) Nr. 4. DOI: https://doi.org/10.5282/o-bib/5761.

Rothkegel, Annely: Bewahren, verändern oder löschen– können Textdokumente zukunftsfähig sein? In: Digitales Kulturerbe: Bewahrung und Zugänglichkeit in der Wissenschaftlichen Praxis. Hrsg. von Ralf H. Schneider u. Caroline Y. Robertson-von Trotha. Karlsruhe: KIT Scientific Publishing 2015. S. 11–37. DOI: https://doi.org/10.5445/KSP/1000044869.

Rudzio, Wolfgang u. Tom Mannewitz: Das politische System der Bundesrepublik Deutschland. 11., aktual. Aufl. Wiesbaden: Springer Fachmedien/Springer VS 2022.

Ryschka, Jurij, Marc Solga u. Axel Mattenklott: Praxishandbuch Personalentwicklung: Instrumente, Konzepte, Beispiele. 3., vollst. überarb. u. erw. Aufl. Wiesbaden: Gabler 2011.

Sachsen.digital: Digitalisierte Sammlungen für Kultur und Wissenschaft. https://sachsen.digital/ (30.10.2022).

Sahle, Patrick: Digitale Editionsformen. Zum Umgang mit der Überlieferung unter den Bedingungen des Medienwandels. Teil 2: Befunde, Theorie und Methodik. Norderstedt: BoD 2013 (Schriften des Instituts für Dokumentologie und Editorik 8).

Sahle, Patrick: Kriterienkatalog für die Besprechung digitaler Editionen. v 1.1, Juni 2014. Unter Mitarb. von Georg Vogeler [u. a.]. http://www.i-d-e.de/publikationen/weitereschriften/kriterien-version-1-1/ (31.12.2022).

Sailer, Maximilian: Anforderungsprofile und akademischer Arbeitsmarkt. Die Stellenanzeigenanalyse als Methode der empirischen Bildungs- und Qualifikationsforschung. Münster [u. a.]: Waxmann 2009 (Erziehung & Bildung – Eichstätter Pädagogische Beiträge 3).

Schade, Frauke: Die Portfolio-Analyse als Methode zur Profilierung von Bibliotheksbestanden. In: Gut ist uns nie gut genug! Instrumente zur Qualitätsentwicklung und Qualitätssicherung für eine ausgezeichnete Bibliothek. Hrsg. von Tom Becker, Cornelia Vonhof. Wiesbaden: Dinges & Frick 2010 (b. i. t. online – Innovativ, Bd. 30). S. 111–132.

Schade, Frauke: Licence to Operate: Interessen von Bibliotheken im politischen Raum vertreten, in: Praxishandbuch Informationsmarketing. Hrsg. von Schade, Frauke u. Georgy, Ursula u. a. Berlin, Boston: De Gruyter Saur 2019. S. 479–497 DOI: https://doi.org/10.1515/9783110539011-031.

Schaper Rinkel, Petra: Zum Geleit. Die Zukunft von künstlicher Intelligenz in Bibliotheken. In: Künstliche Intelligenz in Bibliotheken. Tagungsband 34. Österreichischer Bibliothekartag Graz 2019. Hrsg. von Christina Köstner-Pemsel [u. a.]. Graz: Unipress, 2020. S. 13–18.

Schlechter, Armin: Exemplar und Ensemble. Anmerkungen zum kulturellen Wert des Alten Buches, in: Buch und Bibliothek (2003). H. 3. S. 186–191.

Schlechter, Armin: Textträger, archäologisches Objekt und historischer Mosaikstein. Was bleibt vom Alten Buch? In: Das Ende der Bibliothek? Vom Wert des Analogen. Hrsg. von Uwe Jochum u. Armin Schlechter. Frankfurt a. M.: Vittorio Klostermann 2011 (ZfBB Sonderband 105). S. 101–114.

Schlingensiepen, Jörn u. Franz-Xaver Boos: Ist die Digitalisierung abgeschlossen? In: Die Neue Hochschule (2022) H 3. S. 18–21.

Schmitz, Jasmin: Journal Impact Factor und Alternativen. https://www.publisso.de/open-access-beraten/faqs/journal-impact-factor-und-alternativen/ (25.10.2022).

Schmitz, Jasmin: Open-Access-Beratung in der Bibliothek: Wie berate ich meine Zielgruppe? Fortbildungsworkshop auf der Jahrestagung der Arbeitsgemeinschaft für Medizinisches Bibliothekswesen (AGMB) in Basel (07.–09.09.2015). In: GMS Medizin – Bibliothek – Information (2015) H. 3. S. 1–5.

Schoenbeck, Oliver: Informationskompetenz als Gestaltungsaufgabe. In: Zeitschrift für Bibliothekswesen und Bibliographie (2015) H. 2. S. 85–93. DOI: http://dx.doi.org/10.3196/186429501562241.

Schoenbeck, Oliver: „Information Literacy" im Framework. Ein universelles Verständnis von Informationskompetenz? In: o-bib (2021). Nr. 2. DOI: https://doi.org/10.5282/o-bib/5670.

Schoenbeck, Oliver, Marcus Schröter, Noaka Werr, Achim Oßwald u. Heidrun Wiesenmüller: Themenschwerpunkt Framework for Information Literacy for Higher Education. In: o-bib. Das offene Bibliotheksjournal (2021) Nr. 2. S. 1–4. DOI: https://doi.org/10.5282/o-bib/5704.

Schoeps, Julius H. u. Werner Treß (Hrsg.): Verfemt und verboten: Vorgeschichte und Folgen der Bücherverbrennungen 1933. Hildesheim [u. a.]: Olms 2010 (Wissenschaftliche Begleitbände im Rahmen der „Bibliothek Verbrannter Bücher" 2).

Schönborn, Sybille (Hrsg.): Max Herrmann-Neiße – Kritiken und Essays 1909–1939. Bd. 1: 1909–1920, Bd. 2: 1921–1924, Bd. 3: 1925–1939. Bielefeld: Aisthesis 2021 bzw. 2022.

Schröter, Marcus: Der wissenschaftliche Bibliothekar – eine aussterbende Spezies? Umfrage der VDB-Kommission für Fachreferatsarbeit zum Thema „Fachreferat: gestern – heute – morgen". In: 100. Deutscher Bibliothekartag in Berlin 2011. Bibliotheken für die Zukunft – Zukunft für die Bibliotheken. Hrsg. von Daniela Lülfing. Hildesheim: Olms 2012 (Deutscher Bibliothekartag). S. 188–208.

Schröter, Marcus: Fachreferat 2011 – Innenansichten eines komplexen Arbeitsfeldes. In: Bibliothek Forschung und Praxis (2012) H 1. S. 32–50.

Schröter, Marcus: Teaching Libraries zwischen Vermittlung fachwissenschaftlicher Informationskompetenz und der Unterstützung einer Propädeutik für die Digital Humanities. In: o-bib. Das offene Bibliotheksjournal (2017) Nr. 1. S. 76–94. DOI: https://doi.org/10.5282/o-bib/2017H1S76-94.

Schüller-Zwierlein, André: Diachrone Unzugänglichkeit: Versuch einer Prozesstypologie. In: Diachrone Zugänglichkeit als Prozess. Kulturelle Überlieferung in systematischer Sicht. Hrsg. von Michael Hollmann, André Schüller-Zwierlein. Berlin [u. a.]: de Gruyter, 2014 (Age of access? – Grundfragen der Informationsgesellschaft 4). S. 15–79.

Schüller-Zwierlein, André: Diachrone Zugänglichkeit. Versuch einer Prozesstypologie. In: Diachrone Zugänglichkeit als Prozess: kulturelle Überlieferung in systematischer Sicht. Hrsg. von André Schüller-Zwierlein u. Michael Hollmann. Berlin, Boston: De Gruyter Saur 2014 (Age of access? – Grundfragen der Informationsgesellschaft 4). S. 15–82.

Schultka, Holger: Bibliothekspädagogik. Lehren und Lernen in wissenschaftlichen Bibliotheken. München: kopaed 2018.

Schüpbach, Johanna, Catrina Langenegger u. Sumanghalyah Suntharam: Aspekte der Digital Humanities in Bibliotheken. In: Bibliotheksdienst (2022) H. 3–4. S. 212–226. DOI: https://doi.org/10.1515/bd-2022-0034.

Schütte, Jana Madlen: Die Zukunft der Kulturgutdigitalisierung an Landesbibliotheken am Beispiel der Badischen Landesbibliothek (BLB). In: Bibliotheksdienst (2022) H. 2. S. 103–114.

Schweibenz, Werner: Grundlagen des Usability-Engineerings – Aspekte der Evaluation von Benutzerfreundlichkeit von Bibliothekswebsites. In: Benutzerorientierte Bibliotheken im Web. Usability-Methoden, Umsetzung und Trends. Hrsg. von Bernard Bekavac, René Schneider u. Werner Schweibenz. Berlin, Boston: De Gruyter Saur 2011 (Bibliotheks- und Informationspraxis 45). S. 9–30.

Seefeldt, Jürgen u. Ludger Syré: Portale zu Vergangenheit und Zukunft – Bibliotheken in Deutschland. Im Auftrag von Bibliothek & Information Deutschland e. V. (BID) herausgegeben. Mit e. Vorwort von Sabine HomiliuS. 6., überarb., erw. u. gegenderte Aufl. Hildesheim, Zürich [u. a.]: Georg Olms 2022.

Seeliger, Frank [u. a.]: Work in Progress. Zum erfolgversprechenden Einsatz von KI in Bibliotheken. Diskussionsstand eines White Papers in progress – Teil 1. In: b. i. t. online (2021) H. 2. S. 173–178.

Seeliger, Frank [u. a.]: Work in Progress. Zum erfolgversprechenden Einsatz von KI in Bibliotheken. Diskussionsstand eines White Papers in progress – Teil 2. In: b. i. t. online (2021) H. 3. S. 290–299.

Seeliger, Frank: Warten auf KI? Plädoyer für eine proaktive Teilnahme an der Gestaltung von sinnvollen Einsatzszenarien. In: BuB – Forum Bibliothek und Information (2022) H. 6. S. 312–314.

Seidel, Anna: „Kunst für Kinder" – Willkommen in unserer Online-Ausstellung. 28.6.2021. https://www3.hhu.de/buergeruni/index.php/2021/06/28/kunst-fuer-kinder-willkommen-in-unserer-online-ausstellung/ (30.10.2022).

Seitz, Gary u. Barbara Grossmann: Einfluss von Informationskompetenz-Veranstaltungen auf die Qualität von Masterarbeiten. In: Informationspraxis (2016) Nr. 1. DOI: https://doi.org/10.11588/ip.2016.1.23295.

Shumaker, David: The Embedded Librarian: Innovative Strategies for Taking Knowledge where it's needed. Medford, NJ: Information Today 2012.

Sickendiek, Ursel, Frank Engel u. Frank Nestmann: Beratung: Eine Einführung in sozialpädagogische und psychosoziale Beratungsansätze. 3. Aufl. Weinheim: Juventa 2008.

Siebert, Irmgard u. Thorsten Lemanski (Hrsg.): Bibliothekare zwischen Verwaltung und Wissenschaft. 200 Jahre Berufsbilddebatte. Frankfurt a. M.: Vittorio Klostermann 2014 (ZfBB Sonderband 111).

Siebert, Irmgard: Die Zukunft liegt in der Vergangenheit: Historische Bibliotheken auf dem Weg zu Forschungsbibliotheken. In: Bibliothek. Forschung und Praxis (2013) H. 1. S. 78–90.

Siebert, Irmgard: Vorwort. In: Bibliothek und Forschung. Die Bedeutung von Sammlungen für die Wissenschaft. Hrsg. von Irmgard Siebert. Frankfurt a. M.: Klostermann 2011 (ZfBB Sonderband 102). S. 7–10.

Simon-Ritz, Frank: Politik für Bibliotheken: 10 Jahre Thüringer Bibliotheksgesetz, in: Kooperative Informationsinfrastrukturen als Chance und Herausforderung. Hrsg. von Achim Bonte u. Juliane Rehnolt. Berlin, Boston: de Gruyter Saur 2018. S. 244–253. DOI: https://doi.org/10.1515/9783110587524-028.

Simon-Ritz, Frank: Kämpft! Sascha Lobo nimmt Bibliotheken in die Pflicht. In: BuB (2022) H. 2/3. S. 122–123. https://b-u-b.de/fileadmin/archiv/imports/pdf_files/2022/bib_bub_2022_02_03_122_123.pdf (25.10.2022).

Söllner, Konstanze: Management-Abschluss oder Fachlaufbahn – Wohin entwickeln sich Anforderungsprofile und Karrierewege im wissenschaftlichen Bibliothekswesen? In: o-bib. Das offene Bibliotheksjournal (2016) Nr. 4. S. 257–270. DOI: https://doi.org/10.5282/O-BIB/2016H4S257-270.

Söllner, Konstanze: Bibliotheken ohne Bibliothekar/innen? Qualifikationen für die wissenschaftliche Bibliothek. In: Bibliotheksdienst (2017) H. 10–11. S. 852–863. DOI: https://doi.org/10.1515/bd-2017-0098.

Söllner, Konstanze u. Bernhard Mittermaier (Hrsg.): Praxishandbuch Open Access. Berlin, Boston: De Gruyter Saur 2017 (De Gruyter Praxishandbuch).

Söllner, Konstanze u. Wilfried Sühl-Strohmenger (Hrsg.): Handbuch Hochschulbibliothekssysteme. Leistungsfähige Informationsinfrastrukturen für Wissenschaft und Forschung. Unter Mitarb. v. Martina Straub. Berlin, Boston: De Gruyter Saur 2014 (De Gruyter Reference).

Sommersguter, Paul [u. a.]: #ichteilewissen – Die Crowdsourcing-Initiative der Österreichischen Nationalbibliothek. In: Bibliothek. Forschung und Praxis (2020) H. 1. S. 54–65.

Söring, Sibylle: Technische und infrastrukturelle Lösungen für digitale Editionen: DARIAH-DE und TextGrid. In: Bibliothek. Forschung und Praxis (2016) H. 2. S. 207–212. DOI: https://doi.org/10.1515/bfp-2016-0040.

Spary, Christiane: Bestandsaufbau und Erwerbungspolitik in universitären Bibliothekssystemen der neuen Bundesländer. Halle (Saale) 1998 (. Schriften zum Bibliotheks- und Büchereiwesen Sachsen-Anhalt 71).

Spielberg, Eike T. u. Frank Lützenkirchen: The FachRef-Assistant: Personalised, subject specific, and transparent stock management. In: The Code4Lib Journal (2017) H. 37. https://journal.code4lib.org/articles/12660 (25.10.2022).

Staats- und Universitätsbibliothek Hamburg: Hamburger Kulturgut Digital. https://digitalisate.sub.uni-hamburg.de/ (30.10.2022).

Staats- und Universitätsbibliothek Hamburg: Hamburger Kulturgut im Netz (HaKiN). https://www.sub.uni-hamburg.de/bibliotheken/projekte-der-stabi/hamburger-kulturgut-im-netz-hakin.html (30.10.2022).

Staats- und Universitätsbibliothek Hamburg Carl von Ossietzky (Hrsg.): Webis – Sammelschwerpunkte an deutschen Bibliotheken. Hamburg 2022. https://wikis.sub.uni-hamburg.de/webis/index.php/Webis_-_Sammelschwerpunkte_an_deutschen_Bibliotheken, zuletzt aktualisiert am 16.11.2022 (05.12.2022).

Staatsbibliothek zu Berlin: Die Restaurierung der Bach-Autographe (1999–2003). https://staatsbibliothek-berlin.de/die-staatsbibliothek/abteilungen/bestandserhaltung/bestandserhaltung/projekte/restaurierung-der-bach-autographe (10.12.2022).

Stäcker, Thomas: Creating the Knowledge Site – elektronische Editionen als Aufgabe einer Forschungsbibliothek. In: Digitale Edition und Forschungsbibliothek. Beiträge der Fachtagung im Philosophicum der Universität Mainz am 13. und 14. Januar 2011. Hrsg. von Christiane Fritze [u. a.]. Wiesbaden: Harrassowitz 2011 (Bibliothek und Wissenschaft 44). S. 107–126.

Stäcker, Thomas: Konversion des kulturellen Erbes für die Forschung: Volltextbeschaffung und -bereitstellung als Aufgabe der Bibliotheken. In: o-bib. Das Offene Bibliotheksjournal (2014) H. 1. S. 220–237. DOI: https://doi.org/10.5282/o-bib/2014H1S220-237.

Stäcker, Thomas: Das VD17 at your fingertips: Der Masterplan. Nachgedanken zu einem paradigmatischen Digitalisierungsprogramm. In: Kooperative Informationsinfrastrukturen als Chance und Herausforderung. Hrsg. von Achim Bonte u. Juliane Rehnolt, 1. Aufl., Festschrift für Thomas Bürger zum 65. Geburtstag. Berlin, Boston: De Gruyter Saur 2018. S. 131–143. https://www.jstor.org/stable/j.ctvbkk3p5.20 (14.3.2023).

Stäcker, Thomas: Die Sammlung ist tot, es lebe die Sammlung! In: Bibliothek Forschung und Praxis (2019) H. 2. S. 304–310. DOI: https://doi.org/10.1515/bfp-2019-2066.

Stäcker, Thomas: Wozu braucht man das Vergangene? Ideen zur Rolle und Aufgabe von Landesbibliotheken bei der Digitalisierung des schriftkulturellen Erbes. In: Festschrift für Axel Halle. Historisches Erbe und zeitgemäße Informationsinfrastrukturen: Bibliotheken am Anfang des 21. Jahrhunderts. Hrsg. von Matthias Schmidt. Kassel: kassel university press 2020. S. 41–54. DOI: https://doi.org/10.17170/KOBRA-202010131934.

Stade, Philip u. Philippe Wampfler: Präsenz- und Fernunterricht kombinieren. In: Hybrides Lernen. Zur Theorie und Praxis von Präsenz- und Distanzlernen. Hrsg. von Wanda Klee [u. a.]. Weinheim, Basel: Beltz 2021 (Pädagogik).

Stang, Richard: Lernwelten im Wandel: Entwicklungen und Anforderungen bei der Gestaltung zukünftiger Lernumgebungen. Berlin, Boston: De Gruyter Saur 2016 (Lernwelten).

Stang, Richard u. Alexandra Becker (Hrsg.): Zukunft Lernwelt Hochschule. Perspektiven und Optionen für eine Neuausrichtung. Berlin, Boston: De Gruyter Saur 2020 (Lernwelten).

Steinhauer, Eric: „Jedem Menschen Recht getan, ist eine Kunst, die niemand kann". Den Erwerbungsetat einer Universitätsbibliothek verantworten. In: Neue Führungskräfte in Bibliotheken. Hrsg. von Kristin Futterlieb u. Ivo Vogel. Wiesbaden: Harrassowitz 2013. S. 151–160.

Steinhauer, Eric: Die IFLA-Stellungnahme zur Copyright-Literacy. In: Bibliotheksdienst (2019) H. 2. S. 71–77.

Stifterverband für die Deutsche Wissenschaft: Charta für Bildungsinnovationen. Version 1.1. 13. Oktober 2022. https://www.stifterverband.org/edtech-charta (27.10.2022).

Stifterverband für die Deutsche Wissenschaft: Data Literacy Education. https://stifterverband.org/data-literacy-education (3.7.2022).

Stille, Wolfgang, Stephan Farrenkopf [u. a.]: Forschungsunterstützung an Bibliotheken. Positionspapier der Kommission für forschungsnahe Dienste des VDB. In: o-bib Das offene Bibliotheksjournal (2021) H. 2. S. 1–19. DOI: https://doi.org/10.5282/o-bib/5718.

Stock-Homburg, Ruth u. Matthias Groß: Personalmanagement. Theorien – Konzepte – Instrumente. 4., vollst. überarb. u. erw. Aufl. Wiesbaden: Springer Gabler 2019.

Strahl, Alexandra: Flexible und vielfältige Ausstattung – ein Schlüssel zur erfolgreichen Lernumgebung. In: o-bib (2016) Nr. 4. S. 225–242.

Streich, Richard K.: Fit for Leadership: Führungserfolg durch Führungspersönlichkeit. 2., überarb. u. erw. Aufl. Wiesbaden: Springer Gabler 2016.

Stuart, David: Practical data science for information professionals. London: Facet Publ. 2020.

Sühl-Strohmenger, Wilfried: Zur Gruppenzugehörigkeit des wissenschaftlichen Bibliotheksdienstes in der Hochschule – die Problematik aus der Sicht des Vereins Deutscher Bibliothekare e. V. (VDB). In: 91. Deutscher Bibliothekartag in Bielefeld 2001. Bibliotheken – Portale zum globalen Wissen. Hrsg. von Margit Rützel-Banz. Frankfurt a. M.: Vittorio Klostermann 2001 (Zeitschrift für Bibliothekswesen und Bibliographie. Sonderheft 81). S. 167–178.

Sühl-Strohmenger, Wilfried: Digitale Welt und Wissenschaftliche Bibliothek – Informationspraxis im Wandel. Determinanten, Ressourcen, Dienste. Kompetenzen. Eine Einführung. Wiesbaden: Harrassowitz 2008 (Bibliotheksarbeit 11).

Sühl-Strohmenger, Wilfried: Teaching Library. Förderung von Informationskompetenz durch Hochschulbibliotheken. Berlin, Boston: De Gruyter Saur 2012 (Monographien zu Bibliothek, Forschung und Praxis 1).

Sühl-Strohmenger, Wilfried (Hrsg.): Handbuch Informationskompetenz. Unter Mitarb. von Martina Straub. Berlin, Boston: De Gruyter Saur 2012 [2. Aufl. 2016].

Sühl-Strohmenger, Wilfried: Wissenschaftliche Bibliotheken als Orte des Schreibens. Infrastrukturen, Ressourcen, Services. Berlin, Boston: De Gruyter Saur 2021 (Bibliotheks- und Informationspraxis; Bd. 69).

Sühl-Strohmenger, Wilfried u. Jan-Pieter Barbian: Informationskompetenz: Leitbegriff bibliothekarischen Handelns in der digitalen Informationswelt. ORT: Dinges & Frick 2017 (b. i. t. online – Innovativ 67).

Süßenbach, Felix, Matthias Winde, Julia Klier [u. a.]: Future Skills 2021: 21 Kompetenzen für eine Welt im Wandel. Hrsg. vom Stifterverband in Kooperation mit Mc Kinsey & Company. Essen: Stifterverband für die Deutsche Wissenschaft e. V. 2021 (Diskussionspapier 3). https://www.stifterverband.org/medien/future-skills-2021 (19.10.2022).

Szöllösi-Brenig, Vera: Interviewt durch Fabian Cremer, Swantje Dogunke und Thorsten Wübbena: Unfrequently Asked Questions: Interviewreihe zu Projektmanagement in den Digital Humanities. In: Perspektive Forschungsförderung (2021). DOI: https://doi.org/10.17613/01nb-x140.

Tappenbeck, Inka: Fachreferat 2020: from collections to connections. In: Bibliotheksdienst (2014) H. 1. S. 37–48. DOI: https://doi.org/10.1515/bd-2015-0006.

Tappenbeck, Inka: Wissenschaftlicher Dienst im Wandel? Eine Bestandsaufnahme am Beispiel der Universitätsbibliotheken in Nordrhein-Westfalen. In: Die Bibliothek im Spannungsfeld: Geschichte – Dienstleistungen – Werte. Festschrift für Hermann Rösch. Hrsg. von Haike Meinhardt und Inka Tappenbeck. Bad Honnef: Bock + Herchen 2019. S. 129–140.

Tappenbeck, Inka [u. a.]: Framework Informationskompetenz. Ein gemeinsamer Standard für die Qualifikation in den bibliotheks- und informationswissenschaftlichen Studiengängen in Deutschland. In: o-bib. Das offene Bibliotheksjournal (2022) H 1. S 1–18.

Tappenbeck, Inka u. Fabian Franke: Qualifikationsprofil „Teaching Librarian": Anforderungen und Schwerpunkte einer praxisbezogenen Qualifikation für die Vermittlung von Informationskompetenz. In: o-bib (2017) H. 4. DOI: https://doi.org/10.5282/o-bib/2017H4S52-62.

Tappenbeck, Inka u. Achim Oßwald: Fachliche Informationsberatung. Perspektiven für eine Neuorientierung der Fachreferatsarbeit. In: Bibliothekare zwischen Verwaltung und Wissenschaft. Hrsg. von Irmgard Siebert u. Thorsten Lemanski. Frankfurt a. M.: Klostermann 2014 (ZfBB Sonderband 111). S. 159–172.

Technische Hochschule Mittelhessen: Future Skills und Innovation (dual). https://www.thm.de/site/studium/unsere-studienangebote/future-skills-und-innovation-master-dual.html (22.10.2022).

Tello, José Calvo, Michael Czolkoß-Hettwer u. Julika Mimkes: Kooperative Fachreferate: Eine offene Toolbox für den Bestandsaufbau. In: o-bib. Das offene Bibliotheksjournal (2022) Nr. 2. S. 1–14. DOI: https://doi.org/10.5282/o-bib/5787.

Terkessidis, Mark: Kollaboration. Berlin [u. a.]: Suhrkamp 2015 (Edition Suhrkamp 2686).

Thüringer Universitäts- und Landesbibliothek Jena: Digitales Kultur- und Sammlungsmanagement. https://www.thulb.uni-jena.de/thulb/organisation/digitales-kultur-und-sammlungsmanagement (30.10.2022).

Thylstrup, Nanna Bonde: Cultural Memory in the Digital Age. In: Transnationalizing Radio Research: New Approaches to an Old Medium. Hrsg. von Golo Föllmer u. Alexander Badenoch. Bielefeld: transcript 2018. S. 183–195.DOI: https://doi.org/10.25969/mediarep/12429.

Thylstrup, Nanna Bonde: The Politics of Mass Digitization. Cambridge, MA: The MIT Press 2019.

Totengedenkbuch Dresden/Projektbeschreibung. https://wiki.genealogy.net/Totengedenkbuch_Dresden/Projektbeschreibung (30.10.2022).

Tréfás, David u. Andreas Ledl: Third Space in der Wissensgesellschaft – Eine rollentheoretische Analyse des wissenschaftlichen Bibliothekars. In: Zeitschrift für Hochschulentwicklung (2010) H. 4. S. 166–177.

Tréfás, David: Das Fachreferat: vom Universalgelehrten zur Schwarmintelligenz. In: Bibliotheksdienst (2018) H. 12. S. 864–874.

Treß, Werner: „Wider den undeutschen Geist": Bücherverbrennung 1933. Berlin: Parthas-Verl. 2003.

Tröger, Beate u. Britta Meersmann: Das Center for Digital Humanities an der Universität Münster. In: Bibliotheksentwicklung im Netzwerk von Menschen, Informationstechnologie und Nachhaltigkeit: Festschrift für Achim Oßwald. Hrsg. von Simone Fühles-Ubach u. Ursula Georgy. Bad Honnef: Bock + Herchen 2019. S. 211–219.

Tröger, Beate: Personalentwicklung in der Praxis. In: Personal- und Organisationsentwicklung in Bibliotheken. Hrsg. von Andreas Degkwitz. Berlin: De Gruyter Saur 2012. S. 81–89.

Tschander, Ladina: Fit für die Bachelorarbeit – wie Institutsbibliotheken Blended Learning einsetzen können. In: Handbuch Informationskompetenz. 2. Aufl. Hrsg. von Wilfried Sühl-Strohmenger. Unter Mitwirkung von Martina Straub. Berlin, Boston: De Gruyter Saur 2016. S. 257–268.

TU Dortmund: Vorreiter in Europa. In der Universitätsbibliothek suchen vier Serviceroboter verschollene Bücher. https://www.tu-dortmund.de/nachrichtendetail/detail/in-der-universitaetsbibliothek-suchen-vier-serviceroboter-verschollene-buecher-19973/ (30.11.2022).

ULB Düsseldorf: Bestände anderer Kultureinrichtungen. http://digital.ub.uni-duesseldorf.de/nav/classification/249377. (30.10.2022).

ULB Düsseldorf: Düsseldorfer Malerschule. http://digital.ub.uni-duesseldorf.de/dfg (30.10.2022).

ULB Düsseldorf: Erwin Quedenfeldt – Fotos vom Niederrhein 1905–1915. https://www.ulb.hhu.de/sammlungen/thomas-mann-sammlung-und-weitere-sammlungen-der-moderne/quedenfeldt. (30.10.2022).

ULB Düsseldorf: Max Hermann-Neiße. http://digital.ub.uni-duesseldorf.de/11193464 (30.10.2022)

Umlauf, Konrad: Medien in Bibliotheken, in: Handbuch Bibliothek. Geschichte, Aufgaben, Perspektiven. Hrsg. von Konrad Umlauf u. Stefan Gradmann. Stuttgart/Weimar: J. B. Metzler 2012. S. 110–121

Umstätter, Walther: Lehrbuch des Bibliotheksmanagements. Stuttgart: Hiersemann 2011.

Universität Konstanz, Open Science Policy. https://www.kim.uni-konstanz.de/openscience/open-science-policy/ (14.11.2022)

Universität Zürich: Digital Society Initiative (DSI). http://www.dsi.uzh.ch/de.html (4.11.2022).

Vecera, Emanuel: Künstliche Intelligenz in Bibliotheken. In: Information – Wissenschaft & Praxis (2020) H. 1. S. 49–52.

Verein Deutscher Bibliothekare 1900–2000: Festschrift. Hrsg. Von Engelbert Plassmann u. Ludger Syré. Wiesbaden: Harrassowitz 2000.

Verein Deutscher Bibliothekarinnen und Bibliothekare e. V. (VDB): Position des Vereins Deutscher Bibliothekare zur Qualifikation als Wissenschaftliche Bibliothekarin/Wissenschaftlicher Bibliothekar. Im Auftrag des VDB-Vereinsausschusses erarbeitet von einer Arbeitsgruppe (Dr. Christiane Holtz u. a.). https://www.vdb-online.org/wordpress/wp-content/uploads/2014/04/Position-des-VDB-zur-Qualifikation-als-wissenschaftliche_r-Bibliothekar_in-Final_18.03.2014.pdf (3.3.2022).

Verein Deutscher Bibliothekarinnen und Bibliothekare e. V. (VDB): Digitale Infrastrukturkompetenzen – dringend gesucht! Dialogpapier des VDB zu den Empfehlungen des RFII zu Berufs- und Ausbildungsperspektiven für den Arbeitsmarkt Wissenschaft. Veröffentlicht am 28.11.2019. https://www.vdb-online.org/wordpress/wp-content/uploads/2019/11/VDB_Digitale-Kompetenzen-in-Bibliotheken.pdf (6.3.2022).

Virtual Library of Ordo Sanctae Crucis. Das Düsseldorfer Kreuzherrenkloster und seine Bibliothek. Eine virtuelle Bibliotheksrekonstruktion der Düsseldorfer Kreuzherrenbibliothek. Informationsportal: https://kreuzherren.ulb.hhu.de/index.html (30.10.2022).

Voß, Viola: Einblicke in den Bibliotheksalltag: #Fachreferatsfreitag. In: o-bib. Das offene Bibliotheksjournal (2022) Nr. 2. S. 1–4. DOI: https://doi.org/10.5282/o-bib/5777.

Voß, Viola u. Göran Hamrin: Look what we've got for you! Promoting library collections. In: o-bib (2022) Nr. 2. S. 1–25. DOI: https://doi.org/10.5282/o-bib/5782.

Wae, Anic T.: Die Zukunft gehört den Maschinen. Kolumne einer künstlichen Intelligenz. In: wochentaz vom 26.11.2022. https://taz.de/Kolumne-einer-kuenstlichen-Intelligenz/!5894926/ (30.11.2022).

Walger, Nadine u. Nicole Walger: 20 Jahre Regeln zur Sicherung der guten wissenschaftlichen Praxis: Die Rolle von Hochschulbibliotheken beim Streben nach Wahrheit und Objektivität. In: Bibliotheksentwicklung im Netzwerk von Menschen, Informationstechnologie und Nachhaltigkeit. Festschrift für Achim Oßwald. Hrsg. von Simone Fühles-Ubach [u. a.]. Bad Honnef: Bock + Herchen 2019. S. 87–102.

Werth, Lioba u. Anna Steidle: Personal in Hochschule und Wissenschaft professionell führen. Bonn: Deutscher Hochschulverband 2021.

Weymann, Anna [u. a.]: Einführung in die Digitalisierung von gedrucktem Kulturgut. Ein Handbuch für Einsteiger. Berlin: Ibero-Amerikan. Inst. Preuß. Kulturbesitz 2010. http://www.iai.spk-berlin.de/fileadmin/dokumentenbibliothek/handbuch/Handbuch_Digitalisierung_IAI_IPK_Online_druck.pdf (14.3.2023).

White, Gary W. und Yelena Luckert: Creating and Managing a New Liaison Organizational Model: Strategies for Success. In: Canuel, Robin und Chad Crichton (Hrsg.): Approaches to Liaison Librarianship: Innovations in Organization and Engagement. Chicago, Ill: Association of College and Research Libraries 2021. S. 23–34.

Wiederkehr, Stefan: Citizen Science an der Zentralbibliothek Zürich. Ein Praxisbericht. In: Bibliothek. Forschung und Praxis (BFB) (2022) H. 1. S. 99–107.

Wiegand, G.: „Sondersammlung". In: Lexikon des gesamten Buchwesens Online. First published online: 2017. DOI: http://dx.doi.org/10.1163/9789004337862__COM_191558.

Wienbibliothek im Rathaus: Crowdsourcing – Briefe 1914–1918. https://wienbibliothek.crowdsourcing.wien/briefe-1914-1919/ (30.10.2022).

Wiesenmüller, Heidrun: Maschinelle Indexierung am Beispiel der DNB – Analyse und Entwicklungsmöglichkeiten. In: o-bib (2018) H. 4. S. 141–153.

Wilke, Christina Benita: Demografie und Arbeitsmarkt. In: Wirtschaftsdienst. Zeitschrift für Wirtschaftspolitik (2016) H. 3. S. 220–222. DOI: https://doi.org/10.1007/s10273-016-1960-x.

Wilkinson, Mark D., Michel Dumontier, Ijsbrand Jan Aalbersberg [u. a.]: The FAIR Guiding Principles for Scientific Data Management and Stewardship. In: Scientific Data 3 (2016) Article number: 160018. DOI: https://doi.org/10.1038/sdata.2016.18.

Wilson, Emma Annette: Digital Humanities for Librarians. Lanham, MD: Rowman & Littlefield 2020.

Winkelmann, Peter: Marketing und Vertrieb. Fundamente für die marktorientierte Unternehmensführung. 5. Aufl. München, Wien: Oldenbourg 2006

Winkler, Kathrin u. Michael Kassube: Bericht aus der DFG. Sitzung der AG FID, 12.05.2022. https://wikis.sub.uni-hamburg.de/webis/images/2/23/Bericht_aus_der_DFG_2022_1.pdf (04.12.2022).

Wissen, Dirk: Bibliotheken als „Vierter Ort". Eine smarte virtuelle Realität als Pendant bzw. Ergänzung zum „Dritten Ort" oder eine digitale Utopie? In: BuB – Forum Bibliothek und Information (2022) H. 6. S. 315–319.

Wissenschaftliche Bibliotheken 2025. Beschlossen von der Sektion 4 „Wissenschaftliche Universalbibliotheken" im Deutschen Bibliotheksverband e. V. (dbv) im Januar 2018. http://www.bibliotheksverband.de/fileadmin/user_upload/Sektionen/sektion4/Publikationen/WB2025_Endfassung_endg.pdf

Wissenschaftsrat (Hrsg.): Wissenschaft im Spannungsfeld von Disziplinarität und Interdisziplinarität. Positionspapier. Köln 2020. https://www.wissenschaftsrat.de/download/2020/8694-20.pdf?__blob=publicationFile&v=3 (31.10.2022).

Wissenschaftsrat: Empfehlungen für eine zukunftsfähige Ausgestaltung von Studium und Lehre. Köln 2022. DOI: https://doi.org/10.57674/q1f4-g978.

Wissenschaftsrat: Empfehlungen zur Transformation wissenschaftlichen Publizierens zu Open Access (DrS. 9477–22), Januar 2022. DOI: https://doi.org/10.57674/fyrc-vb61.

Wissenschaftsrat: Transformation wissenschaftlichen Publizierens zu Open Access. Pressegespräch am 24.01.2022. https://www.youtube.com/watch?v=AK8SY5OQzMY (30.10.2022).

Wolff, Stefan, Maria Rutschke u. Matthias Fuchs: Mobility Compass. In: o-bib. Das offene Bibliotheksjournal (2021) Nr. 1. DOI: https://doi.org/10.5282/O-BIB/5642.

Wünsche, Stephan, Volker Soßna, Vanessa Kreitlow u. Pia Voigt: Urheberrechte an Forschungsdaten – Typische Unsicherheiten und wie man sie vermindern könnte: Ein Diskussionsimpuls. In: Bausteine Forschungsdatenmanagement (2022) Nr. 1 (März). S. 26–42. DOI: https://doi.org/10.17192/bfdm.2022.1.8369.

Zawacki-Richter, Olaf [u. a.] (Hrsg.): Systematic reviews in educational research: methodology, perspectives and application. Wiesbaden: Springer VS 2020

Zeit.punktNRW: Das Projekt. https://zeitpunkt.nrw/wiki/project (30.10.2022).

Zellmann, Cedrik: (IT-)Kompetenzwandel im bibliothekarischen Berufsbild und die Projektidee des Kompetenzmonitors OpenBiblioJobs. In: BuB Forum Bibliothek und Information (2019) H. 8–9. S. 508–513.
Zickwolf, Katharina u. Simone Kauffeld, Simone (2019): Inverted Classroom. In: Handbuch Innovative Lehre. Hrsg. von Simone Kauffeld u. Julius Othmer. Wiesbaden: Springer 2019. S. 45–51.
Zukunft bewahren: eine Denkschrift der Allianz zur Erhaltung des schriftlichen Kulturguts. Hrsg. von Barbara Schneider-Kempf. Text: Thomas Bürger. Red.: Martin Hollender]. Berlin: Staatsbibliothek zu Berlin, Preußischer Kulturbesitz 2009.
Zuschlag, Christoph: Einführung in die Provenienzforschung: wie die Herkunft von Kulturgut entschlüsselt wird. München: C. H. Beck [2022].

Index

https://doi.org/10.1515/9783110790375-049